普通高等教育系列教材

工程流体力学·基础教程

主　编　王雁冰
副主编　李　清　白　瑶　杨　柳
参　编　刘　伟　梁书锋　张宇菲　张　勇

机械工业出版社

本书以工程流体力学基本理论为基础，着重于流体力学在土木工程、给排水科学与工程及环境工程等领域的应用。全书共分为10章，主要内容包括绪论，流体静力学，流体运动学，流体动力学基础，量纲分析与相似理论，流动阻力和水头损失，孔口、管嘴出流和有压管流，明渠流，堰流，渗流。每章都配有与工程实践相关的例题和习题，书末附有部分课后习题的参考答案。

本书不仅可作为高等学校理工科力学、工程热物理、水利、土木、热能、化工、环境等相关专业本科生工程流体力学课程的教材，还可作为相关行业工程技术人员的参考书。

图书在版编目（CIP）数据

工程流体力学：基础教程/王雁冰主编. —北京：机械工业出版社，2022.8（2025.1重印）

普通高等教育系列教材

ISBN 978-7-111-70827-8

Ⅰ.①工… Ⅱ.①王… Ⅲ.①工程力学-流体力学-高等学校-教材 Ⅳ.①TB126

中国版本图书馆CIP数据核字（2022）第086258号

机械工业出版社（北京市百万庄大街22号 邮政编码100037）

策划编辑：马军平 责任编辑：马军平

责任校对：李 杉 王 延 封面设计：张 静

责任印制：郜 敏

中煤（北京）印务有限公司印刷

2025年1月第1版第3次印刷

184mm×260mm · 22印张 · 540千字

标准书号：ISBN 978-7-111-70827-8

定价：69.80元

电话服务

客服电话：010-88361066

010-88379833

010-68326294

网络服务

机 工 官 网：www.cmpbook.com

机 工 官 博：weibo.com/cmp1952

金 书 网：www.golden-book.com

机工教育服务网：www.cmpedu.com

序

工程流体力学是一门应用性和实践性较强的基础学科，是力学的一个分支，主要研究在各种力的作用下流体本身的静止状态和运动状态，以及流体和固体界壁间有相对运动时的相互作用和流动规律。自20世纪60年代起，工程流体力学开始和其他学科互相交叉渗透，形成了新的交叉学科或边缘学科，涉及采矿、土木、水利、交通、地质、能源、海洋、军事等工程应用领域。

我国土地面积为960万km^2，多年平均年降水总量约为6万亿m^3，折合年降水深为628mm，比亚洲平均年降水深少114mm。根据1956—1979年同步期年径流资料分析计算，全国河川年径流量的多年平均值为27120亿m^3，中等干旱年为24530亿m^3，严重干旱年为22420亿m^3。全国地下水矿化度小于2g/L的淡水区面积约为860万km^2，多年平均地下水年补给量为8250亿m^3。我国河川径流总量与世界各国比较，居世界第六位。按人口平均每人占有年径流量2670m^3，相当于世界平均数的1/4；按耕地平均每亩占有年径流量1800m^3，约相当于世界平均数的2/3。工程流体力学为科学技术进步和国民经济发展做出了重要贡献：都江堰的创建，以不破坏自然资源，充分利用自然资源为人类服务为前提，变害为利，使人、地、水三者高度协合统一，开创了我国古代水利史上的新纪元，在世界水利史上写下了光辉的一章；三峡工程是治理和开发长江的关键性骨干工程，是当今世界最大的水利水电枢纽，它是在我国计划经济向市场经济转变时期进行建设的，改革、开放、创新是建设过程的主旋律，对我国经济、社会发展有着重大意义。

我所从事的煤炭行业是国家能源的主要来源之一，也是国家经济的重要支柱之一。地下水不仅具有资源、环境、生态、能源、信息等多重性，还存在灾害这一重要属性。在采掘过程中因扰动破坏含水层（组、带）结构诱发的突（透）水矿难，是地下水灾害的典型代表。针对严重的地下水突水灾害，加强基础理论的学习和研究，是不断深化对我国矿山水害基本认识的前提。

流体是前述所有基础设施工程建设与资源能源开发的介质，或作为工程结构，或作为工程环境，流体的复杂性决定了工程的复杂性，学习、掌握流体的力学特征与基本性质，是工程技术人员和相关专业在校学生的基础学习内容，也是未来工程建设与运营安全的根本保障。

工程流体力学研究的根本目的是解决实际工程中遇到的难题，具有应用范围广和多行业背景的显著特点，也决定了其力学原理的科学性和工程应用的艺术性。流体具有连续性、流动性、压缩性、膨胀性等性质，目前人们对于流体的认知水平及可采用的分析手段有限，针对具体的流体工程问题，其研究思路与工程理念必须是“理论导向、经验判断、小心求证、大胆诊治”，既不能由于理论分析的理想化而回避理论推导，也不能因为经验分析的定性局限而忽视工程经验。这就要求工程流体力学领域的学生和从业人员必须建立正确的力学概念和工程概念，只有摆正了科学认知的态度和定位，才谈得上学科的发展和创新。在当下工程流体力学教材知识陈旧、老一辈开拓者与新生代接力的关键时期，急需结合工程流体力学最新理论和实践进展，出版一本力学概念明确、工程概念清晰的教材，以适应工程流体力学教学及工程实践的需要。

我很高兴地看到，在王雁冰副教授的积极筹划下，由众多学者联合编写的这本《工程流体力学·基础教程》教材如期付梓。该教材突出了我们所强调的力学概念和工程概念。同时，书中囊括了中国学者对工程流体力学学科发展的重要贡献，展示了中国水利工程的伟大成就，强化了对学生世界观、人生观和价值观的教育，引导学生树立正确的国家观、民族观、历史观和文化观。

这本书突破了传统专业课程教材形式单一的局限，融传统文本与新媒体手段于一体，是一本展现时代特征的新形态教材。二维码中丰富的工程流体力学知识点视频，能很好地适应5G时代多媒体迅猛发展条件下的新教学环境和从业人员终身学习的实际需求，是一本不可多得的教材和专业基础参考书。对于从事工程流体力学相关专业的技术人员，无论是否系统地学习过工程流体力学课程，这本书都值得阅读。

中国工程院院士

前言

工程流体力学是研究流体的力学运动规律及其应用的学科，主要研究在各种力的作用下流体本身的静止状态和运动状态，以及流体和固体壁面、流体和流体间、流体与其他运动形态之间的相互作用和流动的规律。工程流体力学是力学的一个重要分支，侧重于生产生活上的实际应用，它不追求数学上的严密性，而是趋向于解决工程中出现的实际问题。

对工程流体力学学科形成第一个做出贡献的是古希腊的阿基米德。他建立了含物理浮力定律及浮体稳定性在内的液体平衡理论，奠定了流体静力学的基础。15 世纪，意大利达·芬奇的著作谈到关于水波、管流、水力机械、鸟的飞翔原理等问题。17 世纪，帕斯卡阐明了静止流体中压力的概念。力学奠基人牛顿研究了在流体中运动的物体所受到的阻力，得出阻力与流体密度、物体迎流截面面积及运动速度的平方成正比的关系。牛顿针对黏性流体运动时的内摩擦力提出了牛顿黏性定律。但是，他并未建立工程流体力学的理论基础，他提出的许多力学模型及结论与实际情形存在较大的差别。

近 30 年来，以我国为代表的一批发展中国家，基础设施建设发展速度之快、规模之大，举世罕见。工程实践的需求引领了工程流体力学的深入发展，学科的发展也为工程实践提供了理论基础与指导。尤其是在我国长江三峡大坝水利枢纽工程、南水北调工程、西气东输工程、港珠澳大桥等超级工程的建设中，复杂的工程流体力学难题被一一攻克，一次又一次地刷新了工程流体力学研究的深度与广度，有力地促进了相关学科的深化与发展。

流体具有易流动性、可压缩性、黏性。由大量的、不断地做热运动而且无固定平衡位置的分子构成的流体，都有一定的可压缩性。液体的可压缩性很小，而气体的可压缩性较大，在流体的形状改变时，流体各层之间也存在一定的运动阻力。与其他工程材料不同。虽然目前对工程流体力学行为的研究与认识不断加深，采用的分析方法不断向精细化、智能化方向发展，但与工程实践的复杂需求仍存在很大差距。作为众多工程领域的理论基础，工程流体力学仍有待深入研究。

工程流体力学是航天、水利、采矿、土木、交通、地质等多个工程专业的必修课，涉及行业十分广泛，属于典型的跨学科通用课程，且应用性强，是一门由“理论+实验+实践”组成的特色课。为适应新时代国家对人才培养及新工科建设的要求，培养基础扎实、知识面宽、综合素质高、实践能力强的复合型人才，打造内容正确全面、适用于各类工程流体领域、反映当前工程流体力学学科发展水平、体现教改成果应用的工程流体力学教材，是学科发展的迫切需求，更是有效调动学生学习能力、提升教学效果的基础保障。

本书以全面、新颖的视角，综合分析了工程流体力学课程知识点的逻辑关系与教学需求，重新梳理了教材的整体架构，厘清了各教学章节的内在关联性，在不同章节分别融入了专业领域的工程案例。

本书共 10 章。第 1 章介绍了工程流体力学的任务、发展简史、研究方法，以及工程流体力学在土木工程中的应用；第 2 章以葛洲坝水利枢纽为导引，介绍了流体静力学；第 3 章、第 4 章分别以红旗渠、京杭大运河为导引，介绍了流体运动学及动力学基础；第 5 章以我国核潜艇事业为导引，介绍了量纲分析与相似理论；第 6 章以“五利俱全”的代表性水利工程——丹江口水利工程为导引，介绍了流体阻力和水头损失；第 7 章以广西最大最长的峡谷——大藤峡为导引，介绍了孔口、管嘴出流和有压管流；第 8 章、第 9 章分别以郑国渠与都江堰水利工程为导引，介绍了明渠流与堰流；第 10 章以世界最长的公路沉管隧道和唯一的深埋沉管隧道——港珠澳大桥海底隧道为导引，介绍了渗流的相关内容。

编者倾尽学力，然沧海一粟，谨希望本书的出版可为我国工程流体力学课程的教学做出一点贡献，为在校师生及工程流体力学与相关工程的从业者提供一些帮助。由于编者水平有限，书中不足之处在所难免，望各位读者不吝赐教、批评指正，以便重印或再版时得以修正和完善。

编　者

核心知识点视频二维码清单

名称	图形	名称	图形	名称	图形	名称	图形
1-1 流体质点和连续介质模型		2-7 压力体		4-5 恒定总流的伯努利方程		7-2 薄壁小孔口恒定自由出流	
1-2 流体的压缩性和膨胀性		3-1 流线		5-1 量纲		8-1 明渠流动特点	
1-3 作用在流体上的力		3-2 恒定流和非恒定流		6-1 流动阻力水头损失的分类		8-2 明渠的分类	
2-1 流体平衡微分方程		3-3 均匀流和非均匀流		6-2 水头损失的计算公式		8-3 允许流速	
2-2 等压面		3-4 流体运动的连续性方程		6-3 雷诺实验		8-4 明渠流动状态	
2-3 重力场液体静压强的分布规律		4-1 理想流体运动微分方程的建立		6-4 不同流态的阻力规律		9-1 堰的基本概念	
2-4 液体压强的量测		4-2 黏性流体运动微分方程的建立		6-5 流态的判别-雷诺数		10-1 渗流模型	
2-5 解析法求静止液体作用在平面上的总压力		4-3 理想流体元流的伯努利方程		6-6 局部水头损失		10-2 渗流达西定律	
2-6 静止液体作用在曲面上的总压力		4-4 黏性流体元流伯努利方程		7-1 孔口出流的分类			

目录

第1章 绪论

本章是工程流体力学的开篇，主要介绍工程流体力学的研究对象和研究方法等一些基本知识，重点内容包括流体的流动性、连续介质模型、作用在流体上的力，以及流体的主要物理性质。这些基本知识是学习工程流体力学的理论基础，要求重点掌握。

1.1 概　述

1.1.1 工程流体力学的任务

工程流体力学是力学的一个分支，是研究流体的平衡和宏观机械运动规律及其在工程实际中应用的一门科学。该定义概括了以下三个方面的内容。

1. 工程流体力学的研究对象

工程流体力学的研究对象是流体，包括液体和气体。流体最基本特征是具有流动性，流动性指流体受切向力作用发生连续变形的性质。流体在静止时不能承受切向力作用以抵抗剪切变形，任何微小的切向力作用，都会使流体产生连续不断的变形，这种连续不断的变形从宏观上看即流动。流体的流动性是流体区别于固体的根本标志。

固体与流体相比，其区别主要在于：①固体有一定的体积和形状，而流体不能保持固定的形状，其形状随容器形状的改变而改变；②固体能够承受一定的拉力、压力和切向力作用，而流体几乎不能承受拉力和抵抗拉伸变形。原因是固体的分子间距离非常小，而内聚力很大，因此固体能够保持固定的形状和体积，当外力作用在固体上时，固体将产生一定量的变形，当变形至一定程度时，其内部的变形将阻止继续变形。而流体由于分子间距离较大，内聚力很小，几乎不能承受拉力和抵抗拉伸变形，在任何微小切向力作用下，流体都会产生连续不断的变形，因此流体不能保持固定的形状，其形状随容器形状的改变而改变。

液体与气体相比，其区别主要在于：①液体有一定的体积，存在一个自由液面，而气体能充满任意形状的容器，没有一定的体积，不存在自由液面；②气体易于压缩，而液体难于压缩。原因在于液体分子间的内聚力要比气体分子间的大，液体分子间的距离相对较小，液体虽然不能保持固定的形状，但是能够保持比较固定的体积。另外，液体的压缩性和膨胀性都很小，在很大的压力作用下，其体积变化很小。而气体既没有固定的形状，也没有固定的体积，非常容易压缩和膨胀，能够任意扩散直到充满其所占据的有限空间。

2. 工程流体力学的研究内容

工程流体力学研究的基本内容包括三大部分。一是关于流体平衡的规律。它研究流体处于静止状态时，作用于液体上的各种力之间的关系，各种受力平衡规律及其在实际工程中的应用，这一部分称为流体静力学。二是关于流体运动的规律，它研究流体在运动状态时作用于流体上的力与运动要素之间的关系，以及流体的运动特性与能量转换等，这一部分称为流体动力学。三是关于流体静力学与流体动力学在工程中的应用，如孔口与管嘴出流、管道恒定流动、明渠恒定流、堰流（图 1-1）、渗流等。

图 1-1　堰流

3. 工程流体力学的研究目的

工程流体力学的研究目的在于工程应用。工程流体力学已经广泛应用于土木工程的各个领域。例如，在建筑工程中，研究风对高耸建筑物的荷载作用时需要以工程流体力学为理论基础，进行基坑排水（图 1-2a）、地基抗渗稳定处理时有赖于水力的分析和计算；在公路和桥梁工程中，路基的沉陷（图 1-2b）、崩塌、滑坡、排水及桥梁、涵洞（图 1-2c）等

a)　b)　c)　d)

图 1-2　流体力学工程应用

a）基坑排水　b）路基沉陷　c）涵洞工程　d）中央空调管线

的修建都与流体密切相关；在给水排水工程中，给水排水系统的设计和运行控制离不开工程流体力学；在建筑环境与设备工程中，供热、通风、空调设计（图 1-2d）和设备选用也离不开工程流体力学。

1.1.2 工程流体力学的发展简史

同其他自然科学一样，工程流体力学也是随着生产实践而发展起来的。早在几千年前，由于治河、航运、农业、交通和市政等事业的发展，人们便开始了解一些水流运动的基本规律。如相传四千多年以前的大禹治水，“疏川导滞”使滔天洪水各归于河，表明我国古代进行过大规模的治河防洪工作。秦代在公元前 256—公元前 210 年间修建了都江堰、郑国渠和灵渠三大水利工程（图 1-3a、b、c），说明当时对明渠水流和堰流已有一定的认识。又如距今已近 1400 年而依然保持完好的赵州桥（图 1-3d），在主拱圈两边各设有两个小腹拱，既减轻了主拱的负载，又可泄洪，说明当时人们对桥涵水力学已有相当的认识。

图 1-3 著名水利工程

a）都江堰 b）郑国渠 c）灵渠 d）赵州桥

一般认为，工程流体力学萌芽于公元前 250 年左右古希腊科学家阿基米德（图 1-4）写的《论浮体》，该文对静止时的液体力学性质作了第一次科学总结。阿基米德（公元前 287 年—公元前 212 年）是伟大的古希腊哲学家、百科式科学家、数学家、物理学家、力学家，静态力学和流体静力学的奠基人，并且享有“力学之父”的美称，与高斯、牛顿并列为世界三大数学家。

人民治黄以来，黄河（图 1-5）下游经过 4 次堤防加高加培、河道整治、蓄滞洪区建设，初步形成了“上拦下排、两岸分滞”的防洪工程体系，防洪能力逐步加强。

图 1-4　阿基米德（Archimedes）

图 1-5　黄河

我国是一个农业大国，人口多、耕地少、水资源紧缺、水旱灾害频繁，特殊的气候、地理等自然条件及社会条件决定了我国农业必须走灌溉农业的发展道路。为了保证作物正常生长，获取高产稳产，必须供给作物以充足的水分。在自然条件下，往往因降水量不足或分布的不均匀，不能满足作物对水分的要求，因此必须人为地进行灌溉，以补天然降雨之不足。农业灌溉如图 1-6 所示。

对于道路而言，水的长时间滞留、积存、渗透是一种极为严重的现象，不仅对路面与路基的强度与稳定性等有着严重影响，而且对道路的安全造成隐患，因此，加强道路排水的设计是十分重要的。图 1-7 所示为道路排水工程。

图 1-6　农业灌溉

图 1-7　道路排水工程

水是城市形成和发展不可缺少的物质条件。人类最早的聚居地都出现在接近自然水体的地方。现代城市需水量远大于古代城市，给水系统必须有专门的规划。1879 年我国第一个近代给水工程在旅顺建成。此后，上海等城市相继建成给水工程设施。1949 年我国有公用给水设施的城市和县镇共 73 个，年供水量为 4.3 亿 m^3。据《2004 年城市供水统计年鉴》记载，全国593个建制城市，平均日供水量为7235.27万m^3。图1-8所示为市政供水工程。

大禹治水（鲧禹治水）是我国古代的神话传说故事，如图1-9所示。三皇五帝时期，黄河泛滥，鲧、禹父子二人受命于尧、舜二帝，任崇伯和夏伯，负责治水。面对滔滔洪水，大禹从鲧治水的失败中汲取教训，改变了“堵”的办法，对洪水进行疏导，体现出他具有带领人民战胜困难的聪明才智；大禹为了治理洪水，长年在外与民众一起奋战，置个人利益于不顾，“三过家门而不入”。大禹治水13年，耗尽心血与体力，终于完成了治水的大业。

图1-8 市政供水工程

图1-9 大禹治水

16世纪以后，随着资本主义制度的兴起，生产力得以迅速发展，自然科学如数学、力学等也发生了质的飞跃。这些都为工程流体力学的发展创造了条件。18世纪，在伽利略—牛顿力学基础上形成的古典流体力学（或称古典水动力学），用严格的数学分析方法建立了流体运动的基本方程，为工程流体力学奠定了理论基础。伽利略（图1-10a）是意大利天文学家、物理学家和工程师、欧洲近代自然科学的创始人，他被称为“观测天文学之父”“现代物理学之父”“科学方法之父”“现代科学之父”。牛顿（图1-10b）是英国著名的物理学家、数学家，百科全书式的“全才”。在力学上，牛顿阐明了动量和角动量守恒的原理，提

a) b)

图1-10 伽利略与牛顿

a）伽利略 b）牛顿

出了牛顿运动定律。

但古典流体力学或由于理论的假定与实际不尽相符，或由于求解上的困难，尚难以解决各种实际问题。为了满足生产发展的需要，依靠实验和实测资料而形成的实验流体力学（或称实验水力学）相应得到了发展，它为人们提供了许多计算有压管流、明渠水流、堰流等实际问题的经验公式和图表。但实验流体力学由于理论指导不足，其成果往往具有一定的局限性，难以解决各种复杂的工程问题。

雷诺（图 1-11）在 1883 年利用试验证实了黏性流体的两种流动状态：层流和紊流，并引入表征流动中流体惯性力和黏性力之比的一个无量纲数，即雷诺数，作为判别两种流态的标准。

图 1-11　雷诺

我国著名的流体力学家、教育家陆士嘉，是世界流体力学权威普朗特教授唯一的亚裔女博士。在 20 世纪 60 年代初，她积极从事黏性流体力学和电磁流体力学的研究，编写了《电磁流体力学》讲义，并亲自开出了黏性空气动力学课程。陆士嘉以其丰富的研究经验和高深的学术造诣，关心并支持了一些新兴流体力学分支学科的研究。

19 世纪末以来，生产技术的发展，尤其是航空方面的理论和实验的迅速发展，推动了古典流体力学与实验流体力学的日益结合，逐渐形成了理论与实验并重的现代流体力学（或称流体力学）。现代流体力学建立在古典流体力学的基础上，根据古典流体力学的基本理论和现代的紊流理论、边界层理论及量纲分析与相似理论等，结合实验、实测数据和经验公式，来探索实际流体运动的基本规律。一般将侧重于理论方面的流体力学称为理论流体力学，而侧重于应用的称为工程流体力学或应用流体力学。

陈十一利用数值模拟方法系统地研究了紊流速度场、被动标量场等相关物理量的标度律和时空结构；与合作者提出了映射封闭理论，给出了对流扩散、化学反应紊流系统中的概率密度函数；与合作者一起提出了二维紊流中大尺度旋涡形成机理，解释了能量反级串现象；发展了格子玻尔兹曼方法、多尺度混合算法与约束大涡模拟等计算流体力学新方法，并在工程实际中得到了应用。

近几十年来，流体力学学科随着现代生产建设的迅速发展和科学技术的进步而不断发展，研究范围和服务领域越来越广，新的学科分支不断涌现，如现已派生出计算流体力学、环境流体力学、工业流体力学、生物流体力学等新的学科分支。由此可见，流体力学既是一门古老的学科，又是一门富有生机的学科。

1.1.3　工程流体力学的研究方法

工程流体力学的研究方法一般有理论分析、实验研究和数值模拟三种。

理论分析方法是根据工程实际中流动现象的特点和物质机械运动的普遍规律，建立流体运动的基本方程及定解条件，然后运用各种数学方法求出方程的解。理论分析法的关键在于提出理论模型（也称数学模型），并能运用数学方法求出揭示流体运动规律的理论结果。周培源院士是我国近代力学奠基人和理论物理奠基人之一。20 世纪 30 年代初，他认识到紊流场和边界条件关系密切，后来参照广义相对论中把品质作为积分常数的处理方法，求出了雷诺应力等所满足的微分方程，并希望把边界的影响通过边界条件引入雷诺应力的运算式中。但由于数学上的困难，许多实际流动问题还难以精确求解。

实验研究在工程流体力学中占有极为重要的地位，它是理论分析结果正确与否的最终判决。实验研究方法通过对具体流动的观测来认识流体运动的规律。工程流体力学的实验研究主要包括原型观测、系统实验和模型实验，以模型实验为主。何满潮院士自主研发的深部软岩水理作用智能测试系统（图 1-12）是模拟煤矿现场岩石吸水环境和探讨岩石内部黏土矿物（如蒙脱石等）形成不饱和电场的吸水机理。

图 1-12　深部软岩水理作用智能测试系统

数值模拟又称数值实验，是伴随现代计算机技术及其应用而出现的一种方法。它广泛采用有限差分法、有限单元法、有限分析法、边界元法及谱方法等将工程流体力学中一些难以用解析方法求解的理论模型离散为数值模型，用计算机求得定量描述流体运动规律的数值解。中国矿业大学（北京）鞠杨教授开发了一个二维（2D）孔隙尺度多组分晶格玻尔兹曼模型（LBM），并用于研究非均匀孔隙结构中的水油位移，如图 1-13 所示。

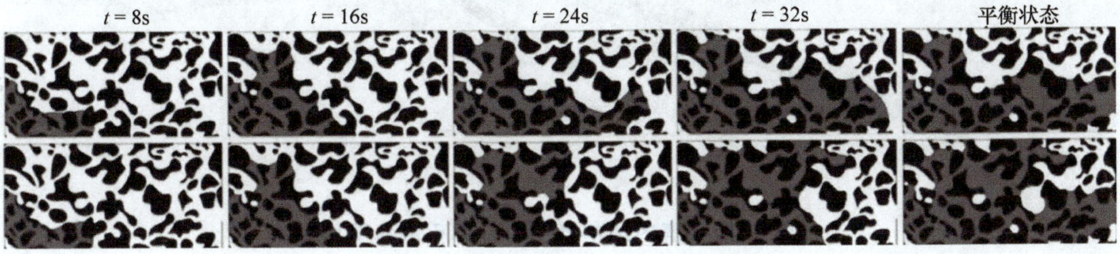

图 1-13　水油位移模拟

以上三种方法相互结合，为发展流体力学理论和解决复杂的工程流体力学问题奠定了基础。本书主要介绍理论分析和实验研究方法，数值模拟方法请读者参阅有关计算流体力学或计算水力学书籍。

1.1.4　与工程流体力学息息相关的民生工程

工程流体力学在土木工程中有着广泛的应用。例如，在市政建设中，有诸如城市防洪工程设计、城市给水排水管网设计、取水口的布置、水塔高度的计算、水泵的选择和井的产水量计算等；在供热通风设计中，有诸如热的供应、空气的调节、燃气的输配、排毒排湿、除尘降温的计算等；在建筑及交通土建工程中，有诸如室内给水排水设计、地基降水及抗渗设计、桥涵孔径水力设计、站场及路基排水设计、隧道及地下工程通风和排水设计、高速铁（公）路隧道洞型设计等。

图 1-14 所示为桃江县城市防洪工程，主要对城关、牛潭河、花果山三个万亩堤垸 34.3km 一线防洪大堤进行堤防加固，建设内容包括堤防加高培厚 17.54km，岸坡护砌 18.49km，堤顶硬化 15.44km，堤基防渗 7.65km，增设防汛路灯及管理设施等。

图 1-14　桃江县城市防洪工程

图 1-15 所示为塞内加尔 KMS3-LOT6 供水项目，属于城市给水排水工程范畴，工程的建设满足了当地居民的供水需求。

图 1-15　塞内加尔 KMS3-LOT6 供水项目

图 1-16 所示为恩施州车坝河水库引水工程 PPP 项目车坝河水库引水工程，概算总投资 10.75 亿元，设计取水量 40 万 t/d，建设项目包括一座取水塔、一座消能减压电站、11.8km 引水隧洞、2.1km 压力钢管、9.2km 市政管网。工程完工后，将形成以车坝河水库为主水源、喻家河水库为补充水源、大龙潭水库为备用水源的多水源供水格局。州城“水源单一、应急供水能力不足”的问题将得到彻底解决，供水趋于安全平稳。

图 1-16　恩施州车坝河水库引水工程

我国政府对三大攻坚战进行了进一步的部署，脱贫依然排在第一位，对农村和农业生产加工的补贴也有所加大。农业烘干也因此得到了大力推进，空气能热泵烘干技术因为能源消耗少，环境污染小、烘干品质高、适用范围广等优点，被广泛应用。根据市场反馈总结，采用空气能热泵烘干机的一大优势，就是在粮食大批量收获时，能实现高效烘干。以往采用燃煤烘干时，需要有人员在一旁看守，烘干机无法独立运转。空气能热泵烘干机搭载高效压缩机和电传技术，可以实现 24h 运转，简便又高效。图 1-17 所示为空气能热泵烘干机。

图 1-18 所示为中国石油援疆“一号工程”——南疆天然气利民工程，7 年间向和田、喀什等地输送天然气达 82 亿 m^3，折合替代标准煤 1363 万 t，减少二氧化碳排放 2157 万 t，为南疆各地决胜全面建成小康社会、决战脱贫攻坚提供了坚强保障，让沿线百姓享受“不冒烟柴火”带来的温暖生活。随着天然气输送到千家万户，和田市成为新疆第一个天然气整体集中供暖的城市。从乡镇到农村，当地每年天然气入户数以上万户速度增长，十多万户居民受益。丰富的油气资源，吸引着一批批与天然气相关的化工企业前来投资。如今的南疆大地，环塔里木盆地形成一个围绕天然气产业发展的大市场，崛起了一座座石油石化新城。

图 1-17 空气能热泵烘干机

图 1-18 建设中的南疆天然气利民工程

图 1-19 所示的工程位于辽源市南部新城，2016 年 3 月施工，采用 PPP 模式实施建设和运营，城市地下综合管廊将设置在地面、地下或架空的各类公用管线集中容纳于一体，实施统一规划、设计、建设和管理，管廊基坑侧壁安全等级为二级，采用放坡和土钉墙支护相结合的支护方式。工程建成后，完善了城市的市政设施，提高了城市的综合服务能力。

图 1-19 辽源市南部新城地下综合管廊基坑支护降水工程

雀儿山隧道工程（图 1-20），是甘孜交通建设集中攻坚行动的缩影。交通建设完成投资 93 亿元，是 2011 年的 3.4 倍，相当于“十五”和“十一五”投资总和。党的十八大以来，甘孜州先后实施四轮交通大会战，连续 8 年交通建设年均投资规模超过 100 亿元，公路通车里程达到 34310km，覆盖广度和深度不断提升。

三峡工程是治理和开发长江的关键性骨干工程，当今世界最大的水利水电枢纽，如图 1-21 所示。三峡大坝工程包括主体建筑物及导流工程两部分，全长约 3335m，坝顶高程 185m，工程总投资为 954.6 亿元，于 1994 年 12 月 14 日正式动工修建，2006 年 5 月 20 日全线修建成功。三峡水电站 2018 年发电量突破 1000 亿 kW·h，创单座电站年发电量世界新纪录。

图 1-20　国道 317 线雀儿山隧道

图 1-21　三峡工程

南水北调工程是一项跨流域的宏伟工程，旨在缓解北方水危机，实现南北经济齐飞，其深远意义为世人瞩目，如图 1-22 所示。南水北调中线工程以解决沿线 100 多个城市生活和工业用水为主要供水对象，兼顾农业及其他用水，建成以后经济效益和社会效益巨大。截至 2021 年，南水北调东、中线一期工程累计调水约 494 亿 m^3。其中，东线向山东调水 52.88 亿 m^3，中线向豫、冀、津、京调水超过 441 亿 m^3。通水 7 年来，累计向北方调水近 500 亿 m^3，受益人口达 1.4 亿人，40 多座大中型城市的经济发展格局因调水得到优化。

图 1-22　南水北调工程

“西气东输”采用我国距离最长、口径最大的输气管道，西起塔里木盆地的轮南，东至上海。西气东输气田勘探开发投资的全部、管道投资的 67% 都在中西部地区，工程的实施将有力地促进新疆等西部地区的经济发展，也有利于促进沿线 10 个省、自治区、直辖市的产业结构、能源结构调整和经济效益提高。西气东输工程建设现场如图 1-23 所示。

随着生产建设的发展，还将会不断地提出新的课题。相信工程流体力学将会发挥更大的作用，学科本身也将得到更大的发展。

图 1-23 西气东输工程建设现场

1-1 流体质点和连续介质模型

1.2 流体的连续介质模型

流体由大量不断地做无规则热运动的分子组成。从微观角度看，由于分子之间存有空隙，因此流体的物理量（如密度、压强、流速等）在空间上的分布是不连续的；同时，由于流体分子不断地做随机热运动，又导致物理量在时间上的变化也不连续。显然，以离散的分子为对象来研究流体的运动将是极其复杂的。

现代物理学研究表明，在标准状况下，$1cm^3$ 液体中约含有 3.3×10^{22} 个分子，相邻分子间的距离约为 $3.1\times10^{-8}cm$；$1cm^3$ 气体中约含有 2.7×10^{19} 个分子，相邻分子间的距离约为 $3.2\times10^{-7}cm$。可见，流体分子间的距离是相当微小的，在很小的体积中包含了难以计数的分子。在一般工程中，所研究流体的空间尺度比分子尺寸大得多，而且要解决的实际问题又不是流体微观运动的特性，而是流体宏观运动的特性，即大量分子运动的统计平均特性。基于上述原因，1753 年瑞士学者欧拉提出了流体的连续介质假说，即认为流体所占有的空间连续而无空隙地充满着流体质点（流体微团），质点的尺度在微观上足够大，大到能包含大量的分子，使得在统计平均后能得到其物理量的确定值；而在宏观上又足够小，远小于所研究问题的特征尺度，使得其平均物理量可看成是均匀的。

把流体视为连续介质后，流体运动中的物理量均可视为空间坐标和时间变量的连续函数，这样就可充分利用数学中的连续函数分析方法来研究流体流动问题。实践证明，采用流体的连续介质模型，解决一般工程（包括土木工程）中的流体力学问题是完全合理而有效的，但对于某些特殊问题，如研究导弹、卫星等在高空稀薄气体中飞行，由于稀薄气体分子之间距离很大，已能和飞行物的特征尺寸相比拟，故连续介质模型将不再适用。2021 年 10 月 16 日，神舟十三号载人飞船（图 1-24）成功升空，进入预定轨道，

图 1-24 神舟十三号航天任务

顺利将航天员送入太空，发射取得圆满成功。

1.3 流体的主要物理性质

流体运动的规律，除与外部因素（如边界的几何条件及动力条件等）有关外，更重要的是取决于流体本身的物理性质。

1.3.1 惯性

与固体一样，流体也具有惯性。

质量是惯性大小的度量。单位体积流体所具有的质量称为密度，也称体积质量，以符号 ρ 表示。对于均质流体，若体积为 V 的流体具有质量 m，则

$$\rho=\frac{m}{V} \tag{1-1}$$

流体的密度一般取决于流体的种类、压强和温度。对于液体，密度随压强和温度的变化很小，一般可视为常数，如在工程计算中，通常取淡水的密度为 1000kg/m^3，水银的密度为 13600kg/m^3。

在 1 个标准大气压（101325Pa）条件下，水的密度见表 1-1，几种常见流体的密度见表 1-2。

表 1-1 水的密度 ρ

温度/℃	0	4	10	20	30	40	50	60	80	100
密度/(kg/m^3)	999.87	1000.00	999.73	998.23	995.67	992.24	988.07	983.24	971.83	958.38

表 1-2 几种常见流体的密度 ρ

流体名称	空气	水银	酒精	四氯化碳	汽油	海水
温度/℃	20	20	15	20	15	15
密度/(kg/m^3)	1.20	13550	799	1590	700~750	1020~1030

1.3.2 黏性

流体在运动状态下具有抵抗剪切变形能力的性质，称为黏滞性或简称黏性。黏性是流体的固有属性，是运动流体产生机械能损失的根源。

图 1-25 “托利卡尼翁”号邮轮漏油灾难

1967 年 3 月 18 日，利比里亚籍超级油轮“托利卡尼翁”号（Torrey Canyon）在英国康沃尔郡锡利群岛附近海域触礁搁浅，断为两截后沉入海底，泄漏了 3800 万 gal（约合 12.3 万 t）的原油，如图 1-25 所示。英国政府对这个世界上第一起严重油轮漏油灾

难准备不足。在决定将海面的浮油燃烧掉以后，首相哈罗德·威尔逊下令英国皇家空军将凝固汽油弹空投至事发水域，总共投放了42.1万lb（约合19万kg）炸弹。1万多吨有毒溶剂和清洁剂被冲上受原油污染的英国和法国海岸附近沙滩，又对陆地和海上野生动物造成长期不利影响。

现用牛顿平板实验来说明流体的黏性。如图1-26a所示，在面积为A、相距h的两平行平板之间充满流体，下板固定，上板受拉力F_R的作用，以匀速U沿x方向运动。由于流体与板壁固体分子间的附着力和流体内部分子间的内聚力，黏附于上板的流层随上板以速度U运动，并将运动逐层向下传递，直至黏附于下板的流层，速度为零。实验表明，当h和U不太大时，两平板间沿y方向的流速呈线性分布，即

$$u=\frac{U}{h}y \tag{1-2}$$

且对于大多数流体，拖动上板的拉力满足

$$F_R=\mu\frac{U}{h}A$$

式中，μ为比例系数，通常称为黏度或动力黏度（也称黏性系数）。

取图1-26b所示隔离体，由平衡条件可得

$$F_T=F_R=\mu\frac{U}{h}A \tag{1-3}$$

式中，F_T是下部流体对上部流体的阻力，其方向与U相反。根据牛顿第三定律，上部流体对下部流体的作用力也为F_T，但方向与U相同。上、下部流体在y平面上的这一对相互作用的剪力，即流体的黏滞力或内摩擦力。由此可见，流体做相对运动（即各流层速度不等）时，必然在内部产生剪力以抵抗流体的相对运动，流体的这一特性即黏性。

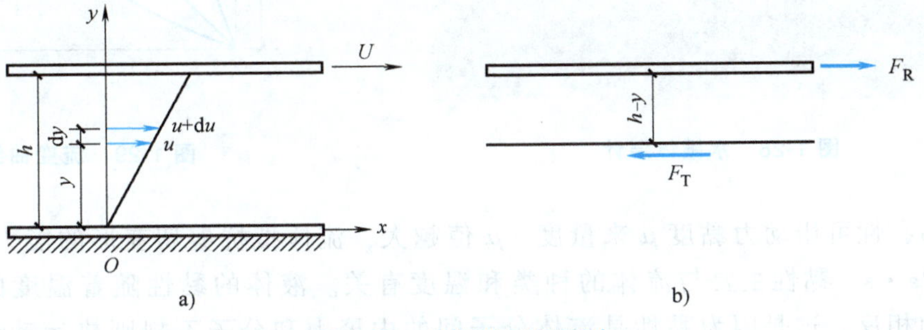

图1-26　牛顿的平板实验

由于两平板间的流速分布为线性关系，故有$\mathrm{d}u/\mathrm{d}y=U/h$，将其代入式（1-3），可得流体的黏滞切应力

$$\tau=\frac{F_T}{A}=\mu\frac{\mathrm{d}u}{\mathrm{d}y} \tag{1-4}$$

式（1-4）即著名的牛顿内摩擦定律。式中$\mathrm{d}u/\mathrm{d}y$称为流速梯度，它表示流速沿流层法线方向y的变化率，实质上它代表流体微团的剪切变形速率。兹证明如下：

设t时刻在厚度为$\mathrm{d}y$的上、下两流层间取流体微团，如图1-27所示。因上、下流层的速度相差$\mathrm{d}u$，经过$\mathrm{d}t$时段后，流体微团除平移外，还有角变形

$$d\alpha = \tan d\alpha = \frac{du\,dt}{dy}$$

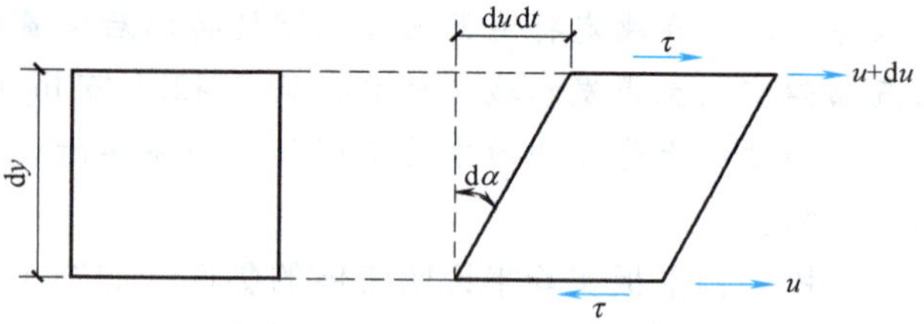

图 1-27　剪切变形速率

由上式可得

$$\frac{du}{dy} = \frac{d\alpha}{dt}$$

可见，流速梯度等于角变形速率，因为它是在切应力作用下发生的，故也称为剪切变形速率。因此，式（1-4）又可写成

$$\tau = \mu \frac{d\alpha}{dt} \tag{1-4a}$$

式（1-4a）表明，黏性是运动流体抵抗剪切变形速率的能力。

牛顿内摩擦定律仅适用于在温度不变条件下，动力黏度 μ 等于常数的一类流体。一般把符合牛顿内摩擦定律的流体称为牛顿流体，否则称为非牛顿流体，前者如水、空气、汽油、酒精、水银（生活中常用的体温计里的物质就是水银，见图 1-28）等，后者如聚合物溶液、泥浆、血浆、新拌水泥砂浆、新拌混凝土、泥石流等。牛顿流体与非牛顿流体的差别可用图 1-29 表示，其中 τ_0 为初始（屈服）切应力。本书只讨论牛顿流体。

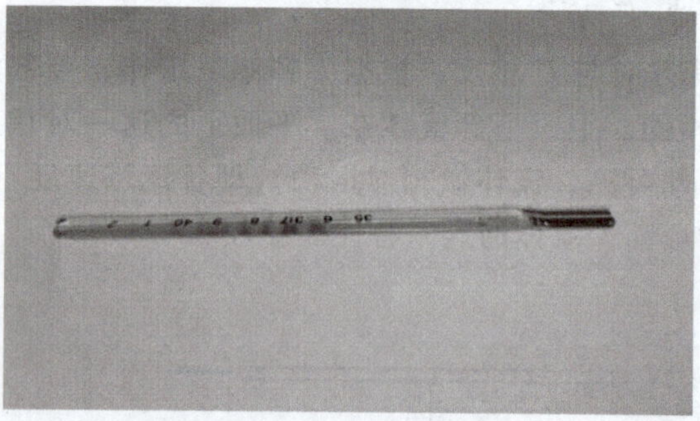

图 1-28　水银体温计

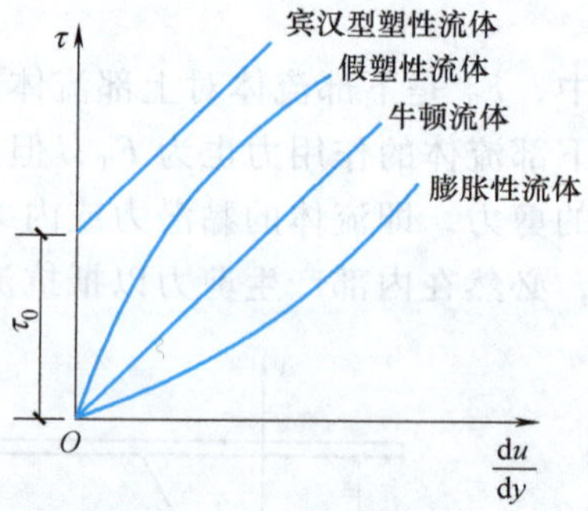

图 1-29　流变曲线

流体的黏性可用动力黏度 μ 来量度。μ 值越大，流体抵抗剪切变形的能力就越大。μ 的单位为 Pa·s。黏性主要与流体的种类和温度有关。液体的黏性随着温度的升高而减小，气体则相反。这是因为黏性是流体分子间的内聚力和分子不规则热运动产生动量交换的结果。温度升高，分子间的内聚力降低而动量交换加剧。对于液体，因其分子间距较小，内聚力是决定性的因素，故液体的黏性随温度的升高而减小；而对于气体，由于其分子间距较大，分子间热运动产生的动量交换是决定性因素，所以气体的黏性随温度升高而增加。

流体的黏性还可用运动黏度 ν（动力黏度 μ 与流体密度 ρ 的比值）表示，即

$$\nu = \frac{\mu}{\rho} \tag{1-5}$$

在 1 个标准大气压条件下，不同温度时水和空气的黏度数值分别见表 1-3、表 1-4。

表 1-3 水的动力黏度μ 与运动黏度ν

温度/℃	$\mu/(10^{-3}\text{Pa}\cdot\text{s})$	$\nu/(10^{-6}\text{m}^2/\text{s})$	温度/℃	$\mu/(10^{-3}\text{Pa}\cdot\text{s})$	$\nu/(10^{-6}\text{m}^2/\text{s})$
0	1.781	1.781	40	0.653	0.658
5	1.519	1.519	45	0.595	0.601
10	1.307	1.307	50	0.547	0.553
15	1.139	1.139	60	0.466	0.474
20	1.002	1.003	70	0.404	0.413
25	0.890	0.893	80	0.354	0.364
30	0.798	0.800	90	0.315	0.326
35	0.718	0.722	100	0.282	0.294

表 1-4 空气的动力黏度μ 与运动黏度ν

温度/℃	$\mu/(10^{-5}\text{Pa}\cdot\text{s})$	$\nu/(10^{-6}\text{m}^2/\text{s})$	温度/℃	$\mu/(10^{-5}\text{Pa}\cdot\text{s})$	$\nu/(10^{-6}\text{m}^2/\text{s})$
0	1.71	13.2	80	2.09	20.9
10	1.76	14.1	100	2.18	23.0
20	1.81	15.0	120	2.26	25.2
30	1.86	16.0	140	2.34	27.4
40	1.90	16.8	160	2.43	29.8
60	2.00	18.8	200	2.59	34.6

实际流体都是有黏性的，但考虑流体黏性将使流体运动的分析变得非常复杂，在工程流体力学中，为了简化理论分析，有时对流体的黏性暂不考虑，从而引出“理想流体模型”。按理想流体模型分析得出的流体运动结果，对某些黏性影响小的流动能较好地符合实际，但对黏性影响不能忽略的流动，则必须加以修正才能用于解决实际流动问题。

1.3.3 压缩性

1-2 流体的压缩性和膨胀性

流体的宏观体积随着作用压强的增大而减小的性质，称为流体的压缩性。压缩性的大小可用体积压缩率 κ 或体积弹性模量 K 来量度。流体的体积压缩率定义为

$$\kappa=-\frac{\mathrm{d}V/V}{\mathrm{d}p} \tag{1-6}$$

式中，$\mathrm{d}V/V$ 为相应于压强增量 $\mathrm{d}p$ 的体积变化率，由于 $\mathrm{d}p$ 与 $\mathrm{d}V$ 恒异号，故式（1-6）右端加一负号，以使 κ 为正值。因质量 $m=\rho V$，将其代入式（1-6），故体积压缩率又可写成

$$\kappa=\frac{\mathrm{d}\rho/\rho}{\mathrm{d}p}$$

式中，$\mathrm{d}\rho/\rho$ 为相应于压强增量 $\mathrm{d}p$ 的密度变化率。κ 值越大，流体的压缩性越大。

体积弹性模量 K 定义为体积压缩率 κ 的倒数，即

$$K=\frac{1}{\kappa}=-\frac{\mathrm{d}p}{\mathrm{d}V/V}=\frac{\mathrm{d}p}{\mathrm{d}\rho/\rho} \tag{1-7}$$

液体的压缩性很小。如 10℃时，水的体积弹性模量约为 $2\times10^9\text{N/m}^2$，也就是说，每增

加 1 个大气压，水的相对压缩值约为 1/20000，所以，在一般工程设计中认为水的压缩性可以忽略，其密度可视为常数。但在研究有压管道中的水击、水中爆炸波的传播等问题时，水的压缩性则必须考虑，图 1-30 所示为水中爆破现象。

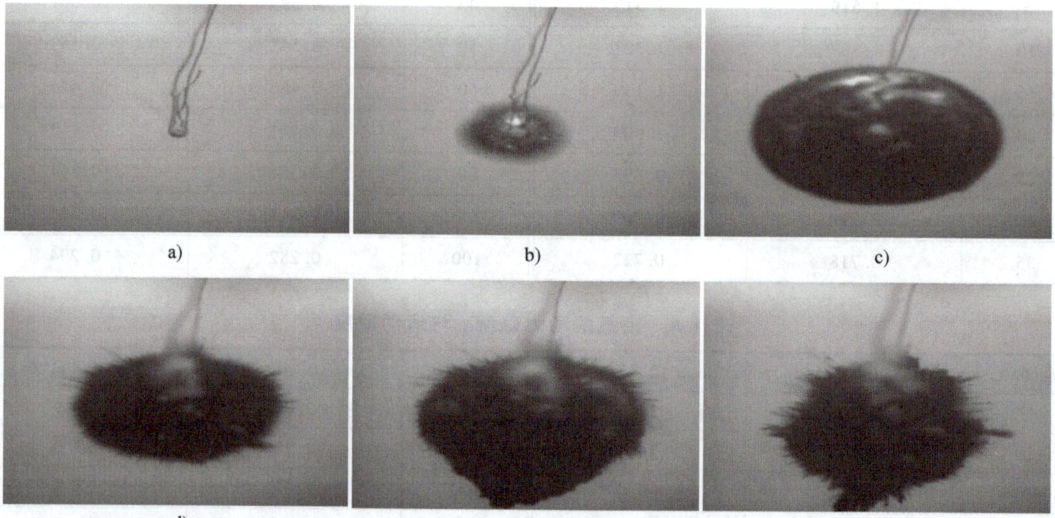

图 1-30 水中爆破现象（北京科技大学杨仁树教授提供）

至于气体，其压缩性比液体显著。一般情况下，气体的压缩性还与压缩过程有关。对于理想气体（也称完全气体），密度与压强遵循基本方程

$$\frac{p}{\rho^n}=C(\text{常数}) \tag{1-8}$$

式中，指数 n 取决于气体的压缩过程。例如，$n=1$ 时为等温过程；$n=\gamma$ 时则为等熵过程，这里 γ 为比热比（也称等熵指数），对于空气，$\gamma=1.4$。

将式（1-8）代入式（1-7），可得

$$K=np \tag{1-9}$$

可见，气体的体积弹性模量 K 与压强 p 成正比，且与压缩过程有关。

图 1-31 所示为可实现空气压缩功能的空气压缩机。但需指出，在低温、低压、低速条件下的气体运动，如隧道施工及运营通风低压气体输运、低温烟道中烟气流动等，其气流速度远小于声速（约为 340m/s），气体压缩性对气流流动的影响也可以忽略，也就是说，此时的气体也可视为不可压缩的。

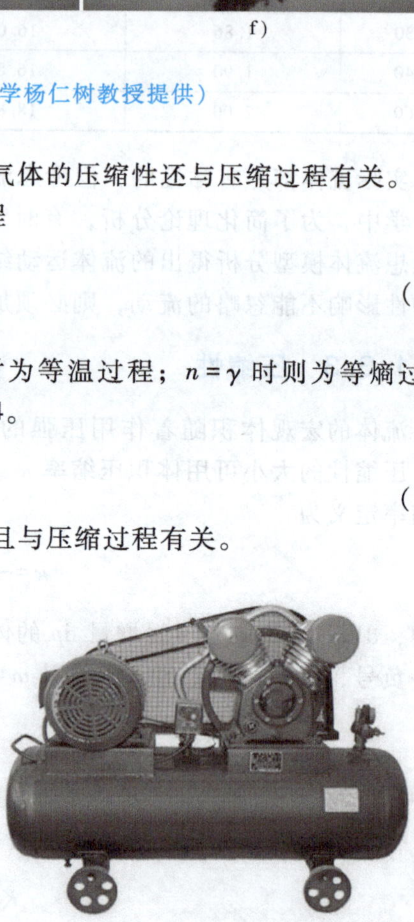

图 1-31 空气压缩机

实际流体都是可压缩的，但在可以忽略流体压缩性时，引出“不可压缩流体模型”，可使流动分析大为简化。

1.3.4　表面张力特性

表面张力是液体自由表面在分子作用半径范围内，由于分子引力大于斥力而在表层沿表面方向产生的拉力。它可使水滴悬在水龙头出口上而不滴落，使铁针浮在液面上而不下沉。表面张力 σ 定义为自由表面内单位长度上所受的横向力，其单位为 N/m。σ 随流体的种类和温度而变化，如 20℃时，水的表面张力为 0.074N/m，水银则为 0.54N/m。σ 也称表面张力系数。

表面张力的数值并不大，在工程流体力学中一般不考虑它的影响，但在某些特殊情况下不可忽略，如当两端开口的细口径管子插在液体中时，表面张力会使管中的液面自动上升或下降一个高度，这种所谓的毛细管现象，是工程流体力学实验中使用测压管时必须注意的。另外，在研究水深很浅的明渠水流和堰流时，其影响也是不可忽略的。图 1-32 所示为表面张力引发的现象。

图 1-32　表面张力现象

以上讨论了流体的主要物理性质。工程流体力学中所称的流体，一般是指易流动的（静止时不能承受切应力）、具有黏性的、不易压缩的、均质的连续介质。在以后的讨论中，如没有特别说明，即认为指上述流体。

1-3　作用在流体上的力

1.4　作用在流体上的力

在工程流体力学中，一般将作用在流体上的力分为表面力和质量力两类。

1.4.1　表面力

作用在流体隔离体表面上，其大小与作用面积成比例的力称为表面力。表面力又称接触力，它是相邻流体之间或其他物体与流体之间相互作用的结果。表面力又可分为垂直于作用面的压力和平行于作用面的切力，拉力一般忽略。根据连续介质的概念，表面力连续分布在隔离体表面上，因此分析时常采用应力的概念。与作用面正交的应力称为压应力或压强，与作用面平行的应力称为切应力。

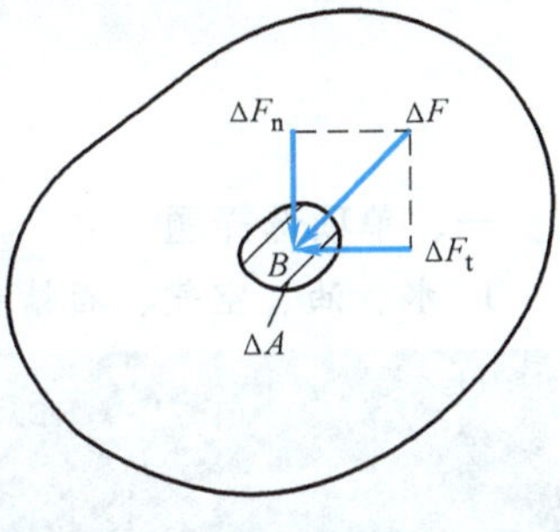

图 1-33　隔离体表面受力分析

如图 1-33 所示，在流体隔离体表面上取包含 B 点的微小面积 ΔA，作用在 ΔA 上的法向力为 ΔF_n，切向力为 ΔF_t，则 B 点处的压强 p 及切应力 τ 分别为

$$p=\lim_{\Delta A\to 0}\frac{\Delta F_n}{\Delta A} \tag{1-10}$$

$$\tau=\lim_{\Delta A\to 0}\frac{\Delta F_t}{\Delta A} \tag{1-11}$$

p 及 τ 的单位为 Pa，即 N/m^2。

顺便指出，在静止流体中，流层间没有相对运动，流速梯度 $du/dy=0$，或者在理想流体中，动力黏度 $\mu=0$，由牛顿内摩擦定律可知，两种情况均有 $\tau=0$，即作用在 ΔA 上的表面力只有法向力 ΔF_n。

1.4.2 质量力

作用在流体隔离体内每个流体微团上，其大小与流体质量成比例的力称为质量力。最常见的质量力是重力。另外，在非惯性坐标系中，质量力还包括惯性力。

在工程流体力学中，质量力常用单位质量力来量度。设均质流体的质量为 m，所受质量力为 $\boldsymbol{F}$，则单位质量力 $\boldsymbol{f}$ 为

$$\boldsymbol{f}=\frac{\boldsymbol{F}}{m} \tag{1-12}$$

若质量力 $\boldsymbol{F}$ 在坐标轴上的投影分别为 F_x、F_y、F_z，则单位质量力 $\boldsymbol{f}$ 在各坐标轴上的投影为

$$f_x=\frac{F_x}{m},\ f_y=\frac{F_y}{m},\ f_z=\frac{F_z}{m} \tag{1-13}$$

单位质量力的单位为 m/s^2，与加速度的单位相同。

思维导图

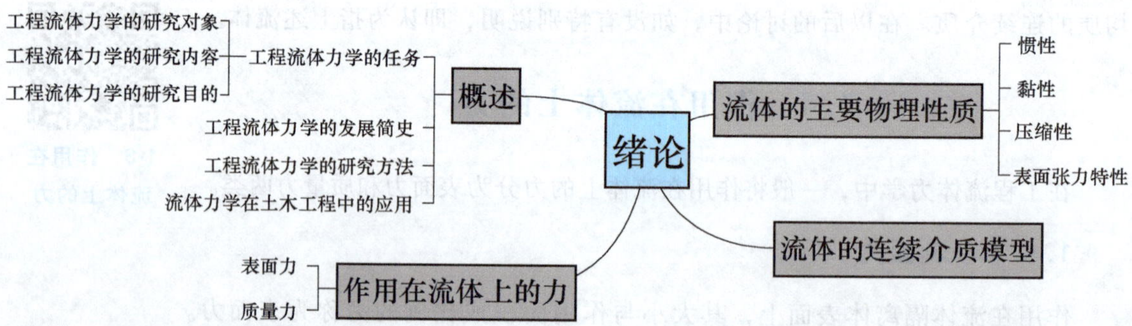

课后习题

一、单项选择题

1. 水、油、空气、酒精都是日常生活中常见的流体，如图 1-34 所示，流体的密度 ρ 一般

a) b) c)

图 1-34 水、油、酒精

与（ ）有关。

A. 流体种类、温度、体积　　B. 流体种类、温度、压力

C. 流体种类、压力、体积　　D. 温度、压力、体积

2. 20℃是人体感受最为舒适的温度之一，当温度为20℃时，空气和水的运动黏度之比 $\frac{\nu_{空气}}{\nu_{水}}=15$，则必有（ ）。

A. $\mu_{水}<\mu_{空气}$　　B. $\mu_{水}=\mu_{空气}$　　C. $\mu_{水}>\mu_{空气}$　　D. $\left(\frac{\mu}{\rho}\right)_{水}>\left(\frac{\mu}{\rho}\right)_{空气}$

3. 现实生活中所有的流体都不是理想流体，理想流体是指（ ）的流体。

A. 忽略密度　　B. 忽略密度变化　　C. 忽略黏度　　D. 忽略黏度变化

4. 水泥砂浆和混凝土是日常工程建设不可缺少的材料，图1-35所示为工人在搅拌混凝土，新拌水泥砂浆和新拌混凝土都属于（ ）。

图1-35 工人搅拌混凝土

A. 牛顿流体　　B. 非牛顿流体　　C. 理想流体　　D. 均质流体

5. 图1-36所示的玻璃杯中水均为静止液体，静止液体所受的单位质量力为（ ）。

图1-36 静止液体

A. $f_x=f_y=f_z=0$　　B. $f_x=0$，$f_y=-g$，$f_z=0$

C. $f_x=-g$，$f_y=f_z=0$　　D. $f_x=f_y=0$，$f_z=-g$

6. 图1-37显示的硬币可以漂浮在水面上，其实就是液体表面张力的作用，表面张力系数 σ 的国际单位为（ ）。

A. N/m　　B. m/N　　C. N/m^2　　D. m^2/N

7. 图 1-38 所示为中国化学工程第十六建设有限公司在东营联化输油管道工程中建设的输油管道，所输送油的密度变化率 $\frac{d\rho}{\rho}=-1.0\%$，则该油的体积变化率 $\frac{dV}{V}=$(　　)。

A. -1.0%　　B. 1.0%　　C. -10%　　D. 10%

图 1-37　硬币漂浮现象

图 1-38　东营联化输油管道工程

8. 真实流体都是有黏性的，生活中最常见的水也属于黏性流体，无黏性流体是(　　)。

A. 符合 $\frac{p}{\rho}==RT$ 的流体　　B. $\rho=0$ 的流体

C. $\mu=0$ 的流体　　D. 实际工程中常见的流体

9. 自然界中许多流体是牛顿流体。水、酒精等大多数纯液体、轻质油、低分子化合物溶液以及低速流动的气体等均为牛顿流体。牛顿流体是指(　　)。

A. 可压缩流体　　B. 不可压缩流体

C. 满足牛顿内摩擦定律的流体　　D. 满足牛顿第二定律的流体

10. 图 1-39 所示的水瓶中盛有质量为 m 的水，当其从空中自由下落时（不计空气阻力），水所受单位质量力为(　　)。

A. 0　　B. $-g$　　C. mg　　D. $-mg$

11. 图 1-40 所示为那曲市巴青县江绵乡德本塘村阔仁曲果扶贫水厂，是一家以天然饮用水、纯净水开发为主的制水企业。如果水厂中水的体积压缩率 $\kappa=5\times10^{-10}m^2/N$。当所受压强等温增加 2×10^7Pa 时，其密度将增加(　　)。

图 1-39　水瓶

图 1-40　德本塘村阔仁曲果扶贫水厂

A. 2.5% B. 0.4% C. 0.8% D. 1%

12. 已知饮用水的体积变化率$\frac{dV}{V}=-1.0\%$，则其密度变化率$\frac{d\rho}{\rho}=$(　　)。

A. 1.0% B. −1.0% C. 0.1% D. −0.1%

13. 若水的动力黏度$\mu=0.1\mathrm{N\cdot s/m^2}$，黏性切应力$\tau=3.5\mathrm{N/m^2}$，则水的流速梯度$\frac{du}{dy}=$(　　)。

A. 35/s B. 35m/s C. $35\mathrm{m^2/s}$ D. $35\mathrm{m^3/s}$

14. 兰成渝成品油管道工程（图1-41）途经甘肃、陕西、四川、重庆，全长1252km，最大落差2268.3m，为世界之最，沿线地质地貌复杂，顺序输送品种繁多。如果该管道输送油的密度为$800\mathrm{kg/m^3}$，运动黏度为$3\times10^{-6}\mathrm{m^2/s}$，其动力黏度为（　　）Pa·s。

A. 3.75×10^{-9} B. 2.4×10^{5} C. 2.4×10^{-3} D. 2.4×10^{9}

15. 如图1-42所示，平板与固定壁面间距离$\delta=1\mathrm{mm}$，油的黏度μ为0.1Pa·s，以50N的力拖动平板，速度为1m/s，平板的面积是（　　）$\mathrm{m^2}$。

A. 1 B. 0.5 C. 5 D. 2

图1-41　兰成渝成品油管道工程施工现场

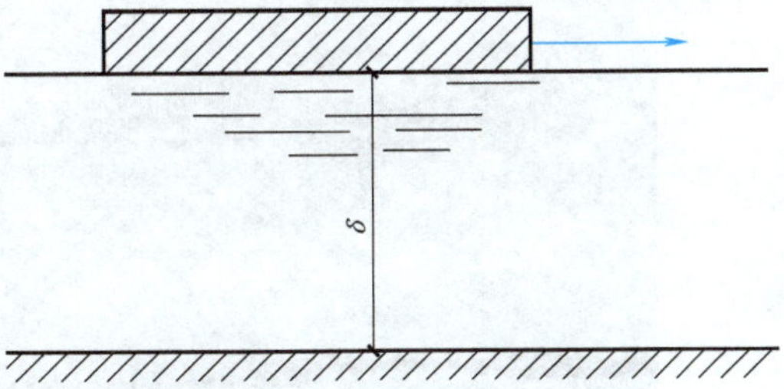

图1-42　单项选择题第15题

二、多项选择题

1. “蛟龙号”载人深潜器是我国首台自主设计、自主集成研制的作业型深海载人潜水器，设计最大下潜深度为7000m，也是目前世界上下潜能力最强的作业型载人潜水器，蛟龙号如图1-43所示。已知“蛟龙号”在下潜时，所处的水环境在温度一定条件下，单位大气压作用的密度变化率$\frac{d\rho}{\rho}=\frac{1}{20000}$，则其（　　）。

A. 体积变化率$\frac{dV}{V}=-\frac{1}{20000}$

B. 体积变化率$\frac{dV}{V}=\frac{1}{20000}$

C. 体积压缩率$\kappa=-\frac{1}{20000}$

D. 体积压缩率$\kappa=\frac{1}{20000}$

图1-43　蛟龙号

E. 体积弹性模量 $K=2\times10^9$Pa

2. 工程流体力学的研究领域非常广泛，上天有神州、下海有蛟龙，在对神舟飞船和“蛟龙号”进行工程流体力学研究中，为简化分析推理，通常采用以下哪三种流体力学模型（　　）。

A. 牛顿流体模型　　B. 理想流体模型

C. 不可压缩流体模型　　D. 非牛顿流体模型

E. 连续介质模型

3. 下列叙述中，正确的有（　　）。

A. 自然界中易于流动的物质称为流体

B. 液体和气体统称为流体

C. 流体与固体的主要区别是在外力作用下，流体易于流动变形，而固体不变形

D. 液体与气体的主要区别是气体易于压缩，而液体难于压缩

E. 对于在低速、低温、低压条件下的运动气体，一般可视为不可压缩流体

4. 丹江口水库是亚洲第一大人工淡水湖、国家南水北调中线工程水源地、国家一级水源保护区、我国重要的湿地保护区、国家级生态文明示范区，如图 1-44 所示。水库中水的体积弹性模量 $K=$(　　)。

图 1-44　丹江口水库

A. $-\dfrac{\mathrm{d}V/V}{\mathrm{d}p}$　B. $-\dfrac{\mathrm{d}p}{\mathrm{d}V/V}$　C. $-\dfrac{\mathrm{d}\rho/\rho}{\mathrm{d}p}$　D. $-\dfrac{\mathrm{d}p}{\mathrm{d}\rho/\rho}$　E. $\dfrac{\mathrm{d}p}{\mathrm{d}\rho/\rho}$

5. 下列关于流体黏性的说法中，正确的有（　　）。

A. 黏性是流体的固有属性　　B. 黏性是运动流体抵抗剪切变形的能力

C. 流体黏性具有传递运动和阻碍运动的双重性　　D. 液体黏性随着温度升高而减小

E. 气体的黏性随着温度的升高而增大

三、判断改正题

1. 理想流体是指忽略密度变化的流体。液体及低温、低速、低压条件下的运动气体，一般可视为理想流体。(　　)

2. 液体与气体的主要区别在于液体不能压缩，而气体易于压缩。(　　)

3. 气体的黏度随着温度的增加而减小，而液体的黏度却随着温度的增加而增加。(　　)

4. 流体与固体的主要区别在于固体可以抵抗拉力、压力和剪力，而流体几乎不能抵抗压力，处于静止状态的流体还不能抵抗拉力。(　　)

5. 流体在静止和运动状态下具有抵抗剪切变形能力的性质，称为流体的黏滞性。(　　)

四、简答题

1. 什么是流体？流体与固体的主要区别是什么？液体与气体的主要区别是什么？

2. 什么是流体的黏性？黏性对流体运动有什么影响？

3. 什么是流体的连续介质模型？引入连续介质假设有什么实际意义？

4. 为什么液体的动力黏度随着温度的升高而减小，而气体的动力黏度随着温度的升高而增大？

5. 为什么说流体黏滞性引起的摩擦力是内摩擦力？它与固体运动的摩擦力有什么不同？

五、计算题

1. 龙滩水库工程位于垫江、忠县交界的龙溪河左岸一级支流大沙河上游沙河乡处，是以城镇供水为主，兼有农业灌溉功能的Ⅲ等中型水库工程，如图 1-45 所示。若水的体积弹性模量 $K=2.2\times10^9\mathrm{Pa}$，欲使水的体积减小 0.5%，则压强应增加多少？

2. 图 1-46 所示水塔，用来保持和调节给水管网中的水量和水压。欲使水的体积减小 1.0%，则压强应增加多少？

图 1-45　重庆龙滩水库

图 1-46　水塔

3. 图 1-47 为汽车水温指示灯。汽车在行驶过程中，水温经常达到 80℃以上，现有 20℃的水（$\rho_{20}=998.23\mathrm{kg/m^3}$）$2.5\mathrm{m^3}$，当温度升至 80℃（$\rho_{80}=971.83\mathrm{kg/m^3}$）时，其体积将增加多少？

4. 我国的西北地区昼夜温差都比较大，如呼和浩特、乌鲁木齐、西宁等城市。当空气的温度从 0℃升高至 20℃时，其运动黏度 ν 增加 15%，密度 ρ 减少 10%，问其动力黏度 μ 将增加百分之几？

5. 圆柱容器中的某种可压缩流体，当压强为 1MPa 时体积为 $1000\mathrm{cm^3}$，若将压强升高到 2MPa 时体积为 $995\mathrm{cm^3}$。试求该流体的压缩率 κ。

6. 有一矩形断面水渠，如图 1-48 所示，渠中水流速度分布为 $u=0.002\dfrac{\rho g}{\mu}\left(hy-\dfrac{1}{2}y^2\right)$，式中，$\rho$、$\mu$ 分别为流体的密度和动力黏度，g 为重力加速度，h 为水深。试求 $h=0.5\mathrm{m}$ 时渠

底（$y=0$）处的切应力 τ_0。

图 1-47　汽车水温指示灯

图 1-48　矩形断面水渠

7. 有两高均为 200mm，直径分别为 150mm 和 155mm 的同心圆筒，两筒间充满密度为 900kg/m^3、运动黏度 $\nu=1.27\times10^{-3}\text{m}^2/\text{s}$ 的油，若外筒保持静止，内筒以 12r/s 的角速度旋转，为克服筒面的黏滞阻力，需加在内筒上的力矩是多少？

8. 长江发源于“世界屋脊”——青藏高原的唐古拉山脉各拉丹冬峰西南侧，全长 6387km，在世界大河中长度仅次于非洲的尼罗河和南美洲的亚马孙河，居世界第三位，如图 1-49a 所示。已知某段水流中的流速分布有图 1-49b 所示的三种情况：均匀分布；线性分布；抛物线形分布。试定性画出这三种情况下的切应力分布图。

a)

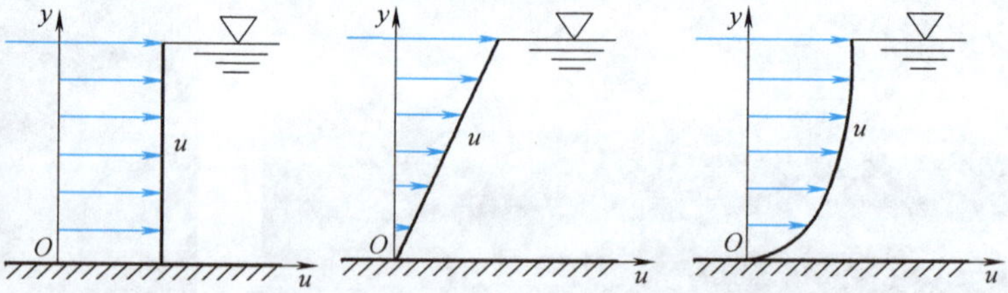

b)

图 1-49　计算题第 8 题

a）长江　b）流速分布图

9. 如图 1-50 所示，水流在平板上运动，靠近板壁附近的流速呈抛物线形分布，E 点为抛物线端点，E 点处 $\dfrac{\mathrm{d}u}{\mathrm{d}y}=0$，水的运动黏度 $\nu=1.0\times10^{-6}\text{m}^2/\text{s}$。试求 $y=0\text{cm}$、2cm、4cm 处的切应力。

10. 如图 1-51 所示，底面积 $A=40\text{cm}\times45\text{cm}$，质量 $m=5\text{kg}$ 的木板，沿着涂有润滑油的斜

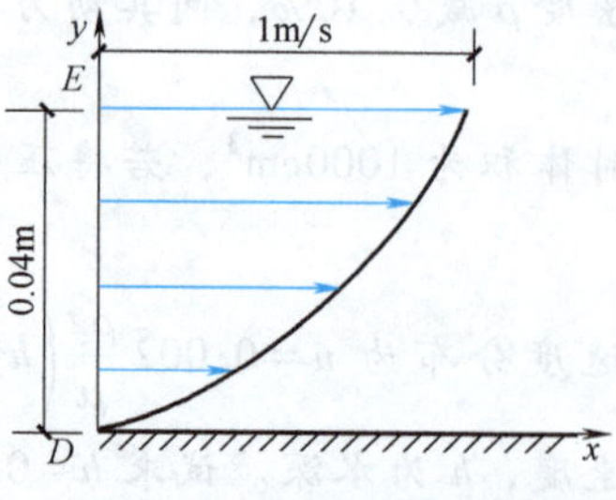

图 1-50　计算题第 9 题

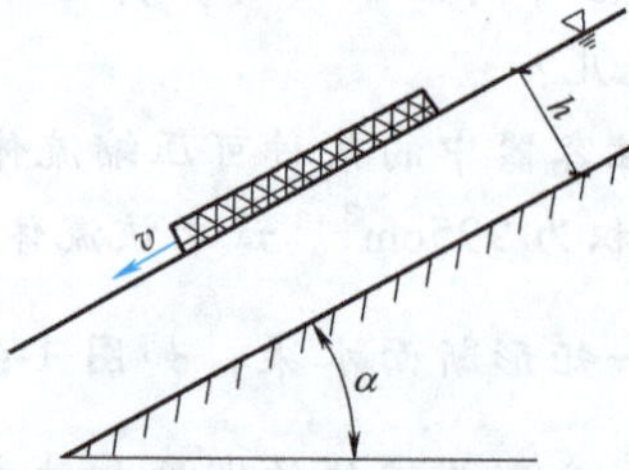

图 1-51　计算题第 10 题

面（$\alpha=30°$）等速下滑。已知模板下滑的速度 $v=1.0\text{m/s}$，油层厚度 $h=1\text{mm}$。试求润滑油的动力黏度 μ。

11. 如图 1-52 所示，轴在滑动轴承中同心地等速转动。已知转轴直径 $d=0.2\text{m}$，轴承长度 $l=0.5\text{m}$，轴与轴承的径向间隙 $\delta=0.2\text{mm}$，间隙中充满动力黏度 $\mu=0.8\text{Pa}\cdot\text{s}$ 的油。若轴的转速 $n=3\text{r/s}$，试求：(1) 轴表面上的黏性摩擦切应力 τ；(2) 克服油的黏性阻力所需的功率 N。

12. 如图 1-53 所示，已知转轴直径 $d=360\text{mm}$，轴承长度 $l=1000\text{mm}$，转轴与轴承之间的缝隙 $\delta=0.2\text{mm}$，其中充满动力黏度 $\mu=0.72\text{Pa}\cdot\text{s}$ 的润滑油。若轴的转速 $n=200\text{r/min}$，试求转轴克服润滑油黏性阻力所消耗的功率 N。

13. 如图 1-54 所示，在 $\delta=40\text{mm}$ 的两平行固定壁面间充满动力黏度 $\mu=0.7\text{Pa}\cdot\text{s}$ 的液体，其中有一面积 $A=3600\text{mm}^2$ 的薄板（平行于壁面）以 $U=15\text{m/s}$ 的速度沿薄板所在平面内运动，假定壁面间速度呈线性分布。

(1) 试求当 $y=10\text{mm}$ 时，薄板运动的液体阻力 F。

(2) 若 y 可变，试求薄板运动的最小阻力 $F_{\min}$。

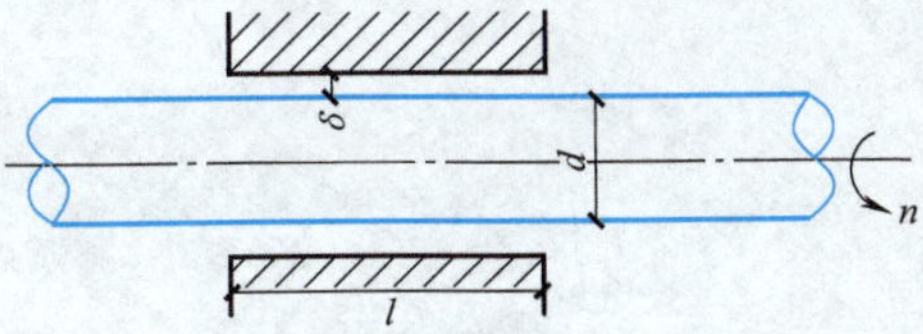

图 1-52 计算题第 11 题

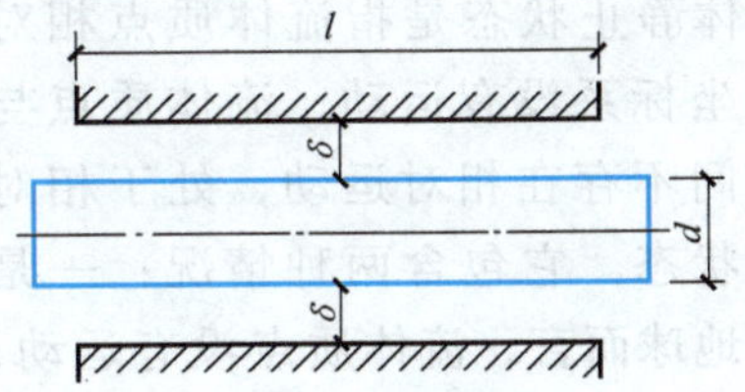

图 1-53 计算题第 12 题

14. 如图 1-55 所示，液面上有一面积 $A=1200\text{cm}^2$ 的平板以速度 $U=0.5\text{m/s}$ 做水平移动，平板下液体分两层，其动力黏度和厚度分别为 $\mu_1=0.142\text{Pa}\cdot\text{s}$，$h_1=1.0\text{mm}$；$\mu_2=0.235\text{Pa}\cdot\text{s}$，$h_2=1.4\text{mm}$。试绘制平板与固壁间液体的流速分布图和切应力分布图，并计算作用在平板上的内摩擦力 F_{T}。

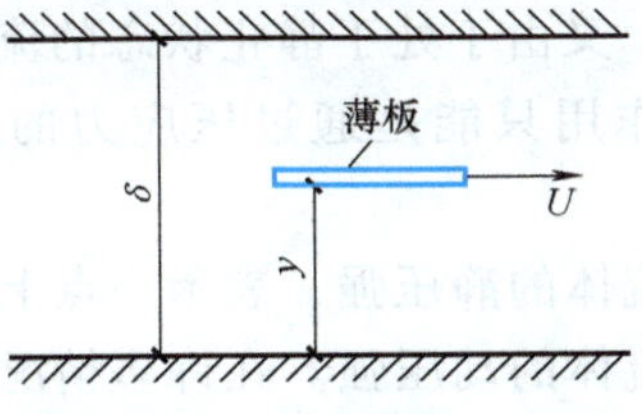

图 1-54 计算题第 13 题

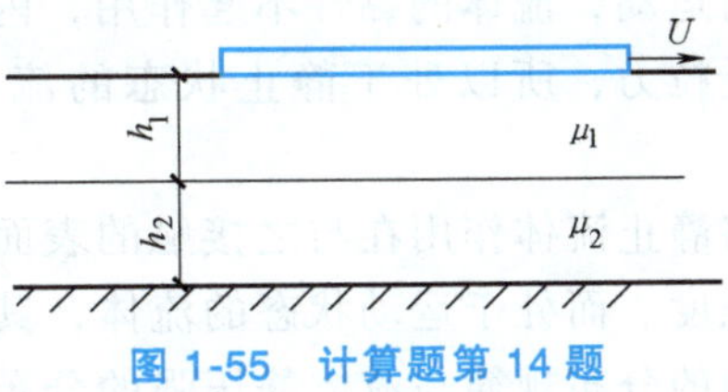

图 1-55 计算题第 14 题

15. 流体的膨胀性可用体积膨胀系数 $\alpha_V=\dfrac{\text{d}V/V}{\text{d}T}$ 来度量，式中：V 为流体的体积，T 为温度。图 1-56 所示为一水暖系统，为了防止水温升高时体积膨胀使水管胀裂，拟在系统顶部设一膨胀水箱。若系统内水的总体积为 8m^3，加温前后温差为 51℃，在其温度范围内水的体积膨胀系数 $\alpha_V=5\times10^{-4}℃^{-1}$，试求膨胀水箱的最小容积。

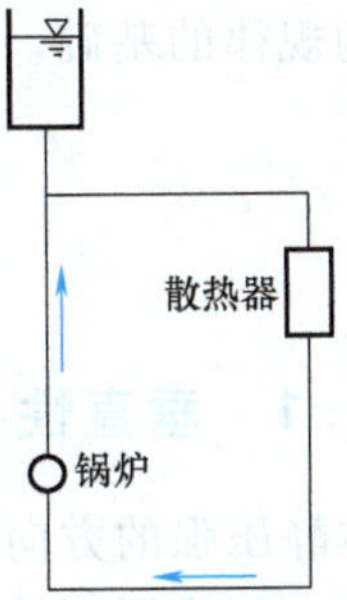

图 1-56 计算题第 15 题

第2章

流体静力学

葛洲坝水利枢纽位于湖北省宜昌市境内的长江三峡末端河段上，它是长江上第一座大型水电站，也是世界上最大的低水头大流量、径流式水电站。最大坝高为47m，总库容为15.8亿m^3。图2-1所示为葛洲坝水电站。闸门关闭时，蓄在闸内的水处于静止状态。

流体静止状态是指流体质点相对于参考坐标系没有运动，流体质点与质点之间不存在相对运动，处于相对平衡的状态。它包含两种情况：一是相对于地球而言，流体质点没有运动，这种静止称为绝对静止；二是流体质点相对于地球有运动，但流体质点之间并没有相对运动，这种静止称为相对静止或者相对平衡。

图2-1 葛洲坝水电站

无论流体是处于绝对静止状态还是相对静止状态，由于流体质点间没有相对运动，流体的黏性不起作用，内摩擦切应力$\tau=0$。又由于处于静止状态的流体几乎不能承受拉力，所以处于静止状态的流体质点间的相互作用只能是通过压应力的形式表现出来。

将静止流体作用在与之接触的表面上的压应力称为流体的静压强，表示一点上流体静压力的强度。而处于运动状态的流体，其内部的压强称为流体的动压强。在许多情况下，流体动压强的分布规律与流体静压强的分布规律是相同的或者相近的。因此，流体静力学是研究流体运动规律的基础。

2.1 流体静压强的性质

2.1.1 垂直性

流体静压强的方向与受压面垂直并指向受压面，即流体静压强的方向只能沿作用面的内法线方向，与作用面的内法线方向一致。

证明：在静止流体中任取一截面ab，将其分为Ⅰ、Ⅱ两部分。取Ⅱ为隔离体，Ⅰ对Ⅱ

的作用由 ab 面上连续分布的应力所代替，如图 2-2 所示。假设 ab 面上任一点的应力 p 的方向不是沿着作用面的法线方向，则 p 可以分解为法向应力 p_n 和切向力 τ。

假设切向应力 $\tau \neq 0$，则在切向应力 τ 的作用下，流体将发生相对运动，产生流体，这与流体处于静止状态的前提条件不符，所以静止流体中切向应力 τ 必为零。

假设法向应力 p_n 是沿法线的外法线方向，则流体将受到一个拉力的作用，这与流体不能承受拉力的特性不符。

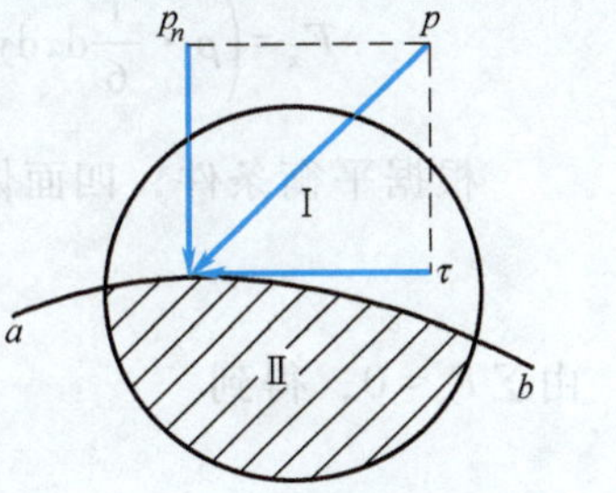

图 2-2 流体静压强的方向

由此可以得出，流体静压强的方向是唯一的：沿作用面的内法线方向，或者说，流体静压强的方向与受压面垂直并指向受压面。

2.1.2 各向等值性

溪洛渡水电站是国家“西电东送”骨干工程，位于四川和云南交界的金沙江上。工程以发电为主，兼有防洪、拦沙和改善上游航运条件等综合效益，并可为下游电站进行梯级补偿，如图 2-3 所示。水电站关闸蓄水时，上游水可以看作静止流体。在静止流体中任一点上流体静压强的大小与作用面的方位无关，即同一点上各个方向的流体静压强大小相等。

证明：设在静止流体中任取一点 O，包含 O 点作一微小直角四面体 $OABC$，如图 2-4 所示。为方便起见，取三个正交面与坐标平面方向一致，正交的三个边长分别为 $\mathrm{d}x$、$\mathrm{d}y$、$\mathrm{d}z$。

图 2-3 溪洛渡水电站

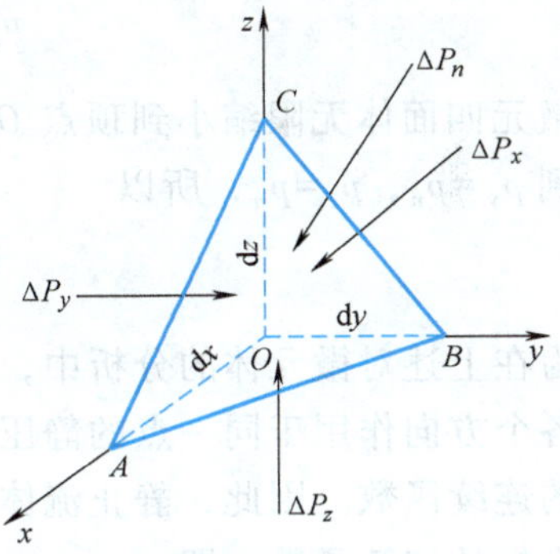

图 2-4 流体静压强的各向等值性

分析作用在四面体上的力，包括如下内容：

(1) 表面力　作用于流体的表面力只有四个面上的压力 ΔP_x、ΔP_y、ΔP_z、ΔP_n，设各面上的平均静压强分别为 P_x、P_y、P_z、P_n，则有

$$\Delta P_x = p_x \cdot \frac{1}{2}\mathrm{d}y\mathrm{d}z, \Delta P_y = p_y \cdot \frac{1}{2}\mathrm{d}x\mathrm{d}z, \Delta P_z = p_z \cdot \frac{1}{2}\mathrm{d}x\mathrm{d}y, \Delta P_n = p_n \cdot \Delta A_n$$

(2) 质量力　设单位质量力在 x、y、z 轴上的分量分别为 X、Y、Z，四面体的体积 $V=\frac{1}{6}\mathrm{d}x\mathrm{d}y\mathrm{d}z$，四面体内流体的质量 $m=\rho \cdot \frac{1}{6}\mathrm{d}x\mathrm{d}y\mathrm{d}z$，它所受的质量力 F 在各坐标轴方向的分量可以表示为

$$F_x=\left(\rho\cdot\frac{1}{6}\mathrm{d}x\mathrm{d}y\mathrm{d}z\right)\cdot X, F_y=\left(\rho\cdot\frac{1}{6}\mathrm{d}x\mathrm{d}y\mathrm{d}z\right)\cdot Y, F_z=\left(\rho\cdot\frac{1}{6}\mathrm{d}x\mathrm{d}y\mathrm{d}z\right)\cdot Z$$

根据平衡条件，四面体处于静止状态，各个方向的作用力应平衡

$$\sum F_x=0, \sum F_y=0, \sum F_z=0$$

由 $\sum F_x=0$，得到

$$\Delta P_x-\Delta P_n\cdot\cos(n,x)+F_x=0$$

式中，(n, x) 为倾斜平面 ABC 的外法线方向与 x 轴的夹角。

将 ΔP_x、ΔP_n 和 F_x 的表达式代入上式得到

$$p_x\cdot\frac{1}{2}\mathrm{d}y\mathrm{d}z-p_n\cdot\Delta A_n\cdot\cos(n,x)+\left(\rho\cdot\frac{1}{6}\mathrm{d}x\mathrm{d}y\mathrm{d}z\right)\cdot X=0$$

将 $\Delta A_n\cdot\cos(n,x)=\frac{1}{2}\mathrm{d}y\mathrm{d}z$ 代入上面的表达式得到

$$p_x\cdot\frac{1}{2}\mathrm{d}y\mathrm{d}z-p_n\cdot\frac{1}{2}\mathrm{d}y\mathrm{d}z+\left(\rho\cdot\frac{1}{6}\mathrm{d}x\mathrm{d}y\mathrm{d}z\right)\cdot X=0$$

方程两边同除以$\frac{1}{2}\mathrm{d}y\mathrm{d}z$，则有

$$p_x-p_n+\rho\cdot\frac{1}{3}\mathrm{d}x\cdot X=0$$

当微元四面体无限缩小到顶点 O 时，$\mathrm{d}x\to0$，则有 $p_x=p_n$，同理，由 $\sum F_y=0$、$\sum F_z=0$ 可以得到 $p_y=p_n$，$p_z=p_n$，所以

$$p_x=p_y=p_z=p_n \tag{2-1}$$

因为在上述对微元体的分析中，倾斜面的方向 n 是任意的，式（2-1）表明：静止流体中，沿各个方向作用于同一点的静压强的大小是相等的，与作用面的方位无关，只是该点空间坐标的连续函数。因此，静止流体中任一点的应力状态可以用流体静压强 p 来表示，p 只是该点坐标的连续函数，即

$$p=p(x,y,z) \tag{2-2}$$

需要指出的是，流体静压力和流体静压强是两个完全不同的概念，流体静压力是流体作用在受压面上的总作用力，是矢量，它的大小和方向均与受压面有关，没有受压面也就谈不上流体静压力，单位是 N。流体静压强是一点上的流体静压力的强度，流体静压强没有方向性，流体静压强 p 是一个标量，在对静压强方向的讨论中，提到的“压强的方向”应理解成作用面上流体压强产生的压力（矢量）方向。

2.2 流体平衡微分方程

2-1 流体平衡微分方程

莱昂哈德·欧拉（图 2-5），瑞士数学家、自然科学家，他是 18 世纪数

学界最杰出的人物之一，不但为数学界作出贡献，更把整个数学推至物理的领域。欧拉于1755年提出可以根据静止流体的受力平衡条件和流体静压强的基本特性，可以建立流体平衡的基本关系式，研究流体静压强的空间分布规律。该方程即流体平衡微分方程，也称为欧拉平衡方程。

2.2.1　流体平衡微分方程的推导

在静止的流体内，任取一点 $O'(x, y, z)$，设该点的压强为 $p=p(x, y, z)$，以 O' 为中心作一个微元直角六面体，正交的各边分别与坐标轴平行，边长分别为 dx、dy、dz，如图 2-6 所示。下面研究它的平衡条件，首先分析作用于此流体微元六面体的力。

图 2-5　莱昂哈德·欧拉

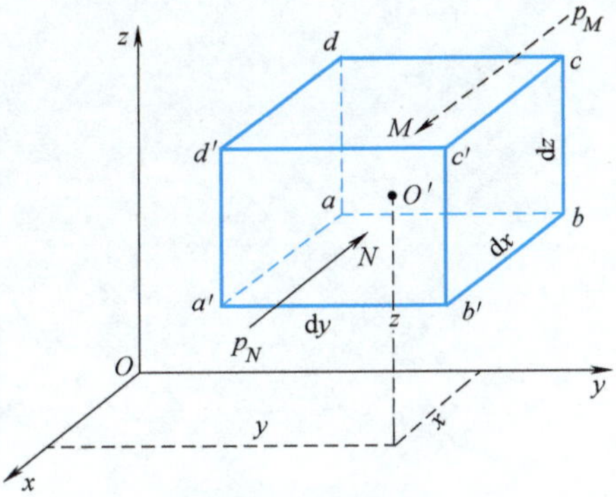

图 2-6　静止流体中的微元六面体

(1) 表面力　根据连续介质模型，压强 p 是坐标的连续函数，当坐标有微小变化时，压强也发生变化，并且可以用泰勒级数表示为

$$p(x+\Delta x, y+\Delta y, z+\Delta z)=p(x, y, z)+\left(\frac{\partial p}{\partial x}\Delta x+\frac{\partial p}{\partial y}\Delta y+\frac{\partial p}{\partial z}\Delta z\right)+\frac{1}{2!}\cdot$$
$$\left(\frac{\partial^2 p}{\partial x^2}\Delta x^2+\frac{\partial^2 p}{\partial y^2}\Delta y^2+\frac{\partial^2 p}{\partial z^2}\Delta z^2+2\frac{\partial^2 p}{\partial x\partial y}\Delta x\Delta y+2\frac{\partial^2 p}{\partial y\partial z}\Delta y\Delta z+2\frac{\partial^2 p}{\partial z\partial z}\Delta z\Delta x\right)+\cdots$$

忽略二阶以上的各项，取泰勒级数的前两项，可以得到

$$p(x+\Delta x, y+\Delta y, z+\Delta z)=p(x, y, z)+\left(\frac{\partial p}{\partial x}\Delta x+\frac{\partial p}{\partial y}\Delta y+\frac{\partial p}{\partial z}\Delta z\right)$$

以 x 方向为例，过 O' 作平行于 x 轴的直线，与平面 $abcd$ 和 $a'b'c'd'$ 分别交于 M、N，则

$$p_M=p\left(x-\frac{dx}{2}, y, z\right)=p-\frac{1}{2}\frac{\partial p}{\partial x}dx,\ p_N=p\left(x+\frac{dx}{2}, y, z\right)=p+\frac{1}{2}\frac{\partial p}{\partial x}dx$$

因为受压面是微小平面，可以认为平面各点所受的压强为均匀分布，P_M、P_N 可以代表作用在相应两个平面上的平均压强，由此，可以推出平面 $abcd$ 和 $a'b'c'd'$ 上的表面力分别为

$$P_M=\left(p-\frac{1}{2}\frac{\partial p}{\partial x}dx\right)\cdot dydz,\ P_N=\left(p+\frac{1}{2}\frac{\partial p}{\partial x}dx\right)\cdot dydz$$

(2) 质量力　以 X、Y、Z 分别表示单位质量力在 x、y、z 轴方向上的分量，六面体的质量为 $m=\rho\cdot dxdydz$，x、y、z 轴方向的质量力分量分别为

$$F_x = X \cdot \rho \mathrm{d}x\mathrm{d}y\mathrm{d}z, F_y = Y \cdot \rho \mathrm{d}x\mathrm{d}y\mathrm{d}z, F_z = Z \cdot \rho \mathrm{d}x\mathrm{d}y\mathrm{d}z$$

根据流体的平衡条件，x 方向的表面力与质量力相平衡，因此有

$$X \cdot \rho \mathrm{d}x\mathrm{d}y\mathrm{d}z + \left(p - \frac{1}{2}\frac{\partial p}{\partial x}\mathrm{d}x\right) \cdot \mathrm{d}y\mathrm{d}z - \left(p + \frac{1}{2}\frac{\partial p}{\partial x}\mathrm{d}x\right) \cdot \mathrm{d}y\mathrm{d}z = 0$$

上式除以微元六面体的质量 $\rho \mathrm{d}x\mathrm{d}y\mathrm{d}z$，化简之后可以得到

$$X - \frac{1}{\rho}\frac{\partial p}{\partial x} = 0 \tag{2-3a}$$

同理，对 y 方向，可以得到

$$Y - \frac{1}{\rho}\frac{\partial p}{\partial y} = 0 \tag{2-3b}$$

对 z 方向，可以得到

$$Z - \frac{1}{\rho}\frac{\partial p}{\partial z} = 0 \tag{2-3c}$$

即

$$\begin{cases} X - \dfrac{1}{\rho}\dfrac{\partial p}{\partial x} = 0 \\ Y - \dfrac{1}{\rho}\dfrac{\partial p}{\partial y} = 0 \\ Z - \dfrac{1}{\rho}\dfrac{\partial p}{\partial z} = 0 \end{cases} \tag{2-4}$$

式（2-4）称为流体平衡微分方程，它给出了处于平衡状态的流体中压强的空间变化率与单位质量力之间的关系。式（2-4）表明：流体处于平衡状态时，单位质量流体所受的表面力与质量力相平衡。式（2-4）适用于静止或相对静止状态下的可压缩与不可压缩流体。

2.2.2　流体平衡微分方程的积分

为了便于应用，可以将流体平衡微分方程改写成用全微分表示的标量形式，将上面三式分别乘以 $\mathrm{d}x$、$\mathrm{d}y$、$\mathrm{d}z$ 后相加，可以得到

$$\frac{\partial p}{\partial x}\mathrm{d}x + \frac{\partial p}{\partial y}\mathrm{d}y + \frac{\partial p}{\partial z}\mathrm{d}z = \rho(X\mathrm{d}x + Y\mathrm{d}y + Z\mathrm{d}z) \tag{2-5}$$

因为平衡流体中压强是坐标的连续函数 $p = p(x, y, z)$，所以式（2-5）的左边是压强 p 的全微分 $\mathrm{d}p$，即

$$\mathrm{d}p = \rho(X\mathrm{d}x + Y\mathrm{d}y + Z\mathrm{d}z) \tag{2-6}$$

式（2-6）是流体平衡微分方程的另一种形式。它既适用于不可压缩流体，也适用于可压缩流体；既适用于绝对静止的流体，也适用于相对静止的流体。

因为式（2-6）的左边是压强的全微分 $\mathrm{d}p$，根据数学分析理论可知，右边也必须是某一函数 $W(x, y, z)$ 的全微分，才能保证静压强积分结果的唯一性。

对式（2-4）中的三个分式交叉求偏导数（ρ 为常数），可以得到

$$\frac{\partial X}{\partial y} - \frac{1}{\rho}\frac{\partial p}{\partial x\partial y} = 0, \frac{\partial X}{\partial z} - \frac{1}{\rho}\frac{\partial p}{\partial x\partial z} = 0$$

$$\frac{\partial Y}{\partial x}-\frac{1}{\rho}\frac{\partial p}{\partial x\partial y}=0,\frac{\partial Y}{\partial x}-\frac{1}{\rho}\frac{\partial p}{\partial y\partial z}=0$$

$$\frac{\partial Z}{\partial x}-\frac{1}{\rho}\frac{\partial p}{\partial z\partial x}=0,\frac{\partial Z}{\partial y}-\frac{1}{\rho}\frac{\partial p}{\partial y\partial z}=0$$

由此可以得到

$$\frac{\partial X}{\partial y}=\frac{\partial Y}{\partial x},\frac{\partial Y}{\partial z}=\frac{\partial Z}{\partial y},\frac{\partial Z}{\partial x}=\frac{\partial X}{\partial z} \tag{2-7}$$

由高等数学的曲线积分定理知道，式（2-7）是表达式 $X\mathrm{d}x+Y\mathrm{d}y+Z\mathrm{d}z$ 为某一函数 W（x，y，z）的全微分的充分必要条件，即

$$\mathrm{d}W=X\mathrm{d}x+Y\mathrm{d}y+Z\mathrm{d}z \tag{2-8}$$

又因为

$$\mathrm{d}W=\frac{\partial W}{\partial x}\mathrm{d}x+\frac{\partial W}{\partial y}\mathrm{d}y+\frac{\partial W}{\partial z}\mathrm{d}z \tag{2-9}$$

所以

$$X=\frac{\partial W}{\partial x},Y=\frac{\partial W}{\partial y},Z=\frac{\partial W}{\partial z} \tag{2-10}$$

式（2-10）表明：函数 $W(x, y, z)$ 对某坐标轴的偏导数等于单位质量力在该坐标轴上的投影。由理论力学概念可知：若某一坐标函数存在，它对各坐标的偏导数分别等于力场的力在对应坐标轴上的分量，则这个函数称为势函数，具有这样势函数的力称为有势力或者保守力。重力、惯性力都是有势力，有势力所做的功与路径无关，只与起点和终点的坐标有关。

由式（2-10）可以知道，函数 $W(x, y, z)$ 是力的势函数。不可压缩流体只有在有势的质量力作用下才能平衡，质量力有势是流体处于静止状态的必要条件。不可压缩流体要维持平衡，只有在有势的质量力作用下才有可能实现。

将式（2-8）代入式（2-6）可以得到

$$\mathrm{d}p=\rho\mathrm{d}W \tag{2-11}$$

在给定质量力的作用下，对式（2-11）进行积分，可以得到平衡流体压强的分布规律

$$p=\rho W+C \tag{2-12}$$

式中，C 为积分常数，由已知边界条件确定。

当流体某一点的压强 p_0，力的势函数 W_0 已知时，可以得到

$$C=p_0-\rho W_0 \tag{2-13}$$

所以

$$p=p_0+\rho(W-W_0) \tag{2-14}$$

式（2-14）为在具有势函数 $W(x, y, z)$ 的某一质量力系的作用下，静止流体内任一点压强 p 的表达式，它表明了平衡流体压强的分布规律：不可压缩均质流体任一点上的压强等于外压强 p_0 与有势的质量力所产生的压强之和。

2.2.3 等压面

1. 等压面方程

静止流体中压强相等的各点组成的面（平面或曲面）称为等压面。

2-2 等压面

根据流体平衡微分方程 $\mathrm{d}p=\rho(X\mathrm{d}x+Y\mathrm{d}y+Z\mathrm{d}z)$，在等压面上各点的压强相等，则有 $\mathrm{d}p=0$，又因为 $p\neq0$，则等压面微分方程为

$$X\mathrm{d}x+Y\mathrm{d}y+Z\mathrm{d}z=0 \tag{2-15}$$

2. 等压面性质

1）在静止不可压缩均质流体中，等压面同时也是等势面。在等压面上，p 为常数，则 $\mathrm{d}p=0$，由 $\mathrm{d}p=\rho\mathrm{d}W$ 可以得到 $\rho\mathrm{d}W=0$，因为 $\rho\neq0$，所以有 $\mathrm{d}W=0$，即 W 为常数。由此得到：在静止流体中，等压面同时也就是等势面，在等压面上力势函数值一定相等。

2）等压面与质量力正交在等压面上，满足等压面方程

$$X\mathrm{d}x+Y\mathrm{d}y+Z\mathrm{d}z=\boldsymbol{f}\cdot\mathrm{d}\boldsymbol{r}=0$$

式中，$\mathrm{d}\boldsymbol{r}$ 是等压面的切平面上沿任意方向的微小位移矢量，$\mathrm{d}\boldsymbol{r}=(\mathrm{d}x\quad\mathrm{d}y\quad\mathrm{d}z)$。$\boldsymbol{f}$ 是单位质量力，$\boldsymbol{f}=(X\quad Y\quad Z)$。根据矢量运算法则，如果 $\boldsymbol{f}\cdot\mathrm{d}\boldsymbol{r}=0$，则必定有 $\boldsymbol{f}\perp\mathrm{d}\boldsymbol{r}$，也就是说，等压面与质量力正交。

3）等压面不能相交。两个等压面如果相交，则在相交处液体将同时有两个静压强值，这是不可能的。

静止流体中，质量力只有重力时，则单位质量力的投影为 $X=0$，$Y=0$，$Z=-g$。

代入等压面方程

$$X\mathrm{d}x+Y\mathrm{d}y+Z\mathrm{d}z=\boldsymbol{f}\cdot\mathrm{d}\boldsymbol{r}=0$$

因为 $g\neq0$，所以 $\mathrm{d}z=0$，即 z 为常数。这表明：静止流体中，质量力只有重力时，等压面是一系列的水平面，都与重力方向垂直。如果静止流体中，质量力除了重力之外，还有其他质量力作用时，则等压面是与质量力的合力正交的非水平面。

3. 水平面是等压面的条件

质量力只有重力时，静止流体中的等压面是一系列的水平面，但静止流体中的水平面不一定都是等压面。静止流体中水平面是等压面必须同时满足以下条件：①流体处于静止状态；②流体是同种流体；③流体互相连通。这三个条件缺一不可，必须同时满足。

在图 2-7a 中，1、2、3、4 点都处于同一水平面上，满足上述 3 个条件，1、2、3 和 4 点的压强相等，是等压面。图 2-7b 中 5 和 6 虽然属于静止、同种液体，但不连续，中间被阀门隔开，5、6 两点压强不相等，5—6 水平面不是等压面。图 2-7c 中 a、b 两点，虽然静止、连续，但不同种，a、b 两点压强也不相等，a—b 水平面也不是等压面，但 7、8 两点满足等压面条件，压强相等，7—8 平面是等压面。

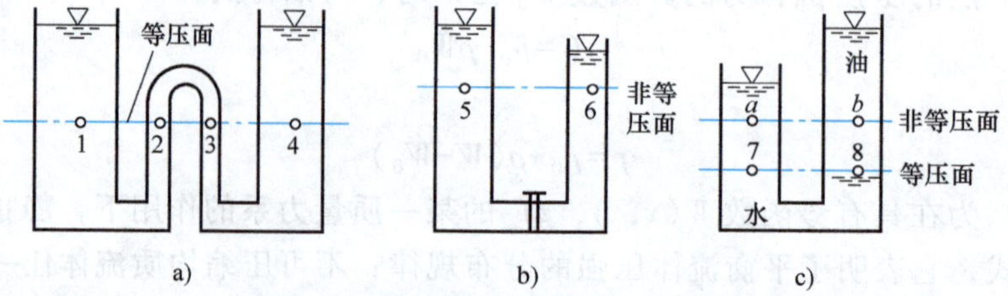

图 2-7　重力场中静止液体的等压面

2.3　重力场中液体静压强的分布规律

2-3　重力场液体静压强的分布规律

青海湖（图 2-8）位于青藏高原东北部、青海省境内，是我国内陆最大

的咸水湖，由祁连山脉的大通山、日月山与青海南山之间的断层陷落形成，是维系青藏高原东北部生态安全的重要水体。作用在青海湖湖水上的质量力只有重力，因此，在流体平衡一般规律的基础上，研究重力作用下液体静压强的分布规律更具有实际意义。

2.3.1 液体静力学基本方程

设重力作用下的静止液体如图 2-9 所示，建立直角坐标系 $Oxyz$，z 轴铅直向上。自由液面（液体与气体的交界面）的位置高度为 z_0，自由液面的压强为 p_0。

液体中任一点的压强可以表示为

$$dp=\rho(X\mathrm{d}x+Y\mathrm{d}y+Z\mathrm{d}z)$$

图 2-8 青海湖

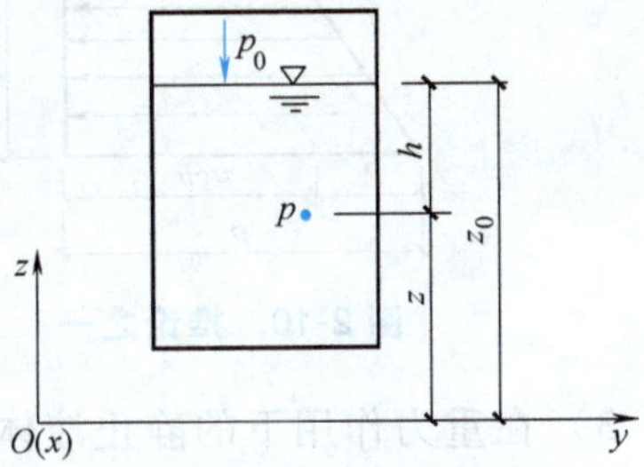

图 2-9 重力场中液体的静压强

当质量力只有重力时，单位质量力在各坐标轴的分量为 $X=0$，$Y=0$，$Z=-g$，代入上式，可以得到

$$dp=-\rho g\mathrm{d}z$$

对于不可压缩的均质液体来说，密度 ρ 为常数，对上式积分，可得

$$p=-\rho gz+C$$

式中，C 为积分常数，由边界条件确定。

由 $z=z_0$ 时 $p=p_0$ 可以求得 $C=p_0+\rho gz_0$，回代公式得

$$p=p_0+\rho gz_0-\rho gz=p_0+\rho g(z_0-z)$$

令 $h=z_0-z$，可以得到

$$p=p_0+\rho gh \tag{2-16}$$

式中，p 为静止液体中某点的压强；p_0 为液体表面压强，对于液面通大气的开口容器，p_0 为大气压强；h 为液体中某点到液面的距离，称为淹没深度，$h=z_0-z$；ρ 为液体的密度；g 为重力加速度。

式（2-16）就是重力作用下的液体平衡方程，称为液体静力学基本方程。它表明静止液体中任一点的静压强 p 由两部分组成：一部分是液体自由表面上的压强 p_0；另一部分是 ρgh，相当于单位面积上高度为 h 的液柱的重量。液体静力学基本方程适用于在重力作用下的连续均质平衡液体。

2.3.2 液体静力学基本方程推论

由液体静力学基本方程 $p=p_0+\rho gh$，可以得到以下推论。

1）在重力作用下的静止液体中，压强 p 随深度 h 按线性规律变化，如图 2-10 所示。

2）在重力作用下，液体静压强的大小与液体的体积没有直接关系。也就是说，盛有相同液体的容器，各容器的容积不同，液体的重量不同，但只要深度 h 相同，则容器底面上各点的压强就相同。

如图 2-11 所示，3 个容器内分别装有相同的液体，它们的容积不相等，所装液体的体积也不相同，但液体的深度相同，3 个容器底面上各点的压强相同。

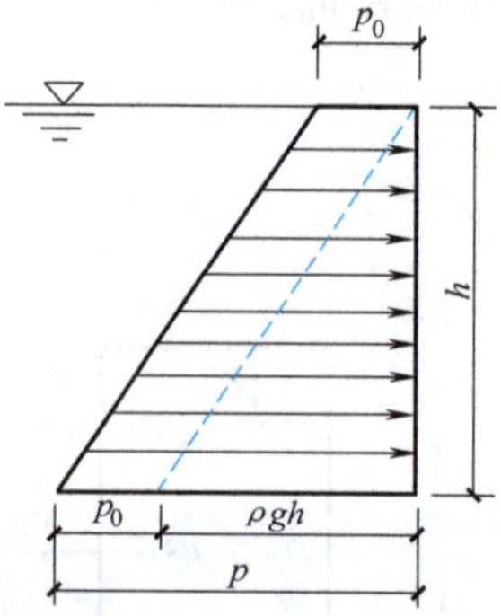

图 2-10　推论之一

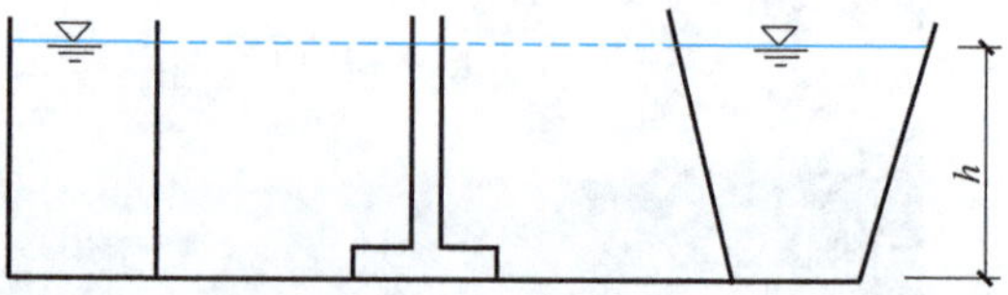

图 2-11　推论之二

3）在重力作用下的静止液体中，任意两点的压强差等于这两点间单位面积垂直液柱的重量。如图 2-12 所示，A、B 是静止液体内任意两点，根据液体静力学基本方程 $p=p_0+\rho gh$，A 点、B 点的压强可以分别表示为

$$p_A=p_0+\rho gh_A,\ p_B=p_0+\rho gh_B$$

则

$$p_B-p_A=\rho gh_B-\rho gh_A=\rho g(h_B-h_A)=\rho gh_{AB}$$

4）布莱士·帕斯卡（图 2-13）是法国数学家、物理学家、哲学家、散文家，他于 1653 年提出了帕斯卡定律，并利用这一原理制成水压机。

帕斯卡定理为：在平衡状态下，液体内（包括边界上）任意点压强的变化，都会等值地传递到液体的其他各点。在图 2-12 中，液体内任意点 B 的压强用 A 的压强可以表示为

$$p_B=p_A+\rho gh_{AB}$$

在平衡状态下，设 A 点的压强增加了 Δp，变成了 $p_A+\Delta p$，相应地 B 点的压强变为

$$p_B'=(p_A+\Delta p)+\rho gh_{AB}=p_A+\rho gh_{AB}+\Delta p=p_B+\Delta p \tag{2-17}$$

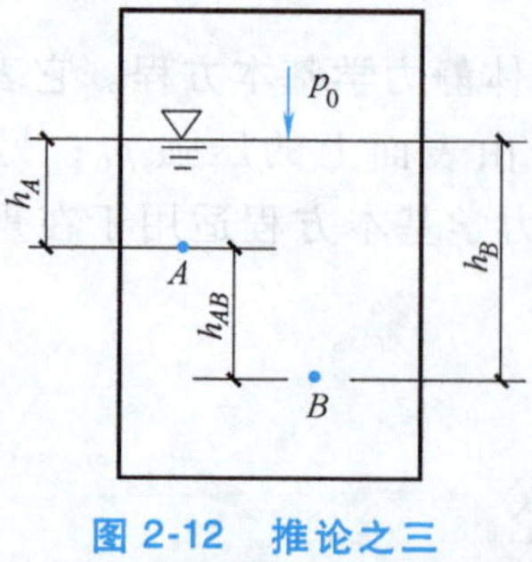

图 2-12　推论之三

图 2-13　布莱士·帕斯卡

【例 2.1】 1961 年 12 月，江南造船厂成功地建成了国内第一台自由锻造水压机，为我国重型机械工业填补了一项空白，如图 2-14a 所示。自由锻造水压机小活塞的面积 $A_1=2\text{cm}^2$，大活塞的面积 $A_2=2\text{m}^2$。在平衡状态下，在小活塞上施加 $P_1=200\text{N}$ 的压力，如图 2-14b 所示，试问大活塞产生的总压力 P_2 是多少？

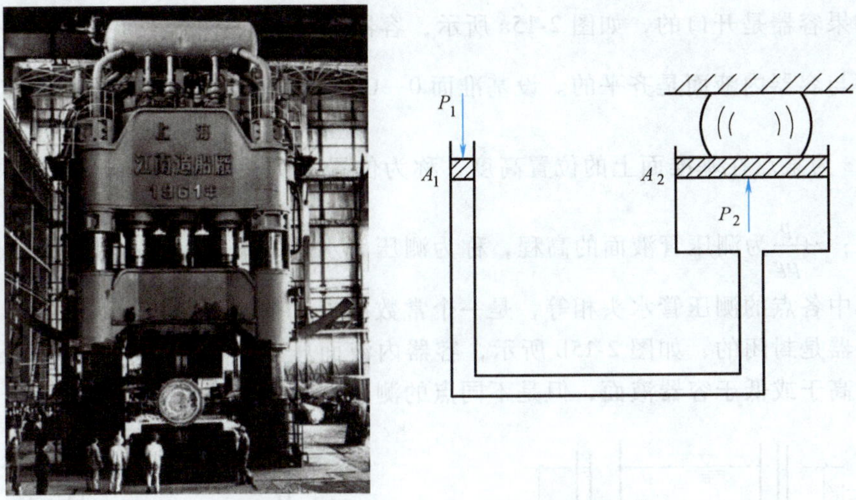

a)　　b)

图 2-14　例 2.1

a）第一台自由锻造水压机　b）示意图

【解】 因小活塞加压，在小活塞与工作液体的接触面上增加的压强为

$$\Delta p=\frac{P_1}{A_1}=\frac{200}{2\times10^{-4}}\text{Pa}=1000\text{kPa}$$

根据帕斯卡原理，Δp 将等值地传到大活塞上，故大活塞产生的总压力为

$$P_2=\Delta pA_2=1000\times2\text{kN}=2000\text{kN}$$

2.3.3　液体静力学基本方程的能量形式及其意义

在重力场中，液体的平衡微分方程可以表示为 $\text{d}p=-\rho g\text{d}z$，它可以改写为

$$\text{d}z+\frac{\text{d}p}{\rho g}=0$$

对上面的式子进行积分，可以得到液体静力学基本方程的另外一种形式

$$z+\frac{p}{\rho g}=C \tag{2-18}$$

式中，C 为积分常数，由边界条件确定。

式（2-18）说明：在重力作用下，静止液体中任一点的 $z+\frac{p}{\rho g}$ 值总是一个常数。

对于静止液体内部任意两点 1、2，则有

$$z_1+\frac{p_1}{\rho g}=z_2+\frac{p_2}{\rho g} \tag{2-19}$$

式（2-18）也称为液体静力学基本方程，它是以能量的形式表示的，方程中的各项都具有一定的几何意义和物理意义。

1. 几何意义

在工程流体力学中，通常用水头来表示液柱的高度。

在一个容器侧壁上开一个小孔，然后接一根上端与大气相通的玻璃管，这样就形成一根测压管。如果容器是开口的，如图 2-15a 所示，容器内静止液体的表面受大气压作用，则测压管内液面与容器内液面是齐平的。设基准面 0—0，则测压管液面到基准面高度由 z 和 $\frac{p}{\rho g}$ 两部分组成：z 为某点在基准面上的位置高度，称为位置水头；$\frac{p}{\rho g}$ 为该点压强的液柱高度，称为压强水头；$z+\frac{p}{\rho g}$ 为测压管液面的高程，称为测压管水头；$z+\frac{p}{\rho g}=C$ 表示在重力作用下，同一静止液体中各点的测压管水头相等，是一个常数。

如果容器是封闭的，如图 2-15b 所示，容器内液面压强 p_0 大于或小于大气压 p_a，则测压管液面会高于或低于容器液面，但是不同点的测压管水头仍是常数。

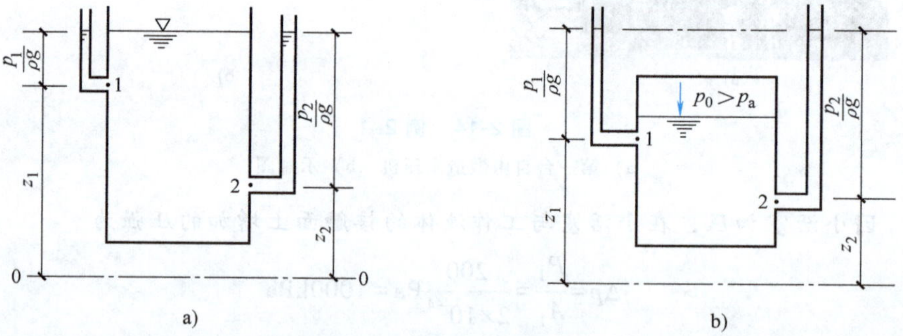

图 2-15 测压管水头

a）开口容器的水头 b）闭口容器的水头

2. 物理意义

z——单位重量液体所具有的、相对于基准面的位置势能，简称位能。设物体的重量为 G，把该物体从基准面移到高度 z 后，该物体具有的位能 $G\cdot z$。对于单位重量而言，位能则为 $\frac{G\cdot z}{G}=z$，它具有长度单位，基准面不同，z 值也不同。

$\frac{p}{\rho g}$——单位重量液体以大气压为基准算起所具有的压强势能，简称压能。压能也是一种势能。如果液体中某点的压强为 p，在该处安装测压管后，在压强 p 作用下，液面上升高度为 $\frac{p}{\rho g}$。对于重量为 G、压强为 p 的液体，在测压管中上升 $\frac{p}{\rho g}$ 后，位置势能的增量 $G\cdot\frac{p}{\rho g}$ 就是原来液体所具有的压强势能，对于单位重量而言，压强势能就是 $\frac{p}{\rho g}$。

$z+\frac{p}{\rho g}$——单位重量液体具有的总势能，即位能与压能之和。

$z+\frac{p}{\rho g}=C$——在静止液体中各点单位重量液体具有的总势能相等。

2.4　流体压强的量测

2-4 液体压强的量测

2.4.1　压强的表示方法

流体压强的大小可以从不同的基准面（压强值为零的参考状态）算起，根据选取的计量基准面的不同，压强的大小可以分别用绝对压强、相对压强和真空压强来表示。

（1）绝对压强与相对压强　绝对压强是以没有气体存在绝对真空状态（无任何分子存在的极限低压状态）作为基准点起算的压强，用 p_{abs} 表示。相对压强是以当地大气压强为基准起算的压强，用 p 表示。设当地的大气压强为 p_a，则绝对压强和相对压强之间具有下列关系式

$$p_{abs}=p_a+p \tag{2-20}$$

$$p=p_{abs}-p_a \tag{2-21}$$

公式表明：绝对压强和相对压强之间，相差一个当地大气压强。

工程中使用的测量压强的仪表——压力表，因为测量元件处于大气压作用之下，测得的压强值是该点的绝对压强超过当地大气压强的部分，即相对压强，因此相对压强又称为表压强、计示压强。在实际工程中，建筑物表面和自由液面多与大气相接触，受到大气压强 p_a 的作用，所以对建筑物起作用的压强仅是相对压强。

（2）真空压强　实际情况下的压强不可能低于绝对真空状态下的压强，因此绝对压强 p_{abs} 的数值总是正的。而相对压强 p 的数值可正可负，取决于所计量的压强相对于当地大气压强的高低。当绝对压强 p_{abs} 高出当地大气压强 p_a 时，相对压强 p 为正，称为正压状态。当绝对压强 p_{abs} 低于当地大气压强 p_a 时，相对压强 p 为负，称为负压状态或真空状态。

在真空状态下，当地大气压强 p_a 与绝对压强 p_{abs} 的差值称为真空压强，用 p_v 来表示

$$p_v=p_a-p_{abs}=-p \tag{2-22}$$

真空压强反映了接近绝对真空状态的程度，p_v 值越大，表示压强越低，越接近绝对真空状态。真空压强是随着绝对压强的减小而增大的，当 $p_{abs}=0$ 时，达到最大，$p_{vmax}=p_a$；当 $p_{abs}=p_a$ 时，$p_{vmin}=0$，因此，真空压强恒为正。

真空压强的大小也可以用真空高度 h_v 来表示，即

$$h_v=\frac{p_v}{\rho g} \tag{2-23}$$

（3）绝对压强、相对压强与真空压强的关系　绝对压强、相对压强与真空压强的关系如图 2-16 所示。

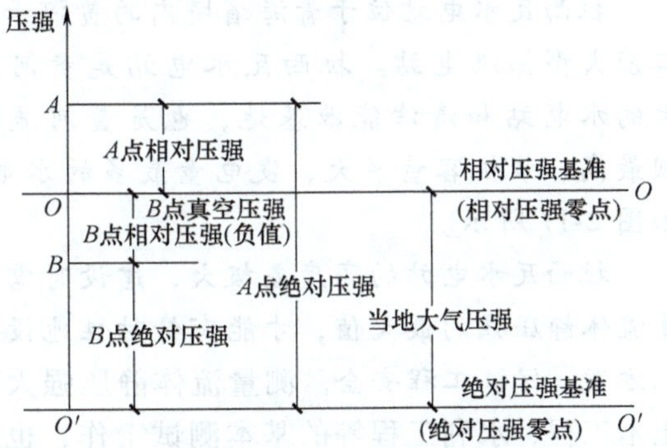

图 2-16　绝对压强、相对压强与真空压强的关系

2.4.2　压强的量度单位

常用的压强量度单位有 3 种。

（1）应力单位　从压强的基本定义出发，用单位面积上的流体承受的压力来表示。国际单位为 N/m^2 或者 Pa，$1\ N/m^2 = 1Pa$。

（2）液柱高度　根据流体静力学基本方程可知：$\gamma=\rho g$ 一定时，某点的压强大小取决于该点的淹没深度 h，即液柱的高度，所以压强也可以用液柱高度 $h=\frac{p}{\rho g}$ 来表示。常用的液柱高度有水柱高度和汞柱高度，压强单位分别为 mH_2O 和 mmHg。

（3）以大气压为单位　大气压也是工程中常用的计量单位。在物理学上，通常把北纬45°海平面上、气温为0℃时的大气压强称为标准大气压，用 atm 表示。一个标准大气压的大小相当于760mm 水银柱对其柱底产生的压强，或相当于10.336m 水柱对其柱底产生的压强，即

$$1atm = 1.01325\times10^5 Pa = 760mmHg = 10.336mH_2O$$

工程上为计算方便，常以工程大气压（at）作为压强的单位。一个工程大气压的大小规定为相当于736mmHg 或 $10mH_2O$ 对其柱底所产生的压强，即

$$1at = 9.8\times10^4 Pa = 10mH_2O = 736mmHg$$

需要说明的是：液柱高度单位和大气压单位在国家标准中不是压强的法定计量单位，压强的法定计量单位是 Pa。大气压是计量压强的一种单位，它的值是固定的，而大气压强是指某地大气产生的压强，其值是变化的，随当地的地势和温度而变，因此，大气压和大气压强是两个不同的概念。

（4）换算关系　表2-1列出了压强度量单位之间的换算关系。

表 2-1　压强度量单位之间的换算关系

压强度量方法	单位名称	单位	单位换算关系
应力单位法	帕	Pa	$1\ Pa = 1N/m^2$
液柱高度法	米水柱	mH_2O	$1mH_2O = 9.8\times10^3$ Pa
	毫米汞柱	mmHg	$1mmHg = 1.333\times10^2$ Pa
大气压法	标准大气压	atm	$1atm = 1.0325\times10^5$ Pa
	工程大气压	at	$1at = 9.8\times10^4$ Pa

2.4.3　流体压强的量测

拉西瓦水电站位于青海省境内的黄河干流上，是黄河上游龙羊峡至青铜峡河段规划的第二座大型梯级电站。拉西瓦水电站是黄河上最大的水电站和清洁能源基地，也是黄河流域大坝最高、装机容量最大、发电量最多的水电站，如图2-17所示。

图 2-17　拉西瓦水电站

拉西瓦水电站的高度差极大，建设时需要测量流体静压强的最大值，才能有针对性地设计工程方案，保证工程安全。测量流体静压强大小是土木工程、水利工程等的基本测试工作，也是流体力学实验的重要内容。测量压强的仪器主要有

3种：金属式、电测式和液柱式，以下重点介绍液柱式测压计。液柱式测压计是根据流体静力学的压强分布规律与等压面原理，利用液柱高度的变化来测量流体的压强或压差的仪器。这类仪器具有构造简单、方便可靠、测量精度高等优点，缺点是量程小，只能测量较小的压强，一般用于低压实验场所。常见的液柱式测压计主要有测压管、U形水银测压计、压差计。

1. 测压管

测压管是直接用同种液体的液柱高度来测量液体中静压强的仪器，如图2-18所示。简单的测压管是一支两端开口的玻璃管，一端连接在与待测点A等高的容器壁上，另一端与大气相通。

在A点压强p_A的作用下，测压管中的液面将上升直到维持平衡，此时测压管中的液面高度$h_A=\dfrac{p_A}{\rho g}$。因此，要测量A点的压强，只要测量出测压管液面的高度h_A，就可以算出A点的相对压强$p_A=\rho g h_A$。

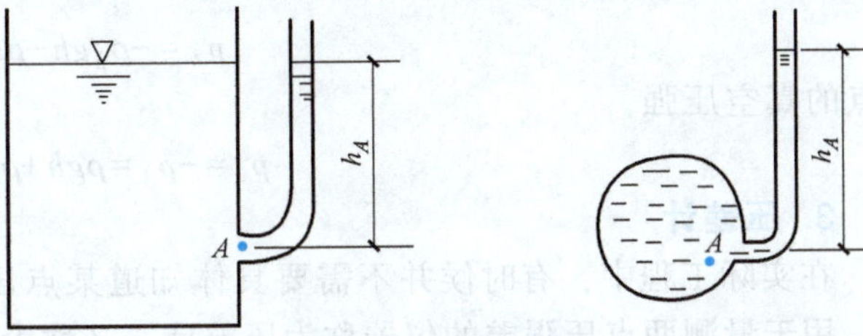

图2-18 测压管

需要说明的是：测压管只能测出A点的压强，液体中其他不同深度处的压强可以按静止液体压强的分布规律和等压面的原理求得。

2. U形水银测压计

1896年，世界上第一个真正意义上的血压计诞生，由意大利科学家里瓦·罗基发明。这个血压计由橡皮球、橡皮囊袖带、装有水银的玻璃管3部分组成。测量血压时只需将橡皮囊袖带缠绕在上臂，捏压橡皮球，然后观察玻璃管水银跳动的高度，即可推测出血压数值。里瓦·罗基和他发明的血压计如图2-19所示。

人们根据血压计的原理，设计出了U形水银测压计。U形水银测压计是一个U形测压管，如图2-20所示，管内装有水银，管的一端与待测点相连，另一端开口与大气相通。

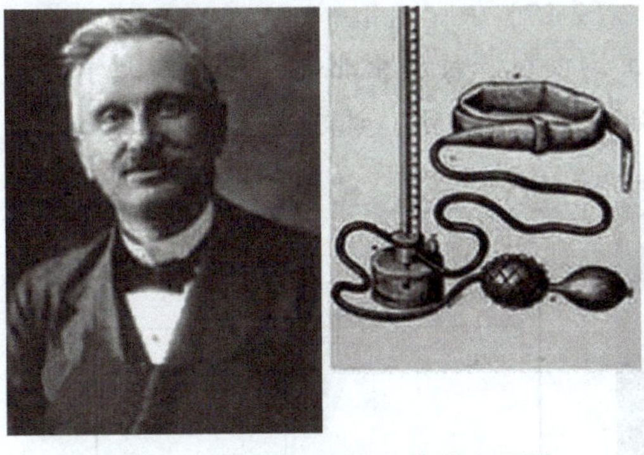
图2-19 里瓦·罗基和他的血压计

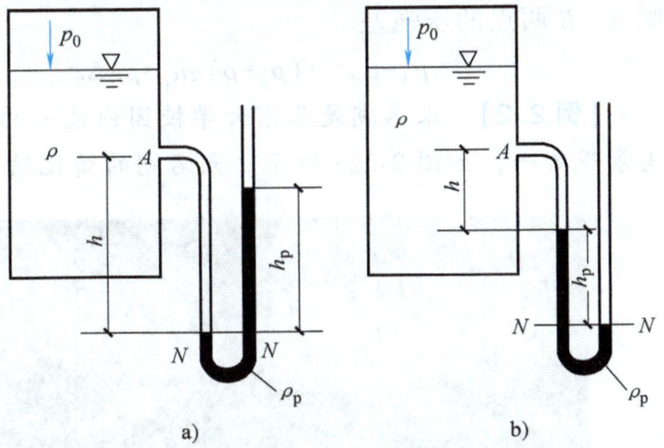

图2-20 U形水银测压计

图2-20a表示压强p大于大气压强的情况。在A点的压强p_A作用下，U形管内左管的水银面将下降，右管的水银面将上升，一直到平衡时为止，形成U形管水银面内低外高，右管的水银面将比左管的水银面高出h_p。设容器中液体的密度为ρ，水银的密度为ρ_p，容器内液面压强为p_0。由于U形管底部充满水银，水平面$N—N$是一个等压面，在$N—N$面上：

U 形管的左边 $p_N=p_A+\rho gh$

U 形管的右边 $p_N=\rho_p gh_p$

由 $p_A+\rho gh=\rho_p gh_p$ 可以得出

$$p_A=-\rho_p gh_p-\rho gh \tag{2-24}$$

图 2-20b 表示压强 p 小于大气压强的情况。当测点 A 为真空状态时，在大气压作用下，U 形管水银面内高外低，测压计的读值为 h_p，由等压面 $N—N$，有

$$p_A+\rho gh+\rho_p gh_p=0$$

则有

$$p_A=-\rho_p gh-\rho gh \tag{2-25}$$

A 点的真空压强

$$p_v=-p_A=\rho gh+\rho_p gh_p \tag{2-26}$$

3. 压差计

在实际工程中，有时候并不需要具体知道某点压强的大小，而是需要了解某两点的压强差，用于量测两点压强差的仪器称为压差计，又称为比压计。常用的压差计有空气压差计、水银压差计和斜管压差计。当量测较小的压差时用空气压差计和斜管压差计。如果需要量测比较大的压差时用水银压差计。压差计量测压强时依据的原理是：位于同一静止液体、同一水平面上的各点压强应相等。

如图 2-21 所示，A、B 两点为待测点，用 U 形管与它们相连。U 形管的底部装满水银，在 A、B 两点压强差的作用下，压差计内的水银面将产生一定的高度差 h_p。取 0—0 为基准面，待测点 A、B 到基准面的高度分别为 z_A、z_B，A、B 两待测点的高度差为 $\Delta z=z_B-z_A$。作等压面 $M—N$，则有

$$p_M=p_A+\rho g(x+h_p),\ p_N=p_B+\rho g(\Delta z+x)+\rho_p gh_p$$

由 $p_M=p_N$ 得到

$$p_A+\rho g(x+h_p)=p_B+\rho g(\Delta z+x)+\rho_p gh_p$$

则 A、B 两点的压强差

$$p_A-p_B=+(\rho_p-\rho)gh_p+\rho g\Delta z \tag{2-27}$$

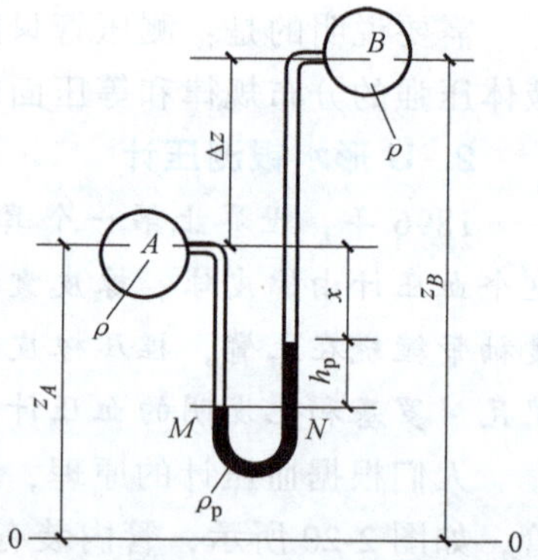

图 2-21 水银压差计

【例 2.2】 未名湖是北京大学校园内最大的人工湖，位于校园中北部，是北京大学的标志景观之一，如图 2-22a 所示。未名湖的简化结构如图 2-22b 所示，试求水深 $h=3$m 处的相

图 2-22 例 2.2

a) 北京大学未名湖 b) 未名湖简化结构

对压强和绝对压强。已知当地大气压 $p_a=98000\text{Pa}$。

【解】 该点的相对压强为

$$p=\rho gh=1000\times9.8\times3\text{Pa}=29400\text{Pa}$$

该点的绝对压强为

$$p_{abs}=p_a+p=(98000+29400)\text{Pa}=127400\text{Pa}$$

【例 2.3】 水箱具有调蓄功能，能够降低水厂供水的时变化系数，并方便水厂管理和供水泵房调度，如图 2-23a 所示。现有一封闭水箱，如图 2-23b 所示，已知水面上压强 $p_0=85\text{kPa}$，当地大气压强 $p_a=98\text{kPa}$，$\rho=1000\text{kg/m}^3$，试求水面下 $h=1\text{m}$ 点 C 的绝对压强、相对压强和真空压强。

a)

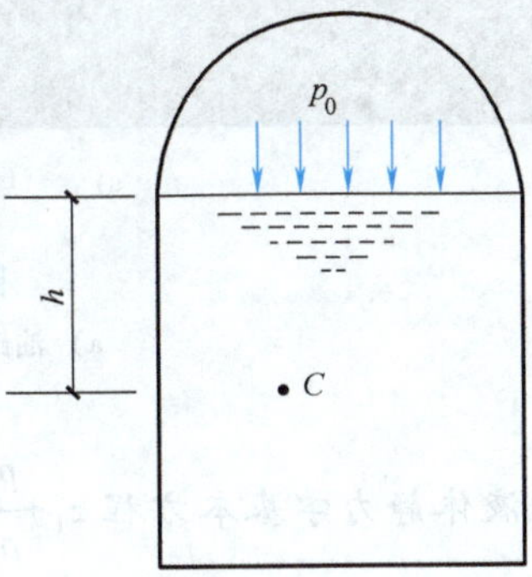

b)

图 2-23 例 2.3

a）封闭水箱 b）示意图

【解】 由压强公式 $p=p_0+\rho gh$ 得 C 点绝对压强为

$$p_{abs}=p_0+\rho gh=(85\times1000+1000\times9.8\times1)\text{Pa}=94800\text{Pa}=94.8\text{kPa}$$

由公式 $p_{abs}=p+p_a$ 得到 C 点的相对压强为

$$p=p_{abs}-p_a=(94.8-98)\text{kPa}=-3.2\text{kPa}$$

相对压强为负值，说明 C 点存在真空。

相对压强的绝对值等于真空压强，即 $p_v=-p=3.2\text{kPa}$。

【例 2.4】 U 形管压差计是根据流体静力学原理将压力信号转变为液柱高度信号，常使用水、酒精或水银作为测压工质。用 U 形管水银压差计测量水管 A、B 两点的压强差，如图 2-24b 所示，已知两测点的高差 $\Delta z=0.4\text{m}$，压差计的读值 $h_p=0.2\text{m}$。试求 A、B 两点的压强差。

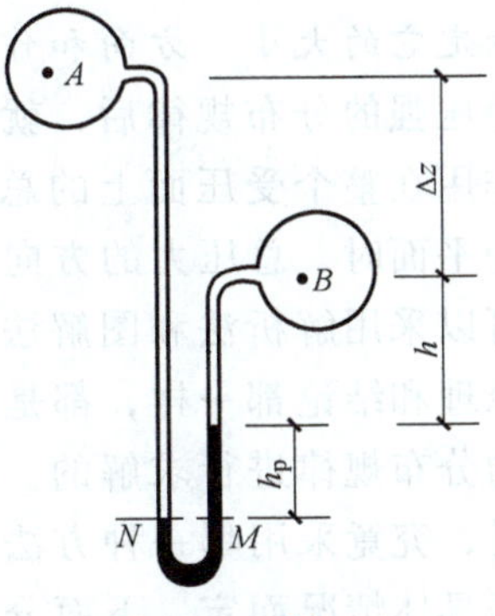

图 2-24 例 2.4

【解】 设高度 h，作等压面 MN，由 $p_N=p_M$ 得

$$p_A=\rho g(\Delta z+h+h_p)=p_B+\rho gh+\rho_p gh_p$$

A、B 两点的压强差

$$\begin{aligned}p_A-p_B&=\rho_p gh_p-\rho gh_p-\rho g\Delta z=(\rho_p-\rho)gh_p-\rho g\Delta z\\&=(13.6\times1000-1000)\times9.8\times0.2\text{kPa}-1000\times9.8\times0.4\text{kPa}=20.78\text{kPa}\end{aligned}$$

【例 2.5】 为了解决郊区人民加油难的问题，某市在郊区新修建了多个加油站，加油站的油罐安装如图 2-25a 所示。封闭油罐内油的密度 $\rho=800\text{kg/m}^3$，1、2 两点的压强分别为 $p_1=64\text{kPa}$、$p_2=79.68\text{kPa}$，如图 2-25b 所示。求 1、2 两点的高差 Δz。

a)

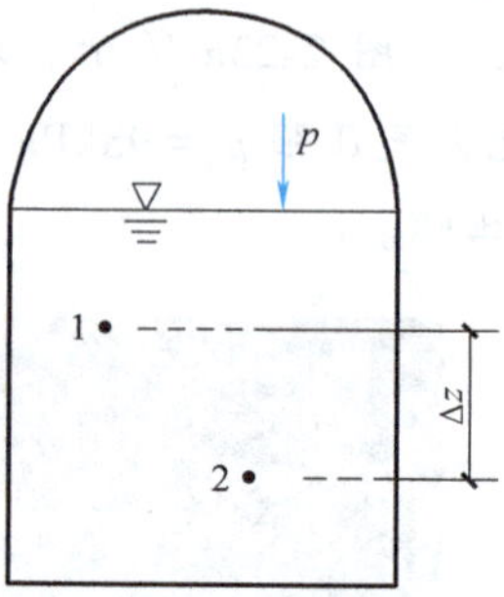

b)

图 2-25 例 2.5

a）油罐正在安装 b）示意图

【解】 由液体静力学基本方程 $z_1+\dfrac{p_1}{\rho g}=z_2+\dfrac{p_2}{\rho g}$ 知 1、2 两点的高差

$$\Delta z=z_2-z_1=\frac{p_2}{\rho g}-\frac{p_1}{\rho g}=\left(\frac{79680}{1000\times9.8}-\frac{64000}{1000\times9.8}\right)\text{m}=2\text{m}$$

2-5 解析法求静止液体作用在平面上的总压力

2.5 静止液体作用在平面上的总压力

胶州湾大桥是山东省青岛市境内黄岛区、城阳区、李沧区及胶州市的跨海通道，是目前世界上最长的跨海大桥，是山东省“五纵四横一环”公路网上框架的重要组成部分，如图 2-26 所示。

图 2-26 胶州湾大桥

胶州湾大桥在设计之初，需要计算结构表面（平面或曲面）上的液体总压力，确定它的大小、方向和作用点。已知液体静压强的分布规律后，就可以计算出液体作用在整个受压面上的总压力。当作用面为平面时，总压力的方向与作用点的计算可以采用解析法和图解法，这两种方法的原理和结论都一样，都是根据液体静压强的分布规律进行求解的。在解决实际问题时，究竟采用哪一种方法比较方便，要根据具体情况而定。下面分别介绍解析法和

图解法这两种方法。

2.5.1 解析法

解析法是根据理论力学和数学的分析方法，来求出作用在平面上的总压力P。

1. 总压力的大小和方向

设有一任意形状平面，倾斜放置在静止液体中，与水平面的夹角为α，面积为A，左边承受液体压力，右边承受大气压力，建立坐标系，以平面的延伸面与水平液面的交线为Ox轴，Oy轴垂直于x轴向下，如图2-27所示。

为了便于分析，将平面所在的坐标面绕Oy轴旋转90°，从而显示出平面的几何形状。

在受压面上，围绕任一点（h，y）取一个微元面积dA，液体作用在dA上的微小压力dP为

$$dP=\rho gh \cdot dA=\rho gy\sin\alpha \cdot dA$$

因为平面是由无数微元面积构成，作用在各微元面上的力都垂直于微元平面，它们构成了平行力系，作用在平面上的总压力是平行力系的合力，即

$$P=\int_A dP=\rho g\sin\alpha \cdot \int_A y dA$$

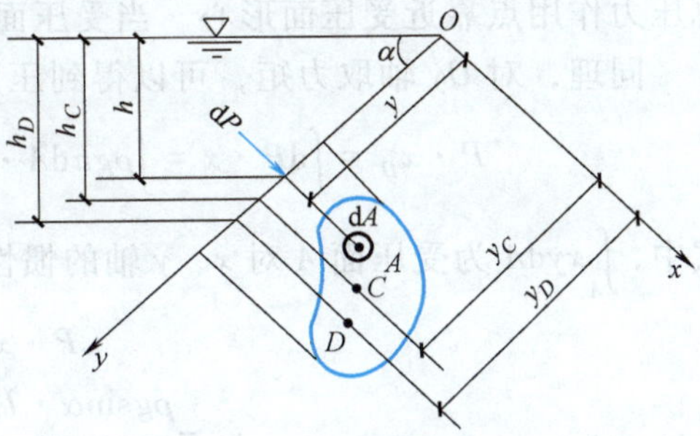

图2-27 平面上总压力

式中，积分$\int_A ydA$是受压面A对Ox轴的静矩，

它等于受压面面积A与其形心C到x轴的距离y_C的乘积，即$\int_A ydA=Ay_C$，代入上式，可以得到

$$P=\rho g\sin\alpha \cdot Ay_C=\rho gy_C \cdot \sin\alpha \cdot A=\rho gh_C \cdot A=p_CA \tag{2-28}$$

式中，P为平面上静水总压力；y_C为受压面的形心到Ox轴的距离；h_C为受压面形心点的淹没深度；p_C为受压面形心点的压强。

式（2-28）表明：作用在任意方位、任意形状平面上的静水总压力的大小等于受压面面积与其形心点所受静压强的乘积，形心点的静压强就是整个作用面上的平均压强。总压力P的方向与dP方向相同，沿受压面的内法线方向。

2. 总压力的作用点

总压力的作用线与平面的交点称为压力中心。设总压力作用点（压力中心）为D，它的坐标为（x_D，y_D）。根据理论力学中的合力矩定理（合力对任一轴的力矩等于各分力对该轴的力矩之和），对Ox轴取矩，得到

$$P \cdot y_D=\int dP \cdot y=\int \rho ghdA \cdot y=\int \rho gy\sin\alpha \cdot dA \cdot y=\rho g\sin\alpha\int_A y^2dA$$

式中，积分$\int_A y^2dA$为受压面A对Ox轴的惯性矩，记为$I_x=\int_A y^2dA$，代入上式，可以得到

$$P \cdot y_D=\rho g\sin\alpha \cdot I_x$$

所以

$$y_D=\frac{\rho g\sin\alpha \cdot I_x}{P}=\frac{\rho g\sin\alpha \cdot I_x}{\rho g\sin\alpha \cdot y_C \cdot A}=\frac{I_x}{y_CA}$$

将惯性矩平行移轴公式 $I_x=I_C+y_C^{\ 2}A$ 代入上式，可以得到

$$y_D=y_C+\frac{I_C}{y_CA} \tag{2-29}$$

式中，y_D 为总压力作用点到 Ox 轴的距离；y_C 为受压面形心到 Ox 轴的距离；I_C 为受压面对平行 Ox 轴的形心轴的惯性矩；A 为受压面的面积。

因为$\frac{I_C}{y_CA}$总是一个正值，所以 $y_D>y_C$，也就是说，总压力作用点 D 总是在平面形心点 C 之下，这是压强随淹没深度增加的结果。随着受压面淹没深度的增加，y_C 增大，$\frac{I_C}{y_CA}$减小，总压力作用点靠近受压面形心。当受压面水平放置时，总压力作用点与受压面的形心重合。

同理，对 Oy 轴取力矩，可以得到压力中心 D 到 Oy 轴的距离 x_D

$$P\cdot x_D=\int \mathrm{d}P\cdot x=\int \rho gh\mathrm{d}A\cdot x=\int \rho gy\sin\alpha\cdot \mathrm{d}A\cdot x=\rho g\sin\alpha\int_A xy\mathrm{d}A$$

式中，$\int_A xy\mathrm{d}A$ 为受压面 A 对 x、y 轴的惯性积，记为 $I_{xy}=\int_A xy\mathrm{d}A$。

$$P\cdot x_D=\rho g\sin\alpha\cdot I_{xy}$$

$$x_D=\frac{\rho g\sin\alpha\cdot I_{xy}}{P}=\frac{\rho g\sin\alpha\cdot I_{xy}}{\rho g\sin\alpha\cdot y_{xy}\cdot A}=\frac{I_{xy}}{y_{xy}A}$$

由 $I_{xy}=I_{xCyC}+x_Cy_C\cdot A$ 得到

$$x_D=\frac{I_{x_Cy_C}+x_Cy_C\cdot A}{y_C\cdot A}=x_C+\frac{I_{x_Cy_C}}{y_CA} \tag{2-30}$$

式中，x_C 为受压面形心到 Oy 轴的距离；$I_{x_Cy_C}$ 为受压面对平行于 x、y 轴的形心轴的惯性积，$I_{x_Cy_C}=\int_A x_Cy_C\mathrm{d}A$。因为惯性积 $I_{x_Cy_C}$ 可正可负，所以 x_D 可能大于或小于 x_C，即压力中心 D 可能位于形心 C 的左边或者右边。

在实际工程中，受压面多为轴对称平面（与 Oy 轴平行），如矩形、梯形、圆形等。总压力 P 的作用点 D 必然位于该对称轴上，这种情况只需算出 y_D，不需要计算 x_D，作用点的位置便完全确定，如果受压面为非对称平面，还需要求出 x_D，才可以确定压力中心 D 点的位置。

常见图形的几何特征量，见表 2-2。

表 2-2　常见图形的几何特征量

几何图形名称	面积 A	形心坐标 l_c	对通过形心轴的惯性矩 I_c	几何图形名称	面积 A	形心坐标 l_c	对通过形心轴的惯性矩 I_c
矩形 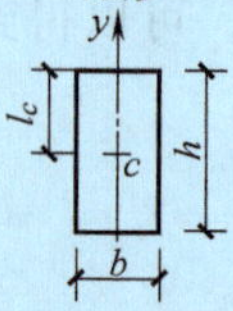	bh	$\frac{1}{2}h$	$\frac{1}{12}bh^3$	梯形 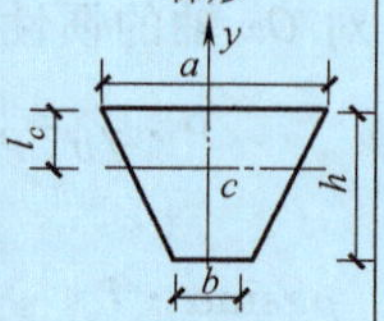	$\frac{h}{2}(a+b)$	$\frac{h\ (a+2b)}{3\ (a+b)}$	$\frac{h^3}{36}\left(\frac{a^2+4ab+b^2}{a+b}\right)$

（续）

几何图形名称	面积 A	形心坐标 l_c	对通过形心轴的惯性矩 I_c	几何图形名称	面积 A	形心坐标 l_c	对通过形心轴的惯性矩 I_c
三角形 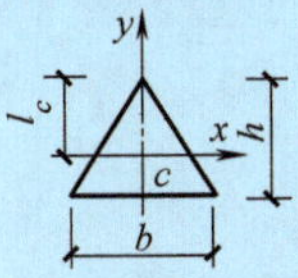	$\frac{1}{2}bh$	$\frac{2}{3}h$	$\frac{1}{36}bh^3$	圆 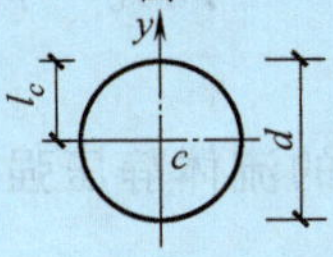	$\frac{\pi}{4}d^2$	$\frac{d}{2}$	$\frac{\pi}{64}d^4$
半圆 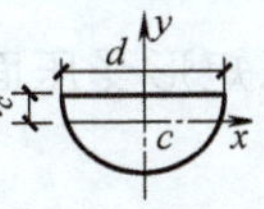	$\frac{\pi}{8}d^2$	$\frac{4r}{3\pi}$	$\frac{(9\pi^2-64)}{72\pi}r^4$	椭圆 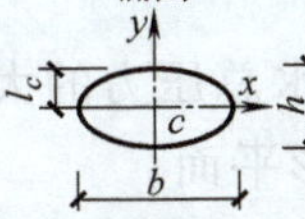	$\frac{\pi}{4}bh$	$\frac{h}{2}$	$\frac{\pi}{64}bh^3$

2.5.2　图解法

对于规则的平面，特别是矩形平面，采用图解法能够很方便地求得液体总压力的大小和作用位置。图解法具有直观、便捷、便于对受压结构物进行受力分析的优点。图解法的步骤是先绘出静压强分布图，然后根据静压强分布图确定总压力。

静压强分布图是根据液体静力学基本方程和流体静压强的两个特性，绘出受压面上各点的静压强大小及方向的图形。在压强分布图中，各点的压强由一带箭头的线段来表示，箭头的方向沿作用面的内法线方向，线段的长度与该点的压强大小成比例。因为建筑物通常处在大气中，所以工程设计中只需要绘制相对压强的分布图。对于通大气的开敞容器，流体的相对压强为 $p=\rho gh$，沿深度呈直线分布，只要给出上、下两点的压强，中间以直线相连，就能得到相对压强分布图。压强分布图通常绘制在受压面承压的一侧，常见的静压强分布图如图 2-28 所示。

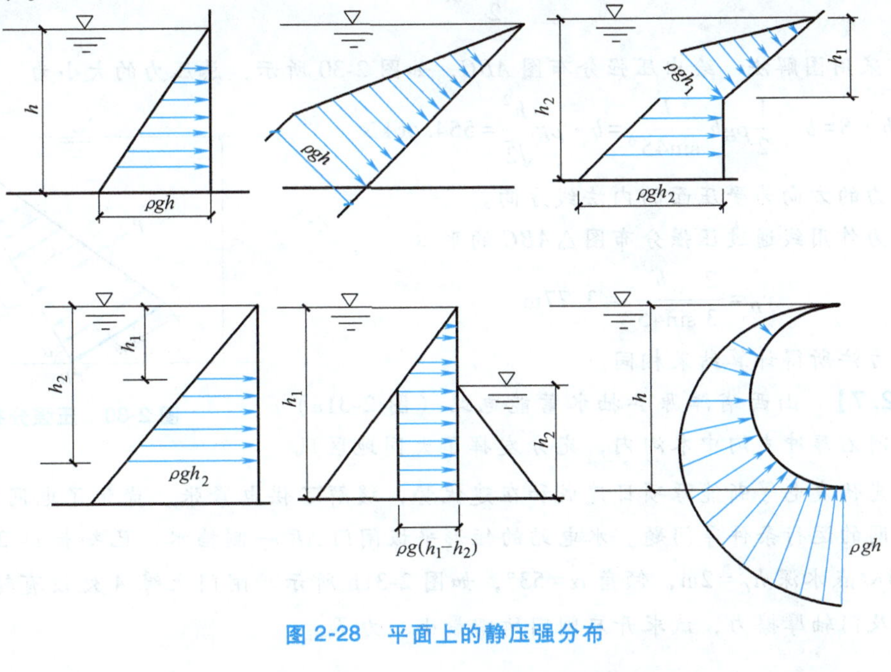

图 2-28　平面上的静压强分布

设底边平行于液面的矩形平面 AB，与水平面夹角为 α，平面宽为 b，长为 l，上、下边的淹没深度分别为 h_1、h_2。由解析法可知，矩形平面上的总压力为

$$P=\rho g h_C A=\rho g\cdot\frac{h_1+h_2}{2}\cdot bl$$

令 $S=\frac{1}{2}\rho g(h_1+h_2)l$ 为平面所受的流体静压强分布图的面积，则有

$$P=Sb \tag{2-31}$$

式（2-31）表明：矩形平面上静水总压力的大小等于压强分布图的面积 S 乘以矩形受压面的宽度 b。式（2-31）仅适用于矩形平面。

对于矩形作用面，绘出压强分布图，求出其面积，即可直接得出总压力的大小。总压力的作用线通过压强分布图的形心，作用线与受压面的交点就是总压力的作用点。

【例 2.6】 如图 2-29 所示，矩形平板的一侧挡水，与水平面夹角 $\alpha=45°$，平板上边与水平面齐平，水深 $h=4\text{m}$，平板宽 $b=5\text{m}$。试分别采用解析法和图算法求作用在平板上的静水总压力。

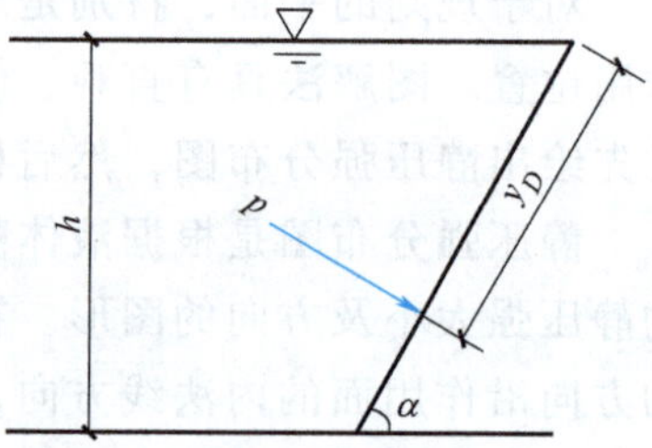

图 2-29 例 2.6

【解】 （1）采用解析法 总压力大小为

$$P=p_C\cdot A=\rho g h_C\cdot A=\rho g\frac{h}{2}\cdot b\frac{h}{\sin45°}=\rho g b\frac{h^2}{\sqrt{2}}=554.46\text{kN}$$

总压力方向：沿受压面内法线方向。

总压力作用点为

$$y_D=y_C+\frac{I_C}{y_C A}=\frac{l}{2}+\frac{\frac{bl^3}{12}}{\frac{l}{2}\times bl}=\frac{2}{3}l=\frac{2}{3}\frac{h}{\sin45°}=3.77\text{m}$$

（2）采用图解法 绘出压强分布图 ABC，如图 2-30 所示，总压力的大小为

$$P=b\cdot S=b\cdot\frac{1}{2}\rho g h\frac{h}{\sin45°}=b\cdot\rho g\frac{h^2}{\sqrt{2}}=554.46\text{kN}$$

总压力的方向为受压面的内法线方向。

总压力作用线通过压强分布图 $\triangle ABC$ 的形心

$$y_D=\frac{2}{3}\frac{h}{\sin45°}=3.77\text{m}$$

两种方法所得计算结果相同。

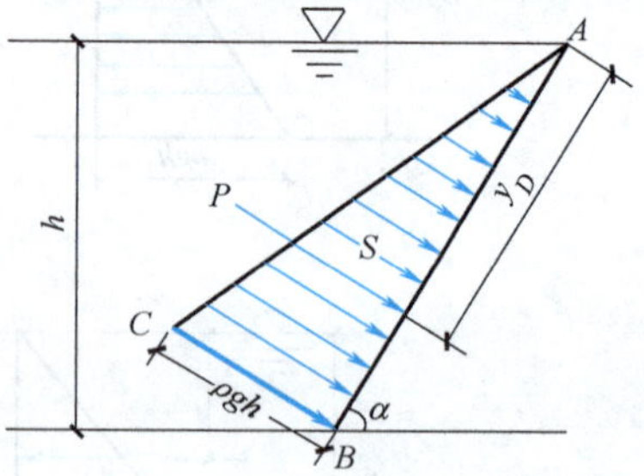

图 2-30 压强分布

【例 2.7】 山西省浑源县抽水蓄能电站（图 2-31a）位于大峪河右岸冲支沟中木沟内，充分发挥了大同地区风力发电、光伏发电等新能源项目建成和在建优势，缓解了供电紧张，优化了电网电源结构，改善了电网的运行条件等问题。水电站的矩形平板闸门 AB 一侧挡水，已知长 $l=2\text{m}$，宽 $b=1.5\text{m}$，形心点水深 $h_C=2\text{m}$，倾角 $\alpha=53°$，如图 2-31b 所示。闸门上缘 A 处设有转轴，忽略闸门自重及门轴摩擦力，试求开启闸门所需最小拉力 $T_{\min}$。

a)　　　　　　　　b)

图 2-31　例 2.7

a) 浑源县抽水蓄能电站　b) 示意图

【解】(1) 求作用在闸门上的总压力

$$P=p_CA=\rho gh_C\cdot bl=1000\times9.8\times2\times1.5\times2\text{kN}=58.8\text{kN}$$

(2) 求总压力作用点

$$y_D=y_C+\frac{I_C}{y_CA}$$

$$y_C=\frac{h_C}{\sin\alpha}=\frac{2}{\sin53^\circ}\text{m}=2.5\text{m},I_C=\frac{bl^3}{12}=\frac{1.5\times2^3}{12}\text{m}^4=1\text{m}^4,A=bl=1.5\times2\text{m}^2=3\text{m}^2$$

$$y_D=y_C+\frac{I_C}{y_CA}=\left(2.5+\frac{1}{2.5\times2}\right)\text{m}=2.7\text{m}$$

(3) 求开启闸门所需拉力　要使拉力 T 能够开始闸门，则有 $\sum M_A=0$

$$T_{\min}\cdot l\sin\alpha=P\left[y_D-\left(y_C-\frac{l}{2}\right)\right]$$

即

$$T_{\min}\times2\text{m}\times0.8=58.8\text{kN}\times\left[2.7-\left(2.5-\frac{2}{2}\right)\right]\text{m}$$

解得

$$T_{\min}=44.1\text{kN}$$

2.6　静止液体作用在曲面上的总压力

2-6　静止液体作用在曲面上的总压力

渤海海峡跨海通道于 1992 年首次提出，其构想是：从山东蓬莱经长山列岛至辽宁大连旅顺，建设跨越渤海海峡的直达快捷通道。渤海海峡跨海通道的建成将极大便利东北地区特别是辽宁省与东部和东南沿海省份的交流，深化与长江经济带和粤港澳大湾区的深度合作，深度融入国家“一带一路”倡议和区域发展战略，对东北的全面振兴将发挥重要推动作用。

渤海海峡跨海通道（图 2-32）的受压面为是曲面，这种情况下建设隧道需要计算静止液体对各种曲面所施加的总压力。

作用在曲面上任一点处的静压强也是沿作用面的内法线方向，并且其大小与该点在液面下的深度成正比，因而也可以画出曲面上的压强分布图，如图 2-33 所示。

图 2-32　渤海海峡跨海通道

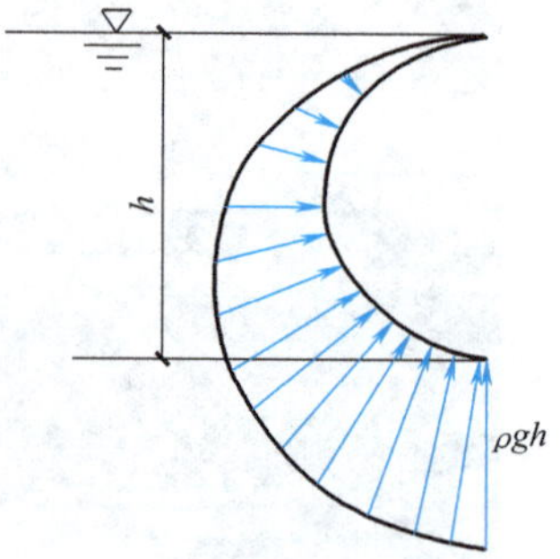

图 2-33　曲面上的压强分布

从曲面压强分布图可以看出，曲面上各点的法线方向各不相同，彼此互不平行，也不一定交于一点，因此求曲面上的总压力就不能像求平面总压力那样直接积分求其代数和。

为了求曲面上的总压力，通常将曲面上的总压力 P 分解成水平分力 P_x 和铅垂分力 P_z，分别按平行力系求合力的方法，先求出作用在曲面上的水平分力 P_x 和铅垂分力 P_z，然后再合成为总压力 P。

2.6.1　二维曲面上的液体总压力

1. 总压力的大小和方向

如图 2-34 所示二维曲面 AB，左侧承受静止液体作用，右侧承受大气压强，原点 O 选在自由液面上，xOy 平面与自由液面重合，Oz 轴垂直向下。母线平行于 Oy 轴（垂直于纸面）。设曲面的面积为 A，在曲面 AB 上深度为 h 处取一微小面积 $\mathrm{d}A$，则作用在此微小面积上的液体压力为

$$\mathrm{d}P=P\cdot\mathrm{d}A=\rho gh\cdot\mathrm{d}A$$

该力的方向垂直于面积 $\mathrm{d}A$，假设它与水平线的夹角为 α，则可以将 $\mathrm{d}P$ 分解为水平分力 $\mathrm{d}P_x$ 和铅垂分力 $\mathrm{d}P_z$，大小分别为

$$\mathrm{d}P_x=\mathrm{d}P\cdot\cos\alpha=\rho gh\cdot\mathrm{d}A\cdot\cos\alpha=\rho gh\cdot\mathrm{d}A_x$$

$$\mathrm{d}P_z=\mathrm{d}P\cdot\sin\alpha=\rho gh\cdot\mathrm{d}A\cdot\sin\alpha=\rho gh\cdot\mathrm{d}A_z$$

式中，$\mathrm{d}A_x$ 为 $\mathrm{d}A$ 在与 x 轴垂直的铅垂面（yOz 面）上的投影，$\mathrm{d}A_x=\mathrm{d}A\cos\alpha$；$\mathrm{d}A_z$ 为 $\mathrm{d}A$ 在与 z 轴垂直的水平面（xOy 面）上的投影，$\mathrm{d}A_z=\mathrm{d}A\sin\alpha$。

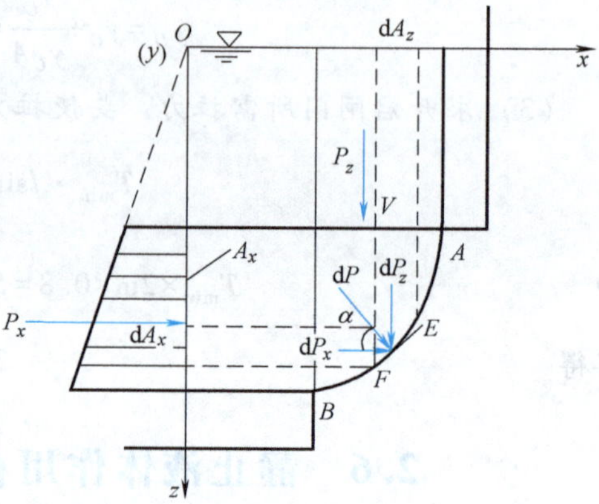

图 2-34　二维曲面上的液体总压力

作用在整个曲面上的水平分力为

$$P_x=\int_A\mathrm{d}P_x=\int_A\rho gh\cdot\mathrm{d}A\cdot\cos\alpha=\rho g\int_{A_x}h\mathrm{d}A_x$$

积分 $\int_{A_x}h\mathrm{d}A_x$ 表示曲面 AB 在铅垂平面上的投影面积 A_x，对水平轴 Oy 轴的静面矩，即

$$\int_{A_x}h\mathrm{d}A_x=h_CA_x$$

代入上式可以得到

$$P_x = \rho g h_C A_x = p_C A_x \tag{2-32}$$

式中，P_x 为曲面上总压力的水平分力；A_x 为曲面的铅垂投影面积；h_C 为铅垂投影面 A_x 的形心在自由液面下的淹没深度；p_C 为铅垂投影面 A_x 的形心点的压强。

上式表明：静止液体作用在曲面 AB 上的总压力 P 的水平分力 P_x 等于作用于该曲面的垂直投影面 A_x 上的总压力。

作用在整个曲面上的铅垂分力为

$$P_x = \int_A \mathrm{d}P_z = \int_A \rho g h \cdot \mathrm{d}A \cdot \sin\alpha = \rho g \int_{A_z} h \mathrm{d}A_z$$

$h\mathrm{d}A_z$ 可以看作以 $\mathrm{d}A_z$ 为底面积、以淹没深度 h 为高的微元柱体的体积。根据积分的定义，$\int_{A_z} h\mathrm{d}A_z$ 为受压面上所有微元柱体体积之和，它表示的几何体称为压力体，则

$$V = \int_{A_z} h\mathrm{d}A_z \tag{2-33}$$

则有

$$P_x = \rho g \cdot V = m \cdot g = G \tag{2-34}$$

上式表明：作用于曲面 AB 上的总压力 P 的铅垂分力 P_z 等于其压力体内充满液体时的重量。

求出了水平分力 P_x 和铅垂分力 P_z 以后，就可以确定作用于曲面上的总压力。液体作用在二维曲面上的总压力是平面汇交力系的合力

$$P = \sqrt{P_x^2 + P_z^2} \tag{2-35}$$

总压力 P 的作用线与水平面的夹角为

$$\theta = \arctan \frac{P_z}{P_x} \tag{2-36}$$

2. 总压力的作用点

总压力作用点是总压力作用线与受压面的交点，要确定总压力作用点的位置，首先应定出水平分力 P_x 和铅垂分力 P_z 的作用线。P_x 的作用线通过曲面的垂直投影面的作用点（通过 A_x 压强分布图的形心）。P_z 的作用线通过压力体的形心。总压力 P 的作用线必定通过 P_x 和 P_z 作用线的交点，但是这个交点不一定在曲面上。过交点作与水平线成 θ 角的直线，就是总压力 P 的作用线，该直线与曲面的交点即曲面上总压力的作用点。

2.6.2　压力体

2-7　压力体

压力体是一个非常重要的概念，它直接影响到总压力的铅垂分力 P_z 的大小。从式（2-33）本身可以看出，压力体本身只是一个由积分表达式所确定的纯几何体，与压力体内是否有液体没有关系。

1. 压力体的组成

压力体是由以下几个面封闭而成的体积：①受压曲面本身；②受压曲面向自由液面或自由液面的延伸面上投影形成的投影面；③受压曲面的边界向自由液面或其延伸面投影时形成

的柱面。以上 3 个面封闭的体积即压力体。换句话说，压力体是一个以曲面为底面，以自由液面或其延伸面为顶面，以曲面周边的铅垂面为侧面所围成的封闭柱形体的体积。

2. 压力体的分类

根据 P_z 方向的不同，压力体可以分为实压力体和虚压力体。

（1）实压力体　压力体和液柱位于曲面的同一侧，压力体内有直接作用于曲面的液体，这样的压力体称为实压力体，实压力体的 P_z 方向向下，如图 2-35a 所示。

（2）虚压力体　压力体和液柱位于曲面的两侧，其上底面为自由液面的延伸面，压力体内没有真实液体作用，这样的压力体称为虚压力体，虚压力体的 P_z 方向向上，如图 2-35b 所示。

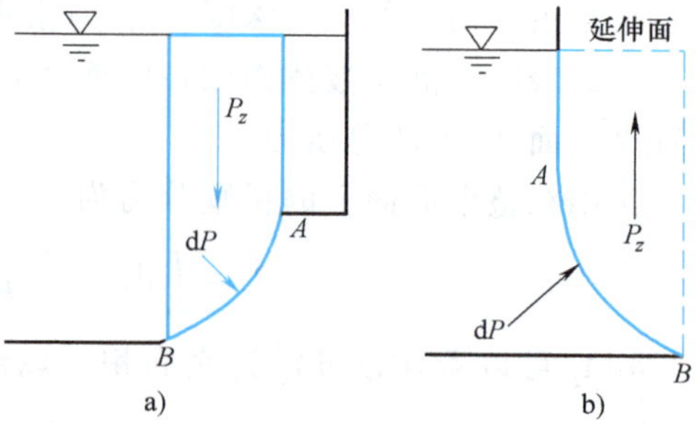

图 2-35　压力体

a）实压力体　b）虚压力体

3. 压力体的叠加

对于复杂曲面的压力体，应从曲面的转弯切点处分开，分别考虑各段曲面的压力体，然后相叠加。如图 2-36 所示，半圆柱面 ABC 的压力体，先分别按曲面 AB、BC 确定压力体，然后叠加得到半圆柱面 ABC 的压力体为虚压力体，P_z 的方向向上。

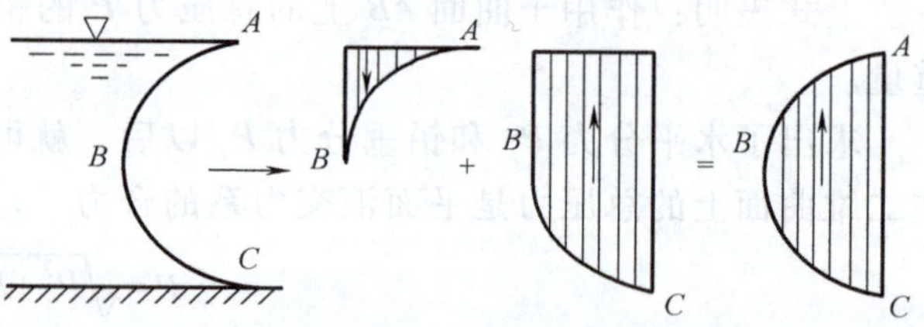

图 2-36　压力体的叠加

以上讨论的压力体是液面为自由表面时所得的几何体，此时液面上相对压强为零；如果液面上相对压强不为零（不是自由表面），则压力体不能以液面为顶，因为压力体积分表达式中 $\rho g h$ 是指作用在 dA_z 面上的压强（包括液面上高于或低于外界大气压强的压强差值）。当自由液面上的压强 $p_0>p_a$ 时，压力体顶面应取在液面以上；当自由液面上的压强 $p_0<p_a$ 时，压力体顶面应取在液面以下。

【例 2.8】　山东省泰安抽水蓄能电站为国家“十五”重点工程，主要担负山东电网的调峰、填谷任务，兼有调频、调相及事故备用等功能。抽水蓄能电站通过电机控制闸门开闭，如图 2-37a 所示。水电站的弧形闸门，宽 $b=4\text{m}$，圆心角 $\alpha=45°$，半径 $r=2\text{m}$，转轴及

a)

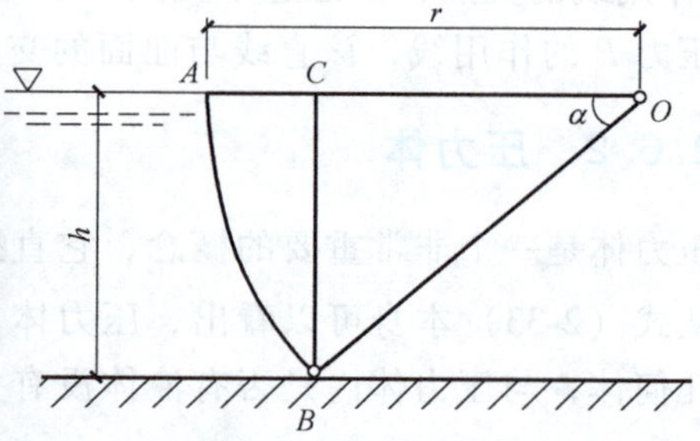

b)

图 2-37　例 2.8

a）泰安抽水蓄能电站　b）示意图

闸门上缘与水平面齐平，如图 2-37b 所示，试求作用在闸门上的静水总压力。

【解】 弧形闸门的挡水面 AB 是圆柱曲面，在曲面的圆心轴位置设转轴，闸门绕转轴向上提升就开启，下落便关闭。

闸前水深：$h=r\sin\alpha=2\times\sin45°\text{m}=\sqrt{2}\text{m}$

水平分力：$P_x=\rho gh_C\cdot A_x=\rho g\dfrac{1}{2}h\cdot bh=1000\times9.8\times0.5\times\sqrt{2}\times4\times\sqrt{2}\text{N}=39.2\text{kN}$

铅垂分力：$P_z=\rho gV$

虚压力体：

$$V=[AOB(\text{扇形})-COB(\text{三角形})]\times b=\left(\frac{a}{360°}\pi r^2-\frac{1}{2}r\sin\alpha\cdot r\cos\alpha\right)\times b=2.28\text{m}^3$$

$$P_z=\rho gV=1000\times9.8\times2.28\text{N}=22.4\text{kN}$$

静水总压力：$P=\sqrt{P_x^2+P_z^2}=\sqrt{39.2^2+22.4^2}\text{kN}=45.2\text{kN}$

P 作用线与水平面夹角：$\theta=\arctan\dfrac{P_z}{P_x}=29.73°$

因为总压力作用线通过转轴 O，故可以直接通过 O 点作与水平面成 θ 角的直线，就是 P 作用线，该作用线与受压面的交点即总压力作用点。

【例 2.9】 广西牛湾河流域处有水力发电的引水坝，能够帮助解决村落的用电问题，为消除贫困做出贡献，如图 2-38a 所示。如图 2-38b 所示转轮，其直径 $d=2\text{m}$，左侧水深为 $h_1=2\text{m}$，右侧水深 $h_2=1\text{m}$。求该转轮单位长度上受到静水压力的水平分力与铅垂分力。

a)

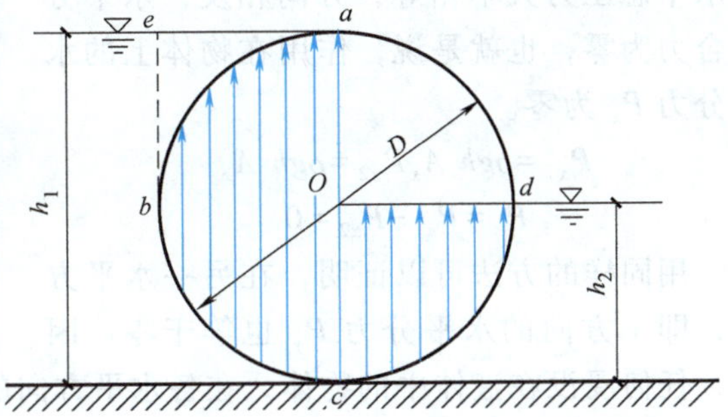

b)

图 2-38 例 2.9

a）牛湾河流域引水坝 b）示意图

【解】 将柱体的受压面 $abcd$ 分成 ab、bc 与 cd 三个部分，它们的压力体分别为 $abea$（实）、$bcaeb$（虚）和 $cdOc$（虚）。三部分压力体合成后变成虚压力体 $abceOa$。根据 $P_x=\rho gh_C\cdot A_x$，单位长度 $L=1\text{m}$ 的圆柱体所受的水平分力

$$P_x=\rho g\frac{1}{2}h_1\cdot Lh_1-\rho g\frac{1}{2}h_2\cdot Lh_2=\frac{1}{2}\rho gL(h_1^2-h_2^2)$$

$$=\frac{1}{2}\times1000\times9.8\times1\times(2^2-1^2)\text{N}$$

$$=14.7\text{kN}$$

根据公式 $P_z=\rho gV$，铅垂分力

$$P_z=\rho gV=\rho g\times\left(\frac{3}{4}\times\frac{1}{4}\pi d^2\right)=1000\times9.8\times\frac{3}{4}\times\frac{1}{4}\times3.14\times2^2\text{N}=23.09\text{kN}$$

2.6.3 液体作用在潜体和浮体上的总压力

“蛟龙号”可以在全球99.8%的海底实现较长时间的海底航行、海底照相和摄像、沉积物和矿物取样、生物和微生物取样、标志物布放、海底地形地貌测量等作业，对于我国开发利用深海的资源有着重要的意义。“蛟龙号”沉入海底和浮在海面上时的受力情况都涉及静止液体作用在潜体、浮体上的作用力问题，这些问题可以采用作用在曲面上的静水总压力的求解方法来解决。

潜体是指全部浸入液体中的物体。部分浸入液体中的物体称为浮体。

1. 静止液体作用在潜体上的力

设有一球形物体浸没于液体中，该物体在液面以下的某一深度维持平衡。建立直角坐标系，令 xOy 平面与自由液面重合，Oz 轴向下，如图2-39所示。

浸没在液体中的物体表面为封闭曲面，封闭曲面所受合力可以分解为水平分力 P_x、P_y 和铅垂分力 P_z，在封闭曲面上作无数水平切线，每一水平切线与物体外轮廓有一个切点，则所有切点组成一封闭曲线。该封闭曲线将物体表面分为左右两个部分，两部分在铅垂面上的投影面积相同，位置相同，$A_{x1}=A_{x2}$。根据曲面总压力的确定方法，作用在两部分的水平总压力大小相等，方向相反，水平方向合力为零，也就是说，作用在物体上的水平分力 P_x 为零。

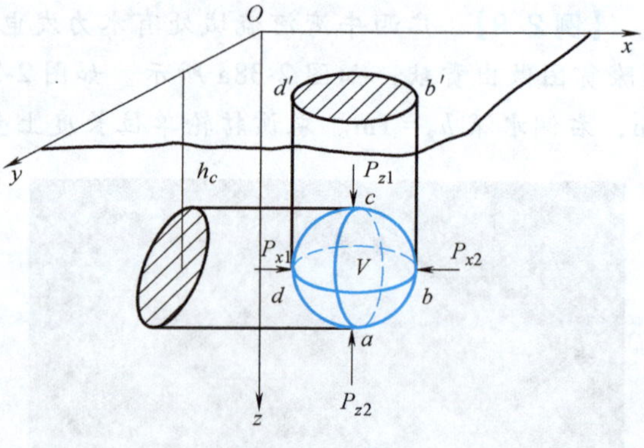

图 2-39 潜体

$$P_{x1}=\rho gh_cA_x P_{x2}=\rho gh_cA_x$$

$$P_x=P_{x1}-P_{x2}=0$$

用同样的方法可以证明，在另一水平方向，即 y 方向的水平分力 P_y 也等于零。因此，任何浸没在液体中的物体，在各水平方向的总压力为零，也就是水平方向的合力为零。

下面分析封闭曲面所受铅垂分力。在封闭曲面上作无数铅垂切线，每一铅垂切线与封闭曲线曲面有一个切点，则所有切点组成一个封闭曲线。该曲线将物体表面分为上、下两个部分，作用在曲面 bcd 上的铅垂分力为实压力体 $V_{bb'd'dcb}$ 的液重，方向向下，即

$$P_{z1}=\rho gV_{bb'd'dcb}$$

图中，P_{z1}、P_{z2} 作用线重合，方向相反。封闭曲面所受铅垂分力应为 P_{z1}、P_{z2} 的代数和

$$P_z=P_{z1}-P_{z2}=-\rho g(V_{abb'd'da}-V_{bb'd'dcb})=-\rho gV_{abcda}=-\rho gV$$

从上面的分析可以得出以下结论：浸没在液体中的物体受到的总压力的水平分力为零，铅垂分力的大小为物体本身排开的同体积液体的重量，方向向上，其作用线通过物体的被浸没部分体积的几何中心，这个铅垂向上的力 P_z 又称为浮力。

2. 静止液体作用在浮体上的力

将液面以下部分看成封闭曲面，同潜体一样

$$P_x=0, P_y=0, P_z=-\rho gV$$

综上所述，可以得到以下结论：静止液体作用在潜体（或者浮体）上的总压力，只有铅垂向上的浮力，大小等于所排开的液体重量，作用线通过潜体的几何中心。这个结论称为阿基米德原理，是公元前250年左右人类最早发现的水力学规律。

3. 潜体（或浮体）的平衡

浮力的大小与物体的重力之比有下面3种情况：

1）$G>P_z$，称为沉体。物体所受合力为重力方向，物体下沉到底，如石子。

2）$G=P_z$，称为潜体。物体所受合力为零，潜没于液体中任意位置，保持平衡，例如潜水艇。

3）$G<P_z$，称为浮体。物体所受合力为浮力方向，物体有部分露出水面，呈漂浮状态，如船舶、浮标、航标等。

潜体（浮体）的平衡是指既不发生上下运动，也不发生转动。当$G=P_z$时，潜体所受合力为零，既不上浮，也不下沉。保持潜体（浮体）不发生转动，则必须有：重力和浮力对任何一点的力矩的代数和为零，即作用线相同。所以维持潜体（浮体）平衡的必要和充分条件为：重力和浮力大小相等，重心和浮心在同一垂线上。

思维导图

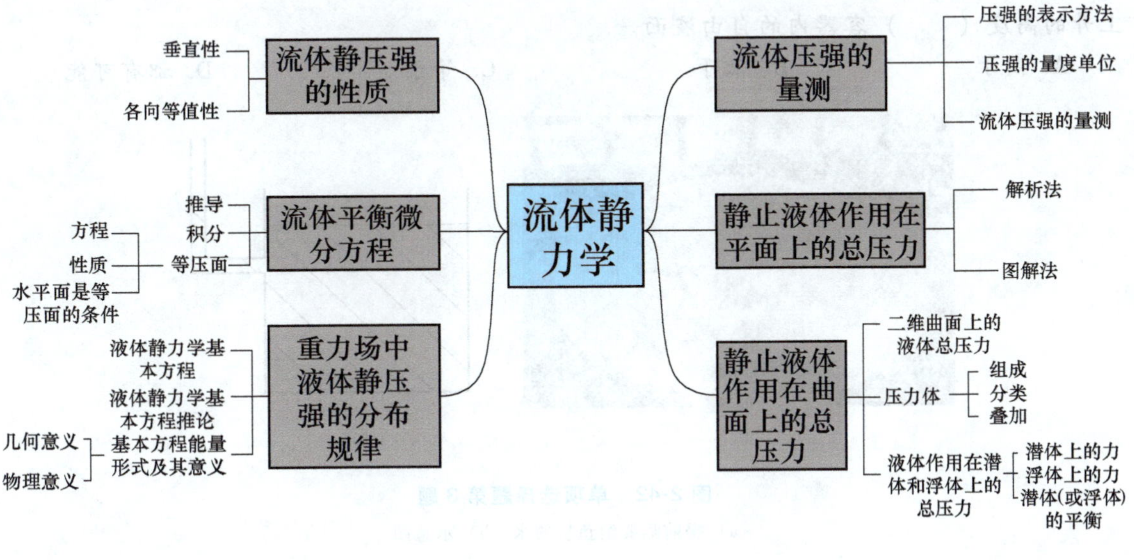

课后习题

一、单项选择题

1. 生活中小区内常用贮水箱来保证停水时期用户的自来水供应，如图2-40所示。一密闭贮水箱，其水面的绝对压强$p_0'=58.8\text{kPa}$，当地大气压为98kPa，水面下2m处相对压强是（　　）。

A. 19.6kPa　　B. −19.6kPa　　C. 78.4kPa　　D. −78.4kPa

2. 真空包装是将包装容器内的空气全部抽出，使微生物没有生存条件，以达到果品新鲜、无病腐发生的目的，如图 2-41 所示。包装时抽出空气后，容器内的真空值为 0.4kgf/cm^2（1kgf=9.8N），当地大气压为 98kPa，其绝对压强为（　　）kPa。

图 2-40　贮水箱

图 2-41　食品真空包装

A. 137.7　　B. 58.8　　C. 39.2　　D. −39.2

3. 给鱼换水时水需要提前在太阳下晒一定时间，使自来水中的氯消失后，鱼能够活得更久，如图 2-42a 所示。在盛水的容器壁上安一测压管，如图 2-42b 所示，则测压管内水面上升的高度（　　）容器内的自由液面。

A. 高于　　B. 低于　　C. 等于　　D. 都有可能

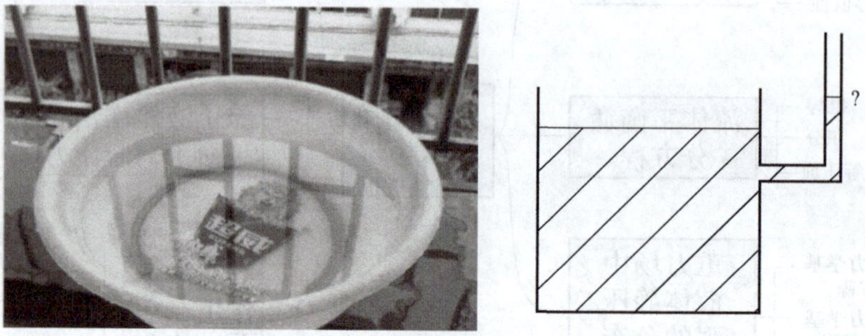

a)　　b)

图 2-42　单项选择题第 3 题

a）提前晒要给鱼换的水　b）示意图

4. 不同密度的液体混在一起，会出现分层现象，如图 2-43a 所示。图 2-43b 所示杯中内盛有水和油两种液体，密度分别为 ρ_1、ρ_2，则有（　　）。

A. $z_A+\dfrac{p_A}{\rho_1 g}=z_B+\dfrac{p_B}{\rho_1 g}$　　B. $z_A+\dfrac{p_A}{\rho_1 g}=z_C+\dfrac{p_C}{\rho_2 g}$

C. $z_B+\dfrac{p_B}{\rho_1 g}=z_D+\dfrac{p_D}{\rho_2 g}$　　D. $z_B+\dfrac{p_B}{\rho_1 g}=z_C+\dfrac{p_C}{\rho_2 g}$

5. 工程大气压是指 1kg 的力垂直作用在 1cm^2 的单位面积上产生的压力，常使用气压计

a)

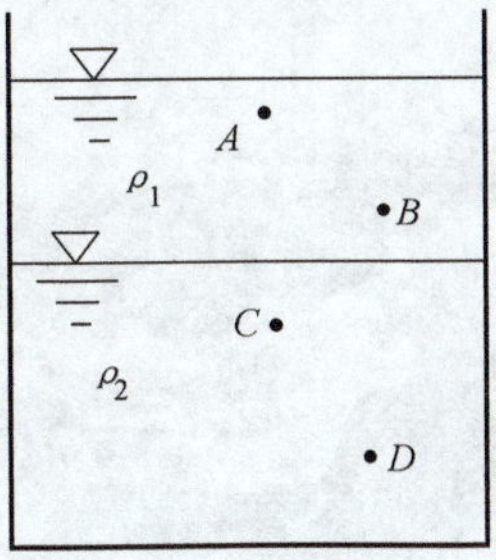

b)

图 2-43　单项选择题第 4 题

a）水油分层现象　b）示意图

测量工程大气压，如图 2-44 所示。1 个工程大气压等于（　　）。

A. 101. 3kPa　　B. 10. 33mH_2O　　C. 98kPa　　D. 76mmHg

6. 夏天天气较为炎热，人们经常去游泳避暑游玩。如图 2-45 露天泳池中，水面下 0. 6m 深度处的相对压强为（　　）。

A. 0. 60kPa　　B. 1. 47kPa　　C. 2. 94kPa　　D. 5. 88kPa

图 2-44　气压计

图 2-45　露天泳池

7. 运油车主要用作石油衍生品的运输和储藏，如图 2-46 所示。一辆储满油的运油车从停车点起动后直线向前行驶，在此过程中，可将它分成三个阶段：Ⅰ阶段，汽车还停在原地未动；Ⅱ阶段，汽车做等加速度前进；Ⅲ阶段，汽车做等速度前进。请判断在哪些阶段时，箱中的油能处于平衡状态。（　　）

A. 只有Ⅰ　　B. 只有Ⅰ和Ⅱ

C. 只有Ⅰ和Ⅲ　　D. 三阶段都是

8. 金属测压计是液式压力计的一种，是利用液柱自重产生的压力与被测压力相平衡的原理而制成的压力计，主要用于测量较大的压力，如图 2-47 所示。金属测压计的读数为（　　）。

A. 绝对压强 p_{abs}　　B. 相对压强 p

C. 当地大气压 p_a　　D. $p-p_a$

图 2-46 油罐车

图 2-47 金属测压计

9. 实验室中常用 U 形管水银压差计来测量较小的压强。如图 2-48 所示，采用 U 形管水银压差计测量水管 A、B 两点的压强差，水银的密度为 13.6g/cm^3，水银面高差 $h_p=10\text{cm}$，p_A-p_B 为（　　）。

A. 13.33kPa　　B. 12.35kPa

C. 9.8kPa　　D. 6.4kPa

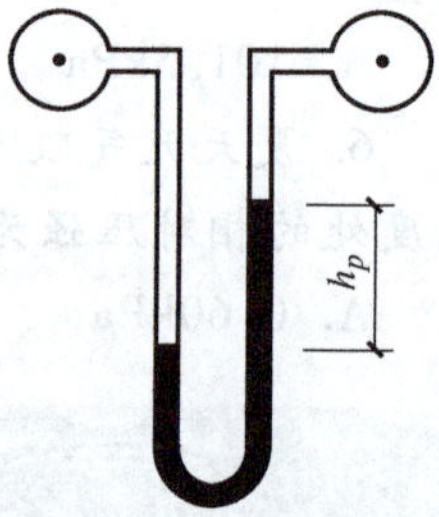

图 2-48 单项选择题第 9 题

10. 防腐储罐（图 2-49a）是石油、化工、粮油、食品、消防、交通、冶金、国防等行业必不可少的基础设施。如图 2-49b 所示，有一盛放汽油（$\rho_{汽油}=750\text{kg/m}^3$）的密封容器，当测压管高出液面 $h=1.5\text{m}$，g 取 10m/s^2，求液面相对压强 p_0，用水柱高表示为（　　）。

A. 1.5m　　B. 1.125m

C. 2m　　D. 11.5m

11. 假设壶内充满空气，壶底和活塞直径分别为 D 和 d，$D=2d$。活塞上有重量为 G 的重物，如图 2-50 所示，活塞与壶壁的摩擦忽略不计，则壶底所受压力为（　　）。

A. G　　B. $2G$　　C. $4G$　　D. $8G$

a）

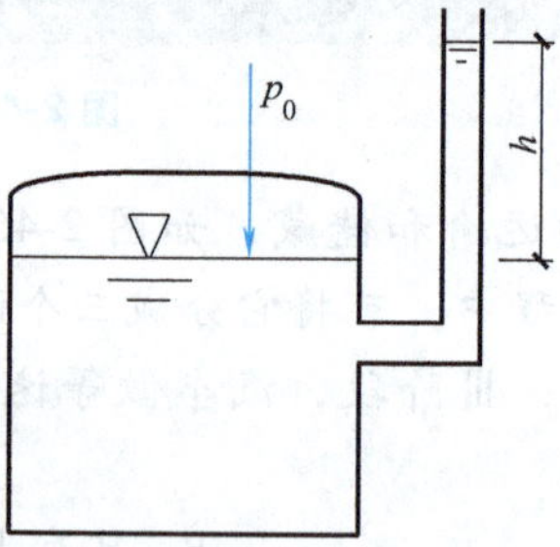

b）

图 2-49 单项选择题第 10 题

a）防腐储罐　b）示意图

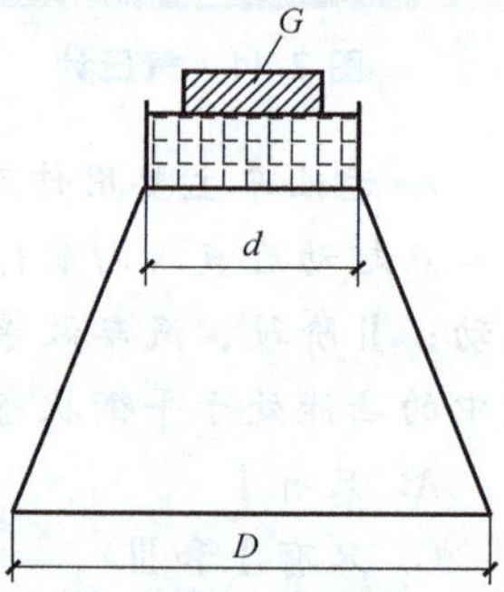

图 2-50 单项选择题第 11 题

12. 三峡水电站（图 2-51a）是世界上规模最大的水电站，水电站充分发挥了防洪、航运、水资源利用等巨大综合效益。三峡水电站蓄水的简化原理如图 2-51b 所示，右侧为矩形平板闸门，闸门高度 1m，宽度 1m，闸门上的静水总压力的大小为（　　）。

a)

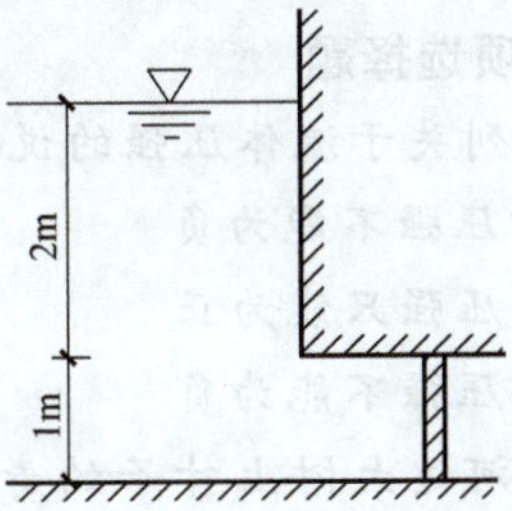

b)

图 2-51　单项选择题第 12 题

a）三峡水电站　b）示意图

A. $\frac{3}{2}\rho g$　　B. $2\rho g$　　C. $\frac{5}{2}\rho g$　　D. $3\rho g$

13. 观赏水池经常在春夏秋天充满水，而在冬天把水放掉，放水阀门一般在水池底部，如图 2-52a 所示。孔口设有面积为 A 的阀门 ab，容器内水深为 h，如图 2-52b 所示，阀门所受静水总压力为（　　）。

a)

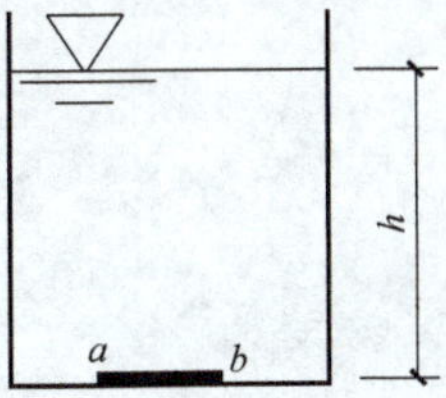

b)

图 2-52　单项选择题第 13 题

a）现实中的观赏水池　b）示意图

A. $0.5\rho ghA$　　B. ρghA　　C. $0.5\rho gh^2A$　　D. ρghA^2

14. 烧瓶（图 2-53a）是实验室中必不可少的仪器之一，其用途非常广泛。图 2-53b 所示为一下半部分充满水的烧瓶，顶点处的压强等于当地大气压，若过球心的水平面将其剖分，则作用在上下半球面上的静水总压力之比为（　　）。

a)

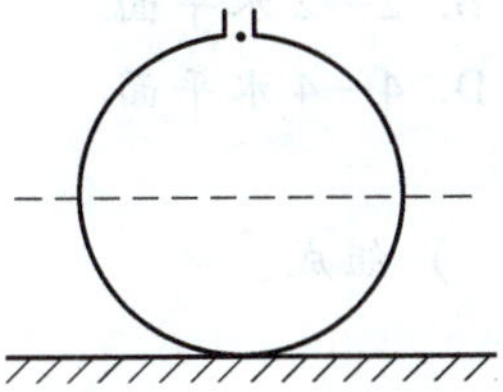

b)

图 2-53　单项选择题第 14 题

a）烧瓶　b）示意图

A. 1/5　　B. 2/5　　C. 3/5　　D. 4/5

二、多项选择题

1. 在下列关于流体压强的说法中，正确的有（　　）。

A. 绝对压强不能为负　　B. 相对压强可正可负

C. 相对压强只能为正　　D. 真空压强可正可负

E. 真空压强不能为负

2. 冬天河边大树上叶子的寿命到了，叶柄处细胞自然死亡，与树枝连接处产生离层，叶子掉进河里，如图 2-54 所示。树枝的沉浮取决于树枝的重力 G 与所受浮力 F_{pz} 的相对大小，（　　）。

A. 当 $G>F_{pz}$ 时，树枝为沉体　　B. 当 $G=F_{pz}$ 时，树枝为潜体

C. 当 $G<F_{pz}$ 时，树枝为浮体　　D. 当 $G\geqslant F_{pz}$ 时，树枝为浮体

E. 当 $G\leqslant F_{pz}$ 时，树枝为潜体

3. 在自来水管道没有普及的时候，人们都是通过从井中打水来满足生活需要，如图 2-55 所示。水桶以下列哪些方式运动时，桶中的水相对于容器是静止的？（　　）

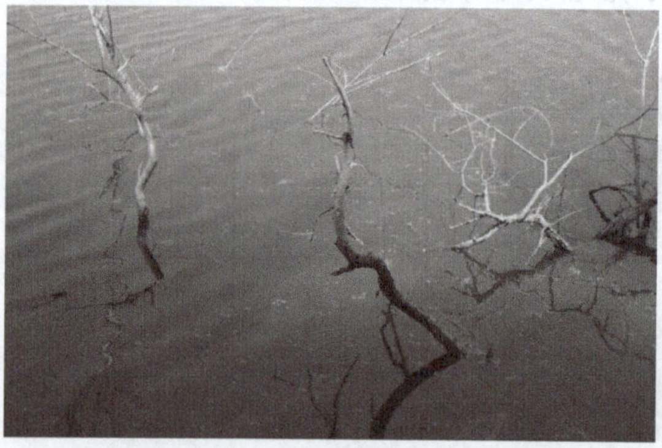

图 2-54　树枝折断掉入水中

图 2-55　农民挑水

A. 桶作等速直线运动　　B. 桶作等加速直线运动

C. 桶绕其中心轴作等角速度旋转运动　　D. 桶绕其中心轴作等角加速度旋转运动

E. 桶绕其中心轴作变角加速度旋转运动

4. U 形管压差计可以在不需知道各点具体压强的情况下测得两点压强差。在图 2-56 所示 U 形管压差计标示的平面中，等压面有（　　）。

A. 1—1 水平面　　B. 2—2 水平面

C. 3—3 水平面　　D. 4—4 水平面

E. 2—1 斜平面

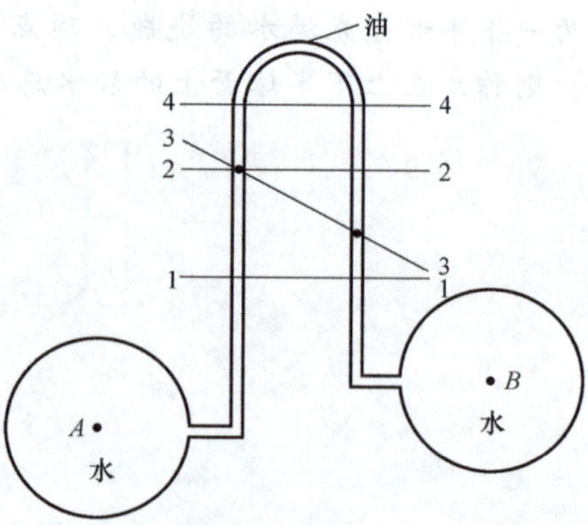

图 2-56　多项选择题第 4 题

5. 压力体一般由（　　）组成。

A. 研究的曲面

B. 液面或其延长面

C. 测压管水面

D. 由研究的曲面向液面或其延长面所作的铅垂面

E. 自由液面

F. 等压面

三、判断改正题

1. 静止流体内各点的测压管水头等于常数。(　　)

2. 静止流体的等压面必为水平面，反之也成立。(　　)

3. 在工程流体力学或水力学中，测压管水头和测压管高度是同一概念，两者数值相等。(　　)

4. 相对压强是指相对于绝对真空的压强，而绝对压强则为相对于当地大气压的压强。(　　)

5. 只有作用在规则平面上的静水总压力才等于受压面形心处的压强与受压面面积的乘积。(　　)

四、简答题

1. 静止流体 $\tau=0$，则静止流体是理想流体，对吗？

2. 静止流体具有哪些应力特征？

3. 流体静力学基本方程的几何意义是什么？该基本方程在什么条件下适用？

4. 什么是等压面？为什么说两种液体的交界面必为等压面？

5. 流体静力学基本方程 $z+\dfrac{p}{\rho g}=C$ 是在质量力只有重力情况下推导出来的，它是否也适用于相对平衡的流体？

五、计算题

1. 成人的正常血压为收缩压 100~125mmHg，舒张压 60~90mmHg，如图 2-57 所示。试分别将其表示为国际单位制。

2. 现在我国交通极为发达，运输非常便利，使用汽车可以帮助搬运各种货物，方便人们的各类需要，如图 2-58 所示。现用汽车搬运一玻璃缸，缸长×宽×高 $=l\times b\times h=0.6\times0.3\times0.5\text{m}^3$，静止时缸内水位高 $d=0.4\text{m}$。设玻璃缸沿汽车前进方向纵向放置。

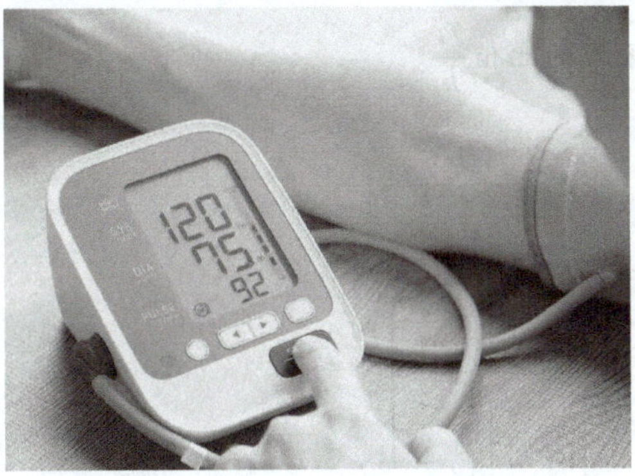

图 2-57　成人正在测量血压

图 2-58　生活中的常见货车

求：(1) 为了不让水溢出，应控制的汽车最大加速度 a。

(2) 若鱼缸横向放置时，汽车应控制的最大加速度 a'。

3. 白鹤滩水电站位于四川省宁南县和云南省巧家县境内，是金沙江下游干流河段梯级开发的第二个梯级电站，具有以发电为主，兼有防洪、拦沙、改善下游航运条件和发展库区通航等综合效益，如图 2-59a 所示。水电站前池进入压力管道的进口处装有一矩形平板闸门，如图 2-59b 所示，长 l 为 1.8m，宽 b 为 2.5m，闸门重 1860N，倾角 α 为 60°，闸门与门槽之间的摩擦系数 f 为 0.35，试求：

（1）作用在闸门上静水总压力的作用点。

（2）启动闸门所需的拉力。

a）

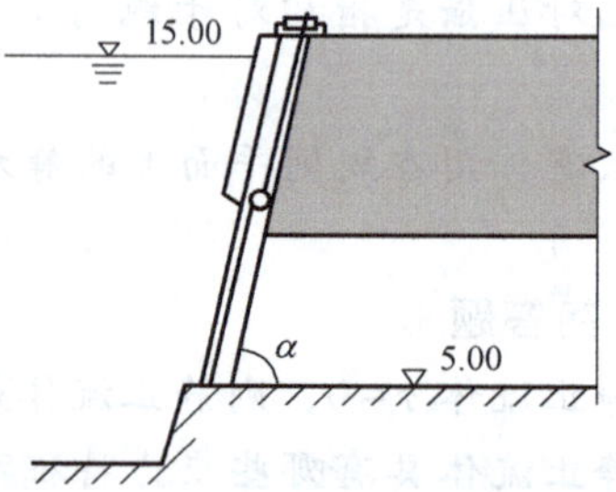

b）

图 2-59　计算题第 3 题

a）白鹤滩水电站　b）示意图

4. 油罐发油装置（图 2-60a）安装在储油罐内，与罐壁出油管连接，用来防止罐底污水及化学、机械杂质与油料混合出罐，进而保证油罐向外供油的纯净度。图 2-60b 所示油罐发油装置，将直径为 d 的圆管伸进罐内，端部切成 45°，用盖板盖住，盖板可绕管端上面的铰链旋转，借助绳系上来开启。已知油深 $H=5\text{m}$，圆管直径 $d=600\text{mm}$，油品相对密度为 0.85，不计盖板重量及铰链的摩擦力，求提升此盖板所需的力 T 的大小。

5. 刘家峡水电站是我国首座百万千瓦级水电站，是一个兼有防洪、灌溉、防凌、养殖等综合利用价值的大型水利枢纽，如图 2-61a 所示。水电站在设计时，要求用 4 根受力相等的工字钢梁为一挡水深度为 h 的铅垂矩形平板闸门作支撑，如图 2-61b 所示，试求各工字钢梁的形心至水面的距离 y_i（$i=1, 2, 3, 4$）与水深 h 的比值 $\dfrac{y_i}{h}$。

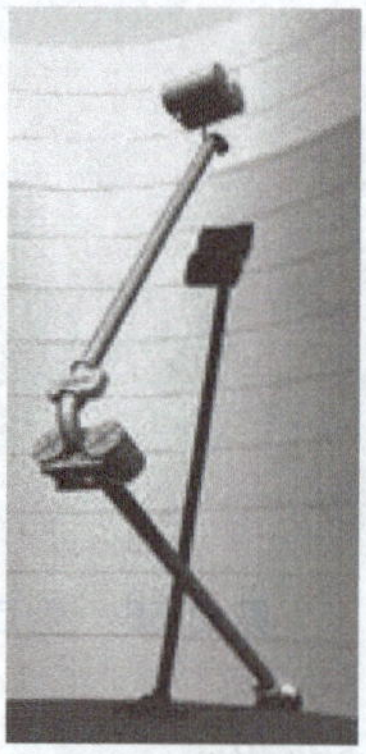

a）

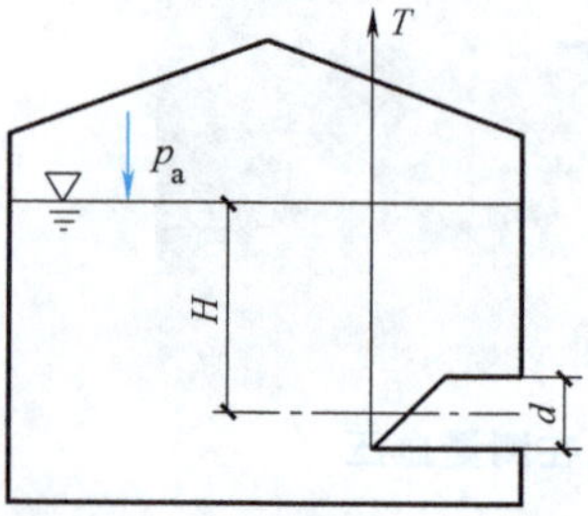

b）

图 2-60　计算题第 4 题

a）油罐发油装置　b）示意图

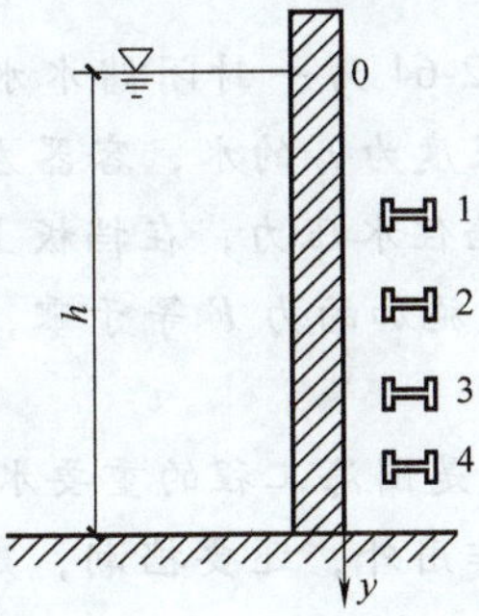

a)　　b)

图 2-61　计算题第 5 题

a）刘家峡水电站　b）示意图

6. 石龙坝水电站位于云南省昆明市，是我国第一座水电站，2018 年 11 月，石龙坝水电站入选第二批国家工业遗产名单，如图 2-62a 所示。建造该水电站时，一平板闸门倾斜放置，已知 $\alpha=45°$，如图 2-62b 所示，门宽 $b=2\text{m}$，门重 $G=19.6\text{kN}$，水深 $h_1=1\text{m}$，$h_2=2\text{m}$，门可绕 O 点开启，求开启闸门所需的向上拉力 T。

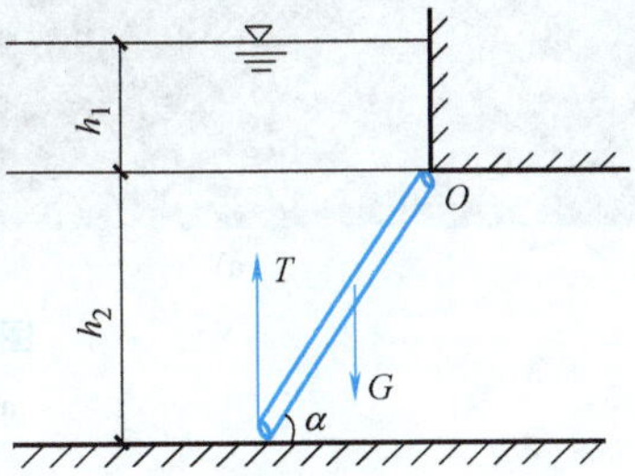

a)　　b)

图 2-62　计算题第 6 题

a）石龙坝水电站　b）示意图

7. 杯式水银压力计是测量压力的仪器装置，其测量的原理源自托里切利实验。利用倒置于水银槽内玻璃管柱中的水银重量与周围大气压力平衡的原理，而以水银柱的高度表示压力，如图 2-63a 所示。若杯上接大气时，测压管中的液面在 0—0 处。已知杯的直径 $d_1=60\text{mm}$，测压管直径 $d_2=6\text{mm}$，测压时，测压管中液面下降 $h=300\text{mm}$，如图 2-63b 所示，求此时杯上的压强 p。

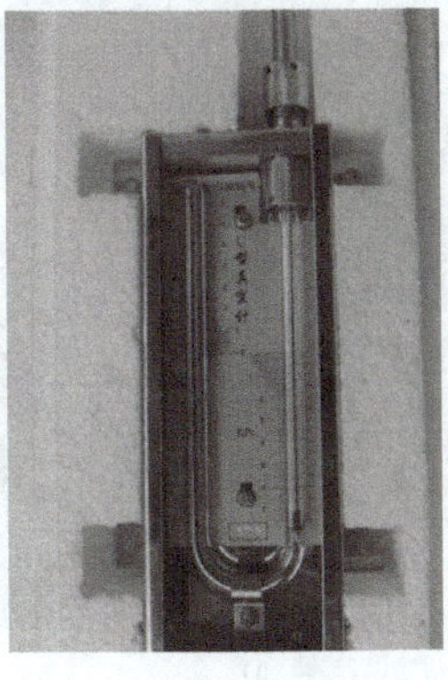

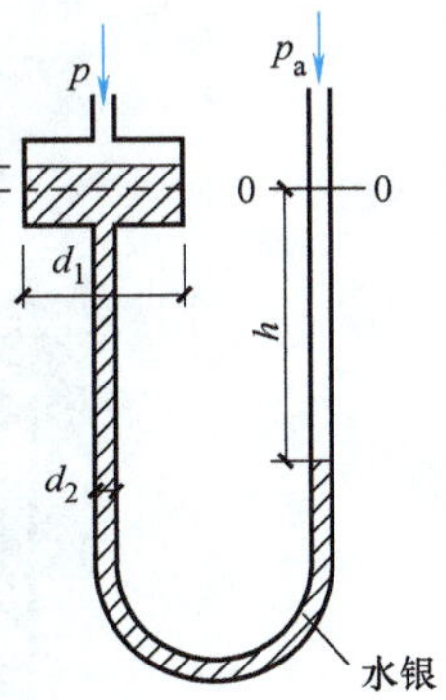

a)　　b)

图 2-63　计算题第 7 题

a）杯式水银压力计　b）示意图

8. 若铁路列车上有一正方体的开口容器盛满水，当列车等加速起动时，一部分水被甩出，测得剩下水的体积的 2/3，求列车的

加速度 a。

9. 如图2-64为一封闭储水水容器，横截面为矩形，容器高度为 H，内盛深度为 h 的水，容器左侧是一块可绕铰轴 A 转动的矩形挡板。为了挡住水压力，在挡板上缘施加一个力 F。已知 $h=0.6\text{m}$，$H=1\text{m}$，若使施加的力 F 等于零，容器内部的水面上的气体的相对压强为多大？

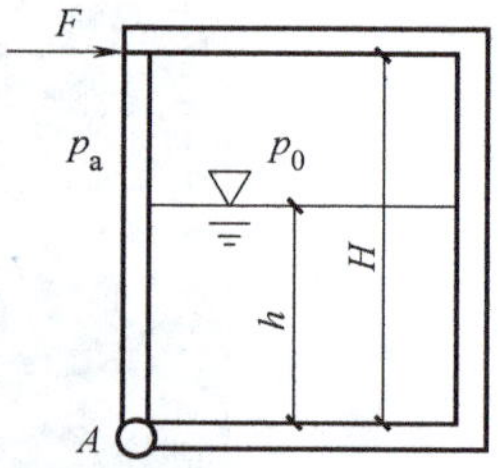

图 2-64 计算题第 9 题

10. 海堤是围海工程的重要水工建筑物。海堤作为防浪建筑物，除承受波浪作用外，还要挡潮，建造材料以混凝土为主。连岛海堤为中国最长的拦海大堤，对保护港口泊位有重要的作用，如图2-65a所示。图2-65b所示的混凝土海堤，靠海一侧为抛物线曲面 $z=0.2x^2$。水深 $h=5\text{m}$，海水密度 $\rho=1025\text{kg/m}^3$。试求作用在单位长度海堤上的静水总压力。

a)

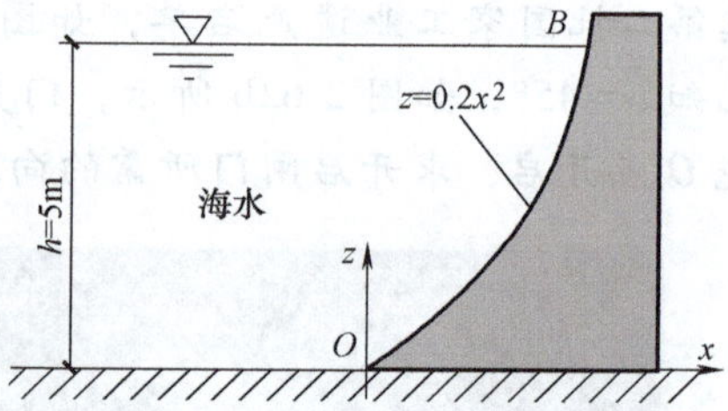

b)

图 2-65 计算题第 10 题

a）连岛海堤 b）示意图

11. 球形压力罐又称球罐，壳体呈球形，是贮存和运输各种气体、液体、液化气体的一种有效、经济的压力容器，如图2-66a所示。图2-66b所示球形压力水罐由上、下两半球用 n 个螺栓连接合成，水罐半径 $R=1.0\text{m}$，罐顶压力表读数值 $p_M=24.5\text{kN/m}^2$，试求每个连接

a)

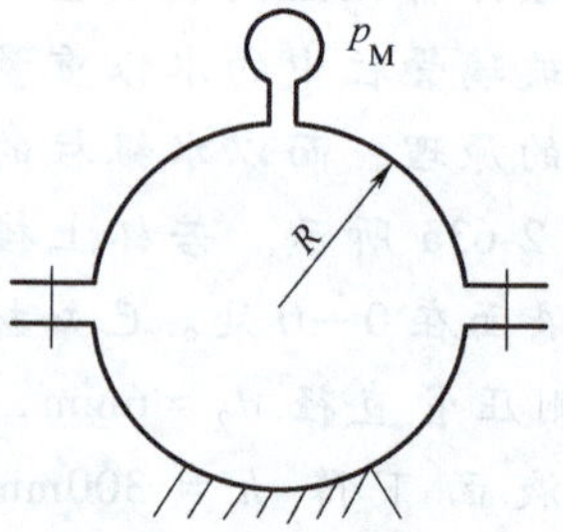

b)

图 2-66 计算题第 11 题

a）球形压力罐 b）示意图

螺栓所受的总拉力。

12. 大沽灯塔是我国自行设计的第一座海上最高的航标灯，是为保证船舶在夜间安全航行而安装在某些航标上的一类交通灯，如图 2-67a 所示。航标灯可用图 2-67b 所示的模型表示，灯座是一浮在水面上的均质圆柱体，高度 $H=0.5\text{m}$，底面半径 $r_0=0.6\text{m}$，自重 $G=1500\text{N}$。航标灯的重量 $W=500\text{N}$，用竖杆将其固定在灯座上，高度为 z。若要求浮体稳定，z 的最大值为多少？

a)

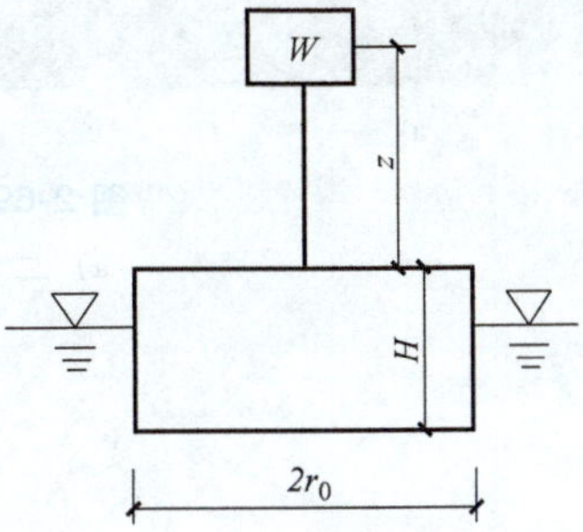

b)

图 2-67　计算题第 12 题

a）大沽灯塔　b）示意图

13. 天荒坪抽水蓄能电站位于浙江省湖州市安吉县境内，是目前我国已建和在建的同类电站单个厂房装机容量最大、水头最高的一座，如图 2-68a 所示。电站通过矩形闸门 AB 绕其顶部 A 轴旋转启闭来蓄排水。已知闸门宽 120cm，长 90cm，$h=50\text{cm}$，闸门与水平面的夹角 $\theta=60°$，如图 2-68b 所示，求作用于闸门 AB 上的静水总压力。

a)

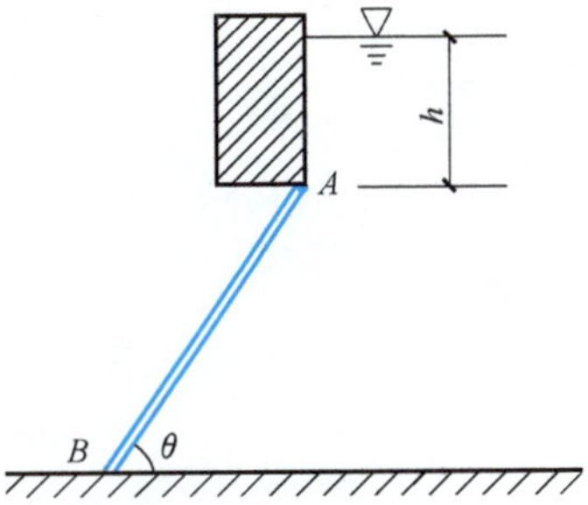

b)

图 2-68　计算题第 13 题

a）天荒坪抽水蓄能电站　b）示意图

14. 二十四桥，又称为廿四桥，是古代桥梁建筑的杰作，位于江苏省扬州市，如图 2-69a 所示。该桥结构简化示意图如图 2-69b 所示，已知拱桥跨度 $l=9\text{m}$，矢高 $f=2\text{m}$，桥

宽 $b=3\text{m}$，若桥下水面高过桥基 $h=1.5\text{m}$，试求作用在桥拱上的静水总压力。

a)

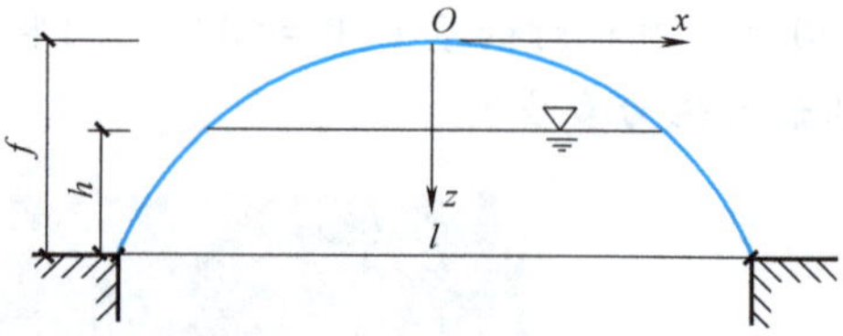

b)

图 2-69　计算题第 14 题

a）二十四桥　b）示意图

第3章

流体运动学

红旗渠，位于河南安阳林州，被誉为“世界第八大奇迹”（图 3-1）。红旗渠是林县人民在极其艰难的条件下，从太行山腰修建的引漳入林的工程，被称为“人工天河”。红旗渠水利工程需要充分利用流体运动学的知识。红旗渠的建成，彻底改善了林州人民靠天等雨的恶劣生存环境，解决了家畜吃水及耕地灌溉问题，极大地改善了林州人民的生活条件，被林州人民称为“生命渠”“幸福渠”。

图 3-1　红旗渠

流体静力学主要介绍流体在静止状态下的受力平衡规律及其应用，而在自然界和工程实际中，流体大多处于运动状态。流动性是流体最基本的特性，静止只是流体的一种特殊存在形式。因此，研究流体的运动规律及其在工程实际中的应用，具有更普遍和更重要的意义。流体运动学是用几何观点来研究流体的运动规律，主要包括流体运动的位移、速度、加速度等随时间和坐标的变化规律，不涉及流体的作用力问题，因而流体运动学研究的内容和结论对理想流体和黏性流体都适用。

3.1　流体运动的描述方法

流体运动可以看作是充满于一定空间而由无数流体质点所组成的一种连续介质的运动，对它的描述相对比较困难。对于有限多个离散质点组成的质点系，可以将所有的质点进行编号，然后对每一个质点给出它的位移随时间的变化规律。对刚体而言，不论刚体有多大，其运动都可以通过随基点的平移及绕基点的转动来描述。流体运动的描述，与离散的质点系的描述相比，其困难在于流体质点是无穷多个，没有办法进行编号和排序；与刚体的描述相比，其困难在于流体易于变形。为此，需要针对流体是易于流动的连续介质的特性，采用能够方便地描述流体运动的方法。在工程流体力学中，根据着眼点的不同，流体运动描述方法有两种：一种是拉格朗日法，另一种是欧拉法。

3.1.1 拉格朗日法

约瑟夫·路易斯·拉格朗日（Joseph-Louis Lagrange，1736—1813）是法国著名数学家、物理学家（图 3-2），他在数学、力学和天文学三个学科领域中都有历史性的贡献，并以他在数学与力学方面的成就提出了流体力学研究中的拉格朗日法。

拉格朗日法是质点系法，其着眼点是流体质点，它首先研究单个流体质点的运动参数（压强、速度、加速度等）随时间的变化规律，然后将所有质点的运动情况汇总起来，得到整个流体的运动规律。拉格朗日法的特点是跟踪所选定的流体质点，观察它的运动情况。

（1）空间位置　用拉格朗日法描述流体运动时，运动质点的位置坐标不是独立变量，而是起始时刻坐标 a、b、c 和时间变量 t 的函数，如图 3-3 所示。

图 3-2　约瑟夫·路易斯·拉格朗日

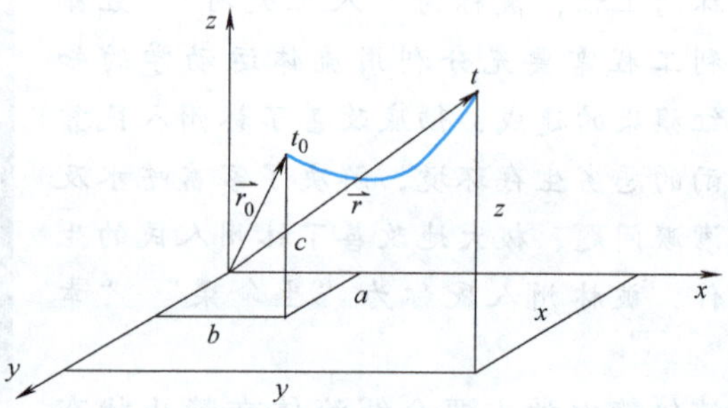

图 3-3　拉格朗日法

通常用流体质点在初始时刻 $t=t_0$ 的空间位置坐标（a，b，c）作为区分不同流体质点的标记，（a，b，c）取不同的值表示不同的流体质点。将初始时刻坐标 a、b、c 和时间变量 t 称为拉格朗日变量，则流体质点的物理量是拉格朗日变量的连续函数，即

$$\begin{cases} x=x(a,b,c,t) \\ y=y(a,b,c,t) \\ z=z(a,b,c,t) \end{cases} \tag{3-1}$$

式（3-1）是采用拉格朗日法描述流体运动时流体质点的运动方程。a、b、c 取不同的值，表示不同流体质点 t 时刻的位置坐标，即在同一时刻不同流体质点的位置分布；而当 a、b、c 为常量，t 为变量时，则表示某一个确定的流体质点的运动轨迹。

（2）速度　由于拉格朗日变量 a、b、c 只是流体质点的标号，不是空间坐标的函数，不随时间 t 变化，因此用拉格朗日方法描述流体运动时，流体质点的速度是流体质点轨迹对时间的偏导数，即

$$\begin{cases} u_x=\dfrac{\mathrm{d}x}{\mathrm{d}t}=\dfrac{\partial x}{\partial t}=\dfrac{\partial x(a,b,c,t)}{\partial t}=x'(a,b,c,t) \\ u_y=\dfrac{\mathrm{d}y}{\mathrm{d}t}=\dfrac{\partial y}{\partial t}=\dfrac{\partial y(a,b,c,t)}{\partial t}=y'(a,b,c,t) \\ u_z=\dfrac{\mathrm{d}x}{\mathrm{d}t}z=\dfrac{\partial z}{\partial t}=\dfrac{\partial z(a,b,c,t)}{\partial t}=z'(a,b,c,t) \end{cases} \tag{3-2}$$

在上述 3 个表达式中，a、b、c 取不同的值，表示不同流体质点 t 时刻的速度，即在同一时刻不同流体质点的速度分布；而当 a、b、c 取确定的值时，则表示确定的某个质点在任意时刻的速度的变化情况。

（3）加速度　用拉格朗日法描述流体质点运动时，流体质点在任意瞬时 t 的加速度求法，是在速度表达式的基础上，对时间 t 再次取偏导数，即

$$\begin{cases} a_x = \dfrac{\mathrm{d}u_x(a,b,c,t)}{\mathrm{d}t} = \dfrac{\partial u_x(a,b,c,t)}{\partial t} = \dfrac{\partial^2 x(a,b,c,t)}{\partial t^2} = x''(a,b,c,t) \\ a_y = \dfrac{\mathrm{d}u_y(a,b,c,t)}{\mathrm{d}t} = \dfrac{\partial u_y(a,b,c,t)}{\partial t} = \dfrac{\partial^2 y(a,b,c,t)}{\partial t^2} = y''(a,b,c,t) \\ a_z = \dfrac{\mathrm{d}u_x(a,b,c,t)}{\mathrm{d}t} = \dfrac{\partial u_z(a,b,c,t)}{\partial t} = \dfrac{\partial^2 z(a,b,c,t)}{\partial t^2} = z''(a,b,c,t) \end{cases} \tag{3-3}$$

在上述 3 个表达式中，a、b、c 取不同的值，表示不同流体质点 t 时刻的加速度，即在同一时刻不同流体质点的加速度分布；而当 a、b、c 取确定的值时，则表示确定的某个质点在任意时刻的加速度的变化情况。

同理，流体质点的其他物理量如密度 ρ、压强 p 等也可以用拉格朗日法写为 a、b、c 和 t 的函数，即 $\rho=\rho(a, b, c, t)$，$p=p(a, b, c, t)$。

从上面的分析可以看到：拉格朗日法实质上是应用理论力学中的质点运动学方法来研究流体的运动。它的优点是：物理概念清晰，直观性强，理论上可以求出每个流体质点的运动轨迹及其运动参数在运动过程中的变化。但是这种方法也存在很大的缺点，主要表现在：①每个流体质点运动规律不同，实际当中很难跟踪足够多的质点；②数学上存在难以克服的困难；③在实际当中，不需要了解各质点运动的全过程，只需要了解某些固定点、固定断面或者固定空间的流动状况，因此这种方法在工程流体力学中很少采用。只有在少数情况（如研究波浪运动、台风运动、流体振荡、重力流等）下采用该方法。如我国广东西南部、广西南部沿海地区的台风运动“山竹”（图 3-4）以及位于浙江省的钱塘江大潮（图 3-5）。

图 3-4　台风运动（山竹）

图 3-5　海浪运动（钱塘江大潮）

3.1.2　欧拉法

欧拉法是空间点法，其着眼点是流体运动所经过的固定空间点。欧拉法以流体运动所经

过的固定空间点作为观察对象，观察不同时刻各空间点上流体质点的运动参数，综合不同时刻所有空间点的情况，获得整个流体运动。欧拉法的特点是在选定的空间点上观察流经它的流体质点的运动情况，如图 3-6 所示。

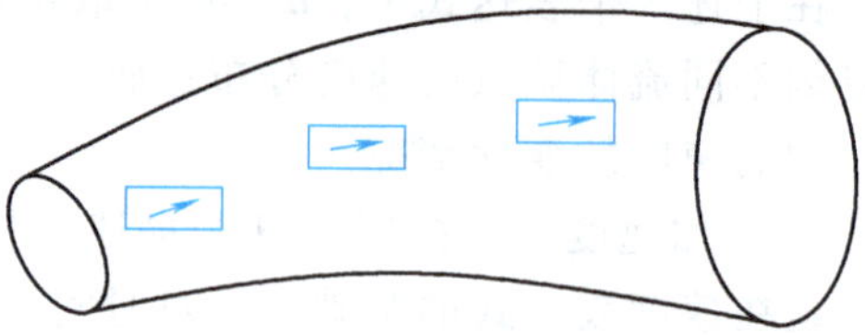

图 3-6 欧拉法

在数学上，将每一空间点都对应着某个物理量的一个确定值的空间区域，称为该物理量的场。欧拉法以流动空间作为观察对象，每个时刻各空间点都有确定的物理量，这样的空间区域称为流场（充满运动流体的空间）。

欧拉法在实际当中有着广泛的应用。如在球形药包爆炸应力场的测量中，就是利用数字图像相关（DIC）技术，将同一时刻不同测点的应变值进行汇总，绘制成该时刻的爆炸应力波云图，据此进行爆炸机理的研究（图 3-7）。

图 3-7 利用光弹法和 DIC 法同时对爆炸应力场进行测量（北京科技大学杨仁树教授提供）

（1）速度　用欧拉法研究流体运动时，将空间点的坐标 x、y、z 和时间 t 称为欧拉变量，流场中各空间点的流速所组成的流速场可以表示为

$$\boldsymbol{u}=\boldsymbol{u}(x,y,z,t)=u_x\boldsymbol{i}+u_y\boldsymbol{j}+u_z\boldsymbol{k} \tag{3-4}$$

其投影形式为

$$\begin{cases}u_x=u_x(x,y,z,t)\\u_y=u_y(x,y,z,t)\\u_z=u_z(x,y,z,t)\end{cases} \tag{3-5}$$

当空间坐标（x，y，z）为常量，而 t 为变量时，式（3-4）表示在不同时刻通过某一固定空间点（x，y，z）流体质点的速度随时间变化的规律；当时间 t 为常量，而空间坐标（x，y，z）为变量时，式（3-4）表示在同一时刻，通过不同空间点上流体质点的速度分布情况；当空间坐标（x，y，z）和时间 t 均为变量时，表示在任意时刻 t，通过空间任意点（x，y，z）的流体质点的速度分布情况。

同理，欧拉法中，各空间点的压强组成的压强场可以表示为

$$p=p(x,y,z,t) \tag{3-6}$$

各空间点的密度组成的密度场可以表示为

$$\rho=\rho(x,y,z,t) \tag{3-7}$$

（2）加速度　在用欧拉法描述流体运动时，式（3-4）中的 x、y、z 不再是与时间 t 无关的独立变量了，应将其视作流体质点的空间位置的坐标，而不是固定空间点的坐标，x、y、z 是时间 t 的函数，即

$$x=x(t),y=y(t),z=z(t)$$

因此，欧拉法中，流体质点加速度需要按复合函数的求导法则导出

$$a=\frac{\mathrm{d}u}{\mathrm{d}t}=\frac{\partial u}{\partial t}+\frac{\partial u}{\partial x}\cdot\frac{\mathrm{d}x}{\mathrm{d}t}+\frac{\partial u}{\partial y}\cdot\frac{\mathrm{d}y}{\mathrm{d}t}+\frac{\partial u}{\partial z}\cdot\frac{\mathrm{d}z}{\mathrm{d}t}=\frac{\partial u}{\partial t}+u_x\frac{\partial u}{\partial x}+u_y\frac{\partial u}{\partial y}+u_z\frac{\partial u}{\partial z} \tag{3-8}$$

其投影形式为

$$\begin{cases} a_x=\dfrac{\mathrm{d}u_x}{\mathrm{d}t}=\dfrac{\partial u_x}{\partial t}+u_x\dfrac{\partial u_x}{\partial x}+u_y\dfrac{\partial u_x}{\partial y}+u_z\dfrac{\partial u_x}{\partial z} \\ a_y=\dfrac{\mathrm{d}u_y}{\mathrm{d}t}=\dfrac{\partial u_y}{\partial t}+u_x\dfrac{\partial u_y}{\partial x}+u_y\dfrac{\partial u_y}{\partial y}+u_z\dfrac{\partial u_y}{\partial z} \\ a_z=\dfrac{\mathrm{d}u_z}{\mathrm{d}t}=\dfrac{\partial u_z}{\partial t}+u_x\dfrac{\partial u_z}{\partial x}+u_y\dfrac{\partial u_z}{\partial y}+u_z\dfrac{\partial u_z}{\partial z} \end{cases} \tag{3-9}$$

从式（3-9）可以看出，在欧拉法中，流体质点的加速度由两部分组成：前面一项$\dfrac{\partial u_x}{\partial t}$、$\dfrac{\partial u_y}{\partial t}$、$\dfrac{\partial u_z}{\partial t}$是同一空间点上由于速度随时间变化而引起的加速度，称为时变加速度，或当地加速度，是由流场的非恒定性引起的，表示某一固定空间点上流体质点流速对时间的变化率；其余各项

$$u_x\frac{\partial u_x}{\partial x}+u_y\frac{\partial u_x}{\partial y}+u_z\frac{\partial u_x}{\partial z},u_x\frac{\partial u_y}{\partial x}+u_y\frac{\partial u_y}{\partial y}+u_z\frac{\partial u_y}{\partial z},u_x\frac{\partial u_z}{\partial x}+u_y\frac{\partial u_z}{\partial y}+u_z\frac{\partial u_z}{\partial z}$$

是质点位移前、后两处，在同一时刻，由于速度随空间位置变化而引起的加速度，称为位变加速度，或迁移加速度，是由流场的非均匀性引起的，表示同一时刻由于流体质点空间位置的变化而引起的流速随时间的变化率。

如图3-8所示，一水箱的放水管在放水过程中，某水流质点占据A点，另一水流质点占据B点，经过dt时间后，两质点分别从A点移到A'点、B点移到B'点。

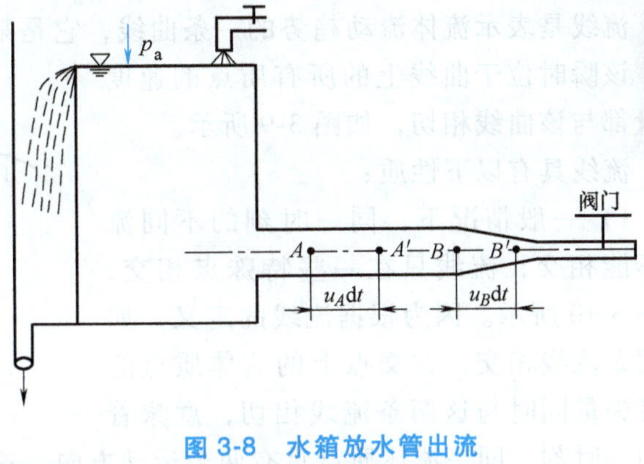

图3-8　水箱放水管出流

在水位恒定情况下，管内流动不随时间变化，A点和B点的流速都不随时间改变，时变加速度均为零。在管径不变处，A点和A'点的流速相同，位变加速度也为零；在管径改变处，B'点的流速不等于B点的流速，B点的位变加速度不等于零，存在位变加速度。

在水位变化的情况下，管内各处流速都会随时间逐渐减小，A点和B点的流速随时间发生变化，因此存在时变加速度。在管径不变处，A点和A'点的流速相同，位变加速度也为零；在管径改变处，B'点的流速不等于B点的流速，B点的位变加速度不等于零，存在位变加速度。

拉格朗日法和欧拉法在研究流体运动时，只是着眼点不同，并没有本质上的差别，对于同一个问题，用两种方法描述的结果应该是一致的。通过一定的数学公式，这两种方法是可以相互转换的。

【例3.1】　已知速度场为：$u_x=2t+2x+2y$，$u_y=t-y+z$，$u_z=t+x-z$，试求$t=3$s时，位于

$x=0.8\text{m}$，$y=0.8\text{m}$，$z=0.4\text{m}$ 处流体质点的加速度。

【解】 将 $t=3\text{s}$，$x=0.8\text{m}$，$y=0.8\text{m}$，$z=0.4\text{m}$ 代入速度场方程可以得到

$$u_x=2t+2x+2y=(2\times3+2\times0.8+2\times0.8)\text{m/s}=9.2\text{m/s}$$

$$u_y=t-y+z=(3-0.8+0.4)\text{m/s}=2.6\text{m/s}$$

$$u_z=t+x-z=(3+0.8-0.4)\text{m/s}=3.4\text{m/s}$$

$$a_x=\frac{\partial u_x}{\partial t}+u_x\frac{\partial u_x}{\partial x}+u_y\frac{\partial u_x}{\partial y}+u_z\frac{\partial u_x}{\partial z}=(2+9.2\times2+2.6\times2)\text{m/s}^2=25.6\text{m/s}^2$$

$$a_y=\frac{\partial u_y}{\partial t}+u_x\frac{\partial u_y}{\partial x}+u_y\frac{\partial u_y}{\partial y}+u_z\frac{\partial u_y}{\partial z}=[1+2.6\times(-1)+3.4\times1]\text{m/s}^2=1.8\text{m/s}^2$$

$$a_z=\frac{\partial u_z}{\partial t}+u_x\frac{\partial u_z}{\partial x}+u_y\frac{\partial u_z}{\partial y}+u_z\frac{\partial u_z}{\partial z}=[1+9.2\times1+3.4\times(-1)]\text{m/s}^2=6.8\text{m/s}^2$$

$$a=\sqrt{a_x^2+a_y^2+a_z^2}=\sqrt{25.6^2+1.8^2+6.8^2}\text{m/s}^2=26.55\text{m/s}^2$$

3.2 流体运动的若干基本概念

3-1 流线

3.2.1 流线与迹线

1. 流线

流线是表示流体流动趋势的一条曲线，它是某一确定时刻，在流场中绘出的一条空间曲线，该瞬时位于曲线上的所有质点的速度矢量都与该曲线相切，如图 3-9 所示。

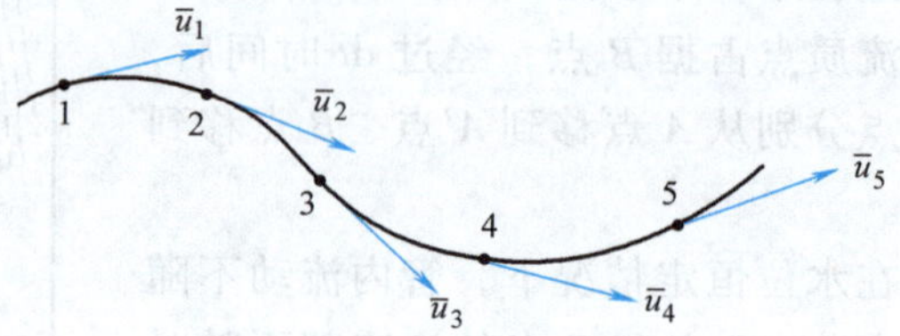

图 3-9 某时刻的流线

流线具有以下性质：

1）一般情况下，同一时刻的不同流线不能相交，流线只在一些特殊点相交，如图 3-10 所示。因为根据流线的定义，如果两条流线相交，在交点上的流体质点的速度矢量同时与这两条流线相切，意味着在同一时刻，同一流体质点具有两个运动方向，这显然是不可能的。流线只在一些特殊点相交：流速为零的点（称为驻点），如图 3-11 中 A 点；流线相切点，如图 3-11 中 B 点；流速无穷大的点（称为奇点），如图 3-12 中 O 点。

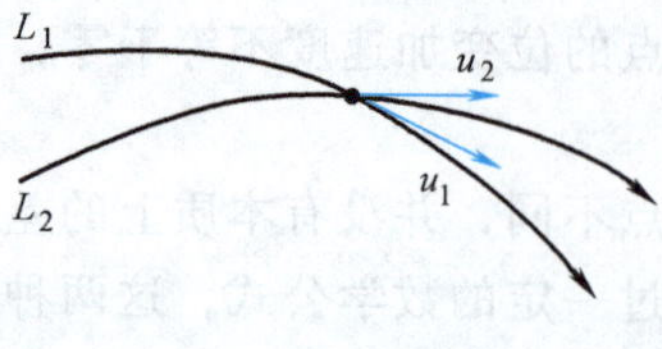

图 3-10 流线相交

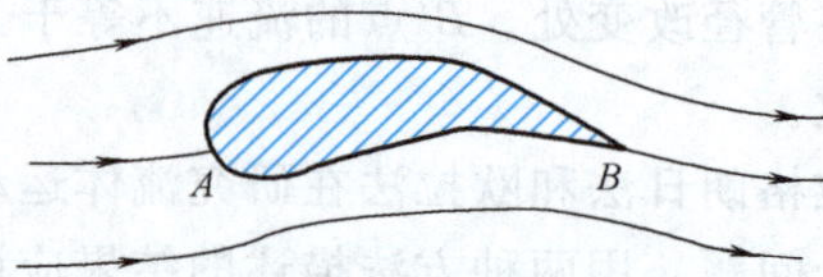

图 3-11 驻点和相切点

2）流线是一条光滑曲线或直线，不能转折。因为流体是连续介质，各运动要素在流场中是连续变化的，流线只能是连续的光滑曲线，如果发生转折会出现一个质点同时具有两个运动方向的情况，图 3-13 所示的情况是不可能的。

3）对于不可压缩流体，流线的疏密程度反映了该时刻流场中各点的流速大小，流线密的地方流速大，流线疏的地方流速小，如图 3-14 所示。

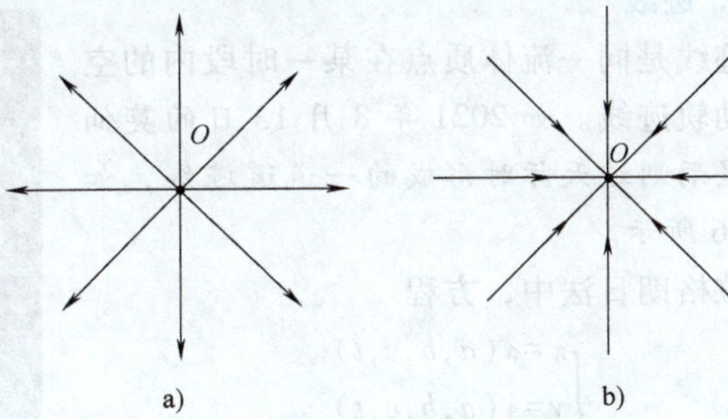

图 3-12　奇点

a）源　b）汇

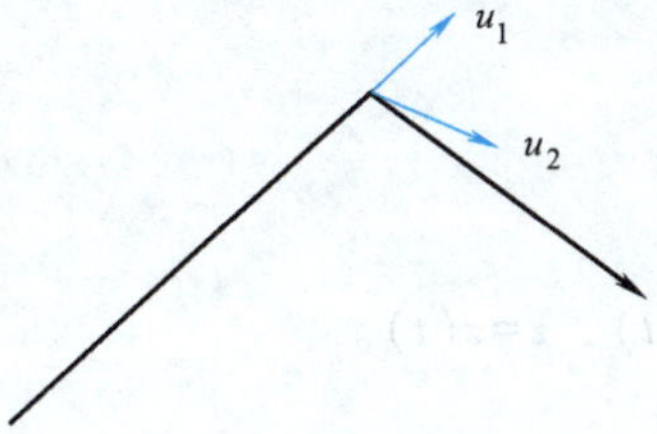

图 3-13　流线转折

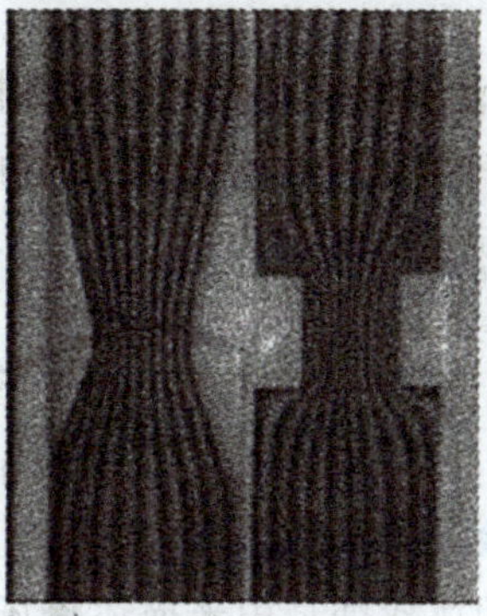

图 3-14　流线谱

设某时刻在流线上任一点 A（x，y，z）附近取微元线段矢量 $\mathrm{d}\boldsymbol{s}$，如图 3-15 所示，其坐标轴方向的投影为 $\mathrm{d}x$、$\mathrm{d}y$、$\mathrm{d}z$

$$\mathrm{d}\boldsymbol{s}=\mathrm{d}x\boldsymbol{i}+\mathrm{d}y\boldsymbol{j}+\mathrm{d}z\boldsymbol{k}$$

$\boldsymbol{u}$ 为流体质点在 A 点的流速

$$\boldsymbol{u}=u_x\boldsymbol{i}+u_y\boldsymbol{j}+u_z\boldsymbol{k}$$

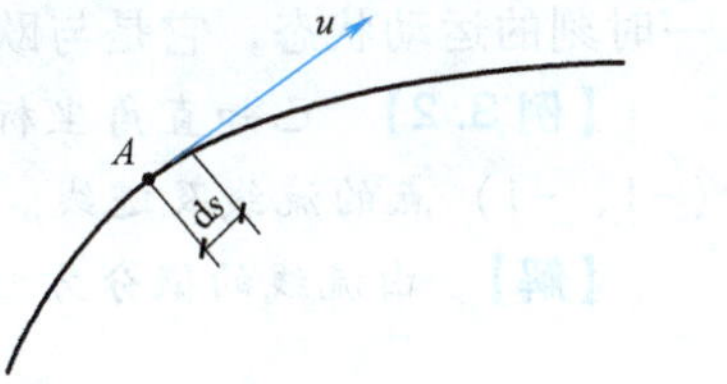

图 3-15　流线微分方程

根据流线的定义，流线与该点的速度矢量相切，即没有垂直于流线的流速分量，$\boldsymbol{u}$ 和 $\mathrm{d}\boldsymbol{s}$ 重合，所以，$\boldsymbol{u}\times\mathrm{d}\boldsymbol{s}=0$，即

$$\begin{vmatrix} \boldsymbol{i} & \boldsymbol{j} & \boldsymbol{k} \\ \mathrm{d}x & \mathrm{d}y & \mathrm{d}z \\ u_x & u_y & u_z \end{vmatrix}=0$$

展开上式，得到流线微分方程

$$\frac{\mathrm{d}x}{u_x}=\frac{\mathrm{d}y}{u_y}=\frac{\mathrm{d}z}{u_z} \tag{3-10}$$

式中，u_x、u_y、u_z 是空间坐标 x、y、z 和时间变量 t 的函数。因为流线是对某一时刻而言，所以微分方程中，t 是参变量，在积分求流线方程时将 t 视为常数。

2. 迹线

迹线是同一流体质点在某一时段内的空间运动轨迹线。如 2021 年 8 月 13 日的英仙座流星雨划过天际时形成的一道道迹线，如图 3-16 所示。

图 3-16　流星雨迹线

拉格朗日法中，方程

$$\begin{cases} x=x(a,b,c,t) \\ y=y(a,b,c,t) \\ z=z(a,b,c,t) \end{cases}$$

即迹线的参数方程，其中 t 是变量，a、b、c 是参数。

欧拉法中，流体质点的运动方程可以表示为

$$\begin{cases} \mathrm{d}x=u_x\mathrm{d}t \\ \mathrm{d}y=u_y\mathrm{d}t \\ \mathrm{d}z=u_z\mathrm{d}t \end{cases}$$

可得迹线微分方程为

$$\frac{\mathrm{d}x}{u_x}=\frac{\mathrm{d}y}{u_y}=\frac{\mathrm{d}z}{u_z}=\mathrm{d}t \tag{3-11}$$

式中，t 是自变量；x、y、z 是 t 的函数，$x=x(t)$，$y=y(t)$，$z=z(t)$。

3. 迹线与流线的区别

迹线和流线都是用来描述流场几何特性的，但迹线和流线是两个完全不同的概念。迹线是同一流体质点在不同时刻的位移曲线，是流场中某一流体质点在一段时间内的运动轨迹线，迹线反映了单个质点一段时间的运动过程，它是与拉格朗日观点相对应的概念，是一条流动轨迹线。流线是同一时刻不同流体质点速度矢量与之相切的曲线，它反映了许多质点某一时刻的运动状态，它是与欧拉观点相对应的概念，是一条流动方向线。

【例 3.2】　已知直角坐标系中的流速场：$u_x=x+t$，$u_y=-y+t$，$u_z=0$。试求 $t=0$ 时过 $M(-1, -1)$ 点的流线及迹线。

【解】　由流线的微分方程

$$\frac{\mathrm{d}x}{u_x}=\frac{\mathrm{d}y}{u_y}=\frac{\mathrm{d}z}{u_z}$$

代入 u_x、u_y、u_z 得到

$$\frac{\mathrm{d}x}{x+t}=\frac{\mathrm{d}y}{-y+t}$$

其中 t 是参数，积分后得

$$(x+t)(-y+t)=C$$

其中 C 是积分常数，将已知条件 $t=0$ 时流线过 $M(-1, -1)$ 点代入，有 $(-1)(+1)=c$，故 $C=-1$，即 $t=0$ 时过 $M(-1, -1)$ 点的流线方程是双曲线方程

$$xy=1$$

由迹线微分方程 $\frac{\mathrm{d}x}{u_x}=\frac{\mathrm{d}y}{u_y}=\mathrm{d}t$ 可得

$$\begin{cases}\dfrac{\mathrm{d}x}{\mathrm{d}t}=x+t\\ \dfrac{\mathrm{d}y}{\mathrm{d}t}=-y+t\end{cases}$$

这是两个非齐次常系数线性微分方程。它们的解是

$$x=C_1\mathrm{e}^t-t-1, y=C_2\mathrm{e}^t+t-1$$

当 $t=0$ 时迹线过 $M(-1, -1)$ 点，代入可得 $C_1=0$，$C_2=0$，所以过 $M(-1, -1)$ 点质点的运动规律是

$$\begin{cases}x=-t-1\\ y=t-1\end{cases}$$

消去 t 后，得迹线方程

$$x+y=-2$$

3-2　恒定流和非恒定流

3.2.2　恒定流与非恒定流

根据流场中运动要素是否随时间变化，可以把流体运动分为恒定流和非恒定流。

1. 恒定流

在流场中，各空间点上的运动要素均不随时间变化的流动称为恒定流。恒定流具有如下性质：

1）各运动要素仅仅是空间坐标的函数，与时间无关。恒定流的流速场、压强场、密度场可以表示为

$$\begin{cases}u=u(x,y,z)\\ p=p(x,y,z)\\ \rho=\rho(x,y,z)\end{cases}\tag{3-12}$$

所有的运动要素对于时间的偏导数都为零

$$\frac{\partial u}{\partial t}=0;\frac{\partial p}{\partial t}=0;\frac{\partial \rho}{\partial t}=0$$

2）流线和迹线重合。

3）流线的形状和位置均不随时间变化。

4）时变加速度为零。

2. 非恒定流

流场中流体质点通过各空间点，运动要素随时间变化的流动称为非恒定流。非恒定流具有如下性质：

1）流速、压强、密度等均为空间坐标和时间的函数。非恒定流的流速场、压强场、密度场可以表示为

$$\begin{cases}u=u(x,y,z)\\ p=p(x,y,z)\\ \rho=\rho(x,y,z)\end{cases}\tag{3-13}$$

所有的运动要素对于时间的偏导数都不为零

$$\frac{\partial u}{\partial t}\neq0;\frac{\partial p}{\partial t}\neq0;\frac{\partial \rho}{\partial t}\neq0$$

2）一般情况下流线和迹线不重合。

3）时变加速度不为零。

在非恒定流情况下，流线和迹线一般是不重合的，只有在个别情况下，如流场速度方向不随时间变化，只在速度大小随时间变化时流线和迹线相重合。

国家游泳中心“水立方”（图 3-17）看似简单的“方盒子”，却是由中国传统文化和现代科技共同“搭建”而成的。中国人认为：没有规矩不成方圆，按照制定出来的规矩做事，就可以获得整体的和谐统一。在中国传统文化中，“天圆地方”的设计思想催生了“水立方”，它与圆形的“鸟巢”——国家体育场相呼应，相得益彰。为使得在较短时间内将水灌满泳池，分别采用了变径出流和等直径出流两种方式。如图 3-18 所示，当水位 H 保持不变时，出水管道中各个运动要素都不随时间而变化，为恒定流；当水位 H 逐渐降低时，出水管道中各个运动要素随时间而发生变化，为非恒定流。

a)

b)

图 3-17　水立方游泳馆

a）水立方外部　b）水立方内部

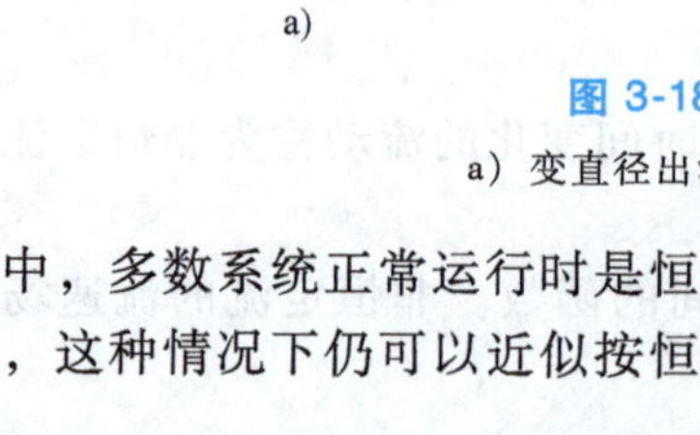

a)

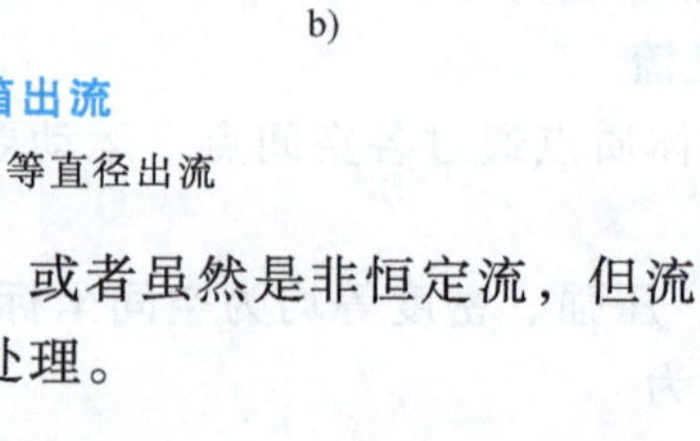

b)

图 3-18　水箱出流

a）变直径出流　b）等直径出流

实际工程中，多数系统正常运行时是恒定流，或者虽然是非恒定流，但流动参数随时间变化比较缓慢，这种情况下仍可以近似按恒定流处理。

3.2.3　流管、过流断面、元流和总流

1. 流管

在流场中，任取一条不与流线重合的封闭曲线 L，在同一时刻过封闭曲线 L 每一点作流线，由这些流线围成的管状空间称为流管，如图 3-19 所示。

由于流线不会相交，根据流管的定义可以知道，在各个时刻，流体质点不可能通过流管

壁流出或流入，只能在流管内部或沿流管表面流动。因此，流管仿佛是一条实际的管道，其周界可以视为固壁，日常生活中的自来水管的内表面就是流管的实例之一。

2. 流束

流管内所有流体质点形成的流动称为流束，如图 3-20 所示。流束可大可小，根据流管的性质，流束中任何流体质点均不能离开流束。恒定流中流束的形状和位置均不随时间发生变化。

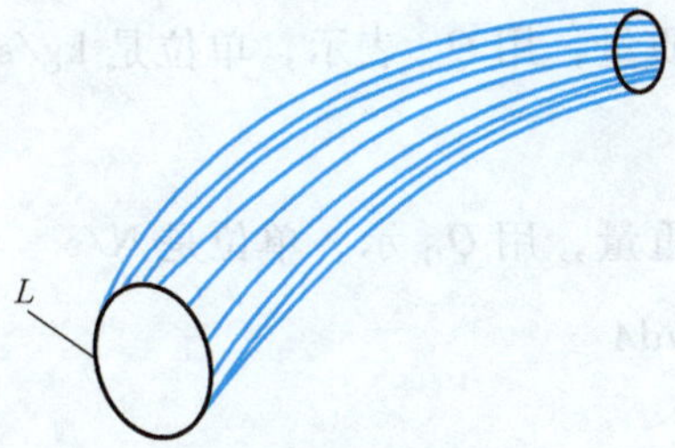

图 3-19 流管

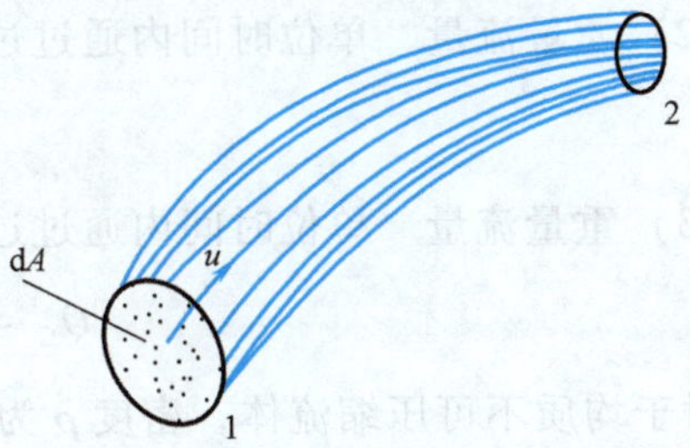

图 3-20 流束

3. 过流断面

在流束上作出的与所有流线正交的横断面称为过流断面。过流断面可能是平面，也可能是曲面，其形状与流线的分布情况有关。在流线互相平行的流段，过流断面是平面，在流线互相不平行的流段上，过流断面是曲面，如图 3-21 所示。

4. 元流

过流断面无限小的流束称为元流，又称为微小流束，如图 3-22 所示。

由于元流的过流断面无限小，断面上各点的流动参数均相同。当元流的断面面积趋近于零时，元流将达到它的极限——流线。恒定流中元流的形状与位置不随时间变化。

5. 总流

无数元流的集合称为总流。总流一般指实际水流，即边界具有一定规模和尺寸的实际流体，如管道中的流动、渠道中的流动、河流等。对于总流而言，同一过流断面上各点的运动要素（如速度、压强等）不一定都相等，如图 3-22 所示。

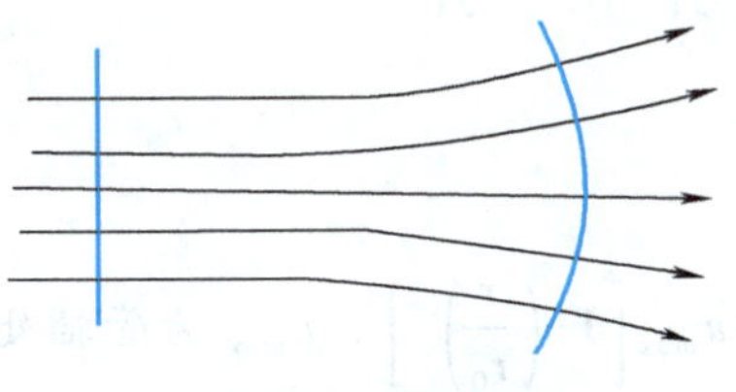

图 3-21 过流断面

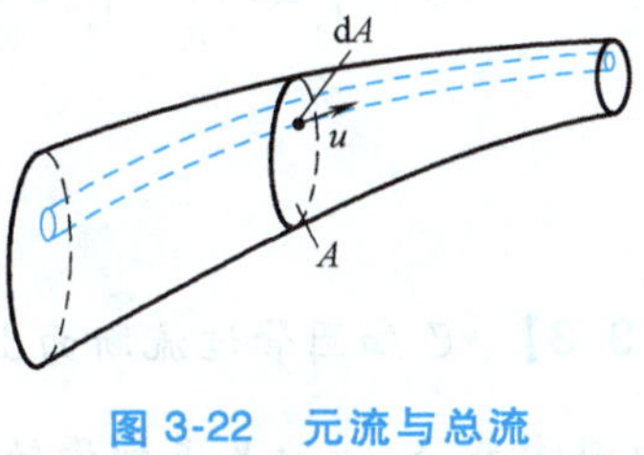

图 3-22 元流与总流

3.2.4 流量与断面平均流速

1. 流量

单位时间内通过某一过流断面的流体的总量称为该过流断面的流量。

流量的表示方法有以下几种：

(1) 体积流量 单位时间内通过某一过流断面的流体体积，简称流量，用 Q 表示，单

位是 m^3/s。

设元流过流断面面积 dA，同一时刻 dA 上各点的流速相同，过流断面与流速方垂直，因此元流的流量为

$$dQ = udA$$

总流的流量等于所有元流的流量之和，即

$$Q = \int_A dQ = \int_A udA \tag{3-14}$$

（2）质量流量　单位时间内通过过流断面的流体质量，用 Q_m 表示，单位是 kg/s

$$Q_m = \int_A \rho udA \tag{3-15}$$

（3）重量流量　单位时间内通过过流断面的流体重量，用 Q_G 示，单位是 N/s

$$Q_G = \int_A \rho gudA = \int_A \gamma udA \tag{3-16}$$

对于均质不可压缩流体，密度 ρ 为常数，则有

$$Q_m = \rho Q, Q_G = \gamma Q \tag{3-17}$$

2. 断面平均流速

由于实际流动很复杂，总流过流断面上各点的流速一般是不相等的。工程上为了便于计算，采用断面平均流速来代替各点的实际流速。断面平均流速 v 是一个假想的流速，即假设总流同一过流断面上各点的流速都相等，大小均为断面平均流速，方向与实际流向相同。以断面平均流速通过的流量等于该过流断面上各点实际流速不相等情况下通过的流量，如图 3-23 所示。

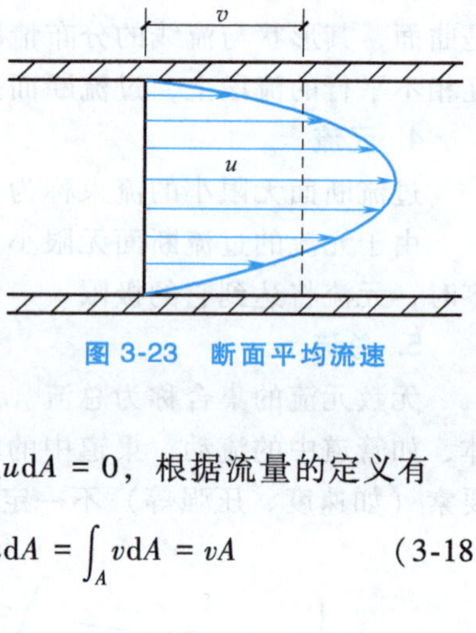

图 3-23　断面平均流速

设 u 为某点的实际流速，v 为断面平均流速，即断面上各点速度的平均值，u 与断面平均流速的关系为：$u = v+\Delta u$。

假定总流过流断面上的流速 v 均匀分布，由此算出的流量应等于实际流量 Q，由于在断面上 Δu 值有正有负，$\int_A \Delta udA = 0$，根据流量的定义有

$$Q = \int_A \Delta udA = \int_A (v + \Delta u)dA = \int_A vdA + \int_A \Delta udA = \int_A vdA = vA \tag{3-18}$$

$$v = \frac{Q}{A} = \frac{\int_A udA}{A} \tag{3-19}$$

【例 3.3】　已知圆管过流断面上的流速分布为 $u = u_{max}\left[1-\left(\frac{r}{r_0}\right)^2\right]$，$u_{max}$ 为管轴处最大流速，r_0 为圆管半径，r 为某点到管轴的距离。试求断面平均流速 v 与 u_{max} 之间的关系。

【解】　取半径为 r，径向厚度为 dr 的微圆环的面积为 dA，则 $dA = 2\pi rdr$，因此

$$Q = \int_A udA = \int_0^{r_0} u2\pi rdr = 2\pi u_{max}\int_0^{r_0} r\left[1 - \left(\frac{r}{r_0}\right)^2\right]dr = \frac{1}{2}\pi r_0^2 u_{max}$$

$$v = \frac{Q}{A} = \frac{\frac{1}{2}\pi r_0^2 u_{max}}{\pi r_0^2} = \frac{1}{2}u_{max}$$

3.2.5 一维流动、二维流动和三维流动

根据流场中各运动要素与空间坐标的关系，可以把流体流动分为一维流动、二维流动和三维流动，又称为一元流动、二元流动、三元流动。

1. 三维流动

如果各空间点上的运动要素是三个空间坐标和时间变量的函数，这样的流动称为三维流动。三维流动可以表示为

$$\begin{cases} u_x = u_x(x,y,z,t) \\ u_y = u_y(x,y,z,t) \\ u_z = u_z(x,y,z,t) \end{cases} \tag{3-20}$$

黄河属世界长河之一，全长约5464km，其流域总面积79.5万km^2。黄河水流沿着断面形状与大小沿程变化的天然河道中流动属于三维流动，如图3-24所示。

实际工程流体力学问题，其运动要素一般是三个坐标的函数，属于三维流动。但是由于三维流动的复杂性，在数学处理上有相当大的困难，为此，人们往往根据具体问题的性质把它简化为二维流动或一维流动来处理。

图 3-24 三维流动

2. 二维流动

如果各空间点上的运动要素都平行于垂直方向无变化，则运动要素是两个空间坐标和时间变量的函数，这样的流动称为二维流动。二维流动可以表示为

$$\begin{cases} u_x = u_x(x,y,t) \\ u_y = u_y(x,y,t) \\ u_z = 0 \end{cases} \tag{3-21}$$

如水在很宽阔的矩形渠道中的流动，远离侧壁并且与Oxz坐标平面平行的两个垂面a—b和c—d之间的流动，其运动要素只与空间坐标x、z有关，与空间坐标y无关，为二维流动，如图3-25所示。

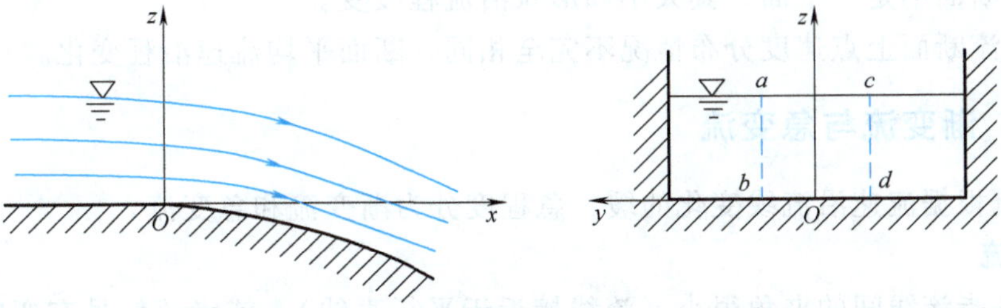

图 3-25 二维流动

3. 一维流动

如果各空间点上的运动要素只是一个空间坐标和时间变量的函数，这样的流动称为一维流动。一维流动可以表示为

$$u=u(s,t) \tag{3-22}$$

例如，水流在断面不变的管道或者渠道中流动，尽管流动要素是三个空间坐标的函数，但断面平均流速 v 只是曲线坐标 s 的函数，可以视为一维流动，如图 3-26 所示。

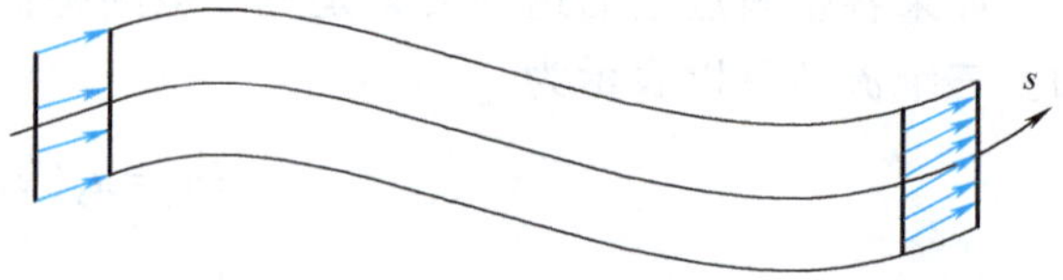

图 3-26　一维流动

3.2.6　均匀流与非均匀流

1. 均匀流

流场中，在给定的某一时刻，各点的流速都不随位置而变化的流动称为均匀流，如图 3-27 所示。均匀流具有以下性质：

3-3　均匀流和非均匀流

1） 流线是相互平行的直线。

2） 过流断面为平面，其形状、尺寸沿流程不变。

3） 同一流线上不同点的流速相等，各过流断面上的流速分布相同，断面平均流速相等。

4） 过流断面上的流体动压强分布规律与静压强分布规律相同，即在同一过流断面上各点的测压管水头为一常数。

5） 位变加速度为零。

2. 非均匀流

流场中，在给定的某一时刻，各点流速都随位置变化的流动称为非均匀流，如图 3-27 所示。非均匀流具有以下性质：

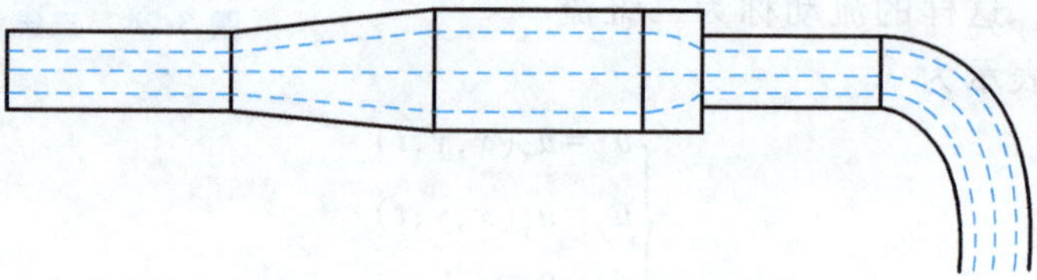

图 3-27　均匀流与非均匀流

1） 流线弯曲或者不平行。

2） 各点都有位变加速度，位变加速度不为零。

3） 过流断面不是一平面，其大小和形状沿流程改变。

4） 各过流断面上点速度分布情况不完全相同，断面平均流速沿程变化。

3.2.7　渐变流与急变流

非均匀流根据流速沿流线变化的缓、急程度分为渐变流和急变流。

1. 渐变流

渐变流是指流线间的夹角很小（流线接近于平行直线），或者流线虽有弯曲，但曲率很小的流动，如图 3-28 所示。

渐变流具有以下两个重要性质：

1）过流断面近似为平面。

2）恒定渐变流过流断面上的动压强与静压强的分布规律相同，在同一过流断面上各点的测压管水头 $z+\dfrac{p}{\rho g}=C$

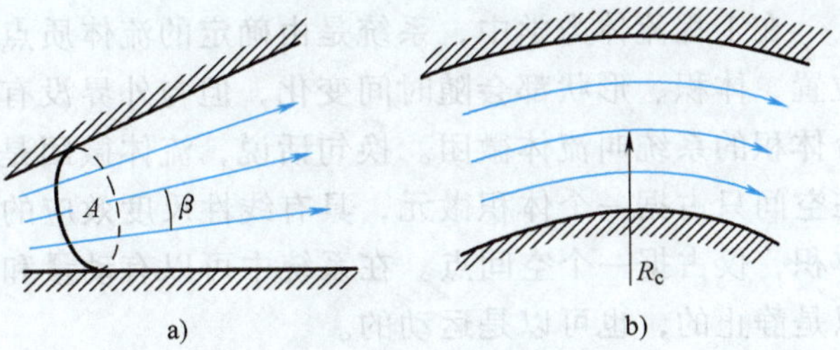

图 3-28 渐变流

2. 急变流

急变流是指流线之间夹角很大或者流线的曲率半径很小，离心惯性力不能忽略的流动，如图 3-29 所示。

急变流过流断面上的动压强分布规律不同于静压强分布规律，即同一断面上任一点的测压管水头 $z+\dfrac{p}{\rho g}\neq C$。急变流多发生在流动的边界急剧变化的地方。

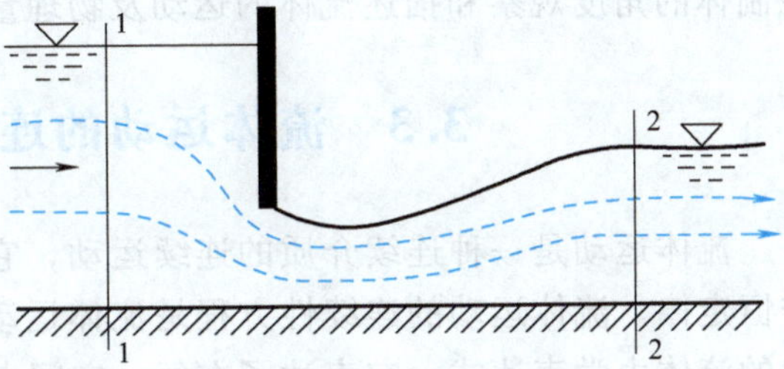

图 3-29 急变流

渐变流与急变流的主要区别在于急变流中的加速度很大，惯性力不能忽略，而渐变流由于流体质点的加速度很小，惯性力也很小，可以忽略不计。

【例 3.4】 已知速度场 $u_x=xy^2$，$u_y=-\dfrac{1}{3}y^3$，$u_z=xy$，试判断：（1）该流动是几维流动；（2）该流动是恒定流还是非恒定流；（3）该流动是均匀流还是非均匀流。

【解】

（1）判断是几维流动　因为 u_x、u_y、u_z 只与 x、y 两个空间坐标有关，所以该流动是二维流动。

（2）判断是恒定流还是非恒定流　因为时变加速度 $\dfrac{\partial u_x}{\partial t}=0$，$\dfrac{\partial u_y}{\partial t}=0$，$\dfrac{\partial u_z}{\partial t}=0$，所以该流动是恒定流。

（3）判定是均匀流还是非均匀流　因为位变加速度

$$\begin{cases} u_x\dfrac{\partial u_x}{\partial x}+u_y\dfrac{\partial u_x}{\partial y}+u_z\dfrac{\partial u_x}{\partial z}=\dfrac{1}{3}xy^4\neq 0 \\ u_x\dfrac{\partial u_y}{\partial x}+u_y\dfrac{\partial u_y}{\partial y}+u_z\dfrac{\partial u_y}{\partial z}=\dfrac{1}{3}y^5\neq 0 \\ u_x\dfrac{\partial u_z}{\partial x}+u_y\dfrac{\partial u_z}{\partial y}+u_z\dfrac{\partial u_z}{\partial z}=\dfrac{2}{3}xy^3\neq 0 \end{cases}$$

所以该流动是非恒定流。

3.2.8 系统与控制体

用理论分析方法研究流体运动规律时，除了应用上面介绍的一些概念外，还要用到系统和控制体这两个概念。

在工程流体力学中，系统是由确定的流体质点组成的集合。系统在运动过程中，其空间位置、体积、形状都会随时间变化，但与外界没有质量交换。有限体积的系统叫流体团，微分体积的系统叫流体微团。换句话说，流体微团是从有限体积的运动流体团中隔离出来的，在空间只占据一个体积微元，具有线性尺度效应的流体团。最小的系统是流体质点，它没有体积，仅占据一个空间点。在系统中可以有动量和能量的变化，而没有质量的变化。系统可以是静止的，也可以是运动的。

控制体是相对于某个坐标系有流体流过的固定不变的空间区域。换句话说，控制体是流场中划定的空间，其形状、位置固定不变，流体可不受影响地通过。

站在系统的角度观察和描述流体的运动及物理量的变化是拉格朗日方法的特征，而站在控制体的角度观察和描述流体的运动及物理量的变化是欧拉方法的特征。

3.3 流体运动的连续性方程

3-4 流体运动的连续性方程

流体运动是一种连续介质的连续运动，它和其他物质运动一样遵守质量守恒定律。流体运动的连续性方程是流体运动学的基本方程，是质量守恒定律的流体力学表达式。它表达了在每一空间点上流体速度分量之间必须满足的关系。

3.3.1 连续性微分方程

如图 3-30 所示，在流场中以 M 点为中心取一个微小直角六面体为控制体，六面体的各边分别平行于 x、y、z 轴，边长分别为 $\mathrm{d}x$、$\mathrm{d}y$、$\mathrm{d}z$。

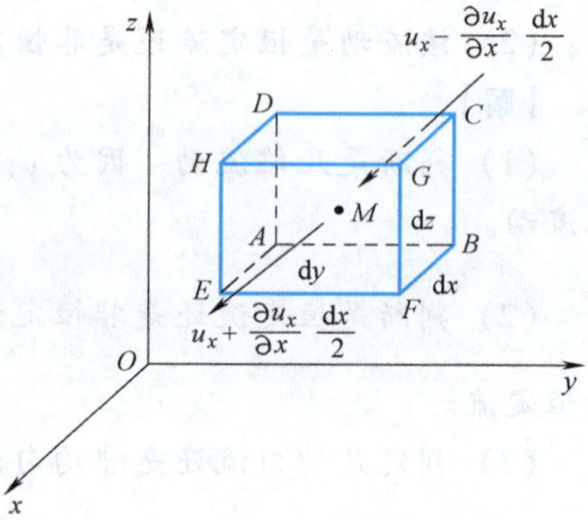

图 3-30 连续性微分方程

设 M 点的坐标为 (x, y, z)，在某一时刻 t，M 点的流速为 u，密度为 ρ。由于控制体取得非常微小，六面体六个面上各点 t 时刻的流速和密度可用泰勒级数展开，略去高阶微量。

（1）x 方向 $EFGH$ 面和 $ABCD$ 面中心点处的速度和密度分别为

$$u_x+\frac{1}{2}\frac{\partial u_x}{\partial x}\mathrm{d}x,\rho+\frac{1}{2}\frac{\partial \rho}{\partial x}\mathrm{d}x;u_x-\frac{1}{2}\frac{\partial u_x}{\partial x}\mathrm{d}x,\rho-\frac{1}{2}\frac{\partial \rho}{\partial x}\mathrm{d}x$$

因为微小六面体边界面面积非常微小，可以认为同一面上各点的速度、密度相等。$\mathrm{d}t$ 时间内，从边界面 $ABCD$ 流入六面体的流体质量为

$$\left(\rho-\frac{1}{2}\frac{\partial \rho}{\partial x}\mathrm{d}x\right)\left(u_x-\frac{1}{2}\frac{\partial u_x}{\partial x}\mathrm{d}x\right)\mathrm{d}y\mathrm{d}z\mathrm{d}t$$

$\mathrm{d}t$ 时间内，从边界面 $EFGH$ 流入六面体的流体质量为

$$\left(\rho+\frac{1}{2}\frac{\partial \rho}{\partial x}\mathrm{d}x\right)\left(u_x+\frac{1}{2}\frac{\partial u_x}{\partial x}\mathrm{d}x\right)\mathrm{d}y\mathrm{d}z\mathrm{d}t$$

则 $\mathrm{d}t$ 时间内，沿 x 方向流入与流出六面体的流体质量差为

$$\Delta m_x=\left(\rho-\frac{1}{2}\frac{\partial\rho}{\partial x}\mathrm{d}x\right)\left(u_x-\frac{1}{2}\frac{\partial u_x}{\partial x}\mathrm{d}x\right)\mathrm{d}y\mathrm{d}z\mathrm{d}t-\left(\rho+\frac{1}{2}\frac{\partial\rho}{\partial x}\mathrm{d}x\right)\left(u_x+\frac{1}{2}\frac{\partial u_x}{\partial x}\mathrm{d}x\right)\mathrm{d}y\mathrm{d}z\mathrm{d}t$$

$$=-\frac{\partial(\rho u_x)}{\partial x}\cdot\mathrm{d}x\mathrm{d}y\mathrm{d}z\cdot\mathrm{d}t$$

（2）y 方向　$\mathrm{d}t$ 时间内，从 $EADH$ 流入六面体的流体质量为

$$\left(\rho-\frac{1}{2}\frac{\partial\rho}{\partial y}\mathrm{d}y\right)\left(u_y-\frac{1}{2}\frac{\partial u_y}{\partial y}\mathrm{d}y\right)\mathrm{d}y\mathrm{d}z\mathrm{d}t$$

$\mathrm{d}t$ 时间内，从 $FBCG$ 流入六面体的流体质量为

$$\left(\rho+\frac{1}{2}\frac{\partial\rho}{\partial x}\mathrm{d}y\right)\left(u_y+\frac{1}{2}\frac{\partial u_y}{\partial y}\mathrm{d}y\right)\mathrm{d}y\mathrm{d}z\mathrm{d}t$$

$\mathrm{d}t$ 时间内，沿 y 方向流入与流出六面体的流体质量差为

$$\Delta m_y=\left(\rho-\frac{1}{2}\frac{\partial\rho}{\partial y}\mathrm{d}y\right)\left(u_y-\frac{1}{2}\frac{\partial u_y}{\partial y}\mathrm{d}y\right)\mathrm{d}x\mathrm{d}z\mathrm{d}t-\left(\rho+\frac{1}{2}\frac{\partial\rho}{\partial y}\mathrm{d}y\right)\left(u_y+\frac{1}{2}\frac{\partial u_y}{\partial y}\mathrm{d}y\right)\mathrm{d}x\mathrm{d}z\mathrm{d}t$$

$$=-\frac{\partial(\rho u_y)}{\partial y}\cdot\mathrm{d}x\mathrm{d}y\mathrm{d}z\cdot\mathrm{d}t$$

（3）z 方向　$\mathrm{d}t$ 时间内，从 $ABFE$ 流入六面体的流体质量为

$$\left(\rho-\frac{1}{2}\frac{\partial\rho}{\partial z}\mathrm{d}z\right)\left(u_z-\frac{1}{2}\frac{\partial u_z}{\partial z}\mathrm{d}z\right)\mathrm{d}x\mathrm{d}y\mathrm{d}t$$

$\mathrm{d}t$ 时间内，从 $DCGH$ 流入六面体的流体质量为

$$\left(\rho+\frac{1}{2}\frac{\partial\rho}{\partial z}\mathrm{d}z\right)\left(u_z+\frac{1}{2}\frac{\partial u_z}{\partial z}\mathrm{d}z\right)\mathrm{d}x\mathrm{d}y\mathrm{d}t$$

$\mathrm{d}t$ 时间内，沿 z 方向流进与流出六面体的流体质量差为

$$\Delta m_z=\left(\rho-\frac{1}{2}\frac{\partial\rho}{\partial z}\mathrm{d}z\right)\left(u_z-\frac{1}{2}\frac{\partial u_z}{\partial z}\mathrm{d}z\right)\mathrm{d}x\mathrm{d}y\mathrm{d}t-\left(\rho+\frac{1}{2}\frac{\partial\rho}{\partial z}\mathrm{d}z\right)\left(u_z+\frac{1}{2}\frac{\partial u_z}{\partial z}\mathrm{d}z\right)\mathrm{d}x\mathrm{d}y\mathrm{d}t$$

$$=-\frac{\partial(\rho u_z)}{\partial z}\cdot\mathrm{d}x\mathrm{d}y\mathrm{d}z\cdot\mathrm{d}t$$

$\mathrm{d}t$ 时间内，经过微元六面体流体质量总变化为

$$\Delta m_x+\Delta m_y+\Delta m_z=-\left[\frac{\partial(\rho u_x)}{\partial x}+\frac{\partial(\rho u_y)}{\partial y}+\frac{\partial(\rho u_z)}{\partial z}\right]\cdot\mathrm{d}x\mathrm{d}y\mathrm{d}z\cdot\mathrm{d}t$$

六面体内 t 时刻的平均密度为 ρ，质量为 $\rho\mathrm{d}x\mathrm{d}y\mathrm{d}z$。经过 $\mathrm{d}t$ 时间后，流体的平均密度为

$$\rho(x,y,z,t+\mathrm{d}t)=\rho+\frac{\partial\rho}{\partial t}\mathrm{d}t$$

质量为 $\left(\rho+\frac{\partial\rho}{\partial t}\mathrm{d}t\right)\mathrm{d}x\mathrm{d}y\mathrm{d}z$，在 $\mathrm{d}t$ 时段内六面体内因密度变化而引起的质量变化为

$$\left(\rho+\frac{\partial\rho}{\partial t}\mathrm{d}t\right)\cdot\mathrm{d}x\mathrm{d}y\mathrm{d}z-\rho\cdot\mathrm{d}x\mathrm{d}y\mathrm{d}z=\frac{\partial\rho}{\partial t}\mathrm{d}x\mathrm{d}y\mathrm{d}z\mathrm{d}t$$

流体是连续介质，连续介质的运动必须维持质点的连续性，即质点间没有空隙。根据质量守恒定律，在同一时段内，流入和流出六面体的流体质量之差应等于六面体内因密度变化所引起的质量变化，即

$$-\left[\frac{\partial(\rho u_x)}{\partial x}+\frac{\partial(\rho u_y)}{\partial y}+\frac{\partial(\rho u_z)}{\partial z}\right]\cdot \mathrm{d}x\mathrm{d}y\mathrm{d}z\cdot \mathrm{d}t=\frac{\partial \rho}{\partial t}\mathrm{d}x\mathrm{d}y\mathrm{d}z\mathrm{d}t \tag{3-23}$$

1）流体连续性微分方程的一般形式。将式（3-23）两边同时除以 $\mathrm{d}x\mathrm{d}y\mathrm{d}z\mathrm{d}t$，移项，化简之后得到

$$\frac{\partial \rho}{\partial t}+\frac{\partial(\rho u_x)}{\partial x}+\frac{\partial(\rho u_y)}{\partial y}+\frac{\partial(\rho u_z)}{\partial z}=0 \tag{3-24}$$

式（3-24）即流体连续性微分方程的一般形式，它表达了任何可能存在的流体运动必须满足的连续性条件，也就是质量守恒条件。流体运动的连续性方程是不涉及任何作用力的运动学方程。

式（3-24）适用于理想流体或者实际流体、恒定流或者非恒定流、可压缩流体或者不可压缩流体。

2）流体作恒定流动时的连续性微分方程。对于恒定流，有 $\rho=\rho(x,\ y,\ z)$，$\frac{\partial \rho}{\partial t}=0$，则有

$$\frac{\partial(\rho u_x)}{\partial x}+\frac{\partial(\rho u_y)}{\partial y}+\frac{\partial(\rho u_z)}{\partial z}=0 \tag{3-25}$$

式（3-25）适用于理想流体或者实际流体、可压缩流体或者不可压缩流体的恒定流。

3）不可压缩流体的连续性微分方程。对于不可压缩流体，ρ=常数，则有

$$\frac{\partial u_x}{\partial x}+\frac{\partial u_y}{\partial y}+\frac{\partial u_z}{\partial z}=0 \tag{3-26}$$

式（3-26）即不可压缩流体的连续性微分方程。该方程是欧拉在 1755 年首先推导出的，是质量守恒定律的流体力学表达式（微分形式），是支配流体运动的基本方程式。式（3-26）适用于理想或者实际不可压缩流体作恒定流。

【例 3.5】 已知速度场 $u_x=\frac{1}{\rho}(y^2-x^2)$，$u_y=\frac{1}{\rho}(2xy)$，$u_z=\frac{1}{\rho}(-2tz)$，$\rho=t^2$。试问流动是否满足连续性条件。

【解】 此流动为可压缩流体，非恒定流动，则

$$\frac{\partial \rho}{\partial t}=2t$$

$$\frac{\partial(\rho u_x)}{\partial x}=\frac{\partial}{\partial x}(y^2-x^2)=-2x$$

$$\frac{\partial(\rho u_y)}{\partial y}=\frac{\partial}{\partial y}(2xy)=2x$$

$$\frac{\partial(\rho u_z)}{\partial z}=\frac{\partial}{\partial z}(-2tz)=-2t$$

将以上各项代入连续性微分方程一般形式，得到

$$\frac{\partial \rho}{\partial t}+\frac{\partial(\rho u_x)}{\partial x}+\frac{\partial(\rho u_y)}{\partial y}+\frac{\partial(\rho u_z)}{\partial z}=2t-2x+2x-2t=0$$

此流动满足连续性条件，流动可能出现。

【例 3.6】 已知速度场 $u_x=kx$，$u_y=-ky$，$u_z=0$，k 为大于零的常数。试判别不可压缩流体运动实际能否出现？

【解】 此流动为不可压缩流体平面流动

$$\frac{\partial u_x}{\partial x}=k$$

$$\frac{\partial u_y}{\partial y}=-k$$

代入不可压缩流体连续性微分方程，得到

$$\frac{\partial u_x}{\partial x}+\frac{\partial u_y}{\partial y}+\frac{\partial u_z}{\partial z}=k-k+0=0$$

可知满足连续性微分方程，该流动可能出现。

【例 3.7】 已知速度场 $u_x=kx^2yz$，$u_y=-y^2z-kxy^2z$，其中 k 为常数。试求坐标 z 方向的速度分量 u_z。

【解】 此流动为不可压缩流体空间流动

$$\frac{\partial u_y}{\partial y}=2kxyz$$

$$\frac{\partial u_y}{\partial y}=2yz-2kxyz$$

由不可压缩流体连续性微分方程 $\frac{\partial u_x}{u_x}+\frac{\partial u_y}{u_y}+\frac{\partial u_z}{u_z}=0$ 得到

$$\frac{\partial u_z}{\partial z}=-\left(\frac{\partial u_x}{\partial x}+\frac{\partial u_y}{\partial y}\right)=-2yz$$

积分上式

$$u_z=-yz^2+f(x,y)$$

$f(x,\ y)$ 是 x、y 的任意函数，满足连续性微分方程的 u 可有无数个，最简单的情况取 $f(x,\ y)=0$，即 $u_z=-yz^2$。

3.3.2 元流的连续性方程

对于一元流动，可以通过元流分析法得到总流的连续性方程。

在恒定不可压缩总流中，任取一段总流，其进口断面 1—1 的面积为 A_1，出口断面 2—2 的面积为 A_2。流段 1—1 至 2—2 内的总流可以视为无数元流的集合。从中任取一元流，设元流进口断面的面积、流速及流体密度分别为 dA_1、u_1、ρ_1，元流出口断面的面积、流速及流体密度为 dA_2、u_2、ρ_2，如图 3-31 所示。

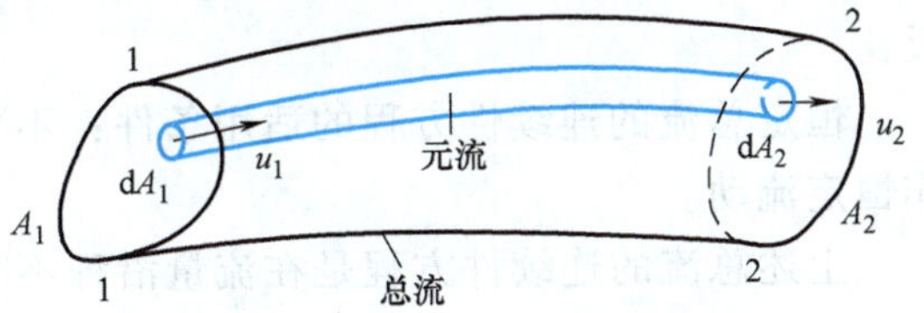

图 3-31　一元流动

引入下列三个条件：

1）恒定流动。所取元流的形状、位置和各点的运动要素均不随时间而改变。

2）流体不能由元流的侧壁流入或流出，只能通过过流断面 1—1 和 2—2 流入或流出。

3）流体是连续介质，元流内部没有孔隙。

根据质量守恒定律可知：在微小 $\mathrm{d}t$ 时段内，由 $\mathrm{d}A_1$ 断面流入的流体质量必定等于由 $\mathrm{d}A_2$ 断面流出的流体质量，即

$$\rho_1 u_1 \mathrm{d}A_1 \mathrm{d}t = \rho_2 u_2 \mathrm{d}A_2 \mathrm{d}t$$

等式两边同时除以 $\mathrm{d}t$，得到

$$\rho_1 u_1 \mathrm{d}A_1 = \rho_2 u_2 \mathrm{d}A_2 \tag{3-27}$$

式（3-27）即可压缩流体恒定元流的连续性方程，它表明沿元流任一过流断面上的质量流量均相等。

对于不可压缩均质流体，有 $\rho_1 = \rho_2 = \rho =$ 常数，$\dfrac{\partial \rho}{\partial t} = 0$，式（3-27）可以简化为

$$u_1 \mathrm{d}A_1 = u_2 \mathrm{d}A_2 \tag{3-28}$$

$$\mathrm{d}Q_1 = \mathrm{d}Q_2 \tag{3-29}$$

式（3-29）即恒定不可压缩均质元流的连续性方程，它表明：不可压缩均质恒定元流，沿元流各过流断面的体积流量均相等，速度与断面面积成反比。

3.3.3 总流的连续性方程

总流是无数个元流的集合，将元流的连续性方程在总流过流断面上积分，可得到恒定总流的连续性方程

$$\rho_1 \int_{A_1} u_1 \mathrm{d}A_1 = \rho_2 \int_{A_2} u_2 \mathrm{d}A_2$$

由断面平均速度 v 的定义可知

$$\int_{A_1} u_1 \mathrm{d}A_1 = v_1 A_1, \int_{A_2} u_2 \mathrm{d}A_2 = v_2 A_2$$

所以

$$\rho_1 v_1 A_1 = \rho_2 v_2 A_2 \tag{3-30}$$

式（3-30）即可压缩流体恒定总流的连续性方程，它表明：通过恒定总流各断面的质量流量相等。

对于不可压缩均质流体，$\rho_1 = \rho_2 =$ 常数，则有

$$v_1 A_1 = v_2 A_2 = Q \tag{3-31}$$

式（3-31）即不可压缩均质流体恒定总流的连续性方程。它表明：对于不可压缩均质流体恒定总流，通过各过流断面的体积流量是相等的，其断面平均流速与过流断面面积成反比。

恒定总流的连续性方程的适用条件：不可压缩流体（包括理想流体和实际流体）；流体作恒定流动。

上述总流的连续性方程是在流量沿程不变的条件下导出的。自然界中，河流在流动过程中，会在不同的地域发生汇流和分流现象（图 3-32 及图 3-33），当沿途有流量流进或流出时总流的连续性方程仍然是适用的，只是形式有所不同，如图 3-34 所示。

图 3-32　河流汇流

图 3-33　河流分流

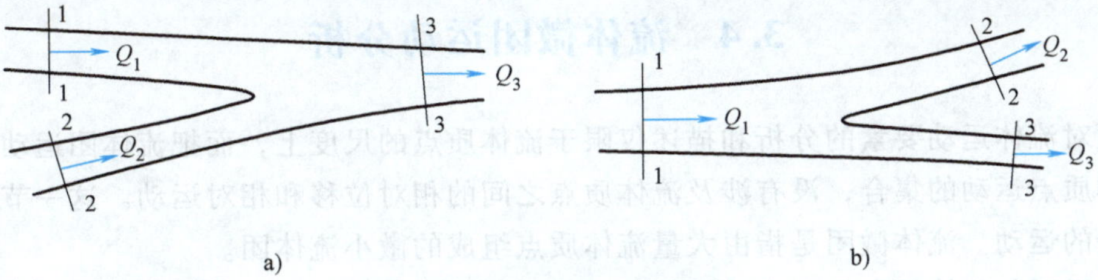

图 3-34　汇流与分流

a）汇流　b）分流

对于汇流情况，则有

$$Q_1+Q_2=Q_3 \tag{3-32}$$

对于分流情况，则有

$$Q_1=Q_2+Q_3 \tag{3-33}$$

【例 3.8】　如图 3-35 所示，在一压力管道中，已知 $d_1=200\text{mm}$，$d_2=150\text{mm}$，$d_3=100\text{mm}$，第三段管中的平均流速 $v_3=2\text{m/s}$。试求管中的流量 Q 及第一、第二两段管中的平均流速 v_1、v_2。

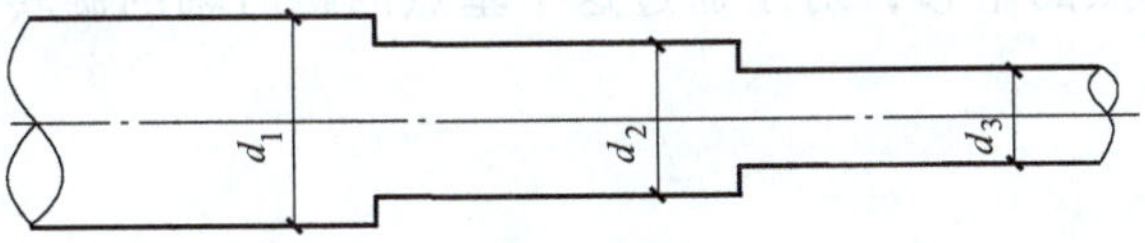

图 3-35　例 3.8

【解】　根据总流连续性方程 $\dfrac{v_1}{v_3}=\dfrac{A_3}{A_1}$ 得到

$$v_1=\frac{A_3}{A_1}v_3=\left(\frac{d_3}{d_1}\right)^2 v_3=\left(\frac{0.1}{0.2}\right)^2\times 2\text{m/s}=0.5\text{m/s}$$

$$v_2=\frac{A_3}{A_2}v_3=\left(\frac{d_3}{d_2}\right)^2 v_3=\left(\frac{0.1}{0.15}\right)^2\times 2\text{m/s}=0.89\text{m/s}$$

$$Q=v_3A_3=2\times\frac{3.14\times0.1^2}{4}\text{m}^3/\text{s}=0.0157\text{m}^3/\text{s}$$

【例 3.9】 如图 3-36 所示，某输水管道经三通管分流，已知管径 $d_1=d_2=200\text{mm}$，$d_3=100\text{mm}$，断面平均流速 $v_1=3\text{m/s}$，$v_2=2\text{m/s}$，试求断面平均流速 v_3。

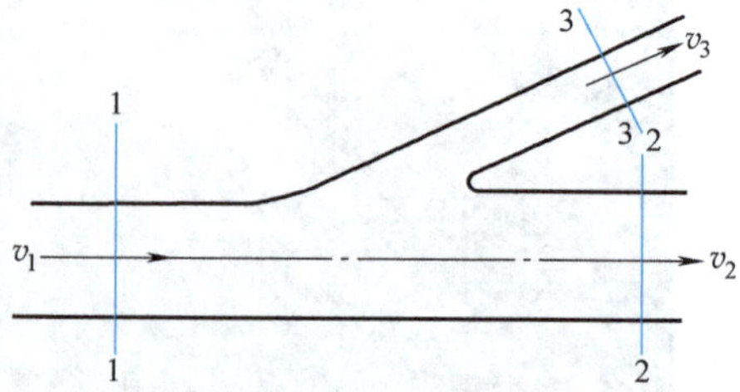

图 3-36 例 3.9

【解】 根据流体总流连续性方程，流入和流出三通管的流量应相等，即

$$Q_1=Q_2+Q_3$$

$$v_1A_1=v_2A_2+v_3A_3$$

$$v_3=(v_1-v_2)\left(\frac{d_2}{d_1}\right)^2=(3-2)\times\left(\frac{0.2}{0.1}\right)^2\text{m/s}=4\text{m/s}$$

3.4 流体微团运动分析

前面对流体运动要素的分析和描述仅限于流体质点的尺度上，而把流体团运动看成无穷多个流体质点运动的集合，没有涉及流体质点之间的相对位移和相对运动。这一节研究流体微团本身的运动。流体微团是指由大量流体质点组成的微小流体团。

流体微团与流体质点是两个不同的概念，在连续介质的概念中，流体质点是可以忽略线性尺度效应（如膨胀、变形、转动等）的最小单元，而流体微团是由大量流体质点所组成的具有线性尺度效应的微小流体团。

3.4.1 微团运动的分解

从理论力学知道，刚体的一般运动可以分解为随基点的移动和随基点的转动两种运动形式。流体是具有流动性并且极易变形的连续介质。因此，流体微团在运动过程中，除了与刚体一样可以移动和转动之外（图 3-37），还有变形运动（包括线变形和角变形）。流体微团的运动分解由亥姆霍兹速度分解定理确定：在一般情况下，任一流体微团的运动可以分解为三个运动：随同任意基点的平移，对于通过这个基点的瞬时轴的旋转运动及变形运动，如图 3-38 所示。

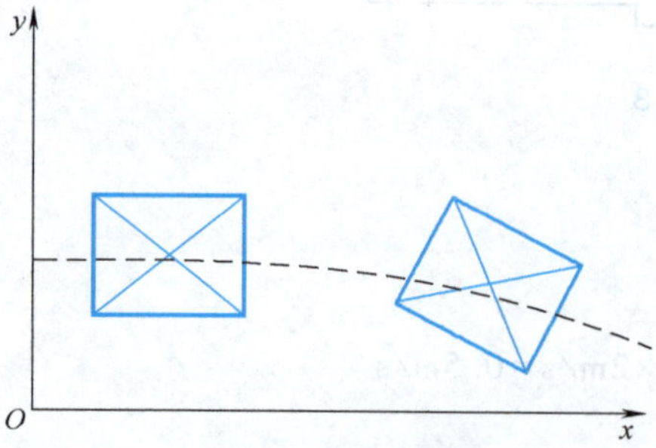

图 3-37 刚体运动

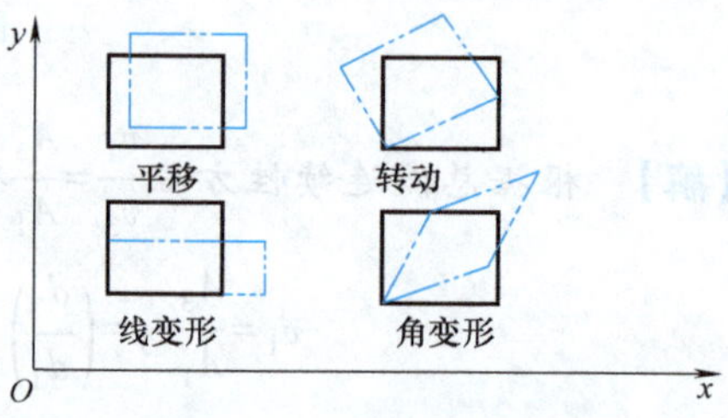

图 3-38 流体运动

某时刻 t，在流场中任取一流体微团，取其中一点 $A(x, y, z)$ 为基点，速度为 u。在 A 点的邻域任取一点 $M(x+dx, y+dy, z+dz)$，如图 3-39 所示。

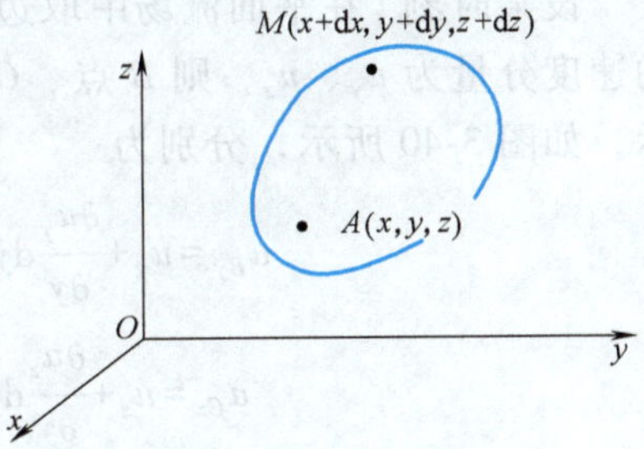

图 3-39 流体微团

在 t 时刻，基点 A 的速度投影为 u_x、u_y、u_z。根据泰勒级数展开公式，在同一时刻 t，M 点的速度可以近似用 A 点的速度表示为

$$\begin{cases} u_{Mx}=u_x+\dfrac{\partial u_x}{\partial x}dx+\dfrac{\partial u_x}{\partial y}dy+\dfrac{\partial u_x}{\partial z}dz \\ u_{My}=u_y+\dfrac{\partial u_y}{\partial x}dx+\dfrac{\partial u_y}{\partial y}dy+\dfrac{\partial u_y}{\partial z}dz \\ u_{Mz}=u_z+\dfrac{\partial u_z}{\partial x}dx+\dfrac{\partial u_z}{\partial y}dy+\dfrac{\partial u_z}{\partial z}dz \end{cases} \tag{3-34}$$

为了显示流体微团运动的各个组成部分，对上式进行恒等变换，在 u_{Mx}、u_{My}、u_{Mz} 等号右侧分别增加

$$\pm\frac{1}{2}\frac{\partial u_y}{\partial x}dy\pm\frac{1}{2}\frac{\partial u_z}{\partial x}dz, \pm\frac{1}{2}\frac{\partial u_z}{\partial y}dz\pm\frac{1}{2}\frac{\partial u_x}{\partial y}dx, \pm\frac{1}{2}\frac{\partial u_x}{\partial z}dx\pm\frac{1}{2}\frac{\partial u_y}{\partial z}dy$$

并令

$$\varepsilon_{xx}=\frac{\partial u_x}{\partial x}=\frac{1}{2}\left(\frac{\partial u_x}{\partial x}+\frac{\partial u_x}{\partial x}\right), \varepsilon_{yz}=\varepsilon_{zy}=\frac{1}{2}\left(\frac{\partial u_z}{\partial y}+\frac{\partial u_y}{\partial z}\right), \omega_x=\frac{1}{2}\left(\frac{\partial u_z}{\partial y}-\frac{\partial u_y}{\partial z}\right)$$

$$\varepsilon_{yy}=\frac{\partial u_y}{\partial y}=\frac{1}{2}\left(\frac{\partial u_y}{\partial y}+\frac{\partial u_y}{\partial y}\right), \varepsilon_{xz}=\varepsilon_{zx}=\frac{1}{2}\left(\frac{\partial u_x}{\partial z}+\frac{\partial u_z}{\partial x}\right), \omega_y=\frac{1}{2}\left(\frac{\partial u_x}{\partial z}-\frac{\partial u_z}{\partial x}\right)$$

$$\varepsilon_{zz}=\frac{\partial u_z}{\partial z}=\frac{1}{2}\left(\frac{\partial u_z}{\partial z}+\frac{\partial u_z}{\partial z}\right), \varepsilon_{xy}=\varepsilon_{xy}=\frac{1}{2}\left(\frac{\partial u_x}{\partial y}+\frac{\partial u_y}{\partial x}\right), \omega_z=\frac{1}{2}\left(\frac{\partial u_y}{\partial x}-\frac{\partial u_x}{\partial y}\right)$$

则 M 点的速度可以表示为

$$\begin{cases} u_{Mx}=u_x+(\varepsilon_{xx}dx+\varepsilon_{xy}dy+\varepsilon_{xz}dz)+(\omega_y dz-\omega_z dy) \\ u_{My}=u_y+(\varepsilon_{yy}dy+\varepsilon_{yz}dz+\varepsilon_{yx}dx)+(\omega_z dx-\omega_x dz) \\ u_{Mz}=u_z+(\varepsilon_{zz}dz+\varepsilon_{zx}dx+\varepsilon_{zy}dy)+(\omega_x dy-\omega_y dx) \end{cases} \tag{3-35}$$

这就是流体微团中任意两点间速度关系的一般形式，称为流体微团运动的速度分解公式，也称为亥姆霍兹速度分解定理。其中

$$\varepsilon=\begin{bmatrix} \varepsilon_{xx} & \varepsilon_{xy} & \varepsilon_{xz} \\ \varepsilon_{yx} & \varepsilon_{yy} & \varepsilon_{yz} \\ \varepsilon_{zx} & \varepsilon_{zy} & \varepsilon_{zz} \end{bmatrix}=\begin{bmatrix} \dfrac{1}{2}\left(\dfrac{\partial u_x}{\partial x}+\dfrac{\partial u_x}{\partial x}\right) & \dfrac{1}{2}\left(\dfrac{\partial u_x}{\partial y}+\dfrac{\partial u_y}{\partial x}\right) & \dfrac{1}{2}\left(\dfrac{\partial u_x}{\partial z}+\dfrac{\partial u_z}{\partial x}\right) \\ \dfrac{1}{2}\left(\dfrac{\partial u_y}{\partial x}+\dfrac{\partial u_x}{\partial y}\right) & \dfrac{1}{2}\left(\dfrac{\partial u_y}{\partial y}+\dfrac{\partial u_y}{\partial y}\right) & \dfrac{1}{2}\left(\dfrac{\partial u_y}{\partial z}+\dfrac{\partial u_z}{\partial y}\right) \\ \dfrac{1}{2}\left(\dfrac{\partial u_z}{\partial x}+\dfrac{\partial u_x}{\partial z}\right) & \dfrac{1}{2}\left(\dfrac{\partial u_z}{\partial y}+\dfrac{\partial u_y}{\partial z}\right) & \dfrac{1}{2}\left(\dfrac{\partial u_z}{\partial z}+\dfrac{\partial u_z}{\partial z}\right) \end{bmatrix} \tag{3-36}$$

3.4.2 流体微团运动的分析

流体微团运动的速度分解公式中各部分分别代表一种简单运动的速度。为了方便起见，先分析流体微团的平面运动，再将其结果推广到空间运动情况。

设某时刻 t 在平面流场中取边长为 dy 和 dz 的矩形流体微团 $ABCD$，以 A 为基点，该点的速度分量为 u_y、u_z，则 B 点、C 点和 D 点的速度可以用略去二阶以上微量的泰勒级数表示，如图 3-40 所示，分别为

$$u_{By}=u_y+\frac{\partial u_y}{\partial y}dy, u_{Bz}=u_z+\frac{\partial u_z}{\partial y}dy, u_{Cy}=u_y+\frac{\partial u_y}{\partial y}dy+\frac{\partial u_y}{\partial z}dz;$$

$$u_{Cz}=u_z+\frac{\partial u_z}{\partial y}dy+\frac{\partial u_z}{\partial z}dz; u_{Dy}=u_y+\frac{\partial u_y}{\partial z}dz, u_{Dz}=u_z+\frac{\partial u_z}{\partial z}dz$$

由于流体微团各点的速度不同，经过 dt 时段后，其位置和形状都将发生变化。

1. 平移运动

如图 3-40 所示，u_y、u_z 是流体微团各点共有的速度，是微团随基点 A 平移在各点引起的速度，称为平移速度。同理，对于三维流动，u_x、u_y、u_z 分别为流体微团在 x、y、z 方向的平移速度。

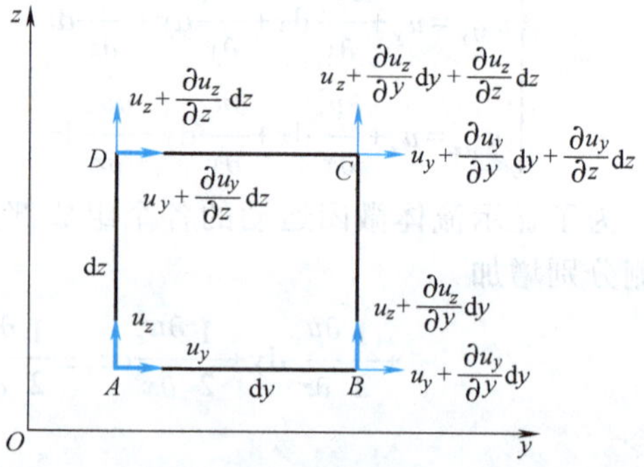

图 3-40　微团平面运动

2. 变形运动

（1）线变形　运动流体微团上各点由于所在坐标位置的不同将在坐标轴方向产生速度差，该速度差将使流体微团在 dt 时间内产生沿坐标轴方向的线变形，即各边伸长或缩短。

如图 3-41 所示，流体微团上 A 点和 B 点在 y 方向的速度不同，在 dt 时间内，两点 y 方向的位移量不相等，AB 边发生线变形，平行于 y 轴的直线都将发生线变形。

$$\left(u_y+\frac{\partial u_y}{\partial y}dy\right)\cdot dt-u_y\cdot dt=\frac{\partial u_y}{\partial y}dy\cdot dt$$

定义单位时间单位长度上的线变形为线变形速度，可知 $\varepsilon_{yy}=\dfrac{\partial u_y}{\partial y}$是单位时间流体微团 y 方向的相对线变形量，称为流体微团在 y 方向的线变形速度。同理，$\varepsilon_{zz}=\dfrac{\partial u_z}{\partial z}$、$\varepsilon_{xx}=\dfrac{\partial u_x}{\partial x}$分别是流体微团在 z、x 方向的线变形速度。

（2）角变形　如图 3-42 所示，运动流体微团上 A 和 B 点在 z 方向的速度不同，在 dt 时间内，两点 z 方向的位移量不相等，AB 边发生偏转，偏转角度

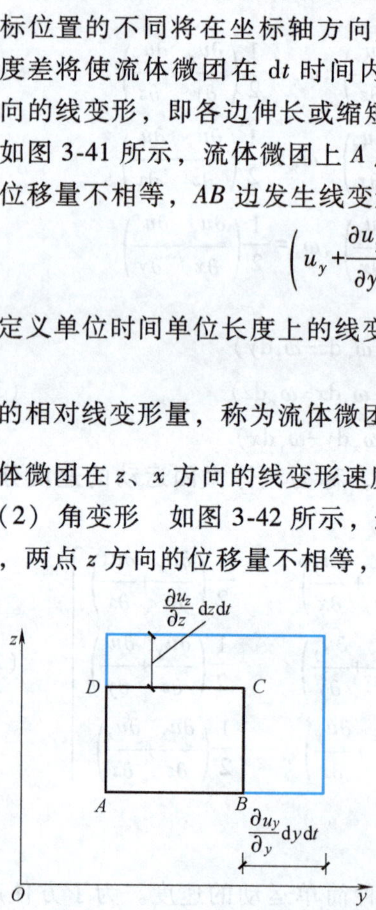

图 3-41　流体微团的线变形

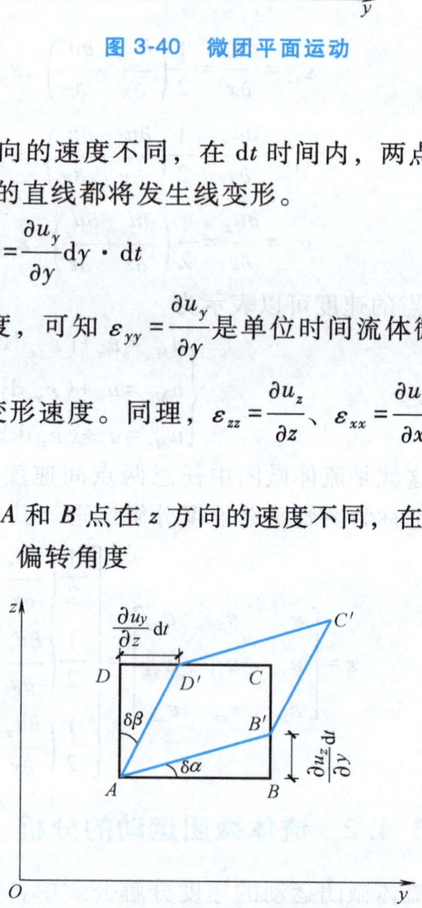

图 3-42　流体微团的角变形

$$\delta\alpha \approx \tan(\delta\alpha) = \frac{BB'}{dy} = \frac{\frac{\partial u_z}{\partial y}dy \cdot dt}{dy} = \frac{\partial u_z}{\partial y} \cdot dt$$

同理，AD 边也发生偏转，偏转角度

$$\delta\beta \approx \tan(\delta\beta) = \frac{DD'}{dz} = \frac{\frac{\partial u_y}{\partial z}dz \cdot dt}{dz} = \frac{\partial u_y}{\partial z} \cdot dt$$

AB、AD 偏转的结果，使流体微团由原来的矩形变成平行四边形 $AB'C'D$，流体微团在 yOz 平面上的角变形用$\frac{1}{2}(\delta\alpha+\delta\beta)$ 表示

$$\frac{1}{2}(\delta\alpha+\delta\beta) = \frac{1}{2}\left(\frac{\partial u_z}{\partial y}+\frac{\partial u_y}{\partial z}\right) \cdot dt = \varepsilon_{yz} \cdot dt$$

定义单位时间直角边的偏转角度之半为流体微团的角变形速度，则有 $\varepsilon_{yz} = \frac{1}{2}\left(\frac{\partial u_z}{\partial y}+\frac{\partial u_y}{\partial z}\right)$是流体微团在 yOz 平面上的角变形速度；同理，$\varepsilon_{zx} = \frac{1}{2}\left(\frac{\partial u_x}{\partial z}+\frac{\partial u_z}{\partial x}\right)$、$\varepsilon_{xy} = \frac{1}{2}\left(\frac{\partial u_y}{\partial x}+\frac{\partial u_x}{\partial y}\right)$是流体微团在 xOz、xOy 平面上的角变形速度。

3. 旋转运动

流体微团的旋转运动，表现为$\angle BAD$ 的平分线的位置变化。如图 3-43 所示，当流体微团 AB、AD 边偏转的方向相反，转角相等，$\delta\alpha=\delta\beta$，流体微团发生角变形，但变形前后角平分线 AE 的位置没有发生改变，则此时流体微团没有发生旋转，只有角变形。

当流体微团的偏转角度不等，$\delta\alpha \neq \delta\beta$，则流体微团发生变形前后角平分线 AE 的位置发生了改变，由变形前的位置旋转到 AE'位置，则表示流体微团发生了旋转。旋转角度规定以逆时针方向的转角为正，顺时针方向的转角为负。

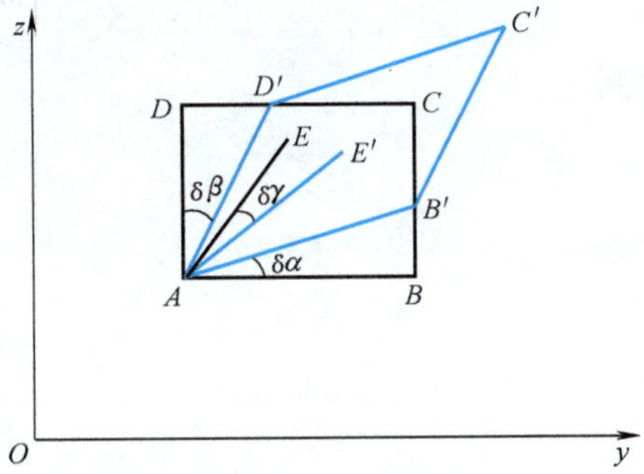

图 3-43 流体微团的旋转

根据几何关系，角平分线旋转的角度为

$$\delta\gamma = \frac{1}{2}(\delta\alpha-\delta\beta)$$

将 $\delta\alpha=\frac{\partial u_z}{\partial y} \cdot dt$、$\delta\beta=\frac{\partial u_y}{\partial z} \cdot dt$ 代入上式得到

$$\delta\gamma = \frac{1}{2}(\delta\alpha-\delta\beta) = \frac{1}{2}\left(\frac{\partial u_z}{\partial y}-\frac{\partial u_y}{\partial z}\right)dt$$

则旋转角速度

$$\frac{d\theta}{dt} = \frac{1}{2}\left(\frac{\partial u_z}{\partial y}-\frac{\partial u_y}{\partial z}\right) = \omega_x$$

是微团绕平行于 O_x 轴的基点轴的旋转角速度。

同理可以得到 $\omega_y=\frac{1}{2}\left(\frac{\partial u_x}{\partial z}-\frac{\partial u_x}{\partial y}\right)$、$\omega_z=\frac{1}{2}\left(\frac{\partial u_y}{\partial x}-\frac{\partial u_x}{\partial y}\right)$ 分别是微团绕平行于 Oy、Oz 轴的基点轴的旋转角速度。

从上面的分析可以看出：流体微团运动包括平移运动、变形运动和旋转运动三部分，比刚体运动更为复杂。亥姆霍兹速度分解定理建立了流体的应力和变形速度之间的关系，为最终建立黏性流体运动的基本方程奠定了基础。M 点的速度分量由三部分组成：第一部分为跟随 A 点的平移速度分量；第二部分中第一项为流体微团的线变形速度分量，第二、三项为流体微团的角变形速度分量，第二部分合称为流体微团的变形速度分量；第三部分为流体微团绕 A 点的旋转速度分量。

3.4.3 有旋流动与无旋流动

根据流体微团是否转动，流体运动可以划分为有旋流动和无旋流动两种。

1. 无旋流动

如果在流体运动中，流体微团不存在旋转运动，即旋转角速度为零，这样的流动称为无旋流动。

根据定义，对于无旋流动来说，有 $\omega_x=\omega_y=\omega_z=0$，即

$$\begin{cases}\omega_x=\frac{1}{2}\left(\frac{\partial u_z}{\partial y}-\frac{\partial u_y}{\partial z}\right)=0\\ \omega_y=\frac{1}{2}\left(\frac{\partial u_x}{\partial z}-\frac{\partial u_z}{\partial x}\right)=0\\ \omega_z=\frac{1}{2}\left(\frac{\partial u_y}{\partial x}-\frac{\partial u_x}{\partial y}\right)=0\end{cases} \tag{3-37}$$

得到

$$\begin{cases}\frac{\partial u_x}{\partial y}=\frac{\partial u_y}{\partial x}\\ \frac{\partial u_y}{\partial z}=\frac{\partial u_z}{\partial y}\\ \frac{\partial u_z}{\partial x}=\frac{\partial u_x}{\partial z}\end{cases} \tag{3-38}$$

2. 有旋流动

如果在流体运动中，流体微团存在旋转运动，即旋转角速度 ω_x、ω_y、ω_z 三者之中至少有一个不为零，这样的流动称为有旋流动。

判断流体运动是有旋流动还是无旋流动，只取决于流体微团本身是否旋转，而与其运动轨迹无关，不涉及流动是恒定还是非恒定，是均匀流还是非均匀流，也不涉及流线是直线还是曲线。如图 3-44 所示，流体微团运动轨迹是直线，但图 3-44a 中，微团本身无旋转，流动是无旋流动，图 3-44b 中流体微团发生了旋转，流动是有旋流动。图 3-45 中，流体微团运动轨迹是圆，但图 3-45a 中流体微团本身无旋转，流动仍是无旋流动；只有微团本身有旋转，才是有旋流动。

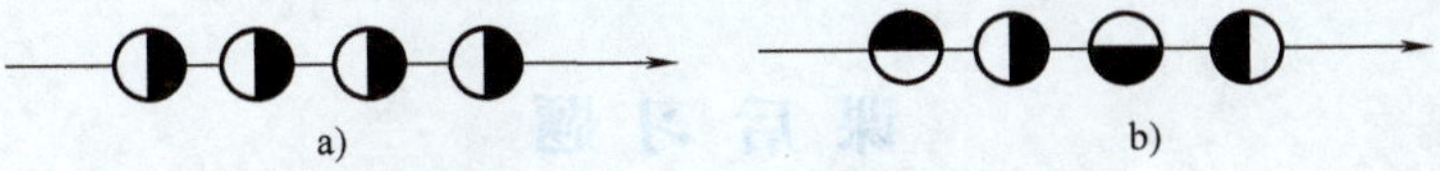

图 3-44 流体微团做直线运动

a）无旋流动 b）有旋流动

自然界中大多数流动由于黏性的作用，一般都是有旋流动，这些有旋流动有些是以明显可见的旋涡形式表达出来的，如桥墩后的旋涡区、航船船尾后面的旋涡、大气中的龙卷风等；更多情况下，有旋流动没有明显可见的旋涡，不是一眼就能看出来的，需要对速度场进行分析加以判别。

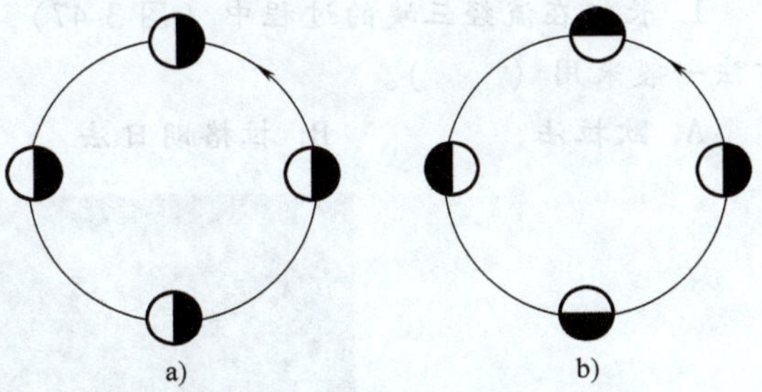

图 3-45 流体微团做圆周运动

a）无旋流动 b）有旋流动

一般来讲，无旋流动存在于无黏性的理想流体中，而有旋流动存在于有黏性的实际流体中，但实际流体运动在某些情况下也可以是无旋流动。

【例 3.10】 判别下列流动是有旋流动还是无旋流动：已知速度场 $u_x=ay$，$u_y=u_z=0$，其中 a 为常数，流线是平行于 x 轴的直线，如图 3-46 所示。

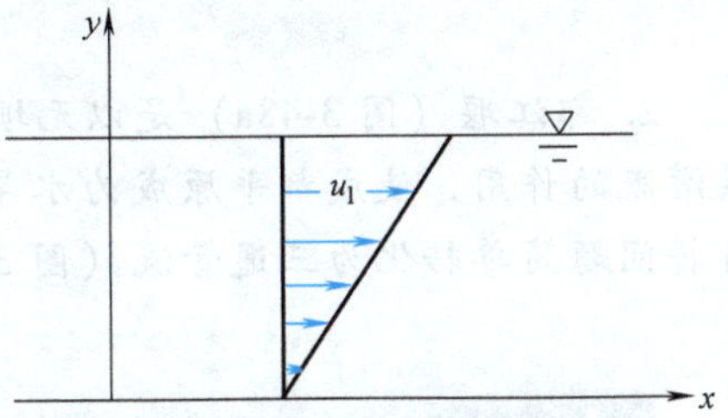

图 3-46 例 3.10

【解】 该流动为平面流动，只需要判别 ω 是否为零。

$$\omega_z=\frac{1}{2}\left(\frac{\partial u_y}{\partial x}-\frac{\partial u_z}{\partial y}\right)=\frac{1}{2}(0-a)=-\frac{a}{2}\neq 0$$

所以该流动是有旋流动。

思维导图

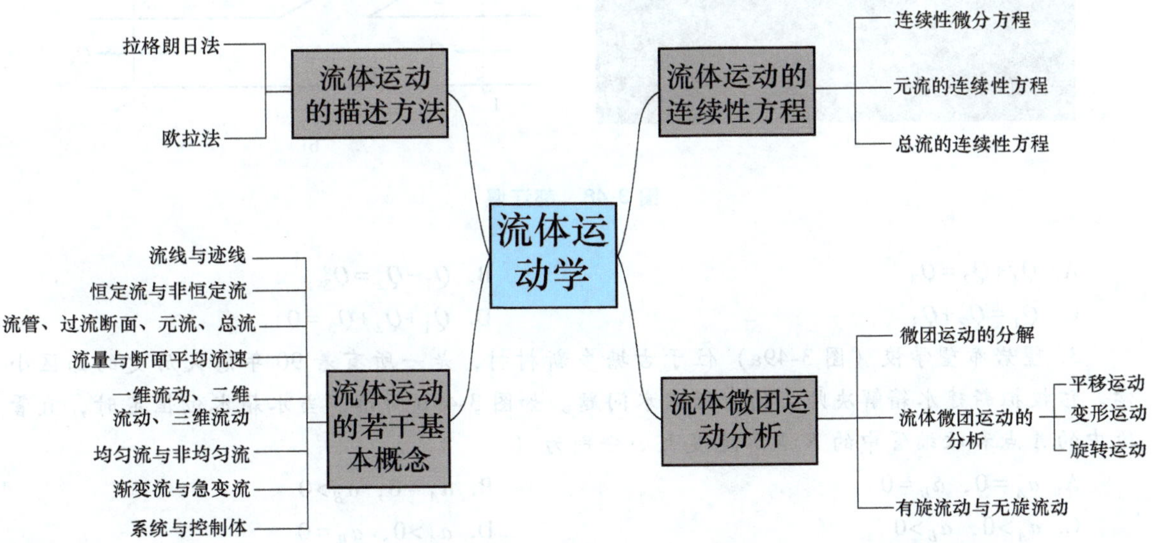

课后习题

一、单项选择题

1. 长江在流经三峡的过程中（图 3-47），利用工程流体力学中的知识，描述流体运动的方法一般采用（　　）。

A. 欧拉法　　B. 拉格朗日法　　C. 瑞利法　　D. 雷诺法

图 3-47　长江

2. 都江堰（图 3-48a）是以无坝引水为特征的宏大水利工程，两千多年来一直发挥着防洪灌溉的作用，使成都平原成为水旱从人、沃野千里的“天府之国”。根据都江堰的作用，可将问题简单转化为三通管流（图 3-48b），可得（　　）。

a)

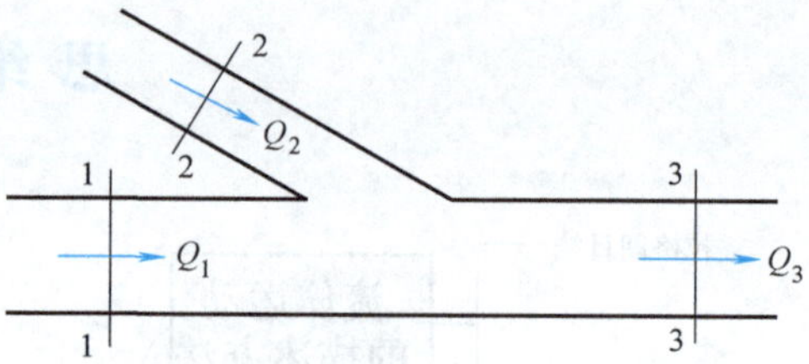

b)

图 3-48　都江堰

A. $Q_1+Q_2=Q_3$　　B. $Q_1-Q_2=Q_3$

C. $Q_1=Q_2+Q_3$　　D. $Q_1+Q_2+Q_3=0$

3. 望岩希望学校（图 3-49a）位于古塘乡新村村，是一所有着 90 年悠久历史的山区小学。该校拟新建水箱解决师生的生活用水问题。如图 3-49b 所示，当水箱水位恒定时，直管段中的 A 点和收缩管中的 B 点加速度大小分别为（　　）。

A. $a_A=0$，$a_B=0$　　B. $a_A=0$，$a_B>0$

C. $a_A>0$，$a_B>0$　　D. $a_A>0$，$a_B=0$

a)

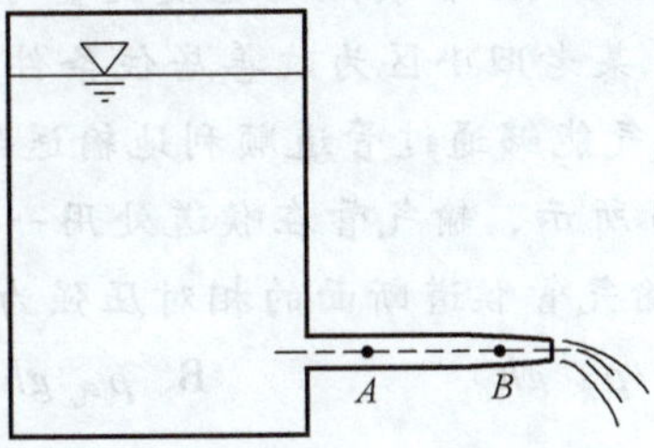

b)

图 3-49 望岩希望学校

4. 当液流为恒定流时，必有（   ）等于零。

A. 当地加速度　　B. 迁移加速度　　C. 向心加速度　　D. 合加速度

5. 2021 年 12 月 14 日发生双子座流星雨（图 3-50），当陨星在天空中下坠时，其划过的白线是（   ）。

A. 流线　　B. 迹线　　C. 等势线　　D. 等流函数线

6. 某阳光温室大棚准备修建灌溉系统（图 3-51）。已知灌溉系统的圆管过流断面上的流速分布为 $u=u_{\max}\left[1-\left(\frac{r}{r_0}\right)^2\right]$，$u_{\max}$ 为管轴处的流速，r_0 为某点到管轴的距离，则该圆管断面平均流速与断面上最大流速之比 $\frac{v}{u_{\max}}=$（   ）。

图 3-50 流星雨

图 3-51 某阳光温室大棚

A. 1/2　　B. 2/3　　C. 3/4　　D. 4/5

7. 某宿舍楼内老化，室内通风不好，准备新修建通风管道促进楼内空气流通（图 3-52）。为检测该通风系统的效果，测得安装在风道内的毕托管的测速管和测压管间的压差为 $100\text{mmH}_2\text{O}$，若毕托管的流速系数为 0.99，风道内空气的密度为 1.12kg/m^3，则风道内的风速为（   ）m/s。

A. 40.9　　B. 43.8　　C. 45.7　　D. 47.6

8. 下列关于流线的描述不正确的是（   ）。

A. 非恒定流的流线与迹线重合

B. 流线不能相交

C. 恒定流流线不随时间变化

D. 流线上各质点的速度矢量与流线上该点处的切线方向相同

9. 某老旧小区为改善居住条件，拟新建天然气输气管道，解决居民的燃气问题。为使得天然气能够通过管道顺利地输送到各家各户，对输气管喉道断面的相对压强进行测量。如图 3-53 所示，输气管在喉道处用一玻璃管与盛水容器相连，已知玻璃管内水的上升高度为 h，则输气管喉道断面的相对压强为（　　）。

A. $\rho_{水} gh$　　B. $\rho_{气} gh$　　C. $-\rho_{水} gh$　　D. $-\rho_{气} gh$

图 3-52　通风管道

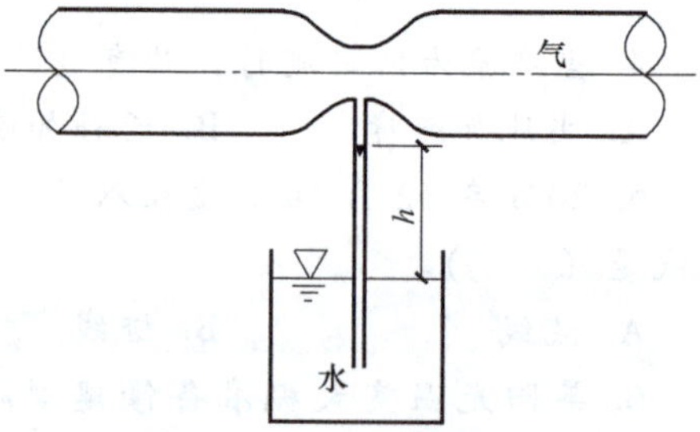

图 3-53　压强测量

10. 内蒙古鄂尔多斯市紧紧围绕黄河流域生态保护和高质量发展，全面落实“水利工程补短板、水利行业强监管”总基调，全力推动重点河流治理、水土流失治理、农牧区基础水利等一批惠民水利工程建设（图 3-54）。现拟建设地下运输管道，假设水的重量流量为 2000kN/h，管道直径 $d=150\text{mm}$，则管道中水的流速为（　　）m/s。

A. 0.87　　B. 1.61　　C. 2.72　　D. 3.21

图 3-54　内蒙古鄂尔多斯市水利工程建设

11. 某施工单位在芙蓉街改造项目中，在文庙南广场发现了一条老泉渠。有人推测，这条水渠为明代修建的水道梯云溪（图 3-55a）。现拟重新修建一条明渠（图 3-55b）。明渠渠首断面的过

流断面面积为 $10m^2$，渠尾面积为 $15m^2$。若渠首的流速为 3m/s，则渠尾的流速为（ ）。

a)

b)

图 3-55 水道梯云溪

A. 0.5m/s　　B. 1m/s　　C. 2m/s　　D. 2.5m/s

12. 蓬船灌区工程（图 3-56）位于四川盆地川中腹地，是武都引水工程的扩灌区，涉及绵阳、遂宁、南充三市五县（区），是国家 172 项重大水利工程、四川省 11 项重点水利工程之一。现拟建设水箱用于浇灌农田。水流由水箱流经管径 $d_1=200mm$、$d_2=100mm$ 的管路后流入大气中，已知出口处 $v_2=1m/s$，则 d_1 管段的断面平均流速 v_1 为（ ）。

图 3-56 蓬船灌区工程

A. 0.25m/s　　B. 0.5m/s
C. 1m/s　　D. 2m/s

13. 渐变流和均匀流某一断面的测压管水头、沿程各断面的测压管水头分别如何变化（ ）。

A. 相等，不等　　B. 不等，相等　　C. 都相等　　D. 都不等

14. 已知某涵管通过流量 Q 为 $2.94m^3/s$，管内允许的最大断面平均流速 $v=2.6m/s$。涵管的最小直径为（ ）m。

A. 0.6　　B. 1.2　　C. 2.4　　D. 4.8

15. 长江上游干流四川段防洪治理工程（图 3-57）进一步完善防洪工程体系，提高城镇防洪标准，保障工程保护区人民生命财产安全；整治河岸、稳定岸坡，减少水土流失；促进城市交通建设发展、改善航道等。现采用三通管来模拟防洪工程体系，已知三通管来流流量 $Q_1=140L/s$，两出流支管的管径分别为 $d_2=150mm$ 和 $d_3=200mm$，若两支管的断面平均流速相等，则两支管的流量分别为（ ）。

A. $Q_2=40L/s$，$Q_3=100L/s$　　B. $Q_2=50.3L/s$，$Q_3=89.7L/s$
C. $Q_2=60L/s$，$Q_3=80L/s$　　D. $Q_2=Q_3=70L/s$

二、多项选择题

1. 拉格朗日法是描述流体运动的两种方法之一，又称随体法、跟踪法，是研究流体各

个质点的运动参数（位置坐标、速度、加速度等）随时间的变化规律。综合所有流体质点运动参数的变化，便得到了整个流体的运动规律。以下概念属于拉格朗日法的是（　　）。

A. 流线　　B. 迹线

C. 流体质点　　D. 流体微团

E. 控制体　　F. 过流断面

图 3-57　长江上游干流四川段防洪治理工程

2. 已知不可压缩流体流动的流速分布为 $u_x = f(y, z)$、$u_y = u_z = 0$，则该流动为（　　）。

A. 恒定流、非均匀流　　B. 一元流、非均匀流

C. 二元流、无旋流　　D. 非恒定流、非均匀流

E. 二元流、有旋流

3. 洞庭湖（图 3-58）是历史上重要的战略要地、中国传统文化发源地，湖区名胜繁多，以岳阳楼为代表的历史胜迹是重要的旅游文化资源，也是中国传统农业发祥地，是著名的鱼米之乡，是湖南省乃至全国的重要商品粮油基地、水产和养殖基地。当洞庭湖内的流动为恒定均匀流时，必有（　　）等于零。

A. 当地加速度

B. 迁移加速度

C. 水力坡度 J

D. 测压管坡度 J_p

E. $J-J_p$

图 3-58　洞庭湖

4. 假设水渠流场中的流线是相互平行的直线，则水流的流动是（　　）。

A. 恒定均匀流

B. 恒定非均匀流

C. 均匀流

D. 非恒定均匀流

E. 非恒定非均匀流

5. 当流场中的流线与迹线重合时，此流动是（　　）。

A. 恒定均匀流　　B. 非恒定均匀流

C. 均匀流　　D. 恒定非均匀流

E. 非恒定非均匀流　　F. 非均匀流

G. 恒定流　　H. 非恒定流

三、判断改正题

1. 恒定流是指运动要素不随时间和空间变化的流动。（　　）

2. 急变流是指流线近似为平行直线的流动。（　　）

3. 渐变流是指流速分布沿程不变的流动。（　　）

4. 对于恒定不可压缩流体的流动问题，质量守恒与流量守恒并不完全等同。（ ）

5. 系统指相对于某个坐标系有流体流过的固定不变的体积，而控制体指由确定的流体质点所组成的流体团。（ ）

四、简答题

1. 拉格朗日法和欧拉法描述流体运动的主要区别是什么？两者的数学表达式有何不同？它们能否相互转换？

2. 什么是流线？它有哪些基本特征？

3. “均匀流和渐变流必为恒定流，急变流必为非恒定流”，这种说法对吗？为什么？

4. “只有当过流断面上各点的实际流速均相等时，水流才是均匀流”，该说法是否正确？为什么？

5. 不可压缩流体的连续性方程$\frac{\partial u_x}{\partial x}+\frac{\partial u_y}{\partial y}+\frac{\partial u_z}{\partial z}=0$的物理意义是什么？

五、计算题

1. 珠江为中国第三长河（图 3-59），珠江水系共有大小河流 774 条，总长超过 36000km，丰盈的河水与众多的支流，给珠江的航运事业带来了优越条件，航运价值仅次于长江。已知珠江流速场 $u_x=4x^3+2y+xy$，$u_y=3x-y^3+z$，试问：

（1）点（1,1,2）的加速度是多少？

（2）流动是几元流？

（3）流动是恒定流还是非恒定流？

（4）流动是均匀流还是非均匀流？

2. 千岛湖（图 3-60）位于浙江省杭州市淳安县境内，小部分连接杭州市建德市西北，是为建新安江水电站拦蓄新安江上游而成的人工湖。千岛湖水在中国大江大湖中位居优质水之首，为国家一级水体，被誉为“天下第一秀水”。已知该千岛湖平面流动的流速场为 $u_x=x+t$，$u_y=y+t$，试求在 $t=0$ 时过点（−1,1）的流线方程和迹线方程。

图 3-59 珠江

图 3-60 千岛湖

3. 鄱阳湖（图 3-61）是长江中下游主要支流之一，也是长江流域的一个过水性、吞吐型、季节性重要湖泊，鄱阳湖在调节长江水位、涵养水源、改善当地气候和维护周围地区生态平衡等方面都起着巨大的作用。已知鄱阳湖的流动速度场为 $u_x=\frac{x}{1+t}$，$u_y=y$，$u_z=0$。试求：

（1）在 $t=t_0$ 瞬间，过 A（x_0，y_0，z）点的流线方程。

（2）在 $t=t_0$ 瞬间，位于 A（x_0，y_0，z）点的迹线方程。

图 3-61　鄱阳湖

4. 理想流体速度场为 $u_x=ay$，$u_y=bx$，$u_z=0$，b 为常数。试求：

（1）流动是否连续？

（2）流线方程；

（3）等压面方程（质量力忽略不计）。

5. 已知某运输管道内流体流速分布为 $u=u_{\mathrm{m}}(y/r_0)^{1/10}$，$u_{\mathrm{m}}$ 为轴心最大流速，r_0 为圆管半径，y 为距管壁的距离，试求圆管断面上的平均流速 v 与最大流速之比 u_{m}。

6. 试判别不可压缩流体流动 $u_x=f(y,z)$，$u_y=u_z=0$ 是否存在？若存在，属于何种流动？

7. 已知平面不可压缩流动的流速分布为 $u_x=ax^2-y^2+x$，$u_y=-(x+b)y$，试求常数 a、b 的值。

8. 每日清晨，勤劳的环卫工人驾驶洒水车清洗道路，让我们拥有更加干净的城市（图 3-62）。现用内径 $d=100\text{mm}$ 的管道向容积为 4m^3 的水箱充水，若充满水的时间为 2 分钟，求管道流过水的质量流量及管道内平均流速。

9. 试推导图 3-63 所示平面流动问题在极坐标系（r，θ）下的可压缩流体和不可压缩流体的连续性微分方程。

图 3-62　洒水车

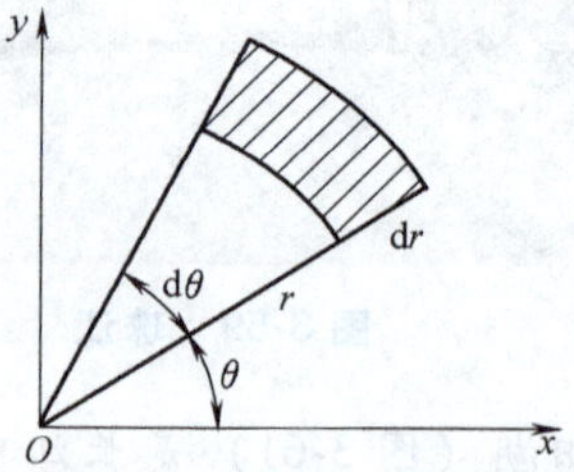

图 3-63　计算题第 9 题

10. 青海为全面贯彻落实新时代治水兴水方针，已建成集中式饮水安全工程 2280 处，建成分散式饮水安全工程 3.9 万余处，惠及群众 293 万人。已知一处饮水安全工程的管道如图 3-64 所示，变截面管道中的连续性微分方程为 $\dfrac{\partial\rho}{\partial t}+\dfrac{1}{A}\dfrac{\partial(\rho uA)}{\partial s}=0$，式中 ρ、u、A、s 分别为密度、流速、过流面积和沿程坐标。

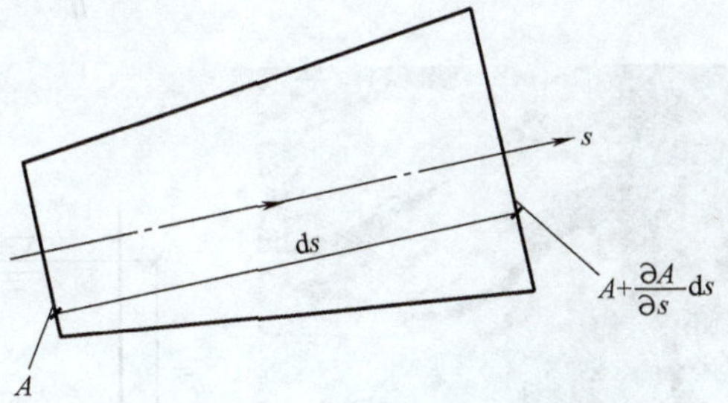

图 3-64 计算题第 10 题

11. 采用变径管道排水，水流恒定流过图 3-65 所示的突然扩大管道，已知突扩前后管径之比$\frac{d_1}{d_2}=\frac{1}{2}$，试求突扩前后断面平均流速之比$\frac{v_1}{v_2}$。

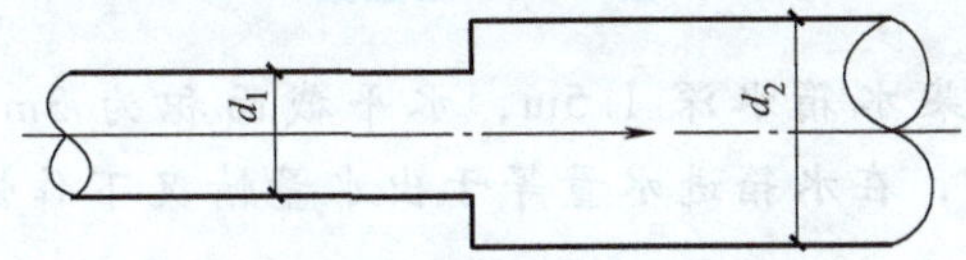

图 3-65 河南暴雨

12. 黄河（图 3-66a）是我国开发最早的地区。三门峡水库区域黄河分流，用模型试验来模拟该处的水流情况，假设管路 AB 在 B 点处分为 BC 和 BD 两分支，如图 3-66b 所示，已知 $d_A=450$mm，$d_B=300$mm，$d_C=200$mm，$d_D=150$mm，$v_A=2$m/s，$v_C=4$m/s，试求 v_B、v_D。

图 3-66 三门峡水库区域黄河

13. 毕节在悬崖绝壁上修通的“卫星渠”（图 3-67a），是一个合作社的农民在 1956 年动工 1958 年修通的，并于 1958 年底荣获国务院“最高水利建设成果奖”，对当时全国兴修水利产生了重要影响。假设卫星渠是宽度为 b 的矩形断面渠槽，其流速分布为 $u=u_{\max}\left(\frac{y}{h}\right)^{\frac{1}{7}}$（图 3-67b）。式中：$h$ 为渠槽水深，y 为距渠底的垂直距离，$u_{\max}$ 为水面流速。试求：

（1）渠槽的断面平均流速 v。

（2）通过渠槽的流量 Q。

（3）渠槽断面上相应于流速 u 等于断面平均流速 v 处的 $\frac{y}{h}$。

a)

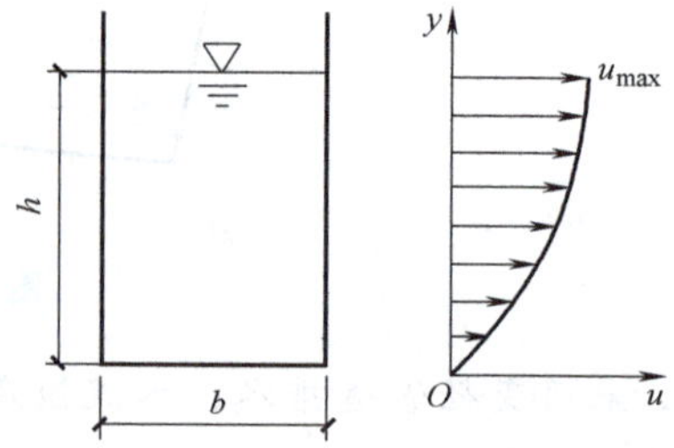

b)

图 3-67　卫星渠

14. 如图 3-68 所示，某水箱水深 1.5m，水平截面积为 3m×3m，箱底接一直径 $d=200$mm，长为 2m 的竖直管，在水箱进水量等于出水量情况下作恒定出流，不计水头损失。试求点 3 的压强。

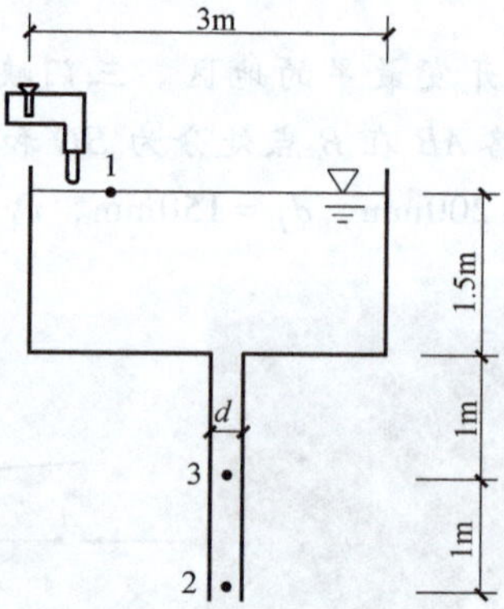

图 3-68　计算题第 14 题

第4章

流体动力学基础

京杭大运河（图4-1）始建于春秋时期，是世界上里程最长、工程最大的古代运河，也是最古老的运河之一，与长城、坎儿井并称为中国古代的三项伟大工程，并且使用至今，是中国古代劳动人民创造的一项伟大工程，是中国文化地位的象征之一。大运河南起余杭（今杭州），北到涿郡（今北京），途经今浙江、江苏、山东、河北四省及天津、北京两市，贯通海河、黄河、淮河、长江、钱塘江五大水系，主要水源为微山湖，大运河全长约1797km。运河对中国南北地区之间的经济、文化发展与交流，特别是对沿线地区工农业经济的发展起了巨大作用。通过学习本章内容，能够充分认识京杭大运河中水体流动的基本规律。

图4-1　京杭大运河

第3章流体运动学对流体的运动要素进行了描述和分析，并且得到了质量守恒定律在流体力学中的具体表达式——连续性方程，但没有涉及流体的动力学性质。本章流体动力学基础是从动力学的角度进一步研究流体运动的基本规律，它是把经典力学的普遍原理应用到流体力学中来建立流体动力学基本方程。流体动力学基本方程是分析和求解流体运动最基本的理论工具。

4.1 流体运动微分方程

4-1 理想流体运动微分方程的建立

4.1.1 理想流体运动微分方程

1. 理想流体动压强的性质

第2章流体静力学介绍了流体静压强的定义和性质，流体在静止状态下只能承受压应力，这个压应力称为流体的静压强。流体的静压强具有两个性质：一是垂直性，即流体静压强的方向与受压面垂直并且指向受压面，流体静压强的方向是沿作用面的内法线方向；二是各向等值性，即流体静止时，同一点的压强在各个方向是相等的，流体静压强与作用面的方位无关。流体静压强可以表示为 $p=p(x, y, z)$，它是空间坐标的函数。

为了与流体静压强相区别，把流体在运动状态下的压应力叫作流体的动压强。理想流体在运动时，因为没有黏性的作用，流体质点间虽然有相对运动，但是不会产生切应力，作用在流体质点上的表面力只有压应力，也就是说，作用在流体质点上的表面力只有动压强。

对于理想流体来说，可以用分析流体静压强特性的方法来证明理想流体动压强同样具有以下两个特性：一是垂直性，即理想流体的动压强总是垂直于受压面并指向受压面；二是各向等值性，即理想流体任一点的动压强在各个方向上的大小都相等，理想流体的动压强与作用面的方位无关。

从这里可以看出，理想流体的动压强和流体静压强具有相同的特性。理想流体的动压强同样可以表示为 $p=p(x, y, z, t)$，它是空间坐标和时间变量的函数。

2. 理想流体运动微分方程的建立

在运动的理想流体中，任取一个微小的平行六面体，平行六面体正交的三个边长分别为 $\mathrm{d}x$、$\mathrm{d}y$、$\mathrm{d}z$，它们分别平行于 x、y、z 坐标轴。假设六面体的中心点为 O'，它的坐标为（x，y，z），速度为 u，动压强为 p（图4-2）。下面分析一下这个微小六面体的受力和运动情况，首先以 x 方向为例。

（1）表面力 x 方向　受压面为 $abcd$ 面和 $a'b'c'd'$ 面，设 $abcd$ 面和 $a'b'c'd'$ 面的形心分别为 M 和 N，M 点和 N 点的动压强可以用 O' 点的动压强 p 表示为

$$p_M=p-\frac{1}{2}\frac{\partial p}{\partial x}\mathrm{d}x, p_N=p+\frac{1}{2}\frac{\partial p}{\partial x}\mathrm{d}x$$

因为受压面非常微小，p_M、p_N 可以作为所在平面的平均压强，根据理想流体动压强的性质，$abcd$ 面和 $a'b'c'd'$ 面上的压力可以表示为

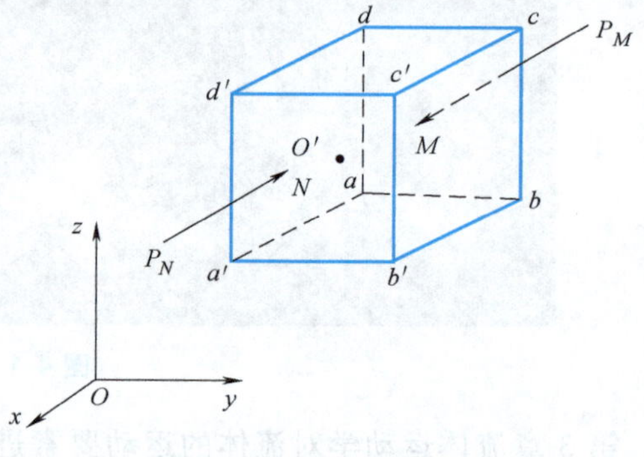

图4-2　理想流体六面体微元

$$P_M=p_M\cdot \mathrm{d}y\mathrm{d}z=\left(p-\frac{1}{2}\frac{\partial p}{\partial x}\mathrm{d}x\right)\cdot \mathrm{d}y\mathrm{d}z$$

$$P_N=p_N\cdot \mathrm{d}y\mathrm{d}z=\left(p+\frac{1}{2}\frac{\partial p}{\partial x}\mathrm{d}x\right)\cdot \mathrm{d}y\mathrm{d}z$$

（2）质量力 作用于微小六面体 x 方向的质量力为 $F_x = X \cdot \rho \mathrm{d}x\mathrm{d}y\mathrm{d}z$。由牛顿第二定律 $\sum F_x = ma_m$ 可以得到

$$X \cdot \rho \mathrm{d}x\mathrm{d}y\mathrm{d}z + \left(p - \frac{1}{2}\frac{\partial p}{\partial x}\mathrm{d}x\right) \cdot \mathrm{d}y\mathrm{d}z - \left(p + \frac{1}{2}\frac{\partial p}{\partial x}\mathrm{d}x\right) \cdot \mathrm{d}y\mathrm{d}z = \rho \mathrm{d}x\mathrm{d}y\mathrm{d}z \cdot \frac{\mathrm{d}u_x}{\mathrm{d}t}$$

化简之后可以得到

$$X - \frac{1}{\rho}\frac{\partial p}{\partial x} = \frac{\mathrm{d}u_x}{\mathrm{d}t} \tag{4-1a}$$

同理可以得到

$$Y - \frac{1}{\rho}\frac{\partial p}{\partial y} = \frac{\mathrm{d}u_y}{\mathrm{d}t} \tag{4-1b}$$

$$Z - \frac{1}{\rho}\frac{\partial p}{\partial z} = \frac{\mathrm{d}u_z}{\mathrm{d}t} \tag{4-1c}$$

用欧拉方法描述流体质点的运动时，质点的加速度可以表示为

$$\begin{cases} \dfrac{\mathrm{d}u_x}{\mathrm{d}t} = \dfrac{\partial u_x}{\partial t} + u_x\dfrac{\partial u_x}{\partial x} + u_y\dfrac{\partial u_x}{\partial y} + u_z\dfrac{\partial u_x}{\partial z} \\ \dfrac{\mathrm{d}u_y}{\mathrm{d}t} = \dfrac{\partial u_y}{\partial t} + u_x\dfrac{\partial u_y}{\partial x} + u_y\dfrac{\partial u_y}{\partial y} + u_z\dfrac{\partial u_y}{\partial z} \\ \dfrac{\mathrm{d}u_z}{\mathrm{d}t} = \dfrac{\partial u_z}{\partial t} + u_x\dfrac{\partial u_z}{\partial x} + u_y\dfrac{\partial u_z}{\partial y} + u_z\dfrac{\partial u_z}{\partial z} \end{cases}$$

把 $\frac{\mathrm{d}u_x}{\mathrm{d}t}$、$\frac{\mathrm{d}u_y}{\mathrm{d}t}$、$\frac{\mathrm{d}u_z}{\mathrm{d}t}$ 的表达式分别代入式（4-1a）、（4-1b）和（4-1c），可以得到

$$\begin{cases} X - \dfrac{1}{\rho}\dfrac{\partial p}{\partial x} = \dfrac{\partial u_x}{\partial t} + u_x\dfrac{\partial u_x}{\partial x} + u_y\dfrac{\partial u_x}{\partial y} + u_z\dfrac{\partial u_x}{\partial z} \\ Y - \dfrac{1}{\rho}\dfrac{\partial p}{\partial y} = \dfrac{\partial u_y}{\partial t} + u_x\dfrac{\partial u_y}{\partial x} + u_y\dfrac{\partial u_y}{\partial y} + u_z\dfrac{\partial u_y}{\partial z} \\ Z - \dfrac{1}{\rho}\dfrac{\partial p}{\partial z} = \dfrac{\partial u_z}{\partial t} + u_x\dfrac{\partial u_z}{\partial x} + u_y\dfrac{\partial u_z}{\partial y} + u_z\dfrac{\partial u_z}{\partial z} \end{cases} \tag{4-2}$$

式（4-2）称为理想流体运动微分方程，也称为欧拉运动微分方程，它是欧拉在 1775 年首先提出的。欧拉运动微分方程奠定了古典流体力学的基础，它是牛顿第二定律在理想流体力学中的具体表达式，是控制理想流体运动的基本方程，反映了作用在单位质量流体上的力与流体运动加速度之间的关系。其等号左边第一项表示的是作用于单位质量流体上的质量力，第二项表示的是作用于单位质量流体上的表面力；等号右边表示的是流体运动的加速度（包括时变加速度和位变加速度），也称为作用于单位质量流体上的惯性力。

下面对这个方程加以讨论：

1）在式（4-2）中，包含有 u_x、u_y、u_z 和 ρ 四个未知量，欧拉运动微分方程只有三个方程，四个未知量三个方程不能求解，还需要一个方程。在第 3 章流体运动学里面介绍了欧拉连续性微分方程，u_x、u_y、u_z 之间满足 $\frac{\partial u_x}{\partial t} + \frac{\partial u_y}{\partial t} + \frac{\partial u_z}{\partial t} = 0$，它与欧拉运动三个微分方程组成

的方程组满足未知量和方程式数目一致，流动可以求解。欧拉运动微分方程和欧拉连续性微分方程奠定了理想流体动力学的理论基础。

2）当 $u_x=u_y=u_z=0$ 时，可以得到

$$\begin{cases} X-\dfrac{1}{\rho}\dfrac{\partial p}{\partial x}=0 \\ Y-\dfrac{1}{\rho}\dfrac{\partial p}{\partial y}=0 \\ Z-\dfrac{1}{\rho}\dfrac{\partial p}{\partial z}=0 \end{cases}$$

这个方程就是在第 2 章流体静力学中介绍的欧拉平衡微分方程。从这里可以看出，欧拉平衡微分方程是欧拉运动微分方程的特例。

3）适用条件。欧拉运动微分方程只适用于理想流体，对于理想流体是作恒定流或非恒定流，是不可压缩流体或是可压缩流体都适用。

前面推导了理想流体的运动微分方程，实际上流体都具有一定的黏性，为此，还需要建立黏性流体的运动微分方程。

4.1.2 黏性流体运动微分方程

4-2 黏性流体运动微分方程的建立

1. 黏性流体的动压强

黏性流体的应力状态与理想流体不同，如巧克力和蜂蜜等（图 4-3）。在运动的黏性流体中，由于黏性的作用，运动时既有压应力又有切应力。黏性流体运动时，任一点的表面力 p_n 在 x、y、z 三个轴向都有分量，一个与平面成法向的压应力，另两个与平面成切向的切应力，如图 4-4 所示。

a) b)

图 4-3 黏性流体

a）巧克力 b）蜂蜜

黏性流体运动时，任一点的应力状态可以表示为

$$\boldsymbol{p}=\begin{pmatrix} p_{xx} & \tau_{xy} & \tau_{xz} \\ \tau_{yx} & p_{yy} & \tau_{yz} \\ \tau_{zx} & \tau_{zy} & p_{zz} \end{pmatrix} \tag{4-3}$$

共有 9 个应力，在这 9 个应力当中，p_{xx}、p_{yy}、p_{zz} 称为法向应力；τ_{xy}、τ_{yx}、τ_{yz}、τ_{zy}、τ_{xz}、τ_{zx} 称为切向应力。

根据切应力互等定律，可以得到

$$\tau_{xy}=\tau_{yx},\ \tau_{yz}=\tau_{yz},\ \tau_{zx}=\tau_{xz}$$

即作用在两个互相垂直平面上并且与这两个平面的交线相垂直的切应力大小都是相等的。下标的第一个符号表示作用面的内法线方向，即表示应力的作用面与哪一个轴相垂直，第二个符号表示应力的作用方向，即表示应力的作用方向与哪一个轴相平行。如 τ_{xy} 表示内法线方向为 x 的作用面上的应力在 y 轴的投影。

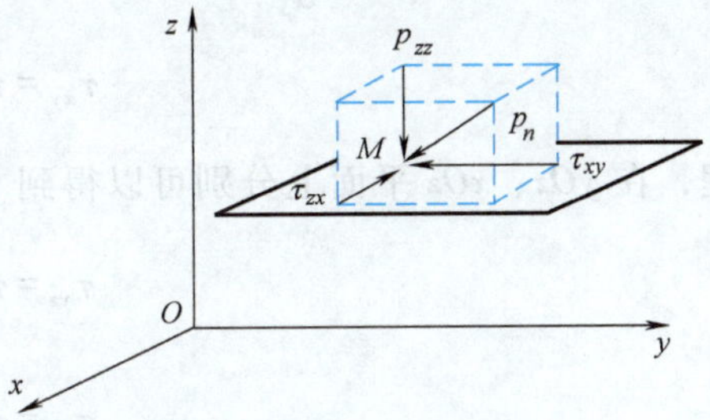

图 4-4 黏性流体的应力状态

因为黏性流体运动时存在切应力，所以压应力的大小与其作用面的方位有关，三个互相垂直方向的压应力一般是不相等的，即压应力 $p_{xx}\neq p_{yy}\neq p_{zz}$。在理论流体力学中可以证明：同一点任意三个正交面上的法向应力之和都不变，并且与作用面的方位无关。也就是说，$p_{xx}+p_{yy}+p_{zz}$ 是坐标变换中的一个不变量，它的值不随坐标轴的转动而改变。

在实际问题中，某点压应力的各项差异并不很大，在实用上以平均值作为该点的压应力是允许的。因此，在运动的黏性流体中，把某点三个正交面上压应力的平均值定义为该点的动压强，以 p 表示

$$p=\frac{1}{3}(p_{xx}+p_{yy}+p_{zz}) \tag{4-4}$$

黏性流体的动压强具有下列性质：

1）黏性流体的动压强与作用面的方位无关。

2）黏性流体的动压强也只是空间坐标和时间变量的函数，可以表示为

$$p=p(x,y,z,t) \tag{4-5}$$

2. 应力和应变率的关系

运动黏性流体的应力与变形速度有关，其中压应力与线变形速度有关，切应力与角变形速度有关。

（1）切应力与角变形速度的关系　切应力与角变形速度的关系，在简单剪切流动中符合牛顿内摩擦定律 $\tau=\mu\dfrac{\mathrm{d}u}{\mathrm{d}y}$，将牛顿内摩擦定律推广到一般空间流动，即假定在黏性流体三维流动的一般情况下，应力与变形率之间仍然保持线性关系，有

$$\tau_{yz}=\mu\frac{\mathrm{d}u_x}{\mathrm{d}y}=\mu\frac{\mathrm{d}\gamma}{\mathrm{d}t}$$

式中，直角变形速度 $\dfrac{\mathrm{d}\gamma}{\mathrm{d}t}$ 是流体微团运动中角变形速度的 2 倍，即在 xOy 平面上

$$\frac{\mathrm{d}\gamma}{\mathrm{d}t}=2\varepsilon_{xy}=2\cdot\frac{1}{2}\left(\frac{\partial u_y}{\partial x}+\frac{\partial u_x}{\partial y}\right)=\frac{\partial u_y}{\partial x}+\frac{\partial u_x}{\partial y}$$

ε_{xy} 是流体微团在 xOy 平面上的角变形速度，$\varepsilon_{xy}=\dfrac{1}{2}\left(\dfrac{\partial u_x}{\partial y}+\dfrac{\partial u_y}{\partial x}\right)$。

由此可以得到

$$\tau_{xy}=\tau_{yx}=\mu\left(\frac{\partial u_y}{\partial x}+\frac{\partial u_x}{\partial y}\right) \tag{4-6a}$$

同理，在 yOz、xOz 平面上分别可以得到

$$\tau_{yz}=\tau_{zy}=\mu\left(\frac{\partial u_z}{\partial y}+\frac{\partial u_y}{\partial z}\right) \tag{4-6b}$$

$$\tau_{zx}=\tau_{xz}=\mu\left(\frac{\partial u_z}{\partial x}+\frac{\partial u_x}{\partial z}\right) \tag{4-6c}$$

即

$$\begin{cases}\tau_{xy}=\tau_{yx}=\mu\left(\dfrac{\partial u_y}{\partial x}+\dfrac{\partial u_x}{\partial y}\right)\\ \tau_{yz}=\tau_{zy}=\mu\left(\dfrac{\partial u_z}{\partial y}+\dfrac{\partial u_y}{\partial z}\right)\\ \tau_{zx}=\tau_{xz}=\mu\left(\dfrac{\partial u_z}{\partial x}+\dfrac{\partial u_x}{\partial z}\right)\end{cases} \tag{4-7}$$

式（4-7）是黏性流体中切应力的普遍关系式，称为广义牛顿内摩擦定律，它说明切应力等于流体的动力黏度与角应变率的乘积。

（2）压应力与线应变率的关系　根据黏性流体动压强的定义，各个方向的压应力可以认为等于黏性流体动压强加上一个附加压应力，即

$$\begin{cases}p_{xx}=p+p'_{xx}\\ p_{yy}=p+p'_{yy}\\ p_{zz}=p+p'_{zz}\end{cases} \tag{4-8}$$

式中，p'_{xx}、p'_{yy}、p'_{zz}称为附加法向应力，它是流体微团在法线方向上发生线变形（伸长或缩短）引起的，使得压应力的大小与理想流体相比有所改变引起的。在理论流体力学中可以证明：对于不可压缩均质黏性流体，附加压应力与线变形速度之间具有下列关系

$$\begin{cases}p'_{xx}=-2\mu\dfrac{\partial u_x}{\partial x}\\ p'_{yy}=-2\mu\dfrac{\partial u_y}{\partial y}\\ p'_{zz}=-2\mu\dfrac{\partial u_z}{\partial z}\end{cases} \tag{4-9}$$

即附加压应力等于流体的动力黏滞系数与二倍的线变形速度的乘积。式中负号是因为当$\dfrac{\partial u_x}{\partial x}$为正值时，流体微团处在伸长变形状态，周围流体对它作用的是拉力，p'_{xx}应为负值；反之，当$\dfrac{\partial u_x}{\partial x}$为负值时，流体微团处在压缩变形状态，周围流体对它作用的是压力，p'_{xx}应为正值，因此需要在$\dfrac{\partial u_x}{\partial x}$、$\dfrac{\partial u_y}{\partial y}$、$\dfrac{\partial u_z}{\partial z}$的前面加负号，与流体微团的拉伸和压缩相适应。

将式（4-9）代入式（4-8）可以得到

$$\begin{cases} p_{xx}=p+p'_{xx}=p-2\mu\dfrac{\partial u_x}{\partial x} \\ p_{yy}=p+p'_{yy}=p-2\mu\dfrac{\partial u_y}{\partial y} \\ p_{zz}=p+p'_{zz}=p-2\mu\dfrac{\partial u_z}{\partial z} \end{cases} \tag{4-10}$$

根据以上分析，在黏性流体中，任一点的应力状态，可由一个压应力 p（动压强）和三个切应力 τ_{xy}、τ_{yz} 和 τ_{zx}。

3. 黏性流体运动微分方程的建立

在运动的黏性流体中，取一微小平行六面体，正交的三个边边长分别为 dx、dy、dz，分别平行于 x、y、z 坐标轴（图 4-5）。六面体中心 M 点的动压强为 p，速度为 u。该六面体的六个面的受力情况分别如下

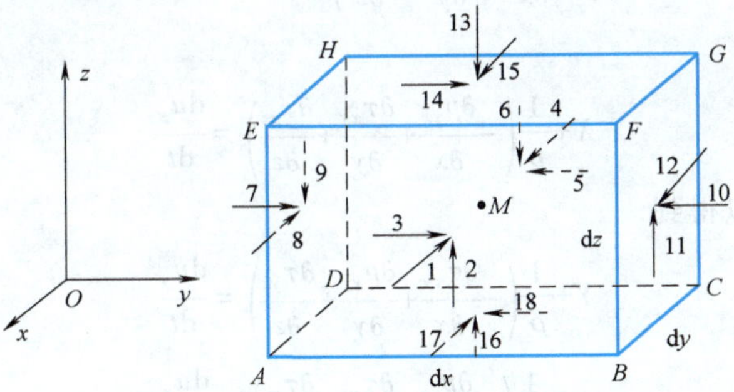

图 4-5　黏性流体运动微分方程推导

1—$p_{xx}+\dfrac{1}{2}\dfrac{\partial p_{xx}}{\partial x}dx$　2—$\tau_{zx}+\dfrac{1}{2}\dfrac{\partial \tau_{zx}}{\partial x}dx$　3—$\tau_{xy}+\dfrac{1}{2}\dfrac{\partial \tau_{xy}}{\partial x}dx$　4—$p_{xx}+\dfrac{1}{2}\dfrac{\partial p_{xx}}{\partial x}dx$

5—$\tau_{xy}+\dfrac{1}{2}\dfrac{\partial \tau_{xy}}{\partial x}dx$　6—$\tau_{zx}+\dfrac{1}{2}\dfrac{\partial \tau_{zx}}{\partial x}dx$　7—$p_{yy}+\dfrac{1}{2}\dfrac{\partial p_{yy}}{\partial y}dy$　8—$\tau_{xy}+\dfrac{1}{2}\dfrac{\partial \tau_{xy}}{\partial y}dy$

9—$\tau_{yz}+\dfrac{1}{2}\dfrac{\partial \tau_{yz}}{\partial y}dy$　10—$p_{yy}+\dfrac{1}{2}\dfrac{\partial p_{yy}}{\partial y}dy$　11—$\tau_{zy}+\dfrac{1}{2}\dfrac{\partial \tau_{zy}}{\partial x}dy$　12—$\tau_{xy}+\dfrac{1}{2}\dfrac{\partial \tau_{zy}}{\partial y}dy$

13—$p_{zz}+\dfrac{1}{2}\dfrac{\partial p_{zz}}{\partial z}dz$　14—$\tau_{yz}+\dfrac{1}{2}\dfrac{\partial \tau_{yz}}{\partial y}dz$　15—$\tau_{zx}+\dfrac{1}{2}\dfrac{\partial \tau_{zx}}{\partial y}dz$　16—$p_{zz}+\dfrac{1}{2}\dfrac{\partial p_{zz}}{\partial z}dz$

17—$\tau_{zx}+\dfrac{1}{2}\dfrac{\partial \tau_{zx}}{\partial z}dz$　18—$\tau_{yz}+\dfrac{1}{2}\dfrac{\partial \tau_{yz}}{\partial z}dz$

（1）表面力　以 x 方向为例，分析平行六面体的受力情况，作用于六面体表面沿 x 方向的表面力有：

前、后面一对法向力

$$\left(p_{xx}-\frac{1}{2}\frac{\partial p_{xx}}{\partial x}dx\right)\cdot dydz-\left(p_{xx}+\frac{1}{2}\frac{\partial p_{xx}}{\partial x}dx\right)\cdot dydz=-\frac{\partial p_{xx}}{\partial x}dxdydz$$

左、右面一对切向力

$$\left(\tau_{xy}+\frac{1}{2}\frac{\partial\tau_{xy}}{\partial y}\mathrm{d}y\right)\cdot\mathrm{d}x\mathrm{d}z-\left(\tau_{xy}-\frac{1}{2}\frac{\partial\tau_{xy}}{\partial y}\mathrm{d}y\right)\cdot\mathrm{d}x\mathrm{d}z=\frac{\partial\tau_{xy}}{\partial y}\mathrm{d}x\mathrm{d}y\mathrm{d}z$$

上、下面一对切向力

$$\left(\tau_{zx}+\frac{1}{2}\frac{\partial\tau_{zx}}{\partial z}\mathrm{d}z\right)\cdot\mathrm{d}x\mathrm{d}y-\left(\tau_{zx}-\frac{1}{2}\frac{\partial\tau_{zx}}{\partial z}\mathrm{d}z\right)\cdot\mathrm{d}x\mathrm{d}y=\frac{\partial\tau_{zx}}{\partial z}\mathrm{d}x\mathrm{d}y\mathrm{d}z$$

相加得沿 x 方向的总表面力为

$$\left(-\frac{\partial p_{xx}}{\partial x}+\frac{\partial\tau_{xy}}{\partial y}+\frac{\partial\tau_{zx}}{\partial z}\right)\cdot\mathrm{d}x\mathrm{d}y\mathrm{d}z$$

（2）质量力　作用于六面体沿 x 方向的质量力为

$$F_x=X\cdot p\mathrm{d}x\mathrm{d}y\mathrm{d}z$$

根据牛顿第二定律 $\sum F_x=ma_x$ 有

$$X\cdot p\mathrm{d}x\mathrm{d}y\mathrm{d}z+\left(-\frac{\partial\tau_{xx}}{\partial x}+\frac{\partial\tau_{xy}}{\partial y}+\frac{\partial\tau_{zx}}{\partial z}\right)\cdot\mathrm{d}x\mathrm{d}y\mathrm{d}z=p\mathrm{d}x\mathrm{d}y\mathrm{d}z\cdot\frac{\mathrm{d}u_x}{\mathrm{d}t}$$

化简之后可以得到

$$X+\frac{1}{\rho}\left(-\frac{\partial p_{xx}}{\partial x}+\frac{\partial\tau_{xy}}{\partial y}+\frac{\partial\tau_{zx}}{\partial z}\right)=\frac{\mathrm{d}u_x}{\mathrm{d}t}\tag{4-11a}$$

同理，在 y、z 方向可以得到

$$Y+\frac{1}{\rho}\left(-\frac{\partial\tau_{xy}}{\partial x}+\frac{\partial p_{yy}}{\partial y}+\frac{\partial\tau_{yz}}{\partial z}\right)=\frac{\mathrm{d}u_y}{\mathrm{d}t}\tag{4-11b}$$

$$Z+\frac{1}{\rho}\left(-\frac{\partial p_{zx}}{\partial x}+\frac{\partial\tau_{yz}}{\partial y}+\frac{\partial\tau_{zz}}{\partial z}\right)=\frac{\mathrm{d}u_z}{\mathrm{d}t}\tag{4-11c}$$

由

$$\frac{\partial p_{xx}}{\partial x}=\frac{\partial}{\partial x}\left(p-2\mu\frac{\partial u_x}{\partial x}\right)=\frac{\partial p}{\partial x}-2\mu\frac{\partial^2 u_x}{\partial x^2}$$

$$\frac{\partial\tau_{xy}}{\partial x}=\mu\frac{\partial}{\partial y}\left(\frac{\partial u_y}{\partial x}+\frac{\partial u_x}{\partial y}\right)=\mu\left(\frac{\partial^2 u_y}{\partial y\partial x}+\frac{\partial^2 u_x}{\partial y^2}\right)$$

$$\frac{\partial\tau_{zx}}{\partial z}=\mu\frac{\partial}{\partial z}\left(\frac{\partial u_z}{\partial z}+\frac{\partial u_z}{\partial x}\right)=\mu\left(\frac{\partial^2 u_x}{\partial z^2}+\frac{\partial^2 u_z}{\partial z\partial x}\right)$$

得到

$$X+\frac{1}{\rho}\left[-\left(-\frac{\partial p}{\partial x}-2\mu\frac{\partial^2 u_x}{\partial x^2}\right)+\mu\left(\frac{\partial^2 u_y}{\partial y\partial x}+\frac{\partial^2 u_x}{\partial y^2}\right)+\mu\left(\frac{\partial^2 u_x}{\partial z}+\frac{\partial^2 u_z}{\partial z\partial x}\right)\right]=\frac{\mathrm{d}u_x}{\mathrm{d}t}$$

化简后得到

$$X+\frac{1}{\rho}\frac{\partial p}{\partial x}+\frac{\mu}{\rho}\left(\frac{\partial^2 u_x}{\partial x^2}+\frac{\partial^2 u_x}{\partial y^2}+\frac{\partial^2 u_x}{\partial z^2}\right)+\frac{\mu}{\rho}\frac{\partial}{\partial x}\left(\frac{\partial u_x}{\partial x}+\frac{\partial u_y}{\partial y}+\frac{\partial u_z}{\partial z}\right)=\frac{\mathrm{d}u_x}{\mathrm{d}t}\tag{4-12}$$

根据不可压缩流体连续性方程 $\frac{\partial u_x}{\partial x}+\frac{\partial u_y}{\partial y}+\frac{\partial u_z}{\partial z}=0$，式（4-12）左端最后一项为零，化简之

后有

$$X-\frac{1}{\rho}\frac{\partial p}{\partial x}+\frac{\mu}{\rho}\left(\frac{\partial^2 u_x}{\partial x^2}+\frac{\partial^2 u_y}{\partial y^2}+\frac{\partial^2 u_z}{\partial z^2}\right)=\frac{\mathrm{d}u_x}{\mathrm{d}t} \tag{4-13}$$

由 $\nu=\frac{\mu}{\rho}$（运动黏度），上式化简之后有

$$X-\frac{1}{\rho}\frac{\partial p}{\partial x}+\nu\left(\frac{\partial^2 u_x}{\partial x^2}+\frac{\partial^2 u_x}{\partial y^2}+\frac{\partial^2 u_x}{\partial z^2}\right)=\frac{\mathrm{d}u_x}{\mathrm{d}t} \tag{4-14a}$$

同理可得

$$X-\frac{1}{\rho}\frac{\partial p}{\partial x}+\nu\left(\frac{\partial^2 u_y}{\partial x^2}+\frac{\partial^2 u_y}{\partial y^2}+\frac{\partial^2 u_y}{\partial z^2}\right)=\frac{\mathrm{d}u_y}{\mathrm{d}t} \tag{4-14b}$$

$$Z-\frac{1}{\rho}\frac{\partial p}{\partial z}+\nu\left(\frac{\partial^2 u_z}{\partial x^2}+\frac{\partial^2 u_z}{\partial y^2}+\frac{\partial^2 u_z}{\partial z^2}\right)=\frac{\mathrm{d}u_z}{\mathrm{d}t} \tag{4-14c}$$

把$\frac{\mathrm{d}u_x}{\mathrm{d}t}$、$\frac{\mathrm{d}u_y}{\mathrm{d}t}$、$\frac{\mathrm{d}u_z}{\mathrm{d}t}$的表达式分别代入式（4-14a）、（4-14b）和（4-14c）可以得到

$$\begin{cases} X-\frac{1}{\rho}\frac{\partial p}{\partial x}+\nu\left(\frac{\partial^2 u_x}{\partial x^2}+\frac{\partial^2 u_x}{\partial y^2}+\frac{\partial^2 u_x}{\partial z^2}\right)=\frac{\partial u_x}{\partial t}+u_x\frac{\partial u_x}{\partial x}+u_y\frac{\partial u_x}{\partial y}+u_z\frac{\partial u_x}{\partial z} \\ Y-\frac{1}{\rho}\frac{\partial p}{\partial y}+\nu\left(\frac{\partial^2 u_x}{\partial x^2}+\frac{\partial^2 u_y}{\partial y^2}+\frac{\partial^2 u_y}{\partial z^2}\right)=\frac{\partial u_y}{\partial t}+u_x\frac{\partial u_y}{\partial x}+u_y\frac{\partial u_y}{\partial y}+u_z\frac{\partial u_x}{\partial z} \\ Z-\frac{1}{\rho}\frac{\partial p}{\partial z}+\nu\left(\frac{\partial^2 u_z}{\partial x^2}+\frac{\partial^2 u_z}{\partial y^2}+\frac{\partial^2 u_z}{\partial z^2}\right)=\frac{\partial u_z}{\partial t}+u_x\frac{\partial u_z}{\partial x}+u_y\frac{\partial u_z}{\partial y}+u_z\frac{\partial u_z}{\partial z} \end{cases} \tag{4-15}$$

式（4-15）称为不可压缩黏性流体运动方程，它是由法国科学家纳维和英国科学家斯托克斯（图 4-6）分别在 1822 年和 1845 年提出的，因此该方程又称为纳维-斯托克斯方程，简称 N-S 方程。斯托克斯在对光学和流体动力学进行研究时，推导出了在曲线积分中被后人称之为“斯托斯公式”的定理。直至现代，此定理在数学、物理学等方面都有着重要而深刻的影响。N-S 方程表明：作用在单位质量流体上的质量力、表面力（压力和黏性力）和惯性力相平衡。N-S 方程是不可压缩流体的普遍方程，为解决黏性流体的运动奠定了理论基础。N-S 方程适用范围：既适用于黏性流体也适用于理想流体；仅适用于不可压缩流体；仅适用于牛顿流体。

图 4-6　斯托克斯

从 N-S 方程可以看出：

1）N-S 方程中包含有 u_x、u_y、u_z 和 p 四个未知量，它与欧拉连续性方程$\frac{\partial u_x}{\partial x}+\frac{\partial u_y}{\partial y}+\frac{\partial u_z}{\partial z}=0$ 联立，在给定边界条件和初始条件下理论上可以求出 u_x、u_y、u_z 和 p 四个未知量。但是，由于边界条件的复杂性和数学上的困难，目前还只能在一定

条件下积分求解。

2）当 $\mu=0$ 时，即流体是理想流体时，可以得到

$$\begin{cases} X-\frac{1}{\rho}\frac{\partial p}{\partial x}=\frac{\partial u_x}{\partial t}+u_x\frac{\partial u_x}{\partial x}+u_y\frac{\partial u_x}{\partial y}+u_z\frac{\partial u_x}{\partial z} \\ Y-\frac{1}{\rho}\frac{\partial p}{\partial y}=\frac{\partial u_y}{\partial t}+u_x\frac{\partial u_y}{\partial x}+u_y\frac{\partial u_y}{\partial y}+u_z\frac{\partial u_y}{\partial z} \\ Z-\frac{1}{\rho}\frac{\partial p}{\partial z}=\frac{\partial u_z}{\partial t}+u_x\frac{\partial u_z}{\partial x}+u_y\frac{\partial u_z}{\partial y}+u_z\frac{\partial u_z}{\partial z} \end{cases}$$

即理想流体运动微分方程是黏性流体运动微分方程的特例。

3）当 $u_x=u_y=u_z=0$ 时，同样可以得到

$$\begin{cases} X-\frac{1}{\rho}\frac{\partial p}{\partial x}=0 \\ Y-\frac{1}{\rho}\frac{\partial p}{\partial y}=0 \\ Z-\frac{1}{\rho}\frac{\partial p}{\partial z}=0 \end{cases}$$

从这里可以看出，欧拉平衡微分方程是欧拉运动微分方程的特例，也是 N-S 方程的特例。

4.2 恒定元流伯努利方程

伯努利方程是能量守恒定律在工程流体力学中的具体体现，它形式简单，意义明确，在工程流体力学中有着广泛的应用。丹尼尔·伯努利（图 4-7）出生于荷兰格罗宁根，是瑞士数学家、物理学家。丹尼尔·伯努利对当时的数学和物理学的前沿研究问题都有所涉及，特别是他的数学到力学的应用，尤其是流体力学做的先驱工作。

图 4-7 丹尼尔·伯努利

4-3 理想流体元流的伯努利方程

4.2.1 理想流体元流的伯努利方程

理想流体运动微分方程可以表示为

$$\begin{cases} X-\frac{1}{\rho}\frac{\partial p}{\partial x}=\frac{\partial u_x}{\partial t}+u_x\frac{\partial u_x}{\partial x}+u_y\frac{\partial u_x}{\partial y}+u_z\frac{\partial u_x}{\partial z} \\ Y-\frac{1}{\rho}\frac{\partial p}{\partial y}=\frac{\partial u_y}{\partial t}+u_x\frac{\partial u_y}{\partial x}+u_y\frac{\partial u_y}{\partial y}+u_z\frac{\partial u_y}{\partial z} \\ Z-\frac{1}{\rho}\frac{\partial p}{\partial z}=\frac{\partial u_z}{\partial t}+u_x\frac{\partial u_z}{\partial x}+u_y\frac{\partial u_z}{\partial y}+u_z\frac{\partial u_z}{\partial z} \end{cases}$$

对于恒定流体，有

$$\frac{\partial u_x}{\partial t}+\frac{\partial u_y}{\partial t}+\frac{\partial u_z}{\partial t}=0$$

上式可以化为

$$X-\frac{1}{\rho}\frac{\partial p}{\partial x}=u_x\frac{\partial u_x}{\partial x}+u_y\frac{\partial u_x}{\partial y}+u_z\frac{\partial u_x}{\partial z} \tag{4-16a}$$

$$Y-\frac{1}{\rho}\frac{\partial p}{\partial y}=u_x\frac{\partial u_y}{\partial x}+u_y\frac{\partial u_y}{\partial y}+u_z\frac{\partial u_y}{\partial z} \tag{4-16b}$$

$$Z-\frac{1}{\rho}\frac{\partial p}{\partial z}=u_x\frac{\partial u_z}{\partial x}+u_y\frac{\partial u_z}{\partial y}+u_z\frac{\partial u_z}{\partial z} \tag{4-16c}$$

在流线上沿流动方向取一段弧长 $ds(dx, dy, dz)$，因为恒定流动的流线不随时间变化，所以流体质点将沿着流线运动，迹线与流线重合，流线上的一段弧长也是流质体点的一段位移。将式（4-16a）、（4-16b）、（4-16c）分别乘以流线上微元线段的投影如 dx、dy、dz，则有

$$\begin{cases} Xdx-\frac{1}{\rho}\frac{\partial p}{\partial x}dx=\left(u_x\frac{\partial u_x}{\partial x}+u_y\frac{\partial u_x}{\partial y}+u_z\frac{\partial u_x}{\partial z}\right)dx \\ Ydy-\frac{1}{\rho}\frac{\partial p}{\partial y}dy=\left(u_x\frac{\partial u_y}{\partial x}+u_y\frac{\partial u_y}{\partial y}+u_z\frac{\partial u_y}{\partial z}\right)dy \\ Zdz-\frac{1}{\rho}\frac{\partial p}{\partial z}dz=\left(u_x\frac{\partial u_z}{\partial x}+u_y\frac{\partial u_z}{\partial y}+u_z\frac{\partial u_z}{\partial z}\right)dz \end{cases} \tag{4-17}$$

在流线上，由流线微分方程 $\frac{dx}{u_x}=\frac{dy}{u_y}=\frac{dz}{u_z}$ 可以得到

$$u_y dx=u_x dy, u_z dx=u_x dz, u_z dy=u_y dz$$

代入上式有

$$\begin{cases} Xdx-\frac{1}{\rho}\frac{\partial p}{\partial x}dx=\left(u_x\frac{\partial u_x}{\partial x}+u_y\frac{\partial u_x}{\partial y}+u_z\frac{\partial u_x}{\partial z}\right)dx=u_x\left(\frac{\partial u_x}{\partial x}dx+\frac{\partial u_x}{\partial y}dy+\frac{\partial u_x}{\partial z}dz\right)=u_x du_x \\ Ydy-\frac{1}{\rho}\frac{\partial p}{\partial y}dy=\left(u_x\frac{\partial u_y}{\partial x}+u_y\frac{\partial u_y}{\partial y}+u_z\frac{\partial u_y}{\partial z}\right)dy=u_y\left(\frac{\partial u_y}{\partial x}dx+\frac{\partial u_y}{\partial y}dy+\frac{\partial u_y}{\partial z}dz\right)=u_y du_y \\ Zdz-\frac{1}{\rho}\frac{\partial p}{\partial z}dz=\left(u_x\frac{\partial u_z}{\partial x}+u_y\frac{\partial u_z}{\partial y}+u_z\frac{\partial u_z}{\partial z}\right)dz=u_z\left(\frac{\partial u_z}{\partial x}dx+\frac{\partial u_z}{\partial y}dy+\frac{\partial u_z}{\partial z}dz\right)=u_z du_z \end{cases} \tag{4-18}$$

把式（4-18）中的三个式子相加，得到

$$Xdx+Ydy+Zdz-\frac{1}{\rho}\left(\frac{\partial p}{\partial x}dx+\frac{\partial p}{\partial y}dy+\frac{\partial p}{\partial z}dz\right)=u_x du_x+u_y du_y+u_z du_z$$

对于密度为常数的不可压缩流体，有

$$\frac{1}{\rho}\left(\frac{\partial p}{\partial x}dx+\frac{\partial p}{\partial y}dy+\frac{\partial p}{\partial z}dz\right)=\frac{1}{\rho}dp=d\left(\frac{p}{\rho}\right)$$

$$X=\frac{\partial W}{\partial x}, Y=\frac{\partial W}{\partial y}, Z=\frac{\partial W}{\partial z}$$

$Xdx + Ydy + Zdz$ 是质量力势函数 W 的全微分，即

$$Xdx+Ydy+Zdz=\frac{\partial W}{\partial x}dx+\frac{\partial W}{\partial y}dy+\frac{\partial W}{\partial z}dz=dW$$

$$\mathrm{d}W-\mathrm{d}\left(\frac{p}{\rho}\right)=\mathrm{d}\left(\frac{u^2}{2}\right)$$

$$\mathrm{d}\left(W-\frac{p}{\rho}-\frac{u^2}{2}\right)=0$$

沿流线进行积分，得到

$$W-\frac{p}{\rho}-\frac{u^2}{2}=C_l \tag{4-19}$$

这个式子称为伯努利积分，C_l 称为伯努利积分常数，它表明：对于不可压缩理想流体，在有势的质量力作用下作恒定流动时，在同一流线上各点的 $W-\frac{p}{\rho}-\frac{u^2}{2}$ 值是一个常数。该积分是在流线上进行的，对于不同的流线，可以有各自的积分常数。

下面来看质量力只有重力时，伯努利积分的具体形式。作用于流体的质量力只有重力时，质量力的势函数可以表示为：$W=-gz$，代入伯努利积分，可以得到

$$z+\frac{p}{\rho g}+\frac{u^2}{2g}+C_l \tag{4-20}$$

对于同一流线上的任意两点 1 和 2，有

$$z_1+\frac{p_1}{\rho g}+\frac{u_1^2}{2g}=z_2+\frac{p_2}{\rho g}+\frac{u_2^2}{2g} \tag{4-21}$$

式（4-21）称为理想流体元流伯努利方程，是流体力学中普遍使用的方程。方程表明：在质量力只有重力的情况下，不可压缩理想流体作恒定流动时，沿同一流线各质点的 $z+\frac{p}{\rho g}+\frac{u^2}{2g}$ 值是一个常数，但不同的流线有不同的常数。

理想流体元流伯努利方程的适用条件是：①流体是理想不可压缩流体；②流体作恒定流动；③质量力中只有重力；④沿元流（流线）积分；⑤断面 1—1 和 2—2 是同一元流的两个过流断面。

4-4 黏性流体元流伯努利方程

4.2.2 黏性流体元流的伯努利方程

实际流体都具有一定的黏性，在流动过程中流体质点之间以及流体与边界之间将产生黏滞内摩擦力。克服摩擦力做功需要消耗能量，流体的部分机械能将转换为热能而散失。因此，黏性流体流动时，单位重量流体所具有的机械能沿程不是守恒而是逐渐减小的。

根据能量守恒原理，黏性流体元流伯努利方程可以表示为

$$z_1+\frac{p_1}{\rho g}+\frac{u_1^2}{2g}=z_2+\frac{p_2}{\rho g}+\frac{u_2^2}{2g}+h'_{\mathrm{w}} \tag{4-22}$$

式中，h'_{w} 为黏性流体元流单位重量流体由过流断面 1—1 运动至过流断面 2—2 所损失的机械能，称为元流的水头损失，如图 4-8 所示。

式（4-22）的适用条件为：①黏性不可压缩流体；②流体作恒定流动；③质量力仅有重力；④断面 1—1 和 2—2 是同一元流的两个过流断面。

式（4-22）的物理意义是：对于重力作用下的恒定不可压缩黏性流体，沿同一元流各过

流断面上单位重量流体具有的总机械能沿流程减小，部分机械能转化为热能等损失掉，但各断面间的总能量（包括损失部分）仍保持不变。

式（4-22）的几何意义是：对于重力作用下的恒定不可压缩黏性流体，沿同一元流各过流断面上总水头 H 沿流程单调减小。

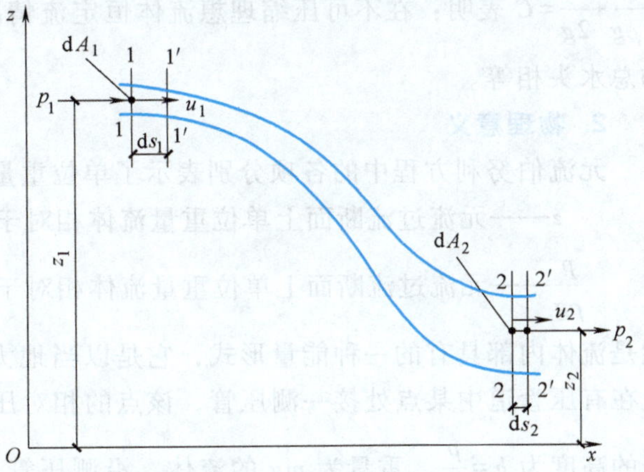

图 4-8　黏性流体元流

4.2.3　元流伯努利方程的几何意义和物理意义

1. 几何意义

伯努利方程各项都具有长度量纲，几何上可以用某个高度来表示，把它称作水头，如图 4-9 所示。国内著名的瀑布黄河壶口瀑布（图 4-10）是中国第二大瀑布，世界上最大的黄色瀑布。黄河奔流至此，两岸石壁峭立，河口收束狭如壶口，故名壶口瀑布。瀑布上游黄河水面宽 300m，在不到 500m 长距离内，被压缩到 20~30m 的宽度。1000m³/s 的河水，从大于 20m 高的陡崖上倾注而泻，形成"千里黄河一壶收"的气概。

z——元流过流断面上单位重量流体所具有的位置水头。

$\dfrac{p}{\rho g}$——元流过流断面上单位重量流体所具有的压强水头，或者测压管高度。

$z+\dfrac{p}{\rho g}$——元流过流断面上单位重量流体所具有的测压管水头，用 H_p 表示。

$\dfrac{u^2}{2g}$——元流过流断面上单位重量流体所具有的流速水头，又称流速高度（相当于不计射流自重和空气阻力情况下，流体以速度 u 垂直向上喷射到空气中时所能达到的高度）。

$z+\dfrac{p}{\rho g}+\dfrac{u^2}{2g}$——总水头，用 H 表示。

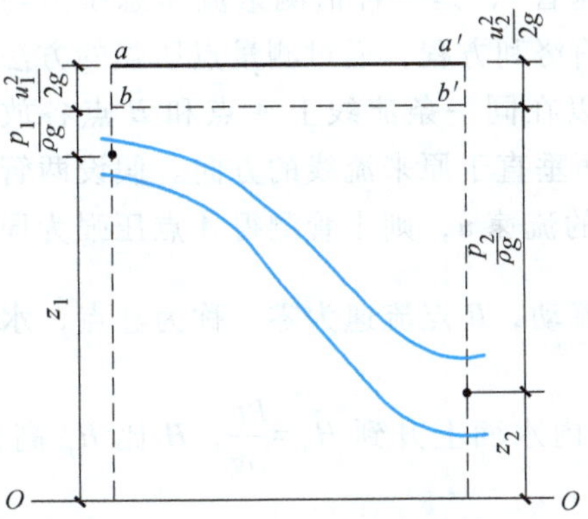

图 4-9　几何意义和物理意义

图 4-10　黄河壶口瀑布

$z+\frac{p}{\rho g}+\frac{u^2}{2g}=C$ 表明：在不可压缩理想流体恒定流情况下，沿同一元流（沿同一流线）各断面的总水头相等。

2. 物理意义

元流伯努利方程中的各项分别表示了单位重量流体的三种不同的能量形式。

z——元流过流断面上单位重量流体相对于某基准面所具有的位置势能。

$\frac{p}{\rho g}$——元流过流断面上单位重量流体相对于以大气压强为基准所具有的压强势能。压能是流体内部具有的一种能量形式，它是以当地大气压等于零为基准，用相对压强计算的。设在有压管道中某点处接一测压管，该点的相对压强为 p，流体会沿着测压管上升，流体上升的高度为 $h=\frac{p}{\rho g}$，重量为 mg 的流体，沿测压管上升后，相对压强 p 变为零，流体所做的功为 $mgh=mg\frac{p}{\rho g}$，单位重量流体的压能为$\frac{p}{\rho g}$。

$z+\frac{p}{\rho g}$——元流过流断面上单位重量流体具有的总势能。

$\frac{u^2}{2g}$——流过流断面上单位重量流体具有的动能。重量为 mg 的流体，它的速度为 u，则它的动能为$\frac{1}{2}mu^2$，单位重量流体的动能为$\frac{\frac{1}{2}mu^2}{mg}=\frac{u^2}{2g}$。

$z+\frac{p}{pg}+\frac{u^2}{2g}$——元流过流断面上单位重量流体具有的总机械能。

$z+\frac{p}{pg}+\frac{u^2}{2g}=C$ 表明：对于重力作用下的恒定不可压缩理想流体，沿同一元流，各过流断面上单位重量流体所具有的总机械能守恒。

4.2.4 元流伯努利方程的应用：毕托管测量点流速

毕托管（图 4-11）也称“测速管”，俗称“风速管”，是一种借测量流体总压力与静压力之差值来计算流速的仪器。它的原理是应用元流伯努利方程，通过测量点压强的方法来间接地测出点速度的大小。为了测量水流的流速，可以在同一条流线上 A 点和 B 点各放一根管子。Ⅰ管的管口截面平行于流线，Ⅱ管的管口截面垂直于原来流线的方向。假设两管的存在对于Ⅰ管管口处原来的流动没有影响，u_A 即欲测的流速 u，则Ⅰ管测得 A 点压强为原来的压强，管内水面高 $H_p=\frac{p_A}{\rho g}$。而Ⅱ管管口阻止流体的流动，B 点流速为零，称为驻点，水流动能全部转化成压能。所以Ⅱ管测得 B 点的压强，管内水面上升到 $H_p=\frac{p_B}{\rho g}$，H 比 H_p 高出 h，于是有

$$p_B-p_A=\rho g(H-H_p)=\rho gh, u_A=u, u_B=0$$

应用理想流体元流伯努利方程

$$\frac{p_A}{\rho g}+\frac{u^2}{2g}=\frac{p_B}{\rho g}+0$$

得到

$$u=\sqrt{\frac{2(p_B-p_A)}{\rho}}=\sqrt{2gh} \tag{4-23}$$

把Ⅰ管称为测压管，Ⅱ管称为测速管。这种根据能量方程的原理，利用两管测得总水头和测压管水头之差（速度水头）来测定流场中某点流速的仪器叫毕托管，如图4-12所示。

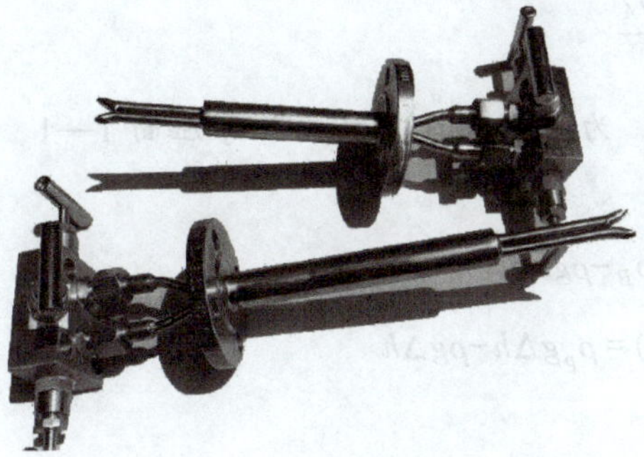

图4-11 一体式毕托管

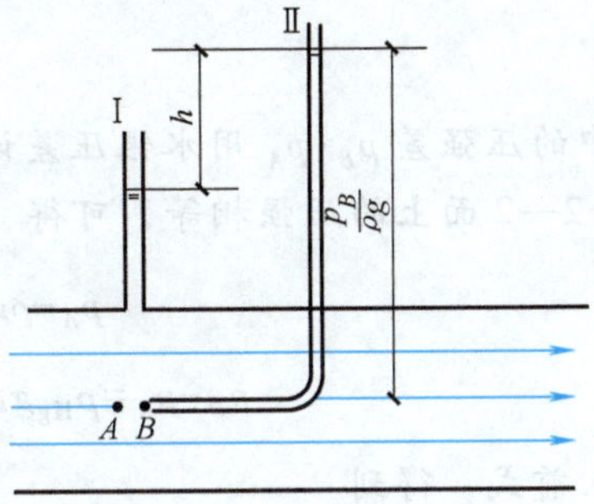

图4-12 毕托管原理

实际使用中，在测得 h，计算流速时，考虑到实际流体为黏性流体及毕托管对原流场的干扰等影响，引入毕托管修正系数 c，即

$$u=c\sqrt{2gh} \tag{4-24}$$

毕托管修正系数 c 值与毕托管的构造、尺寸、表面光滑程度等有关，应通过专门的实验来确定，一般 c 为1.00~1.04，在要求精度不是很高的情况下，可以取 $c=1.00$。

【例4.1】 近年来安陆市加快推进水利补短板工程建设，不断提升水旱灾害防御能力。安陆市稳步推进解放山水库除险加固工程（图4-13a），进一步提升解放山水库的调洪蓄水

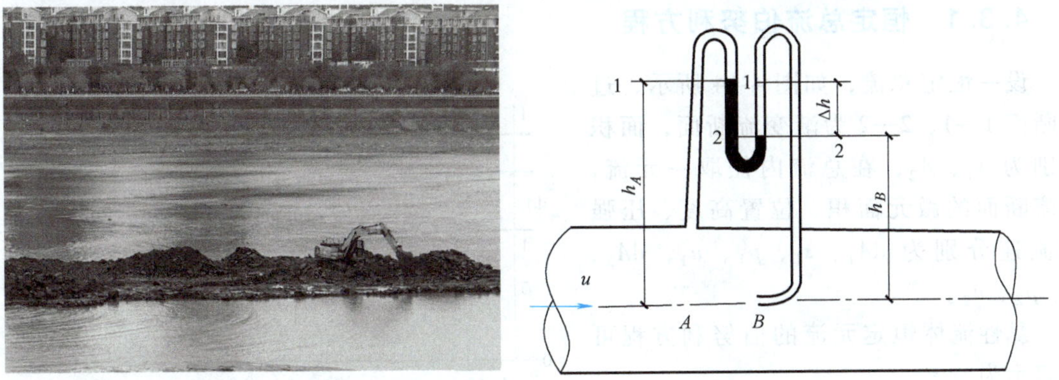

a) b)

图4-13 例4.1

a）解放山水库除险加固工程 b）流速图

和防洪灌溉能力，保护和改善生态环境，保障沿线群众生命财产和饮水安全。现利用毕托管原理测量解放山水库流速，测量水管过水断面中心点的流速如图 4-13b 所示。已知水银压差计的读值 $\Delta h=60\text{mm}$，试求该点的流速是多少。

【解】 本题求的流速，可利用理想流体元流的伯努利方程求解。

取测压管与测速管所在流线上的 A、B 两点列伯努利方程，式中速度 $u_B=0$（B 点是驻点），得

$$\frac{p_A}{\rho}+\frac{u^2}{2g}=\frac{p_B}{\rho g}$$

$$u=\sqrt{2g\frac{p_B-p_A}{\rho g}}$$

式中的压强差 p_B-p_A 用水银压差计的读值表示。为此，在压差计内作等压面 1—1、2—2，由于 2—2 面上的压强相等，可得

$$p_A-\rho g h_A+\rho_{\text{Hg}} g\Delta h=p_B-\rho g h_B$$

$$p_B-p_A=\rho_{\text{Hg}} g\Delta h-\rho g(h_A-h_B)=\rho_p g\Delta h-\rho g\Delta h$$

代入前式，得到

$$u=\sqrt{2g\left(\frac{\rho_{\text{Hg}}-\rho}{\rho}\right)\Delta h}=\sqrt{2\times 9.8\times\left(\frac{13.6\times10^3-1.0\times10^3}{1.0\times10^3}\right)\times 0.06}\ \text{m/s}=3.85\text{m/s}$$

4.3 恒定总流伯努利方程

4-5 恒定总流的伯努利方程

前面得出了实际流体恒定元流的伯努利方程，但在运用伯努利方程解决工程实际问题时，遇到的往往是总流，如流体在管道、明渠中流动。因此，还需要将元流的伯努利方程推广到总流上。

4.3.1 恒定总流伯努利方程

设一恒定总流，如图 4-14 所示，过流断面 1—1、2—2 为渐变流断面，面积分别为 A_1、A_2，在总流内任取一元流，过流断面的微元面积、位置高度、压强和流速分别为 dA_1、z_1、p_1、u_1，dA_2、z_2、p_2、u_2。

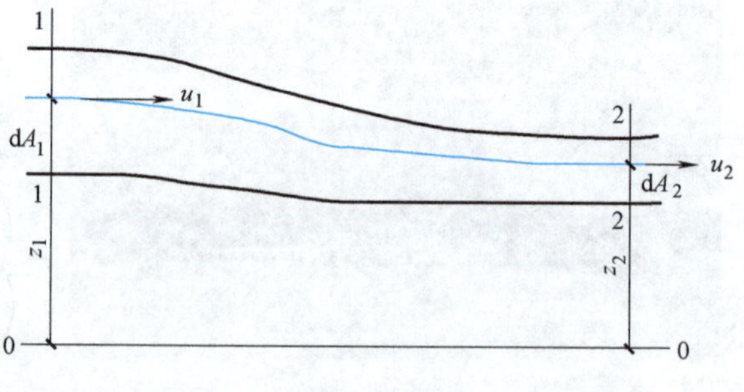

图 4-14 恒定总流伯努利方程

黏性流体恒定元流的伯努利方程可以表示为

$$z_1+\frac{p_1}{\rho g}+\frac{u^2}{2g}=z_2+\frac{p_2}{\rho g}+\frac{u_2^2}{2g}+h_w'$$

以重量流量 $\rho g dQ=\rho g u_1 dA_1=\rho g u_2 dA_2$ 乘以上式，得到单位时间通过元流两过流断面的能

量关系

$$\left(z_1+\frac{p_1}{\rho g}+\frac{u_1^2}{2g}\right)\rho g\mathrm{d}Q=\left(z_2+\frac{p_2}{\rho g}+\frac{u_2^2}{2g}\right)\rho g\mathrm{d}Q+h'_{\mathrm{w}}\rho g\mathrm{d}Q \tag{4-25}$$

总流是无数元流的累加，把式（4-25）对总流过流断面积分，得到单位时间通过总流两过流断面的能量关系

$$\int_{A1}\left(z_1+\frac{p_1}{\rho g}+\frac{u_1^2}{2g}\right)\rho g\mathrm{d}Q=\int_{A2}\left(z_2+\frac{p_2}{\rho g}+\frac{u_2^2}{2g}\right)\rho g\mathrm{d}Q+\int_Q h'_{\mathrm{w}}\rho g\mathrm{d}Q \tag{4-26}$$

展开式（4-26）得

$$\int_{A1}\left(z_1+\frac{p_1}{\rho g}\right)\rho g\mathrm{d}Q+\int_{A1}\left(\frac{u_1^2}{2g}\right)\rho g\mathrm{d}Q=\int_{A2}\left(z_2+\frac{p_2}{\rho g}\right)\rho g\mathrm{d}Q+\int_{A2}\left(\frac{u_2^2}{2g}\right)\rho g\mathrm{d}Q+\int_Q h'_{\mathrm{w}}\rho g\mathrm{d}Q$$

上面的式子包含了三种类型的积分，下面确定这三种类型的积分。

（1）势能积分 $\int_A\left(z+\frac{p}{\rho g}\right)\rho gu\mathrm{d}A$ 这类积分表示单位时间内通过总流过流断面 A 的流体总势能（包括位能和压能）。势能积分取决于总流过流断面上势能$\left(z+\frac{p}{\rho g}\right)$的分布规律。势能分布规律与过流断面上的流动状况有关。对于渐变流而言，同一过流断面上流体动压强的分布规律与静压强近似相同，$\left(z+\frac{p}{\rho g}\right)\approx$常数，所以有

$$\int_A\left(z+\frac{p}{\rho g}\right)\rho gu\mathrm{d}A=\left(z+\frac{p}{\rho g}\right)\rho g\int_A u\mathrm{d}A=\left(z+\frac{p}{\rho g}\right)\rho gQ$$

（2）动能积分 $\int_A\frac{u^2}{2g}\rho gu\mathrm{d}A$ 这类积分表示单位时间内通过总流过流断面 A 的流体总动能。总流过流断面上的流速分布与流动内部结构和边界条件有关，一般难以确定。工程实际中为了计算方便，常采用断面平均流速 v 来表示实际动能。设总流过流断面上各点的实际流速为 u，断面平均流速为 v，两者的差值为 Δu（有正有负），$u=v+\Delta u$，则

$$\begin{aligned}\int_A\frac{u^2}{2g}\rho gu\mathrm{d}A&=\int_A\frac{u^3}{2g}\rho g\mathrm{d}A=\frac{\rho g}{2g}\int_A u^3\mathrm{d}A\\&=\frac{\rho g}{2g}\int_A(v+\Delta u)^3\mathrm{d}A=\frac{\rho g}{2g}\int_A(v^3+3v^2\Delta u+3v\Delta u^2+\Delta u^3)\mathrm{d}A\\&=\frac{\rho g}{2g}(v^3A+3v^2\int_A\Delta u\mathrm{d}A+3v\int_A\Delta u^2\mathrm{d}A+\int_A\Delta u^3)\mathrm{d}A\end{aligned}$$

根据平均值的数学性质$\left(\int_A\Delta u\mathrm{d}A=0;\int_A\Delta u^2\mathrm{d}A\geqslant 0\right)$，忽略高次项 $\int_A\Delta u^3\mathrm{d}A$，上式可以表示为

$$\int_A\frac{u^3}{2g}\rho g\mathrm{d}A=\frac{\rho g}{2g}(v^3A+3v\int_A\Delta u^2\mathrm{d}A)=\frac{\rho g}{2g}\alpha v^3A=\frac{\alpha v^2}{2g}\rho gQ$$

式中，α 称为动能修正系数，定义为实际动能与按断面平均流速计算的动能比值，即

$$\alpha=\frac{\int_A u^3\mathrm{d}A}{v^3A}=\frac{1}{A}\int_A\left(\frac{u}{v}\right)^3\mathrm{d}A \tag{4-27}$$

α 值反映了总流过流断面上流速分布的不均匀程度，$\alpha \geqslant 1.0$。过流断面上实际流速为均匀分布时，$u=v$，$\alpha=1.0$；实际流速分布越不均匀，α 值越大。一般的管流或明渠流中，$\alpha=1.05 \sim 1.10$，工程上简化计算，常取 $\alpha=1.0$。

(3) 水头损失积分 $\int_Q h'_w \rho g \mathrm{d}Q$　这类积分表示单位时间内总流从过流断面 1—1 流至 2—2 的机械能损失。根据积分中值定理，可得

$$\int_Q h'_w \rho g \mathrm{d}Q = h_w \rho g Q$$

式中，h_w 是单位重量流体在两过流断面间的平均机械能损失，通常称为总流的水头损失。

将这三类积分分别代入前面的式子，可以得到

$$\left(z_1+\frac{p_1}{\rho g}\right)\rho g Q_1+\frac{\alpha_1 v_1^2}{2g}\rho g Q_1=\left(z_2+\frac{p_2}{\rho g}\right)\rho g Q_2+\frac{\alpha_2 v_2^2}{2g}\rho g Q_2+h_w \rho g Q$$

两断面间没有分流和汇流，有

$$Q_1=Q_2=Q$$

所以

$$z_1+\frac{p_1}{\rho g}+\frac{\alpha_1 v_1^2}{2g}=z_2+\frac{p_2}{\rho g}+\frac{\alpha_2 v_2^2}{2g}+h_w \tag{4-28}$$

式 (4-28) 即不可压缩黏性流体恒定总流的伯努利方程，它反映了总流中不同过流断面上测压管水头 $z+\frac{p}{\rho g}$ 和断面平均流速 v 的变化规律及其相互关系，是流体动力学的核心方程，它与连续性方程一起联合运用，可以解决许多流体力学问题。

恒定总流伯努利方程的适用条件：①流动必须是恒定流，并且流体是不可压缩的；②作用于流体上的质量力只有重力；③所取的上下游两个断面应在渐变流段中；④两断面间除了水头损失外，没有其他机械能的输入或输出；⑤两断面间没有流量的流入或流出，即总流的流量沿程不变。

对于理想不可压缩恒定总流，不考虑流动中的机械能损耗，单位时间里通过总流各过流断面的总能量相同，而由连续性方程决定了重量流量 $\rho g Q$ 沿程不变，所以在任意两个分别位于总流的渐变流段中的过流断面 1—1 和 2—2 中，有

$$z_1+\frac{p_1}{\rho g}+\frac{\alpha_1 v_1^2}{2g}=z_2+\frac{p_2}{\rho g}+\frac{\alpha_2 v_2^2}{2g} \tag{4-29}$$

式 (4-29) 就是理想流体恒定总流的伯努利方程。

4.3.2　总流伯努利方程的物理意义和几何意义

1. 物理意义

z——总流过流断面上某点（所取计算点）相对于某一基准面的单位重量流体所具有的位置势能。

$\frac{p}{\rho g}$——总流过流断面上某点（所取计算点）相对于大气压强的单位重量流体所具有的压强势能。

$z+\frac{p}{\rho g}$——总流过流断面上单位重量流体具有的平均总势能。

$\frac{\alpha v^2}{2g}$——总流过流断面上单位重量流体具有的平均动能。

$z+\frac{p}{\rho g}+\frac{\alpha v^2}{2g}$——总流过流断面上单位重量流体具有的平均总机械能。

h_w——总流过流断面上单位重量流体的平均机械能损失。

恒定总流伯努利方程的物理意义：总流各过流断面上单位重量流体具有的势能平均值与动能平均值之和，即总机械能的平均值是沿流程减小的，部分机械能转化为热能等而损失掉，但各断面间总能量（包括损失）保持不变。

2. 几何意义

z——总流过流断面上某点（所取计算点）相对于某一基准面的单位重量流体具有的位置水头。

$\frac{p}{\rho g}$——总流过流断面上某点（所取计算点）相对于大气压强的单位重量流体具有的压强水头。

$z+\frac{p}{\rho g}$——总流过流断面上单位重量流体具有的测压管水头。

$\frac{\alpha v^2}{2g}$——总流过流断面上单位重量流体具有的流速水头。

$z+\frac{p}{\rho g}+\frac{\alpha v^2}{2g}$——总流过流断面上单位重量流体的总水头。

h_w——总流两断面间单位重量流体的水头损失。

恒定总流伯努利方程的几何意义：总流各过流断面上平均总水头沿流程是减小的，减小的高度即两过流断面间的水头损失。

4.3.3 水头线

1. 水头线的画法

水头线是沿程水头（如总水头或者测压管水头）的变化曲线，如图 4-15 所示。

其具体作法如下：

1）先选取基准面 0—0，并作出管道轴心线，得到各过流断面中心点距基准面的高度，即该断面的位置水头 z。

2）从各断面的中心点向上作铅直线，分别在该铅直线截取线段长度等于相应截面上的压强水头 $\frac{p}{\rho g}$，得到各断面的测压管水头 $z+\frac{p}{\rho g}$。

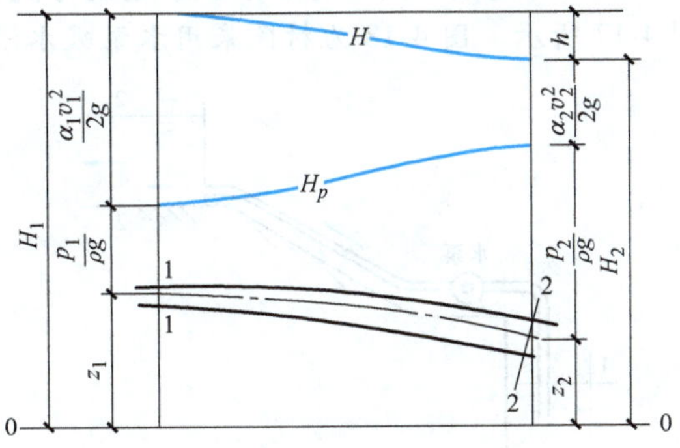

图 4-15 水头线

3）在测压管水头以上再分别截取线段长度等于相应断面的流速水头$\frac{\alpha v^2}{2g}$，得到各过流断面的总水头 $H=z+\frac{p}{\rho g}+\frac{\alpha v^2}{2g}$。

2. 测压管水头线

测压管水头线是沿程各断面测压管水头 $H_p=z+\frac{p}{\rho g}$的连线。不论是理想流体还是黏性流体，此线沿程可升、可降，也可不变，其变化情况用测压管水头线坡度（简称测管坡度）J_p 表示

$$J_p=-\frac{\mathrm{d}H_p}{\mathrm{d}s}=-\frac{d}{\mathrm{d}s}\left(z+\frac{p}{\rho g}\right) \tag{4-30}$$

J_p 表示单位长度流程上测压管水头 H_p 的减小值。由于 H_p 沿程可能增加或减小，在$\frac{\mathrm{d}H_p}{\mathrm{d}s}$前加负号，使测压管水头线沿程下降时 J_p 为正值，沿程上升时为负值。

3. 总水头线

总水头线是沿程各断面总水头 $H=z+\frac{p}{\rho g}+\frac{\alpha v^2}{2g}$的连线。黏性流体的总水头线是沿程单调下降的；理想流体总水头线是一条水平线，沿程保持不变。

总水头线沿程下降的快慢用水力坡度 J 表示

$$J=-\frac{\mathrm{d}H}{\mathrm{d}s}=\frac{\mathrm{d}h_\mathrm{w}}{\mathrm{d}s} \tag{4-31}$$

式中，s 为流程长度，即两断面之间的长度；h_w 为相应的水头损失。

水力坡度表示单位重量流体在单位流程上发生的水头损失。前面加负号的原因在于：$\mathrm{d}H$ 表示总水头沿程的增量，恒为负值，在$\frac{\mathrm{d}H}{\mathrm{d}s}$前加负号，使 J 为正值。

4.3.4　恒定总流伯努利方程的扩展

1. 有能量输入或输出的伯努利方程

总流伯努利方程是在两过流断面间除水头损失之外，再没有能量输入或输出的情况下导出的，当两过流断面间有水泵、水轮机等流体机械时，存在能量的输入和输出，如图 4-16、图 4-17 所示。图 4-18 为村民采用水泵吸水灌溉农田。

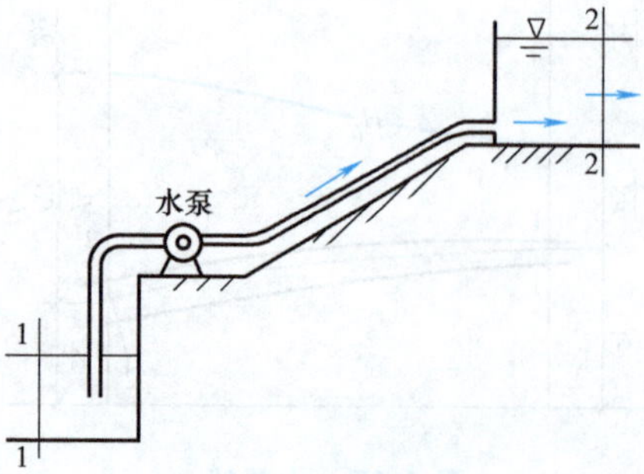

图 4-16　有能量输入总流

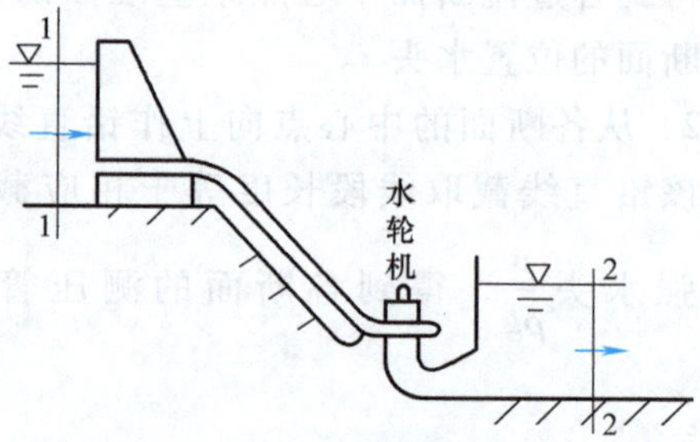

图 4-17　有能量输出总流

图 4-18　水泵吸水

有能量输入或输出的伯努利方程可以表示为

$$z_1+\frac{p_1}{\rho g}+\frac{\alpha_1 v_1^2}{2g}\pm H_m=z_2+\frac{p_2}{\rho g}+\frac{\alpha_2 v_2^2}{2g}+h_w \tag{4-32}$$

式中，H_m 是单位重量流体通过流体机械（如水泵）获得的机械能；$-H_m$ 是单位重量流体给予流体机械（如水轮机）的机械能。

2. 两断面间有分流或汇流的伯努利方程

总流伯努利方程是在两过流断面间没有分流或汇流的条件下导出的，而实际的供水、供气管道中经常有分流或汇流，如图 4-19 所示。

（1）汇流情况

$$z_1+\frac{p_1}{\rho g}+\frac{\alpha_1 v_1^2}{2g}=z_3+\frac{p_3}{\rho g}+\frac{\alpha_3 v_3^2}{2g}+h_{w1\text{-}3} \tag{4-33a}$$

$$z_2+\frac{p_2}{\rho g}+\frac{\alpha_2 v_2^2}{2g}=z_3+\frac{p_3}{\rho g}+\frac{\alpha_3 v_3^2}{2g}+h_{w2\text{-}3} \tag{4-33b}$$

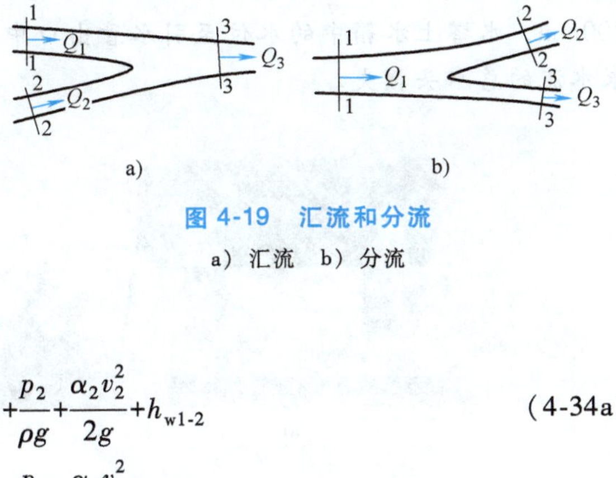

图 4-19　汇流和分流

a）汇流　b）分流

（2）分流情况

$$z_1+\frac{p_1}{\rho g}+\frac{\alpha_1 v_1^2}{2g}=z_2+\frac{p_2}{\rho g}+\frac{\alpha_2 v_2^2}{2g}+h_{w1\text{-}2} \tag{4-34a}$$

$$z_1+\frac{p_1}{\rho g}+\frac{\alpha_1 v_1^2}{2g}=z_3+\frac{p_3}{\rho g}+\frac{\alpha_3 v_3^2}{2g}+h_{w1\text{-}3} \tag{4-34b}$$

关键在于水头损失项的计算，应注意选取符合实际情况的水头损失系数值。

4.3.5　总流伯努利方程的应用

总流伯努利方程与连续性方程联立，可以解决一元流动速度和压强的求解等问题，方程应用的一般步骤是：分析流动现象，选择过流断面，选择基准面位置，选择计算点，列出方程，求解。

1）分析流动现象：弄清楚流体运动的类型，判断是否满足应用总流伯努利方程的条件。

2）选取过流断面：选取的过流断面必须在渐变流或均匀流区段上。两断面之间不一定是渐变流，可以是急变流。

3）选择基准面：对于两个不同的过流断面，必须选择同一个水平基准面。基准面的位置原则上可以任选，但一般选择在总流最低处，通常使 $z \geqslant 0$。

4）选择过流断面上的计算点：计算点原则上可以任意选取，断面上任一点均可作为计算点。原因在于渐变流过流断面上各点的 $z+\dfrac{p}{\rho g}$ 近似为常数，速度值采用断面平均流速时，断面上的平均动能 $\dfrac{\alpha v^2}{2g}$ 又相同，故断面上任一点均可作为计算点，但断面上的压强 p 和位置高度 z 必须选择同一点的值。为方便计算，对管流一般取在管轴中心点，明渠流动一般选在自由液面上。

5）方程中的流体动压强 p_1 和 p_2，可以采用绝对压强，也可以采用相对压强（因为在伯努利方程两边同时增减 $\dfrac{p_a}{\rho g}$ 不影响方程的恒等性），但方程两端必须统一，而且采用的单位要统一。工程上多采用相对压强（压强水头是以当地大气压强等于零作为基准的）。

6）全面分析和考虑所选取两过流断面间的水头损失。

【例 4.2】 河南省焦作孟州市西虢镇西窑村，为满足村民生活用水需求建造了一座水塔，如图 4-20a 所示，该水塔的日供水能力为 35m^3，满足本村人饮用需求，水源是该村的地下水。如图 4-20b 所示，现将引水管道从水塔中引水，水塔上的储水箱的截面面积与引水管道截面面积相比很大，在引水过程中水塔上的水位保持恒定。已知引水管管道直径 d=200mm，水塔上水箱中的水位至引水管出口中心的高度 H=4.5m，引水流量 Q=100L/s，试求水流的总水头损失。

a)

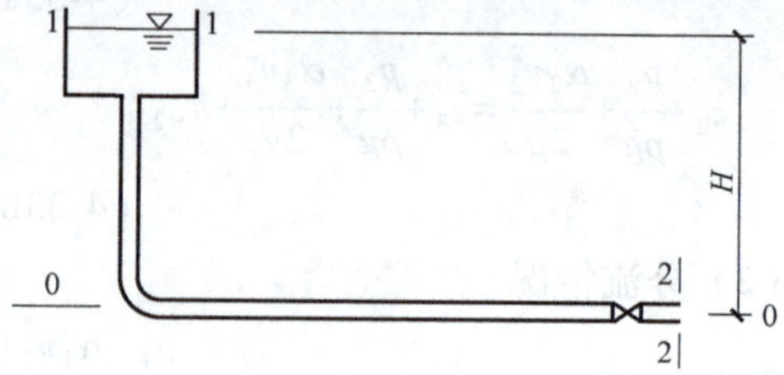

b)

图 4-20　例 4.2

【解】 选取水塔水面为 1—1 断面，引水管出口为 2—2 断面，基准面通过 2—2 断面的中心。由恒定总流的伯努利方程

$$z_1+\frac{p_1}{\rho g}+\frac{\alpha_1 v_1^2}{2g}=z_2+\frac{p_2}{\rho g}+\frac{\alpha_2 v_2^2}{2g}+h_w$$

得到

$$h_w = z_1 + \frac{p_1}{\rho g} + \frac{\alpha_1 v_1^2}{2g} - \left(z_2 + \frac{p_2}{\rho g} + \frac{\alpha_2 v_2^2}{2g}\right)$$

将 $z_1 - z_2 = H$ 和 $p_1 = p_2 = 0$ 代入上式，得到

$$h_w = H + \frac{\alpha_1 v_1^2}{2g} - \frac{\alpha_2 v_2^2}{2g}$$

因为水塔的截面面积很大，$v_1 \approx 0$，选取 $\alpha_1 = \alpha_2 = 1.0$。得到

$$h_w = H - \frac{v_2^2}{2g} = H - \frac{Q^2}{2gA^2}$$

将 $A = \frac{1}{4}\pi d^2 = \frac{1}{4} \times \pi \times 0.2^2 \mathrm{m}^2 = 0.031\mathrm{m}^2$，$H = 4.5\mathrm{m}$，$Q = 100\mathrm{L/s} = 0.1\mathrm{m}^3/\mathrm{s}$ 代入上式，得到

$$h_w = \left(4.5 - \frac{0.1^2}{2 \times 9.8 \times 0.031^2}\right)\mathrm{m} = (4.5 - 0.53)\mathrm{m} = 3.97\mathrm{m}$$

【例 4.3】 消防车是消防部队用于灭火、辅助灭火或消防救援的车辆，消防车可以运送消防员抵达灾害现场，并为其执行救灾任务提供多种工具。消防喷头（图 4-21a）是必不可少的，如图 4-21b 所示，有一直径缓慢变化的锥形喷头，断面 1—1 处直径 $d_1 = 0.15\mathrm{m}$，中心点 A 的相对压强为 $7.2\mathrm{kN/m^2}$，断面 2—2 处直径 $d_2 = 0.3\mathrm{m}$，中心点 B 的相对压强为 $6.1\mathrm{kN/m^2}$，断面平均流速 $v_2 = 1.5\mathrm{m/s}$，A、B 两点高差为 1m。试判别管中水流方向，并求断面 1—1、2—2 间的水头损失。

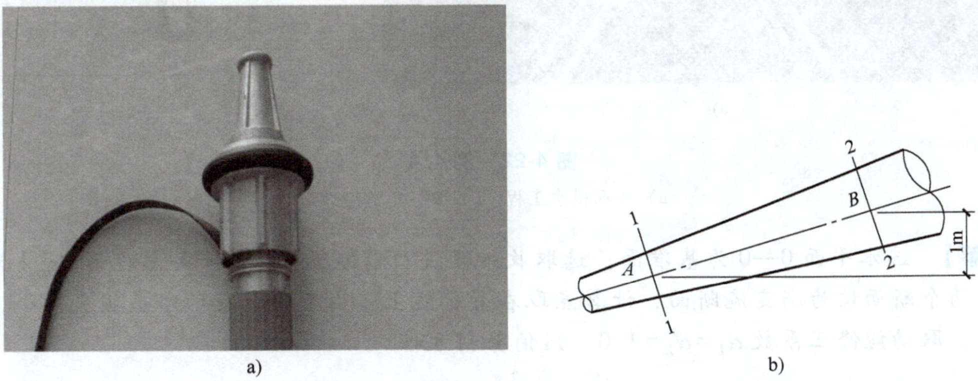

图 4-21 例 4.3

【解】 首先利用连续性方程求断面 1—1 的平均流速

$$v_1 A_1 = v_2 A_2$$

$$v_1 = \frac{A_2}{A_1} v_2 = \left(\frac{d_2}{d_1}\right)^2 v^2 = \left(\frac{0.3}{0.15}\right)^2 \times 1.5\mathrm{m/s} = 6\mathrm{m/s}$$

因为水管直径变化缓慢，断面 1—1 及 2—2 水流可近似看作渐变流，以过 A 点水平面为基准面分别计算两断面的总能量。两断面的水头分别为

$$H_1 = z_1 + \frac{p_1}{\rho g} + \frac{\alpha_1 v_1^2}{2g} = \left(0 + \frac{7.2 \times 1000}{1000 \times 9.8} + \frac{1 \times 6^2}{2 \times 9.8}\right)\mathrm{m} = 2.57\mathrm{m}$$

$$H_2=z_2+\frac{p_2}{\rho g}+\frac{\alpha_2 v_2^2}{2g}=\left(1+\frac{6.1\times1000}{1000\times9.8}+\frac{1\times1.5^2}{2\times9.8}\right)\text{m}=1.74\text{m}$$

因为 $H_1>H_2$，所以管中水流应从 A 流向 B。

水头损失

$$h_w=H_1-H_2=(2.57-1.74)\text{m}=0.83\text{m}$$

【例 4.4】 东江—深圳供水工程（简称“东深供水工程”），如图 4-22a 所示，是北起东莞桥头镇，南至深圳水库，途经东莞、深圳两地的东深供水工程，是为解决香港同胞饮水困难而兴建的跨流域大型调水工程，可谓供港生命水线。文丘里流量计是常用的测量管道流量的仪器。文丘里流量计由收缩段、喉管和扩大管三部分组成，如图 4-22b 所示，现安装在需要测定流量的东深供水工程的管道上。管道过流时，因为喉管断面缩小，流速增大，压强降低，压能转化为动能。据此，在收缩段进口前断面 1—1 和喉管断面 2—2 装测压管或者压差计，当测出两断面的测压管水头差，由伯努利方程就可算出管道中的流量。

a)

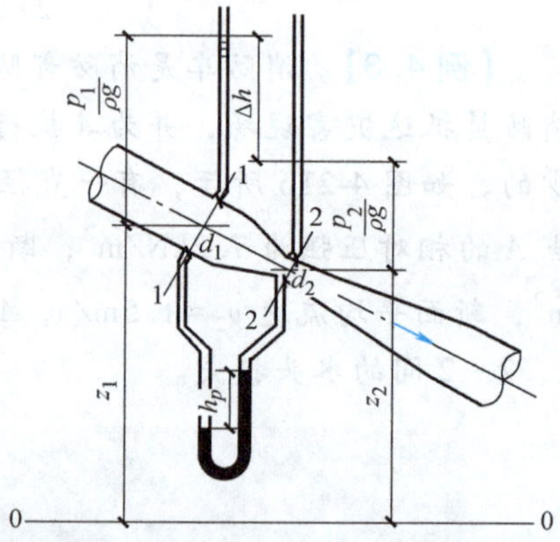

b)

图 4-22 例 4.4

a）东深供水工程 b）文丘里流量计

【解】 选水平面 0—0 为基准面；选取收缩段进口前断面 1—1 和喉管断面 2—2 为测断面，这两个断面均为渐变流断面，计算点取在管轴线上。由于收缩段的水头损失很小，可忽略不计，取动能修正系数 $\alpha_1=\alpha_2=1.0$，列伯努利方程

$$z_1+\frac{p_1}{\rho g}+\frac{v_1^2}{2g}=z_2+\frac{p_2}{\rho g}+\frac{v_2^2}{2g}$$

$$\frac{v_2^2}{2g}-\frac{v_1^2}{2g}=\left(z_1+\frac{p_1}{\rho g}\right)-\left(z_2+\frac{p_2}{\rho g}\right)$$

$$\left(z_1+\frac{p_1}{\rho g}\right)-\left(z_2+\frac{p_2}{\rho g}\right)=\Delta h$$

补充连续性方程 $v_1A_1=v_2A_2$，得

$$v_2=\frac{A_1}{A_2}v_1=\left(\frac{d_1}{d_2}\right)^2 v_1$$

代入前式，解得

$$v_1=\frac{1}{\sqrt{\left(\frac{d_1}{d_2}\right)^4-1}}\sqrt{2g}\sqrt{\left(z_1+\frac{p_1}{\rho g}\right)-\left(z_2+\frac{p_2}{\rho g}\right)}=\frac{1}{\sqrt{\left(\frac{d_1}{d_2}\right)^4-1}}\sqrt{2g}\sqrt{\Delta h}$$

流量

$$Q=v_1A_1=\frac{\frac{1}{4}\pi d_1^2}{\sqrt{\left(\frac{d_1}{d_2}\right)^4-1}}\sqrt{2g}\sqrt{\Delta h}$$

令

$$K=\frac{\frac{1}{4}\pi d_1^2}{\sqrt{\left(\frac{d_1}{d_2}\right)^4-1}}\sqrt{2g} \tag{4-35}$$

式中，K 称为仪器常数，由文丘里流量计的结构尺寸 d_1 和 d_2 确定，则有

$$Q=K\sqrt{\Delta h} \tag{4-36}$$

由于1—1和2—2断面间存在有能量损失，实际通过的流量要比理论流量要小一些。通常在上面的计算公式中乘以一个小于1的系数μ，则实际通过的流量为

$$Q=\mu K\sqrt{\Delta h} \tag{4-37}$$

式中，μ 称为文丘里流量计的流量系数，μ 值随流动情况和管道收缩的几何形状不同而不同。

设 $d_1=100\text{mm}$，$d_2=50\text{mm}$，$\Delta h=0.6\text{m}$，$\mu=0.98$，则有

$$K=\frac{\frac{1}{4}\pi d_1^2}{\sqrt{\left(\frac{d_1}{d_2}\right)^4-1}}\sqrt{2g}=\frac{\frac{1}{4}\times\pi\times0.1^2}{\sqrt{\left(\frac{0.1}{0.05}\right)^4-1}}\sqrt{2\times9.8}\,\text{m}^{2.5}/\text{s}=9\times10^{-3}\text{m}^{2.5}/\text{s}$$

管道中的流量为

$$Q=\mu K\sqrt{\Delta h}=0.98\times0.009\times\sqrt{0.6}\,\text{m}^3/\text{s}=6.83\times10^{-3}\text{m}^3/\text{s}=6.83\text{L/s}$$

4.4 恒定总流动量方程

动量方程是理论力学中的动量守恒定理在工程流体力学中的应用，它反映了流体运动过的动量变化与作用力之间的关系，其特点在于不必知道流动范围内部的流动过程，只需要知道其边界上的流动情况，它可以用来方便地解决急变流动中流体与边界面之间的相互作用力问题。

4.4.1 恒定总流动量方程的推导

根据理论力学知道，质点系的动量定理可以表述为：在 dt 时间内，作用于质点系的外

力 $\boldsymbol{F}$ 的矢量和等于统一时间间隔内该质点系在外力作用下动量 $\boldsymbol{K}$ 的变化率，即

$$\sum \boldsymbol{F}=\frac{\mathrm{d}\boldsymbol{K}}{\mathrm{d}t}=\frac{\mathrm{d}(m\cdot\boldsymbol{u})}{\mathrm{d}t}$$

把这个定理应用于运动流体，可以推导出流体运动的动量方程。

如图 4-23 所示，在恒定总流中，取 1—1、2—2 两个渐变流过流断面，面积分别为 A_1、A_2，以两断面间的流段为控制体，在总流中，任取一元流，两个断面的面积分别为 $\mathrm{d}A_1$ 和 $\mathrm{d}A_2$，断面流速分别为 $\boldsymbol{u}_1$ 和 $\boldsymbol{u}_2$。下面分析其动量变化和作用在其上外力之间的关系。

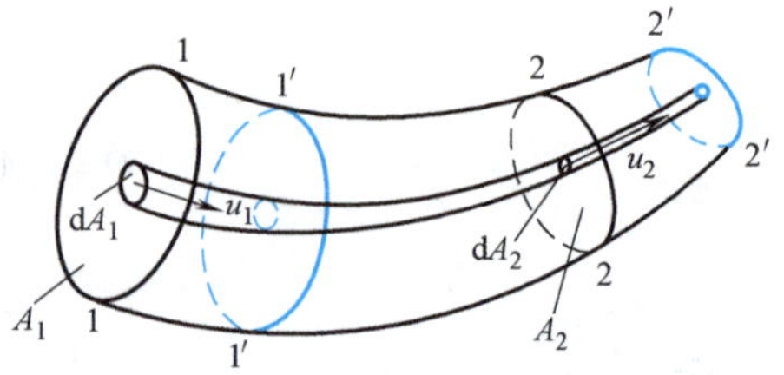

图 4-23　总流动量方程推导

控制体内的流体原来处于 1—1 断面和 2—2 断面之间，经过微小时段 $\mathrm{d}t$ 沿流动方向移动到 1′—1′断面和 2′—2′断面之间的位置。

因为流动是恒定流，元流的形状以及各空间点处的流速不随时间而变，且为不可压缩流体，密度不变，所以在断面 1—1 和断面 2—2 之间的流体在 $\mathrm{d}t$ 时段前和 $\mathrm{d}t$ 时段后，虽然流体质点不同，但该位置处的流体质量和流速均保持不变。因此可以认为：在 $\mathrm{d}t$ 时段前处于该位置的流体和 $\mathrm{d}t$ 时段后处于该位置的流体具有的动量相等，所以流体经在 $\mathrm{d}t$ 时段的动量变化实际上是 2—2 断面至 2′—2′断面之间的流体具有的动量 $\boldsymbol{K}_{2-2'}$与 1—1 断面至 1′—1′断面之间的流体具有的动量 $\boldsymbol{K}_{1-1'}$之差，即

$$\mathrm{d}\boldsymbol{K}=\boldsymbol{K}_{2-2'}-\boldsymbol{K}_{1-1'}=\mathrm{d}m_{2-2}\cdot\boldsymbol{u}_2-\mathrm{d}m_{1-1}\cdot\boldsymbol{u}_1=\rho_1\mathrm{d}Q_2\mathrm{d}t\cdot\boldsymbol{u}_2-\rho_1\mathrm{d}Q_1\mathrm{d}t\cdot\boldsymbol{u}_1$$

对于不可压缩流体，有 $\rho_1=\rho_2=\rho$，对于恒定流动，有 $\mathrm{d}Q_1=\mathrm{d}Q_2=\mathrm{d}Q$，所以

$$\mathrm{d}\boldsymbol{K}=\rho Q\mathrm{d}t(\boldsymbol{u}_2-\boldsymbol{u}_1)$$

总流是无数元流的集合，总流在运动过程中产生的动量增量应等于所有元流动量增量的矢量和，即总流的动量增量应为 $\sum\mathrm{d}\boldsymbol{K}$，因此，总流经过 $\mathrm{d}t$ 时段的运动产生的动量增量为

$$\sum\mathrm{d}\boldsymbol{K}=\int_{A_2}\rho\mathrm{d}Q\mathrm{d}t\boldsymbol{u}_2-\int_{A_1}\rho\mathrm{d}Q\mathrm{d}t\boldsymbol{u}_1=\rho\mathrm{d}t\left(\int_{A_2}\boldsymbol{u}_2\mathrm{d}Q-\int_{A_1}\boldsymbol{u}_1\mathrm{d}Q\right)$$

即元流的动量增量沿总流过流断面积分。

因为实际流速 u 在断面上的分布一般难以确定，为了简化起见，在工程实际中通常用断面平均流速 v 来代替 u 计算总流的动量增量，断面平均流速与断面实际流速分布之间的关系为

$$\boldsymbol{u}=v+\Delta\boldsymbol{u}$$

$$\int_A u^2\mathrm{d}A=\int_A(v+\Delta u)^2\mathrm{d}A=\int_A(v^2+2v\,\Delta u+\Delta u^2)\mathrm{d}A=\int_A v^2\mathrm{d}A+2v\int_A\Delta u\mathrm{d}A+\int_A\Delta u^2\mathrm{d}A$$

因为 Δu 值有正有负，$\int_A\Delta u\mathrm{d}A=0$，$\int_A v^2\mathrm{d}A=v^2A$，$\int_A\Delta u^2\mathrm{d}A>0$。

根据上面的分析，可知用断面平均流速 v 计算的动量与实际的动量之间存在一定的差异

$$\rho\int_A u^2\mathrm{d}A>\rho v^2A$$

因此，需要引入动量修正系数 β 加以修正，β 为实际动量与按断面平均流速计算的动量的比值，即

$$\beta=\frac{\int_A u^2\mathrm{d}A}{v^2A} \tag{4-38}$$

$\beta\geqslant 1.0$，β值取决于总流过流断面上的速度分布，断面速度分布越均匀，β值越趋近于1.0，一般的流动$\beta=1.02\sim1.05$，工程计算中，为简化计算，通常取$\beta=1.0$。

引入动量修正系数β后，恒定总流的动量增量为

$$\sum\mathrm{d}\boldsymbol{K}=\rho Q\mathrm{d}t(\beta_2\boldsymbol{v}_2-\beta_1\boldsymbol{v}_1)$$

根据质点系的动量定理$\frac{\mathrm{d}\boldsymbol{K}}{\mathrm{d}t}=\sum\boldsymbol{F}$，恒定总流的动量方程可以表示为

$$\sum\boldsymbol{K}=\rho Q(\beta_2\boldsymbol{v}_2-\beta_1\boldsymbol{v}_1) \tag{4-39}$$

式（4-39）即不可压缩流体恒定总流动量方程，其物理意义是：在不可压缩流体恒定总流中，单位时间内从下游断面流出的流体动量与从上游断面流入的动量之差，等于总流流段上所受的外力之和。

恒定总流动量方程建立了流出与流入控制体的动量之差与控制体内流体所受外力之间的关系，避开了这段流动内部的细节。对于有些流体力学问题，能量损失事先难以确定，用动量方程来进行分析常常是方便的。

恒定总流动量方程中的外力包括：上游水流作用于断面1—1上的流体动压力P_1，下游水流作用于断面2—2上的流体动压力P_2，重力G和总流侧壁边界对这段水流的总作用力R'。其中只有重力是质量力，其他都是表面力。

恒定总流动量方程是矢量方程，实际使用时一般都要写成分量形式，在直角坐标系中，恒定总流动量方程可以写成

$$\begin{cases}\sum F_x=\rho Q(\beta_2v_{2x}-\beta_1v_{1x})\\ \sum F_y=\rho Q(\beta_2v_{2y}-\beta_1v_{1y})\\ \sum F_z=\rho Q(\beta_2v_{2z}-\beta_1v_{1z})\end{cases} \tag{4-40}$$

式中，v_{1x}、v_{1y}、v_{1z}为1—1断面平均流速v_1在x、y、z三个方向的投影；v_{2x}、v_{2y}、v_{2z}为2—2断面平均流速$\boldsymbol{v}_2$在x、y、z三个方向的投影；$\sum F_x$、$\sum F_y$、$\sum F_z$为作用在控制体内流体上的所有外力在x、y、z三个方向投影的代数和。

恒定总流动量方程的适用条件：①流体作恒定流动；②选取的两个过流断面为渐变流过流断面；③流体为不可压缩流体；④作用于流体上的质量力只有重力。动量方程适用于理想流体，也适用于黏性流体。

4.4.2　应用恒定总流动量方程注意事项

1）选择控制体。应用动量方程解决问题，无论是分析动量增量，还是分析流体受力都涉及控制体问题。控制体由以下几个部分曲面封闭组成：运动流体与固体边壁的接触面，上游、下游两渐变流过流断面，以及上、下游过流断面之间的整体流体边界。

2）正确选择坐标系。一般采用直角坐标系，动量方程是矢量方程，应用时往往用其投影式进行计算。方程中的动量、作用力和速度都是矢量，在各坐标轴上的投影分量应注意其正负，一般以坐标轴的正向为正，反之为负。写投影式时应注意各项的正负号。如果待求力方向确定，可以假设其方向，进行计算，求解后，如果其值为正值，说明假设是正确的，如

果为负值，说明其方向与假设方向相反，取反向符号即可。

3）选择过流断面。需选择渐变流过流断面，要合理地选择总流段的上、下游断面，使得控制体正好包括需要确定水流作用力的边界，同时所选断面宜位于渐变流区域，以便计算流体动压力，并取动量修正系数，用断面平均流速表示过流断面的动量。

4）正确分析受力。应准确分析作用在控制体内流体上的力，包括所有的表面力和质量力。方程中的$\sum F$指作用在控制体流体上的所有外力之和，包括：两断面上的动压力、重力、四周边界对流体的作用力，注意不能将外力遗漏。而工程中常常需要求水流对固体边界的作用力，其反力就是固体边界对流体的作用力，求解后取反向符号即可。

5）分析动量增量。计算动量增量时应为流出控制体的流体所具有的动量减去流入控制体的流体所具有的动量。动量方程的右边是流出下游断面的动量与流入上游断面的动量之差，前者减后者，不要弄反。

6）补充方程。实际工程问题中，常常是未知量比较多，一般必须补充能量方程和连续性方程联立求解，应注意能量方程中的各项为压强量纲，动量方程中的各项为压力量纲，两者不可混淆。

7）列方程，进行求解。

【例 4.5】 某小区户主准备装修新房，施工过程中水管如图 4-24a 所示，该水管可近似认为是沿铅垂放置的弯管，弯头转角为90°，起始断面 1—1 与终止断面 2—2 间的轴线长度 $L=3.14\text{m}$，两断面中心高差 $\Delta z=2\text{m}$，已知断面 1—1 中心处读水压强 $p_1=117.6\text{kN/m}^2$，两断面之间水头损失 $h_w=0.1\text{m}$，管径 $d=0.2\text{m}$。试求当管中通过流量 $Q=0.06\text{m}^3/\text{s}$ 时，水流对弯头的作用力。

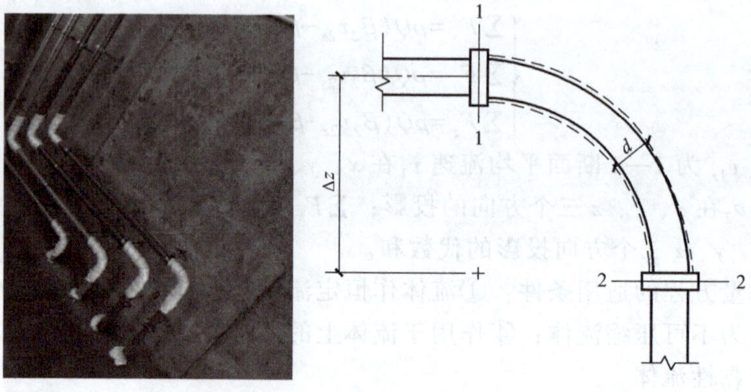

图 4-24 例 4.5

【解】 (1) 求管中流速

$$v=\frac{Q}{A}=\frac{4Q}{\pi d^2}=\frac{4\times0.06}{3.14\times0.2^2}\text{m/s}=1.91\text{m/s}$$

(2) 求断面 2—2 中心处动水压强 p^2 以断面 2—2 为基准面，对断面 1—1 与 2—2 写能量方程

$$\Delta z+\frac{p_1}{\rho g}+\frac{\alpha v^2}{2g}=0+\frac{p_2}{\rho g}+\frac{av^2}{2g}+h_w$$

$$\frac{p_2}{\rho g}=\Delta z+\frac{p_1}{\rho g}-h_w$$

将 $h_w=0.1\text{m}$，$p_1=117.6\text{kN/m}^2$，$\Delta z=2\text{m}$ 代入上式，得 $p_2=136.2\text{kN/m}^2$。

（3）弯头内水重

$$G=\rho gV=\rho g\cdot L\cdot\frac{\pi}{4}d^2=1000\times9.8\times3.14\times\frac{3.14}{4}\times0.2^2\times10^{-3}\text{kN}=0.97\text{kN}$$

（4）计算作用于断面1—1与2—2上动水总压力

$$P_1=p_1\cdot\frac{\pi d^2}{4}=117.6\times\frac{3.14\times0.2^2}{4}\text{kN}=3.69\text{kN}$$

$$P_2=p_2\cdot\frac{\pi d^2}{4}=136.2\times\frac{3.14\times0.2^2}{4}\text{kN}=4.28\text{kN}$$

（5）对弯头内水流沿 x、y 方向分别写动量方程式　令管壁对水体的反作用力在水平和铅垂方向的分力为 R_x、R_y，沿 x 方向动量方程为

$$\rho Q(0-\beta v)=P_1-R_x$$

得到

$$R_x=P_1+\beta\rho Qv=(3.69+1\times1000\times0.06\times1.91\times10^{-3})\text{kN}=3.80\text{kN}$$

沿 y 方向动量方程为

$$\rho Q(-\beta v-0)=P_2-G-R_y$$

得到

$$R_y=P_2-G+\beta\rho Qv=(4.28-0.97+1\times1000\times0.06\times1.91\times10^{-3})\text{kN}=3.42\text{kN}$$

管壁对水流的总作用力

$$R=\sqrt{R_x^2+R_y^2}=\sqrt{3.80^2+3.42^2}\text{kN}=5.11\text{kN}$$

作用力 R 与水平轴 x 的夹角

$$\theta=\arctan\left(\frac{R_y}{R_x}\right)=\arctan\left(\frac{3.42}{3.80}\right)=41.99°$$

水流对管壁的作用力与大小相等，方向相反。

【例 4.6】　如图 4-25 所示，一四通叉管，其轴线均位于同一水平面，两端输入流量 $Q_1=0.2\text{m}^3/\text{s}$，$Q_3=0.1\text{m}^3/\text{s}$，相应断面动水压强 $p_1=20\text{kPa}$，$p_3=15\text{kPa}$，两侧叉管直接喷入大气，已知各管直径 $d_1=0.3\text{ m}$，$d_2=0.15\text{m}$，$d_3=0.2\text{ m}$，$\theta=30°$。试求交叉处水流对管壁的作用力（摩擦力不计）。

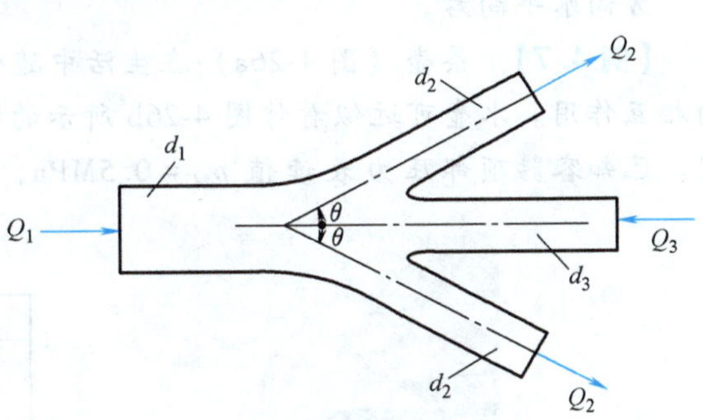

图 4-25　例 4.6

【解】（1）求管中流速

$$Q_1-Q_3=2Q_2$$

$$Q_2=\frac{1}{2}(Q_1-Q_3)=\frac{1}{2}\times(0.2-0.1)\text{m}^3/\text{s}=0.05\text{m}^3/\text{s}$$

$$v_1=\frac{Q_1}{A_1}=\frac{4Q_1}{\pi d_1^2}=\frac{4\times0.2}{3.14\times0.3^2}\text{m/s}=2.83\text{m/s}$$

$$v_2=\frac{Q_2}{A_2}=\frac{4Q_2}{\pi d_2^2}=\frac{4\times0.1}{3.14\times0.15^2}\text{m/s}=2.83\text{m/s}$$

$$v_3=\frac{Q_3}{A_3}=\frac{4Q_3}{\pi d_3^2}=\frac{4\times0.1}{3.14\times0.2^2}\text{m/s}=3.18\text{m/s}$$

（2）计算作用于断面1—1与3—3上动水总压力

$$P_1=p_1A_1=20\times\frac{3.14}{4}\times0.3^2\text{kN}=1.413\text{kN}$$

$$P_3=p_3A_3=15\times\frac{3.14}{4}\times0.2^2\text{kN}=0.471\text{kN}$$

（3）对管中水流沿x、y方向分别写动量方程式　令管壁对水体的反作用力在水平和竖垂方向的分力R_x及R_y。

沿x方向动量方程为

$$P_1-P_3+P_{2x}-P_{2x}-R_x=\rho Q[2\beta_2v_2\cos\theta-(\beta_1v_1-\beta_3v_3)]$$

$$R_x=1.413\text{kN}-0.471\text{kN}-1\times1000\times\left[2\times1.0\times2.83\times\frac{\sqrt{3}}{2}-(1.0\times2.83-1.0\times3.18)\right]\times10^{-3}\text{kN}=0.889\text{kN}$$

沿y方向动量方程为

$$P_{2y}-P_{2y}-R_y=\rho Q(\beta_2v_2\cos\theta-\beta_2v_2\cos\theta)$$

$$R_y=0$$

管壁对水流的总作用力

$$R=\sqrt{R_x^2+R_x^2}=\sqrt{0.889^2+0^2}\text{kN}=0.889\text{kN}$$

水流对管壁的总作用力

$$R'=R=0.889\text{kN}$$

方向水平向右。

【例4.7】　茶壶（图4-26a）在生活中随处可见，当水从壶嘴中倒出时，会产生各种力的相互作用。水壶可近似看作图4-26b所示的模型，容器内的水由喷嘴射出，容器内水位恒定。已知容器顶部压力表读值$p_M=0.5\text{MPa}$，喷嘴进口直径$D=0.1\text{m}$，喷嘴出口直径$d=$

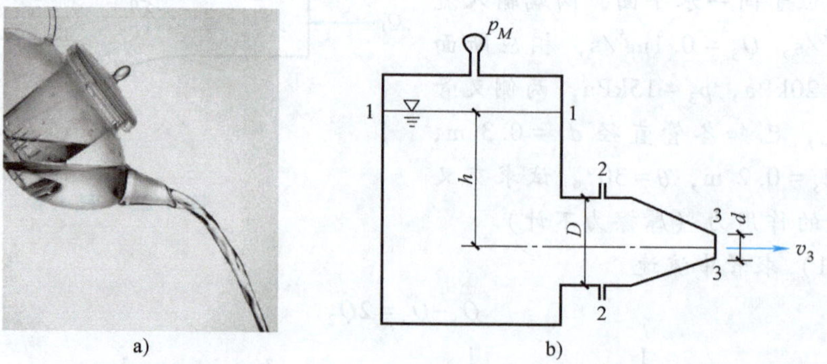

图4-26　例4.7

0.05m，水深 $h=3$m。试求喷嘴连接螺栓所受的总拉力（不计喷嘴重及水重的影响）。

【解】（1）计算喷嘴过水断面的流速和流量　以通过喷嘴轴线的水平面为基准面，列容器内水面1—1和喷口断面3—3的伯努利方程

$$z_1+\frac{p_1}{\rho g}+\frac{\alpha_1 v_1^2}{2g}=z_3+\frac{p_3}{\rho g}+\frac{\alpha_3 v_3^2}{2g}$$

考虑到 $v_1\approx 0$，$v_3\approx 0$，$p_3=0$，则

$$h+\frac{p_M}{\rho g}=\frac{v_3^2}{2g}$$

$$v_3=\sqrt{2g\left(h+\frac{p_M}{\rho g}\right)}=\sqrt{2\times 9.8\times\left(3+\frac{5\times 10^5}{1000\times 9.8}\right)}\ \text{m/s}=32.54\text{m/s}$$

由连续性方程 $v_2A_2=v_2A_2$，得

$$v_2=v_3\frac{A_3}{A_2}=v_3\left(\frac{d}{D}\right)^2=32.54\times\left(\frac{0.05}{0.1}\right)^2\ \text{m/s}=8.14\text{m/s}$$

流量

$$Q=v_2A_2=v_3A_3=0.064\text{m}^3/\text{s}$$

（2）计算喷嘴过水断面的压强和压力　用动量方程计算螺栓所受的总拉力，要注意作用在控制体内水流上的力中包括过水断面2—2上的动水压力。考虑到扣除喷嘴外部大气压的作用，过水断面上的动水压力须用相对压强计算。

列喷嘴进口断面2—2和喷口断面3—3的伯努利方程

$$\frac{p_2}{\rho g}+\frac{v_2}{2g}=\frac{v^3}{2g}\quad（以相对压强计，p_3=0）$$

（3）计算喷嘴连接螺栓所受的总拉力　取喷嘴进、出口断面及管壁围成的空间为控制体，选直角坐标系 xOy，令 Ox 轴与出流方向一致，列 Ox 方向的动量方程

$$\sum F_x=\rho Q(v_3-v_2)$$

式中，作用在控制体内水流上的力，有喷嘴进口断面上的压力 P_2（$P_2=p_2A_2$），喷嘴对水流的作用力 R'（此力是待求量，假设沿 x 轴负方向）。将各量代入前式，得

$$P_2-R'=\rho Q(v_3-v_2)$$

$$R'=P_2-\rho Q(v_3-v_2)=3895.2\text{N}-1000\times 0.064\times(32.54-8.14)\text{N}=3831.2\text{N}$$

所得 R' 是喷嘴对水流的作用力。水流对喷嘴的作用力，即等于喷嘴连接螺栓所受的总拉力，与 R' 大小相等，方向相反。

思维导图

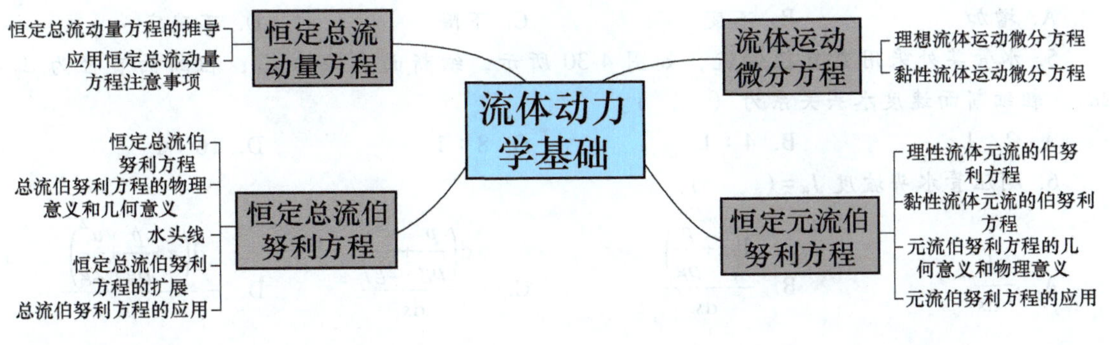

课后习题

一、单项选择题

1. 松花江（图 4-27）是中国七大河之一，黑龙江在中国境内的最大支流。松花江在隋代称难河，唐代称那水，辽金两代称鸭子河、混同江，清代称混同江、松花江。松花江流经吉林、黑龙江两省，流域面积 55.72 万 km^2，年径流量 762 亿 m^3。以下关于松花江水流流向的说法正确的是（　　）。

A. 水一定是从高处流向低处

B. 水一定是从流速大处流向流速小处

C. 水一定是从机械能大处流向机械能小处

D. 水一定是从测压管水头高处流向测压管水头低处

2. 毕托管是将流体（　　）转化为（　　），从而通过测压计测定流体运动速度的仪器。

A. 压能，动能　　B. 动能，压能　　C. 位能，动能　　D. 位能，压能

3. 文丘里管（图 4-28）是一种测量（　　）的仪器。

A. 点流速　　B. 压强　　C. 密度　　D. 流量

图 4-27　松花江

图 4-28　文丘里管

4. 鸭绿江（图 4-29）发源于吉林省长白山南麓，上游旧称建川沟，流向在源头阶段先向南，经长白朝鲜族自治县后转向西北，再经临江市转向西南。干流流经吉林和辽宁两省，并在辽宁省丹东市东港市附近流入黄海北部的西朝鲜湾。鸭绿江全长 795km，流域面积 6.19 万 km^2（中国境内流域面积 3.25 万 km^2），年径流量 327.6 亿 m^3。鸭绿江从源头开始流动时水体的总水头沿程总是（　　）的。

A. 增加　　B. 不变　　C. 下降　　D. 不确定

5. 水管某处采用变直径管流，如图 4-30 所示，细断面直径为 d_1，粗断面直径为 $d_2=2d_1$，粗细断面速度水头关系为（　　）。

A. 2 : 1　　B. 4 : 1　　C. 8 : 1　　D. 16 : 1

6. 测压管水头坡度 J_p =（　　）。

A. $-\frac{dz}{ds}$　　B. $\frac{d\left(z+\frac{p}{\rho g}\right)}{ds}$　　C. $-\frac{d\left(\frac{p}{\rho g}+\frac{u^2}{2g}\right)}{ds}$　　D. $-\frac{d\left(z+\frac{p}{\rho g}+\frac{u^2}{2g}\right)}{ds}$

图 4-29 鸭绿江

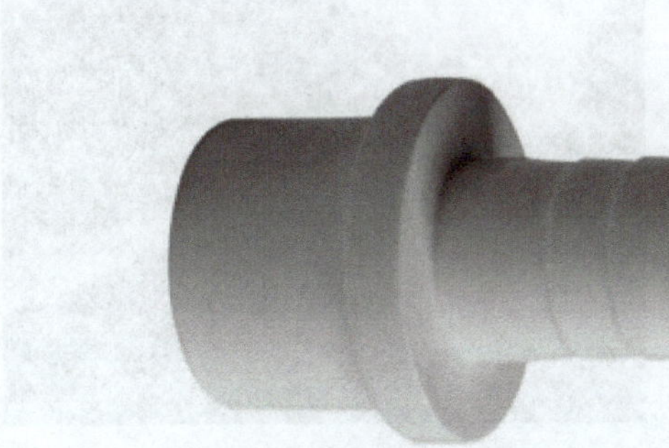

图 4-30 变径水管

7. 兰成原油管道（图 4-31a）是我国西北地区向西南地区输送原油的重要能源战略通道，有效缓解了我国西南地区油品供应紧张局面。在图 4-31b 所示的等直径长直管流中，A—A 为过流断面，B—B 为水平面，1、2、3 为面上各点，则有（　　）。

a)

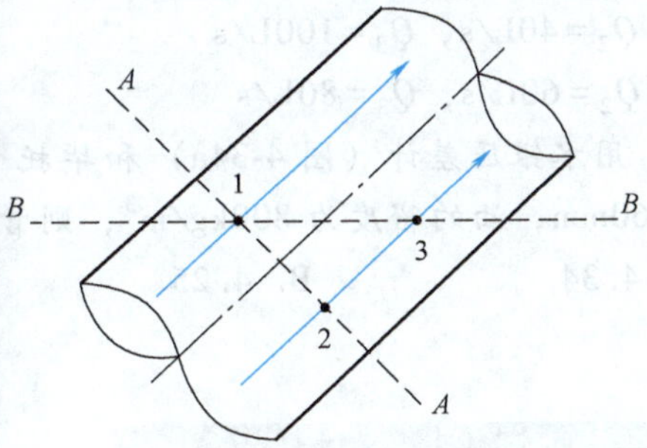

b)

图 4-31 兰成原油管道

A. $p_1=p_2$　　B. $p_1=p_3$　　C. $z_1+\frac{p_1}{\rho g}=z_2+\frac{p_2}{\rho g}$　　D. $\rho_1 v_1 A_1=\rho_1 v_2 A_2$

8. 下列说法中，正确的是（　　）。

A. 理想不可压缩均质重力流体作恒定或非恒定流动时，沿流线总机械能守恒

B. 理想不可压缩均质重力流体作恒定流动时，沿流线总机械能守恒

C. 理想不可压缩均质重力流体作非恒定流动时，沿流线总机械能守恒

D. 理想可压缩重力流体作非恒定流动时，沿流线总机械能守恒

9. 动能修正系数 $\alpha=$(　　)。

A. $\frac{1}{A}\int_A \frac{u}{v}\mathrm{d}A$　　B. $\frac{1}{A}\int_A\left(\frac{u}{v}\right)^2\mathrm{d}A$　　C. $\frac{1}{A}\int_A\left(\frac{u}{v}\right)^3\mathrm{d}A$　　D. $\frac{1}{A}\int_A\left(\frac{u}{v}\right)^4\mathrm{d}A$

10. 京密引水渠工程（图 4-32a）是将密云水库的水引进北京市的浩大工程。引水干渠长达 110km，经过 5 个县区，在玉渊潭上游与永定河引水渠会合。该渠道主要提供京郊工业生产、农田灌溉、城市生活用水，并向各大公园湖泊输送水源。如图 4-32b 所示，若京密引水渠的流速分布为 $u=u_{\max}\left(\frac{B/2-y}{B/2}\right)^{\frac{1}{7}}$，$y\geqslant0$，则总流的动能修正系数 $\alpha=$(　　)。

A. 0.955　　B. 1.035　　C. 1.045　　D. 1.055

a)

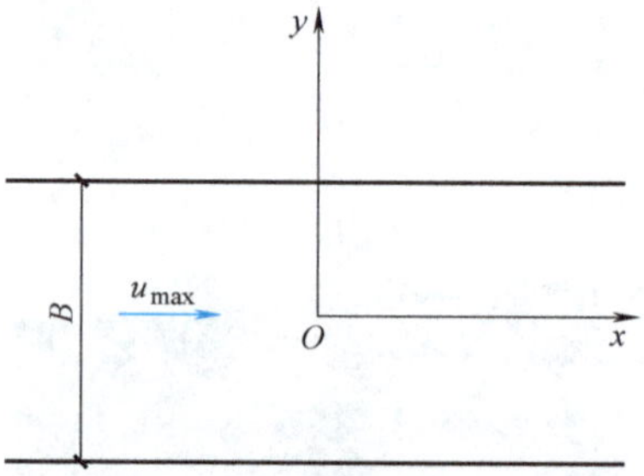

b)

图 4-32　京密引水渠

11. 某小区住户通过三通管（图 4-33）引流生活用水，已知三通管来流流量 $Q_1=140\text{L/s}$，两出流支管的管径分别为 $d_2=150\text{mm}$ 和 $d_3=200\text{mm}$，若两支管的断面平均流速相等，则两支管的流量分别为（　　）。

A. $Q_2=40\text{L/s}$，$Q_3=100\text{L/s}$　　B. $Q_2=50.3\text{L/s}$，$Q_3=89.7\text{L/s}$

C. $Q_2=60\text{L/s}$，$Q_3=80\text{L/s}$　　D. $Q_2=Q_3=70\text{L/s}$

12. 用水银压差计（图 4-34a）和毕托管（图 4-34b）测量管内油的流速，已知水银柱高差为 60mm，油的密度为 800kg/m^3，则管内油的流速为（　　）m/s。

A. 4.34　　B. 4.25　　C. 4.47　　D. 4.00

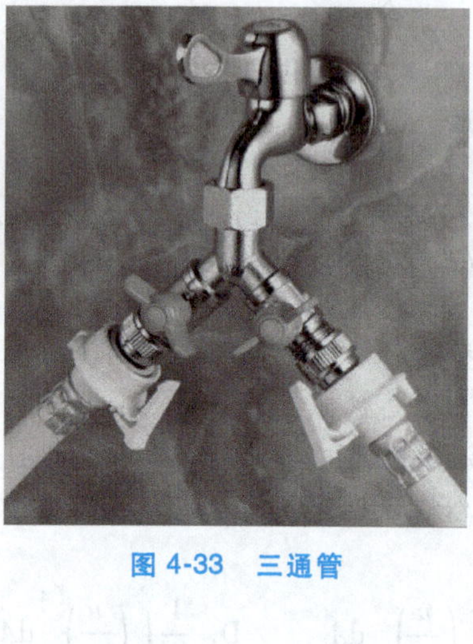

图 4-33　三通管

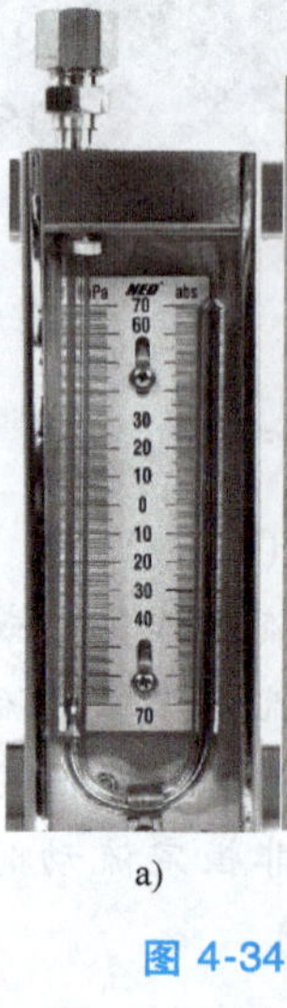

a)

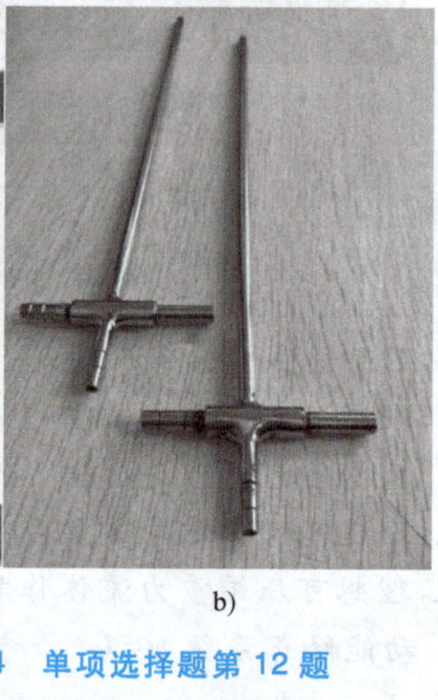

b)

图 4-34　单项选择题第 12 题

a）水银压差计　b）毕托管

13. 某小区地下车库通风管道坠落，如图 4-35 所示，开展排查抢修。安装在风道内的毕托管的测速管和测压管间的压差为 $100\text{mmH}_2\text{O}$，若毕托管的流速系数为 0.99，风道内空气密度为 1.15kg/m^3，则风道内的风速为（　　）m/s。

A. 40.9　　B. 43.8　　C. 45.7　　D. 47.6

14. 青岛港启动长输管道建设，建设董家口港—潍坊—鲁中鲁北输油管道（图 4-36a），也是青岛港加快港口新旧动能转换、充分释放港口能力、实现港口产业转型升级的客观需求。如图 4-36b 所示，输油管路中安装有一文丘里流量计，已知水银压差计中水银柱高差为 h_p，则 $\left(z_2+\dfrac{p_2}{\rho g}\right)-\left(z_1+\dfrac{p_1}{\rho g}\right)=$（　　）。

A. $\dfrac{\rho_{水银}}{\rho}h_p$　　　　B. $\left(1-\dfrac{\rho_{水银}}{\rho}\right)h_p$

C. $\left(\dfrac{\rho_{水银}}{\rho}-1\right)h_p$　　　　D. $\left(1+\dfrac{\rho_{水银}}{\rho}\right)h_p$

图 4-35　通风管道

a)　　　　b)

图 4-36　董家口港—潍坊—鲁中鲁北输油管道

15. 永坪炼油厂（图 4-37a）位于延安市宝塔区以北 70km 处的延川县永坪镇，曾经在历史上为中国革命的胜利和陕西石油工业的发展做出过重要的贡献。如图 4-37b 所示，炼油厂内某处油沿铅直管道流动，在 $L=18\text{m}$ 的两处测得 $p_1=98\text{kPa}$，$p_2=294.98\text{kPa}$，则油的流动方向为（　　）。

a)　　　　b)

图 4-37　永坪炼油厂

A. 向上　　B. 向下　　C. 静止　　D. 不能确定

二、多项选择题

1. 肇庆封开，贺江与东安江相互交汇，清浊分明，如图 4-38a 所示。河流交汇可看作图 4-38b 所示的汇流三通管路，应有（　　）。

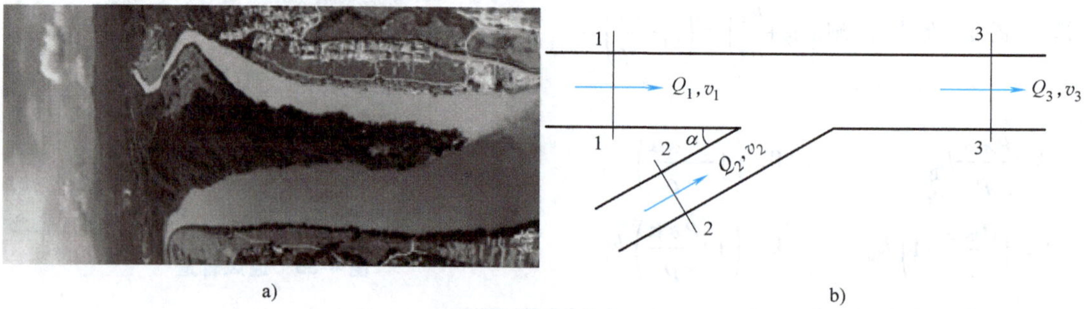

图 4-38　贺江与东安江交汇处

A. $Q_1+Q_2\cos\alpha=Q_3$

B. $z_1+\dfrac{p_1}{\rho_{水}\ g}+\dfrac{\alpha_1 v_1^2}{2g}=z_3+\dfrac{p_3}{\rho_{水}\ g}+\dfrac{\alpha_3 v_3^2}{2g}+h_{w1-3} z_2+\dfrac{p_2}{\rho_{水}\ g}+\dfrac{\alpha_2 v_2^2}{2g}=z_3+\dfrac{p_3}{\rho_{水}\ g}+\dfrac{\alpha_3 v_3^2}{2g}+h_{w2-3}$

C. $\left(z_1+\dfrac{p_1}{\rho_{水}\ g}+\dfrac{\alpha_1 v_1^2}{2g}\right)+\left(z_2+\dfrac{p_2}{\rho_{水}\ g}+\dfrac{\alpha_2 v_1^2}{2g}\right)=z_3+\dfrac{p_3}{\rho_{水}\ g}+\dfrac{\alpha_3 v_1^2}{2g}+h_{w1-3}+h_{w2-3}$

D. $\left(z_1+\dfrac{p_1}{\rho_{水}\ g}+\dfrac{\alpha_1 v_1^2}{2g}\right)+\left(z_2+\dfrac{p_2}{\rho_{水}\ g}+\dfrac{\alpha_2 v_1^2}{2g}\right)\cos\alpha=z_3+\dfrac{p_3}{\rho_{水}\ g}+\dfrac{\alpha_3 v_1^2}{2g}+h_{w1-3}+h_{w2-3}$

E. $\left(z_1+\dfrac{p_1}{\rho_{水}\ g}+\dfrac{\alpha_1 v_1^2}{2g}\right)\rho g Q_1+\left(z_2+\dfrac{p_2}{\rho_{水}\ g}+\dfrac{\alpha_2 v_1^2}{2g}\right)\rho g Q_2=\left(z_3+\dfrac{p_3}{\rho_{水}\ g}+\dfrac{\alpha_3 v_1^2}{2g}\right)\rho g Q_3+h_{w1-3}\rho g Q_1+h_{w2-3}\rho g Q_2$

2. 海河（图 4-39）是中国华北地区的最大水系，中国七大河流之一。海河水系古时统称“九河”，宋朝时，海河干流为界河下游段，金、元时改称直沽河、大沽河。海河这个名字始见于明末。直到清代，直沽河等名称才逐渐被海河这个名字所取代。当海河为恒定均匀流时，必有（　　）等于零。

图 4-39　海河

A. 当地加速度　　B. 迁移加速度　　C. 水力坡度 J

D. 测压管坡度 J_p　　E. $J-J_p$

三、判断改正题

1. 油、胶水（图 4-40）等都属于黏性较大的黏性流体，由于黏性是流体的固有属性，因此，不管是理想流体还是实际流体，其机械能总是沿程减小的。（　　）

a)

b)

图 4-40　黏性流体

a）油　b）胶水

2. 在流量 Q 一定条件下，流速水头 $\frac{v^2}{2g}$ 与管径 d 成正比。（　　）

四、简答题

1. 公式 $z+\frac{p}{\rho g}=C$ 在静止液体中与在渐变流中使用的条件有何不同？

2. 什么叫总水头线和测压管水头线？什么是水力坡度和测压管坡度？

3. (1) 请写出以下两个方程的名称；

方程一：$z+\frac{p}{\rho g}=C$；方程二：$z+\frac{p}{\rho g}+\frac{u^2}{2g}=C$。

(2) 从单位重量流体能量观点简要说明两方程中各项的物理意义，以及两方程的物理意义。

(3) 这两个方程在应用条件上有何相同和差异之处。

4. 如何根据伯努利方程的性质推断水流的流向？

5. 在应用动量方程解题时，控制体的大小是否是任意的？

五、计算题

1. 离心式通风机（图 4-41a）是通过机械能来提高气体压力，然后将气体输送出去的机械，是除尘通风系统中四大件之一。离心式通风机借集流器 A 从大气中吸入空气（图 4-41b），在直径 $d=200\text{mm}$ 的圆柱形管道部分接一根下端插入盛水容器的玻璃管，若玻璃管中的水上升 $H=150\text{mm}$，试求通风机流量 Q。已知空气的密度 $\rho_{气}=1.29\text{kg/m}^3$。

2. 龙滩水库（图 4-42a）是中国第二大水利枢纽工程，也是著名旅游名胜区，总库容 273 亿 m^3，防洪库容 70 亿 m^3，位于广西天峨县城上游。龙滩水库大坝是碾压混凝土大坝，坝高为 216.5m，坝顶长 836m。图 4-42b 所示为龙滩水库平板闸下出流。已知闸门上游水深

H、闸宽 b 和流量 Q，试求水流对闸门的冲击力 $R=R_{max}$ 时的闸下水深 h_C。

a)

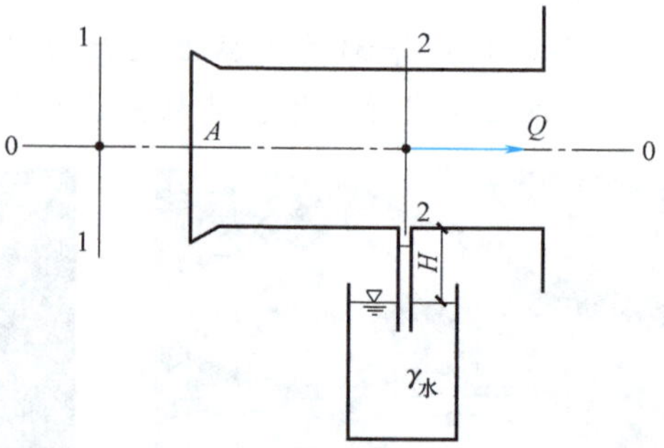

b)

图 4-41　离心式通风机

a)

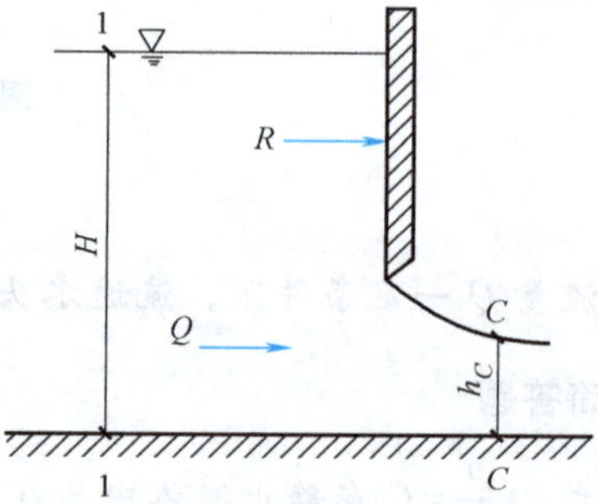

b)

图 4-42　龙滩水库

3. 塔子湖明渠（图 4-43a）起于塔子湖，止于黄孝河明渠，全长 1.5km，为塔子湖调蓄泄洪通道、城市排水主通道，也是塔子湖与黄孝河明渠的联通渠道、生态景观渠道。图 4-43b 所示为塔子湖中的闸下出流。已知闸上游水深 $H=2\text{m}$，下游水深 $h=0.8\text{m}$，若不计水头损失，试采用动量方程推出作用在单位宽度（$b=1\text{m}$）闸门上的水流作用力 R。

a)

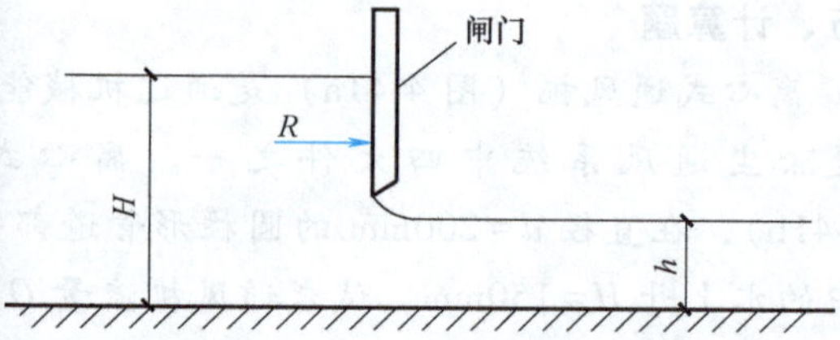

b)

图 4-43　塔子湖明渠

4. 消防水枪（图 4-44a）是灭火的射水工具，具有射程远、水量大等优点，根据射流形式和特征不同可分为：直流水枪、喷雾水枪、多用水枪等。如图 4-44b 所示消防水枪，已知水管直径 $D=150\text{mm}$，喷嘴直径 $d=75\text{mm}$，水枪倾角 $\alpha=30°$，压力表读数 $p=29.4\text{kPa}$，若忽略水头损失，试求：

（1）消防水枪的出口速度 v_0。

（2）消防水枪对消防队员的后坐力 F。

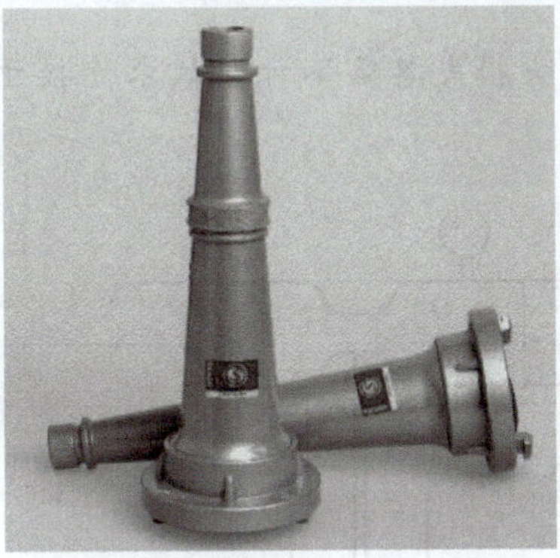

a)

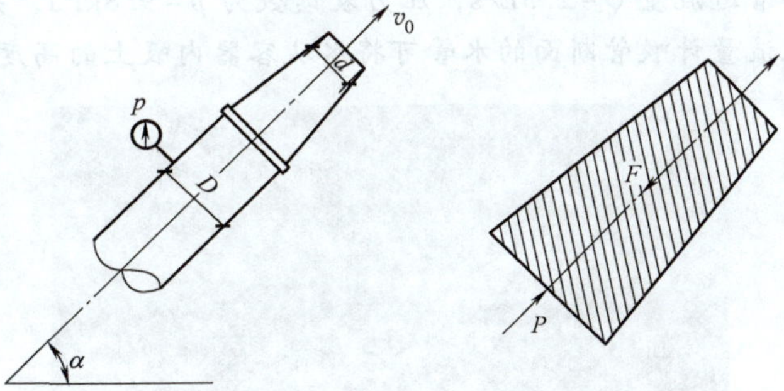

b)

图 4-44 消防水枪

5. 厦门汀溪水库群至翔安原水输水工程（图 4-45a）把厦门石兜水库、汀溪水库群、翔安水厂等重要水源、水厂连接起来，形成通路，构成巨大的“水网”，实现水资源的互补互济、联合调度、联合保障。图 4-45b 所示为输水管道中某处水平变截面管段。已知管段进口直径 $d_1=100\text{mm}$，出口直径 $d_2=50\text{mm}$，管段进口断面的平均流速 $v=1.4\text{m/s}$，相对压强 58.8kPa。若不计两段面间的水头损失，试求管段出口断面的相对压强。

a)

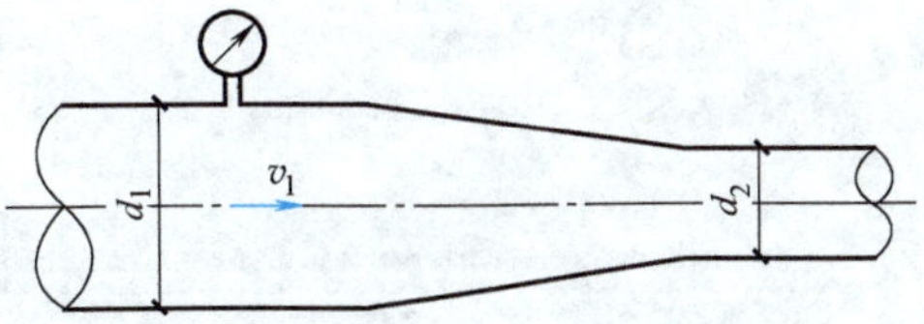

b)

图 4-45 厦门汀溪水库群至翔安原水输水工程

6. 图 4-46 所示为嵌入支墩内的一段输水管，其管径由 $D=1500\text{mm}$ 变化到 $d=1000\text{mm}$，假定水头损失可忽略不计，试求当支墩前相对压强 $p=392\text{kPa}$、流量 $Q=1.8\text{m}^3/\text{s}$ 时，渐变段支墩所受的轴向力 R。

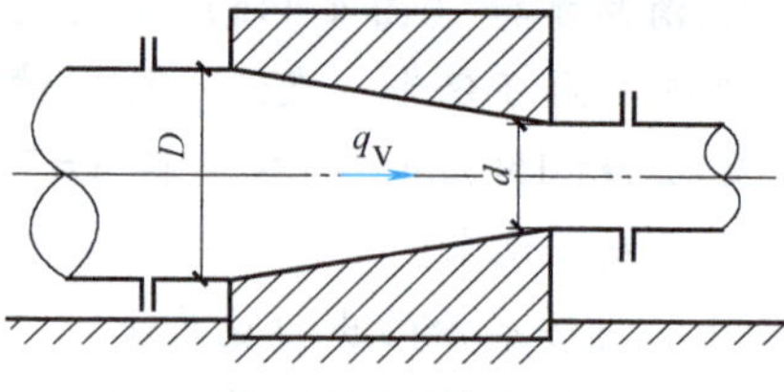

图 4-46　嵌入支墩内输水管

7. 中桥水库（图 4-47a）工程位于遵义市中心城区东北面，地处湘江左岸支流仁江下游新田湾河段内。水库正常蓄水位 812.00m，最大坝高 56.5m，正常库容 5570 万 m^3，水库总库容 7380 万 m^3，灌溉面积 20.80km^2，主要任务是城市供水、农田灌溉兼集镇及农村饮水。如图 4-47b 所示，中桥水库水平管路中装有一直径 $D=50mm$、$d=25mm$ 的文丘里流量计。已知管道流量 $Q=2.5L/s$，压力表读数为 $p=9.8kPa$，若水头损失忽略不计，试求连接于文丘里流量计喉管断面的水管可将水从容器内吸上的高度 h。

a)　　b)

图 4-47　中桥水库

8. 李家岩输水管道（图 4-48a）工程全长 50km，取水于崇州市李家岩水库，采用双管输水，途径崇州市、都江堰市、郫都区，是国家 172 个重大水利工程之一和成都市的重大民生工程。如图 4-48b 所示，文丘里流量计管道直径 $d_1=200mm$，喉管直径 $d_2=100mm$，水银差压计读数 $h=20mm$，忽略管中水头损失，试求管道输水流量 Q。

9. 如图 4-49 所示，已知圆管过水断面上的流速分布为

$$u=u_{max}\left(1-\frac{r}{r_0}\right)^{1/7}$$

a)　　b)

图 4-48　李家岩输水管道工程

式中，u 为半径 r 处对应的点流速；u_{max} 为管轴线上的流速；r_0 为圆管半径。试求断面平均流速 v。

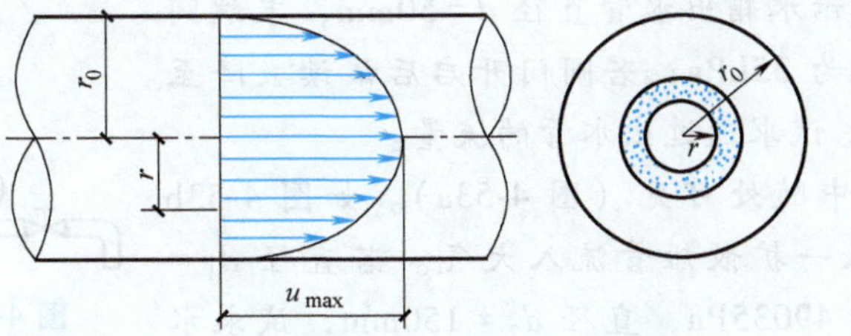

图 4-49　计算题第 9 题

10. 涪陵石板沟长江大桥进入钢围堰施工阶段（图 4-50a）。涪陵石板沟长江大桥为预应力混凝土双塔双索面斜拉桥，主桥长 850m，宽 22m，双向 4 车道，两侧设宽 1.5m 的人行道，该桥位于乌江、长江交汇处附近，总投资 2.8 亿元。长江过水断面近似为矩形，宽 $B=100\text{m}$，施工时用围堰将原有河床缩窄一半（图 4-50b），设缩窄处水位与下游河段水位相同，水头损失为缩窄处流速水头的一半。当下游水深 $h=3\text{m}$ 时，通过流量 $Q=300\text{m}^3/\text{s}$，试求上游壅水水深。

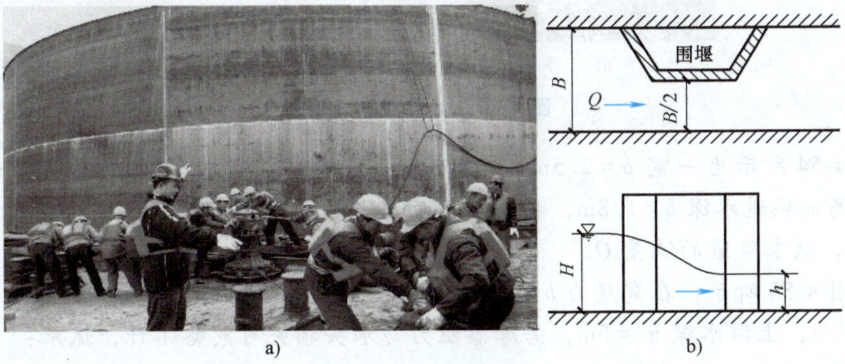

图 4-50　计算题第 10 题

11. 某农业灌溉倒虹吸工程如图 4-51a 所示。当水在倾斜管中流动，用 U 形水银测压计

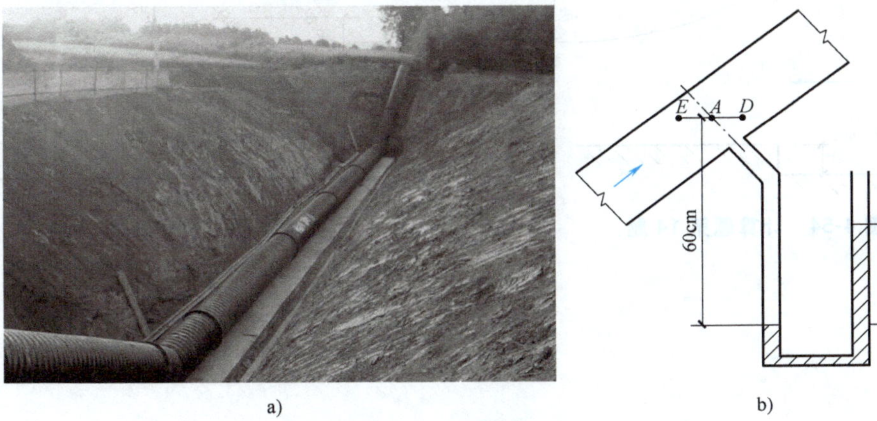

图 4-51　计算题第 11 题

测定 A 点压强。测压计指示的读数如图 4-54 所示，求 A 点压强。又问图中 E、D 点压强是否与 A 点压强相同？

12. 已知图 4-52 所示水箱出水管直径 $d=50\text{mm}$，末端阀门关闭时，压力表读数为 35kPa；若阀门开启后该读数降至 16kPa，不计水头损失，试求通过出水管的流量。

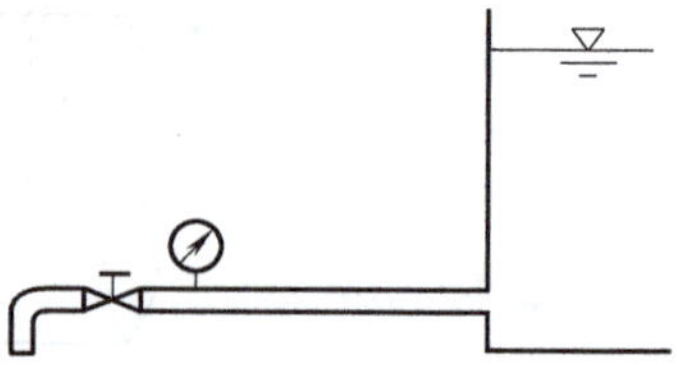

图 4-52　计算题第 12 题

13. 饮水机在生活中随处可见（图 4-53a）。如图 4-53b 所示，饮水机中的水从一扩散短管流入大气。若直径 $d_1=100\text{mm}$，该处绝对压强 49035Pa，直径 $d_2=150\text{mm}$，试求水头 H。假定水头损失可忽略。

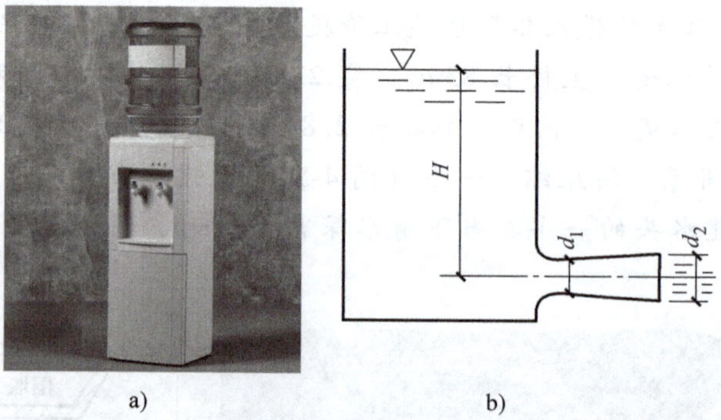

图 4-53　计算题第 13 题

14. 图 4-54 所示为一宽 $b=2.5\text{m}$ 矩形断面平底渠道，已知河床在某断面处抬高 $h_p=0.30\text{m}$，抬高前渠道水深 $h=1.8\text{m}$，抬高后水面降低 $h_z=0.12\text{m}$，若水头损失 h 为渠尾流速水头的一半，试求渠道的流量 Q。

15. 如图 4-55 所示，在宽度为 $b=10\text{m}$ 的矩形断面平底渠道中修筑一大坝。已知过坝流量 $Q=150\text{m}^3/\text{s}$，上游水深 $h_1=5\text{m}$，若摩擦阻力与水头损失可忽略不计，试求：

（1）大坝下游收缩水深 h_{mc}。

（2）水流作用在大坝上的水平力 F。

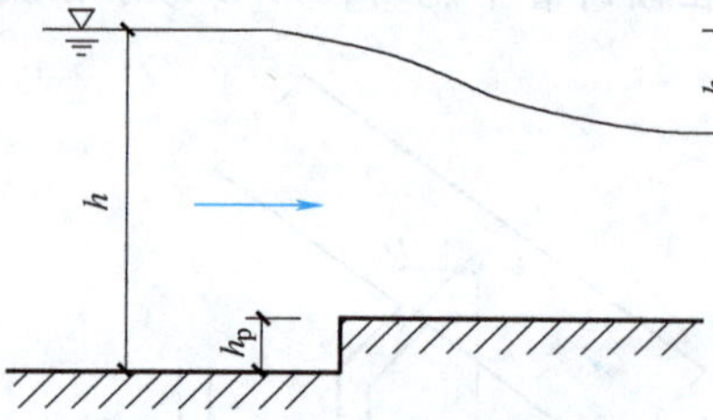

图 4-54　计算题第 14 题

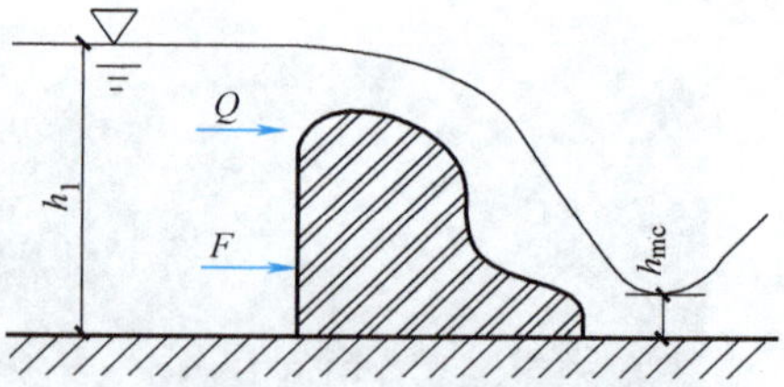

图 4-55　计算题第 15 题

第5章

量纲分析与相似理论

舰船设计专家、核潜艇研究设计专家黄旭华，长期从事核潜艇研制工作，开拓了我国核潜艇的研制领域，是我国第一代核动力潜艇研制创始人之一，被誉为“中国核潜艇之父”，为我国核潜艇事业的发展做出了杰出贡献。黄旭华总设计师在研究潜艇的过程中，曾通过模型实验模拟核潜艇，验证了他们构思的设计图纸。黄旭华带领的团队历时十余载奋斗，1970年10月26日，第一艘核动力潜艇成功下水，并于1974年8月1日正式服役，人民海军拥有了远洋作战的能力。

黄旭华总设计师通过模型实验的方法对核潜艇进行研究，更加直观地得出实验结果。在理论流体力学中，通常通过对物理模型的分析和简化，建立流体运动的基本方程及边界条件，再通过数学方法求解这些方程，便可得出流动规律。但是，由于流体运动方程及边界条件的复杂性，求解这些方程常常会遇到在数学上难以克服的困难，很多问题需要依靠实验方法寻求答案。实验研究是发展流体力学理论，验证流体力学假说，解释流动现象，解决流体力学问题必不可少的研究手段。

考虑到流动实验的经济性，通常将研究对象按照一定的比例尺缩小成实验模型，然后在模型上进行实验研究。这样就会引出以下两个问题：如何设计制造模型及如何制定试验方案？如何从纷繁复杂的实验数据中总结出流动规律？相似原理是用来解答第一个问题的，即用来指导模型设计和实验方案的制定，实现模型流动与实际流动之间的相似，进而找出相关规律。量纲分析则可以帮助我们寻求各物理量之间的关系，建立关系式的结构。本章简要地阐述和实验有关的一些理论性知识，包括量纲分析和相似原理的基本概念、基本原理和分析方法，为今后的学习和研究奠定基础。

5.1 量纲分析

5-1 量纲

5.1.1 量纲

通过前面几章的学习，大家已经对流体力学中长度、面积、体积、时间、质量、压力、密度及各种作用力这些物理量有了初步的了解。若想描述一个物理量，除了表示大小的数值之外，还必须同时给出其单位。物理学和力学中，将相互独立的长度单位 m、质量单位 kg 和时间单位 s 作为基本单位，其他物理量的单位可由这三个基本单位导出，称为导出单位。单位制变化时，同一个物理量不同的单位制下可能有着不同的大小，但不变的是这些物理量的性质和种类。

流体力学中，量纲（或称为因次）是指物理量的性质和种类。量纲可用量纲符号加方括号来表示，如长度、时间和质量的量纲依次可表示为 $[L]$、$[T]$ 和 $[M]$，这三种物理量的量纲是相互独立的，可以作为基本量纲。基本量纲必须相互独立，一个基本量纲不能用其他的量纲表示出来，其他物理量的量纲可由这些基本量纲按照其定义或者物理定律推导出来，称为导出量纲。

流体力学中除了三个基本量纲，其他的物理量的量纲都可用这三个基本量纲的指数函数的乘积表示出来，比如某一物理量 x 的量纲可表示为

$$\dim x = \mathrm{L}^{\alpha}\mathrm{T}^{\beta}\mathrm{M}^{\gamma} \tag{5-1}$$

式（5-1）称为量纲公式。流体力学中常见的物理量的量纲见表 5-1。物理量 x 的性质和种类可由量纲式中的指数 α、β、γ 反映出来，依据 α、β、γ 的不同情形，流体力学中量纲可划分为以下几种：

1）如果 $\alpha=\beta=\gamma=0$，则 $\dim x=1$，为无量纲量。

2）如果 $\alpha\neq0$，$\beta=\gamma=0$，则 $\dim x=\mathrm{L}^{\alpha}$，为几何学量。

3）如果 $\alpha\neq0$，$\beta\neq0$，$\gamma=0$，则 $\dim x=\mathrm{L}^{\alpha}\mathrm{T}^{\beta}$，为运动学量。

4）如果 $\alpha\neq0$，$\beta\neq0$，$\gamma\neq0$，则 $\dim x=\mathrm{L}^{\alpha}\mathrm{T}^{\beta}\mathrm{M}^{\gamma}$，为动力学量。

表 5-1　常用物理量的量纲和单位

物理量		量纲 L-T-M	单位(SI 制)
几何学量	长度 l	L	m
	面积 A	L^2	m^2
	体积 V	L^3	m^3
	惯性矩 J	L^4	m^4
运动学量	时间 t	T	s
	速度 v	L/T	m/s
	运动黏滞系数 ν	L^2/T	m^2/s
	重力加速度 g	L/T^2	m/s^2
	流量 Q	L^3/T	m^3/s
	单宽流量 q	L^2/T	m^2/s
动力学量	质量 m	M	kg
	力 F	ML/T^2	N
	密度 ρ	M/L^3	kg/m^3
	动力黏滞系数 μ	M/LT	$N\cdot s/m^2$
	压强 p	M/LT^2	$Pa=N/m^2$
	切应力 τ	M/LT^2	N/m^2
	弹性模量 E	M/LT^2	N/m^2
	表面张力系数 σ	M/T^2	N/m
	动量 M	ML/T	$kg\cdot m/s$
	功、能 W	ML^2/T^2	J 或 $N\cdot m$
	功率 P	ML^2/T^2	W 或 $N\cdot m/s$

若某物理量的量纲表示为 $\dim x = L^0T^0M^0 = 1$，则称为 x 无量纲量，也称纯数。无量纲数可以是一个纯粹的数值，如自由落体运动 $h=kgt^2$ 中的 $k=0.5$，也可以由几个物理量组合而成，如雷诺数 $Re=vd/\nu$，其量纲式为 $\dim Re = LT^{-1}L/L^2T^{-1} = L^0T^0M^0 = 1$，为无量纲数。之所以单独讨论无量纲数，是因为无量纲数具有如下的特点。

1）无量纲数没有单位，它的数值与所选用的单位无关，如 $h=kgt^2$ 中的 k。

2）在两个相似的流动之间，同名的无量纲数相等。例如，用无量纲数 Re 作为判断两个黏性流动是否相似的判据。

3）在对数、指数、三角函数等超越函数运算中，都必须是对无量纲来说的，而对有量纲的某物理量取对数是无意义的。如气体等温压缩所做的功 W 可写为对数形式

$$W = p_1V_1\ln\frac{V_1}{V_2}$$

5.1.2 量纲和谐原理及瑞利法

一个正确、完整地反映客观规律的物理方程中，项的量纲是一致的，这就是量纲和谐原理，或称量纲一致性原理。如连续性方程 $v_1A_1=v_2A_2$ 中每项的量纲均为 L^3T^{-1}，伯努利方程 $z+p/\rho g+v^2/2g=c$ 中每项的量纲均为 L 等。如果一个物理方程中的各项不满足量纲和谐原理，就可以判定该方程是不正确的。

瑞利（图 5-1），以严谨、广博、精深著称，并善于用简单的设备做实验却能获得十分精确的数据。他是在 19 世纪末达到经典物理学巅峰的少数学者之一，在众多学科中都有成果。

图 5-1 瑞利

瑞利于 1877 年在《声学理论》一书中首先通过泛函驻值条件求未知函数，利用量纲和谐原理建立了物理方程。这就是瑞利法。该方法广泛应用于应用数学和机械工程领域。下面就结合声速公式的推导来说明瑞利法的步骤。

【例 5.1】 假设声速与气流的压力、密度和黏度有关，试用瑞利法推导声速公式。

【解】（1）分析物理现象，找出相关的物理量。设声速 c 与气体的压力 p、密度 ρ 和黏度 μ 有关，先假定

$$c = kp^x\rho^y\mu^z$$

式中，k 为无量纲系数。

（2）写出量纲方程。上式的量纲方程为

$$\dim c = \dim k \cdot \dim p^x \cdot \dim \rho^y \cdot \dim \mu^z$$

或

$$L^1T^{-1}M^0 = 1 \cdot L^{-x}T^{-2x}M^x \cdot L^{-3y}T^0M^y \cdot L^{-z}T^{-z}M^z = L^{-x-3y-z}T^{-2x-z}M^{x+y+z}$$

（3）利用量纲和谐原理建立关于指数的代数方程组，解出指数。由量纲和谐原理可知，上式两端同名基本量纲的指数应相同，所以有

$$
\begin{cases}-x-3y-z=1\\-2x-z=-1\\x+y+z=0\end{cases}
$$

解得 $x=1/2$，$y=-1/2$，$z=0$。将其回代到假设的物理方程中，整理可得

$$
c=kp^{1/2}\rho^{-1/2}\mu^{0} \text{ 或 } c=\sqrt{k\frac{p}{\rho}}
$$

对完全气体有 $p=\rho RT$，所以声速公式为

$$
c=\sqrt{kRT}
$$

应用瑞利法应注意以下两点：

1）瑞利法只是一种量纲分析方法，所推得的物理方程是否正确与之无关，成败关键在于对物理现象所涉及的物理量考虑得是否全面。在上例中，如果忽略了压力 p，就不可能得到正确的声速公式。但是考虑了多余的变量却不会引起类似的问题，如上例中的黏度 μ，即使考虑了这个多余的物理量也不会对推导结果产生任何的影响。

2）瑞利法对涉及物理量的个数少于 5 个的物理现象是非常方便的，对于涉及 5 个及 5 个以上变量的物理现象虽然也是适用的，但不如 π 定理方便。

5.1.3 π 定理

如果一个物理现象包含 n 个物理量，m 个基本量，则这个物理现象可由这 n 个物理量组成的（$n-m$）个无量纲量所表达的关系式来描述。因为这些无量纲量用 π 来表示，就把这个定理称为 π 定理。π 定理是 1915 年由白金汉（E. Buckinghan）提出的，故又叫白金汉定理。π 定理的实质就是，将以有量纲的物理量表示的物理方程化为以无量纲量表述的关系式，使其不受单位制选择的影响。假设一个物理过程涉及 n 个物理量 x_1，x_2，…，x_n，则这些量的函数关系可以表示为

$$
f(x_1,x_2,x_3,\cdots,x_n)=0 \tag{5-2}
$$

设这 n 个物理量中包含 m 个基本量，则可用由 n 个物理量组成的（$n-m$）个无量纲数 π_1，π_2，π_3，…，π_{n-m} 组成的关系式来描述这一物理现象，即

$$
F(\pi_1,\pi_2,\cdots,\pi_{n-m})=0 \tag{5-3}
$$

应用 π 定理进行量纲分析的步骤如下：

1）根据对研究对象的认识，确定影响这一物理现象的所有物理量，写成式（5-2）的形式。这里所说的有影响的物理量，是指对研究对象起作用的所有物理量，包括流体的物性参数、流场的几何参数、流场的运动参数和动力学参数等，既包括变量也包括常量。这些物理量列举的是否全面，将直接影响分析结果。由此可见，这一步是非常重要的，也是比较困难的，这主要取决于对研究对象的认识程度。

2）从所有的 n 个物理量中选取 m（流体力学中一般取 $m=3$）个基本物理量，作为 m 个基本量纲的代表。通常取比较具有代表性的几何特征量、流体物性参量和运动参量各一个。

研究黏性流体，如石油输送管道的管流时，取石油的密度 ρ、管道直径 d 和平均流速 u 作为基本量。假定选择 x_1、x_2、x_3 作为基本量，基本量的量纲公式为

$$\dim x_1 = L^{\alpha_1}T^{\beta_1}M^{\gamma_1}, \dim x_2 = L^{\alpha_2}T^{\beta_2}M^{\gamma_2}, \dim x_3 = L^{\alpha_3}T^{\beta_3}M^{\gamma_3}$$

这三个基本物理量在量纲上必须是独立的，量纲相互独立必须满足的条件是：由这三个量的量纲指数组成的行列式不为0，即

$$\begin{vmatrix} \alpha_1 & \beta_1 & \gamma_1 \\ \alpha_2 & \beta_2 & \gamma_2 \\ \alpha_3 & \beta_3 & \gamma_3 \end{vmatrix} \neq 0$$

3）从三个基本物理量以外的物理量中，每次轮取一个，连同三个基本物理量组合成一个无量纲的 π 项，即组成 $n-3$ 个 π 项

$$\pi_1 = \frac{x_4}{x_1^{a_1}x_2^{b_1}x_3^{c_1}}, \pi_2 = \frac{x_5}{x_1^{a_2}x_2^{b_2}x_3^{c_2}}, \cdots, \pi_{n-3} = \frac{x_n}{x_1^{a_{n-3}}x_2^{b_{n-3}}x_3^{c_{n-3}}}$$

式中，a_i、b_i、c_i 为各 π 项的待定系数。

4）根据量纲和谐原理求各 π 项的指数 a_i、b_i、c_i。

5）写出描述物理现象的关系式，即

$$F(\pi_1, \pi_2, \cdots, \pi_{n-m}) = 0$$

【例5.2】 已知水在管道中流动时的压差 Δp 与下列因素有关：管道长度 l，管道直径 d，动力黏度 μ，液体密度 ρ，流速 v，管壁粗糙度 Δ。试用 π 定理建立水头损失 h_w 的计算公式。

【解】 1）这一流动现象涉及的各物理量可写成如下的函数形式

$$f(\Delta p, l, d, v, \rho, \mu, \Delta) = 0$$

2）选取水的密度 ρ、流速 v 和管径 d 为基本量，它们的量纲公式为

$$\dim\rho = L^{-3}T^0M^1, \dim v = L^1T^{-1}M^0, \dim d = L^1T^0M^0$$

它们的量纲指数行列式为

$$\begin{vmatrix} -3 & 0 & 1 \\ 1 & -1 & 0 \\ 1 & 0 & 0 \end{vmatrix} = 1 \neq 0$$

说明这三个量的量纲是独立的，可以作为基本量。

3）用其他的4个量与这3个基本量组成4个无量纲量

$$\pi_1 = \frac{\Delta p}{\rho^x v^y d^z}$$

由于为无量纲量，有

$$\dim\Delta p = \dim\rho^x \cdot \dim v^y \cdot \dim d^z$$

或

$$M^1L^{-1}T^{-2} = M^xL^{-3x+y+z}T^{-y}$$

量纲指数构成的代数方程为

$$\begin{cases} x = 1 \\ -3x+y+z = -1 \\ -y = -2 \end{cases}$$

可解得 $x=1$，$y=2$，$z=0$，所以

$$\pi_1 = \frac{\Delta p}{\rho v^2}$$

同理可得 $\pi_2=\dfrac{\mu}{\rho v d}$，$\pi_3=\dfrac{l}{d}$，$\pi_4=\dfrac{\Delta}{d}$。

4）无量纲关系式为

$$\left(\frac{\Delta p}{\rho v^2},\frac{\mu}{\rho v d},\frac{l}{d},\frac{\Delta}{d}\right)=0$$

或

$$\frac{\Delta p}{\rho v^2}=f\left(\frac{\mu}{\rho v d},\frac{l}{d},\frac{\Delta}{d}\right)$$

或

$$\Delta p=f\left(\frac{\mu}{\rho v d},\frac{l}{d},\frac{\Delta}{d}\right)\rho v^2$$

则

$$h_{\mathrm{w}}=\frac{\Delta p}{\rho g}=f\left(\frac{\mu}{\rho v d},\frac{l}{d},\frac{\Delta}{d}\right)\frac{v^2}{2g}$$

实验表明，圆管的水头损失与管道长度成正比，上式可写成

$$h_{\mathrm{w}}=f(Re,\varepsilon)\frac{l}{d}\frac{v^2}{2g}$$

引入雷诺数 $Re=\rho v d/\mu$ 和相对粗糙度 $\varepsilon=\Delta/d$，则有

$$h_{\mathrm{w}}=f\left(\frac{\mu}{\rho v d},\frac{\Delta}{d}\right)\frac{l}{d}\frac{v^2}{2g}$$

上式又可表示为

$$h_{\mathrm{w}}=\lambda\frac{l}{d}\frac{v^2}{2g}\tag{5-4}$$

这就是著名的达西公式。式中，$\lambda=f(Re,\ \varepsilon)$ 称为阻力系数，其值可用经验公式算得，也可通过查阅相关的图表得到，或者由实验确定。

达西是法国水利工程师，如图 5-2 所示。他一生曾负责过运河、铁路、公路、桥梁、隧洞等各种土木工程的设计与建设工作，最大的贡献是发现并总结出了达西定律。

图 5-2 达西

初学者需注意，在推导过程中，始终使用的函数符号 f 并不表示明确的函数关系，而只是表示以其后括号里的物理量或无量纲量决定的一个量。如 $3\sin(1/x)=\sin x$ 不一定成立，而 $f(1/Re)=2f(Re)$ 成立。因为 sin 是一个具有明确含义的函数，而 f 不是确定函数，如 $f(1/Re)$ 和 $2f(Re)$ 仅仅表示两者都是 Re 的函数而已。

【例 5.3】 文丘里管是先收缩后逐渐扩大的管道，如图 5-3 所示。影响喉道处流速 v_2 的因素有：文丘利管进口断面直径 d_1、喉道断面直径 d_2、水的密度 ρ、动力黏滞系数 μ 及两个断面间的压强差 Δp。试推导文丘里管的流量关系式。

【解】 1）确定影响因素，共有 $n=6$ 个物理量，列出函数关系式

$$f(v_2, d_1, d_2, \rho, \mu, \Delta p) = 0$$

2）在 6 个物理量中选取 $m=3$ 个基本物理量：代表几何尺度的 d_2、代表运动量的 v_2、代表物性的 ρ，其量纲公式为

$$\dim d_2 = L^1T^0M^0, \dim v_2 = L^1T^{-1}M^0,$$

$$\dim\rho = L^{-3}T^0M^1$$

其指数行列式为 -1，不等于 0。所以上列三个基本物理量的量纲是独立的，可以作为基本量。

图 5-3　文丘里管

3）写出 $n-3=3$ 个无量纲 π 项。

$$\pi_1 = \frac{d_1}{d_2^{a_1} v_2^{b_1} \rho^{c_1}}, \pi_2 = \frac{\mu}{d_2^{a_2} v_2^{b_2} \rho^{c_2}}, \pi_3 = \frac{\Delta p}{d_2^{a_3} v_2^{b_3} \rho^{c_3}}$$

4）根据量纲和谐原理，可确定各 π 项的指数，则

$$\pi_1 = \frac{d_1}{d_2}, \pi_2 = \frac{\mu}{d_2 v_2 \rho}, \pi_3 = \frac{\Delta p}{\rho v_2^2}$$

5）无量纲关系式可写为

$$f\left(\frac{d_1}{d_2}, \frac{\mu}{d_2 v_2 \rho}, \frac{\Delta p}{\rho v_2^2}\right) = 0$$

或

$$\frac{\rho v_2^2}{\Delta p} = f\left(\frac{d_2}{d_1}, \frac{d_2 v_2 \rho}{\mu}\right)$$

由此可解出喉部流速为

$$v_2 = \sqrt{\frac{\Delta p}{\rho}} f_2\left(\frac{d_2}{d_1}, \frac{d_2 v_2 \rho}{\mu}\right) = \sqrt{2g\frac{\Delta p}{\rho g}\frac{1}{\sqrt{2}}} f\left(\frac{d_2}{d_1}, Re\right)$$

流量为

$$Q = Av_2 = \frac{\pi}{4}d^2\sqrt{2g\frac{\Delta p}{\rho g}} f\left(\frac{d_2}{d_1}, Re\right)$$

或

$$Q = \alpha\frac{\pi}{4}d^2\sqrt{2g\frac{\Delta p}{\rho g}} n$$

其中无量纲数 $\alpha = f(d_2/d_1, Re)$ 称为流量系数。

5.2　相似原理

5.2.1　流动相似的概念

由于工程实际问题的复杂性，有些问题很难单纯依靠理论解析求得答案，必须依靠实验研究来解决。因此需要知道如何进行实验，如何把实验结果应用到实际问题中去。相似原理

是指导实验的理论基础，也是对流动现象进行理论分析的一个重要手段。其应用十分广泛，小到物质分子结构，大到大气环流、海洋环流等，都可以借助相似原理来探求其运动规律。

青藏高原，亚洲内陆高原，是我国最大、世界海拔最高的高原，被称为“世界屋脊”“第三极”。南起喜马拉雅山脉南缘，北至昆仑山、阿尔金山脉和祁连山北缘，西部为帕米尔高原和喀喇昆仑山脉，东及东北部与秦岭山脉西段和黄土高原相接。青藏高原的自然历史发育极其年轻，受多种因素共同影响，形成了全世界最高、最年轻而水平地带性和垂直地带性紧密结合的自然地理单元，如图 5-4 所示。青藏高原对大气环流的影响的研究，跨度有数十年之久，此时利用相似原理，可等比例加快时间，缩短研究时长，得出环流规律，如图 5-5 所示。

图 5-4　青藏高原

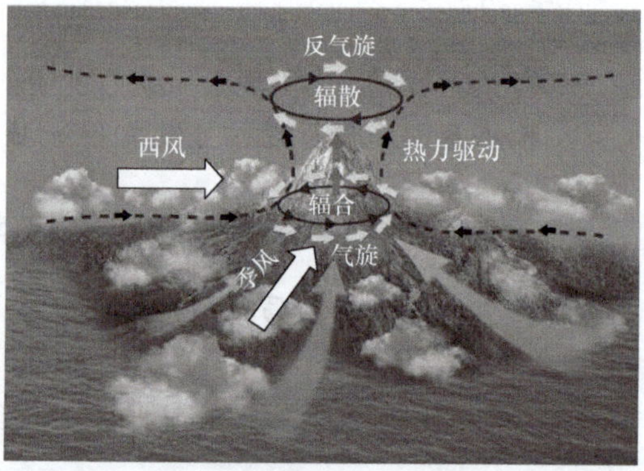

图 5-5　青藏高原大气环流

流动相似的概念是几何相似概念的推广和发展。几何相似是指两个几何图形间对应的尺寸保持固定的比例关系，对应角相等，把一个图形的任一长度乘以它们之间的比例，就能得到另一个图形的相应长度。如果两个流动的相应点上，所有表征流动状况的各物理量都保持各自的固定比例关系，则称这两个流动是相似的。上一节中已经将流体力学中的物理量按照不同的种类和性质划分为几何学量、运动学量和动力学量三种。因此，两个相似的流动也应包含几何相似、运动相似和动力相似。

1. 几何相似

几何相似是指两个流动对应的线段成比例，对应角度相等，对应的边界性质（指固体边界的粗糙度或者自由液面）相同。两个流动的长度比例尺可表示为

$$\lambda_l=\frac{l_p}{l_m} \tag{5-5}$$

式中，下标 p、m 分别代表原型和模型。面积比例尺和体积比例尺可表示为

$$\lambda_A=\frac{A_p}{A_m}=\lambda_l^2 \tag{5-6}$$

$$\lambda_V=\frac{V_p}{V_m}=\lambda_l^3 \tag{5-7}$$

由此可知，长度比例尺是几何相似的基本比例尺，其他的比例尺均可用长度比例尺来表示，长度比例尺的选择也是设计实验方案的第一步，通常在 10~100 取值。如果原型与模型的各方向上的尺寸都取同一比例尺，则称为正态模型，否则称为变态模型。例如，在模拟长

输管线内的流动时，如果按正态模型设计的话，一方面模型管径将会非常的小，改变了流动性质；另一方面，这类实验需要模拟出单位管长上的压降等参数，无须模拟整个管道的压降等。因此，这类实验均采用变态模型进行实验。

几何相似只是流动相似的必要条件，只有实现了几何相似才能在原型和模型间找到对应点，但流动是否相似还需满足其他的条件。

2. 运动相似

运动相似是指两个流动对应点处的同名运动学量成比例。这里主要是指速度矢量v和加速度矢量$\boldsymbol{a}$相似。在两个运动相似的流动间，对应流体质点的运动轨迹也应满足几何相似，且流过对应轨迹线上对应线段的时间也应成比例。所以，时间比例尺、速度比例尺和加速度比例尺可表示为

$$\lambda_t=\frac{t_p}{t_m} \tag{5-8}$$

$$\lambda_v=\frac{v_p}{v_m}=\frac{l_p/t_p}{l_m/t_m}=\frac{\lambda_l}{\lambda_t} \tag{5-9}$$

$$\lambda_a=\frac{a_p}{a_m}=\frac{v_p/t_p}{v_m/t_m}=\frac{l_p/t_p^2}{l_m/t_m^2}=\frac{\lambda_v}{\lambda_t}=\frac{\lambda_l}{\lambda_t^2} \tag{5-10}$$

作为加速度的特例，重力加速度比例尺$\lambda_g=\dfrac{g_p}{g_m}$。如果原型与模型均在地球上，则$\lambda_g=1$。这就限制了我们对模型比例尺的选择范围。

运动相似也是流动相似的必要条件，只有在两个几何相似和运动相似的流动之间实现了动力相似才真正实现了流动相似。因此，动力相似才是流动相似的主导因素，是流动相似的充分条件。

3. 动力相似

动力相似是指两个流动对应点上的同名动力学量成比例，主要是指作用在流体上的力（包括重力G、黏性力F、压力p、弹性力E等）相似，所以力的比例尺可表示为

$$\lambda_F=\frac{F_p}{F_m}=\frac{G_p}{G_m}=\frac{T_p}{T_m}=\frac{p_p}{p_m}=\frac{E_p}{E_m} \tag{5-11}$$

5.2.2　牛顿一般相似原理

设作用在流体上的合外力为F，流体的加速度为a，流体的质量为m。由牛顿第二定律$F=ma$可知，力的比例尺λ_F可表示为

$$\lambda_F=\frac{F_p}{F_m}=\frac{m_pa_p}{m_ma_m}=\frac{\rho_pV_pa_p}{\rho_mV_ma_m}=\lambda_p\lambda_l^3\lambda_l\lambda_t^{-2}=\lambda_p\lambda_l^2\lambda_v^2 \tag{5-12}$$

也可以写为

$$\frac{F_p}{\rho_pl_p^2v_p^2}=\frac{F_m}{\rho_ml_m^2v_m^2} \tag{5-13}$$

式中，$\dfrac{F}{\rho l^2v^2}=\dfrac{F}{ma}=\dfrac{\text{合外力}}{\text{惯性力}}$为无量纲数，表示作用在流体上的合外力与惯性力之比，称为牛顿

数，以 Ne 表示，即

$$Ne=\frac{F}{\rho l^2 v^2} \tag{5-14}$$

则式（5-13）可写为

$$Ne_{\mathrm{p}}=Ne_{\mathrm{m}} \tag{5-15}$$

由此可得，动力相似的判据为牛顿数相等，这就是牛顿一般相似原理。在两个动力相似的流动中的无量纲数称为相似准数，如牛顿数。作为判断流动是否动力相似的条件称为相似准则，如牛顿数相等这一条件。因此，牛顿一般相似原理也可称为牛顿相似准则。

5.2.3 相似准则

若两个流动完全满足牛顿相似准则，作用在流体上的各种力保持同一比例尺，这种相似称为完全动力相似。实现完全动力相似是不可能的，实践证明，实现完全动力相似也是没有必要的，这是因为针对某一具体的流动，各种力所起的作用也不尽完全相同，起主导作用的往往只有一种力。因此，在设计实验时，只要实现了这个起主导作用的力的相似就可以了，这种相似称为部分动力相似。下面分别介绍几种力的相似准则。

1. 重力相似准则

当作用在流体上的合外力中重力起主导作用时，则有 $F=G=\rho gV=\rho gl^3$，则牛顿数可表示为

$$Ne=\frac{G}{\rho l^2 v^2}=\frac{\rho gV}{\rho l^2 v^2}=\frac{\rho gl^3}{\rho l^2 v^2}=\frac{gl}{v^2} \tag{5-16}$$

引入弗劳德数 $Fr=v/\sqrt{gl}$，则牛顿数相等这一相似准则就转化为

$$Fr_{\mathrm{p}}=Fr_{\mathrm{m}} \tag{5-17}$$

由此可见，重力相似准数就是弗劳德数，重力相似准则就是原型与模型的弗劳德数相等。由式（5-13）的物理意义可推断弗劳德数的物理意义是惯性力与重力的比值。

2. 黏性力相似准则

当作用在流体上的合外力中黏性力起主导作用时，则有 $F=T=A\mu \mathrm{d}u/\mathrm{d}y$，牛顿数可表示为

$$Ne=\frac{T}{\rho l^2 v^2}=\frac{\mu \dfrac{v}{l} l^2}{\rho l^2 v^2}=\frac{\mu}{\rho lv} \tag{5-18}$$

引入雷诺数 $Re=\rho lv/\mu$，则牛顿数相等这一相似准则就转化为

$$Re_{\mathrm{p}}=Re_{\mathrm{m}} \tag{5-19}$$

由此可见，黏性力相似准数就是雷诺数，黏性力相似准则就是原型与模型的雷诺数相等。对于圆管内的流动，可取管径 d 作为特征尺度，这时的雷诺数可表示为

$$Re=\frac{\rho vd}{\mu}=\frac{vd}{\nu} \tag{5-20}$$

雷诺数的物理意义是惯性力与黏性力的比值。

3. 压力相似准则

当作用在流体上的合外力中压力起主导作用时，则有 $F=P=pA$，牛顿数可表示为

$$Ne=\frac{P}{\rho l^2v^2}=\frac{pl^2}{\rho l^2v^2}=\frac{p}{\rho v^2} \tag{5-21}$$

引入欧拉数 $Eu=p/\rho v^2$，则牛顿数相等这一相似准则就转化为

$$Eu_{\mathrm{p}}=Eu_{\mathrm{m}} \tag{5-22}$$

由此可见，压力相似准数就是欧拉数，压力相似准则就是原型与模型的欧拉数相等。欧拉数的物理意义是压力与惯性力的比值。

5.3 模型实验

5.3.1 模型实验的概念

实验方案的设计，首先要解决原型与模型之间各种比例尺的选择问题，即模型律问题。无论采用哪一种模型律，几何相似是必要条件。

C919客机是我国首款完全按照国际先进适航标准研制的单通道大型干线客机，具有我国完全的自主知识产权，如图5-6所示。飞机最大航程超过5500km，性能与国际新一代的主流单通道客机相当。在飞机的研制过程中，模型实验是必不可少的一部分。深度参与了C919客机研制的某公司在研究过程中解决了从设计模型到仿真模型的自动化建模的关键问题，大大提高了模型制造效率，加快了研究进程。

图5-6 C919客机

在进行模型实验时，要考虑模型还原程度，减少建模时间，同时也要考虑实验的经济性，模型宜做得小一些，即长度比例尺应大一些。长度比例尺确定之后，就要依据流动中起主导作用的力选择对应的相似准则。例如，当黏滞力为主时，则选用雷诺准则设计模型，称为雷诺模型；当重力为主时，则选用弗劳德准则设计模型，称为弗劳德模型。

5.3.2 雷诺模型

在雷诺模型中，要求原型和模型的雷诺数相等，即 $Re_{\mathrm{p}}=Re_{\mathrm{m}}$。由此可以推得流速的比例尺为

$$\lambda_v=\frac{\lambda_\nu}{\lambda_l} \tag{5-23}$$

向阳红10号，是我国自行设计制造的第一艘万吨级远洋科学考察船，如图5-7所示。1979年11月由上海江南造船厂建成并交付国家海洋局东海分局使用。曾参加我国首次发射运载火箭、同步通信卫星等重大科研试验任务。船舶周围存在影响正常航行的绕流，为了减少甚至消除影响，设计时需通过模型实验模拟船舶绕流情况，进而确定解决方案。一般来讲，设计物体绕流（潜水艇、飞机和建筑物的绕流等）或完全封闭的流场内的流动（如管道、流量计、泵内的流动等）的实验方案设计，应采用雷诺模型。

【例5.4】 自来水经过沉淀、消毒、过滤等工艺流程的处理，最后通过自来水管道输送到千家万户，满足人们的生活需求，供水管道如图5-8所示。利用内径0.05m的管子通过水流来模拟内径为0.5m管子内的标准空气流，若气流速度为2m/s，空气运动黏度0.15cm/

s^2，为保持动力相似，求模型管中的水流速度。

【解】 依题意有 $Re_p = Re_m$，或

$$\frac{v_p d_p}{\nu_p} = \frac{v_m d_m}{\nu_m}$$

图 5-7 向阳红 10 号

图 5-8 供水管道

由此可得

$$v_m = v_p \frac{\nu_m d_p}{\nu_p d_m} = 2 \times \frac{0.01}{0.15} \times \frac{0.5}{0.05} \mathrm{m/s} = \frac{4}{3} \mathrm{m/s}$$

5.3.3 弗劳德模型

弗劳德（W. Froude）（图 5-9），是一名英国造船工程师，曾获皇家学会授予的皇家奖章。1868 年，他用船模进行船舶运动的一系列实验，并将船模实验中获得的数据运用于船舶建造，将船舶阻力分为摩擦阻力和剩余阻力；提出当船和船模的速度对长度平方根比值相同时，其单位排水量的剩余阻力相等的定律，并提出弗劳德模型。

图 5-9 弗劳德（W. Froude）

在弗劳德模型中，要求原型和模型的弗劳德数相等，即 $Fr_p = Fr_m$。当原型与模型同在地球上时 $\lambda_g = 1$，可以推得流速的比例尺为

$$\lambda_v = \lambda_l^{1/2} \tag{5-24}$$

式（5-24）与式（5-23）对照可以发现，通常情况下，这两种模型对速度比例尺与长度比例尺的要求不能同时满足，即完全动力相似不可能实现。

一般来讲，设计与重力波有关（如波浪理论、水面船舶兴波阻力理论、气液两相流体力学等）的实验方案设计，应采用弗劳德模型。

【例 5.5】 63 式水陆坦克是我国 20 世纪 60 年代研制的第一代水陆坦克，由中国北方工业公司研发，如图 5-10 所示。研究时设计了水陆坦克模型，将几何尺寸缩小为原来的 1/5。欲使模型运动速度与原型在水上航速 10km/h 相似，则模型航速应为多少？

【解】 预保持重力相似应维持弗劳德数相等，即

图 5-10 63 式水陆坦克

$$Fr_p = Fr_m$$

或

$$\frac{v_p^2}{g_p l_p} = \frac{v_m^2}{g_m l_m}$$

所以有

$$v_m = v_p\sqrt{\frac{g_m l_m}{g_p l_p}} = 10\times\sqrt{\frac{1}{5}}\text{km/h} = 4.47\text{km/h}$$

即模型的速度应保持 4.47km/h。

思维导图

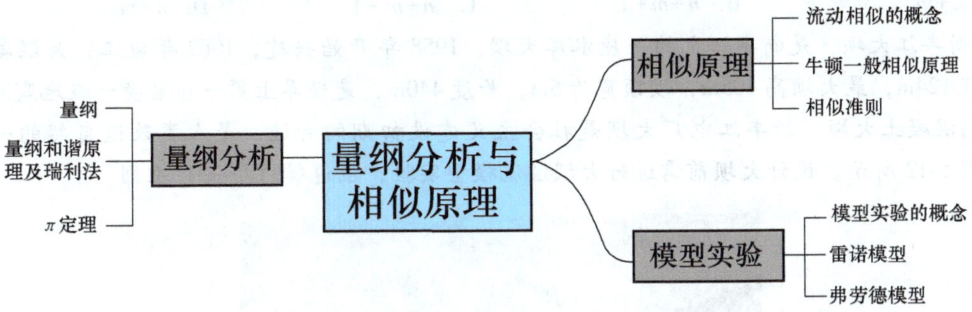

课后习题

一、单项选择题

1. 量纲表征各物理量的（　　）。

A. 大小　　B. 类别　　C. 性质　　D. 特征

2. 下列各组物理量中，能作为基本量的是（　　）

A. l（长度）、d（管径）、v（流速）　B. l（长度）、d（管径）、Q（流量）
C. l（长度）、v（流速）、ρ（密度）　D. d（管径）、Q（流量）、ν（运动黏度）

3. 下列关于单位和量纲的说法中，正确的是（　）。

A. 单位表征各物理量的类别

B. 量纲表征各物理量的大小

C. 单位表征各物理量的大小，量纲表征各物理量单位的类别

D. 单位和量纲含义相同，均表征各物理量的大小

4. 1590 年，伽利略在比萨斜塔上做了“两个铁球同时落地”的实验，得出了重量不同的两个铁球同时下落的结论，从此推翻了亚里士多德“物体下落速度和重量成比例”的学说，纠正了这个持续了 1900 多年之久的错误结论，如图 5-11 所示。质量为 m 的球体，在距地面高度为 h 处自由下落，球落至地面时的速度只与 m、H 和重力加速度 g 有关，速度 v 的表达式为（　）。

A. mgh　B. $k\sqrt{gh}$

C. $\dfrac{\sqrt{gh}}{m}$　D. $\dfrac{m}{\sqrt{gh}}$

图 5-11　伽利略自由落体实验

5. 瑞利法的基本思想是假定各物理量之间呈（　）的乘积组合。

A. 对数形式　B. 指数形式

C. 积分形式　D. 微分形式

6. 根据 π 定理，若有 n 个变量且互为函数关系，其中含有 m 个基本物理量，则可将其组合成（　）个无量纲量的函数关系。

A. $n+m$　B. $n+m+1$　C. $n+m-1$　D. $n-m$

7. 新丰江大坝，是新丰江上的一座水库大坝，1958 年开始兴建，1962 年竣工，为混凝土结构，高程 124m，最大坝高 105m，坝顶宽为 5m，长度 440m，是世界上第一座经受六级地震考验的超百米高混凝土大坝。新丰江电厂大坝是社会主义建设初期的奇迹，是人类改造自然的一个典范，如图 5-12 所示。设计大坝前需进行大坝溢流模型实验，应遵循（　）准则。

图 5-12　新丰江大坝

A. 雷诺准则　　B. 弗劳德准则　　C. 欧拉准则　　D. 其他准则

8. 1988 年 1 月 13 日，它山堰（图 5-13）被评为第三批全国重点文物保护单位。为了研究其堰流情况，需进行水力模型实验。要实现堰流的动力相似，应选的相似准则是（　　）。

A. 雷诺准则　　B. 弗劳德准则　　C. 欧拉准则　　D. 其他准则

9. 明渠是一种具有自由表面（表面上各点受大气压强的作用）水流的渠道。根据它的形成可分为天然明渠和人工明渠。前者如天然河道；后者如人工输水渠道、运河及未充满水流的管道等，如图 5-14 所示。可以通过设计模型研究明渠水流情况，已知实验的长度比尺 $\lambda_l=4$，若原型和模型采用同一流体，则其流量比尺 $\lambda_Q=$（　　）。

A. 4　　B. 8　　C. 16　　D. 32

图 5-13　它山堰

图 5-14　明渠

10. 武汉长江大桥，是武汉市境内连接汉阳区与武昌区的过江通道，位于长江水道之上，是中华人民共和国成立后修建的第一座公铁两用的长江大桥，也是武汉市重要的历史标志性建筑之一，素有“万里长江第一桥”美誉，如图 5-15 所示。研究实际桥墩的绕流情况非常困难，可根据桥墩模型进行绕流研究。桥墩绕流模型实验设计应选用（　　）。

A. 雷诺准则　　B. 弗劳德准则

C. 欧拉准则　　D. 马赫准则

图 5-15　武汉长江大桥

11. 已知三角堰的流量 Q 与作用水头 H、重力加速度 g 和三角堰的顶角 θ 有关，则用瑞利量纲分析法可得流量公式 $Q=$（　　）。

A. $k(\theta)\sqrt{gH^5}$　　B. $k(\theta)\sqrt{gH^3}$　　C. $k(\theta)\sqrt{\dfrac{H^5}{g}}$　　D. $k(\theta)\sqrt{\dfrac{H^3}{g}}$

12. 加压输水是指用承压管道以压力流方式输水，根据地形高差、管线长度和管道承压能力等具体情况，可能要在中途设置加压泵站。加压输水需要用到压力输水管，如图 5-16 所示。利用压力输水管模型进行模型实验，已知压力输水管模型实验的长度比例尺 $\lambda_l=8$，若原型和模型采用同一流体，则其流量比例尺 $\lambda_Q=$（　　）。

A. 2　　B. 4　　C. 8　　D. 16

图 5-16　压力输水管

13. 雷诺数 Re 的物理意义在于它反映了（　　）的比值。

A. 惯性力与黏滞力　B. 重力与黏滞力　C. 惯性力与重力　D. 重力与压力

14. 欧拉数 Eu 的物理意义在于它反映了（　　）的比值。

A. 压力与黏滞力　B. 压力与惯性力　C. 压力与重力　D. 重力与惯性力

二、多项选择题

1. 下列命题中，正确的有（　　）。

A. 单位表征物理量的大小　B. 量纲表征物理量的类别

C. 基本物理量的选取具有唯一性　D. 量纲的选取具有唯一性

E. 表面张力系数 σ 是无量纲的量

2. 两个流动系统的相应点上所有表征流动状况的相应物理量都维持各自的固定比例关系，称这两个流动系统是相似的。水力相似一般应包括（　　）。

A. 几何相似　B. 运动相似

C. 动力相似　D. 边界条件相似

E. 初始条件相似

3. 下列各组物理量中，量纲相同的组次有（　　）。

A. 位置水头 z、压强水头 $\dfrac{p}{\rho g}$、流速水头 $\dfrac{u^2}{2g}$

B. 动力黏度 μ、运动黏度 ν、密度 ρ

C. 长度 l、宽度 b、深度 h

D. 表面张力系数 σ、动力黏性系数 μ、体积压缩系数 k

E. 压强 p、单位质量力 f、静水总压力 F_p

4. 下列各组合量中，为无量纲的量有（　　）。

A. $\dfrac{p}{\rho g}$　B. $\dfrac{u^2}{2g}$　C. $\dfrac{\rho v d}{\mu}$

D. $\dfrac{v}{\sqrt{gh}}$　E. $\dfrac{p}{\rho v^2}$

5. 下列各物理量的量纲表达式中，正确的有（　　）。

A. $\dim v = M^0LT^{-1}$ B. $\dim p = ML^{-1}T^{-2}$

C. $\dim \tau = MLT^{-2}$ D. $\dim Q = M^0L^3T^{-1}$

E. $\dim \rho = ML^{-3}T^0$

三、判断改正题

1. 单位表征各物理量的类别，而量纲表征各物理量的大小。( )

2. 基本物理量必须相互独立，且选取不能因人而异，必须是唯一的。( )

3. 几何相似是保证流动相似的必要条件，运动相似、动力相似才是保证流动相似的充分条件。( )

4. 雷诺数的物理意义在于它反映了惯性力与重力的比值。( )

5. 弗劳德数的物理意义在于它反映了惯性力与黏性力的比值。( )

四、简答题

1. 什么是基本量纲？在工程流体力学中，若不考虑温度变化，一般选择哪些量纲作为基本量纲？

2. 长江流域面积达 180 万 km^2，约占我国陆地总面积的 1/5。一般情况下，作用在长江水流上的力有重力、压力、阻力等多个力，为什么在进行实验设计时，有时只考虑单个力相似？这能保证水流流动相似吗？

3. 欧拉准则是流动的压力相似准则，表达形式为 $Eu_p = Eu_m$。为什么说欧拉准则为非独立准则？

4. 试分别说明雷诺数、弗劳德数的物理意义及其在工程流体力学中的主要用途。

5. 如何设计模型试验？如何选择模型律？

五、计算题

1. 094 型战略核潜艇（图 5-17）是我国自行设计建造的第二代弹道导弹核潜艇，是我国建造的排水量最大的潜艇，相比于上一代潜艇，无论在隐蔽性、传感器还是推进系统可靠程度方面都有较大提高。潜艇在水中运动所受阻力 R_D 与物体速度、线性尺寸、流体密度、动力黏性系数有关，试推导阻力的表达式。

图 5-17 094 型战略核潜艇

2. 红糖指带蜜的甘蔗成品糖，具有益气养血、健脾暖胃、祛风散寒、活血化瘀之效。生活中人们经常冲泡红糖颗粒服用，如图 5-18 所示。红糖颗粒在水中等速沉降速度 v 与固体颗粒的直径 d、密度 ρ_s 及水密度 ρ、动力黏性系数 μ、重力加速度 g 有关。试用 π 定律建立沉降速度的关系式。

3. 文丘里流量计如图 5-19 所示，其通过的流量 Q 与 D_1、D_2、长度 l、压差 Δp、液体密度 ρ、黏性系数 μ 及管壁粗糙度 Δ 等有关。试用 π 定律推导 Q 的关系式。

4. 东风轿车是我国第一辆国产轿车，诞生于 1958 年 5 月 12 日。图 5-20 所示为东风轿车的轴承示意图，已知东风轿车的同心转动轴承的摩擦力 F_T 与轴的转速 n、油膜动力黏度μ、轴的直径d、径向缝隙δ、油膜中的压强p等有关，试用量纲分析法确定F_T的函数式。

图 5-18 红糖颗粒冲泡

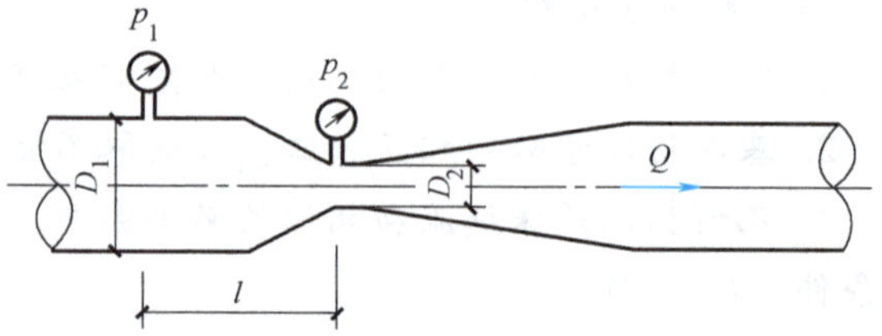

图 5-19 文丘里流量计

5. 薄壁堰（图 5-21），又称锐缘堰，具有稳定的水头与流量关系，常用于实验室和小型渠道量测流量。已知通过矩形薄壁堰的流量Q与堰顶水头H、重力加速度g、流体的密度ρ、动力黏度μ、表面张力σ及堰孔宽度b等有关，试用量纲分析法推求Q的计算公式。

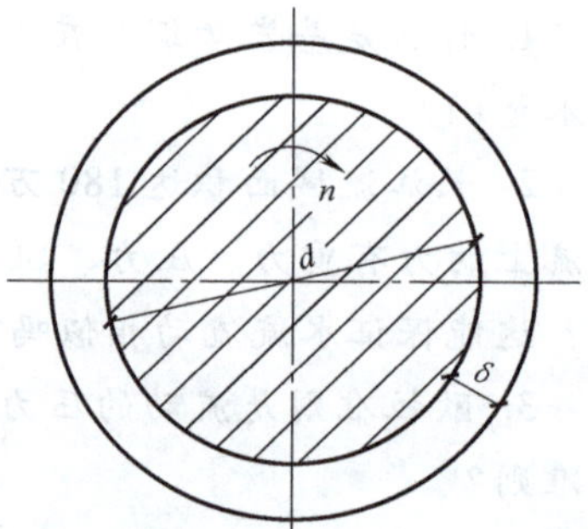

图 5-20 计算题第 4 题

6. 龙滩水库，位于广西天峨县城上游 15km 处，设计蓄水位 400m，在实验室进行水库底孔放空模型实验。取长度比例尺$\lambda_l=100$，实验中测得放空时间为 12h，试预测原型水库的放空时间。

7. 济南号驱逐舰（图 5-22），是 20 世纪 60 年代末期我国建造的 051 型驱逐舰首舰，是我国自行研制的第一代导弹驱逐舰。济南号驱逐舰的建成服役，实现了我国驱逐舰从仿制到自行研制的跨越，在我国驱逐舰发展史上具有重要意义。对济南号按长度比例尺$\lambda_l=30$制作的船模在船池里进行拖曳实验以决定实船的阻力。

（1）若济南号实船速度$v_p=27\text{km/h}$，问船模速度应v_m为多大？

（2）若船模实验中的兴波阻力$F_m=1.47\text{N}$，问相应的实船兴波阻力F_p为多大？

图 5-21 薄壁堰

图 5-22 济南号驱逐舰

8. 东江—深圳供水工程于 2000 年将供水系统由原来的天然河道和人工渠道输水改造为

封闭的专用管道输水。为研究输水管道上直径 $d_p=600\text{mm}$ 的阀门阻力特性，采用几何相似的直径 $d_m=300\text{mm}$ 的阀门用气流做模型实验。已知输水管路的流量 $Q_p=0.283\text{m}^3/\text{s}$，水的运动黏度 $\nu_p=1.0\times10^{-6}\text{m}^2/\text{s}$，空气的运动黏度 $\nu_m=16.0\times10^{-6}\text{m}^2/\text{s}$，试求模型的气流量 Q_m。

9. 湖南省凤滩水电站腹拱式溢流拱坝，设计泄洪流量达 $32600\text{m}^3/\text{s}$，是世界上泄流量最大的溢流拱坝，采用独特的高低坎对冲消能，效果甚佳，如图 5-23a 所示。为研究溢流坝泄流，使用图 5-23b 所示溢流坝泄流模型。已知溢流坝最大下泄流量 $Q_p=850\text{m}^3/\text{s}$，若采用长度比例尺 $\lambda_l=50$ 的模型进行实验，试求模型最大泄流量 Q_m。如测得模型坝脚处收缩断面流速 $v_m=2.65\text{m/s}$，模型的堰上水头 $H_m=10.8\text{cm}$，试求原型相应的流速 v_p 和堰上水头 H_p。

a)　　　　b)

图 5-23　计算题第 9 题

a）凤滩水电站腹拱式溢流拱坝　b）泄流模型

10. 长庆油田是我国第一大油气田，位于陕西省西安市。长庆油田于 1970 年开始开采挖掘，目前勘探出的总面积达 37 万 km^2，并承担着对北京、田径、石家庄、西安等十多个大中城市的供应重任，如图 5-24 所示。油田通过管径 $d_p=250\text{mm}$ 的管路以 $Q_p=140\text{L/s}$ 的流量输送运动黏度 $\nu_p=0.75\text{cm}^2/\text{s}$ 的石油，为了确定避免油面发生旋涡将空气卷入管道的最小油深 h_{minp}，在长度比例尺 $\lambda_l=5$ 的模型中进行实验。

（1）试求模型中液体的运动黏度 ν_m 和流量 Q_m。

（2）若模型中观测到的 $h_{minm}=60\text{mm}$，试求原型相应的 h_{minp}。

11. 浙江海洋运动中心（图 5-25）位于浙江省象山县松兰山长咀头区域，将作为 2022 年

图 5-24　长庆油田

图 5-25　浙江海洋运动中心

杭州亚运会帆船（板）竞赛的承办场地。运动中心包括陆域上的主体建筑及海域中的防浪堤。用长度比例尺 $\lambda_l=40$ 的模型进行防浪堤模型实验，若测得模型波压力为 $F_m=130N$，试求作用在原型防浪堤上的波压力 F_p。

12. 涵洞是指在公路工程建设中，为了使公路顺利通过水渠，设于路基下修筑于路面以下的排水孔道，通过这种结构可以让水从公路的下面流过，如图 5-26 所示。一矩形断面过水涵洞，宽 $b=3.2m$，高 $H=4.5m$，最大过流水深 $h=3m$，最大流速为 2.0m/s。现用线性比例尺 $\lambda_l=15$ 的模型进行实验，试确定模型的尺寸及实验流量 Q_m。

13. 上海中心大厦（图 5-27），是上海市的一座巨型高层地标式摩天大楼，是世界第三高楼。建造过程中采用了多项新的可持续发展技术，达到了绿色环保的要求。为研究风对上海中心大厦的影响，在风洞中进行模型实验。当风速为 9m/s 时，测得建筑物迎风面的压强为 42Pa，背风面的压强为 −20Pa，试求在温度不变情况下，风速增至 12m/s 时，建筑物迎风面和背风面的压强。

图 5-26　涵洞

图 5-27　上海中心大厦

14. 河北省潘家口水利枢纽重力坝（图 5-28），坝高 107.5m，设计最大泄流量 $56200m^3/s$，部分采用宽尾墩形式的新型消能工，是世界上泄量较大的高水平的溢流重力坝，具有很好的消能防冲效果。通过模型实验研究溢流重力坝的布置。已知坝的最大下泄流量为 $197m^3/s$，实验室的供水能力为 $0.04m^3/s$，试根据供水能力确定模型的最大长度比例尺。

图 5-28　潘家口水利枢纽重力坝

第6章

流动阻力和水头损失

随着国家可持续发展战略的不断推进，绿水青山就是金山银山的理念已深入人心，在能源领域也是如此。推进能源革命，建设清洁低碳、安全高效的能源体系，提高能源供给保障能力。发展非化石能源，水电基地建设成为构建现代能源体系不可或缺的一部分。作为我国水利工程的先行者，丹江口水利枢纽工程（图6-1）是新中国第一个自行勘测、设计、施工的大型水利工程，初期工程集防洪、发电、航运、灌溉、养殖等综合效益于一体，被周恩来总理誉为我国“五利俱全”的代表性水利工程。作为南水北调中线的重要工程，丹江口水库之水通过南水北调中线干渠送往豫、冀、津、京等北方地区，有效缓解了沿线地区水资源短缺的紧张局面，促进了受水区国民经济的可持续发展。在水利枢纽工程的建设中，只有正确地计算出水头损失才能较准确地计算出有关的流动参数，如压力、速度等。只有选择了正确的流动参数，才能使水利枢纽工程的建设顺利进行。

图6-1 丹江口水利枢纽工程

在前面的章节建立了黏性流体恒定总流伯努利方程，运用总流伯努利方程解决工程实际问题的关键是水头损失项的计算问题。本章主要研究流体在恒定流动情下，流动阻力和水头损失的规律。首先将流动阻力和水头损失进行分类，了解沿程和局部水头损失的计算公式。黏性流体具有两种流态——层流和紊流，不同流态下，流体在管道、渠道内流动的阻力与水头顿失的规律不同，临界雷诺数为不同流态的判别依据。

沿程阻力造成了水头损失，建立沿程水头损失与切应力的关系，并学习均匀流基本方程，进行沿程水头损失的计算。在许多情况下，紊流的研究更具有实际意义，结合经典实验结果，了解沿程阻力系数的变化规律。流体阻力和水头损失是研究流体运动规律的基础。

6.1 流动阻力和水头损失的分类

6-1 流动阻力水头损失的分类

6.1.1 流动阻力和水头损失的分类

襄阳市长渠（白起渠）水情教育基地位于湖北省西北部汉江中游，是湖北省重要的水利文化科普教育基地。基地受众地域面积 1100km²，受众人口 120 万人。作为基地核心展示区的长渠（白起渠）世界灌溉工程遗产（图 6-2），始建于公元前 279 年，2018 年 8 月成功列入世界灌溉工程遗产名录。它全长 49.25km，西起南漳县武安镇，东至宜城市郑集镇，又称“百里长渠”，原是秦国大将白起为攻打楚国鄢都开凿的战渠。它是我国南方长藤结瓜灌溉模式的代表性工程，是新中国成立后湖北省修复的第一个大型灌溉工程。在长渠中的河水作为一种实际流体，本身具有黏性，在管道、渠道内流动时，流体内部流层间因为相对运动而产生流动阻力。流动阻力做功，将流体的一部分机械能转化为热能而损失掉，形成了能量损失。为了便于分析计算，根据流动边界条件的不同，将流动阻力和能量损失分为以下几种形式。

图 6-2 长渠（白起渠）

1. 沿程阻力与沿程损失

在边界沿流程没有变化（包括边壁形状、尺寸、流动方向均无变化）的均匀流流段上，产生的流动阻力称为沿程阻力。这种阻力来源于沿流程各流体质点或流层之间以及流体与固体壁之间的摩擦阻力。沿程阻力做功引起的水头损失称为沿程水头损失，用 h_f 表示。沿程水头损失主要是由摩擦阻力引起的，均匀分布在整个流段上，大小与流段的长度成正比。流体在等直径的直管中流动的水头损失就是沿程水头损失。

2. 局部阻力与局部损失

在边界形状沿程急剧变化、流速分布急剧调整的局部区段上，集中产生的流动阻力称为局部阻力，由局部阻力做功引起的水头损失称为局部水头损失，用 h_j 表示。发生在管道入口、管径突变处、弯管、阀门等各种管件处的水头损失，都是局部水头损失。局部水头损失是由于固体边界形状突然改变，各种阻碍破坏了流体的正常流动，其大小取决于各种阻碍的类型，特点是集中在一段较短的流程上。

如图 6-3 所示管道，当流体经过 ab 段、bc 段、cd 段时各段只有沿程阻力，发生在这些管段中的水头损失是沿程水头损失，分别用 h_{fab}、h_{fbc}、h_{fcd} 表示。流体在流经管道入口 a、管道断面突然缩小处 b、阀门 c 处时，由于固体边界条件（形状、大小和方向）急剧变化，产生局部阻力，发生在这些地方的水头损失是局部水头损失，分别用 h_{ja}、h_{jb}、h_{jc} 表示。

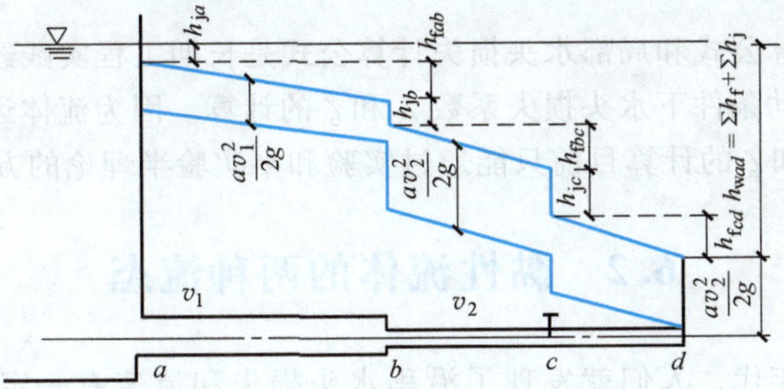

图 6-3 水头损失

3. 总水头损失

流体在实际装置中流动时，不可避免地将出现沿程水头损失和局部水头损失。在实际流体总流伯努利方程中，h_w 包括单位重量流体在所取两断面间的所有水头损失，即

$$h_w=\sum h_f+\sum h_j \tag{6-1}$$

例如，图 6-3 所示整个管道的水头损失 h_w 等于各管段的沿程水头损失和所有局部水头损失的总和，即

$$h_w=\sum h_f+\sum h_j=h_{fab}+h_{fbc}+h_{fcd}+h_{ja}+h_{jb}+h_{jc}$$

6.1.2 水头损失的计算公式

掌握沿程水头损失和局部水头损失的规律和计算方法，对于研究流体力学问题，尤其是对于工程问题的计算是十分必要的。水头损失计算公式的建立，经历了从经验到理论的发展过程。

6-2 水头损失的计算公式

1. 沿程水头损失计算公式

19 世纪中叶，法国工程师达西（Darcy，1803—1858）和德国水力学家魏斯巴赫（Weisbach，1806—1871），在归纳总结前人实验的基础上，提出了圆管沿程水头损失计算公式

$$h_f=\lambda\frac{l}{d}\frac{v^2}{2g} \tag{6-2}$$

式中，h_f 为沿程水头损失；l 为管长；d 为管道直径；v 为断面平均流速；g 为重力加速度；λ 为沿程水头损失系数或沿程阻力系数。

该公式称为达西—魏斯巴赫公式，简称达西公式。式中的沿程水头损失系数 λ 并不是一个确定的常数，不同的流动情况有不同的 λ 值，一般由实验确定。这样，达西公式就把沿程水头损失的计算转化为研究确定沿程水头损失系数的问题。长期实践表明，达西公式在理论上是严密的，使用上是方便的。

2. 局部水头损失计算公式

局部水头损失计算公式为

$$h_j=\zeta\frac{v^2}{2g} \tag{6-3}$$

式中，h_j为局部水头损失；ζ 为局部水头损失系数或局部阻力系数，由实验确定；v 为与 ζ

对应的断面平均流速。

沿程水头损失计算公式和局部水头损失计算公式是长期工程实践经验的总结。计算水头损失的关键是各种流动条件下水头损失系数 λ 和 ζ 的计算。因为流体运动的复杂性，除了少数简单流动状态，λ 和 ζ 的计算目前只能通过实验和半实验半理论的方法获得。

6.2 黏性流体的两种流态

早在 19 世纪 30 年代，人们就发现了沿程水头损失和流速有一定的关系。在流速很小时，水头损失和流速的一次方成比例；在流速较大时，水头损失几乎和流速的平方成比例。1883 年，英国物理学家雷诺通过实验研究发现，水头损失规律之所以不同，是因为黏性流体存在着两种不同的流态。

雷诺（图 6-4）是一位杰出的实验科学家。由于欧文学院最初没有实验室，他的许多早期实验都是在家里进行的。他于 1883 年发表了一篇经典性论文——《决定水流为直线或曲线运动的条件及在平行水槽中的阻力定律的探讨》。这篇文章以实验结果说明水流分为层流与紊流两种形态，并提出以无量纲数（后称为雷诺数）作为判别两种流态的标准。他于 1886 年提出轴承的润滑理论，1895 年在紊流中引入有关应力的概念。雷诺兴趣广泛，一生著述很多，其中近 70 篇论文都有很深远的影响。这些论文研究的内容包括力学、热力学、电学、航空学、蒸汽机特性等。他的成果曾汇编成《雷诺力学和物理学课题论文集》两卷。

6.2.1 雷诺实验

6-3 雷诺实验

雷诺实验装置如图 6-5a 所示。A 为水平玻璃管，为了避免进口扰动，玻璃管管端做成圆滑喇叭口形状；B 为阀门，用以调节水平玻璃管中水的流速；C 为颜色水容器，里面装有与水密度相近的有色液体；D 为颜色水阀门，为了减少干扰，应适当调节阀门 D 的开度，使颜色水注入针管 E 中的流速与玻璃管 A 内注入点处的流速接近；E 为颜色水注入针管，颜色水通过此管注入玻璃管中；F 为水箱，实验过程中水箱内的水位保持恒定。

图 6-4 雷诺

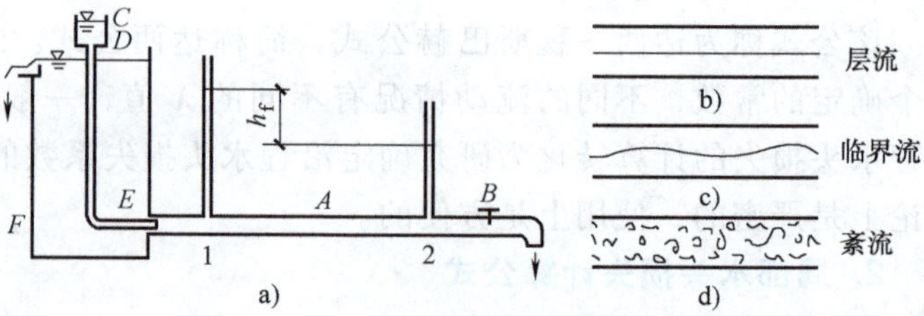

图 6-5 雷诺实验装置

实验分为四个过程：

1）阀门 B 微开，水以低速流过玻璃管 A，打开阀门 D，使有色液体流入玻璃管。可以观察到：玻璃管内的颜色水成一条位置固定、界限分明，与周围的清水不相混合的细直线，如图 6-5b 所示。这种现象表明：此时玻璃管中的流体作层状流动，各层流体质点互不掺混，这种流动状态称为层流。

2）缓慢开大阀门 B，增大玻璃管内的水流速度，可以观察到：在一定的范围内仍保持层流运动状态。当速度增加到某一数值时，颜色水线出现波纹，局部地方可能出现中断现象，如图 6-5c 所示。这种现象表明：此时玻璃管中流体质点出现了横向运动，玻璃管内水层之间出现了不稳定的振荡现象。

3）继续开大阀门 B 增加流速，可以观察到：颜色水线迅速加大波动和断裂，随后颜色水完全掺混到水流中去，如图 6-5d 所示。这种现象表明：此时管内流体质点运动轨迹杂乱无章，各层流体质点剧烈掺混，这种流动状态称为紊流。

4）将以上实验按相反的顺序进行：先开大阀门 B，使玻璃管内成为紊流，然后逐渐关小阀门 B，则会按相反的顺序出现前面实验中发生的现象。不同的是，由紊流转变为层流的流速 v_c 小于由层流转变为紊流的流速 v_c'。流态发生转变的流速 v_c' 和 v_c 分别称为上临界流速和下临界流速。大量的实验表明：上临界流速 v_c' 是不稳定的，受初始扰动的影响很大，而下临界流速 v_c 是稳定的，不受初始扰动的影响，实际使用上把下临界流速 v_c 作为流态转变的临界流速。

雷诺实验表明：当流速不同时，流体质点会出现两种不同的运动状态。当流速小于某一数值时，流体质点互不掺混，做有条不紊的层状流动，即层流运动。而当流速大于某一数值时，流体质点在向前运动的同时互相掺混，做无规则运动，即紊流运动。介于两者之间的较小范围叫过渡状态。

6.2.2 不同流态的阻力规律

6-4 不同流态的阻力规律

为了分析不同流态沿程水头损失的变化规律，在雷诺实验的玻璃管中，选取过流断面 1 和 2，并各自安装一根玻璃管，则断面 1、2 间的伯努利方程方程可以表达为

$$z_1+\frac{p_1}{\rho g}+\frac{\alpha_1 v_1^2}{2g}=z_2+\frac{p_2}{\rho g}+\frac{\alpha_2 v_2^2}{2g}+h_w$$

因为该管道为等直径直管，管流为均匀流，所以有

$$v_1+v_2,\alpha_1=\alpha_2$$

断面 1、2 间只有沿程水头损失，没有局部水头损失，$h_w=h_f$，化简上式，得到

$$h_f=\left(z_1+\frac{p_1}{\rho g}\right)-\left(z_2+\frac{p_2}{\rho g}\right) \tag{6-4}$$

该式表明：均匀流两断面间的沿程水头损失，等于两断面的测压管水头差。

因为玻璃管水平放置，有 $z_1=z_2$，式（6-4）可以进一步简化为

$$h_f=\frac{p_1}{\rho g}-\frac{p_2}{\rho g} \tag{6-5}$$

式（6-5）表明均匀流两断面间的沿程水头损失，等于两断面测压管中的液面高差，即两根测压管中的液面高差为两断面间的沿程水头损失。

通过阀门调节流速，测定不同断面平均流速 v 时相应的沿程水头损失 h_f，可以得到 h_f-v 的关系曲线，如图 6-6 所示。

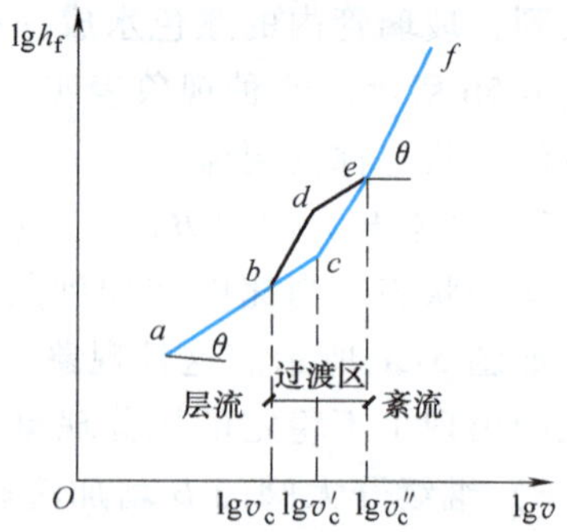

图 6-6 h_f-v 关系图

1）当流速 v 由小变大时，实验曲线为 $abcef$，c 点是层流过渡到紊流的转换点，对应的流速为上临界流速 v_c'；当流速 v 由大到小时，实验曲线为 $fedba$，b 点为紊流过渡到层流的转换点，对应的流速为下临界流速 v_c，水头损失可以表达为

$$h_f = kv^m$$

在对数坐标下，直线方程为：$\lg h_f = \lg k + m\lg v$。式中，$\lg k$ 为截距；m 为直线的斜率。

2）ab 段。$v<v_c$，流动为稳定的层流，ab 直线的斜率 $m_1 = 1.0$，$h_f = kv^{1.0}$，沿程水头损失与断面平均流速 v 的一次方成正比。

3）ef 段上。$v>v_c'$，流动只能是紊流，ef 直线的斜率 $m^2 = 1.75\sim2.00$，即 $h_f = kv^{1.75\sim2.00}$，沿程水头损失与断面平均流速 v 的 1.75~2.00 次方成正比。

4）在层流与紊流状态之间的区域（be 段）为过渡区，流动状态是不稳定的，既取决于流动的初始流态，又取决于外界扰动的大小。实验过程中流速逐渐增大时实验点将沿 bce 移动，流速逐渐减小时，将沿 edb 移动。

5）bc 段为层流与紊流的过渡区域，$v_c<v<v_c'$，流动状态既取决于流动的初始流态，又取决于外界扰动的大小。

6）bd 和 ce 段是流态不稳定的过渡区。

从以上分析可以看出：流态不同，沿程阻力的变化规律不同，沿程水头损失的规律也不同。在分析流体运动，计算水头损失时，首先必须先判别流态，然后由确定的流态按不同的规律进行计算。

6.2.3 流态的判别——雷诺数

6-5 流态的判别-雷诺数

1. 圆管流动

如图 6-7 所示，流动状态可以按管中流速值分为以下三种情况：当 $v>v_c'$时，管中流动为紊流状态；当 $v<v_c'$时，管中流动为层流状态；当 $v_c<v<v_c'$时，管中流动既可能是紊流状态，也可能是层流状态，在这个范围内流动处于不稳定的过渡状态。

临界流速是层流和紊流的转变流速，不同的流动条件，v_c 值大小不等。雷诺通过实验发现：圆管流动，临界流速 v_c 的大小与流体的黏度 μ 成正比，与流体的密度 ρ 和管径 d 成反比，即

$$v_c = Re_c \frac{\mu}{\rho d}$$

式中，Re_c 为比例常数，是不随管径大小和流体物理性质（ρ，μ）变化的无量纲数。

$$Re_c = \frac{v_c \rho d}{\mu} = \frac{v_c d}{\nu} \qquad (6\text{-}6)$$

式中，Re_c 称为下临界雷诺数，实际应用中称为

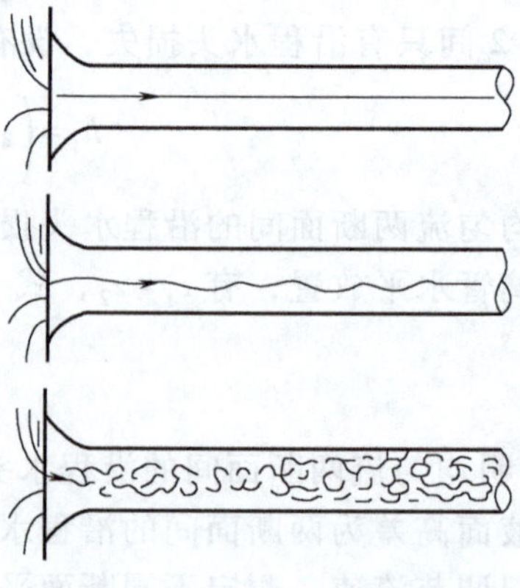

图 6-7 三种流态

临界雷诺数。

对于任一断面平均流速 v，有

$$Re=\frac{vd}{\nu} \tag{6-7}$$

用临界雷诺数作为流态判别标准，应用上十分方便：当 $Re<Re_c$ 时，流动为层流；当 $Re>Re_c$ 时，流动为紊流。

大量的实验证明：当管径或流体介质不同时，下临界流速 v_c 不同，但下临界雷诺数 Re_c 却是一个比较稳定的数，其值约为 2320。工程实际中，为简便起见，采用的临界雷诺数为 2300，即

$$Re_c=\frac{v_c d}{\nu}=2300 \tag{6-8}$$

下临界雷诺数 Re_c 不随流体性质、管径或流速大小而变，而上临界雷诺数 Re_c' 则不稳定。实际流动中，当 $Re>Re_c$ 时，层流处于不稳定状态，如果没有外界扰动，层流流态理论上仍可继续保持下去，直至上临界雷诺数 Re_c'，而 Re_c' 的大小视流动的平静程度及来流有无扰动而定，在实际流动中扰动总是存在的，因此用 Re_c' 来判别流态没有什么实际意义。工程实际中，为使计算结果安全起见，通常采用下临界雷诺数 Re_c 作为流态判别的标准：$Re<2300$，流动为层流；$Re>2300$，流动为紊流；$Re=2300$，流动为临界流。

2. 非圆管流动

在工程中，使用的管道并不都是圆形截面管道，明渠一般来说也不是圆形截面。如图 6-8 所示，十大家明渠起点为汉黄路与十大家路交叉口，止点为岱山渠，全长 2.6km，明渠宽度 5~10m。武汉市江岸区政府完成了该明渠周边控源截污和岸坡治理工作，同时落实“河湖长”制，实施日常管控措施，进一步巩固整治效果。根据 2020 年 6 月公众调查结果，十大家明渠公众满意度为 94.17%，明渠治理初见成效。

图 6-8　十大家明渠

对于明渠水流和非圆断面管流，同样可以用雷诺数判别流态，只是需要引入一个综合反映断面大小和几何形状对流动影响的特征长度来代替圆管雷诺数中的直径 d，这个特征长度称为水力半径，用 R 表示。水力半径 R 是过流断面面积 A 与湿周 χ 的比值，即

$$R=\frac{A}{\chi} \tag{6-9}$$

式中，R 为水力半径；A 为过流断面面积；χ 为过流断面上流体与固体壁面接触的周界线，称为湿周。

水力半径是一个非常重要的水力要素，水力半径的量纲是长度 L，常用的单位是 m 或 cm，它综合反映了断面大小和几何形状对流动影响的特征长度。水力半径与几何半径是两个不同的概念。

对于矩形断面渠道，如图 6-9a 所示，其水力半径为

$$R=\frac{bh}{b+2h} \tag{6-10}$$

对于直径为 d 的圆管流动，如图 6-9b 所示，其水力半径为

$$R=\frac{\frac{1}{4}\pi d^2}{\pi d}=\frac{d}{4} \tag{6-11}$$

以水力半径 R 为特征长度，相应的临界雷诺数

$$Re_{c,R}=\frac{v_c R}{\nu}=575 \tag{6-12}$$

由此可见，采用不同的特征长度，有不同的临界雷诺数。

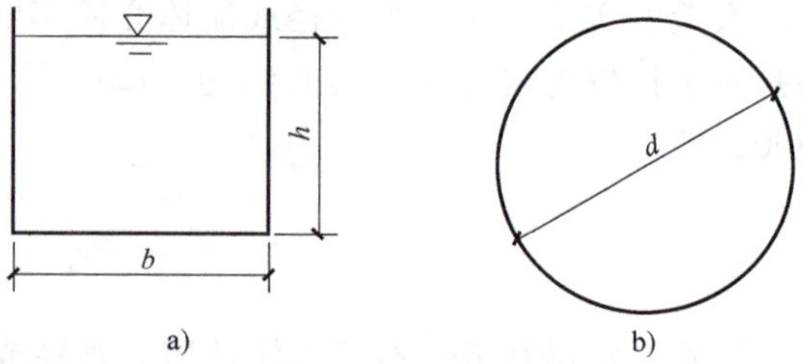

图 6-9 水力半径

3. 雷诺数的物理意义

雷诺数反映了惯性力与黏滞力作用的对比关系，当 $Re<Re_c$ 时，黏性对流动起主导作用，受微小扰动产生的紊动在黏性的阻滞作用下会逐渐衰减下来，流动仍然保持为层流；随着 Re 增大，黏性作用减弱，惯性对紊动的激励作用增强。当 $Re>Re_c$ 时，惯性对流动起主导作用，流动转变为紊流。雷诺数之所以能够判别流态，正是因为它反映了流态决定性因素的对比关系。

【例 6.1】 一水管直径 $d=25\text{mm}$，当打开水龙头接水后，水的流速 $v=1.0\text{m/s}$，水温为 10℃。(1) 试判别管中水的流态；(2) 使管内保持层流状态的最大流速是多少？

【解】 (1) 10℃时水的运动黏度 $\nu=1.31\times10^{-6}\text{m}^2/\text{s}$，管中的雷诺数为

$$Re=\frac{vd}{\nu}=\frac{1.0\times0.025}{1.31\times10^{-6}}=19100>2300$$

$Re>Re_c$，此管中水流是紊流。

(2) 保持层流的最大流速是临界流速

$$v_c=\frac{Re_c\nu}{d}=\frac{2300\times1.31\times10^{-6}}{0.025}\text{m/s}=0.12\text{m/s}$$

【例 6.2】 如图 6-10 所示，云南政企联合援建的爱心水渠——红河县期垤·龙普梯田灌溉水渠为矩形断面，水深 $h=15\text{cm}$，底宽 $b=20\text{cm}$，流速 $v=0.15\text{m/s}$，水温 10℃，试判别流态。

【解】 10℃时，水的运动黏度为 $\nu=1.31\times10^{-6}\text{m}^2/\text{s}$，水力半径 R 为

$$R=\frac{bh}{b+2h}=\frac{0.2\times0.15}{0.2+0.15\times2}\text{m}=0.06\text{m}$$

雷诺数

$$Re=\frac{vR}{\nu}=\frac{0.15\times0.06}{1.31\times10^{-6}}=6870>575$$

所以流态是紊流。

图 6-10 红河县期垤·龙普梯田灌溉水渠

6.3 沿程水头损失与切应力的关系

前面已经指出，沿程阻力是造成沿程水头损失的直接原因。这个沿程阻力对于均匀流来说，就是内部流层间的切应力。因此，建立沿程水头损失与切应力的关系式，再找出切应力的变化规律，就能解决沿程水头损失的计算问题。

6.3.1 均匀流基本方程

取圆管中恒定均匀流段 1—2，如图 6-11 所示。作用于该流段上的外力有：两端压力 $P_1=p_1A$、$P_2=p_2A$；壁面对流段的摩擦阻力 $T=\tau_0\chi l$，重力 $G=\rho gAl$。因为均匀流是等速直线流动，在流动方向上压力、摩擦阻力与重力三者相互平衡，即

$$P_1-P_2+G\cos\alpha-T=0$$

即

$$p_1A-p_2A+\rho gAl\cos\alpha-\tau_0\chi l=0$$

式中，τ_0 为单位管避面上的摩擦阻力，即壁面切应力；χ 为湿周。

将 $l\cos\alpha=z_1-z_2$ 代入上式，并用 ρgA 除以式中各项，可以得到

$$\left(z_1+\frac{p_1}{\rho g}\right)-\left(z_2+\frac{p_2}{\rho g}\right)=\frac{\tau_0\chi l}{\rho gA} \quad (6\text{-}13)$$

1—2 断面间的水头损失只有沿程损失 h_f，列 1—1、2—2 断面间的伯努利方程，得到

$$z_1+\frac{p_1}{\rho g}=z_2+\frac{p_2}{\rho g}+h_f \quad (6\text{-}14)$$

将式（6-14）代入式（6-13），可以的得到

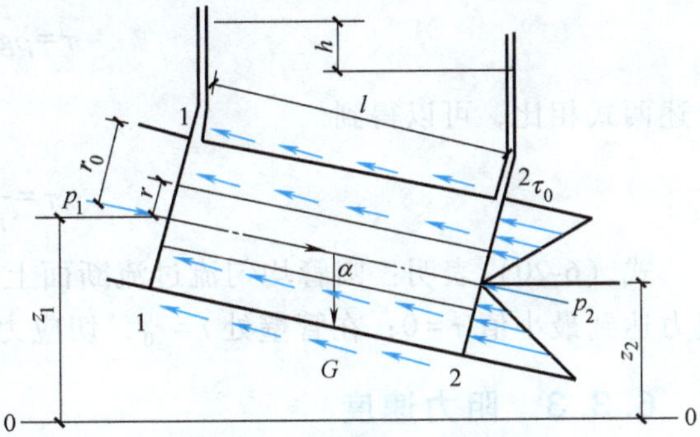

图 6-11 圆管均匀流动

$$h_f=\frac{\tau_0\chi l}{\rho gA}=\frac{\tau_0 l}{\rho gR} \quad (6\text{-}15)$$

或

$$\tau_0=\rho g\frac{A}{\chi}\cdot\frac{h_f}{l}=\rho gRJ \quad (6\text{-}16)$$

式（6-15）和式（6-16）给出了圆管均匀流沿程水头损失与壁面切应力的关系，称为均匀流基本方程。该公式表明：总流的沿程水头损失 h_f 与流程长度 l，边壁上的切应力 τ_0 成正比，与总流的水力半径 R 成反比。

均匀流基本方程适用于层流和紊流，原因在于均匀流基本方程只是根据作用在恒定均匀流段上的外力相平衡得到的平衡关系式，反映了均匀流动中压力、重力和切向力三者的平衡关系。公式的推导并没有涉及流体质点的运动状态。无论是层流还是紊流，只要是恒定均匀流动，这三种外力就一定是平衡的。因此，均匀流基本方程对层流和紊流都适用。

层流和紊流虽有相同的均匀流基本方程，但在层流和紊流中，切应力有各自的规律。正因为如此，层流和紊流的流速分布和水头损失的规律不同。另外，均匀流基本方程虽然表示沿程水头损失与切应力的关系，但并没有反映产生沿程水头损失的物理本质，不能认为流体的机械能只是集中在管壁处被消耗掉的。

6.3.2 圆管过流断面上切应力分布

在图 6-12 所示圆管恒定均匀流中，取轴线与管轴重合，半径为 r 的流束进行受力分析，同样可以求得流束的均匀流基本方程

$$\tau=\rho gR'J' \tag{6-17}$$

式中，τ 为所取流束表面的切应力；R' 为所取流束的水力半径；J' 为所取流束的水力坡度，与总流的水力坡度相等，即 $J'=J$。

将 $R=\dfrac{r_0}{2}$、$R'=\dfrac{r}{2}$ 分别代入式（6-16）和式（6-17），可以得到

$$\tau_0=\rho g\frac{r_0}{2}J \tag{6-18}$$

$$\tau=\rho g\frac{r}{2}J' \tag{6-19}$$

上述两式相比，可以得到

$$\tau=\frac{r}{r_0}\tau_0 \tag{6-20}$$

式（6-20）表明：圆管均匀流过流断面上的切应力呈直线分布，在管轴中心处 $r=0$，切应力达到最小值 $\tau=0$；在管壁处 $r=r_0$，切应力达到最大值 $\tau=\tau_0$，如图 6-12 所示。

6.3.3 阻力速度

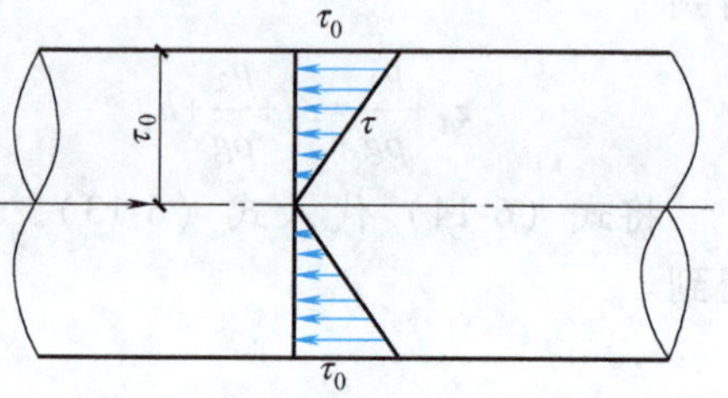

图 6-12　圆管均匀流过流断面上的切应力分布

为了建立沿程阻力系数 λ 与壁面切应力 τ_0 的关系，将达西公式 $h_f=\lambda\dfrac{l}{d}\dfrac{v^2}{2g}$ 和圆管水力半径 $R=\dfrac{d}{4}$ 代入均匀流基本方程中，可以得到

$$\tau_0=\rho gR\cdot\frac{h_f}{l}=\rho g\cdot\frac{d}{4}\cdot\frac{\lambda\dfrac{l}{d}\dfrac{v^2}{2g}}{l}=\rho\frac{\lambda}{8}v^2$$

则

$$\sqrt{\frac{\tau_0}{\rho}}=v\sqrt{\frac{\lambda}{8}}$$

定义 $v^*=\sqrt{\dfrac{\tau_0}{\rho}}$，$v^*$ 具有速度量纲，是反映壁面切应力大小的一个流速，称为阻力速度，则

$$v^*=v\sqrt{\frac{\lambda}{8}} \tag{6-21}$$

式（6-21）给出了 v^*、λ、v 三者之间的关系，该式在分析紊流沿程损失中广为引用。

【例 6.3】 明渠中流动为均匀流，已知底坡 $i=0.005$，水深 $h=3\text{m}$，底宽 $b=6\text{m}$，试求：(1) 渠底壁面上的切应力 τ_0；(2) 水深 $h_1=2\text{m}$ 处水流中的切应力 τ。

【解】 (1) 求渠底壁面上的切应力 τ_0　矩形断面水力半径

$$R=\frac{bh}{b+2h}=\frac{6\times3}{6+2\times3}\text{m}=1.5\text{m}$$

均匀流水力坡度：$J=i=0.005$。

由均匀流基本方程 $\tau_0=\rho gRJ$ 得到

$$\tau_0=\rho gRJ=1000\times9.8\times1.5\times0.005\text{N/m}^2=73.5\text{N/m}^2$$

(2) 求水深 $h_1=2\text{m}$ 处水流中的切应力 τ

$$R'=\frac{bh_1}{b+2h_1}=\frac{6\times2}{6+2\times2}\text{m}=1.2\text{m}$$

$$\tau=\rho gR'J=1000\times9.8\times1.2\times0.005\text{N/m}^2=58.5\text{N/m}^2$$

6.4　圆管中的层流运动

在实际工程中，绝大多数流动都是紊流运动，层流常见于很细的管道流动，或者低速、高黏性流体的管道流动，如原油输油管道、润滑系统内的流动及地下水的流动等。研究层流运动不仅具有工程实际意义，而且可以加深对紊流的认识。

最早研究圆管层流的学者是法国生物学家泊肃叶（J. Poisuille，1799—1869），他在1841年推导出了圆管层流速度分布式，现在人们把长直圆管中的层流运动称为泊肃叶流动，它是最简单的流动情况之一。层流运动规律是流体黏度量测和研究紊流运动的基础。泊肃叶不仅在流体力学中有突出贡献，在医学中也有不小的成就。在求学时代即发明了血压计，用以测量狗主动脉的血压。他发表过一系列关于血液在动脉和静脉内流动的论文。医学上把小血管管壁近处流速较慢的流层称为泊肃叶层。

6.4.1　圆管层流速度分布

层流各流层质点互不掺混，对于圆管来说，各层质点沿平行于管轴线的方向运动。与管壁接触的一层速度为零，管轴线上速度最大，整个管流如同无数薄壁圆筒一个套着一个滑动，如图 6-13 所示。

流体在圆管中作层流运动，各流层间切应力服从牛顿内摩擦定律，即

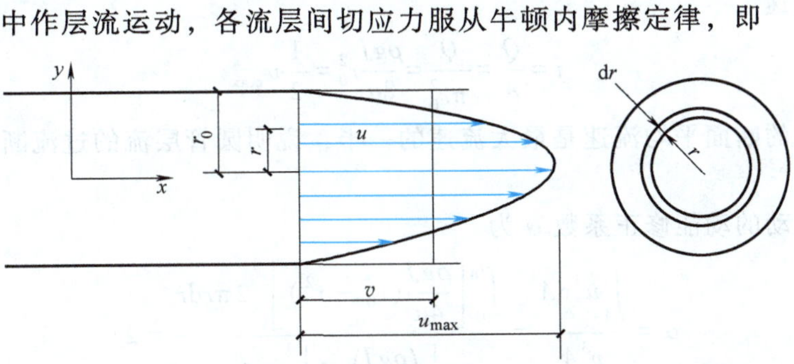

图 6-13　圆管中的层流运动

$$\tau = \mu \frac{du}{dy}$$

式中，y 是流层到边壁的距离，$y=r_0-r$，则有

$$\tau = -\mu \frac{du}{dr}$$

将 $\tau = -\mu \frac{du}{dy}$ 代入圆管中流束的均匀流基本方程 $\tau = \rho g \frac{r}{2}J$，可以得到

$$-\mu \frac{du}{dr} = \rho g \frac{r}{2}J$$

分离变量

$$du = -\frac{\rho g J}{2\mu} r dr$$

式中，ρ、g、J 和 μ 都是常数，对上式进行积分，可以得到

$$u = -\frac{\rho g J}{4\mu} r^2 + C$$

积分常数 C 由边界条件确定，当 $r=r_0$、$u=0$ 时，求得 $C=-\frac{\rho g J}{4\mu} r_0^2$，代回上式可得

$$u = \frac{\rho g J}{4\mu}(r_0^2 - r^2) \tag{6-22}$$

式（6-22）即为流体沿等直径圆管作恒定层流运动时的速度分布规律。其物理意义是：圆管层流运动过流断面上各点的速度分布与所在半径 r 成抛物线规律，称为抛物线速度分布规律，这是圆管层流运动的重要特征之一。

将 $r=0$ 代入上式，可以得到圆管层流的最大流速（管轴处）为

$$u_{max} = \frac{\rho g J}{4\mu} r_0^2 \tag{6-23}$$

流量

$$Q = \int_A u dA = \int_0^{r_0} \frac{\rho g J}{4\mu}(r_0^2 - r^2) 2\pi r dr = \frac{\rho g J}{8\mu} \pi r_0^2 \tag{6-24}$$

式（6-24）是圆管层流时广泛采用的流量计算公式，通常称为哈根—泊肃叶公式。该公式表明：流体作圆管层流运动时，圆管中的流量与管道半径的四次方成正比。由此可见，管径对流量的影响很大，人们常采用直径很小的短管作为节流措施，原因就在于此。

断面平均流速

$$v = \frac{Q}{A} = \frac{Q}{\pi r_0^2} = \frac{\rho g J}{8\mu} r_0^2 = \frac{1}{2} u_{max} \tag{6-25}$$

即圆管层流运动的断面平均流速是最大流速的一半，说明圆管层流的过流断面上流速分布不均匀。

圆管层流运动的动能修正系数 α 为

$$\alpha = \frac{\int_A u^3 dA}{v^3 A} = \frac{\int_0^{r_0} \left[\frac{\rho g J}{4\mu}(r_0^2 - r^2)\right]^3 2\pi r dr}{\left[\left(\frac{\rho g J}{8\mu}\right) r_0^2\right]^3 \pi r_0^2} = 2 \tag{6-26}$$

圆管层流运动的动量修正系数β为

$$\alpha=\frac{\int_A u^2\mathrm{d}A}{v^2A}=\frac{\int_0^{r_0}\left[\frac{\rho gJ}{4\mu}(r_0^2-r^2)\right]^3 2\pi r\mathrm{d}r}{\left[\left(\frac{\rho gJ}{8\mu}\right)r_0^2\right]^3\pi r_0^2}=1.33 \tag{6-27}$$

6.4.2　圆管层流沿程水头损失的计算

将$r_0=\frac{d}{2}$、$J=\frac{h_f}{l}$代入$v=\frac{\rho gJ}{8\mu}r_0^2$，可以得到

$$h_f=\frac{32\mu l}{\rho gd^2}v \tag{6-28}$$

该式从理论上证明了层流沿程水头损失与断面平均流速的一次方成正比，该结论与雷诺实验的结果一致。将上式写为计算沿程水头损失的一般形式

$$h_f=\frac{32\mu l}{\rho gd^2}v=\frac{64}{Re}\cdot\frac{l}{d}\cdot\frac{v^2}{2g}=\lambda\frac{l}{d}\cdot\frac{v^2}{2g}$$

由此式可以得到圆管层流的沿程水头损失系数的计算式

$$\lambda=\frac{64}{Re} \tag{6-29}$$

式（6-29）表明：圆管层流中，沿程水头损失系数λ只是雷诺数Re的函数，与管壁的粗糙度没有关系。

【例6.4】　某灌溉管道系统主灌溉管的直径$d=2\text{cm}$，流速$v=12\text{cm/s}$，水温$t=10℃$。试求在管长$l=1000\text{m}$上的沿程水头损失。

【解】　（1）先判别流态　10℃时水的运动黏度$\nu=1.31\times10^{-6}\text{m}^2/\text{s}$

$$Re=\frac{vd}{\nu}=\frac{0.12\times0.02}{1.31\times10^{-6}}=1832<2300$$

故为层流。

（2）求沿程水头损失系数λ

$$\lambda=\frac{64}{Re}=\frac{64}{1832}=0.0349$$

（3）计算沿程水头损失

$$h_f=\lambda\frac{l}{d}\frac{v^2}{2g}=0.0349\times\frac{1000}{0.02}\times\frac{0.12^2}{2\times9.8}\text{m}=1.282\text{m}$$

【例6.5】　某公司为响应国家创新驱动发展战略，拟开发新一代大型冷冻机技术，在某次制冷压缩机组的技术测试中（图6-14），管径$d=1\text{cm}$、管长$l=5\text{m}$的圆管中的冷冻机润滑油作层流运动，测得流量为$Q=80\text{cm}^3/\text{s}$，水头损失$h_f=30\text{m}$（油柱）。试求油的运动黏度ν。

图6-14　制冷压缩机组

【解】 (1) 求断面平均流速 v 由 $Q=vA$ 得到润滑油的平均流速

$$v=\frac{Q}{A}=\frac{80\times10^{-6}}{\frac{\pi}{4}\times0.01^2}\mathrm{m/s}=1.02\mathrm{m/s}$$

(2) 求沿程水头损失系数 λ 由 $h_f=\lambda\frac{l}{d}\frac{v^2}{2g}$ 得到沿程水头损失系数为

$$\lambda=\frac{h_f}{\frac{l}{d}\frac{v^2}{2g}}=\frac{30}{\frac{5}{0.01}\times\frac{1.02^2}{2\times9.8}}=1.13$$

(3) 求 Re 因为是层流,由 $\lambda=\frac{64}{Re}$ 得到

$$Re=\frac{64}{\lambda}=\frac{64}{1.13}=56.6<2300$$

(4) 求运动黏度 由 $Re=\frac{vd}{\nu}$ 得到,润滑油的运动黏度为

$$\nu=\frac{vd}{Re}=\frac{1.02\times0.01}{56.6}\mathrm{m^2/s}=1.80\times10^{-4}\mathrm{m^2/s}$$

【例 6.6】 某石化厂设置了一炼油厂及油库内部的水平输油管道,如图 6-15 所示。已知 AB 段长 $l=500\mathrm{m}$,测得 A 点压强 $p_A=294\mathrm{kPa}$,B 点压强 $p_B=196\mathrm{kPa}$,通过的流量 $Q=0.016\mathrm{m^3/s}$,油的运动黏度 $\nu=171\times10^{-6}\mathrm{m^2/s}$,密度 $\rho=890\mathrm{kg/m^3}$,计算输油管道直径。

图 6-15 例 6.6

【解】 (1) 计算沿程损失

$$h_f=\left(z_A+\frac{p_A}{\rho g}\right)-\left(z_B+\frac{p_B}{\rho g}\right)$$

由于水平放置输油管道,$z_A=z_B$,所以

$$h_f=\frac{p_A-p_B}{\rho g}=\frac{(294-196)\times10^3}{890\times9.8}\mathrm{m}=11.24\mathrm{m}\ (\text{油柱})$$

(2) 假设管中为层流运动

$$h_f=\frac{32\mu lv}{\rho gd^2}$$

将 $\mu=\rho\nu$、$v=\frac{Q}{A}=\frac{4Q}{\pi d^2}$ 代入上式,得

$$h_f=\frac{32\nu l}{gd^2}\frac{4Q}{\pi d^2}$$

整理得到

$$d^4=\frac{128\nu lQ}{\pi gh_f}=\frac{128\times171\times10^{-6}\times500\times0.016}{\pi\times9.8\times11.24}\mathrm{m^4}$$

解得 $d=0.15\text{m}$。

(3) 验算

$$v=\frac{4Q}{\pi d^2}=\frac{4\times0.016}{\pi\times0.15^2}\text{m/s}=0.91\text{m/s}$$

$$Re=\frac{vd}{\nu}=\frac{0.91\times0.15}{171\times10^{-6}}=798<2300$$

管中流动为层流，假设正确。

6.5 紊流运动

自然界和工程中的大多数流动都是紊流。如图 6-16 所示，怒江的大部河段奔流于深造峡谷中，落差大，流势急，多瀑布险滩，上游河流补给以冰雪融水为主，夏季降雨补给，水量丰沛，多年平均径流量 689 亿 m^3，水能蕴藏量 46000MW，占萨尔温江水能蕴藏总量的 90% 以上。怒江干流水能蕴藏量为 36410MW。但是，怒江流域水资源开发利用程度低，截至 20 世纪末，修建中小型水库约 200 座，蓄、引、提水灌溉面积共 6 万多公顷，占耕地面积的 1/4；建中小型水电站约 200 处，装机容量 30～40MW。怒江流域水资源开发利用程度低的一部分原因就是对于紊流的理论研究不足。工业生产中的许多工艺流程都涉及紊流问题，因此紊流更具有普遍意义，对紊流的研究具有更为重要的理论意义和更为广泛的实际意义。

图 6-16 怒江

6.5.1 紊流的基本特征与时均化

1. 紊流的基本特征

紊流中流体质点的运动极不规则，在流动过程中流体质点不断相互掺混，流体质点的掺混使得流场中固定空间点上各种运动要素（如流速、压强、浓度等）都随时间无规则地变化，这种现象称为紊流脉动。

紊流与层流相比较，表现出如下的特征：

1）有旋性紊流具有复杂的旋涡结构。现代实验量测技术已经发现，由于各种原因，紊流中不断地产生无数尺度大小不等、转向不同、随时都在无规则地运动和变化的旋涡。有紊流则必定有旋涡存在，紊流是靠旋涡来维持的。

2）脉动性研究发现，紊流的脉动具有如下特点。

① 随机性，即紊流的脉动是一个随机过程，脉动值时大时小，方向有正有负，但总是围绕一个平均值波动。

② 三维性，即紊流的脉动总是三维的，虽然主流脉动只沿一个方向，却都产生三个方向的脉动速度，其中沿主流流动方向的脉动量最大，而以既垂直于主流流动方向又垂直于固

体壁面方向的脉动量最小。

③ 脉动量的数值有时候很大，不能把它当作微量进行处理。

紊流的脉动现象对很多工程问题都有直接的影响，如压强的脉动会在壁面上产生较大的瞬时荷载，流速的脉动会提高紊流所挟带物质的扩散能力等。

3）扩散性。雷诺实验中观察到的各层流体质点相互掺混就是紊流扩散性的表现。紊流具有把一个地方的质量、热量和动量等扩散到其他地方的性能，只要分布不均匀，紊流的这种性能就会起作用。紊流中沿过流断面上的流速分布，要比层流情况下均匀得多。

4）耗能性。紊流运动总是要消耗能量的，切应力不断地把紊流运动的能量转化成流体的内能而消失，紊流运动的维持需要有能量的不断补给，否则紊流运动将会衰减，以致消失。紊流运动中的能量损失比相同条件下的层流运动要大得多。

总之，紊流运动是流动的一种特定形态，并不是流体固有的性质。

2. 紊流运动的时均化

紊流运动是一种非常复杂的不规则运动，想要精确地描述、预测瞬时流速或瞬时压强随时间、空间的变化规律是非常困难的。到目前为止，流体工程设计、研究中通常采用时间平均法（简称时均法）来研究紊流运动。时间平均法将紊流运动看作是两种流动的叠加

瞬时流动=时间平均流动+脉动流动

图 6-17 所示为一个平面流动一个空间点上沿流动方向（x 方向）瞬时流速 u_x 随时间的变化曲线。从图上可以看到，u_x 随时间无规则地围绕某一平均值上下波动。

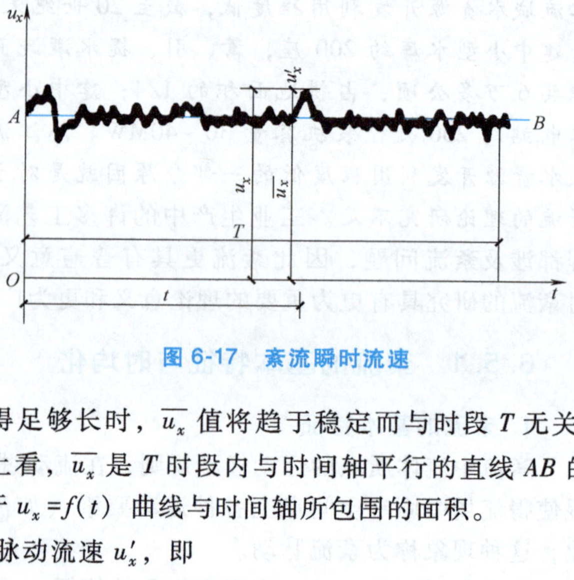

图 6-17 紊流瞬时流速

取某一时段 T，将 u_x 对该时段 T 平均，即

$$\overline{u_x} = \frac{1}{T}\int_0^T u_x \mathrm{d}x \tag{6-30}$$

$\overline{u_x}$ 与时段 T 的长短有关，当时段 T 取得过短时，时均值 $\overline{u_x}$ 不稳定；当时段 T 取得足够长时，$\overline{u_x}$ 值将趋于稳定而与时段 T 无关，则 $\overline{u_x}$ 就是该点 x 方向的时均流速。从图形上看，$\overline{u_x}$ 是 T 时段内与时间轴平行的直线 AB 的纵坐标，AB 线与时间轴所包围的面积，等于 $u_x = f(t)$ 曲线与时间轴所包围的面积。

瞬时流速 u_x 与时均流速 $\overline{u_x}$ 之差，称为脉动流速 u'_x，即

$$u'_x = u_x - \overline{u_x} \tag{6-31}$$

脉动流速 u'_x 本身有正有负，随时间而变化，在时段 T 内，脉动流速的时速均值为零，即

$$u'_x = \frac{1}{T}\int_0^T u'_x \mathrm{d}t \int_0^T (u'_x - \overline{u_x}) \mathrm{d}t = \overline{u_x} - \overline{u_x} = 0 \tag{6-32}$$

同样，紊流中的瞬时压强 p、时均压强 $\overline{p}$ 和脉动压强 p' 之间的关系为

$$p = \overline{p} + p',\ \overline{p} = \frac{1}{T}\int_0^T p \mathrm{d}t,\ p' = \frac{1}{T}\int_0^T p' \mathrm{d}t$$

在引入时均化概念的基础上，紊流可以分解为时均流动和脉动流动的叠加。这样，可以

对时均流动和脉动流动分别进行研究。在这两种流动中，时均流动是主要的，它反映了流动的基本特征。从瞬时来看，紊流不是恒定流，总是非恒定的。但是，紊流的时均值可以是恒定的。根据运动要素的时均值是否随时间变化，将紊流分为时均恒定流和非恒定流。这样，第 5 章中关于恒定流动的基本方程也都适用于紊流。

6.5.2　紊流切应力

1. 紊流切应力

在层流流动中，流体质点成层相对运动，其切应力是由黏性引起的，可以用牛顿内摩擦定律进行计算。

在紊流流动中，切应力由两部分组成：

1）因为流层相对运动而产生的时均黏性切应力 $\overline{\tau_1}$，仍然符合牛顿内摩擦定律，即

$$\overline{\tau_1}=\mu\frac{\mathrm{d}\overline{u_x}}{\mathrm{d}y} \tag{6-33}$$

式中，$\overline{u_x}$ 为流体质点沿流动方向的时均流速；$\frac{\mathrm{d}\overline{u_x}}{\mathrm{d}y}$为时均流速梯度。

2）因为紊流脉动，上下层质点相互掺混，在相邻流层间产生了动量交换，从而在流层分界面上形成的紊流附加切应力 $\overline{\tau_2}$，又称雷诺应力，按下式确定

$$\overline{\tau_2}=-\rho\overline{u_x'}\ \overline{u_y'} \tag{6-34}$$

式中，u_y'为垂直于流动方向的脉动流速；$\overline{u_x'}\ \overline{u_y'}$ 为脉动流速乘积的时均值；$\rho\overline{u_x'}\ \overline{u_y'}$ 的物理意义是脉动引起的动量交换。因为 u_x'、u_y'异号，为了使附加切应力 $\overline{\tau_2}$ 与黏性切应力 $\overline{\tau_1}$ 表示方法一致，以正值出现，在 $\rho\overline{u_x'}\ \overline{u_y'}$ 前面加“-”号。

式（6-34）表明：紊流附加切应力只与流体密度和脉动流速有关，而与流体黏性无关，如图 6-18 所示。

紊流切应力可以表示为

$$\overline{\tau}=\overline{\tau_1}+\overline{\tau_2}=\mu\frac{\mathrm{d}\overline{u_x}}{\mathrm{d}y}-\rho\overline{u_x'}\ \overline{u_y'} \tag{6-35}$$

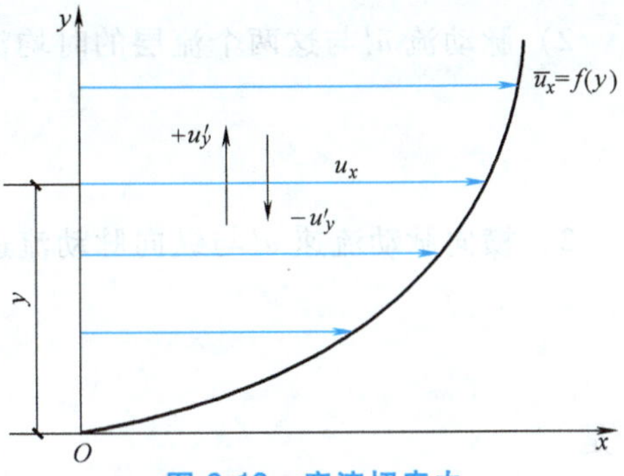

图 6-18　紊流切应力

式中两部分切应力所占的比重随紊流运动情况而异。雷诺数较小、紊流脉动较弱时，$\overline{\tau_1}$ 占主导地位；随着雷诺数增大，紊流脉动加剧，$\overline{\tau_2}$ 不断增大；当雷诺数很大时，紊流运动充分发展，$\overline{\tau_1}$ 与 $\overline{\tau_2}$ 相比非常小，$\overline{\tau_1}$ 可以忽略不计，则有

$$\overline{\tau_1}=\overline{\tau_2}-\rho\overline{u_x'}\ \overline{u_y'} \tag{6-36}$$

2. 混合长度理论

在紊流附加切应力表达式 $\overline{\tau_2}=-\rho\overline{u_x'}\ \overline{u_y'}$ 中，脉动流速 u_x'、u_y'都是随机变量，随时间无规则地变化，不容易确定，需要把它转化为用时均流速表示的形式。1925 年，德国力学家普朗特比拟气体分子自由程的概念，提出混合长度理论解决了这个问题。

普朗特（Ludwig Prandtl）（图 6-19）是近代力学奠基人之一。他在高校任教时进行水槽

图 6-19　普朗特（Ludwig Prandtl）

实验，观察到边界层和它的分离现象，并求出边界层方程及其解。他在格丁根大学建立了应用力学系，创立了空气动力实验所和流体力学研究所，从此开始了空气动力学的研究和教学。他在边界层理论、风洞实验技术、机翼理论、紊流理论等方面都做出了重要的贡献，被称为空气动力学之父和现代流体力学之父。

除了在流体力学中的研究工作，他还培养了很多著名科学家，其中包括匈牙利著名流体力学家、航空和航天领域最杰出的一位元老冯-卡门（我国著名科学家钱伟长、钱学森、郭永怀的老师），梅耶等著名流体力学家，我国著名的流体力学家、北京航空学院（现北京航空航天大学）创建人之一陆士嘉教授。

混合长度理论假设为：

1）流体质点因为横向脉动流速作用，在紊动掺混过程中，存在一个与气体分子自由程相当的距离 l'，在该行程内该流体质点不与其他流体质点相撞，保持原有运动特性，直到经过 l' 行程才与周围的流体质点相碰，发生动量交换，失去原有运动特性，如图 6-20 所示。

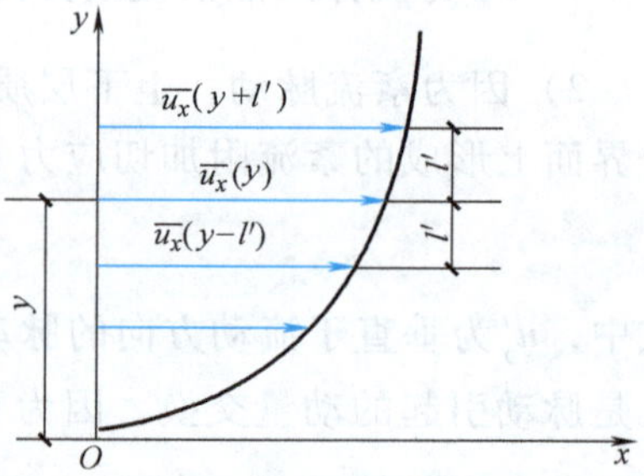

图 6-20　混合长度

根据该假设，纵坐标为 y 的流层，其时均流速为 $\overline{u_x}(y)$，距该点 l' 处流体质点的时均流速为 $\overline{u_x}(y+l')$，则距离为 l' 的两个流层的时均流速差为

$$\Delta\overline{u_x}=\overline{u_x}(y+l')-\overline{u_x}(y)=\overline{u_x}(y)+l'\frac{d\overline{u_x}}{dy}-\overline{u_x}(y)=l'\frac{d\overline{u_x}}{dy}$$

2）脉动流 u_x' 与这两个流层的时均流速差 $\Delta\overline{u_x}$ 成正比，即

$$u_x'=\pm c_1 l'\frac{d\overline{u_x'}}{dy}$$

3）横向脉动流速 u_y' 与纵向脉动流速 u_x' 成正比，但符号相反，即

$$u_y'=\mp c_2 l'\frac{d\overline{u_x'}}{dy}$$

于是

$$\overline{\tau_2}=-\rho\overline{u_x'u_y'}=\rho c_1 c_2 (l')^2\left(\frac{d\overline{u_x}}{dy}\right)^2$$

令 $l^2=c_1c_2(l')^2$ 则有

$$\overline{\tau_2}=-\rho l^2\left(\frac{d\overline{u_x}}{dy}\right)^2 \tag{6-37}$$

这就是用时均流速表示的紊流附加切应力公式，式中 l 称为混合长度。将式（6-37）代入式（6-36）可以得到

$$\bar{\tau}=\rho l^2\left(\frac{\mathrm{d}\overline{u_x}}{\mathrm{d}y}\right)^2 \tag{6-38}$$

为了简便起见，略去下标和表示时均量的横标线，则式（6-38）可以简化为

$$\tau=\rho l^2\left(\frac{\mathrm{d}u}{\mathrm{d}y}\right)^2 \tag{6-39}$$

6.5.3 紊流断面流速分布

为了推求紊流的断面流速分布，普朗特进一步假定：

1）壁面附近的切应力保持不变，等于壁面上的切应力，即 $\tau=\tau_0$。

2）混合长度 l 不受黏性影响，只与质点到壁面的距离 y 有关，混合长度 l 与质点到壁面的距离 y 成正比，即

$$l=\kappa y \tag{6-40}$$

式中，κ 为常数，$\kappa\approx0.4$。

将 $\tau=\tau_0$ 和 $l=\kappa y$ 代入式（6-39）可以得到

$$\tau_0=\rho(\kappa y)^2\left(\frac{\mathrm{d}u}{\mathrm{d}y}\right)^2=\rho\kappa^2y^2\left(\frac{\mathrm{d}u}{\mathrm{d}y}\right)^2$$

$$\mathrm{d}u=\frac{1}{\kappa}\sqrt{\frac{\tau_0}{\rho}}\frac{\mathrm{d}y}{y}$$

对上式进行积分，其中 τ_0 为定值，阻力速度 $v^*=\sqrt{\frac{\tau_0}{\rho}}$ 为常数，得到

$$u=\frac{v^*}{\kappa}\ln y+C \tag{6-41}$$

式（6-41）是紊流断面流速分布的对数公式，称为普朗特—卡门对数分布律。虽然它是根据壁面附近的条件推导出来的，但实验研究表明，式（6-41）适用于除黏性底层以外的整个过流断面。由于紊流运动中流体质点的横向掺混，断面流速分布呈对数分布形式，与层流的抛物线分布对比，紊流过流断面上的流速分布要均匀得多。

上面根据混合长度理论给出了紊流附加切应力表达式（6-39）和流速对数分布规律式（6-41）。但是该理论也存在明显不足之处，表现为基本假设不够严谨。该理论假设流体质点经过混合长度以后，才一次性与周围的流体质点进行动量交换，失去原有运动特性。然而根据流体连续介质概念，流体质点在横向运动过程中不断地与周围的流体质点进行动量交换，流体质点不可能直到穿过混合长度以后才与其他流体质点相碰撞。另一方面，也需要看到该理论的合理性，它是从紊流的基本特征出发，建立紊流附加切应力与时均流速的联系，并在理论式中保留了一个待定参数（混合长度 l）由实测资料确定，使理论结果与实验比较一致，而且理论推导过程简单。到目前为止，该理论仍是工程上得到广泛应用的紊流阻力理论。

6.5.4 黏性底层

1. 黏性底层

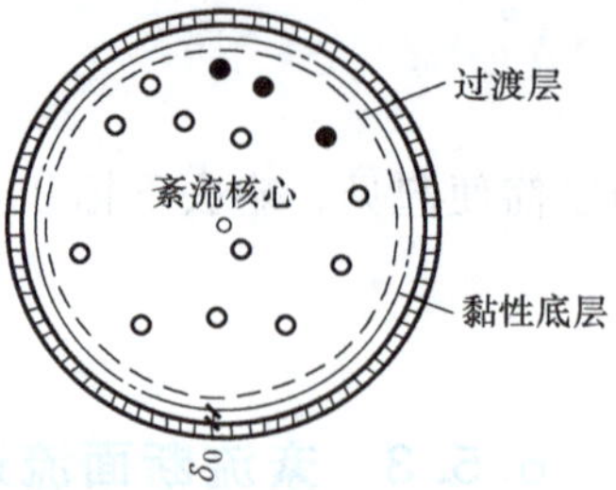

图 6-21 黏性底层

黏性底层是指管道内紧靠壁面，黏性切应力起主导作用的很薄的一层流体层，如图 6-21 所示。

圆管紊流过流断面上的流速分布大致可以分为三个区域：

1）黏性底层。紧贴管壁的一层流体黏附在壁面上（满足黏性流体壁面上无滑移条件），使得紧靠壁面很薄的流层内，流速由零很快增至一定值。在这一薄层内流速虽然很小，但流速梯度却很大，黏性切应力起主导作用，其流态基本上属于层流。另一方面，由于壁面限制了流体质点的横向掺混，使得在壁面处的脉动流速和附加切应力都趋于消失。所以，紧靠壁面附近存在一个黏性切应力起主导作用的很薄的流体层，称为黏性底层。

2）紊流核心。由于紊流的脉动，流体质点间相互掺混，产生动量交换，使得离边壁不远处到管中心的绝大部分区域内流速分布比较均匀，流体处于紊流运动状态，紊流附加切应力起主导作用，这一区域称为紊流核心。

3）过渡层。在紊流核心和黏性底层之间存在着范围很小的过渡层，在该层中，黏性切应力与紊流附加切应力同时起作用。因为它实际意义不大，可以不予考虑。

2. 黏性底层内的流速分布

黏性底层内的流动属于层流运动，紊流附加切应力为零，流体受到的切应力只有黏性切应力，即

$$\tau=\mu\frac{\mathrm{d}u}{\mathrm{d}y}$$

式中，y 为点到壁面的距离。黏性底层很薄，在此薄层内流体的切应力可以视为常数，它等于壁面上的切应力，即

$$\tau=\tau_0=\mu\frac{\mathrm{d}u}{\mathrm{d}y} \tag{6-42}$$

分离变量，对式（6-42）进行积分，得到

$$u=\frac{\tau_0}{\mu}y+C$$

由边界条件：壁面上 $y=0$ 时，$u=0$，可以得到 $C=0$。从而有

$$u=\frac{\tau_0}{\mu}y \tag{6-43}$$

由式（6-43）可以看出：在黏性底层中，流速呈线性分布，在壁面上流速为零。

将 $\mu=\rho\nu$、$v^*=\sqrt{\frac{\tau_0}{\rho}}$ 代入式（6-43），得到

$$\frac{u}{v^*}=\frac{v^*y}{\nu} \tag{6-44}$$

$\frac{v^*y}{\nu}$ 从形式上看是某一雷诺数，当 $y<\delta_0$ 时为层流，而当 $y\to\delta_0$ 时，$\frac{v^*y}{\nu}$ 为某一数值的临

界雷诺数，实验资料表明此数值为$\frac{v^{*}y}{\nu}=11.6$，由此可以得到

$$\delta_0=11.6\frac{\nu}{v^{*}} \tag{6-45}$$

将$v^{*}=\sqrt{\frac{\tau_0}{\rho}}=v\sqrt{\frac{\lambda}{8}}$代入式（6-45），可以得到

$$\delta_0=11.6\frac{\nu}{v\sqrt{\frac{\lambda}{8}}}=\frac{32.8d}{Re\sqrt{\lambda}} \tag{6-46}$$

式（6-46）为黏性底层理论厚度计算公式，实际厚度比理论厚度要小一些，它表明：δ_0随 Re 的增加而减小。黏性底层厚度虽然很薄，通常不到 1mm，但它对紊流的流速分布和流动阻力却有着重大的影响。

图 6-22 某公司输水管道

【例 6.7】 某公司为了提升自身核心竞争力，计划开展新一代输水管道技术，打算从流体力学的黏性底层概念入手开展新一轮研发。如图 6-22 所示，拟设定新铸铁管的直径 $d=100$mm，在长 $l=100$m 的输水管路上的水头损失 $h_f=2$m，水温 $T=20$℃。试求黏性底层的厚度。

【解】 根据均匀流基本方程 $\tau_0=\rho gRJ$ 得到

$$\tau_0=\rho gRJ=\rho g\frac{d}{4}\frac{h_f}{l}=1000\times9.8\times\frac{0.1}{4}\times\frac{2}{100}\text{N/m}^2=4.9\text{N/m}^2$$

阻力速度为

$$v^{*}=\sqrt{\frac{\tau_0}{\rho}}=\sqrt{\frac{4.9}{1000}}\text{m/s}=0.07\text{m/s}$$

水温 $T=20$℃，运动黏度 $\nu=1.003\times10^{-6}\text{m}^2/\text{s}$，则黏性底层的厚度为

$$\delta_0=11.6\times\frac{\nu}{v^{*}}=11.6\times\frac{1.003\times10^{-6}}{0.07}\text{m}=0.166\times10^{-3}\text{m}=0.166\text{mm}$$

6.6 紊流的沿程水头损失

计算紊流沿程水头损失，关键是如何确定沿程水头损失系数 λ 的值。由于紊流运动的复杂性，紊流的沿程水头损失系数至今不能像层流那样，严格地从理论上推导出来。为了探索紊流沿程水头损失系数的变化规律，验证和发展普朗特混合长度理论，1933 年德国力学家尼古拉兹在人工均匀砂粒粗糙管道中进行了系统的沿程水头损失系数和断面流速分布的

测定工作，称为尼古拉兹实验。

6.6.1 尼古拉兹实验

1. 沿程水头损失系数λ的影响因素

进行沿程水头损失系数λ实验之前，首先分析一下影响λ的因素。圆管层流的阻力仅是黏性阻力，圆管层流沿程水头损失系数仅与雷诺数 Re 有关，$\lambda=\frac{64}{Re}$，与管壁的粗糙度无关，而紊流的阻力是由黏性切应力和附加切应力形成的，壁面的粗糙度在一定条件下会成为产生附加切应力的主要外因。每一个粗糙点都将成为不断产生并向管流中输送旋涡引起紊流的源泉。对于紊流来说，管壁的粗糙度是影响λ的一个重要因素，也就是说，对于紊流来说，沿程水头损失系数λ值不仅与 Re 有关，还与管壁的粗糙度有关。

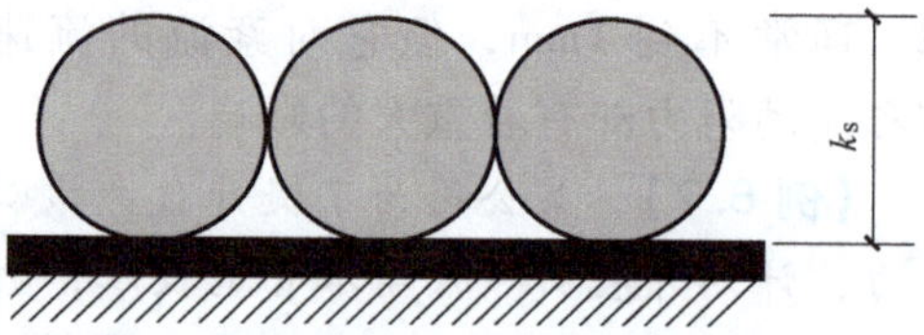

图 6-23 人工粗糙管

壁面的粗糙一般包括粗糙突起的高度、形状、疏密和排列等许多因素。为了便于分析粗糙的影响，尼古拉兹在实验中采用了一种简化的粗糙模型——人工粗糙，即选用经过筛选的均匀砂粒，紧密地贴在管道的内壁上，如图 6-23 所示，这样粗糙的特性可以认为是一致的。对于这种简化的粗糙形式，可以用砂粒的凸起高度 k_s（砂粒直径）表示壁面的粗糙，称为绝对粗糙度，k_s 与管道直径 d 之比称为相对粗糙度，表示了不同直径管道管壁粗糙的影响。从以上的分析可以看出：雷诺数和相对粗糙度是紊流沿程阻力系数的两个影响因素，即

$$\lambda=\lambda(Re,k_s/d)$$

2. 沿程水头损失系数的测定和阻力分区图

尼古拉兹采用类似雷诺实验的装置（拆除注颜色水细管），采用人工粗糙管进行实验，实验管道的相对粗糙度的变化范围为$\frac{k_s}{d}=\frac{1}{1014}\sim\frac{1}{30}$，对于每一根管道（对应一个确定的 k_s/d）实测不同流量的断面平均流速 v 和沿程水头损失 h_f，再由公式 $Re=\frac{vd}{\nu}$、$\lambda=\frac{d}{l}\frac{2g}{v^2}h_f$ 求出 Re 和 λ 的值，将对应的点绘在对数坐标纸上，就得到 $\lambda=\lambda(Re,\ k_s/d)$ 曲线，即尼古拉兹实验曲线图，如图 6-24 所示。

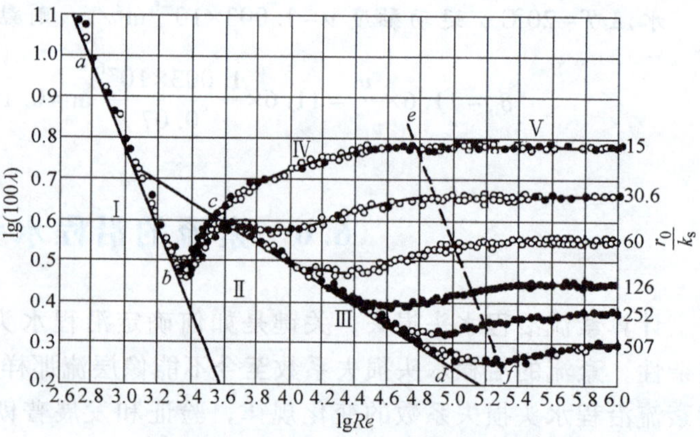

图 6-24 尼古拉兹实验曲线

根据λ的变化特性，尼古拉兹实验曲线分为五个阻力区：

（1）Ⅰ区——层流区 $\lg Re<3.36$，$Re<2300$。在该区不同相对粗糙管的实验点都在同一直线 ab 线上，表明λ与相对粗糙度 k_s/d 无关，只是 Re 的函数，并且符合 $\lambda=\frac{64}{Re}$。

（2）Ⅱ区——临界区 $\lg Re=$

3.36~3.6，$Re=2300\sim4000$。在该区不同相对粗糙管的实验点都在同一曲线 bc 线上，表明 λ 与相对粗糙度 k_s/d 无关，只是 Re 的函数。此区是层流向紊流的过渡区，范围很窄，实用意义不大。

（3）Ⅲ区——紊流光滑区 $\lg Re>3.6$，$Re>4000$。在该区不同相对粗糙管的实验点都在同一条曲线 cd 线上，表明 λ 与相对粗糙度 k_s/d 无关，只是 Re 的函数。需要注意的是，随着 Re 的增大，k_s/d 大的管道，实验点在 Re 较小时便偏离了光滑区曲线；而 k_s/d 小的管道，在 Re 较大时才偏离光滑区曲线。

（4）Ⅳ区——紊流过渡区 cd、ef 之间的曲线簇。在该区不同相对粗糙管的实验点分别落在不同的曲线上，表明 λ 既与 Re 有关，又与 k_s/d 有关。

（5）Ⅴ区——紊流粗糙区 ef 右侧的水平直线簇。在该区不同相对粗糙管的实验点分别落在不同的水平直线上，表明 λ 只与相对粗糙度 k_s/d 有关，与 Re 无关。在这个阻力区，对于一定的管道（k_s/d 一定），λ 是常数，根据 $h_f=\lambda\dfrac{l}{d}\dfrac{v^2}{2g}$，沿程水头损失与速度的平方成正比，因此紊流粗糙区又称为阻力平方区。

从尼古拉兹实验可以看出：紊流沿程阻力系数 λ 值确实是 Re 和 k_s/d 这两个因素决定的。为什么紊流又分为三个阻力区，各区的 λ 变化规律却又不相同呢？其原因是存在黏性底层的缘故，如图 6-25 所示。

1）在紊流光滑区，黏性底层的厚度 δ_0 显著地大于粗糙凸起的高度 k_s，粗糙凸起完全被掩盖在黏性底层内，对紊流核心的流动几乎没有影响，就好像在完全光滑的壁面上流动一样，边壁对流动的阻力只有黏性底层的黏滞阻力，粗糙凸起对紊流不起任何作用，因而在紊流光滑区 λ 只与 Re 有关，而与 k_s/d 无关，如图 6-25a 所示。具有这种壁面的管道称为水力光滑管。

2）在紊流过渡区，由 $\delta_0=\dfrac{32.8d}{Re\sqrt{\lambda}}$可知，随着 Re 数增大，黏性底层的厚度变薄，接近粗糙凸起的高度，粗糙影响到紊流核心区内的流动，加大了核心区内的紊流脉动作用，增加了流动阻力和能量损失。这时，λ 不仅与 Re 有关，而且与 k_s/d 有关，如图 6-25b 所示。具有这种壁面的管道称为过渡粗糙管。

3）在紊流粗糙区，黏性底层更薄，粗糙凸起几乎全部暴露在紊流核心之中，边壁粗糙凸起对紊流的影响将起主导作用，成为产生附加切应力的主要原因，而 Re 的影响已微不足道。所以，此时 λ 只与 k_s/d 有关，而与 Re 无关，如图 6-25c 所示。具有这种壁面的管道称为水力粗糙管。

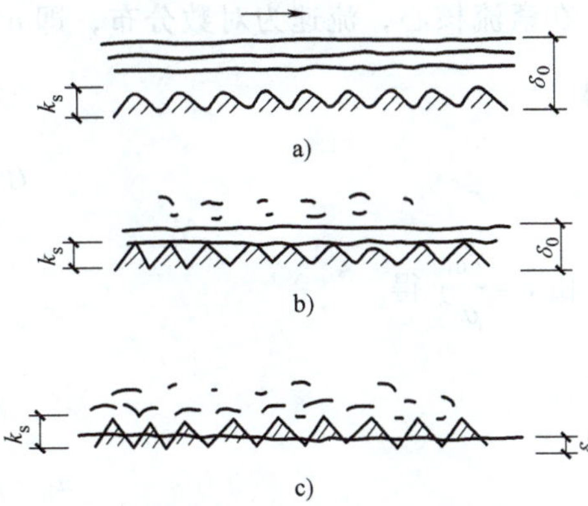

图 6-25 黏性底层变化对紊流的影响

3. 阻力区的判别

在紊流不同的阻力区，阻力规律是不同的，表现为其沿程水头损失系数 λ 的计算公式是不一样的。在计算沿程水头损失系数 λ 之前，必须判别流动处于哪一个阻力区域，才能正确地选用相应的公式。紊流不同的阻力区是由壁面

粗糙凸起高度 k_s 与黏性底层的厚度 δ_0 的相互关系决定的。

黏性底层厚度 $\delta_0=11.6\frac{\nu}{v^*}$，将上式两边同时除以绝对粗糙度 k_s，得到

$$\frac{\delta_0}{k_s}=11.6\frac{\nu}{v^* k_s} \tag{6-47}$$

$$\frac{k_s}{\delta_0}=11.6\times\frac{v^* k_s}{\nu}=\frac{1}{11.6}\times Re^* \tag{6-48}$$

式中，$Re^*=\frac{v^* k_s}{\nu}$称为粗糙雷诺数，它是一个无量纲的表示壁面粗糙的量。Re^*可以作为人工粗糙管紊流阻力分区的标准，根据尼古拉兹实验，人工粗糙管紊流三个阻力区的判别标准为：

紊流光滑区 $$0<Re^*\leqslant 5，或\frac{k_s}{\delta_0}\leqslant 0.4 \tag{6-49a}$$

紊流过渡区 $$5<Re^*\leqslant 70，或 0.4<\frac{k_s}{\delta_0}\leqslant 6 \tag{6-49b}$$

紊流粗糙区 $$Re^*>70，或\frac{k_s}{\delta_0}>6 \tag{6-49c}$$

6.6.2 人工粗糙管沿程阻力系数的半经验公式

紊流沿程阻力系数的半经验公式是根据普朗特半经验理论，求得断面流速分布，再结合尼古拉兹实验结果推导出来的。尼古拉兹通过实测流速分布，完善了由混合长度理论得到的速度分布一般公式，使之具有实用意义。

1. 紊流光滑区

（1）流速分布 紊流光滑区的流速分布分为黏性底层和紊流核心两部分。在黏性底层，流速按线性分布，即

$$u=\frac{\tau_0}{\mu}y(y\leqslant\delta_0)$$

在紊流核心，流速为对数分布，即 $u=\frac{v^*}{\kappa}\ln y+C$。将边界条件 $y=\delta_0$ 时，$u=u_b$，代入上式可得

$$C=u_b-\frac{v^*}{\kappa}\ln\delta_0$$

由 $u=\frac{\tau_0}{\mu}y$ 得

$$u_b=\frac{\tau_0}{\mu}\delta_0$$

$$\delta_0=\frac{u_b\cdot\mu}{\tau_0}=\frac{u_b\cdot\rho\nu}{\tau_0}=\frac{u_b\cdot\nu}{(v^*)^2}$$

将 C、δ_0 的值代入 $u=\frac{v^*}{\kappa}\ln y+C$，整理得到

$$\frac{u}{v^*}=\frac{1}{\kappa}\ln\frac{v^* y}{\nu}+\frac{u_b}{v^*}-\frac{1}{\kappa}\ln\frac{u_b}{v^*}$$

令 $C_1=\frac{u_b}{v^*}-\frac{1}{\kappa}\ln\frac{u_b}{v^*}$，则有

$$\frac{u}{v^*}=\frac{1}{\kappa}\ln\frac{v^* y}{\nu}+C_1$$

根据尼古拉兹实验，取 $\kappa=0.4$，$C_1=5.5$，代入上式，并且把自然对数换算成常用对数，得到紊流光滑区的流速分布公式

$$\frac{u}{v^*}=5.75\lg\frac{v^* y}{\nu}+5.5 \tag{6-50}$$

紊流光滑区的流速分布除了上述半经验公式外，根据实验结果，尼古拉兹还提出了一个更为简单的指数公式

$$\frac{u}{u_{max}}=\left(\frac{y}{r_0}\right)^n \tag{6-51}$$

式中，u_{max} 为管轴处的最大流速；r_0 为圆管半径；n 为指数，随雷诺数而变化，见表 6-1。

表 6-1 紊流速度分布指数

Re	4.0×10^3	2.3×10^4	1.1×10^5	1.1×10^6	2.0×10^6	3.2×10^6
n	1/6.0	1/6.6	1/7.0	1/8.8	1/10	1/10
v/u_{max}	0.791	0.808	0.817	0.849	0.865	0.865

紊流光滑区的流速分布指数公式完全是经验性的，由于它形式简单，故应用广泛。表 6-1 同时列出了断面平均流速 v 与最大流速 u_{max} 的比值和 Re 关系，据此只要测得管轴上的最大流速，便可求出断面平均流速和流量。

（2）断面平均流速　由于黏性底层很薄，计算流量时可略去不计，则

$$v=\frac{Q}{A}=\frac{\int_A u\mathrm{d}A}{A}=\frac{\int_0^{r_0}u\cdot 2\pi r\mathrm{d}r}{\pi r_0^2}$$

将 $\frac{u}{v^*}=5.75\lg\frac{v^* y}{\nu}+5.5$，$r=r_0-y$ 代入上式，积分可以得到

$$v=v^*\left(5.75\lg\frac{v^*\cdot r_0}{\nu}+1.75\right) \tag{6-52}$$

（3）λ 的半经验公式　将 $v^*=v\sqrt{\frac{\lambda}{8}}$ 代入上式，整理可得到

$$\frac{1}{\sqrt{\lambda}}=2.03\lg(Re\sqrt{\lambda})-0.9$$

根据尼古拉兹实验，将上式中的常数分别修正为 2.0 和 0.8，得到紊流光滑区沿程阻力

系数 λ 的半经验公式

$$\frac{1}{\sqrt{\lambda}}=2\lg(Re\sqrt{\lambda})-0.8 \tag{6-53}$$

或

$$\frac{1}{\sqrt{\lambda}}=\frac{2\lg(Re\sqrt{\lambda})}{2.51} \tag{6-54}$$

上式也称为尼古拉兹光滑管公式。

2. 紊流粗糙区

（1）流速分布　由于粗糙区的黏性底层厚度远小于壁面粗糙凸起的高度，黏性底层已经被破坏，已经没有实际意义，整个断面按紊流核心处理，整个断面上流速分布可以认为符合对数分布

$$\frac{u}{v^*}=\frac{1}{\kappa}\ln y+C$$

式中，C 与管壁的粗糙度有关，将边界条件 $y=k_s$（粗糙凸起高度），$u=u_s$ 代入上式，得到积分常数

$$C=\frac{u_s}{v^*}-\frac{1}{\kappa}\ln k_s$$

将 C 代回公式$\frac{u_s}{v^*}=\frac{1}{\kappa}\ln y+C$，整理得到

$$\frac{u}{v^*}=\frac{1}{\kappa}\ln\frac{y}{k_s}+\frac{u_s}{v^*}=\frac{1}{\kappa}\ln\frac{y}{k_s}+C_2$$

式中，$C_2=\frac{u_s}{v^*}$，根据尼古拉兹实验，取 $\kappa=0.4$，无量纲数 $C_2=8.48$，代入上式，并把自然对数换算为常用对数，便得到紊流粗糙区流速分布半经验公式

$$\frac{u}{v^*}=5.75\lg\frac{y}{k_s}+8.48 \tag{6-55}$$

（2）断面平均流速　将 $\frac{u}{v^*}=5.75\lg\frac{y}{k_s}+8.48$，$r=r_0-y$ 代入 $v=\frac{Q}{A}=\frac{\int_0^{r_0}u\cdot 2\pi r\mathrm{d}r}{\pi r_0^2}$，积分可得

$$\frac{u}{v^*}=5.75\lg\frac{r_0}{k_s}+4.75 \tag{6-56}$$

（3）λ 半经验公式　将 $v^*=v\sqrt{\frac{\lambda}{8}}$代入$\frac{u}{v^*}=5.75\lg\frac{r_0}{k_s}+4.75$，可以得到

$$\frac{1}{\sqrt{\gamma}}=2.03\lg\frac{r_0}{k_s}+1.68$$

根据尼古拉兹实验，将式中常数分别修正为 2.0 和 1.74，上式可以改写为

$$\frac{1}{\sqrt{\lambda}}=2\lg\frac{r_0}{k_s}+1.74 \tag{6-57}$$

或者

$$\frac{1}{\sqrt{\lambda}}=2\lg\frac{3.7d}{k_s} \tag{6-58}$$

上式称为紊流粗糙区沿程阻力系数 λ 的半经验公式，也称为尼古拉兹粗糙管公式。从公式可以看出：对于紊流粗糙区，λ 仅取决于相对粗糙度$\frac{k_s}{d}$。

6.6.3 工业管道和柯列勃洛克公式

根据普朗特的混合长度理论，并结合尼古拉兹实验，得到了紊流光滑区和紊流粗糙区沿程阻力系数 λ 的半经验公式，但是没有求得紊流过渡区沿程阻力系数 λ 的计算公式。另外，这两个半经验公式都是在人工粗糙管的基础上得到的，而人工粗糙管和一般工业管道的粗糙有很大差异。如何把这两种不同的粗糙形式联系起来，使尼古拉兹半经验公式也能适用于一般的工业管道是一个实际问题。

在紊流光滑区，工业管道和人工粗糙管虽然粗糙情况不同，但都被黏性底层所掩盖，粗糙对紊流核心没有什么影响，实验研究表明：公式$\frac{1}{\sqrt{\lambda}}=2\lg\frac{Re\sqrt{\lambda}}{2.51}$也适用于工业管道。

在紊流粗糙区，工业管道和人工粗糙管的粗糙凸起都几乎完全进入了紊流核心，λ 有相同的变化规律，实验表明：公式$\frac{1}{\sqrt{\lambda}}=2\lg\frac{3.7d}{k_s}$也适用于工业管道，问题是如何确定公式中的 k_s 值。工业管道粗糙凸起的高度、形状和分布都没有规律，为解决此问题，以尼古拉兹实验采用的人工粗糙管为度量标准，把工业管道的粗糙度折算成人工粗糙度，引入当量粗糙度的概念。所谓当量粗糙度是指和工业管道粗糙区 λ 值相等的同直径尼古拉兹粗糙管的粗糙凸起高度，就是以工业管道紊流粗糙区实测的 λ 值，代入尼古拉兹粗糙管公式$\frac{1}{\sqrt{\lambda}}=2\lg\frac{3.7d}{k_s}$，反算得出的 k_s 值。工业管道的当量粗糙度是按沿程水头损失效果相同的人工粗糙凸起得出的折算高度，它反映了粗糙各种因素对 λ 的综合影响。有了当量粗糙度，公式$\frac{1}{\sqrt{\lambda}}=2\lg\frac{3.7d}{k_s}$就可以应用于工业管道了。常用工业管道的当量粗糙度见表 6-2。

表 6-2 常用工业管道的当量粗糙度

管道材料	k_s/mm	管道材料	k_s/mm
新氯乙烯管	0~0.02	镀锌钢管	0.15
铅管、钢管、玻璃管	0.01	新铸铁管	0.15~0.5
钢管	0.046	旧铸铁管	1~1.5
涂沥青铸造铁管	0.12	混凝土	0.3~3.0

在紊流过渡区，工业管道的不均匀粗糙突破黏性底层深入紊流核心是一个逐渐过程，不同于粒径均匀的人工粗糙同时进入紊流核心，两者 λ 的变化规律相差很大。因此，尼古拉兹过渡区实验资料完全不适用于工业管道。1939 年，美国工程师柯列勃洛克（C. F. Colebrook）根据大量的工业管道实验资料，给出了工业管道紊流过渡区的 λ 计算公式

$$\frac{1}{\sqrt{\lambda}}=-2\lg\left(\frac{k_s}{3.7d}+\frac{2.51}{Re\sqrt{\lambda}}\right) \tag{6-59}$$

式中，k_s 为工业管道的当量粗糙度。式（6-59）称为柯列勃洛克公式。

柯列勃洛克公式实际上是尼古拉兹光滑管公式和粗糙管公式的结合。当 Re 值很小时，公式右边括号内第一项相对于第二项很小，柯列勃洛克公式接近于尼古拉兹光滑管公式；当 Re 值很大时，公式右边括号内第二项很小，柯列勃洛克公式又接近于尼古拉兹粗糙管公式。因此，柯列勃洛克公式不仅适用于工业管道过渡区，而且可以用于紊流的全部三个阻力区，故该公式又称为紊流 λ 的综合公式。由于该公式适用范围广，与工业管道实验结果符合良好，在国内外得到了广泛应用。

采用紊流沿程阻力系数分区计算公式计算沿程阻力系数时，必须首先判别实际流动所处的紊流阻力区，才能选择适用的计算公式。而工业管道和人工粗糙管由于粗糙均匀性不同，两种管道不仅 λ 值的变化规律不同，紊流阻力区的范围也有很大差异。工业管道在 $Re^*=\frac{k_s v^*}{\nu}\approx 0.3$ 时，已从紊流光滑区转变为紊流过渡区。因此，工业管道的紊流阻力区的划分标准为：

紊流光滑区 $$Re^*\leqslant 0.3 \text{ 或 } \frac{k_s}{\delta_0}\leqslant 0.025 \tag{6-60a}$$

紊流过渡区 $$0.3<Re^*\leqslant 70 \text{ 或 } 0.025<\frac{k_s}{\delta_0}\leqslant 6 \tag{6-60b}$$

紊流粗糙区 $$Re^*>70,\text{或}\frac{k_s}{\delta_0}>6 \tag{6-60c}$$

6.6.4 紊流沿程阻力系数的经验公式

除了上述两个半经验公式和柯列勃洛克公式，圆管紊流沿程阻力系数还有许多根据实验资料整理得到的经验公式。下面介绍几个应用较广的公式，这些公式形式非常简单，计算很方便。

1. 布拉休斯公式

1913 年，德国水力学家布拉修斯在总结前人实验资料的基础上，提出紊流光滑区经验公式

$$\lambda=\frac{0.3164}{Re^{0.25}} \tag{6-61}$$

该公式适用于紊流光滑区，在 $Re<10^5$ 范围内有较高的精度，故得到广泛应用。

2. 希弗林松公式

$$\lambda=0.11\left(\frac{k_s}{d}\right)^{0.25} \tag{6-62}$$

该公式适用于紊流粗糙区，其形式简单，计算方便，工程界经常采用。

3. 阿里特苏里公式

$$\lambda=0.11\left(\frac{k_s}{d}+\frac{68}{Re}\right)^{0.25} \tag{6-63}$$

该公式为柯列勃洛克公式的近似公式，其形式简单，计算方便，也是适用于紊流三个阻力区的综合公式。当 Re 很小时，式（6-63）括号内第一项可以忽略，则公式变为紊流光滑区的布拉休斯公式，即

$$\lambda=0.11\left(\frac{68}{Re}\right)^{0.25}=\frac{0.3164}{Re^{0.25}}$$

当 Re 很大时，式（6-63）括号内第二项可以忽略，则公式变为紊流粗糙区的希弗林松公式。

4. 舍维列夫公式

对于旧钢管和旧铸铁管来说，在紊流过渡区（$v<1.2\text{m/s}$）有

$$\lambda=\frac{0.0179}{d^{0.3}}\left(1+\frac{0.867}{v}\right)^{0.3} \tag{6-64}$$

在紊流粗糙区（$v\geqslant1.2\text{m/s}$）有

$$\lambda=\frac{0.021}{d^{0.3}} \tag{6-65}$$

式中，d 为管径，以 m 计；v 为断面平均流速，以 m/s 计。

该公式主要用于给水、排水工程设计。该公式虽是针对旧管的计算公式，但对于新管也应按此公式计算，因为新管使用一定时间后总是会发生锈蚀和积垢后变旧。

5. 谢才公式

谢才公式（Chézy formula）是计算明渠和管道均匀流平均流速或沿程水头损失的主要公式。它是1769年由法国工程师谢才提出的。谢才参与了巴黎许多桥梁与街道的施工和验收，并对法国的运河建设，尤其是连接塞纳河和罗讷河流域的勃艮第运河进行了研究。

将达西公式 $h_f=\lambda\dfrac{l}{d}\dfrac{v^2}{2g}$ 变换成下列形式

$$v^2=\frac{2g}{\lambda}d\cdot\frac{h_f}{l}$$

以 $d=4R$、$J=\dfrac{h_f}{l}$ 代入，整理可得

$$v=\sqrt{\frac{8g}{\lambda}}\sqrt{RJ}=C\sqrt{RJ} \tag{6-66}$$

式中，v 为断面平均流速；R 为水力半径；J 为水力坡度；C 为谢才系数，$C=\sqrt{\dfrac{8g}{\lambda}}$。

该公式称为谢才公式，它给出了谢才系数 C 和沿程阻力系数 λ 的关系，表明 C 和 λ 同样是反映沿程摩擦阻力的一个系数。对于谢才系数 C 的确定，目前应用较广的是曼宁公式和巴甫洛夫斯基公式：

（1）曼宁公式

$$C=\frac{1}{n}R^{\frac{1}{6}} \tag{6-67}$$

式中，n 为粗糙系数，是综合反映壁面对水流阻滞作用的一个系数，各种壁面的粗糙系数 n 值见表 6-3；R 为水力半径。

表 6-3　各种不同粗糙面的粗糙系数 n

等级	槽壁种类	n	$\frac{1}{n}$
1	涂覆珐琅或釉质的表面；极精细刨光而拼合良好的模板	0.009	111.1
2	刨光的模板，纯粹水泥的粉饰面	0.010	100.0
3	水泥（含 1/3 细砂）粉饰面；安装和接合良好（新）的陶土，铸铁管和钢管	0.011	90.9
4	未刨的模板，但拼合良好；在正常情况下内无显著积垢后给水管，极洁净的排水管；极好的混凝土面	0.012	83.3
5	琢石砌体；极好的砖砌体；正常情况下的排水管；略微污染的给水管；非完全精密拼合的未刨木板	0.013	76.9
6	“污染”的给水管和排水管；一般的砖砌体；一般情况下渠道的混凝土面	0.014	71.4
7	粗糙的砖砌体；未琢磨的石砌体，有洁净修饰的表面，石块安置平整；极污垢的排水管	0.015	66.7
8	普通块石砌体，其状况良好；旧破砖砌体；较粗糙的混凝土；光滑的开凿的极好的岩岸	0.017	58.8
9	覆有坚厚淤泥层渠槽，用致密黄土和致密卵石做成，而为整片淤泥薄层所覆盖的均无不良的渠槽	0.018	55.6
10	很粗糙的块石砌体；用大块石的干砌体；碎石铺筑面；纯由岩山中开筑的渠槽；由黄土、卵石和致密泥土做成而为淤泥薄层所覆盖的渠槽（正常情况）	0.020	50.0
11	尖角的大块乱石铺筑，表面经过普通处理的岩石渠槽，致密黏土渠槽；由黄土、卵石和泥土做成而为非整片（有些地方断裂的）淤泥薄层所覆盖的渠槽；大型渠槽受到中等以上的养护	0.0225	44.4
12	受到中等以上养护的大型土渠；受到良好养护的小型土渠；在有利条件下的小河和溪涧（自由流动无淤塞和显著水草等）	0.025	40.0
13	中等条件以下的大渠道中等条件的小渠槽	0.0275	36.4
14	条件较坏的渠道和小河（例如有些地方有水草和乱石或显著的茂草、有局部的坍坡等）	0.030	33.3
15	条件很坏的渠道和小河（断面不规则，严重地受到石块和水草的阻塞等）	0.035	28.6
16	条件特别坏的渠道和小河（沿河有崩崖的巨石、绵密的树根、深潭、坍岸等）	0.040	25.0

对于 $n<0.02$，$R<0.5\text{m}$ 的输水管道和小型渠道，曼宁公式的计算结果与实际相符，故到目前为止，仍被国内外工程界广泛应用。其适用范围是：$0.011\leqslant n\leqslant(0.035\sim0.040)$，$0.1\text{m}\leqslant R\leqslant(3\sim4)\text{m}$。

（2）巴甫洛夫斯基公式

$$C=\frac{1}{n}R^{y} \tag{6-68}$$

式中，指数 y 由下式确定

$$y=2.5\sqrt{n}-0.13-0.75\sqrt{R}(\sqrt{n}-0.10)$$

或者近似地根据

$$R<1.0\text{m}, y=1.5\sqrt{n} \tag{6-69}$$

$$R>1.0\text{m}, y=1.3\sqrt{n} \tag{6-70}$$

来计算。巴甫洛夫斯基公式的使用范围较广，为 $0.1\leqslant R\leqslant 3.0\text{m}$，$0.011\leqslant n\leqslant 0.04$。

需要指出的是，就谢才公式本身而言，可适用于有压或无压均匀流的各阻力区，但是曼宁公式和巴甫洛夫斯基公式中谢才系数 C 的计算只与 R 和 n 有关，而与 Re 无关，用这两个公式计算的 C 值，谢才公式理论上仅适用于紊流粗糙区。

6.6.5 非圆管道的沿程水头损失计算

在实际工程中，用来输送流体的管道不一定都是圆形断面，根据工程需要，也常选用非圆形截面管道，如图 6-26 所示，通风管道大多是矩形或方形的。对于这些非圆形断面的管道，圆管流动的沿程阻力计算公式及雷诺数仍然适用，只是需要把公式中的直径 d 用当量直径 d_e 来代替。

图 6-26 通风管道

由于水力半径是综合反映过流断面和几何形状对流动影响的物理量，如果非圆形管道的水力半径等于某圆管的水力半径，当其他条件（v，l）相同时，可以认为这两个管道的沿程水头损失是相等。因此，和非圆形管道的水力半径相等的圆管直径称为该非圆形管道的当量直径，用 d_e 表示。和圆形管道相比，非圆形管道当量直径是水力半径的 4 倍，即

$$d_e=4R \tag{6-71}$$

边长为 a、b 的矩形管道，其当量直径为

$$d_e=4R=4\frac{A}{\chi}=4\frac{ab}{2(a+b)}=\frac{2ab}{a+b} \tag{6-72}$$

边长为 a 的方形管道，其当量直径为

$$d_e=4R=4\frac{A}{\chi}=4\frac{a^2}{4a}=a \tag{6-73}$$

圆环形断面，其当量直径为

$$d_e=\frac{4(\pi r_2^2-\pi r_1^2)}{2\pi r_1+2\pi r_2}=2(r_2-r_1) \tag{6-74}$$

式中，r_1、r_2 是圆环形断面内、外半径。

有了当量直径，用 d_e 代替 d，仍可用达西公式来计算非圆形管道的沿程水头损失，即

$$h_f=\lambda\frac{l}{d_e}\frac{v^2}{2g}$$

式中，v 为非圆形管道的断面平均流速，$v=\dfrac{Q}{A}$，A 为非圆形管道的实际过流面积；λ 为非圆

形管道的沿程阻力系数，用当量直径 d_e 计算。

以当量直径为特征长度，非圆形管道的雷诺数为

$$Re=\frac{v\cdot d_e}{\nu}=\frac{v\cdot 4R}{\nu} \tag{6-75}$$

用当量直径计算的雷诺数也可近似用于判别非圆管道的流态，其临界值仍然是 2300。同样可以用当量相对粗糙 k_s/d_e 代入沿程阻力系数公式计算非圆管流的 λ 值。

根据非圆形断面管道和圆管的 λ-Re 对比实验发现，应用当量直径计算非圆形管道的沿程水头损失并不适用于所有情况，主要表现在以下几个方面：

1）实验表明：断面形状同圆管差异很大的非圆管，如长缝形（$b/a>8$）、狭环形（$d_2<3d_1$），应用当量直径 d_e 计算存在较大的误差。

2）由于层流的流速分布和紊流不一样，流动阻力和沿程损失不像紊流那样集中在管壁附近，所以在层流中应用当量直径进行计算，会造成较大误差。

图 6-27　镀锌输水钢管

【例 6.8】　图 6-27 所示为某段输水管道采用的镀锌输水钢管。若输水管道长 $l=1000\text{m}$，直径为 $d=250\text{mm}$，流量为 $Q=80\text{L/s}$，水温为 10℃，试求该段输水管的沿程水头损失。

【解】　（1）计算雷诺数 Re 和 k_s/d_e　已知 $Q=80\text{L/s}$，$d=250\text{mm}$，则

$$v=\frac{Q}{A}=\frac{4Q}{\pi d^2}=\frac{4\times0.08}{\pi\times0.25^2}\text{m/s}=1.63\text{m/s}$$

查表，$t=10℃$，水的运动黏度 $\nu=1.306\times10^{-6}\text{m}^2/\text{s}$，则

$$Re=\frac{vd}{\nu}=\frac{1.63\times0.25}{1.306\times10^{-6}}=3.12\times10^5>2300$$

镀锌钢管当量粗糙度 $k_s=0.15\text{mm}$，则

$$\frac{k_s}{d}=\frac{0.15}{250}=0.0006$$

（2）确定沿程阻力系数

$$\lambda=0.11\left(\frac{k_s}{d}+\frac{68}{Re}\right)^{0.25}=0.11\times\left(0.006+\frac{68}{3.12\times10^5}\right)^{0.25}$$
$$=0.0186$$

（3）计算沿程水头损失

$$h_f=\lambda\frac{l}{d}\frac{v^2}{2g}=0.0186\times\frac{1000}{0.25}\times\frac{1.63^2}{2\times9.8}\text{m}=10.09\text{m}$$

图 6-28　钢筋混凝土输水管

【例 6.9】　长 1000m 的钢筋混凝土输水管，如图 6-28 所示，粗糙系数 $n=0.013$，直径 $d=250\text{mm}$，通过流量 $Q=200\text{m}^3/\text{h}$。试用谢才公式求沿程水头损失。

【解】（1）计算谢才系数 C

$$R=\frac{d}{4}=\frac{0.25}{4}\text{m}=0.0625\text{m}$$

$$C=\frac{1}{n}R^{1/6}=\frac{1}{0.013}\times 0.0625^{1/6}\text{m}^{0.5}/\text{s}=48.45\text{m}^{0.5}/\text{s}$$

（2）计算 h_f

$$A=\frac{\pi d^2}{4}=\frac{3.14\times 0.25^2}{4}\text{m}^2=0.0491\text{m}^2$$

$$v=\frac{Q}{A}=\frac{200}{3600\times 0.0491}\text{m/s}=1.13\text{m/s}$$

由谢才公式 $v=C\sqrt{RJ}$，得到

$$J=\frac{v^2}{C^2R}=\frac{1.13}{48.45^2\times 0.0625}=7.7\times 10^{-3}$$

由 $J=\frac{h_f}{l}$ 得到

$$h_f=Jl=7.7\times 10^{-3}\times 1000\text{m}=7.7\text{m}$$

6.7 局部水头损失

6-6 局部水头损失

在工业管道或渠道中，往往设有控制闸门、弯管、分岔管、变直径管等部件和设备，用以控制和调节管内或渠道中的流动。如图 6-29 所示，广东长潭电站水利工程是一个以发电为主，兼顾防洪、灌溉的综合利用水电工程。坝址位于韩江流域梅河水系石窟河、梅州市蕉岭县境内。长潭水库属季调节水库，库容 1.72 亿 m^3，集雨面积 1990km^2，跨广东、福建两省。长潭水库自建库蓄水以来，充分发挥了水库的防洪抗旱作用，为保证当地社会稳定、人民安居乐业做出了重大贡献。其内控制闸门就可控制流体的流动。流体在流经这些部件时，均匀流动受到破坏，流速的大小、方向和分布发生变化。在较短的范围内，由于流动的急剧调整，而集中产生的流动阻力称为局部阻力，引起的能量损失称为局部水头损失，造成局部水头损失的部件和设备称为局部阻碍。

图 6-29 长潭电站控制闸门

众多的实验表明：局部水头损失和沿程水头损失一样，不同的流态有不同的规律。在实际工程中，由于局部阻碍的强烈扰动作用，使流动在较小的雷诺数时就达到了充分的紊动，因此下面重点讨论紊动条件下的局部损失问题。图 6-30 列出了几种典型的局部阻碍。

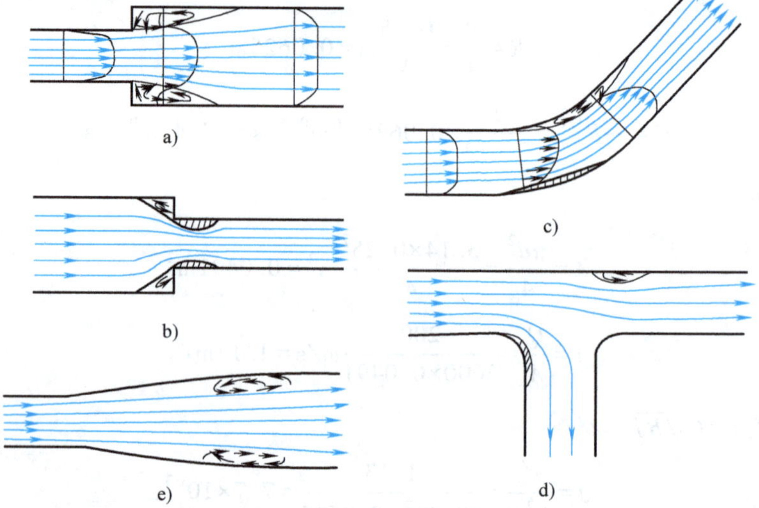

图 6-30　几种典型的局部阻碍

a）突然扩大管　b）突然缩小管　c）圆弯管　d）三通管　e）渐扩管

6.7.1　局部水头损失产生的原因

1）主流与边壁分离，在主流和边壁间形成旋涡区是产生局部水头损失的主要原因。流体在通过突然扩大、突然缩小管等局部阻碍时，因为惯性作用，主流与边壁分离，在主流和边壁间形成旋涡区。局部水头损失与旋涡区的形成有关，在旋涡区内，旋涡加剧了流体的紊动，加大了能量损失；同时旋涡区和主流区不断进行质量交换，旋涡运动质点被主流带向下游，加剧了下游一定范围内主流的紊动强度，进一步加大了能量损失。此外，局部阻碍附近，流速分布的重新调整，加大了紊流梯度和流层间的切应力，也将造成一定的能量损失。实验结果表明：局部阻碍处旋涡区越大，旋涡强度越强，局部水头损失越大。

2）流动方向的变化形成二次流，将产生一定的能量损失。当实际流体流经弯管时，不但会发生分离，形成旋涡区，而且会产生与主流方向正交的流动，称为二次流。这是由于沿着弯管运动的流体质点在离心惯性力的作用下，使得弯管外侧流体的压强高于内侧，在外侧和内侧的压强差作用下，有部分流体沿管壁从外侧向内侧流动（从高压处向低压处流动），管中心出现回流。这样，就形成了双旋涡形式的二次流动。这个二次流和主流叠加，将加大弯管的能量损失。

6.7.2　局部水头损失系数的影响因素

局部水头损失计算公式为

$$h_j=\zeta\frac{v^2}{2g}$$

式中，ζ 为局部水头损失系数；v 为与 ζ 对应的断面平均流速。

局部水头损失系数 ζ，理论上与局部阻碍处的雷诺数 Re 和边界情况有关，但是，实际上流体受到局部阻碍的强烈扰动，流动在较小的雷诺数时就已经充分紊动，雷诺数的变化对紊动程度的实际影响很小。在一般情况下，ζ 只取决于局部阻碍的形状，与 Re 无关。

6.7.3 常见管道局部阻力系数的确定

1. 突然扩大管

如图 6-31 所示，设突然扩大同轴圆管，列扩大前断面 1—1 和扩大后流速分布与紊流脉动已经接近均匀流状态的断面 2—2 的伯努利方程，忽略两断面间的沿程水头损失，有

$$z_1+\frac{p_1}{\rho g}+\frac{\alpha_1 v_1^2}{2g}=z_2+\frac{p_2}{\rho g}+\frac{\alpha_2 v_2^2}{2g}=h_j$$

得到

$$h_j=\left(z_1+\frac{p_1}{\rho g}\right)-\left(z_2+\frac{p_2}{\rho g}\right)+\frac{\alpha_1 v_1^2-\alpha_2 v_2^2}{2g}$$

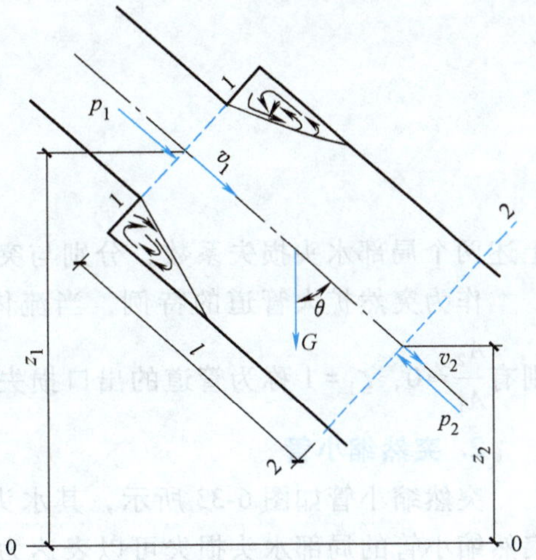

图 6-31 突然扩大管

对 AB，2—2 断面和两断面间侧壁面所构成的控制体，列流动方向的动量方程

$$\sum F=\rho Q(\beta_2 v_2-\beta_1 v_1)$$

式中，$\sum F$ 包括：①作用在断面 1—1 上的总压力 $P_1=p_1A_1$；②作用在断面 2—2 上的总压力 $P_2=p_2A_2$；③环形面积（A_2-A_1）管壁对流体的作用力 P_{AB}，也就是旋涡区内流体作用于环形面积上的反力，实验表明：环形面积上流体压强基本上符合静压强分布规律，则总压力 $P_{AB}=p_1(A_2-A_1)$；④重力在管轴上的投影 $G\cos\theta=\rho gA_2(z_2-z_1)$；⑤断面 AB 至 2—2 截面间流体所受管壁的摩擦力，与上面几个力相比较，摩擦力可以忽略不计。因此，流动方向的动量方程为

$$p_1A_1-p_2A_2+p_1(A_2-A_1)+\rho gA_2(z_1-z_2)=\rho Q(\beta_2 v_2-\beta_1 v_1)$$

将 $Q=A_2v_2$ 代入，并除以 ρgA_2，得到

$$\left(z_1+\frac{p_1}{\rho g}\right)-\left(z_2+\frac{p_2}{\rho g}\right)=\frac{v_2}{g}(\beta_2 v_2-\beta_1 v_1)$$

代入伯努利方程 $h_j=\left(z_1+\frac{p_1}{\rho g}\right)-\left(z_2+\frac{p_2}{\rho g}\right)+\frac{\alpha_1 v_1^2-\alpha_2 v_2^2}{2g}$，得到

$$h_j=\frac{v_2}{g}(\beta_2 v_2-\beta_1 v_1)+\frac{\alpha_1 v_1^2-\alpha_2 v_2^2}{2g}$$

取 $\alpha_1=\alpha_2=\beta_1=\beta_2=1$，得到

$$h_j=\frac{(v_1-v_2)^2}{2g} \tag{6-76}$$

式中，v_1 为断面扩大前的流速；v_2 为断面扩大后的流速。

这就是截面突然扩大的管道其局部水头损失的计算公式。该公式表明：截面突然扩大的局部水头损失等于以突扩前后断面平均流速差计算的流速水头，该公式又称为包达公式，实验表明该公式具有足够的准确性。

由 $\frac{v_1}{v_2}=\frac{A_2}{A_1}$，可以得到 $v_2=v_1\frac{A_1}{A_2}$ 和 $v_1=v_2\frac{A_2}{A_1}$，则

$$h_j=\left(1-\frac{A_1}{A_2}\right)^2\frac{v_1^2}{2g}=\zeta_1\frac{v_1^2}{2g} \tag{6-77}$$

$$h_j=\left(\frac{A_2}{A_1}-1\right)^2\frac{v_2^2}{2g}=\zeta_2\frac{v_2^2}{2g} \tag{6-78}$$

则突然扩大管道的局部水头损失系数为

$$\zeta_1=\left(1-\frac{A_1}{A_2}\right)^2 \tag{6-79}$$

$$\zeta_2=\left(\frac{A_2}{A_1}-1\right)^2 \tag{6-80}$$

上述两个局部水头损失系数，分别与突然扩大前、后两个断面的平均流速对应。

作为突然扩大管道的特例，当流体从管道流入断面很大的容器中时，如图 6-32 所示，则有$\frac{A_2}{A_1}\approx 0$，$\zeta_1=1$ 称为管道的出口损失系数。

2. 突然缩小管

突然缩小管如图 6-33 所示，其水头损失主要发生在细管内收缩断面 $c—c$ 附近的旋涡区。突然缩小管的局部水头损失可以表达为

$$h_j=0.5\left(1-\frac{A_2}{A_1}\right)^2\frac{v_2^2}{2g}$$

则有

$$\zeta=0.5\left(1-\frac{A_2}{A_1}\right)^2 \tag{6-81}$$

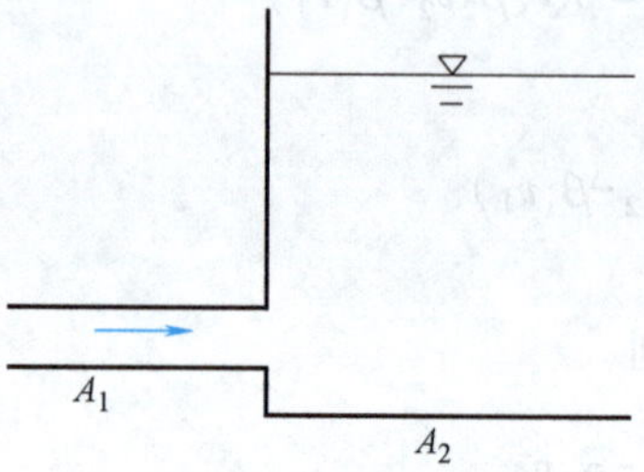

图 6-32 管道出口

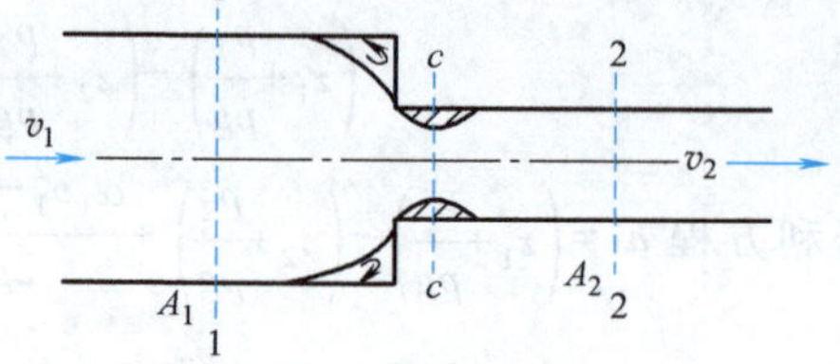

图 6-33 突然缩小管

作为突然缩小管道的特例，当流体由断面很大的容器流入管道时，如图 6-34 所示，则有$\frac{A_2}{A_1}\approx 0$，$\zeta=0.5$，称为管道的入口损失系数。

3. 渐扩管

如图 6-35 所示，渐扩管的局部水头损失系数可以表示为

$$\zeta=k\left(\frac{A_1}{A_2}\right)^2 \tag{6-82}$$

图 6-35 中，α 为扩张角，α 与 k 的对应关系见表 6-4。

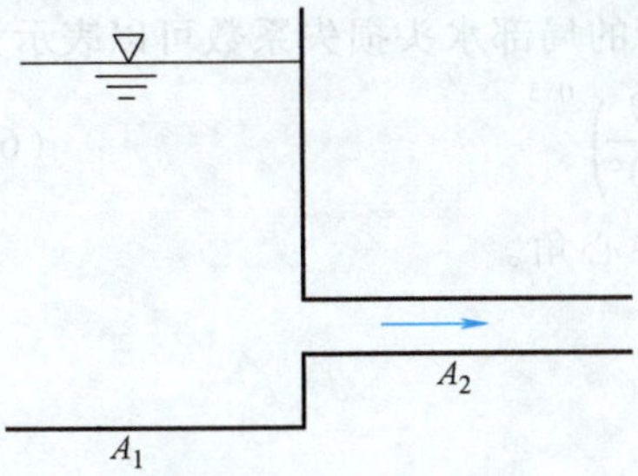

图 6-34　管道入口

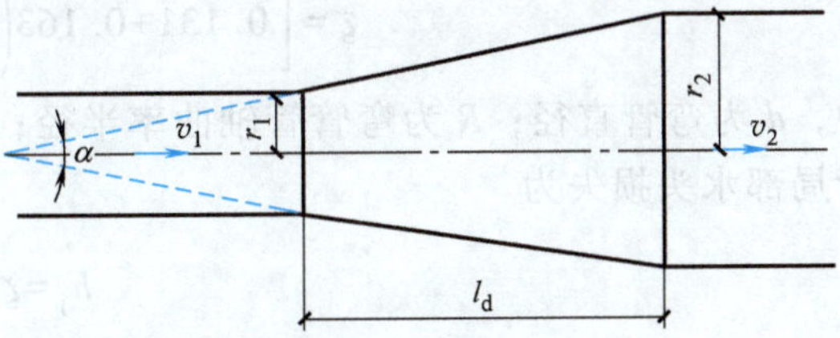

图 6-35　渐扩管

表 6-4　α 与 k 的对应关系

α/(°)	8	10	12	15	20	25
k	0.14	0.16	0.22	0.30	0.42	0.62

渐扩管的局部水头损失计算公式为

$$h_j = \zeta_2 \frac{v_2^2}{2g}$$

当 $\alpha = 2° \sim 5°$时，则有

$$h_j = 0.2\frac{(v_1 - v_2)^2}{2g} \tag{6-83}$$

式中，v_1 为断面扩大前的流速；v_2 为断面扩大后的流速。

4. 渐缩管

如图 6-36 所示渐缩管，其局部水头损失系数可以表示为

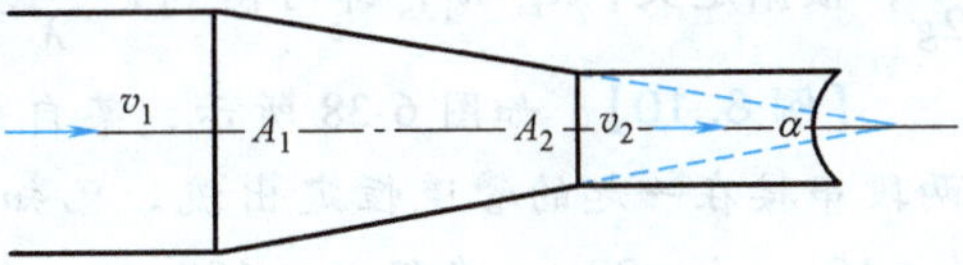

图 6-36　渐缩管

$$\zeta = k_1\left(\frac{1}{k_2} - 1\right)^2 \tag{6-84}$$

式中，k_1、k_2 分别按表 6-5、表 6-6 取值。

表 6-5　α 与 k_1 的对应关系

α/(°)	10	20	40	60	80	100	140
k_1	0.40	0.25	0.20	0.20	0.30	0.40	0.60

表 6-6　A_2/A_1 与 k_2 的对应关系

A_2/A_1	0.1	0.3	0.5	0.7	0.9
k_2	0.40	0.36	0.30	0.20	0.10

渐缩管的局部水头损失可以表示为

$$h_j = \zeta \frac{v_2^2}{2g}$$

5. 弯管

弯管是另一类典型的局部障碍，如图 6-37 所示，它只改变流动方向，不改变平均流速的大小。弯管的局部水头损失，包括旋涡损失和二次流损失两部分。弯管的局部水头损失系数

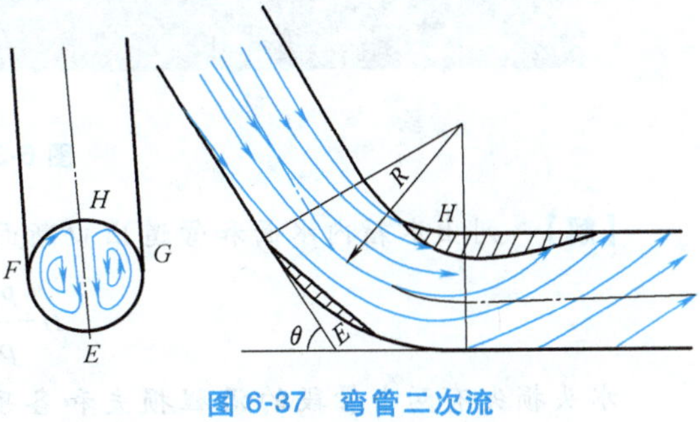

图 6-37　弯管二次流

取决于弯管的转角 θ 和曲率半径与管道直径之比 R/d。弯管的局部水头损失系数可以表示为

$$\zeta=\left[0.131+0.163\left(\frac{d}{R}\right)^{3.5}\right]\left(\frac{\theta}{90°}\right)^{0.5} \tag{6-85}$$

式中，d 为弯管直径；R 为弯管管轴曲率半径；θ 为弯管中心角。

弯管局部水头损失为

$$h_j=\zeta\frac{v^2}{2g}$$

6.7.4 局部阻碍之间的相互干扰

以上给出的局部水头损失系数 ζ，是在局部阻碍前后都有足够长的均匀流段的条件下由实验得到的。如果局部阻碍之间的距离，由于条件限制相隔很近，流体流出前一个局部阻碍，在流速分布和紊流脉动还没有达到正常均匀流之前，又流入后一个局部阻碍。这两个相连的局部阻碍，存在相互干扰，其损失系数不等于正常条件下两个局部阻碍的损失系数之和。实验研究表明：如果局部阻碍直接连接，其局部损失可能出现大幅度的增加或减小，变化幅度约为单个正常局部损失总和的（0.5~3）倍。

在工程计算中为了简化计算，可以把管路的局部损失按沿程损失计算，即把局部损失折合成具有同一沿程损失的管段，这个管段的长度称为等值长度 l。因为 $h_f=\lambda\frac{l}{d}\frac{v^2}{2g}$，$h_j=\zeta\frac{v^2}{2g}$，根据定义，$h_f=h_j$，即可得到 $l=\frac{\zeta d}{\lambda}$。

【例 6.10】 如图 6-38 所示，某自来水公司的供水系统中，有一压力水箱中的水，经由两段串接在一起的管道恒定出流。已知压力表的读值 $p_M=98000\text{N/m}^2$，水头 $H=2\text{m}$，管长 $l_1=10\text{m}$，$l_2=20\text{m}$，直径 $d_2=100\text{mm}$，$d_2=200\text{mm}$，沿程阻力系数 $\lambda_1=\lambda_2=0.03$，阀门局部损失系数 $\zeta_v=1.5$，试求流量。

a)

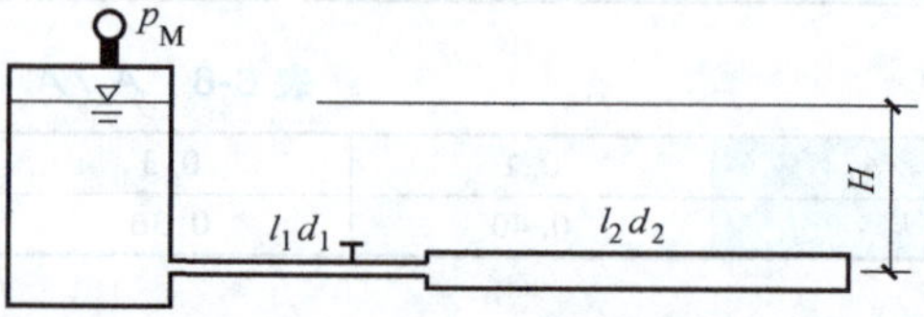

b)

图 6-38 例 6.10

【解】 列出水箱内水面和管道出口断面的伯努利方程

$$H+\frac{p_M}{\rho g}=\frac{v^2}{2g}+h_w$$

水头损失有两个管段的沿程损失和各项局部损失，包括管道入口、阀门、突然扩大损

失，即

$$h_w = \lambda_1 \frac{l_1}{d}\frac{v_1^2}{2g} + \zeta_e \frac{v_1^2}{2g} + \zeta_v \frac{v_1^2}{2g} + \lambda_2 \frac{l_2}{d}\frac{v_2^2}{2g} + \zeta_{se}\frac{v_2^2}{2g}$$

$$= \left(\lambda_1 \frac{l_1}{d} + \zeta_e + \zeta_v\right)\frac{v_1^2}{2g} + \left(\lambda_2 \frac{l_2}{d} + \zeta_{se}\right)\frac{v_2^2}{2g}$$

由连续性方程式 $v_1A_1 = v_2A_2$，得到

$$v_1 = v_2 \frac{A_2}{A_1} = v_2\left(\frac{d_2}{d_1}\right)^2$$

$$h_w = \left[\left(\lambda_1 \frac{l_1}{d_1} + \zeta_e + \zeta_v\right)\left(\frac{d_2}{d_1}\right)^4 + \left(\lambda_2 \frac{l_2}{d_2} + \zeta_{se}\right)\right]\frac{v_2^2}{2g}$$

沿程阻力系数 $\lambda_1 = \lambda_2 = 0.03$。

各项局部损失系数：管道入口 $\zeta_e = 0.5$，阀门 $\zeta_v = 1.5$。

突然扩大 $\zeta_{se} = \left(\frac{A_2}{A_1} - 1\right)^2 = \left(\frac{d_2^2}{d_1^2} - 1\right)^2 = \left(\frac{0.2^2}{0.1^2} - 1\right)^2 = 9$。

将各项阻力系数代入 h_w 计算式，得到

$$h_w = \left[\left(0.03\times\frac{10}{0.1} + 0.5 + 1.5\right)\left(\frac{0.2}{0.1}\right)^4 + \left(0.03\times\frac{20}{0.2} + 9\right)\right]\frac{v_2^2}{2g} = 92\frac{v_2^2}{2g}$$

代入伯努利方程

$$2 + \frac{98000}{9800} = \frac{v_2^2}{2g} + 92\frac{v_2^2}{2g}$$

$$v_2 = \sqrt{\frac{19.6\times 12}{93}}\ \text{m/s} = 1.59\text{m/s}$$

$$Q = v_2A_2 = v_2\frac{\pi d_2^2}{4} = 1.59\times\frac{\pi\times 0.2^2}{4}\text{m}^3/\text{s} = 0.05\text{m}^3/\text{s}$$

【例 6.11】 在水电站（图 6-39a）的建设中，要得到上下游水库的水头损失参数，就需建设等比例缩小模型进行模型实验计算（图 6-39）。直径 $d = 500\text{mm}$ 的引水管从上游水库引水至下游水库，管道倾斜段的倾角 $\theta = 30°$，弯头 a 和 b 均为折管，引水流量 $Q = 0.4\text{m}^3/\text{s}$，上游水库水深 $h_1 = 3.0\text{m}$，过流断面宽度 $B_1 = 5.0\text{m}$，下游水库水深 $h_2 = 2.0\text{m}$，过流断面宽度 $B_2 = 3.0\text{m}$，求引水管进口、出口、弯头 a 和 b 处损失的水头。

a)

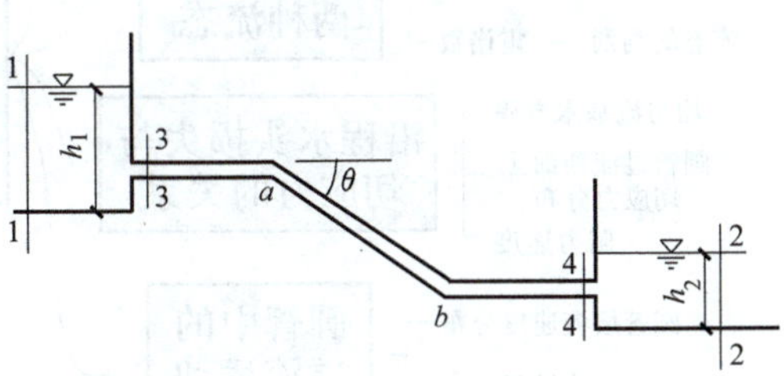

b)

图 6-39　例 6.11

【解】 引水管截面面积：$A=\dfrac{\pi}{4}d^2=\dfrac{3.14}{4}\times0.5^2\text{m}^2=0.196\text{m}^2$

断面平均流速：$v=\dfrac{Q}{A}=\dfrac{0.4}{0.196}\text{m/s}=2.04\text{m/s}$。

（1）引水管进口　选取断面1—1位于上游水库内，断面3—3位于引水管进口。则断面1—1与3—3间为突然缩小式流道。$A_1=B_1h_1$，$A_3=A$，假定进口局部损失可以按圆断面突然缩小情况来近似，则

$$h_{j1-3}=\zeta_{1-3}\frac{v^2}{2g},\ \zeta_{1-3}=0.5\left(1-\frac{A_3}{A_1}\right)$$

因此

$$\zeta_{1-3}=0.5\left(1-\frac{A_3}{A_1}\right)=0.5\times\left(1\times\frac{0.196}{5\times3}\right)=0.493$$

$$h_{j1-3}=\zeta_{1-3}\frac{v^2}{2g}=0.493\times\frac{2.04^2}{2\times9.8}\text{m}=0.10\text{m}$$

（2）引水管出口　选取断面2—2位于下游水库内，断面4—4位于引水管出口，则断面4—4与2—2间为$A_2=B_2h_2$。

$$h_{j4-2}=\zeta_{4-2}\frac{v^2}{2g},\ \zeta_{4-2}=0.5\left(1-\frac{A_4}{A_2}\right)^2$$

$$\zeta_{4-2}=0.5\left(1-\frac{A_4}{A_2}\right)^2=\left(1\times\frac{0.196}{3\times2}\right)^2=0.936$$

$$h_{j4-2}=\zeta_{4-2}\frac{v^2}{2g}=0.936\times\frac{2.04^2}{2\times9.8}\text{m}=0.20\text{m}$$

思维导图

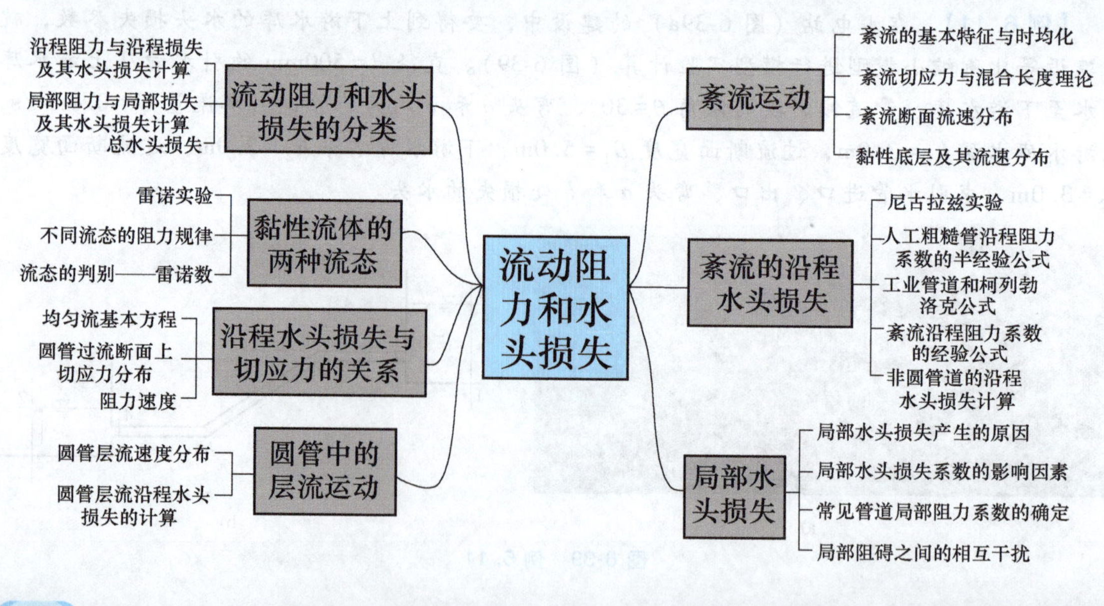

课后习题

一、单项选择题

1. 为进一步巩固河渠黑臭水体治理成果，切实保证沿线群众生活环境，实现漕运河安全正常运行和防洪效益、社会效益、生态效益，使河道面貌焕然一新，西安市政府决定进行漕运明渠（图6-40a）石化大道至店子村段渠底衬砌加固工程。明渠断面如图6-40b所示，渠道的水力半径R为（　　）。

A. $\frac{b+2h}{bh}$　　B. $\frac{bh}{b+2h}$　　C. $\frac{2(b+h)}{bh}$　　D. $\frac{bh}{(2+bh)}$

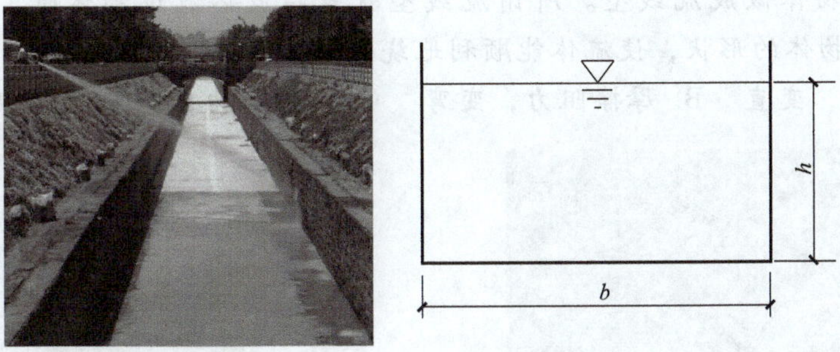

a)　　b)

图6-40　单项选择题第1题

2. 图6-41所示为供水管线勾头通水施工现场。假设供水管线为圆管均匀流，其壁面切应力τ_0=(　　)。

A. $\frac{\lambda}{8}\rho v^2$　　B. $\frac{\lambda}{8}v^2$　　C. $\sqrt{\frac{\lambda}{8}}\rho v$　　D. $\sqrt{\frac{\lambda}{8}}v$

3. 图6-42所示为市政供水管线施工现场，假设连接某变径管的雷诺数之比$Re_1:Re_2=1:4$，则其管径之比$d_1:d_2$=(　　)。

A. 1∶4　　B. 1∶2　　C. 2∶1　　D. 4∶1

图6-41　供水管线勾头通水施工现场

图6-42　市政供水管线施工

4. 若管径、流量相同的管流，通过的流体分别为水和空气，水的运动黏度 $\nu_{水}=1.01\times10^{-6}m^2/s$，空气的运动黏度 $\nu_{气}=15.7\times10^{-6}m^2/s$，两种情况下雷诺数的关系是（　　）。

A. $Re_{气}=0.064Re_{水}$　B. $Re_{气}=0.64Re_{水}$　C. $Re_{气}=Re_{水}$　D. $Re_{气}=15.5Re_{水}$

5. 自来水通过圆形水管输送，若流体作层流流动时，动能修正系数 α 等于（　　）。

A. 1　B. 2　C. 3　D. 2000

6. 图 6-43 所示为广西钦州港三墩岛 30 万 t 级原油码头管道工程，已知其中某段输油管直径 $d=250mm$，长度 $l=8000$，油的密度 $\rho=850kg/m^3$，运动黏度 $\nu=0.2cm^2/s$，通过流量 $Q=0.5L/s$，则过流断面上的最大流速 $u_{max}=$（　　）cm/s。

A. 0.61　B. 1.02　C. 2.04　D. 4.08

7. 我们常会看到很多流线型的物体，如图 6-44 所示的东风号远洋货船。这是为了减小（　　），必须把物体做成流线型。所谓流线型就是指流体流过物体时，其流线会自动地（　　），以适应物体的形状，使流体能顺利地绕着物体流过。

A. 摩擦阻力，变直　B. 摩擦阻力，变弯　C. 压差阻力，变直　D. 压差阻力，变弯

图 6-43　输油管道

图 6-44　东风号

8. 搅拌器是化工生产中将气体、液体或固体颗粒分散于液体中的常用设备。搅拌器由 2 个相同直径的圆盘焊接在圆杆两端构成，如图 6-45 所示，若已知搅拌器以 5.24m/s 的圆周速度在密度为 1125kg/m^3 的液体中转动，此时圆盘的阻力系数 $C_D=1.5$，则两圆盘所受阻力为（　　）。

A. 320N　B. 250N　C. 364N　D. 282N

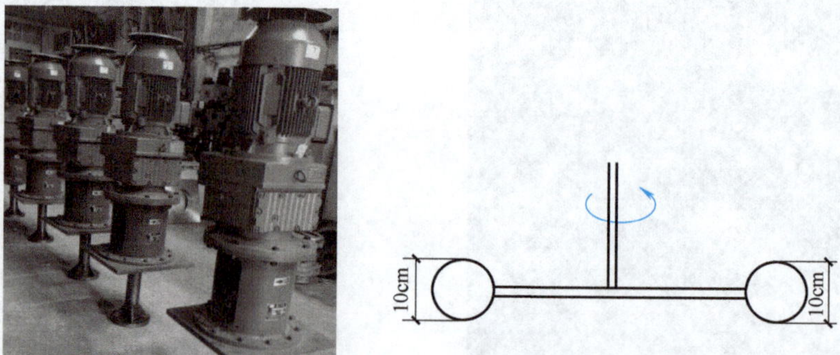

a)　b)

图 6-45　单项选择题第 8 题

9. 如图 6-46 所示，长江三峡位于中国的腹地，是瞿塘峡、巫峡和西陵峡三段峡谷的总称，全长 193km。当其中流动处于（　　）时，其沿程水头损失 $h_f \propto v^{1.75}$。

A. 层流区　　B. 紊流光滑区　　C. 紊流过渡区　　D. 紊流粗糙区

10. 如图 6-47 所示，工业管道是企业为生产制作各种产品过程所需的工艺管道、公用工程管道及其他辅助管道。工业管道的沿程阻力系数 λ，在紊流过渡区随着雷诺数 Re 的增加而（　　）。

A. 增加　　B. 保持不变　　C. 减少　　D. 趋于 0.5

图 6-46　长江三峡夔门流域

图 6-47　工业管道

11. 混凝土排水管（图 6-48）的特性是管体混凝土强度高、抗渗性好、安全流动性高、安装方便、绿色环保、抗压能力强、顶进施工允许顶力大、生产效率高等。已知混凝土排水管的水力半径 $R=0.5$m，粗糙系数 $n=0.014$，水均匀流过 1000m 的沿程水头损失为 1m，则管中平均流速 $v=$(　　)m/s。

A. 1.12　　B. 1.22　　C. 1.32　　D. 1.42

12. 压差计（图 6-49）是一种常见的物理学仪器，多被用于测量深井之中及管道中两点之间的压力差。管路的沿程阻力系数 $\lambda=0.020$，水流的断面平均流速 $v=1.5$m/s，若压差计中工作液体的密度 $\rho'=1200\text{kg/m}^3$，则压差计的读数 $h=$(　　)m。

A. 0.033　　B. 0.044　　C. 0.055　　D. 0.06

图 6-48　混凝土排水管

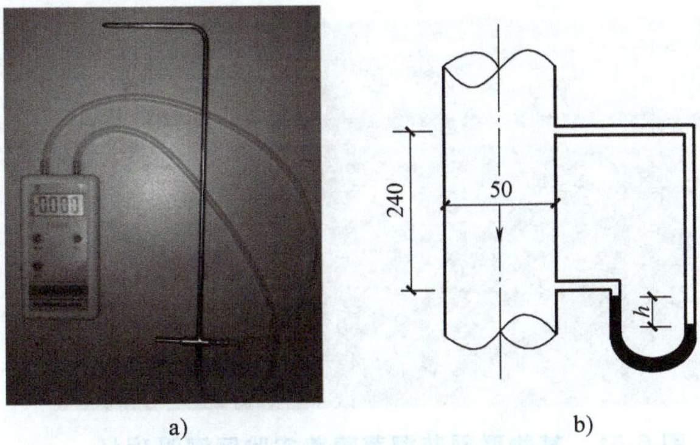

图 6-49　单项选择题第 12 题

13. 若有 2 条水平的直长管路输送气体，一条为等截面正方形，另一条为等截面圆形，若此两管路两端的压降 Δp、管长 l、管路截面面积 A 及沿程损失系数 λ 均对应相等，则正方形截面管路与圆截面管路所输送流量 Q 关系为（　　）。

A. $Q_方>Q_圆$　　B. $Q_方<Q_圆$　　C. $Q_方=Q_圆$　　D. $Q_方>Q_圆$ 或 $Q_方<Q_圆$

14. 国家游泳中心又称“水立方”“冰立方”，作为具有国际先进水平的、集游泳、运动、健身、休闲于一体的中心，逐渐成了北京市民的水上娱乐中心。在水立方内的游泳池简化排水示意图如图 6-50 所示，排水管的断面平均流速 $v=2.0\text{m/s}$，则管道出口的局部水头损失 $h_j=($　　$)\text{m}$。

A. 0.102　　B. 0.204　　C. 0.306　　D. 0.408

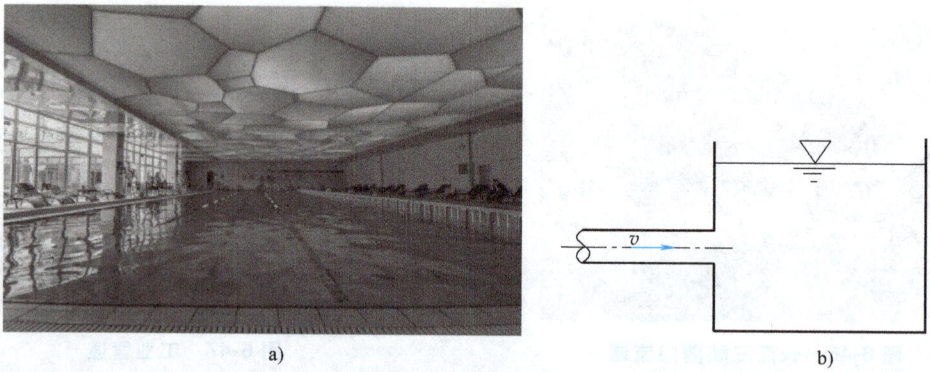

图 6-50　单项选择题第 14 题

a）水立方游泳池　b）示意图

15. 某物联网花椰菜营养实验区灌溉现场如图 6-51 所示，水在管内流动，为克服阻力所产生的管路能量损失若用压强损失 Δp 表示，其物理意义是（　　）。

A. 单位重量流体的能量损失　　B. 单位质量流体的能量损失

C. 单位体积流体的能量损失　　D. 单位时间经管路流体的能量损失

二、多项选择题

1. 如图 6-52 所示，假设黄河某段流域为恒定均匀流，该段流域的管壁切应力 $\tau_0=($　　$)$。

A. ρgRJ　　B. ρRJ　　C. $\frac{\lambda}{8}\rho v^2$　　D. ρv^2　　E. $\rho g v_*^2$

图 6-51　某物联网花椰菜营养实验区灌溉现场

图 6-52　黄河流域

2. 边界层的概念由近代流体力学的奠基人德国人普朗特于 1904 年首先提出。从那时起，边界层研究就成为流体力学中的一个重要课题和领域。下列关于边界层概念的说法中，正确的有（　　）。

A. 边界层是指壁面附近流体黏性不能忽略的薄层

B. 边界层是指壁面附近流速梯度很大的薄层

C. 沿程水头损失与边界层的流动特点有关

D. 局部水头损失与边界层分离现象有关

E. 边界层分离区通常为高压区

3. 若同一长直管道流过两种黏性不同的流体，当两者的断面平均流速相同时，它们的沿程水头损失（　　）是不相同的。

A. 层流区　　B. 层、紊过渡区　　C. 紊流光滑区

D. 紊流过渡区　　E. 阻力平方区

4. 尼古拉兹实验比较完整地反映了沿程阻力系数的变化规律，揭露了影响沿程阻力系数变化的主要因素，对沿程阻力系数和断面流速分布的测定、推导紊流的半经验公式提供了可靠的依据。根据尼古拉兹实验成果知，（　　）。

A. 层流区 $\lambda=f(Re)$　　B. 层、过渡区 $\lambda=f(Re)$　　C. 紊流光滑区 $\lambda=f(Re)$

D. 紊流过渡区 $\lambda=f\left(Re,\dfrac{\Delta}{d}\right)$　　E. 阻力平方区 $\lambda=f\left(\dfrac{\Delta}{d}\right)$

5. 当天然气在管长 l、管径 d 一定的水平放置的长直工业管道流动时，其欧拉数 Eu 随流量 Q 的变化规律为（　　）。

A. 层流区，欧拉数 Eu 随流量 Q 的增加而减小

B. 层、紊过渡区，欧拉数 Eu 随流量 Q 的增加而增加

C. 紊流光滑区，欧拉数 Eu 随流量 Q 的增加而减小

D. 紊流过渡区，欧拉数 Eu 随流量 Q 的增加而减小

E. 紊流粗糙区，欧拉数 Eu 与流量 Q 无关

三、判断改正题

1. 自来水在水管中流动时，在流量 Q 一定的条件下，雷诺数 Re 随着管径 d 的增大而增大。（　　）

2. 不管是层流还是紊流，其运动要素在时间和空间上都具有脉动性。（　　）

3. 若流动的沿程水头损失 $h_f \propto v^{1.75}$，则该流动必处于紊流粗糙区。（　　）

4. 如图 6-53 所示，在为水池注水的过程中，管流流入水池，已知管流流速 $v=3.5/s$，

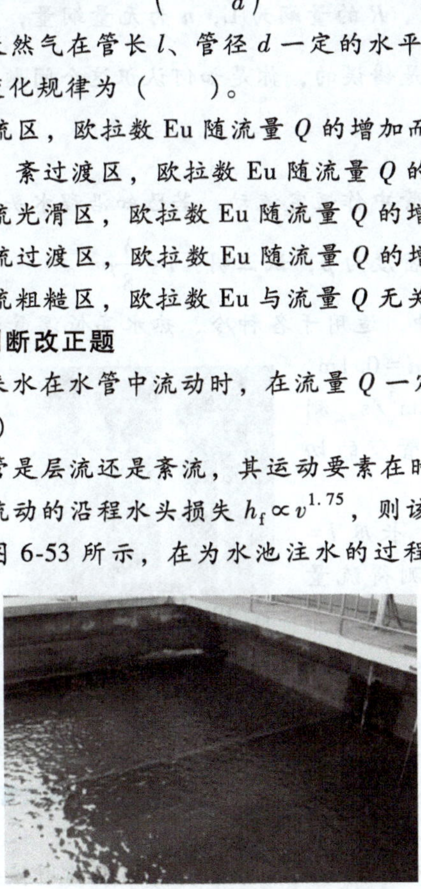

a)

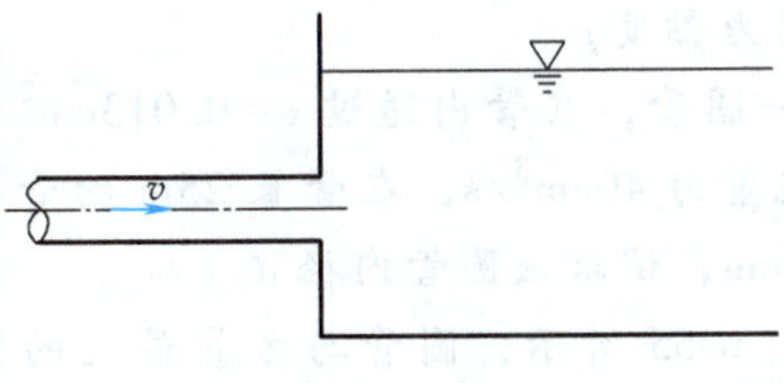

b)

图 6-53　判断改正题第 4 题

则管道出口后的局部水头损失 $h_j=0.5\dfrac{v^2}{2g}=0.3125\text{m}$。(　　)

5. 流线型物体的压差阻力大于黏性阻力，而非流线型物体的黏性阻力则大于压差阻力。工程上的绕流物体多为非流线型的钝形物体，如圆球、圆柱等，其绕流阻力主要取决于黏性阻力。(　　)

四、简答题

1. 流体在管道内流动产生的阻力可分为两类，是哪两类？它们分别由什么原因产生？

2. 雷诺数作为判别流态的依据，不仅适用于圆形截面管道，同样适用于明渠水流和非圆断面管流，那么雷诺数与哪些因素有关？为什么可用雷诺数判别水流流态？如何判别？

3. 1883年，英国物理学家雷诺通过实验研究发现，水头损失规律之所以不同，是因为黏性流体存在着两种不同的流态，即层流和紊流，那么紊流与层流相比有什么特点？

4. 边界层作为一个流体力学中的重要概念，对其的研究是流体力学中的一个重要课题和领域。那么什么是边界层？什么是层流边界层？什么是紊流边界层？影响边界层内流态的主要因素是什么？

5. 凡是正确反映客观规律的物理方程，其方程各项的量纲都必须是一致的，但在曼宁公式 $C=\dfrac{1}{n}R^{\frac{1}{6}}$ 中，谢才系数 C 的量纲为 $\text{L}^{1/2}\text{T}^{-1}$，$R$ 的量纲为 L，n 为无量纲量，很明显量纲是不和谐的，所以可能有人认为量纲和谐原理是错误的，你是如何认识这个问题的，并阐述你的理由。

五、计算题

1. 自来水在长为 l 的水平放置的等直径圆管中作恒定流动，若已知沿程水头损失系数为 λ，管壁切应力为 τ，截面平均流速为 v，流体密度为 ρ，试证明：$\tau=\dfrac{\lambda}{8}\rho v^2$。

2. 蒸汽管道（图6-54）是热力管道的一种，适用于各种冷、热水高低温管道的保温工程。有一根蒸汽管道的长度为 $l=100\text{m}$，管径 $d=0.1\text{m}$，已知蒸汽的密度 $\rho=1.16\text{kg/m}^3$，流量 $Q=0.072\text{m}^3/\text{s}$，测得管道两端的压强差为 $p_1-p_2=1200\text{Pa}$，试求管壁的切应力 τ_0 及气流的沿程损失系数 λ。

图6-54　蒸汽管道

3. 已知某段输油管道的直径 $d=0.025\text{m}$，长度 $l=3\text{m}$ 的管段两端的压强差为 $p_1-p_2=3000\text{Pa}$，测得流量 $Q=4\times10^{-4}\text{m}^3/\text{s}$，油的密度 $\rho=920\text{kg/m}^3$，试判断流态并计算油的动力黏度 μ。

4. 有一圆管，在管内通过 $v=0.013\text{cm}^2/\text{s}$ 的水，测得通过的流量为 $40\text{cm}^3/\text{s}$，在管长25m的管段上测得水头损失为2cm，试求该圆管内径 d。

5. 如图6-55所示，圆管与方管最大的区别就是其横断面。方管属于异形管。与圆管相比，横断面非圆形的异形管，有较大的惯性矩和截面模数，有较大的抗弯、抗扭能力，从结构上来说更加优秀，具有减轻自身重力和节省钢材的优点。若圆管和正方形管的断面面积、长度、相对粗糙度均相等，且通过相同的流量，试求在两种流态下管道沿程水头损失之比 $h_{f圆}/h_{f方}$。

（1）管流为层流。

（2）管流为紊流粗糙区。

a)

b)

图 6-55　计算题第 5 题

a）圆管　b）方管

6. 一输水管道长度 $l=1000$m，直径 $d=0.3$m，设计流量 $Q=0.055\text{m}^3/\text{s}$，水的运动黏度 $\nu=10^{-6}\text{m}^2/\text{s}$，如果要求此管道的沿程水头损失为 $h_f=3$m，试确定管壁的相对粗糙度 $\dfrac{\Delta}{d}$。

7. 某条给水管道的水力半径 $R=500$mm，管壁粗糙系数 $n=0.014$，水均匀流过长度 $l=1000$m 的管道的水头损失 $h_f=1$m，试求给水管道的流速 v 和流量 Q。

8. 一长度 $l=200$m 的圆形断面水工隧洞，要求通过流量 $Q=700\text{m}^3/\text{s}$。如果洞壁不加衬砌，其直径 $d_1=7.8$m，洞壁糙率 $n_1=0.033$；若用混凝土喷护衬砌，洞径 $d_2=7.0$m，糙率 $n_2=0.014$。试问衬砌方案比不衬砌方案沿程水头损失将减少多少？

9. 如图 6-56 所示，水箱中的水经管道流出，已知管径 $d=20$mm，长度 $l=5$m，沿程损失系数为 $\lambda=0.02$，水位 $H=12$m，试求管壁的切应力 τ_0。

10. 应用细管式黏度计测定油的黏度，已知细管直径 $d=6$mm，测量段长 $l=2$m，如图 6-57 所示。实测油的流量 $Q=77\text{cm}^3/\text{s}$，水银压差计的读值 $\Delta h=30$cm，油的密度 $\rho=900\text{kg/m}^3$。

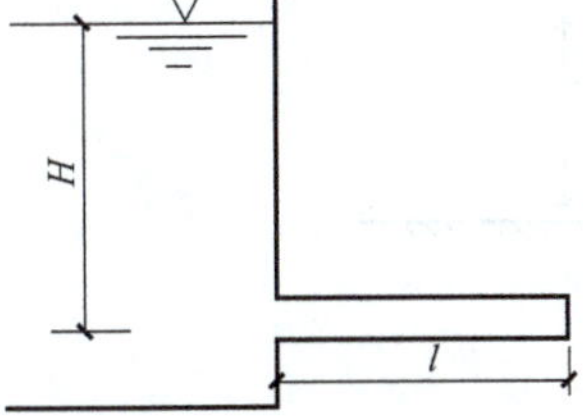

图 6-56　计算题第 9 题

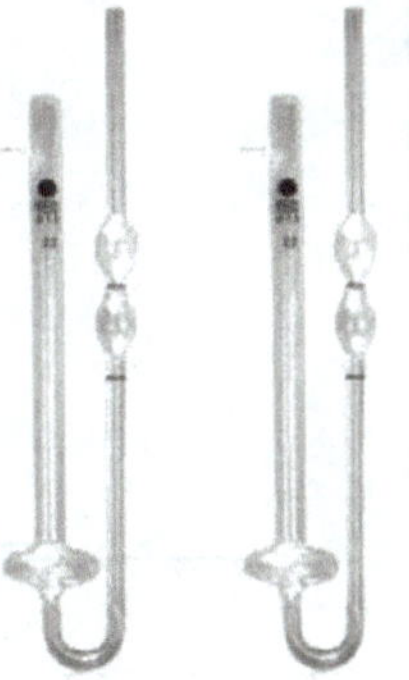

a)

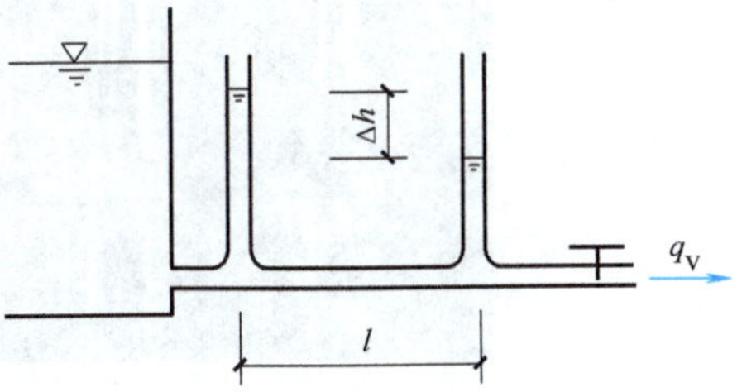

b)

图 6-57　计算题第 10 题

a）细管式黏度计　b）示意图

试求油的运动黏度和动力黏度。

11. 图 6-58a 所示高层结构简化如图 6-58b 所示，可视为长 $l=80\text{m}$、宽 $b=60\text{m}$、高 $h=200\text{m}$ 的矩形断面主体。现已测得楼顶处风速 $u_0=15\text{m/s}$，空气密度 $\rho=1.20\text{kg/m}^3$，设风速沿楼高为指数分布：

$$\frac{u}{u_0}=\left(1-\frac{z}{h}\right)^{0.2}$$

取绕流阻力系数 $C_D=2.08$，试求：

（1）高层建筑所受到的风载合力 F_D。

（2）此合力的作用点高度 z_0 与楼高的比值$\frac{z_0}{h}$。

12. 密度为 800kg/m^3 的油液，流过图 6-59 所示的水平管道，测压计中的工作流体为水银，$d_1=2d_2$，$h_1=300\text{mm}$，$v_2=0.8u_{2\max}$，$h_2=360\text{mm}$，不计沿程损失。试求突然缩小的局部阻力系数值 ζ（对应于小管径 d_2），并与经验公式$\zeta_1=0.5\left(1-\frac{A_2}{A_1}\right)$相比较。

a)

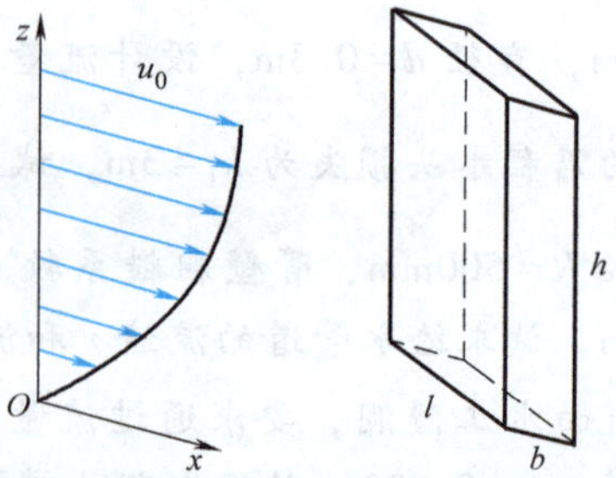

b)

图 6-58　计算题第 11 题

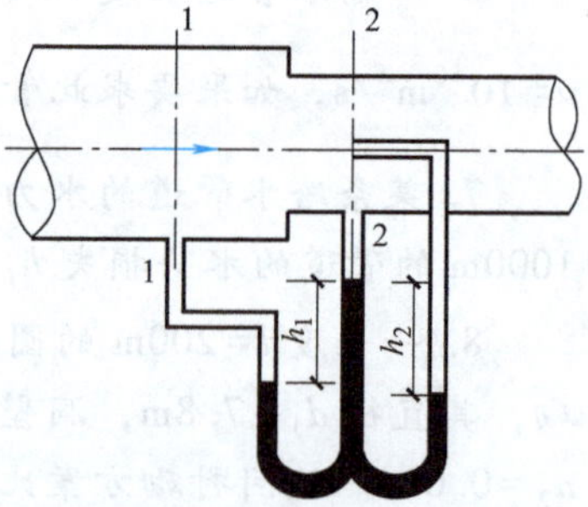

图 6-59　计算题第 12 题

13. 某公司为喷泉设计的不锈钢万向直流喷头为长度 $l=0.5\text{m}$、直径 $d_1=40\text{mm}$、$d_2=20\text{mm}$ 的截头圆锥体，如图 6-60 所示。若喷嘴能量损失 $h_w=1.6\text{m}$，喷嘴及液体重量、空气

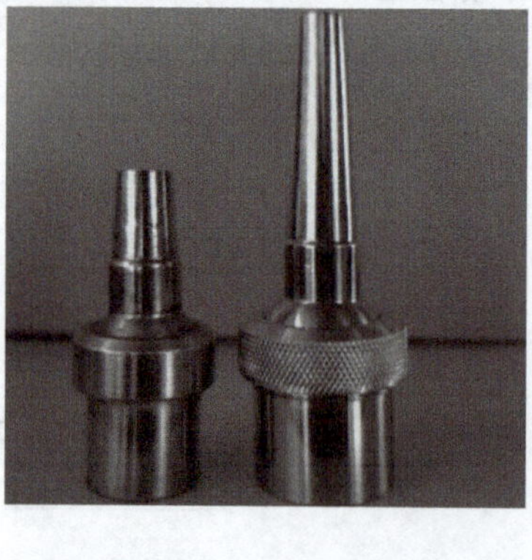

a)

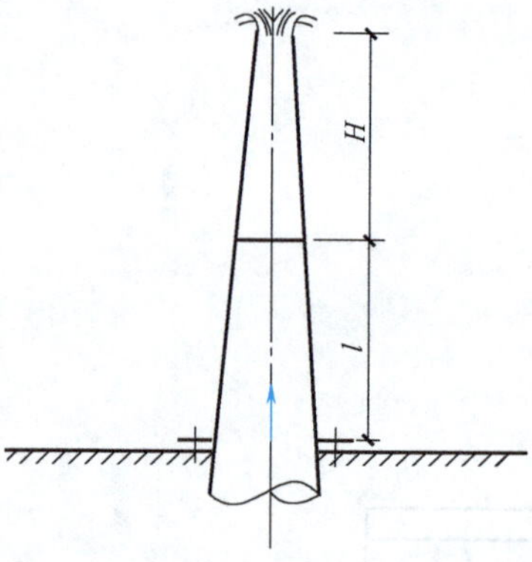

b)

图 6-60　计算题第 13 题

阻力等可忽略不计，设计喷出高度 $H=8\text{m}$，试求：

（1）喷嘴的喷出流量 Q。

（2）固定喷嘴的螺钉受到的拉力 F。

14. 唐徕渠（图 6-61）又名唐渠，建于唐武则天年间，后经各代整修，渠口开在青铜峡旁，经青铜峡、永宁、银川、贺兰等县向北流去，到平罗县终止，全长 322km，有大小渠道五百多条，灌田 90 万亩，居银川平原十四条大渠之首。其中某段的结构简化图如图 6-61 所示，试证明该平底矩形断面突然扩大渠段恒定流有如下关系式：

（1）$$Fr_1=\sqrt{\frac{\left(\frac{b_2}{b_1}\right)\left[\left(\frac{h_2}{h_1}\right)^2-1\right]}{2\beta\left[1-\frac{1}{\left(\frac{h_2}{h_1}\right)\left(\frac{b_2}{b_1}\right)}\right]}}$$

式中，$Fr_1=\frac{v_1}{\sqrt{gh_1}}$，$\beta=\beta_1=\beta_2$ 为动量修正系数。

（2）$$h_j=h_1\left\{\left(1-\frac{h_2}{h_1}\right)+\frac{Fr_1^2}{2}\left[1-\frac{1}{\left(\frac{h_2}{h_1}\right)^2\left(\frac{b_2}{b_1}\right)^2}\right]\right\}$$

a)　　　　b)

图 6-61　计算题第 14 题

15. 如图 6-62 所示，油以流量 $Q=7.7\text{cm}^3/\text{s}$，通过直径 $d=6\text{mm}$ 的水平细管，在 $l=2\text{m}$ 的管段两端接水银压差计，压差计读数 $h=18\text{cm}$。水银的重度 $\gamma_{汞}=133.38\text{kN/m}^3$，油的重度 $\gamma_{油}=8.43\text{kN/m}^3$，求油的运动黏度。

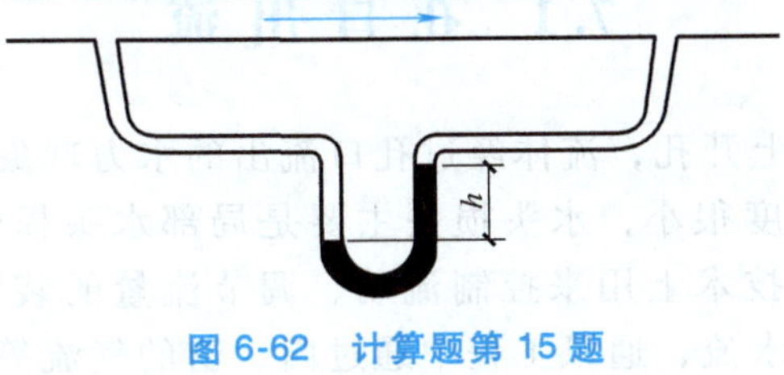

图 6-62　计算题第 15 题

第 7 章

孔口、管嘴出流和有压管流

大藤峡水利枢纽位于广西最大最长的峡谷——大藤峡出口处，控制西江流域面积的56.4%、西江水资源量的56%，控制洪水总量占梧州站洪量的65%。作为国务院确定的172项节水供水重大水利工程的标志性工程，它集防洪、航运、发电、水资源配置、灌溉等综合效益于一体，是珠江流域关键控制性水利枢纽，被喻为珠江上的“三峡工程”，如图7-1所示。该泄水闸孔的排水过程就属于流体力学中的孔口流出问题，其泄水能力需要利用本章所学的内容来进行计算。

图 7-1　大藤峡水利工程

前面介绍流体运动的基本规律和理论，从本章开始，将重点介绍实际工程中常见的各种典型流动现象，并运用前面的基础理论知识来分析这些流动现象。

本章将运用总流的连续性方程、能量方程及能量损失规律，研究孔口、管嘴与有压管道的过流能力（流量）、流速与水头损失的计算及其工程应用；在分析有压管道流动时，主要讨论不可压的流动问题。

孔口、管嘴和有压管道流动现象可近似看作是从短管（孔口、管嘴）到长管（有压管道）的流动，将它们归纳在一类讨论，可以更好地理解和掌握这一类流动现象的基本原理和相互之间的区别。

7.1　孔口出流

在装有流体的容器壁上开孔，流体经过孔口流出的水力现象称为孔口出流。其水力特点是：沿流动方向边界长度很小，水头损失主要是局部水头损失，沿程水头损失通常可以忽略不计。孔口是工程技术上用来控制流动、调节流量的装置，给排水工程中的各类取水孔口、泄水孔口中的水流，通风工程中通过门、窗的气流等（图7-2）都属于孔口出流。孔口出流计算的核心是应用流体运动的连续性原理和总流能量方程，以及流体流动的能量损失规律。

7.1.1　孔口出流分类

图 7-2　房屋的自然通风

7-1　孔口出流的分类

在实际工程中，孔口具有各种不同的形式，根据孔口的出流条件，孔口出流可分为以下几类：

（1）薄壁孔口出流和厚壁孔口出流　这是按孔壁的厚度及形状对出流的影响来划分的。设 d 为孔口直径，l 代表壁厚，当 $l/d \leqslant 2$ 时，出流流体与孔口边壁近似成线状接触，孔口的壁厚对出流没有影响，这样的孔口称为薄壁孔口。当 $2<l/d<4$ 时，出流流体与孔口边壁成面状接触，孔口的壁厚对出流有一定的影响，这样的孔口称为厚壁孔口。

（2）小孔口出流和大孔口出流　这是根据孔口直径 d 与孔口中心以上水头的比值大小来划分的。当孔口直径或高度 d 与孔口中心至自由液面的高差 H 的比值 $d/H \leqslant 0.1$ 时，作用于孔口断面上各点的水头可近似认为与形心点上的水头都相等，这样的孔口称小孔口。当孔口直径或高度 d 与孔口中心至自由液面的高差 H 的比值 $d/H>0.1$ 时，作用于孔口断面上部和下部的水头有明显的差别，需要考虑孔口断面上水力参数沿孔口高度的变化，这样的孔口称为大孔口。

（3）恒定孔口出流和非恒定孔口出流　这是按孔口断面形心点以上水头 H 是否随时间变化来划分的。当孔口出流时，水箱中水量如能得到源源不断的补充，从而使孔口的水头不变，此时的出流称为恒定孔口出流。当孔口出流时，水箱中水量得不到补充，则孔口的水头随时间不断发生变化，此时的出流称为非恒定孔口出流。

（4）自由出流和淹没出流　这是根据孔口出流后周围介质条件的不同来划分的。液体经孔口直接流入大气中的出流，称为自由出流。液体由孔口流入到液面高于孔口的容器中，称为淹没出流。

7.1.2　薄壁小孔口恒定自由出流

7-2　薄壁小孔口恒定自由出流

对于薄壁小孔口恒定自由出流，容器中的水流是从各个方向流向孔口的，由于流体质点的惯性作用，流线不能在孔口处突然改变方向，需要有一个连续的变化过程，在趋近孔口时产生流线的弯曲现象。出口后水流过流断面将发生收缩，收缩断面的位置，对于圆形小孔口来说，位于离孔口约 $d/2$ 处。当水流流过收缩断面之后，流体在重力作用下下落，如图 7-3 所示。

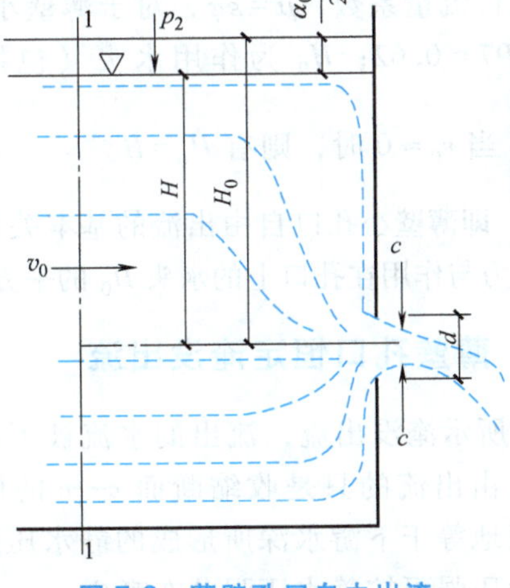

图 7-3　薄壁孔口自由出流

设孔口断面面积为 A，收缩断面面积为

A_c。收缩断面面积 A_c 与孔口断面面积 A 之比称为孔口收缩系数，用 ε 表示，即

$$\varepsilon=\frac{A_c}{A} \tag{7-1}$$

对于薄壁圆形小孔口，根据实验测得 $\varepsilon=0.60\sim0.64$，一般可取其平均值 $\varepsilon=0.62$。

设孔口为圆形，其直径为 d，孔口断面面积为 A，以通过孔口形心的水平面为基准面，基准面到自由液面的距离为 H，1—1 断面的计算点选在自由液面上，c—c 断面的计算点选在断面中心上。取过流断面 1—1 断面和 c—c 断面列伯努利方程，设收缩断面的平均流速为 v_c，则伯努利方程可以表示为

$$H+\frac{p_{\mathrm{a}}}{\rho g}+\frac{\alpha_0 v_0^2}{2g}=0+\frac{p_c}{\rho g}+\frac{\alpha_c v_c^2}{2g}+h_{\mathrm{w}}$$

式中，h_{w} 为过流断面 1—1 到 c—c 的水头损失。对于孔口出流，水头损失主要是流经孔口的局部水头损失，沿程水头损失忽略不计，则有

$$h_{\mathrm{w}}=h_{\mathrm{j}}=\zeta_c\frac{v_c^2}{2g}$$

在小孔口自由出流情况下，$p_{\mathrm{a}}\approx p_c$，于是伯努利方程可以改写为

$$H+\frac{\alpha_0 v_0^2}{2g}=(\alpha_c+\zeta_c)\frac{v_c^2}{2g}$$

令 $H_0=H+\dfrac{\alpha_0 v_0^2}{2g}$，代入上式，整理得到收缩断面平均流速

$$v_c=\frac{1}{\sqrt{\alpha_c+\zeta_c}}\sqrt{2gH_0}=\varphi\sqrt{2gH_0} \tag{7-2}$$

式中，ζ_c 为孔口局部阻力系数；φ 为孔口自由出流时的流速系数，$\varphi=\dfrac{1}{\sqrt{\alpha_c+\zeta_c}}\approx\dfrac{1}{\sqrt{1+\zeta_c}}$。

实验研究结果表明：薄壁圆形孔口的 $\varphi\approx0.97$，相应的局部水头损失系数 $\zeta_c=0.06$。

通过薄壁小孔口自由出流的流量为

$$Q=v_cA_c=\varepsilon A\varphi\sqrt{2gH_0}=\mu A\sqrt{2gH_0} \tag{7-3}$$

式中，μ 为孔口流量系数，$\mu=\varepsilon\varphi$，对于薄壁小孔口，有 $\mu=\varepsilon\varphi=0.64\times0.97=0.62$；$H_0$ 为作用水头（包括行近流速），$H_0=H+\dfrac{\alpha_0 v_0^2}{2g}$，当 $v_0\approx0$ 时，则有 $H_0=H$。

式（7-3）即薄壁小孔口自由出流的基本关系式，它表明：孔口的过流能力与作用在孔口上的水头 H_0 的平方根成正比。

7.1.3 薄壁孔口恒定淹没出流

如图 7-4 所示淹没出流，流出的水流被下游水位淹没以后，不同于自由出流的只是收缩断面 c—c 的压强不是大气压强，而近似地等于下游水深所形成的静水压强。所以淹没后收缩断面的压强可按静水压强分布考虑。

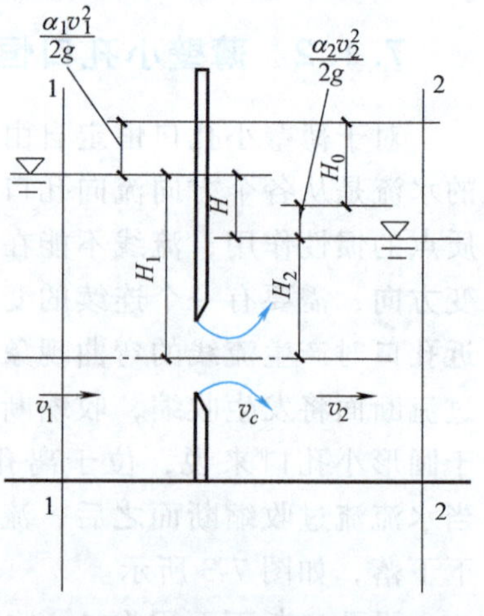

图 7-4 薄壁孔口淹没出流

对于淹没出流，作用于孔口断面上各点的水头均相等，都等于上、下游水位差，所以，淹没出流没有小孔口和大孔口之分，其计算方法相同。

在淹没出流情况下，水流同样发生收缩，经过收缩断面 $c—c$ 后水流会迅速扩散。据此可以将局部水头损失分成两部分：水流收缩产生的局部水头损失与水流扩散产生的局部水头损失。其中，前者与孔口自由出流相同，而后者可按突然扩大来计算。据此，可以采用与孔口自由出流类似的方法来推导孔口淹没出流的基本公式。

以通过孔口形心的水平面为基准面，上游液面到基准面的距离为 H_1，下游液面到基准面的距离为 H_2，对过流断面1—1、2—2列伯努利方程

$$H_1+\frac{p_a}{\rho g}+\frac{\alpha_1 v_1^2}{2g}=H_1+\frac{p_a}{\rho g}+\frac{\alpha_c v_c^2}{2g}+h_j$$

式中，h_j 为局部损失，包括水流经孔口的局部水头损失和经收缩断面后突然扩大的局部水头损失两项，即

$$h_j=(\zeta_1+\zeta_2)\frac{v_c^2}{2g}$$

式中，ζ_1 为孔口局部水头损失系数，与自由出流相同；ζ_2 为水流通过收缩断面突然扩大的局部阻力系数，当 $A_2 \gg A_c$ 时，$\zeta_2=\left(1-\frac{A_c}{A_2}\right)^2\approx 1.0$。

当 $v_1\approx 0$，$v_2\approx 0$ 时候，伯努利方程可以改写为

$$H_1=H_2+(\zeta_1+\zeta_2)\frac{v_c^2}{2g}$$

由此可得收缩断面的流速

$$v_c=\frac{1}{\sqrt{\zeta_1+\zeta_2}}\sqrt{2gH_0}=\varphi\sqrt{2gH_0} \tag{7-4}$$

式中，φ 为孔口淹没出流的流速系数，$\varphi=\frac{1}{\sqrt{\zeta_1+\zeta_2}}\approx\frac{1}{\sqrt{1+\zeta_1}}$，与孔口自由出流的流速系数相同，$\varphi=0.97\sim0.98$；$H_0$ 为作用水头，$H_0=H_1-H_2$，为上、下游液面的高差。

收缩断面的流量

$$Q=A_c v_c=\varepsilon A\cdot\varphi\sqrt{2gH_0}=\varepsilon A\varphi\sqrt{2gH_0}=\mu A\sqrt{2gH_0} \tag{7-5}$$

式中，μ 为孔口淹没出流的流量系数，$\mu=\varepsilon\varphi$，与孔口自由出流的流量系数相同，$\mu=0.60\sim0.62$。

比较淹没出流公式和自由出流公式可以看出：这两个公式形式相同，各项系数值也相同，不同的是自由出流的作用水头是液面到孔口形心的高度，而淹没出流的作用水头为上、下游水面高差。

7.1.4 影响孔口出流流量系数μ 的因素

从前面的推导过程可知，表征孔口出流性能的主要是孔口的收缩系数 ε、流速系数 φ 和流量系数 μ。流速系数 φ 和流量系数 μ 取决于局部阻力系数 ζ_c 和收缩系数 ε。工程中遇到的孔口出流，雷诺数 Re 都足够大，可以认为孔口出流特性主要与边界条件有关。在孔口出流

边界条件中，孔口形状、孔口边缘情况和孔口在壁面上的位置三个方面是影响流量系数的因素。对于薄壁小孔口，不同形状的孔口对流量系数的影响很小，薄壁小孔口的流量系数主要取决于孔口在壁面上的位置。

孔口在壁面上的位置对收缩系数有直接的影响，如图 7-5 所示。当孔口的全部边界都不与相邻的容器底边和侧边重合时，孔口出流时的四周流线都发生收缩，这种孔口称为全部收缩孔口，如图 7-5 中孔口 A 和 B，否则称为不全部收缩孔口，如图 7-5 中孔口 C 和 D。全部收缩孔口又分为完善收缩孔口和不完善收缩孔口。

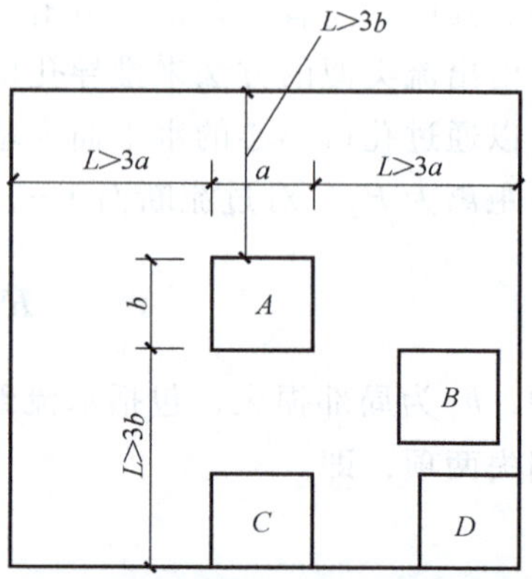

图 7-5　孔口位置对出流收缩的影响

当孔口与相邻壁面的距离大于同方向孔口尺寸的 3 倍（$L>3a$ 或 $L>3b$）时，孔口出流的收缩不受距壁面远近的影响，称为完善收缩，如孔口 A。不满足上述条件的孔口出流为不完善收缩，如孔口 B。

另外，小孔口自由出流的流量公式也适用于大孔口的自由出流。实际工程中，由于大孔口出流几乎都是非全部收缩和不完善收缩，其流量系数往往大于小孔口的流量系数。大孔口出流的流量系数值见表 7-1。

表 7-1　大孔口出流流量系数 μ 值

收缩情况	流量系数	收缩情况	流量系数
全部不完善收缩	0.70	底部无收缩，侧向有很小收缩	0.70~0.75
底部无收缩，侧向有适度收缩	0.65~0.70	底部无收缩，侧向有极小收缩	0.80~0.90

7.1.5　孔口变水头出流

在实际工程中，还会遇到在变水头下的非恒定流动。孔口出流过程中，容器内水位随时间变化，导致孔口的流量随时间变化的流动，称为孔口的非恒定出流或变水头出流。例如，油箱放油孔放油时，容器油箱的液面是连续不断地变化的，因而油液经底部孔口的出流是非恒定流动，此时，应考虑液流流动的惯性力。容器泄流时间、蓄水库的流量调节等问题，都可按非恒定出流计算。

当孔口的过流面积远小于容器的横截面积时，容器液面的变化相当缓慢，非恒定流的惯性项可以忽略不计，则可把整个出流过程划分为许多微小时段，在每一微小时段内，认为出流水头不变，可当作恒定流处理，孔口出流的基本公式仍然适用。

如图 7-6 所示，截面面积为 F 的柱形容器，水经孔口变水头出流。设孔口出流过程中，某时刻容器中水面高度为 h，在微小时段 $\mathrm{d}t$ 内，孔口流出水的体积为

$$\mathrm{d}V=Q\mathrm{d}t=\mu A\sqrt{2gh}\,\mathrm{d}t$$

这个体积应等于该时段水面下降 $\mathrm{d}h$ 容器减少的体积

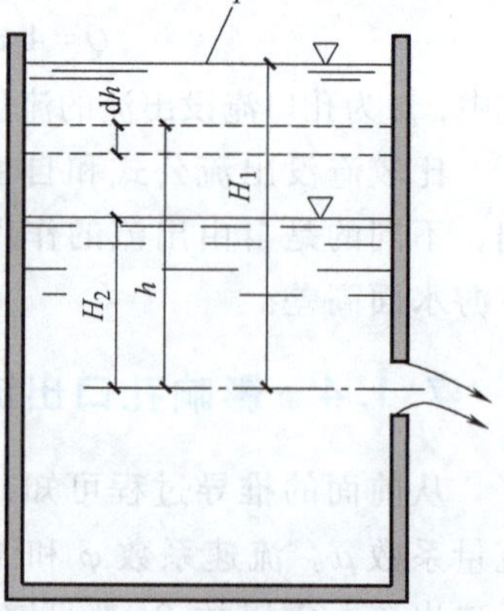

图 7-6　孔口变水头出流

$$dV=-F dh$$

由此得到

$$\mu A\sqrt{2gh}\,dt=-F dh$$

$$dt=-\frac{F}{\mu A\sqrt{2gh}}dh$$

设在 $t=0$，$t=T$ 时刻，容器内的水头分别为 H_1、H_2，对上式积分，可得液面从 H_1 降至 H_2 所需的时间

$$t=\int_0^T dt=\int_{H_1}^{H_2}-\frac{F}{\mu A\sqrt{2gh}}dh=\frac{2F}{\mu A\sqrt{2g}}(\sqrt{H_1}-\sqrt{H_2}) \tag{7-6}$$

令 $H_2=0$，即得容器的放空时间

$$t_0=\frac{2F\sqrt{H_1}}{\mu A\sqrt{2g}}=\frac{2FH_1}{\mu A\sqrt{2gH_1}}=\frac{2V}{Q_{\max}} \tag{7-7}$$

式中，V 为容器放空的体积；$Q_{\max}$ 为开始出流时的最大流量。

式（7-7）表明：变水头出流容器的放空时间，等于在起始水头 H_1 作用下，按恒定情况流出同体积水所需时间的 2 倍。

若容器侧壁上不是孔口，而是其他类型的管嘴或短管，上述各项计算公式仍然适用，只是流量系数不同而已。

【例 7.1】 甘肃干旱少雨，水资源短缺，农村饮水安全工程覆盖人口分布广泛、类型复杂，点多、面广、量大，制约着广大农村地区特别是贫困地区群众的饮水安全。为了做好贫困地区农村饮水保障，在甘肃省临夏回族自治州康乐县建造了一净水厂（图 7-7a）。如图 7-7b 所示，其中一储水罐，底面面积 $F=3\text{m}\times2\text{m}$，储水深 $H_1=4\text{m}$。由于锈蚀，距罐底 0.2m 处形成一个直径 $d=5\text{mm}$ 的孔洞。试求：

（1）水位恒定，一昼夜的漏水量。

（2）因漏水水位下降，一昼夜的漏水量。

a)

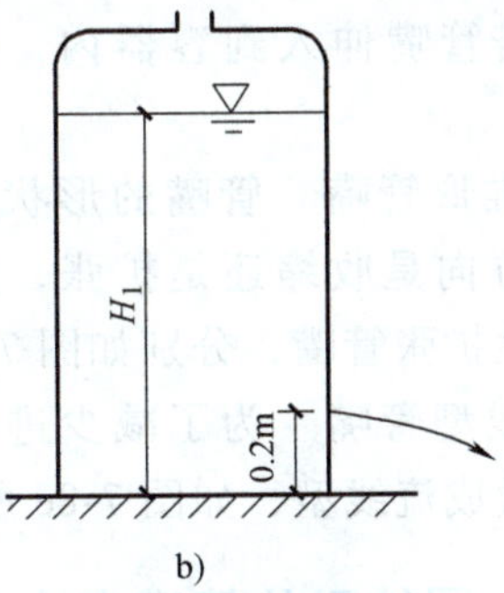

b)

图 7-7　例 7.1

a）康乐县净水厂　b）储水罐漏水示意图

【解】（1）水位恒定，一昼夜的漏水量按薄壁小孔口恒定自由出流

孔口面积 $A=\dfrac{\pi d^2}{4}=\dfrac{\pi\times0.005^2}{4}\text{m}^2=19.63\times10^{-6}\text{m}^2$

作用水头 $H_0=H_1-0.2\text{m}=(4-0.2)\text{m}=3.8\text{m}$

$$Q=\mu A\sqrt{2gH_0}=0.62\times19.63\times10^{-6}\times\sqrt{2\times9.8\times3.8}\text{m}^3/\text{s}=1.05\times10^{-4}\text{m}^3/\text{s}$$

一昼夜的漏水量为

$$V=Qt=1.05\times10^{-4}\times3600\times24\text{m}^3=9.07\text{m}^3$$

（2）因漏水水位下降，一昼夜的漏水量按孔口非恒定出流计算

$$t=\frac{2F}{\mu A\sqrt{2g}}(\sqrt{H_1}-\sqrt{H_2})$$

$$24\times3600=\frac{2\times6}{0.62\times19.63\times10^{-6}\times\sqrt{2\times9.8}}(\sqrt{3.8}-\sqrt{H_2})$$

解得 $H_2=2.44$ m，则水位下降时一昼夜的漏水量为

$$V=(H_1-H_2)F=(3.8-2.44)\times(3\times2)\text{m}^3=8.16\text{m}^3$$

7.2 管嘴出流

在容器孔口上连接一段断面与孔口形状相同，长度为3~4倍孔径的短管，水流通过短管并在出口断面满管流出的水力现象称为管嘴出流。

管嘴出流具有如下水力特点：一是当流体进入管嘴后，同样会形成收缩，在收缩断面处，流体与管壁分离，形成旋涡区，然后逐渐扩大，在管嘴出口断面上，流体完全充满整个断面；二是管嘴出流虽然有沿程水头损失，但与局部水头损失相比相对较小，可以忽略不计，水头损失仍然以局部水头损失为主。

7.2.1 管嘴分类

管嘴按形状及连接方式可以分为以下几类。

（1）圆柱形管嘴　管嘴的形状为圆柱形。按连接方式分为圆柱形外管嘴和圆柱形内管嘴，如果管嘴不伸入到容器内，称为外管嘴，如图7-8a所示；若管嘴伸入到容器内，称为内管嘴，如图7-8b所示。

（2）圆锥形管嘴　管嘴的形状为圆锥形。根据圆锥沿出流方向是收缩还是扩张，分为圆锥形收缩管嘴和圆锥性扩张管嘴，分别如图7-8c、7-8d所示。

（3）流线型管嘴　为了减少进口水头损失，常将管嘴进口做成流线型，如图7-8e所示

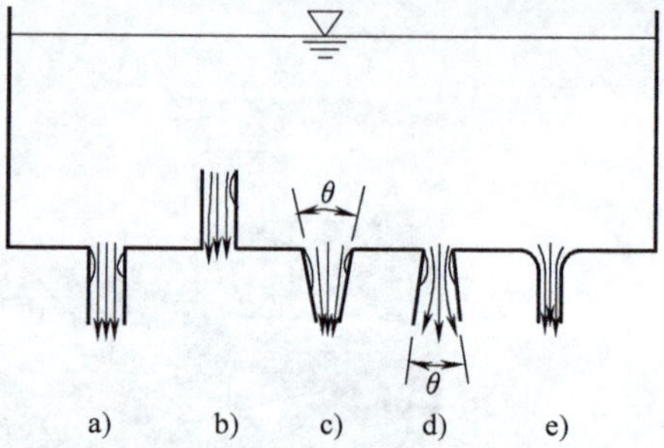

图7-8　管嘴形状

7.2.2 圆柱形外管嘴自由出流

在孔口上外接长度 $l=(3\sim4)d$ 的短管，就形成圆柱形外管嘴。水流入管嘴在距进口不远处，形成收缩断面 c—c，在收缩断面处主流与壁面脱离，形成漩涡区，其后水流逐渐扩大，在管嘴出口断面满管出流，如图7-9所示。

设一开口容器，水通过管嘴自由出流，以通过管嘴中心线所在的平面为基准面，列容器

内过流断面 1—1 断面和管嘴出口断面 $b—b$ 的伯努利方程，得

$$H+\frac{\alpha_0 v_0^2}{2g}=0+\frac{\alpha v^2}{2g}+h_w$$

因为管嘴较短，沿程水头损失可以忽略，水头损失中只有局部水头损失，则

$$h_w=h_j=\zeta_n\frac{v^2}{2g}$$

令 $H_0=H+\frac{\alpha_0 v_0^2}{2g}$，代入上式，整理得管嘴出流流速

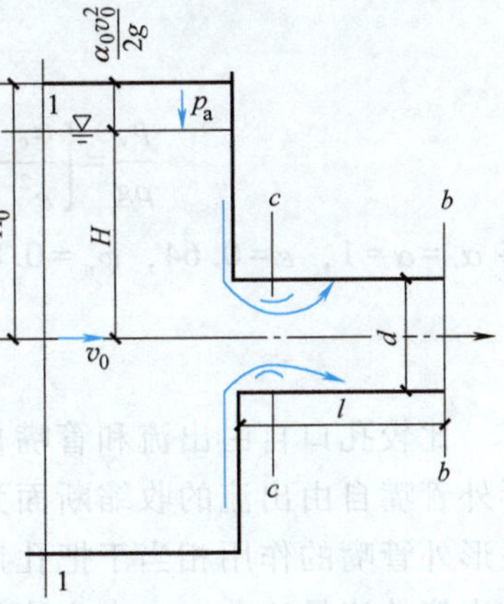

图 7-9 管嘴出流

$$v=\frac{1}{\sqrt{\alpha+\zeta_n}}\sqrt{2gH_0}=\varphi_n\sqrt{2gH_0} \tag{7-8}$$

式中，ζ_n 为管嘴局部水头损失系数，相当于管道直角进口的局部损失系数，$\zeta_n=0.5$；H_0 为作用水头，$H_0=H+\frac{\alpha_0 v_0^2}{2g}$，当 $v_0\approx 0$ 时，$H_0=H$；φ_n 为管嘴的流速系数，$\varphi_n=\frac{1}{\sqrt{\alpha+\zeta_n}}=\frac{1}{\sqrt{1+0.5}}=0.82$。

通过管嘴的流量

$$Q=vA=\varphi_n A\sqrt{2gH_0}=\mu_n A\sqrt{2gH_0} \tag{7-9}$$

式中，μ_n 为圆柱形外管嘴的流量系数，因为管嘴为满管出流，水流基本上不发生收缩，所以流量系数 $\mu_n=\varphi_n=0.82$。

比较孔口出流公式 $Q=\mu A\sqrt{2gH_0}$ 和管嘴出流公式 $Q=\mu_n A\sqrt{2gH_0}$，可以看出：两个公式在形式上完全相同，不同的是流量系数不同：$\mu=0.62$，$\mu_n=0.82$，$\mu_n=1.32\mu$。因此，与孔口出流相比，在相同的水头作用下，过流断面面积相同时，管嘴的过流能力是孔口过流能力的 1.32 倍。

7.2.3 圆柱形管嘴内收缩断面处的真空

孔口外面接上管嘴以后，增加了水头损失，流量不减，反而增加。究其原因，就在于管嘴在收缩断面处存在真空，对容器内的流体产生抽吸作用。

列收缩断面 $c—c$ 与出口断面 $b—b$ 之间的伯努利方程

$$\frac{p_c}{\rho g}+\frac{\alpha_c v_c^2}{2g}=\frac{p_a}{\rho g}+\frac{\alpha v^2}{2g}+\zeta_{se}\frac{v^2}{2g}$$

整理得到

$$\frac{p_a-p_c}{\rho g}=\frac{\alpha_c v_c^2}{2g}-\frac{\alpha v^2}{2g}-\zeta_{se}\frac{v^2}{2g}$$

根据连续性方程 $v_c A_c=vA$ 得到

$$v_c=\frac{A}{A_c}v=\frac{1}{\varepsilon}v$$

局部水头损失主要发生在主流扩大上，根据局部阻力系数的计算公式，在主流上的局部水头损失为

$$\zeta_{se}=\left(\frac{A}{A_c}-1\right)^2=\left(\frac{1}{\varepsilon}-1\right)^2$$

$$\frac{p_v}{\rho g}=\left[\frac{\alpha_c}{\varepsilon^2}-\alpha-\left(\frac{1}{\varepsilon}-1\right)^2\right]\frac{v^2}{2g}=\left[\frac{\alpha_c}{\varepsilon^2}-\alpha-\left(\frac{1}{\varepsilon}-1\right)^2\right]\varphi_n^2 H_0$$

将 $\alpha_c=\alpha=1$，$\varepsilon=0.64$，$\varphi_n=0.82$ 代入上式，得到收缩断面的真空高度

$$h_v=\frac{p_v}{\rho g}=0.75H_0 \tag{7-10}$$

比较孔口自由出流和管嘴自由出流，会发现孔口自由出流的收缩断面在大气中，而圆柱形外管嘴自由出流的收缩断面为真空区，收缩断面处的真空高度达作用水头的 0.75 倍，圆柱形外管嘴的作用相当于把孔口自由出流的作用水头增大 0.75 倍。这正是圆柱形外管嘴自由出流的流量比孔口自由出流的流量大的原因。

7.2.4 圆柱形外管嘴的正常工作条件

1. 作用水头

从公式 $h_v=0.75H_0$ 可知，作用水头 H_0 越大，收缩断面的真空高度也越大，因此增大管嘴内收缩断面的真空高度可以使流量增大，提高泄流效率。实际上收缩断面的真空高度不能无限增大，当收缩断面的真空高度超过 7m 水柱时，空气将会从管嘴出口断面吸入，使得收缩断面的真空被破坏，管嘴不能保持满管出流。为了保证管嘴的正常出流，真空高度必须控制在 7m 水柱以下。为了限制收缩断面的真空高度 $h_v=\frac{p_v}{\rho g}\leqslant 7\text{m}$，规定管嘴作用水头的限值 $[H_0]=\frac{7}{0.75}=9.3\text{m}\approx 9\text{m}$。这是圆柱形外管嘴正常工作条件之一。

2. 管嘴长度

管嘴的长度是保证管嘴正常出流的条件之一，管嘴出流对管嘴的长度也有一定的要求。管嘴长度过短，则流束在管嘴内收缩后来不及扩大到整个出口断面，不能阻断空气进入，收缩断面不能形成真空，管嘴不能发挥作用，管嘴内的流动变为孔口自由出流，而呈非满管出流，出流能力降低；反之管嘴长度过长，则沿程水头损失不能忽略，管嘴出流变为短管出流，出流能力降低，失去管嘴的作用。因此，一般取管嘴长度 $l=(3\sim4)d$。

归结起来，圆柱形外管嘴自由出流的正常工作条件是：作用水头 $H_0\leqslant 9\text{m}$；管嘴长度 $l=(3\sim4)d$。

【例 7.2】 一圆柱形储水罐，如图 7-10 所示，直径 $D=2\text{m}$，储水深 $H=2.5\text{m}$，距罐底 0.25m 处装有一直径 $d=0.05\text{m}$ 的圆柱形外管嘴，试求水位恒定时，10min 的出水量。

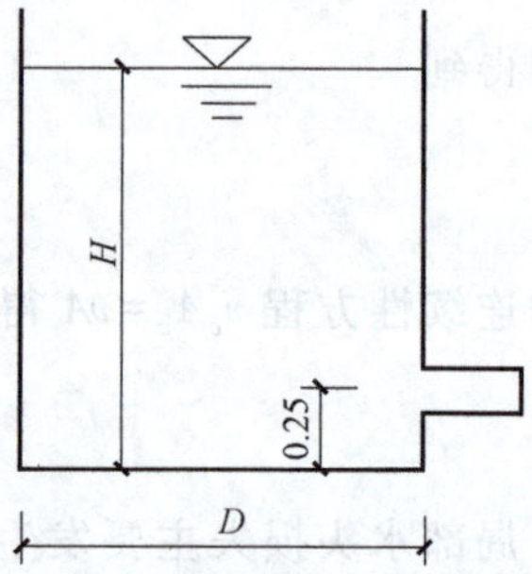

图 7-10 储水罐管嘴出流

【解】 水位恒定，10min 出水量，按圆柱形外管嘴自由出流计算

$$Q=\mu A\sqrt{2gH_0}$$

式中，$\mu=0.82$；$A=\frac{\pi}{4}d^2=\frac{\pi}{4}\times0.05^2\text{m}^2=19.63\times10^{-4}\text{m}^2$；$H_0=$

$H-0.25=(2.50-0.25)\text{m}=2.25\text{m}$。

代入上式，得

$$Q=0.82\times19.63\times10^{-4}\times\sqrt{2\times9.8\times2.25}\text{m}^3/\text{s}=10.69\times10^{-3}\text{m}^3/\text{s}$$

10min 出水量

$$V=Qt=10.69\times10^{-3}\times10\times60\text{m}^3=6.414\text{m}^3$$

7.3　短管水力计算

7.3.1　有压管流

在工程实际中，为了输送流体，常常设置各种有压管道，如日常生活中的供水管网、煤气管道、通风管道等。这类管道的特点是：整个断面都被流体所充满，管道内流体没有自由液面，断面的周界就是湿周，管道周界上各点均受到流体压强（一般不等于大气压强，可能高于也可能低于大气压强，相对压强不等于零）的作用，这种管道称为有压管道。流体在有压管道中的流动叫作有压管流，生活中常见的消火栓喷嘴就属于有压管流（图 7-11）。

图 7-11　消火栓喷嘴

当输送液体的管道没有被液体充满，管道内存在自由液面，自由液面上为大气压强，液流为无压流动，这种管道称为无压涵管。

若有压管流的运动要素不随时间变化，称为恒定有压管流；若有压管流的运动要素随时间发生变化，则称为非恒定有压管流。

实际工程中的管道，根据管线布置情况可以分为简单管道和复杂管道。简单管道是沿程管径不变且无分叉的单根管道。复杂管道是由两根或两根以上的简单管道组成的管道系统。简单管道是最常见的管道，是复杂管道的基本组成部分，其水力计算方法是各种管道水力计算的基础。

由于有压管流沿程具有一定的长度，水头损失包括沿程水头损失和局部水头损失。工程上为了简化计算，按这两类水头损失在全部损失中所占的比重大小，将管道分为长管和短管。

长管是管道中的水头损失以沿程水头损失为主，局部水头损失和流速水头在总水头损失中所占比重很小，在计算中可以忽略不计或按沿程损失的某一百分数估算仍能满足工程要求的管道。短管是水头损失中局部水头损失和沿程水头损失都占相当的比重，计算时两者都不能忽略的管道。

需要注意的是长管和短管的定义并不是由其几何长度决定的，而是由局部水头损失和沿程水头损失的比例决定的，不能简单地用管道的绝对长度来区分长管与短管。划分短管和长管的目的在于使长管的水力计算得到简化，从而为管网水力计算创造条件。

7.3.2　短管水力计算

短管的水力计算分为自由出流和淹没出流两种情况。

1. 自由出流

设自由出流短管，如图 7-12 所示，水箱水位恒定，以管道出口断面 2—2 形心所在的水平面为基准面，选取水箱内过流断面 1—1，列 1—1 断面和 2—2 断面之间的伯努利方程

$$H+\frac{\alpha_0 v_0^2}{2g}=\frac{\alpha v^2}{2g}+h_w$$

令 $H_0=H+\frac{\alpha_0 v_0^2}{2g}$，则有

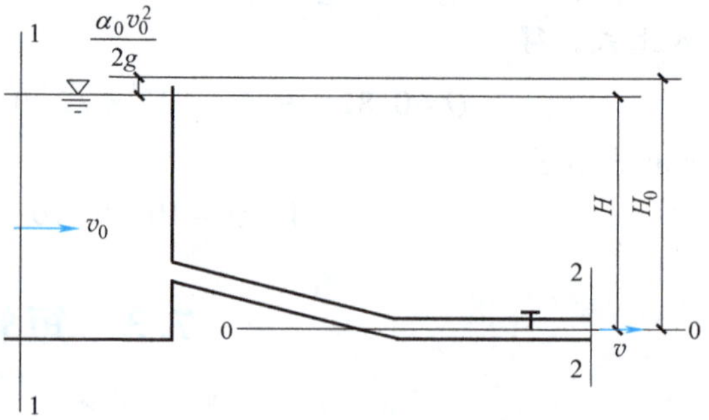

图 7-12 短管自由出流

$$H_0=H+\frac{\alpha_0 v_0^2}{2g} \tag{7-11}$$

式中，H_0 称为作用水头，$H_0=H+\frac{\alpha_0 v_0^2}{2g}$，$H$ 为出口断面形心与上游水面的高差，当 $v_0\approx 0$ 时，$H_0\approx H$。

式（7-11）表明：有压管道自由出流的作用水头 H_0 除了用于克服水头损失以外，另一部分转化成了流体的动能$\frac{\alpha v^2}{2g}$射入空气。

由水头损失计算公式

$$h_w=\sum h_f+\sum h_j=\left(\sum\lambda\frac{l}{d}+\sum\zeta\right)\frac{v^2}{2g}=\zeta_c\frac{v^2}{2g}$$

式中，$\zeta_c=\sum\lambda\frac{l}{d}+\sum\zeta$，称为简单短管的总阻力系数。

将 $h_w=\zeta_c\frac{v^2}{2g}$代入式（7-11）得到

出口断面平均流速

$$v=\frac{1}{\sqrt{\alpha+\zeta_c}}\sqrt{2gH_0}=\varphi_c\sqrt{2gH_0} \tag{7-12}$$

式中，φ_c 为简单短管的流速系数。

短管自由出流流量

$$Q=vA=\varphi_c A\sqrt{2gH_0}=\mu_c A\sqrt{2gH_0} \tag{7-13}$$

式中，$\mu_c=\varphi_c=\frac{1}{\sqrt{\alpha+\zeta_c}}$，称为简单短管自由出流的流量系数。

2. 淹没出流

以下游自由表面为基准面，选取上游自由液面为 1—1 断面，下游自由液面为 2—2 断面，如图 7-13 所示。列 1—1 断面和 2—2 断面之间的能

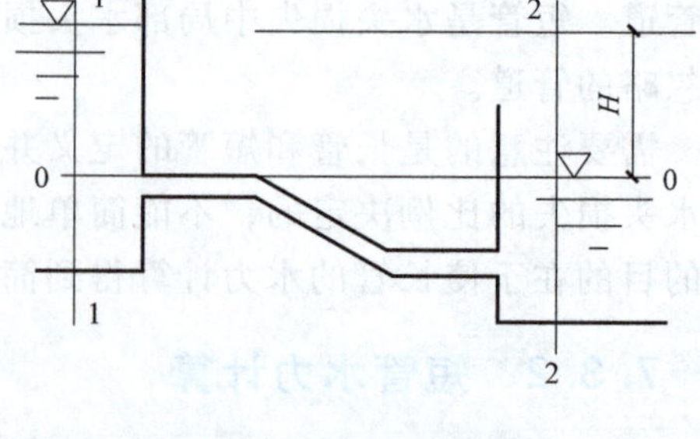

图 7-13 短管淹没出流

量方程

$$H+0+\frac{\alpha_1 v_1^2}{2g}=0+0+\frac{\alpha_2 v_2^2}{2g}+h_w$$

令 $H_0=H+\frac{\alpha_1 v_1^2}{2g}-\frac{\alpha^2 v_2^2}{2g}$，则有

$$H_0=h_w \tag{7-14}$$

式中，H_0 称为作用水头，当 $v_1\approx 0$，$v_2\approx 0$ 时，$H_0=H$。

式（7-14）表明：简单短管淹没出流，作用水头 H_0 完全用于克服管道的水头损失 h_w。

由 $h_w=\sum h_f+\sum h_j=\left(\sum\lambda\frac{l}{d}+\sum\zeta\right)\frac{v_2^2}{2g}=\zeta_c\frac{v_2^2}{2g}$ 得到

短管淹没出流的平均流速

$$v_2=\frac{1}{\sqrt{\zeta_c}}\sqrt{2gH_0}=\varphi_c\sqrt{2gH_0} \tag{7-15}$$

短管淹没出流流量

$$Q=v_2A=\varphi_c A\sqrt{2gH_0}=\mu_c A\sqrt{2gH_0} \tag{7-16}$$

式中，$\zeta_c=\sum\lambda\frac{l}{d}+\sum\zeta$，称为短管淹没出流的总阻力系数；$\varphi_c=\frac{1}{\sqrt{\zeta_c}}$，称为短管淹没出流的流速系数；$\mu_c=\frac{1}{\sqrt{\zeta_c}}$，称为短管淹没出流流量系数。

比较短管自由出流的流量系数 $\mu_c=\varphi_c=\frac{1}{\sqrt{\alpha+\zeta_c}}$ 和淹没出流的流量系数 $\mu_c=\varphi_c=\frac{1}{\sqrt{\zeta_c}}$ 会发现：它们的计算公式不同，但数值是相等的。因为淹没出流时，计算公式的分母上虽然比自由出流少了一项 α（通常取 $\alpha=1$），但淹没出流的 $\sum\zeta$ 中比自由出流的 $\sum\zeta$ 多一个出口局部阻力系数 ζ_0，在淹没出流情况下，$\zeta_0=1$。因此，其他条件相同时，两者的 μ_c 值实际上是相等的。两者流量计算的差别主要体现于作用水头的不同，短管自由出流的作用水头 H_0 为出口断面形心点到自由液面的水头，而淹没出流的作用水头 H_0 则为上、下游过流断面总水头的差值。

7.3.3　短管水力计算的基本类型

由短管水力计算的基本公式 $Q=\mu_c A\sqrt{2gH_0}$ 可知，公式中存在三种类型的变量：作用水头 H_0、流量 Q、管道参数（l、d、λ，$\sum\zeta$ 等）。因此，有压短管恒定流的水力计算，主要有以下几种类型。

（1）第 1 类　已知作用水头、管道长度、直径、管道材料及局部水头损失组成，求管中的流量。这类问题多属于校核问题，可以应用上述有关公式直接进行求解。

计算方法：由基本公式 $Q=\mu_c A\sqrt{2gH_0}$ 分析，式中 $\mu_c=f(\lambda)$，$\lambda=f(Re)$，$Re=f(v)$，$v=f(Q)$，可见流量系数 μ_c 与待求的流量 Q 有关，需要采用迭代法求解。

迭代步骤：①假设 λ_1；②计算相应的流量系数 μ_c、流量 Q、流速 v 及雷诺数 Re；③判

断流区，采用适当的公式计算 λ_2；④若 $\lambda_1=\lambda_2$，则假设 λ_1 正确，相应的 Q 即所求流量，若 $\lambda_1\neq\lambda_2$，则重复上述步骤，直到两次计算的 λ 值之差满足误差要求为止。

（2）第 2 类　已知管中流量、管道长度、直径、管道材料及局部水头损失组成，求管道的作用水头。这类问题多属于设计问题，可以应用上述有关公式直接进行求解。

计算方法：根据公式直接进行求解

$$H_0=\left(\frac{Q}{\mu_c A}\right)^2\frac{1}{2g}=\frac{1}{\mu_c^2}\frac{v^2}{2g}$$

$$h_w=\left(\sum\lambda\frac{l}{d}+\sum\zeta\right)\frac{1}{2g}\left(\frac{4Q}{\pi d^2}\right)^2=\left(\sum\lambda\frac{l}{d}+\sum\zeta\right)\frac{8Q^2}{g\pi^2 d^4}$$

（3）第 3 类　已知流量、作用水头、管道长度、管道材料及局部水头损失组成，求管道直径。即已知管线布置（l，$\sum\zeta$），要确定输送一定流量 Q 所需的断面尺寸 d。这时可能出现下述两种情况：

1）已知过流能力 Q、管长 l、管道布置 $\sum\zeta$ 及作用水头 H_0，求管径 d。

计算方法：由短管流量计算公式 $Q=\mu_c A\sqrt{2gH_0}$ 可得

$$d=\sqrt{\frac{4Q}{\mu_c\pi\sqrt{2gH_0}}}$$

因为 $\mu_c=\dfrac{1}{\sqrt{\alpha+\sum\lambda\dfrac{l}{d}+\sum\zeta}}$，与 d 有关，所以 d 需要采用迭代法计算。

迭代步骤：①假设 d_1；②求出相应的 μ_c 和 d_2；③与假设值 d_1 比较，若 $d_1=d_2$，则假设正确，d_1 为所求管径，若 $d_1\neq d_2$，则重复上述步骤，直至 $d_1=d_2$。

在进行实际工程设计时，一般先根据流量要求和经济流速来计算管径，然后选择相应的标准管径。

2）已知管道的过流能力 Q 及管长 l，管道布置 $\sum\zeta$，要求选定所需的管径 d 与相应的作用水头 H_0。这是工程实际中有压管流水力计算最常见的一种类型，即供流管路系统设计。在这种情况下，一般是从技术和经济条件综合考虑选定管道直径。

① 管道使用的技术要求流量一定的条件下，管径的大小与流速有关。若管内流速过大，可能由于水击作用而使管道遭到破坏；对挟带泥沙的管流，流速又不宜过小，以免泥沙沉积。一般情况下，给水管道中的流速不应大于 2.5~3.0m/s，不应小于 0.25m/s。水电站引水管中流速不宜超过 5~6m/s。

② 管道的经济效益。若采用的管径较小，则管道造价低；但流速增大，水头损失增大，抽水耗费的电能也增加。反之，若采用较大的直径，则管内流速小，水头损失减小，运转费用也较小；但管道的造价增高。因此重要的管道，应选择几个方案进行技术经济比较，使管道投资与运转费用的总和最小，这样的流速称为经济流速，相应的管径称为经济管径。

对于一般的给水管道，$d=100\sim400$mm 时，经济流速 $v=0.6\sim1.0$m/s；$d>400$mm 时，经济流速 $v=1.0\sim1.4$m/s。水电站压力隧洞的经济流速为 2.5~3.5m/s；压力钢管的经济流速为 3~4m/s。

当根据技术要求及经济条件选定管道的流速后，管道直径即可由下式求得

$$d=\sqrt{\frac{4Q}{\pi v}}$$

管道直径确定后，通过已知流量所需的作用水头

$$h_w=\left(\sum\lambda\frac{l}{d}+\sum\zeta\right)\frac{1}{2g}\left(\frac{4Q}{\pi d^2}\right)^2=\left(\sum\lambda\frac{l}{d}+\sum\zeta\right)\frac{8Q^2}{g\pi^2d^4},\ H_0=\left(\frac{Q}{\mu_c A}\right)^2\frac{1}{2g}=\frac{1}{\mu_c^2}\frac{v^2}{2g}$$

【例7.3】 我国的"南水北调"重大工程需要贯穿黄河（图7-14a），为了在保证路基滴水不漏的同时不阻断黄河水流，在路基下建造一圆形有压涵管，如图7-14b所示。管长l=50m，上、下游水位差H=2.5m，涵管为钢筋混凝土管，各局部阻碍的水头损失系数：进口$\zeta_e=0.5$，转弯$\zeta_b=0.55$，出口$\zeta_0=1$，通过流量$Q=2.9\text{m}^3/\text{s}$，计算所需管径。

a)

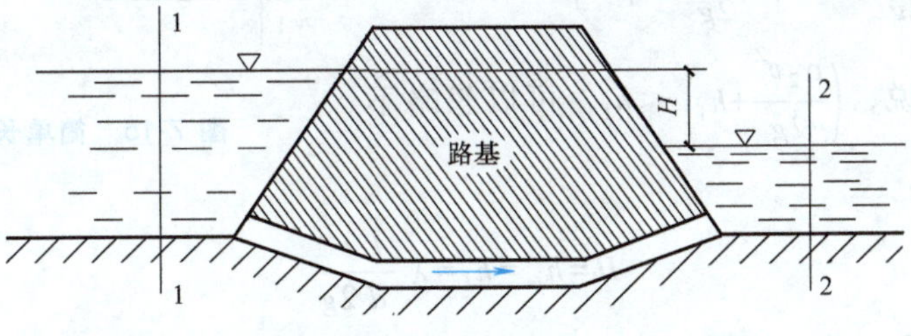

b)

图7-14 例7.3

a）南水北调工程贯穿黄河 b）有压涵管

【解】 取上、下游过流断面1—1、2—2列伯努利方程，忽略上、下游流速，得到

$$H=h_w=\left(\lambda\frac{l}{d}+\zeta_e+2\zeta_b+\zeta_0\right)\frac{1}{2g}\left(\frac{4Q}{\pi d^2}\right)^2$$

式中，λ与直径d有关。为使求解简化，设$\lambda=0.02$，代入前式，化简得到

$$2.5d^5-1.8d-0.696=0$$

用试算法求d，设$d=1.0\text{m}$，代入上式

$$2.5\times1.0^5-1.81\times1-0.696\approx0$$

采用管径$d=1.0\text{m}$，然后验算试算结果。

$$v=\frac{4Q}{\pi d^2}=\frac{4\times2.9}{3.14\times1.0}\text{m/s}=3.69\text{m/s}$$

$$Re=\frac{vd}{\nu}=\frac{3.69\times1}{1.31\times10^{-6}}=2.82\times10^6$$

对于钢筋混凝土管，$k_s=1.0\text{mm}$，$\dfrac{k_s}{d}=\dfrac{1}{1000}=0.001$。

$\lambda=0.11\left(\dfrac{k_s}{d}\right)^{0.25}=0.11\times0.001^{0.25}=0.01956\approx0.02$，与所设 λ 值相符，计算结果成立。

7.4 长管水力计算

在长管的水力计算中，根据管道系统的不同特点，可以分为简单管道与复杂管道。而复杂管道又分为串联管道、并联管道、沿程均匀泄流管道及管网等。

7.4.1 简单长管自由出流水力计算

如图 7-15 所示，由水箱引出简单管道，长度为 l，直径为 d。

以出口断面 2—2 形心所在的水平面为基准面，1—1 断面选在自由液面上，自由液面到基准面的距离为 H，列 1—1 断面和 2—2 断面之间的伯努利方程，得到

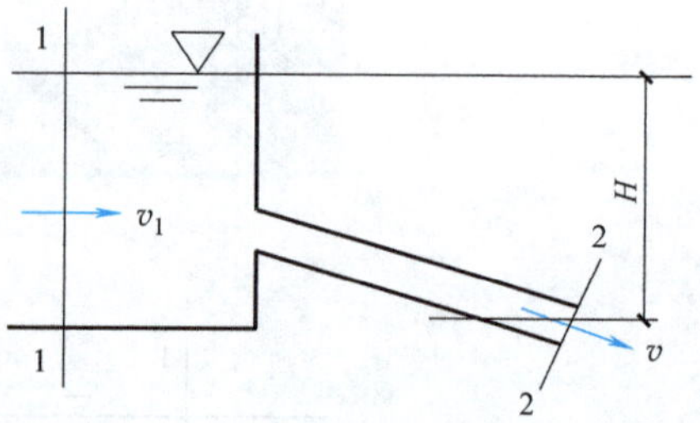

图 7-15 简单长管自由出流

$$H+0+\frac{\alpha_1 v_1^2}{2g}=0+0+\frac{\alpha_2 v^2}{2g}+h_f+h_j$$

$v_1\approx0$，对于长管来说，$\left(\dfrac{\alpha_2 v^2}{2g}+h_j\right)\ll h_f$，可以忽略不计，所以

$$H=h_w=h_f=\lambda\frac{l}{d}\frac{v^2}{2g} \tag{7-17}$$

式 (7-17) 表明：对于简单长管自由出流，全部作用水头都消耗于沿程水头损失，总水头线是连续下降的直线，并与测压管水头线重合。

设管道直径为 d，流量为 Q，断面平均流速 $v=\dfrac{Q}{A}=\dfrac{4Q}{\pi d^2}$，将 $v=\dfrac{4Q}{\pi d^2}$代入 $H=\lambda\dfrac{l}{d}\dfrac{v^2}{2g}$，化简之后得到

$$H=\frac{8\lambda}{g\pi^2 d^5}lQ^2=alQ^2=SQ^2 \tag{7-18}$$

$$a=\frac{8\lambda}{g\pi^2 d^5} \tag{7-19}$$

$$S=al=\frac{8\lambda l}{g\pi^2 d^5} \tag{7-20}$$

式中，a 为管道的比阻，它表示单位流量通过单位长度管道所需的水头；S 为管道的综合阻力系数，简称阻抗，单位是 s^2/m^5。比阻 a 反映了管道流动阻力的大小，流动阻力越大，比阻越大。比阻 a 取决于管道直径 d 和沿程阻力系数 λ，$a=f(\lambda,\ d)$，比阻的单位是 s^2/m^6。

通过第 6 章的学习知道，沿程阻力系数 λ 的计算公式非常多，有的计算公式虽然较精确，但是使用并不方便，土建工程中多使用谢才公式和舍维列夫公式。

在水利、交通运输等工程中，流体一般在紊流粗糙区工作，常采用谢才公式进行分析计算。

由谢才公式 $v=C\sqrt{RJ}=C\sqrt{R\cdot\frac{h_f}{l}}$，得到

$$h_f=\frac{v^2 l}{C^2 R} \tag{7-21}$$

将 $h_f=\frac{v^2 l}{C^2 R}$代入 $H=h_f=\lambda\frac{l}{d}\frac{v^2}{2g}$，有

$$H=\frac{v^2 l}{C^2 R}=\frac{1}{C^2 RA^2}lQ^2 \tag{7-22}$$

从而

$$a=\frac{1}{C^2 RA^2} \tag{7-23}$$

将曼宁公式 $C=\frac{1}{n}R^{\frac{1}{6}}$，$R=\frac{d}{4}$，$A=\frac{\pi}{4}d^2$ 代入上式，得

$$a=\frac{10.3n^2}{d^{5.33}} \tag{7-24}$$

在给排水工程中，常按舍维列夫公式求比阻，该公式适用于钢管与铸铁管。管内流速$v<1.2\text{m/s}$时，属于紊流过渡区，$\lambda=\frac{0.0179}{d^{0.3}}\left(1+\frac{0.867}{v}\right)^{0.3}$，其比阻为

$$a=0.852\left(1+\frac{0.867}{v}\right)^{0.3}\left(\frac{0.001736}{d^{5.3}}\right) \tag{7-25}$$

管内流速 $v\geqslant 1.2\text{m/s}$ 时，属于紊流粗糙区，$\lambda=\frac{0.021}{d^{0.3}}$，其比阻为

$$a=\frac{0.001736}{d^{5.3}} \tag{7-26}$$

这两个公式称为舍维列夫公式。水管通用比阻计算见表 7-2。

表 7-2　水管通用比阻计算表

水管直径/mm	比阻 $a/(s^2/m^6)$		
	$n=0.012$	$n=0.013$	$n=0.014$
75	1480	1740	2010
100	319	375	434
150	36.7	43.0	49.9
200	7.92	9.30	10.8
250	2.41	2.83	3.28
300	0.911	1.07	1.24
350	0.401	0.471	0.545
400	0.196	0.230	0.267
450	0.105	0.123	0.143
500	0.0598	0.0702	0.0815
600	0.0226	0.0265	0.0307
700	0.00993	0.0117	0.0135
800	0.00487	0.00573	0.00663
900	0.00260	0.00305	0.00354
1000	0.00148	0.00174	0.00201

在管道计算中，有时为了简化计算过程，常将局部水头损失系数折算成沿程水头损失，即把局部损失折合成具有同一沿程损失的管段，这个管段长度称为等值长度，即令

$$\sum\zeta\frac{v^2}{2g}=\lambda\frac{l'}{d}\frac{v^2}{2g}$$

从而得等值长度为 $l'=\frac{d}{\lambda}\sum\zeta$，式中，$\sum\zeta$ 为局部阻力系数之和；λ 为沿程阻力系数；d 为管道直径。

【例 7.4】 儒张村是海口永兴镇的古村落，由于地处火山地区，常年缺水。随着该村脱贫攻坚工作的推进，当地政府修建了自来水塔（图 7-16a），引自来水进村，解决了村民们饮水难的问题。水塔供水系统示意图如图 7-16b 所示，管道采用铸铁管。已知村民用水量 $Q=280\text{m}^3/\text{h}$，管道总长 $l=2500\text{m}$，管径 $d=300\text{mm}$。水塔处地形标高 $\nabla_1=61\text{m}$，工厂地形标高 $\nabla_2=42\text{m}$，管路末端需要的自由水头 $H_2=25\text{m}$，求水塔水面距底面高度 H_1。

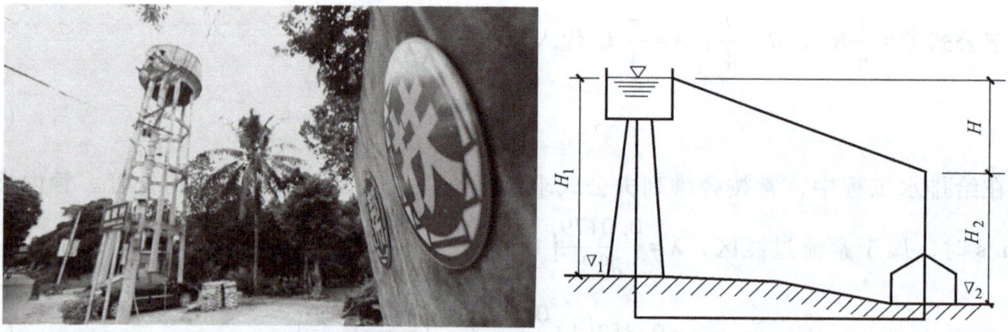

a) b)

图 7-16 例 7.4

a）儒张村村口水塔 b）水塔供水系统

【解】 以水塔水面作为 1—1 断面，管路末端为 2—2 断面，列 1—1 断面和 2—2 断面的伯努利方程

$$(H_1+\nabla_1)+0+0=\nabla_2+H_2+0+h_f$$

由上式得到水塔高度

$$H_1=(\nabla_2+H_2)-\nabla_1+h_f$$

$$h_f=H=alQ^2$$

因为 $v=\frac{4Q}{\pi d^2}=\frac{4\times\frac{280}{3600}}{\pi\times0.3^2}=1.1\text{m/s}<1.2\text{m/s}$，说明管流处于紊流过渡区

$$a=0.852\times\left(1+\frac{0.867}{v}\right)^{0.3}\times\left(\frac{0.001736}{d^{5.3}}\right)$$

$$=0.852\times\left(1+\frac{0.867}{1.1}\right)^{0.3}\times\left(\frac{0.001736}{0.3^{5.3}}\right)\text{s}^2/\text{m}^6=1.0398\text{s}^2/\text{m}^6$$

$$h_f=alQ^2=1.0398\times2500\times\left(\frac{280}{3600}\right)^2\text{m}=15.73\text{m}$$

则水塔高度为

$$H_1=(\nabla_2+H_2)-\nabla_1+h_f=(42+25-61+15.73)\text{m}=21.73\text{m}$$

7.4.2　复杂长管的水力计算

工程中常常需要建造由几条不同直径、不同长度的管段按各种方式组合而成的复杂管道。一切复杂管道都可以由两种基本类型管道（串联管道和并联管道）组合而成。

1. 串联管道

由不同直径的管段顺序连接而成的管道称为串联管道，如图 7-17 所示。串联管道中，两管段的连接点称为节点。串联管道适用于沿程向几处输水，经过一段距离便有流量分出，随着沿程流量的减少，所采用的管道直径也相应减小的情况。

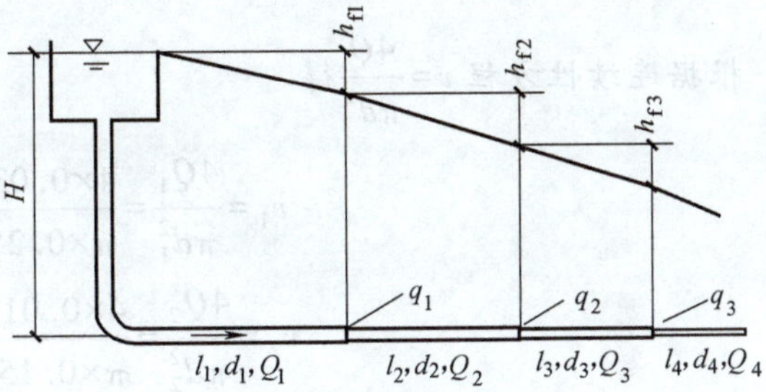

图 7-17　串联管道

串联管道的计算原理是伯努利方程和连续性方程。设串联管道各管段的长度分别为 l_1，l_2，l_3，…，直径为 d_1，d_2，d_3，…，通过流量为 Q_1，Q_2，Q_3，…，节点分出流量为 q_1，q_2，q_3，…

根据伯努利方程，有

$$H=\frac{v^2}{2g}+\sum_{i=1}^{n}h_{fi}+\sum_{i=1}^{m}h_{ji}$$

式中，h_f 为管道沿程损失；h_j 为管道局部损失。

根据连续性方程，各管段流量为

$$\begin{cases}Q_1=Q_2+q_1\\Q_2=Q_3+q_2\\Q_i=Q_{i+1}+q_i\end{cases}$$

当不考虑局部水头损失时，串联管道的总水头损失等于各管段沿程水头损失之和

$$H=\sum_{i=1}^{n}h_{fi}=\sum_{i=1}^{n}a_il_iQ_i^2=\sum_{i=1}^{n}S_iQ_i^2 \tag{7-27}$$

当节点没有流量分出，通过各管段的流量相等，即 $Q_1=Q_2=\cdots=Q$，则有

$$H=Q^2\sum_{i=1}^{n}a_il_i=Q^2\sum_{i=1}^{n}S_i \tag{7-28}$$

串联管道的水头线是一条折线，这是因为各管段的水力坡度不相等的原因。串联管道的计算问题通常是求水头 H、流量 Q 及确定管道直径 d。

【例 7.5】　如图 7-18 所示，由铸铁管组成的串联管道，已知节点分流流量为 $q_1=15\text{L/s}$，$q_2=10\text{L/s}$，$Q_3=5\text{L/s}$，管道直径 $d_1=200\text{mm}$，$d_2=150\text{mm}$，$d_3=100\text{mm}$，管长 $l_1=500\text{m}$，$l_2=400\text{m}$，$l_3=300\text{m}$，要求 d 点的自由水头 $H_d=10\text{m}$，试求管道进口 a 点的测压管水头 H_a。

【解】　根据节点连续性方程，可以得到

$$Q_2=Q_3+q_2=(0.005+0.01)\text{L/s}=0.015\text{L/s}$$
$$Q_1=Q_2+q_1=(0.015+0.015)\text{L/s}=0.03\text{L/s}$$

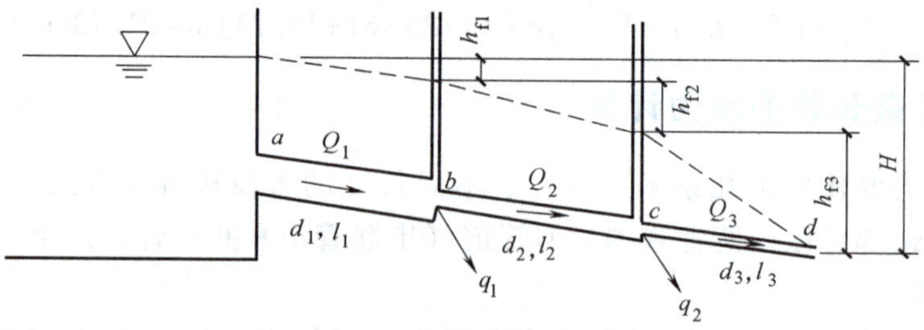

图 7-18 例 7.5

根据连续性方程 $v=\dfrac{4Q}{\pi d^2}$得

$$v_1=\frac{4Q_1}{\pi d_1^2}=\frac{4\times0.03}{\pi\times0.2^2}\text{m/s}=0.95\text{m/s}$$

$$v_2=\frac{4Q_2}{\pi d_2^2}=\frac{4\times0.015}{\pi\times0.15^2}\text{m/s}=0.85\text{m/s}$$

$$v_3=\frac{4Q_3}{\pi d_3^2}=\frac{4\times0.005}{\pi\times0.1^2}\text{m/s}=0.64\text{m/s}$$

由此可见各段管中的流速都小于 1.2m/s，属于粗糙过渡区，采用比阻公式

$$a=0.852\left(1+\frac{0.867}{v}\right)^{0.3}\left(\frac{0.001736}{d^{5.3}}\right)$$

$$a_1=0.852\times\left(1+\frac{0.867}{0.95}\right)^{0.3}\times\left(\frac{0.001736}{0.2^{5.3}}\right)\text{s}^2/\text{m}^6=9.10\text{s}^2/\text{m}^6$$

$$a_2=0.852\times\left(1+\frac{0.867}{0.85}\right)^{0.3}\times\left(\frac{0.001736}{0.15^{5.3}}\right)\text{s}^2/\text{m}^6=42.49\text{s}^2/\text{m}^6$$

$$a_3=0.852\times\left(1+\frac{0.867}{0.64}\right)^{0.3}\times\left(\frac{0.001736}{0.1^{5.3}}\right)\text{s}^2/\text{m}^6=381.57\text{s}^2/\text{m}^6$$

管道进口 a 点的测压管水头

$$\begin{aligned}H_a&=H+H_d=\sum_{i=1}^{3}a_il_iQ_i^2+H_d\\&=(9.10\times500\times0.03^2+42.49\times400\times0.015^2+381.57\times300+0.005^2)\text{m}\\&=(10.78+10)\text{m}=20.78\text{m}\end{aligned}$$

2. 并联管道

并联管道是指两根或两根以上的管道在同一处分开，又在另一处汇合而成的管道，如图 7-19 所示。并联管道主要用于提高管道的可靠性或两节点间增设新管道以提高输流能力。并联管道一般按长管计算。

并联管道的计算原理仍然是伯努利方程和连续性方程，其主要水力特征如下：

1）并联管道中各并联管段单位重量流体所产生的水头损失相等，即

$$h_f=h_{f2}=h_{f3}=h_{f4} \tag{7-29}$$

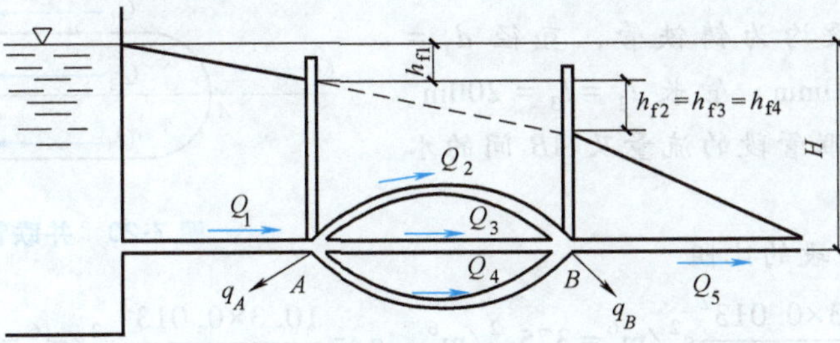

图 7-19　并联管道

如图 7-19 所示，节点 A、B 间由 3 根管道并联，A 点、B 点为各并联管段的共同节点，无论对哪一根管道来说，水流运动要素的断面平均值 v、p、z 等都是单值的，如果在 A 点和 B 点安放测压管，A 点、B 点各有且只有一个测压管水头，A、B 间只可能有一个测压管水头差。所以单位重量的流体通过 A、B 间任何一条管道，所损失的机械能相等，即

$$h_f=h_{f2}=h_{f3}=h_{f4}$$

按长管计算，则有

$$h_f=a_2l_2Q_2^2=a_3l_3Q_3^2=a_4l_4Q_4^2 \tag{7-30}$$

$$h_f=S_2Q_2^2=S_3Q_3^2=S_4Q_4^2 \tag{7-31}$$

需要指出：并联管道的水头损失相等，指单位重量流体由节点 A 通过并联管道 2、3、4 当中任意一根管道流至节点 B，水头损失都相等，并不等于说各管段上的总能量损失相等。在一般情况下，由于各并联管道的长度、直径和粗糙率不同，通过的流量也不相等，因此，各并联管道的总能量损失并不相等，流量大的总机械能损失也大。

2）总管道的流量等于各并联管道流量之和，即

$$Q_1=q_A+Q_2+Q_3+Q_4$$

$$Q_2+Q_3+Q_4=q_B+Q_5$$

3）并联各管段的流量分配与各管段阻抗的平方根成反比。

$$Q_2=\frac{\sqrt{h_{f2}}}{\sqrt{S_2}}=\frac{\sqrt{H}}{\sqrt{S_2}},\quad Q_3=\frac{\sqrt{h_{f3}}}{\sqrt{S_3}}=\frac{\sqrt{H}}{\sqrt{S_3}},\quad Q_4=\frac{\sqrt{h_{f4}}}{\sqrt{S_4}}=\frac{\sqrt{H}}{\sqrt{S_4}} \tag{7-32}$$

$$Q_2:Q_3:Q_4=\left(\frac{1}{\sqrt{S_2}}\right):\left(\frac{1}{\sqrt{S_3}}\right):\left(\frac{1}{\sqrt{S_4}}\right) \tag{7-33}$$

一般情况下，干管流量 Q 与各并联管段流量 Q_i 的关系式为

$$Q_i=Q\sqrt{\frac{S}{S_i}} \tag{7-34}$$

其中

$$\frac{1}{\sqrt{S}}=\sum_{i=1}^{n}\frac{1}{\sqrt{S_i}}=\frac{1}{\sqrt{S_1}}+\frac{1}{\sqrt{S_2}}+\cdots+\frac{1}{\sqrt{S_n}} \tag{7-35}$$

式中，Q_i、S_i 分别为第 i 个管段中的流量及阻抗；S 为并联管段系统的阻抗。

【例 7.6】　为了解决农村地区“用水难”的问题，拟在西部山区中修建一并联供水管

道，如图 7-20 所示。已知主干管流量 $Q=0.07\mathrm{m}^3/\mathrm{s}$，并联管段均为铸铁管，直径 $d_1=d_3=100\mathrm{mm}$，$d_2=150\mathrm{mm}$，管长 $l_1=l_3=200\mathrm{m}$，$l_2=150\mathrm{m}$，试求各并联管段的流量及 AB 间的水头损失。

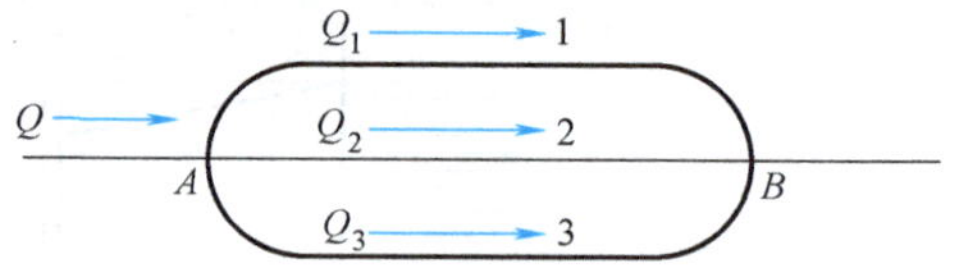

图 7-20 并联管道计算

【解】 各并联管段的比阻

$$a_1=a_3=\frac{10.3\times0.013^2}{0.1^{5.33}}\mathrm{s^2/m^6}=375\mathrm{s^2/m^6},\quad a_2=\frac{10.3\times0.013^2}{0.15^{5.33}}\mathrm{s^2/m^6}=43.0\mathrm{s^2/m^6}$$

阻抗：$S_1=S_3=a_1l_1=375\times200\mathrm{s^2/m^6}=75000\mathrm{s^2/m^6}$；$S_2=a_2l_2=43.0\times150\mathrm{s^2/m^6}=6450\mathrm{s^2/m^6}$

$$S_1Q_1^2=S_2Q_2^2=S_3Q_3^2$$

$$Q_2=\sqrt{\frac{S_1}{S_2}}Q_1=\sqrt{\frac{75000}{6450}}Q_1=3.41Q_1,\quad Q_3=Q_1$$

根据节点流量平衡，有

$$Q=Q_1+Q_2+Q_3=Q_1+3.41Q_1+Q_1=5.41Q_1$$

$$Q_1=Q_3=\frac{Q}{5.41}=\frac{0.07}{5.41}\mathrm{m^3/s}=0.013\mathrm{m^3/s}$$

$$Q_2=3.41Q_1=3.41\times0.013\mathrm{m^3/s}=0.044\mathrm{m^3/s}$$

AB 间的水头损失：$h_{fAB}=S_1Q_1^2=75000\times0.013^2\mathrm{m}=12.6\mathrm{m}$

3. 沿程均匀泄流管道

前面讨论的管道系统，在每根管段间通过的流量是沿程不变的，流量都是集中在管道末端泄出，这种流量称为通过流量或转输流量。在实际工程中，如灌溉用的人工降雨管道、给排水工程中的滤池反冲洗管等，管道内除了通过流量外，还有沿管长由开在管壁上的孔口泄出的流量，称为途泄流量或沿线流量，其中最简单的情况是单位长度上泄出相等的流量，这种管道称为沿程均匀泄流管道，如图 7-21 所示。

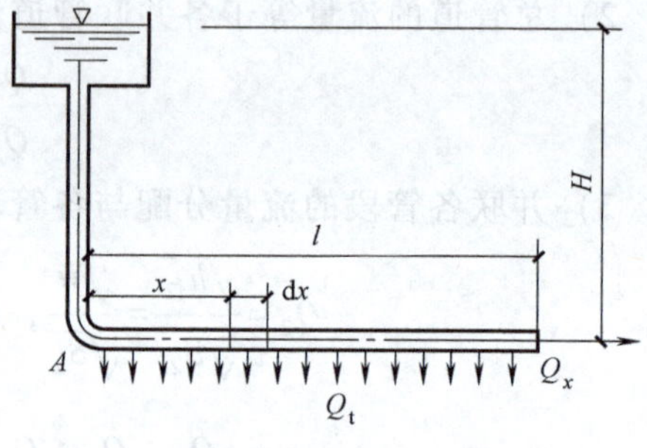

图 7-21 沿程均匀泄流管道

设沿程均匀泄流管段长度为 l，通过流量为 Q_z，总途泄流量为 Q_t。以泄流管起始断面为 A 点，在 x 处的断面上的流量为

$$Q_x=Q_z+Q_t-\frac{Q_t}{l}x$$

式中，Q_x 为距管道始端 x 处的管中通过流量。

取长度 $\mathrm{d}x$ 的微小管段，因为 $\mathrm{d}x$ 很小，可以认为 $\mathrm{d}x$ 段内的管中流量均等于 Q_x，此段内的水头损失

$$\mathrm{d}h_f=aQ_x^2\mathrm{d}x=a\left(Q_z+Q_t-\frac{Q_t}{l}x\right)^2\mathrm{d}x$$

整个泄流管段上的水头损失

$$\mathrm{d}h_{\mathrm{f}}=aQ_x^2\mathrm{d}x=a\left(Q_{\mathrm{z}}+Q_{\mathrm{t}}-\frac{Q_{\mathrm{t}}}{l}x\right)^2\mathrm{d}x$$

当管段直径和粗糙程度一定，且流动处于紊流粗糙管区，比阻 a 是常量，对上式积分得到

$$h_{\mathrm{f}}=al\left(Q_{\mathrm{z}}^2+Q_{\mathrm{z}}Q_{\mathrm{t}}+\frac{1}{3}Q_{\mathrm{t}}^2\right)\approx al(Q_{\mathrm{z}}+0.55Q_{\mathrm{t}})^2=alQ_c^2 \tag{7-36}$$

式中，$Q_c=\sqrt{Q_{\mathrm{z}}^2+Q_{\mathrm{z}}Q_{\mathrm{t}}+\frac{1}{3}Q_{\mathrm{t}}^2}=Q_{\mathrm{z}}+0.55Q_{\mathrm{t}}$，称为折算流量。

该公式将途泄流量折算成通过流量来计算沿程均匀泄流管道的水头损失。对于较复杂的组合管道系统分析，这样替换是比较方便的。

当管段中只有途泄流量，没有通过流量，即 $Q_x=0$ 时，则

$$h_{\mathrm{f}}=\frac{1}{3}alQ_{\mathrm{t}}^2 \tag{7-37}$$

式（7-37）表明：当流量全部为沿程均匀泄流时，其水头损失相当于全部流量集中在管道末端泄出时水头损失的 1/3。

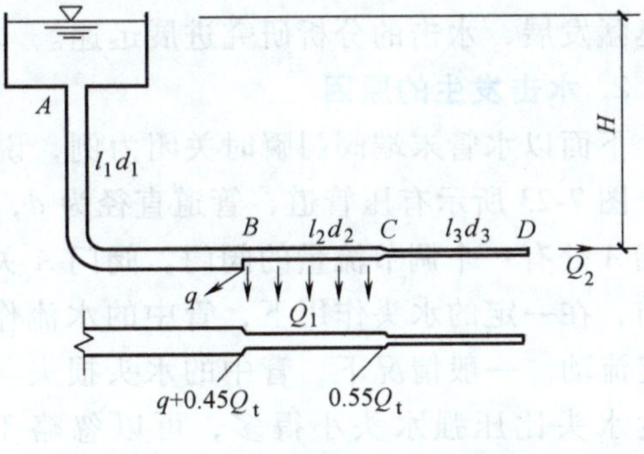

图 7-22　沿程均匀泄流管道计算

【例 7.7】　例 7.4 中儒张村水塔的一输水管道如图 7-22 所示。已知 $l_1=300\mathrm{m}$，$d_1=200\mathrm{mm}$，$l_2=200\mathrm{m}$，$d_2=150\mathrm{mm}$，管道是铸铁管，粗糙系数 $n=0.012$。节点 B 泄出流量 $q_B=0.015\mathrm{m}^3/\mathrm{s}$，沿程总泄出流量 $Q_{\mathrm{t}}=0.02\mathrm{m}^3/\mathrm{s}$，贯通流量 $Q_x=0.012\mathrm{m}^3/\mathrm{s}$，试求所需的作用水头。

【解】　（1）首先求各管段的计算流量

$$Q_{\mathrm{z}}=\sqrt{Q_{\mathrm{z}}^2+Q_{\mathrm{z}}Q_{\mathrm{t}}+\frac{1}{3}Q_{\mathrm{t}}^2}=\sqrt{0.12^2+0.012\times0.02+\frac{1}{3}\times0.02^2}\ \mathrm{m}^3/\mathrm{s}=0.023\mathrm{m}^3/\mathrm{s}$$

$$Q_1=Q_{\mathrm{z}}+Q_{\mathrm{t}}+q_B=(0.012+0.02+0.015)\mathrm{m}^3/\mathrm{s}=0.047\mathrm{m}^3/\mathrm{s}$$

（2）计算各管段的比阻

$$a_1=\frac{10.3n^2}{d_1^{5.33}}=\frac{10.3\times0.012^2}{0.2^{5.33}}\mathrm{s}^2/\mathrm{m}^6=7.88\mathrm{s}^2/\mathrm{m}^6,\quad a_2=\frac{10.3n^2}{d_2^{5.33}}=\frac{10.3\times0.012^2}{0.15^{5.33}}\mathrm{s}^2/\mathrm{m}^6=36.53\mathrm{s}^2/\mathrm{m}^6$$

所需作用水头

$$H=a_1l_1Q_1^2+a_2l_2Q_2^2=(7.88\times300\times0.047^2+36.53\times200\times0.023^2)\mathrm{m}=9.08\mathrm{m}$$

7.5　有压管道中的水击

7.4 节讨论的短管和长管的水力计算问题都属于恒定有压管流，也就是说，它们的运动要素（流速、压强等）不随时间发生变化，这一节要讨论的有压管道中的水击属于非恒定有压管流。

7.5.1 水击现象

在日常生活中，有时候水龙头急速关闭时，水龙头会产生振动，同时水管内发出“咚咚”的响声，这种现象就是水击现象。

1. 水击

在有压管道中，因为某种原因，使得管道中的水流速度发生急剧的变化，引起管道内液体压强大幅度波动，这种现象称为水击。压强的交替变化对管壁或者阀门等产生类似于锤击的作用，因此水击又称为水锤。

由水击引起的压强升高，可以达到管道正常工作压强的几十倍甚至几百倍，压强的大幅度波动，对管道有很大的破坏性，轻则导致管道系统的强烈振动和噪声，重则可能导致管道的严重变形或者爆裂。

在工业管道液体输送系统中，水击是经常发生的。随着我国国民经济的发展，液体管道输送越来越多，保证管道输送的安全是首要任务，水击安全分析越来越多地被人们所认识和重视。从19世纪中叶开始，人们开始对水击现象进行研究，但是由于计算工具和测试仪器的落后，有关水击的研究进展缓慢。到了20世纪70年代以后，随着计算机和动态量测仪器的迅猛发展，水击的分析研究进展迅速。

2. 水击发生的原因

下面以水管末端阀门瞬时关闭为例，说明水击发生的原因。

图7-23所示有压管道，管道直径为 d，管道长度为 L，管道进口 B 端与水池相连，管道末端 A 处有一个调节流量的阀门。阀门 A 关闭前，在一定的水头作用下，管中的水流作恒定流动。一般情况下，管中的水头损失与速度水头比压强水头小得多，可以忽略不计，管道内沿程各个断面的压强相等。

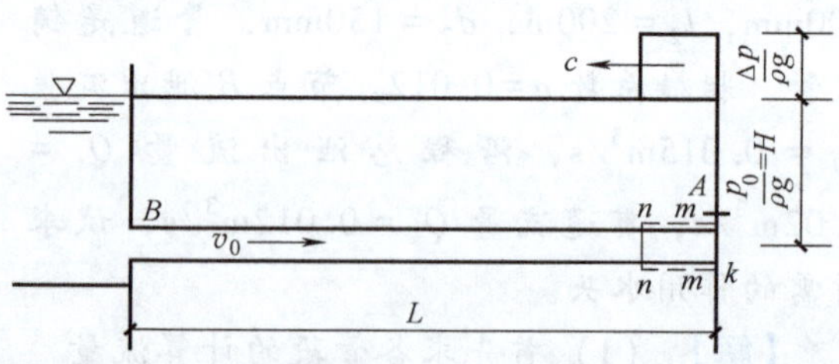

图7-23 水击的发生

设在恒定流条件下，管内流体的平均流速为 v_0，压强为 $p_0=\rho gH$。当阀门突然完全关闭时，如果不考虑液体的压缩性和管壁的弹性，那么整个管道中液体的流速会同时变为零，在水流惯性的作用下，整个管道中液体的压强也会同时升至无穷大。而在实际当中，关闭阀门总是需要一定时间的，另外，液体具有一定的压缩性，管壁也具有一定的弹性，对水击起了缓冲的作用，使得管道中液体的流速并不是同时变为零，而是从阀门开始向上游一层一层地逐步变为零。整个管道中的压强也不是立即同时升至无穷大，而是从阀门起向上游一层一层地升高一定的数值。

在阀门突然关闭的瞬间，紧靠阀门的一层水体突然停止流动，流速由 v_0 变为零。根据动量定理，流速的突然降低必然导致压强的突然升高，升高的压强 Δp 称为水击压强。因为 Δp 一般很大，紧靠阀门的一层水体被压缩，密度增大，周围的管壁膨胀，但是这一层上游的流体还没有受到阀门关闭的影响，仍然以 v_0 的速度继续向下游流动，当碰到停止不动的第一层流体时，速度也会立即变为零，压强升高 Δp，液体被压缩，周围管壁膨胀。这种情况一层一层地将阀门关闭的影响向上游传播，一直传到水池为止。这个时候，整个管道中的压强都升高了 Δp，流速由 v_0 变为零，处于静止状态。这种现象实际上是扰动波在弹性介质中的传播现象，阀门关闭相当于产生一种扰动，这种扰动的影响只有通过弹性波才能传播到各个断面。这种由于水击而产生的弹性波简称水击波，它的传播速度用 c 来表示。

综合上面的分析，可以总结出水击产生的原因：

1）外因。管道内水流速度突然发生了急剧变化。

2）内因。水流本身具有的惯性作用和水体的压缩性，以及管壁的弹性。水击是水流的惯性、水体的压缩性及管壁的弹性相互作用的结果。

在前面几章的讨论中，都是把液体看作是不可压缩的，但在水击现象中，必须考虑液体的压缩性，因为水击发生时，管道内的压强会发生巨大的变化，液体的压缩性对水击压强的大小及其在管道中的传播，会产生显著的影响。另外，管道内压强的巨大变化还会引起管壁的弹性变形，这种弹性变形的影响，在研究水击问题时也需要加以考虑。

3. 水击波的传播过程

水击波在管道内的传播过程，大致分为以下 4 个阶段：

（1）第一阶段　$0<t\leqslant L/c$，如图 7-24 所示。

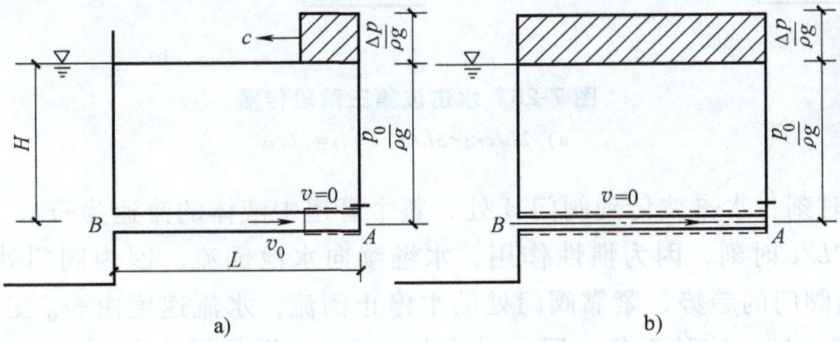

图 7-24　水击波第一阶段传播

a）$0<t<L/c$　b）$t=L/c$

设阀门在 $t=0$ 时刻突然关闭，紧靠阀门的一层水体突然停止流动，速度由 v_0 突变为零，压强由 p_0 变为 $p_0+\Delta p$，这种情况从阀门一层一层地向上游传播，在 $t=L/c$ 时刻，水击波传到管道的进口，整个管道内的水流速度为零，流体处于静止状态，压强为 $p_0+\Delta p$，整个管道处于增压状态。

（2）第二阶段　$L/c<t\leqslant 2L/c$，如图 7-25 所示。

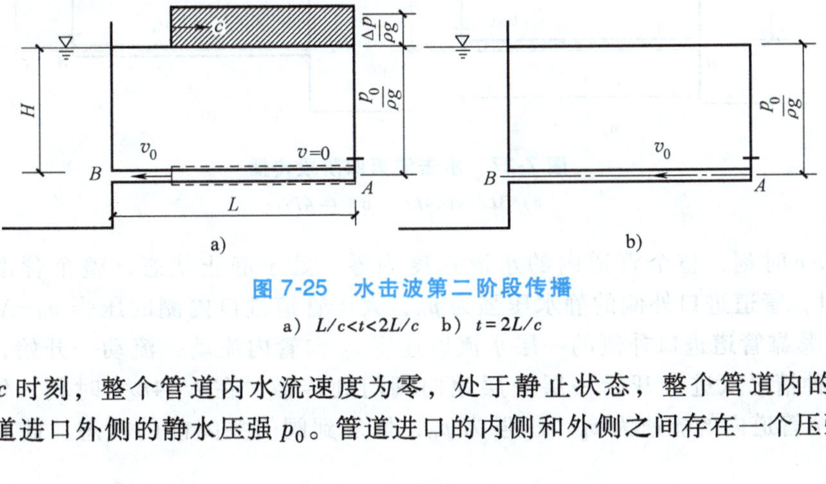

图 7-25　水击波第二阶段传播

a）$L/c<t<2L/c$　b）$t=2L/c$

在 $t=L/c$ 时刻，整个管道内水流速度为零，处于静止状态，整个管道内的压强为 $p_0+\Delta p$，大于管道进口外侧的静水压强 p_0。管道进口的内侧和外侧之间存在一个压强差 Δp。在

压强差 Δp 的作用下，管道内紧靠进口的一层水体以流速 $-v_0$ 向水池内倒流（负号表示与原来的流速 v_0 方向相反，因为第一阶段中的压强增量 Δp 是由流速差（$0-v_0$）产生的，那么根据动量守恒原理，在同样压强增量 Δp 作用下产生的流速，大小也应等于 v_0，但是方向相反），反向流速 $-v_0$ 产生以后，紧靠进口的一层水体压强马上恢复到原来的压强 p_0，在水体弹性的作用下，这种情况一层一层地向下游传播，在 $t=2L/c$ 时刻，传到阀门 A 处，整个管道中液体的流速为 $-v_0$ 整个管道内的压强为 p_0，恢复到原来的状态。

（3）第三阶段　$2L/c<t\leqslant 3L/c$ 如图 7-26 所示。

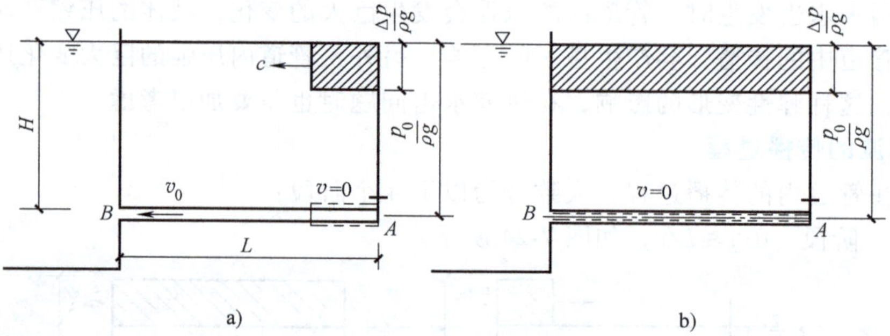

图 7-26　水击波第三阶段传播

a）$2L/c<t<3L/c$　b）$t=3L/c$

在 $t=2L/c$ 时刻，水击波传到阀门 A 处，整个管道中液体的流速为 $-v_0$，整个管道内的压强为 p_0。在 $t=2L/c$ 时刻，因为惯性作用，水继续向水池倒流。因为阀门处没有水源补充，使得液体有脱离阀门的趋势，紧靠阀门处的水停止倒流，水流速度由 $-v_0$ 变为零，同时压强降低 Δp，变为 $p_0-\Delta p$。这种现象一层一层地由阀门向上游传播，在 $t=3L/c$ 时刻，传播到管道进口，整个管道内的流速由 $-v_0$ 变为零，水体处于静止状态，整个管道内的压强为 $p_0-\Delta p$，处于减压状态。

（4）第四阶段　$3L/c<t\leqslant 4L/c$，如图 7-27 所示。

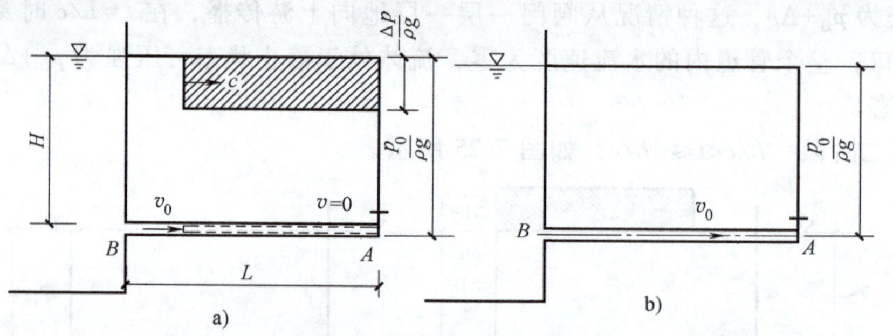

图 7-27　水击波第四阶段传播

a）$3L/c<t<4L/c$　b）$t=4L/c$

在 $t=3L/c$ 时刻，整个管道内的水流速度为零，处于静止状态，整个管道内的压强为 $p_0-\Delta p$，此时，管道进口外侧的静水压强为 p_0，大于管道进口内侧的压强 $p_0-\Delta p$，在压强差 Δp 作用下，紧靠管道进口外侧的一层水流以速度 v_0 向管内流动，流动一开始，压强立刻恢复到 p_0，这种情况从进口开始一层一层地向阀门处传播。在 $t=4L/c$ 时刻，传播到阀门 A 处，此时整个管道内的流速为 v_0，压强为 p_0，恢复到阀门关闭前的状态。此时在惯性作用下，水流继续以流速 v_0 向前流动，受到阀门的阻止，出现和第一阶段相同的现象，重复上述四个阶段。水击波的传播过程见表 7-3。

表 7-3　水击波的传播过程

阶段	时段	速度变化	流动方向	压强变化	水击波的传播方向	运动特征
1	$0<t\leqslant L/c$	$v_0\to 0$	$B\to A$	增高 Δp	$A\to B$	减速增压
2	$L/c<t\leqslant 2L/c$	$0\to -v_0$	$A\to B$	恢复原状	$B\to A$	增速减压
3	$2L/c<t\leqslant 3L/c$	$-v_0\to 0$	$A\to B$	降低 Δp	$A\to B$	减速减压
4	$3L/c<t\leqslant 4L/c$	$0\to v_0$	$B\to A$	恢复原状	$B\to A$	增速增压

至此，水击波的传播完成了一个周期。在一个周期内，水击波由阀门传到进口，再由进口传至阀门，共往返两次。往返一次所需的时间 $T_r=2L/c$，称为水击波的相或者相长。一个周期等于两个相长。

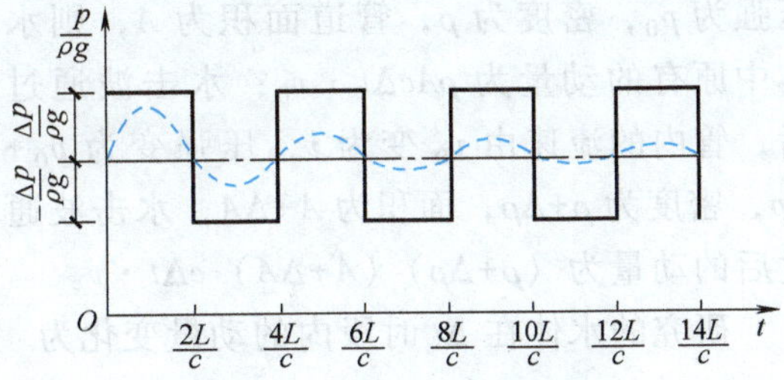

图 7-28　阀门断面压强变化

在水击波的传播过程中，管道各断面的流速和压强都是随时间发生变化的，因此，水击过程是非恒定流。阀门突然关闭时，阀门断面的压强随时间的变化情况如图 7-28 所示。

阀门的压强，在 $t=0$ 时刻，由 p_0 增至 $p_0+\Delta p$，然后一直保持到 $t=2L/c$ 时刻；在 $t=L/c$ 时刻，压强由 $p_0+\Delta p$ 骤然降低至 p_0，然后又降至 $p_0-\Delta p$。在 $t=2L/c\sim 4L/c$ 期间，压强保持为 $p_0-\Delta p$。在 $t=4L/c$ 的一瞬间，压强又由 $p_0-\Delta p$ 增至 p_0，然后周期性地变化。

如果不考虑水的黏性，水击波在传播过程中没有能量损失，则水击波将一直周期性无衰减地传播下去。而实际水流是有黏性的，水击波在传播过程中，能量不断损失，水击压强会迅速衰减直到恢复原状，阀门断面处实测的水击压强随时间的变化过程如图 7-29 所示。

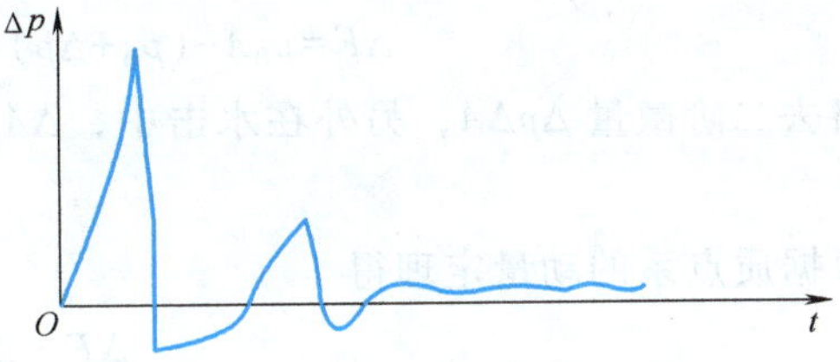

图 7-29　实测阀门断面水击压强变化

7.5.2　水击压强的计算

在认识水击发生的原因和传播过程的基础上，需要进行水击压强 Δp 的计算，以便为压力管道的设计和运行提供依据。

在前面的分析中，假定阀门是瞬时关闭的。在实际中，阀门的关闭总有一个过程，需要一定的时间，这个时间称为阀门关闭时间 T_s。当阀门关闭的时间 $T_s\leqslant T_r$ 时，最早由阀门处产生的向上传播，而后又反射回来的水击波在阀门全部关闭时还没有到达阀门，这时阀门处的水击压强和阀门瞬时关闭时相同，阀门处的压强不受阀门关闭时间长短的影响，这种水击称为直接水击。当阀门关闭时间 $T_s>T_r$ 时，则开始关闭时发出的水击波的反射波，在阀门还没有完全关闭前已经到达阀门，随即变为负的水击波向管道进口传播，负的水击压强与阀门继续关闭产生的正水击压强相叠加，使阀门处最大水击压强小于直接水击压强，阀门处的水击压强与阀门关闭时间 T_s 的长短有关，这种情况的水击称为间接水击。

直接水击与间接水击没有本质的区别，流动中都是惯性和弹性起主导作用；但是随着阀门关闭时间的延长，弹性作用将逐渐减小，黏滞性作用将相对地增强。当 T_s 到一定程度时，流动则主要受惯性和黏滞性的作用，其流动现象与弹性波的传播无关。

1. 直接水击压强计算

设有压管流，因为阀门突然关小，流速突然变化，发生水击，水击波的传播速度为 c。如图 7-30 所示，在微小时段 Δt，水击波由断面 2—2 传至 1—1，分析 1—2 段水体：

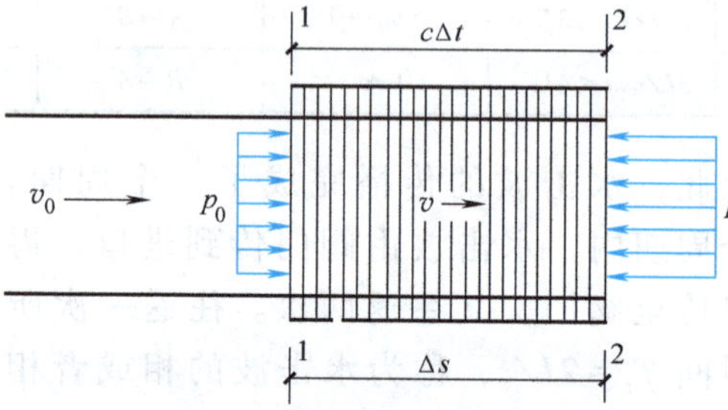

图 7-30　直接水击压强计算

水击波通过前，管中原有的流速为 v_0，压强为 p_0，密度为 ρ，管道面积为 A，则水体中原有的动量为 $\rho Ac\Delta t\cdot v_0$；水击波通过后，管内的流速由 v_0 变为 v，压强变为 $p_0+\Delta p$，密度为 $\rho+\Delta\rho$，面积为 $A+\Delta A$，水击波通过后的动量为 $(\rho+\Delta\rho)(A+\Delta A)\ c\Delta t\cdot v$。

研究的水体在 Δt 时段内的动量变化为

$$\begin{aligned}\Delta I &= (\rho+\Delta\rho)(A+\Delta A)c\Delta t\cdot v-\rho Ac\Delta t\cdot v_0\\&=\rho Ac\Delta t(v-v_0)+\rho\Delta Ac\Delta t\cdot v+\Delta\rho Ac\Delta t\cdot v+\Delta\rho\Delta Ac\Delta t\cdot v\end{aligned}$$

因为 $\Delta\rho\ll\rho$，$\Delta A\ll A$，略去高阶微量得到

$$\Delta I=\rho Ac\Delta t(v-v_0)$$

作用在水体两端的压力差为

$$\Delta F=p_0A-(p_0+\Delta p)(A+\Delta A)=-p_0\Delta A-\Delta pA-\Delta p\Delta A$$

略去二阶微量 $\Delta p\Delta A$，另外在水击中，$\Delta A\ll\Delta pA$，略去 $p_0\Delta A$ 和二阶微量以后得到

$$\Delta F=-\Delta pA$$

根据质点系的动量定理得

$$\Delta F\cdot\Delta t=\rho Ac\Delta t(v-v_0)$$

$$-\Delta pA\cdot\Delta t=\rho Ac\Delta t(v-v_0)$$

$$\Delta p=\rho c(v_0-v)\tag{7-38}$$

直接水击压强水头为

$$\Delta H=\frac{\Delta p}{\Delta\rho g}=\frac{\rho c(v_0-v)}{\rho g}=\frac{c}{g}(v_0-v)\tag{7-39}$$

当阀门瞬时完全关闭，则 $v=0$，得最大水击压强

$$\Delta p=\rho cv_0\tag{7-40}$$

相应的水头为

$$\Delta H=\frac{\Delta p}{\rho g}=\frac{c}{g}v_0\tag{7-41}$$

式（7-41）称为直接水击压强的计算公式，它是由俄国流体力学家儒科夫斯基在 1898 年推导出来的，因此又称为儒科夫斯基公式，这个公式可以用来计算阀门突然关闭或开启时的水

击压强。

2. 间接水击压强的计算

间接水击可以看作一系列微小时段内产生的水击的叠加，间接水击由于正水击和负水击相互作用，计算更为复杂。一般情况下，间接水击压强采用下面的式子进行计算

$$\Delta p=\rho c v_0 \frac{T_r}{T_s} \tag{7-42}$$

式中，v_0 为水击发生前断面平均流速；T_r 为水击波的相长；T_s 为阀门关闭时间。

3. 水击波的传播速度

无论是直接水击，还是间接水击，水击压强都与水击波的传播速度成正比。因此，在计算水击压强时，需要知道水击波的传播速度 c，根据质量守恒原理可以推导出水击波的传播速度：考虑到水的压缩性和管壁的弹性变形，水管中水击波的传播速度为

$$c=\frac{c_0}{\sqrt{1+\frac{K}{E}\frac{d}{\delta}}} \tag{7-43}$$

式中，$c_0=\sqrt{\frac{K}{\rho}}$是声波在水中的传播速度，当水温在10℃左右，压强为1～25个大气压时，$c_0=1435\text{m/s}$；K 为水的体积弹性模量；ρ 为水的密度；E 为管壁材料的弹性模量；d 为管道直径；δ 为管壁厚度。

式（7-43）表明：其他条件一定时，水击波的传播速度与管壁材料的弹性模量 E 有关，E 越大，水击波的传播速度 c 也越大，当 $E=\infty$ 时，即管道为绝对刚体时，水击波的传播速度最大。管径 d 与管壁厚度 δ 对水击波的传播速度 c 也有影响，d 越大，水击波的传播速度 c 越小，反之，d 越小，水击波的传播速度 c 越大。管壁厚度 δ 越大，传播速度 c 越大，所以为了减小水击压强增量，在管壁材料强度允许的条件下，应当选用直径较大、管壁较薄的水管。

该公式适用于薄壁均质圆管，当压力管道的横断面不是圆形或者管壁不是均质材料时，水击波传播速度的计算公式可以查阅有关的参考文献。

【例 7.8】 某压力引水钢管，上游与水池相连，下游管末端设阀门控制流量。已知管长 $l=600\text{m}$，管径 $d=2.4\text{m}$，管壁厚 $\delta=20\text{mm}$，水头 $H_0=200\text{m}$。阀门全开时管中流速 $v_{max}=3\text{m/s}$。管壁弹性模量 $E=19.6\times10^{10}\text{N/m}^2$，水体积弹性模量 $K=19.6\times10^{8}\text{N/m}^2$。

（1）若阀门在 $T_s=1\text{s}$ 内全部关完，此时管内发生水击，求阀门处的水击压强值。

（2）若阀门在 $T_s=2\text{s}$ 内全部关完，此时管内发生水击，求阀门处的水击压强值。

【解】 水击波的传播速度为

$$c=\frac{1435}{\sqrt{1+\frac{K}{E}\cdot\frac{d}{\delta}}}=\frac{1435}{\sqrt{1+\frac{19.6\times10^{8}}{19.6\times10^{10}}\times\frac{2.4}{0.02}}}\text{m/s}=967\text{m/s}$$

水击波的相长为 $T_r=\frac{2l}{c}=\frac{2\times600}{967}\text{s}=1.24\text{s}$

（1）当 $T_s=1\text{s}$ 时，$T_s<T_r$，管道中发生直接水击，相应的水击压强为

$$\Delta p=\rho c(v_0-v)=1000\times967\times(3-0)\text{Pa}=3501\text{kPa}$$

（2）当 $T_s=2\text{s}$ 时，$T_s>T_r$，管道中发生间接水击，相应的水击压强为

$$\Delta p=\rho c v_0\frac{T_s}{R_r}=1000\times967\times3\times\frac{1.24}{2}\text{Pa}=1798.6\text{kPa}$$

4. 防止水击危害的措施

从上面的例题可以看出，水击压强还是相当大的。水击对管道的运行极为不利，严重的会使管道变形或破裂，因此需要采取一定的措施来减小水击压强。工程中常采用下列措施来减小水击压强：

1）延长阀门的关闭时间，以免产生直接水击。

2）缩短管道的长度，采用弹性模量比较小的管材。缩短管道的长度，即缩短了水击波的相长，可以使直接水击变为间接水击；采用弹性模量比较小的管材，可以使水击波传播速度减缓，从而降低直接水击压强。

3）减小管内流速 v_0。水击压强如与管道中的流速 v_0 成正比，减小流速也就减小了水击压强 Δp。因此在一般的供水管网中，流速 v_0 不大于 3m/s。

4）管道中设置安全阀。当压强升高到一定数值时，安全阀自动开启，将部分水放出，等到压强降低以后安全阀又自动关闭。

在实际工程中，需要根据具体情况，采用不同的措施来减弱水击，使系统正常工作。

思维导图

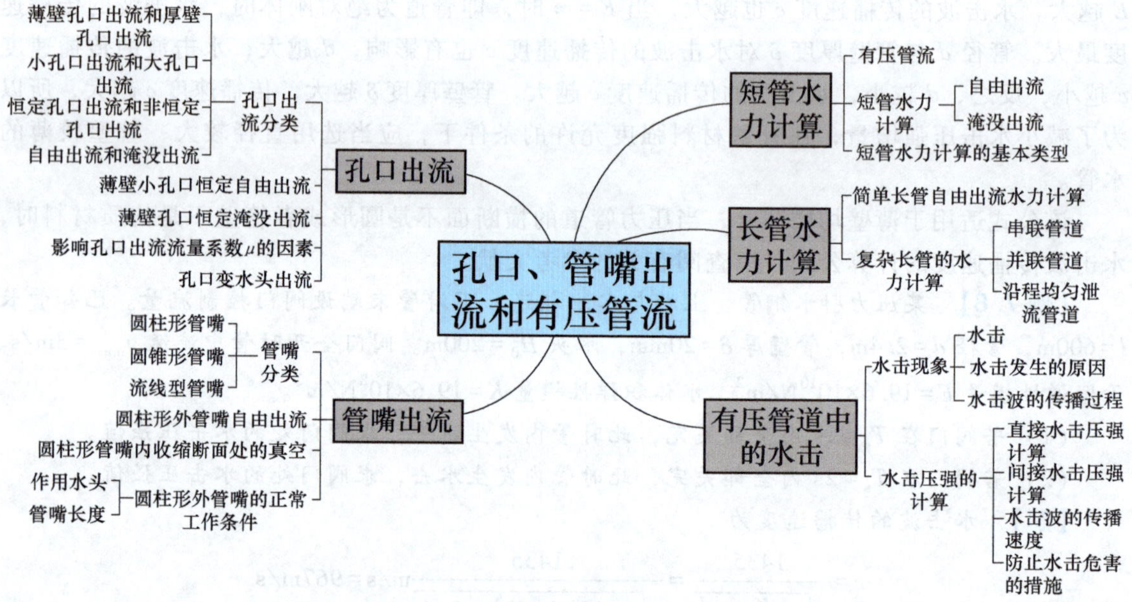

课后习题

一、单项选择题

1. 如图 7-31 所示，孔口淹没出流流量 $Q=\mu A\sqrt{2gH_0}$，其作用水头 H_0=(　　)。

A. $H_1+\dfrac{p_0}{\rho g}$　　B. $H_2+\dfrac{p_0}{\rho g}$

C. $H_1-H_2+\dfrac{p_a-p_0}{\rho g}$　　D. $H_1-H_2+\dfrac{p_0-p_a}{\rho g}$

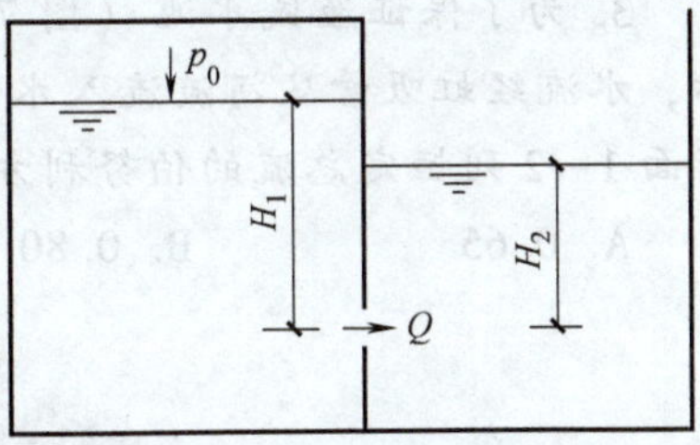

图 7-31　单项选择题第 1 题

2. 一水箱（图 7-32a）被开有锐缘孔口的隔板分开，两部分中注水直径相同，注水高度不同，从各部分底部圆柱形管嘴流出。水箱模型如图 7-32b 所示。已知注入水箱的流量为 Q，孔口、管嘴的直径均为 d，流量系数分别为 $\mu_{孔口}$ 和 $\mu_{管嘴}$，则两管嘴的流量分别为（　　）。

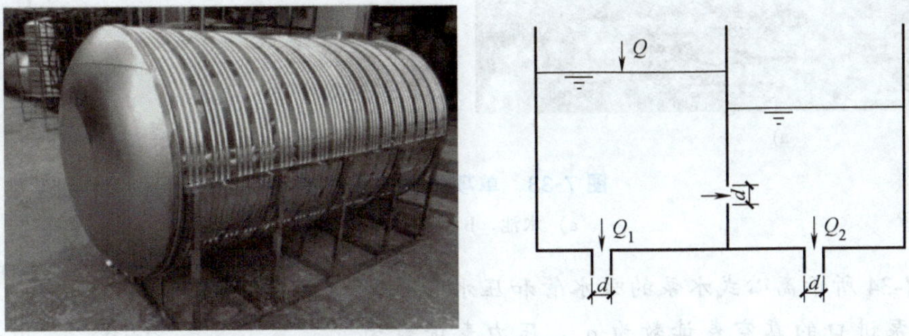

a)　　b)

图 7-32　单项选择题第 2 题

a）水箱　b）水箱模型

A. $Q_1=\dfrac{\sqrt{1+\left(\dfrac{\mu_{管嘴}}{\mu_{孔口}}\right)^2}}{\sqrt{1+\left(\dfrac{\mu_{管嘴}}{\mu_{孔口}}\right)^2}+1}Q$，$Q_2=\dfrac{1}{\sqrt{1+\left(\dfrac{\mu_{管嘴}}{\mu_{孔口}}\right)^2}+1}Q$

B. $Q_1=\dfrac{1}{\sqrt{1+\left(\dfrac{\mu_{管嘴}}{\mu_{孔口}}\right)^2}+1}Q$，$Q_2=\dfrac{\sqrt{1+\left(\dfrac{\mu_{管嘴}}{\mu_{孔口}}\right)^2}}{\sqrt{1+\left(\dfrac{\mu_{管嘴}}{\mu_{孔口}}\right)^2}+1}Q$

C. $Q_1=\dfrac{\sqrt{1+\left(\dfrac{\mu_{孔口}}{\mu_{管嘴}}\right)^2}}{\sqrt{1+\left(\dfrac{\mu_{孔口}}{\mu_{管嘴}}\right)^2}+1}Q$，$Q_2=\dfrac{1}{\sqrt{1+\left(\dfrac{\mu_{孔口}}{\mu_{管嘴}}\right)^2}+1}Q$

D. $Q_1=\dfrac{1}{\sqrt{1+\left(\dfrac{\mu_{孔口}}{\mu_{管嘴}}\right)^2}+1}Q$，$Q_2=\dfrac{\sqrt{1+\left(\dfrac{\mu_{孔口}}{\mu_{管嘴}}\right)^2}}{\sqrt{1+\left(\dfrac{\mu_{孔口}}{\mu_{管嘴}}\right)^2}+1}Q$

3. 为了保证渔民水池（图 7-33a）中水的质量，需从附近河流中取水。如图 7-33b 所示，水流经虹吸管从河流流入水池。已知弯道局部阻力系数进口 $\zeta_e=0.5$，$\zeta_b=0.15$，则从断面 1→2 列恒定总流的伯努利方程时，其局部阻力系数之和 $\sum\zeta=$(　　)。

A. 0.65　　B. 0.80　　C. 1.30　　D. 1.80

a)

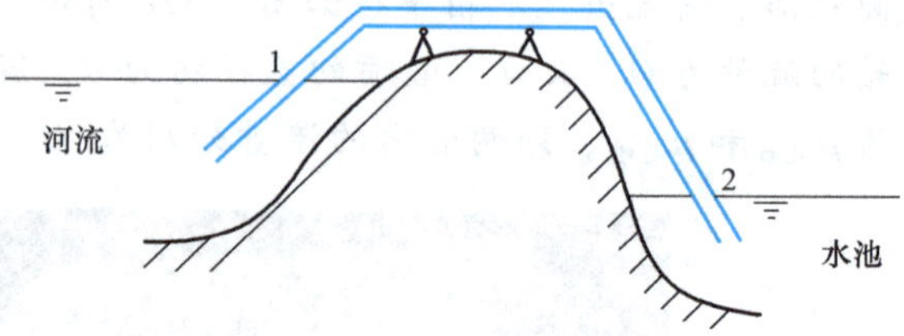

b)

图 7-33　单项选择题第 3 题

a）水池　b）虹吸管取水

4. 图 7-34 所示离心式水泵的吸水管和压水管管径均为 d，水泵进口的真空表读数为 p_v，压力表读数为 p，且两表高程差为 Δz，则该水泵的扬程 $H=$(　　)。

A. $\Delta z+\dfrac{p}{\rho g}-\dfrac{p_v}{\rho g}$　　B. $\Delta z-\dfrac{p}{\rho g}+\dfrac{p_v}{\rho g}$

C. $\Delta z+\dfrac{p}{\rho g}+\dfrac{p_v}{\rho g}$　　D. $\Delta z-\dfrac{p}{\rho g}-\dfrac{p_v}{\rho g}$

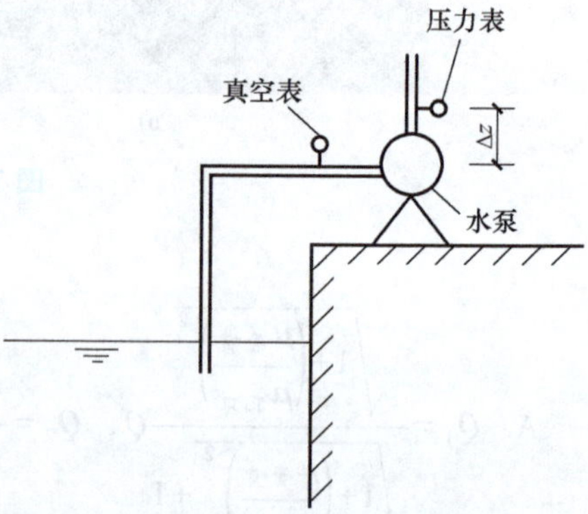

图 7-34　单项选择题第 4 题

5. 在一水箱的同一高度上设置有管嘴和孔口各 1 个，为了使两者出流流量相同，两者的面积之比应为(　　)。

A. 1∶1　　B. 1∶1.27　　C. 1∶1.32　　D. 1∶1.57

6. “西气东输”，为我国带来了巨大的经济效益，对清洁能源发展、能源结构调整有着巨大作用。如输送气体管路（图 7-35）的流动阻力能量损失以 h_w 表示，h_w 为一高度值，此高度值是指(　　)。

A. 常温水的水柱高度值

B. 所输送气体温度下的水柱高度值

C. 常温、常压下所输送气体的气柱高度值

D. 与所输送气体相对应温度、压强下的气柱高度值

7. 由我国自行研制、被国家专利局授予发明专利的目前世界上直径最大的虹吸管（图 7-36），直径 1520mm，全长 96m，高 8m，犹如一条巨龙卧匍在浙江省杭州市近郊区黄石垅水库大坝上，源源不断地自动抽吸引水。虹吸管最高处的压强(　　)大气压。

A. >　　B. <　　C. =　　D. ≥

8. 在养殖场中为了方便动物喝水，设计了如图 7-37 所示的放水装置，一大一小两水箱水

图 7-35　西气东输管道

图 7-36　世界上直径最大的虹吸管

位恒定，水面高差 $H=10\text{m}$，管径 $d=10\text{cm}$，管长 $l=20\text{m}$，沿程阻力系数 $\lambda=0.042$。已知所有的转弯阀门、进出口的局部损失合计为 $h_j=3.2\text{m}$，则通过管道的平均流速为（　　）m/s。

A. 3.98　　B. 4.83

C. 2.73　　D. 15.8

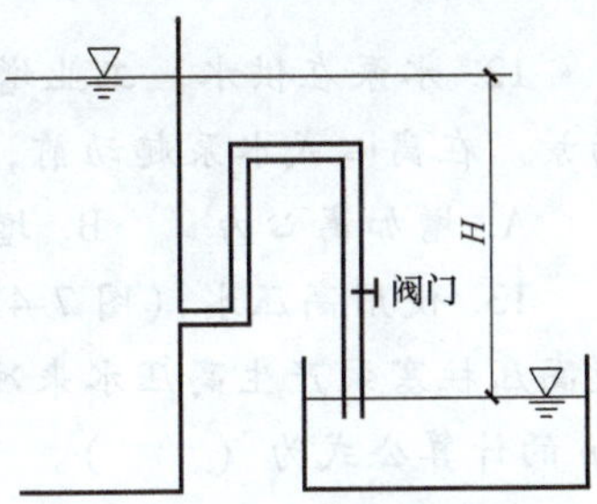

图 7-37　单项选择题第 8 题

9. 图 7-38a 所示为某公司输油管道，图 7-38b 所示为管道输油模型。已知管长 $l=500$，管径 $d=200\text{mm}$，沿程阻力系数 $\lambda=0.32$，局部损失忽略不计。为保证输油量 $Q=22\text{L/s}$，则油塔自由油面与管道出口断面间的高差 H 约需（　　）m。

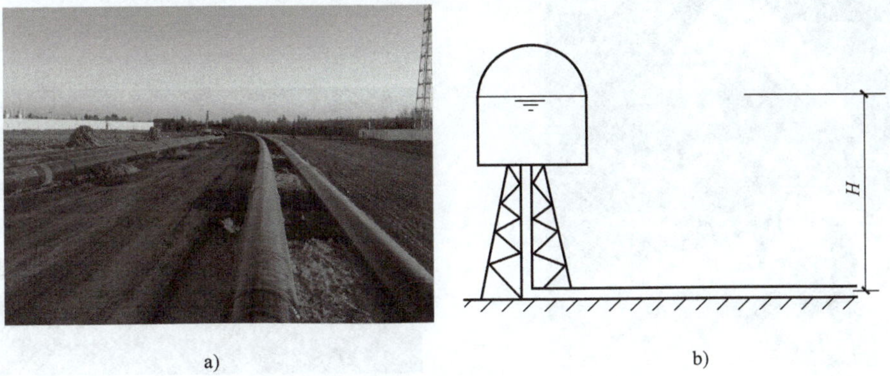

图 7-38　单项选择题第 9 题

a）某公司输油管道　b）管道输油模型

A. 14　　B. 16　　C. 18　　D. 20

10. 家中的采暖系统常常使用并联管路（图 7-39a），对于图 7-39b 所示并联管路，存在（　　）。

A. $h_{fAB}=h_{f1}+h_{f2}$　　B. $h_{fAB}=h_{f1}=h_{f2}$　　C. $h_{f1}Q_1=h_{f2}Q_2$　　D. $h_{fAB}Q=h_{f2}Q_1=h_{f2}Q_2$

11. 压力表测得城市给水干管（长管，比阻 $S=1.07\text{s}^2/\text{m}^6$）某处的水压 $p=9.8\text{N/cm}^2$，从此处引出 1 根水平输出管，如要保证通过的流量 $q_V=100\text{L/s}$，该水压能将水流输送至（　　）。

A. 9.8m　　B. 93.5m　　C. 915.9m　　D. 934.6m

a)

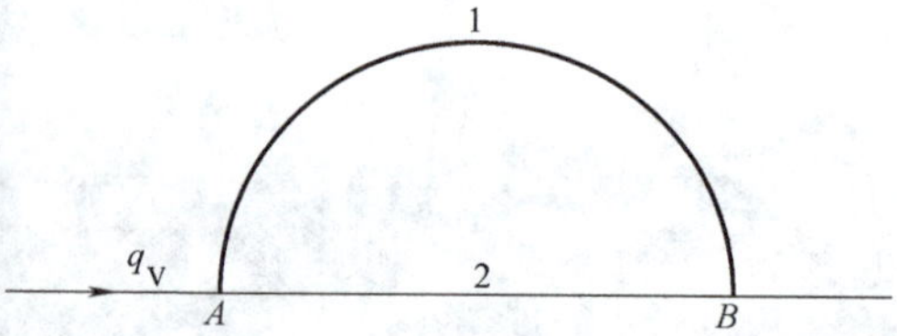

b)

图 7-39 单项选择题第 10 题

a）室内采暖管道 b）并联管道示意

12. 水泵在供水、工业增压、灌溉等领域应用广泛，图 7-40 所示为用水泵进行灌溉时的场景。在离心式水泵起动前，一般需向泵体和吸水管内充水，其目的是为了（　　）。

A. 增加离心力　B. 增加重力　C. 提高叶轮转速　D. 降低输入功率

13. 使用高压水（图 7-41）清理污垢，是一种经济、环保的清洁方式，它通过动力装置使高压柱塞泵产生高压水来冲洗物体表面。在使用时，将阀门瞬时完全关闭，最大水击压强 Δp 的计算公式为（　　）。

A. $\dfrac{cv_0}{g}$　B. $\dfrac{2v_0 l}{gT_z}$　C. $\rho c v_0 \dfrac{T}{T_z}$　D. $\rho c v_0$

图 7-40 用水泵灌溉

图 7-41 高压水清理污垢

14. 生活中使用的水、油、气等要用管道来运输，其中绝大部分都是有压管路。下列关于防止有压管路发生水击的措施中，不正确的是（　　）。

A. 在管路上装安全阀　B. 在管路上设调压塔

C. 缩短关闭阀门时间　D. 严禁水泵机组突然停机

15. 图 7-42a 所示为世界第一高拱坝（305m）——锦屏一级水电站大坝，被国内外专家公认为是“地质条件最复杂、施工环境最恶劣、技术难度最大、建设管理难度最大”的巨型水电工程。图 7-42b 所示为坝身下部的三根泄水管 a、b、c，其管径、管长、上下游水位差均相同，则流量最小的是（　　）。

图 7-42　单项选择题第 15 题

a）锦屏一级水电站大坝　b）坝身泄水管示意图

A. a 管　　B. b 管　　C. c 管　　D. 无法确定

二、多项选择题

1. 如图 7-43a 所示，室内供暖常使用并联同程暖气片，并联管路的水力关系为（　　）。

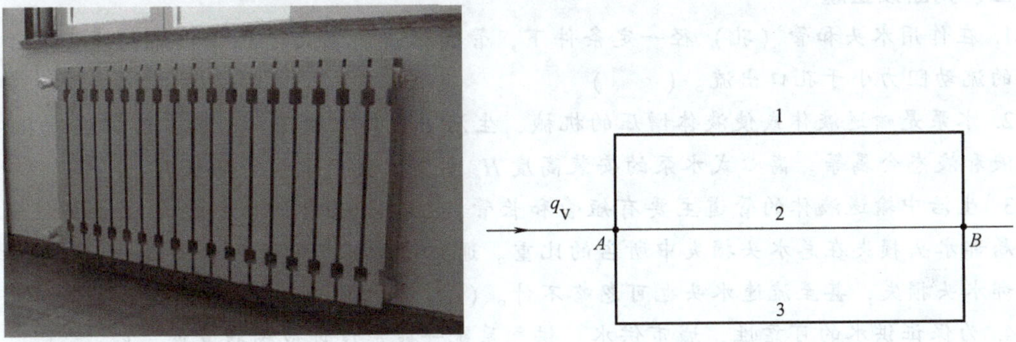

图 7-43　多项选择题第 1 题

a）并联同程暖气片　b）并联管道示意

A. $h_{fAB}=h_{f1}+h_{f2}+h_{f3}$　　B. $h_{fAB}=h_{f1}=h_{f2}=h_{f3}$　　C. $\frac{h_{f1}}{l_1}=\frac{h_{f2}}{l_2}=\frac{h_{f3}}{l_3}$

D. $Q=Q_1+Q_2+Q_3$　　E. $Q_1=Q_2=Q_3$

2. 图 7-44 所示两水池联合供水，若不计流速水头和局部水头损失，则有（　　）。

A. $h=h_{f1}+h_{f2}$　　B. $h=h_{f1}-h_{f2}$

C. $H=h_{f2}+h_{f3}$　　D. $H+h=h_{f1}+h_{f3}$

E. $Q_3=Q_1+Q_2$

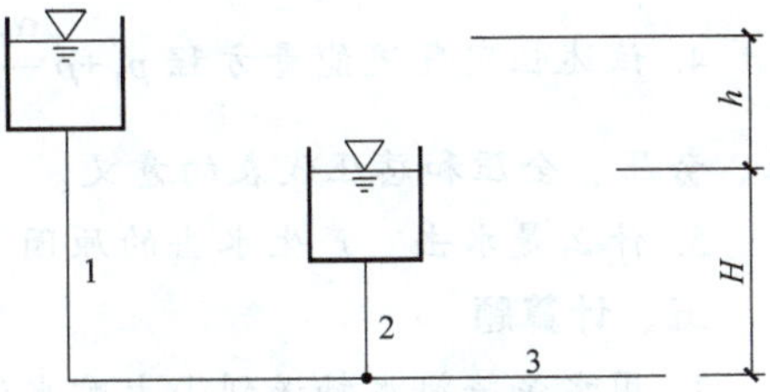

图 7-44　多项选择题第 2 题

3. 长距离输送原油或成品油的管道，输送距离可达数百到数千千米，单管年输油量达数百万到数千万吨，个别甚至达 1 亿 t，管径多在 200mm 以上。

下列关于长管水力计算的说法中，正确的有（　　）。

A. 串联管路的总水头损失等于各支路的水头损失之和

B. 串联管路的总流量等于各支路的流量之和

C. 并联管路两节点间的总水头损失等于各支路的水头损失

D. 并联管路各支路的水头损失相等

E. 并联管路两节点间的总流量等于各支路的流量之和

4. 已知为城市内供水的一长直铸铁输水管道（$n=0.014$）的水力半径 $R=250\text{mm}$，且流动 1km 长度的水头损失为 2m，则该管路的（　　）。

A. 水力坡度 $J=0.2\%$　　B. 测压管坡度 $J_p=0.2\%$　　C. 断面平均流速 $v=1.27\text{m/s}$

D. 通过流量 $Q=1.0\text{m}^3/\text{s}$　　E. 沿程阻力系数 $\lambda=0.024$

5. 当我们急速关闭水龙头时，水龙头会产生振动，同时水管内发出“咚咚”的响声，这种现象就是水击现象，水击容易对管道产生损害。减轻有压管路中水击危害的措施一般有（　　）。

A. 限制管内液流速度　　B. 控制阀门关闭或开启时间　　C. 在管路上设置调压塔

D. 在管路上设置安全阀　　E. 采用弹性模量较小的管材

三、判断改正题

1. 在作用水头和管（孔）径一定条件下，管嘴出流流量大于孔口出流的原因在于管嘴出流的流动阻力小于孔口出流。（　　）

2. 水泵是输送液体或使液体增压的机械，生活中常用来输送水、油、酸碱液、乳化液、悬乳液和液态金属等。离心式水泵的安装高度 H_s 主要取决于水泵的扬程 H。（　　）

3. 生活中输送液体的管道主要有短管和长管，短管与长管的区别主要在于沿程水头损失和局部水头损失在总水头损失中所占的比重。通常短管可忽略沿程水头损失，长管则可忽略局部水头损失，甚至流速水头也可忽略不计。（　　）

4. 为保证供水的可靠性，城市供水、供气系统一般应设计成树状管网。（　　）

5. 对于环状管网中任意闭合的环路，其水头损失和流量均等于零。（　　）

四、简答题

1. 孔口出流有什么特点？当水头一定时，孔口的位置、大小及形状对流量系数有什么影响？

2. 为什么孔口淹没出流时，其流速或流量的计算既与孔口位置无关，也无“大”孔口、“小”孔口之分？

3. 管嘴出流有什么特点？管嘴正常工作的条件是什么？

4. 试述恒定气流能量方程 $p_1+\rho\dfrac{\alpha_1 v_1^2}{2}+(\rho_a-\rho)g(z_1-z_2)=p_2+\rho\dfrac{\alpha_2 v_2^2}{2}+p_w$ 中静压、动压、位压、势压、全压和总压代表的意义。

5. 什么是水击？产生水击的原因是什么？防止水击危害的措施有哪些？

五、计算题

1. 用水泵将河水抽送到山上贮水池中以供隧道施工用水。已知几何给水高度 $H_g=70\text{m}$，设计抽水量 $Q=18.5\text{m}^3/\text{h}$，吸水管长 $l_1=10\text{m}$，压水管长 $l_2=110\text{m}$，均为管径 $d=75\text{mm}$ 的钢

管，其沿程阻力系数 $\lambda=0.025$，若忽略局部水头损失，试求水泵的扬程 H 及电动机功率 N_x（水泵效率 $\eta=55\%$）。

2. 某串联管路由 n 根长度和直径分别为 l_1、d_1，l_2、d_2，…，l_n、d_n 的同材（沿程阻力系数相等）管道组成。欲将其按水力等效简化原则等效成一根直径为 d、长度为 $l=\sum_{i=1}^{n} l_i$ 的同材管道，试求相应的等效管径 d。

3. 图 7-45 所示为某供水管网改造工程的施工现场。该供水管网局部并联管路由 n 根长度均为 l，直径和流量分别为 d_1、Q_1，d_2、Q_2，…，d_n、Q_n 的同材（粗糙系数相等）管道组成。欲将其按水力等效简化原则等效成一根直径为 d、流量为 $Q=\sum_{i=1}^{n} Q_i$ 的同材管道，试求相应的等效管径 d。

图 7-45 某供水管网改造工程施工现场

4. 一建筑工地用水泵将河边井中水抽送至工地贮水池中，已知所用输水钢管（$E=2.06\times10^5$MPa）的直径 $d=100$mm，管壁厚度 $\delta=7$mm，水流速度 $v=1.5$m/s。

（1）试求阀门突然关闭时，水击波的传播速度和水击压强值 $p_{h钢管}$。

（2）若将钢管改为铸铁管（$E=8.73\times10^4$MPa），其他条件不变，试求相应的水击压强值 $p_{h铸铁管}$。

5. 如图 7-46 所示，水箱侧壁开一圆形薄壁孔口，直径 $d=5$cm，水面恒定，孔口中心到水面的高度 $H=4.0$m。已知孔口的流速系数 $\varphi=0.98$，$\varepsilon=0.62$，求孔口出流收缩断面的流速、流量和水头损失。

6. 小河上有一柱形平底空船，如图 7-47 所示，其水平底面积 $A=8\text{m}^2$，船舷高 $h=0.5$m，船体自重 $G=9.8$kN。现船底有一直径 $D=100$m 的圆孔，水经圆孔漏入船中。试问经过多长时间后船将沉没？

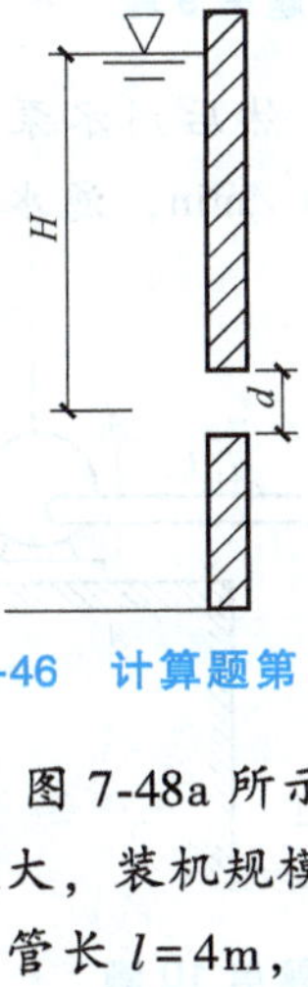

图 7-46 计算题第 5 题

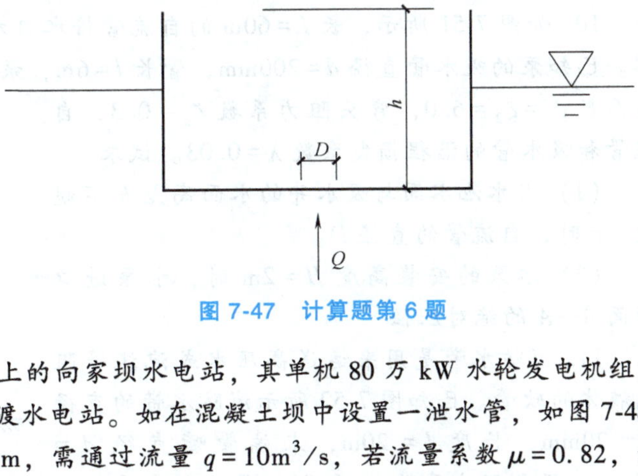

图 7-47 计算题第 6 题

7. 图 7-48a 所示为金沙江下游河段上的向家坝水电站，其单机 80 万 kW 水轮发电机组为世界最大，装机规模仅次于三峡、溪洛渡水电站。如在混凝土坝中设置一泄水管，如图 7-48b 所示，管长 $l=4$m，管轴处的水头 $H=6$m，需通过流量 $q=10\text{m}^3/\text{s}$，若流量系数 $\mu=0.82$，试

确定所需管径 d，并求管道水流收缩断面处的真空度。

a)

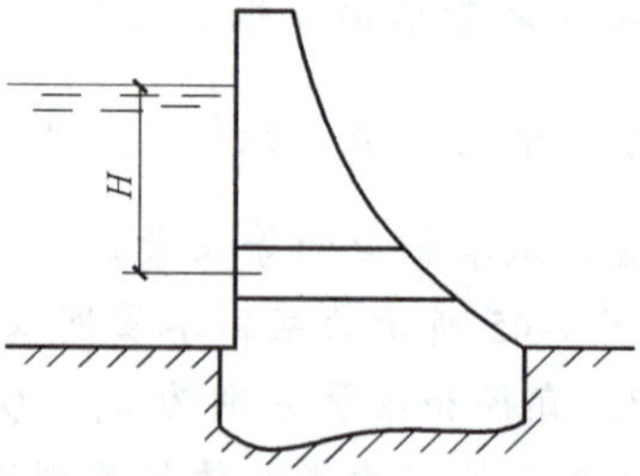

b)

图 7-48 计算题第 7 题

a）向家坝水电站 b）土坝泄水管示意

8. 图 7-49 所示为输水管路中的水力测试实验装置，已知 $d=25\text{mm}$，$l=750\text{mm}$，$v=3.0\text{m/s}$，$\lambda=0.020$，$\zeta=0.50$，试计算压差计水银柱高差 h_p。

9. 抽水量各为 $50\text{m}^3/\text{h}$ 的 2 台水泵同时由吸水井抽水，该吸水井与河道间有 1 根自流管连通，如图 7-50 所示。已知自流管管径 $d=200\text{mm}$，长 $l=60\text{m}$，管道沿程损失系数 $\lambda=0.0258$，在管道入口装有过滤网，其阻力系数 $\zeta_1=5$，另一端装有闸阀，其阻力系数 $\zeta_v=0.5$，试求河水与吸水井中的水位差 ΔH。

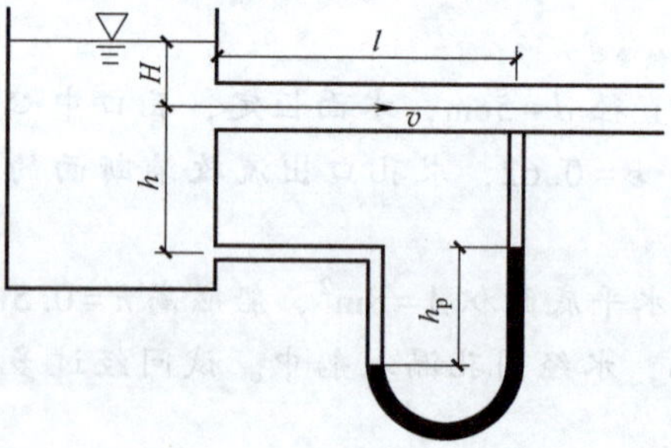

图 7-49 水力测试实验装置

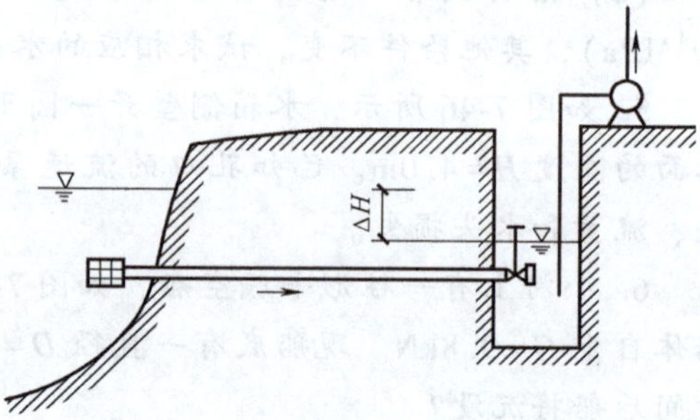

图 7-50 计算题第 9 题

10. 如图 7-51 所示，长 $L=60\text{m}$ 的自流管将水自水池引至吸水井中，然后用水泵送至水塔。已知泵的吸水管直径 $d=200\text{mm}$，管长 $l=6\text{m}$，泵的抽水量 $Q=3.84\text{m}^3/\text{min}$，滤水网的阻力系数 $\zeta_1=\zeta_2=6.0$，弯头阻力系数 $\zeta_3=0.3$，自流管和吸水管的沿程损失系数 $\lambda=0.03$。试求

（1）当水池水面与吸水井的水面高差 h 不超过 2m 时，自流管的直径 D。

（2）水泵的安装高度 $H=2\text{m}$ 时，水泵进口断面 $A—A$ 的绝对压强。

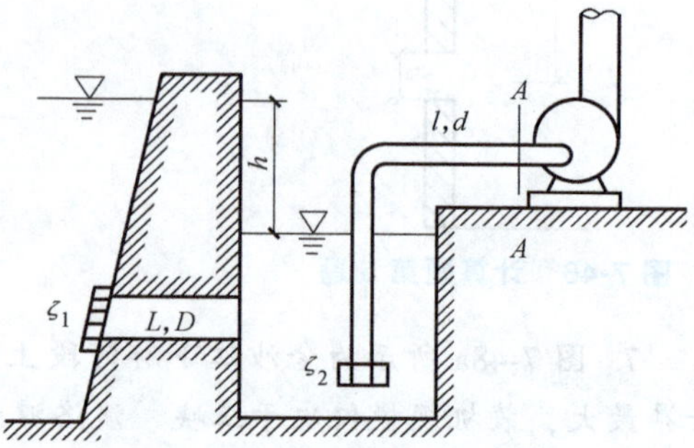

图 7-51 计算题第 10 题

11. 消防水带是用来运送高压水或泡沫等阻燃液体的软管。已知图 7-52 所示消防水带的直径 $D=20\text{mm}$，长度 $l=20\text{m}$，末端管嘴直径 $d=10\text{mm}$，沿程阻力系数 $\lambda=0.03$，局部阻力系数进

口 $\zeta_1=0.5$，阀门 $\zeta_2=3.5$，弯道 $\zeta_3=0.1$（相对于喷嘴出口速度），水箱表压强 $p_0=400\text{kPa}$，水箱液面及喷嘴出口距地面分别为 $H=3\text{m}$ 和 $h=1\text{m}$，试求喷嘴出口速度 v_2。

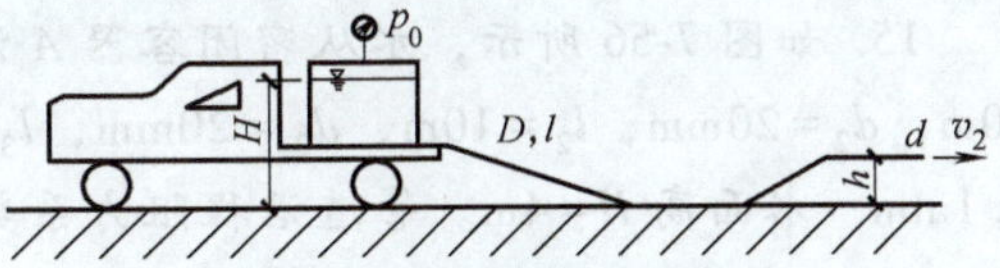

图 7-52　计算题第 11 题

12. 在旅客列车中，旅客用餐、饮水、盥洗都离不开水，当旅客列车停靠在某些具有供水设备的车站时，就有车站给水员为列车每节车厢上水。图 7-53 所示为火车站机车供水装置。已知供水管路的管径 $d=150\text{mm}$，长度 $l=80\text{m}$，管路中设有 2 个阀门和 4 个弯头（$\lambda=0.03$，阀门全开 $\zeta_1=0.12$，弯头 $\zeta_2=0.48$），机车水箱有效容积 $V=25\text{m}^2$，供水塔水头 $H=18\text{m}$，试求充满机车水箱所需的最短时间 t。

13. 图 7-54 所示为道路工程设计中穿越路基的有压圆形涵洞，已知涵长 $l=50\text{m}$，上下游水位差 $H=1.9\text{m}$，各项阻力系数：沿程 $\lambda=0.03$，进口 $\zeta_e=0.50$，转弯 $\zeta_b=0.65$，若要求涵洞通过流量 $Q=1.5\text{m}^3/\text{s}$，试确定涵洞管径 d。

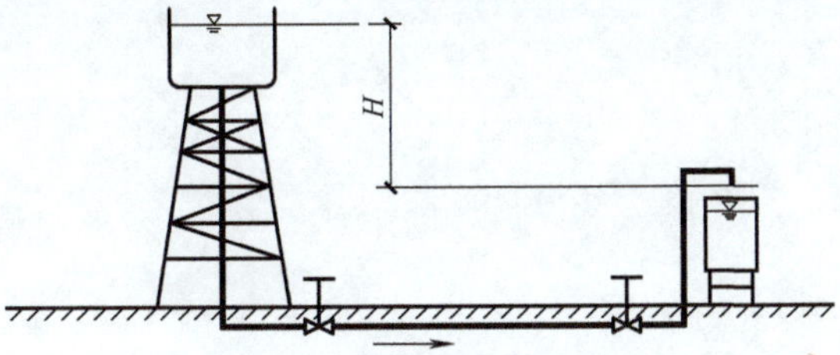

图 7-53　计算题第 12 题

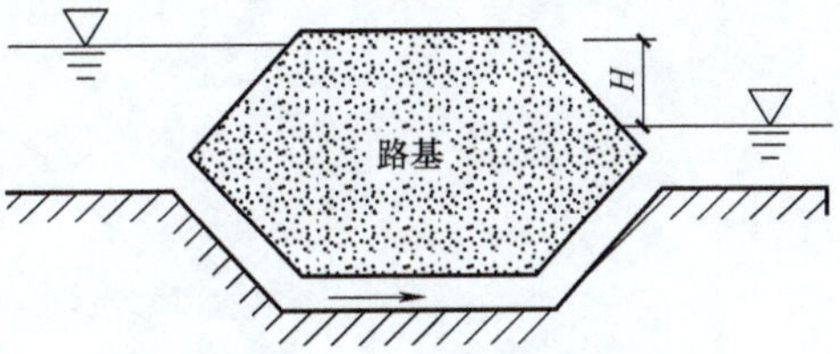

图 7-54　计算题第 13 题

14. 在边远地区农村扶贫工作中，经常采用建水坝、水塔（图 7-55a）、滤池等设施来推动当地农村饮水工作的开展。水塔供水系统如图 7-55b 所示。已知 C 点供水流量为 $Q_C=0.022\text{m}^3/\text{s}$，$B$ 点出流量为 $Q_B=0.015\text{m}^3/\text{s}$，$C$、$B$ 两点地形标高相同，要求自由水头均为 $H_Z=5\text{m}$。各管段直径、管长和比阻分别为：$D_1=200\text{mm}$，$D_2=D_3=D_4=150\text{mm}$；$L_1=L_4=500\text{m}$，$L_2=300\text{m}$，$L_3=600\text{m}$；$S_1=9.029\text{s}^2/\text{m}$，$S_2=S_3=S_4=41.85\text{s}^2/\text{m}^6$。试求解 Q_2、Q_3 和水塔高度 H。

a)

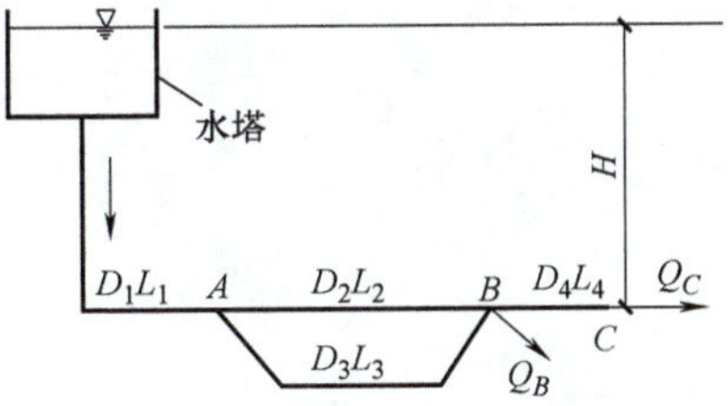

b)

图 7-55　计算题第 14 题

a）集中供水塔　b）水塔供水示意

15. 如图 7-56 所示，水从密闭容器 A 沿直径 1、2、3 管段流入容器 B。$d_1=25\text{mm}$，$l_1=10\text{m}$，$d_2=20\text{mm}$，$l_2=10\text{m}$，$d_3=20\text{mm}$，$l_3=15\text{m}$，两容器水面的相对压强 $p_{01}=1\text{atm}$，$p_{02}=0.1\text{atm}$，水面高 $H=4\text{m}$。管道沿程阻力系数 $\lambda=0.025$，局部阻力系数：阀门 $\zeta_2=4.0$，弯头 $\zeta_1=0.3$，管道进口 $\zeta_0=0.5$，管道出口 $\zeta_3=1$。试求各管道输送的流量。

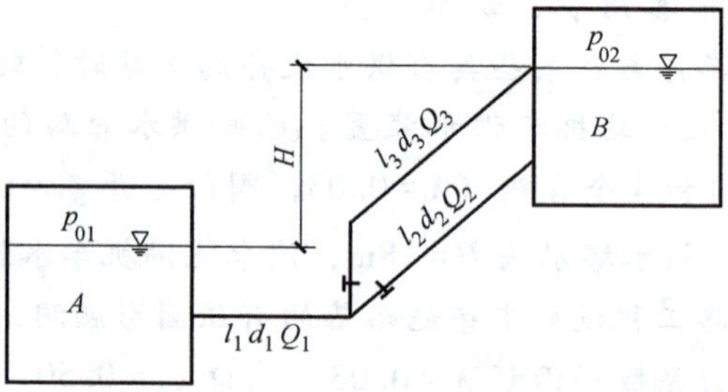

图 7-56　计算题第 15 题

第8章

明 渠 流

郑国渠，建于秦王政元年（公元前246年），其时韩国因惧秦，遂派水工郑国入秦，献策修渠，借此耗秦人力资财，削弱秦国军队。此举适得其反，促使秦国更加强大。《史记·河渠书》记载："渠成，注填淤之水，溉泽卤之地四万余顷（折今110万亩），收皆亩一钟（折今100公斤），于是关中为沃野，无凶年，秦以富强，卒并诸侯，因命曰郑国渠。"

图8-1　郑国渠工程

郑国渠是古代劳动人民修建的一项伟大工程，属于最早在关中建设的大型水利工程。郑国渠是以泾水为水源，灌溉渭水北面农田的水利工程。郑国渠的工作原理是将西面的泾河之水引出，然后注入东面的洛河。它东起距泾水东岸1800m名叫尖嘴的高坡，西迄泾水西岸约100m王里湾村南边的山头，全长约2300m。其中河床上的350m，早被洪水冲毁，已经无迹可寻，而其他残存部分（图8-1），历历可见。经测定，这些残部，底宽尚有约100m，顶宽1~20m不等，残高6m。可以想象，当年这一工程是非常宏伟的。

天然河道、人工渠道及未充满水流的管道通常会发生明渠流，这些过水道统称为明渠。建筑工程、道路桥梁和港口航道等工程中也常用明渠，例如：建筑工程开挖地基时设置的排水沟；为了保护路基和桥梁不受到水流的冲毁，在一些山区河流陡坡急流的地方修建的急流槽、跌水等消能设施；无压输水隧洞和航道等。明渠流理论为输水、排水和灌溉渠道的设计和运行控制提供了科学的依据。

8.1　明渠的分类

8-1　明渠流动特点

与有压管流相比，明渠流具有以下特点：①沿程各断面的表面压强都是大气压，相对压强为零，具有自由液面，流动主要由重力作用引起；②局部边界的变化对过流断面处水流和水深有着直接的影响，坡度增大则流速增大；③明渠局部边界变化，如设置控制设备、渠道形状和尺寸变化、底坡改变等，将引起水深在很长的流程上发生改变。

根据过流断面形式、尺寸和底坡的变化对明渠水流的影响，可以对明渠进行分类。

（1）按断面形状和尺寸是否沿程变化分类　分为棱柱形渠道与非棱柱形渠道。

8-2　明渠的分类

凡是断面形状（如梯形、矩形等）及尺寸沿程不变的长直渠道，均称为棱柱形渠道，否则称为非棱柱形渠道。断面规则的长直人工渠道及涵洞是典型的棱柱形渠道。而连接两条断面形状和尺寸不同的渠道的过渡段，则是典型的非棱柱形渠道。前者的过流断面面积 A 仅随水深 h 而发生变化，后者的过流断面面积不仅随水深变化，而且还随各断面的沿程位置而变化。

渠道的断面形状有梯形、矩形、半圆形、抛物线形、圆形等多种，如图 8-2 所示。在实际混凝土渠道建设中，因建设地地质结构区别、当地水流条件、工程量、渠道占地等使渠道断面形状多样化。

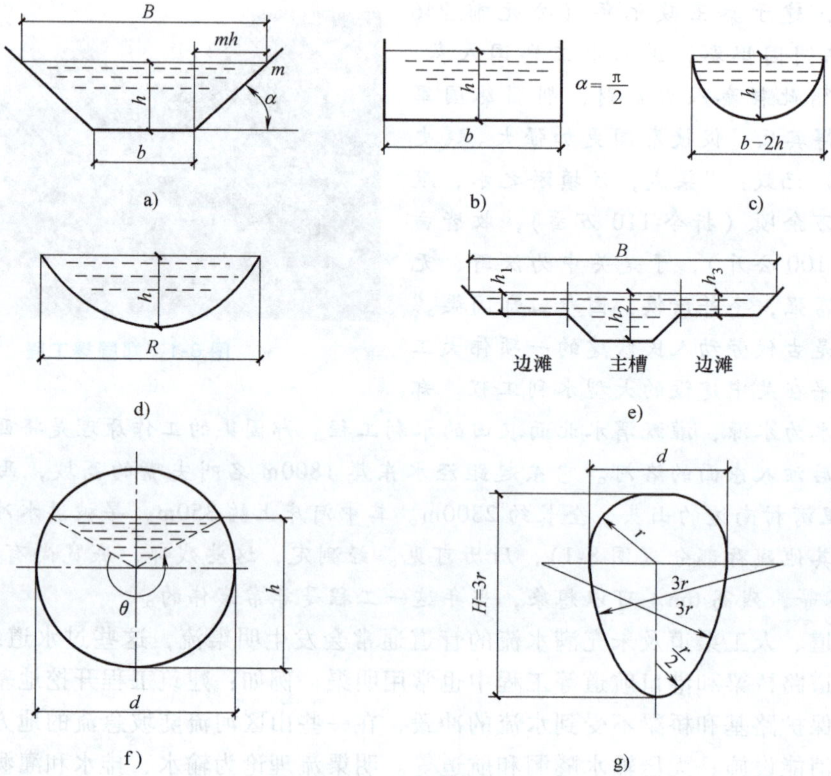

图 8-2　渠道的断面形状

a）梯形断面　b）矩形断面　c）半圆形断面　d）抛物线形断面

e）复合梯形断面　f）圆形断面　g）复合曲线形断面

（2）按渠道底坡的不同分类　分为顺坡渠道、平坡渠道和逆坡渠道（图 8-3）。明渠底一般是个倾斜平面，它与渠道纵剖面的交线称为渠底线，如图 8-4 所示。该渠底线与水平线交角 θ 的正弦值称为渠底坡度，即

$$i=\sin\theta=\frac{z_1-z_2}{l}=\frac{\Delta z}{l} \tag{8-1}$$

在一般情况下，θ 角很小（$i\leqslant 0.01$），渠底线长度 l 在实用上可认为与其水平投影长度相等，即

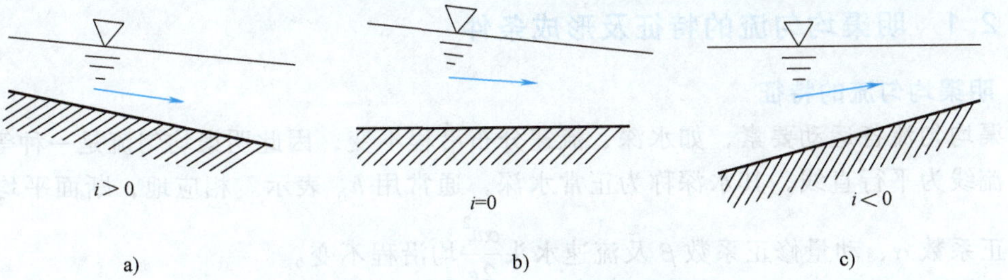

图 8-3 顺坡、平坡和逆坡渠道

a）顺坡渠道 b）平坡渠道 c）逆坡渠道

$$i=\frac{\Delta z}{l_1}=\tan\theta \qquad (8\text{-}2)$$

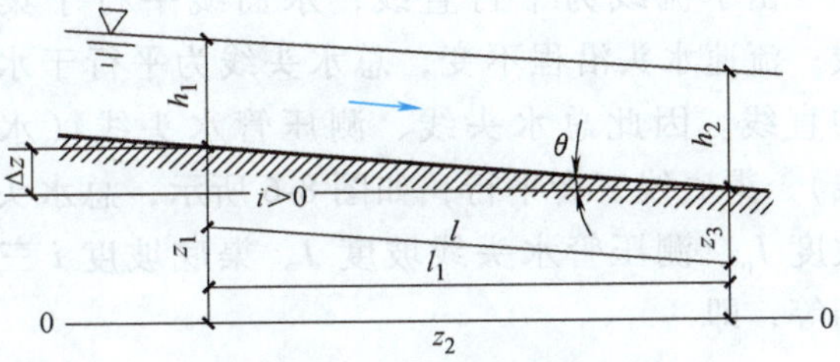

图 8-4 渠底线和渠底坡度

同样，因渠底坡度很小，可用竖直断面代替实际的过流断面，用竖直水深 h 代替过流断面水深，从而给工程计算和测量提供了方便。

（3）按水力要素是否随时间变化分类 分为明渠恒定流与明渠非恒定流。明渠恒定流是各水力要素（如某点流速的大小及方向、水深等）不随时间变化的流动，其水力要素仅为空间坐标的函数；反之，则为明渠非恒定流。明渠流根据水力要素是否沿流程变化可分为明渠均匀流和明渠非均匀流。明渠均匀流的水力要素沿程不发生变化，水流沿程作等深等速流动，流线为相互平行的直线；明渠非均匀流水力要素沿程变化，表现为流速和水深沿程发生变化，流线相互不平行。明渠非均匀流根据水力要素沿流程变化的缓急程度又进一步分为明渠非均匀渐变流和明渠非均匀急变流。水力要素沿程变化缓慢的称为明渠非均匀渐变流，流线弯曲程度不大，流线之间近似平行；反之，称为明渠非均匀急变流，流线弯曲明显，流线之间不平行。

8.2 明渠均匀流

明渠均匀流是明渠流中最简单的流动形式，明渠均匀流理论既是明渠水力设计的基本依据，也是分析明渠非均匀流问题的基础。沟通湘江水道和漓江水道使湘桂成为连贯的人工运河灵渠北渠正是均匀流渠道，如图 8-5 所示。灵渠最为经典的设计是渠首大、小天平与铧嘴，它们共同作用，三七分配南渠和北渠的进水量。铧嘴是一座长 70m 的导水堤，是与大、小天平衔接的具有分水作用的砌石坝，把河水劈分为二，其中七分水顺大天平回流到湘江，三分水经小天平和南渠注入漓江，即所谓“湘七漓三”。

图 8-5 灵渠

8.2.1 明渠均匀流的特征及形成条件

1. 明渠均匀流的特征

明渠均匀流各运动要素，如水深、流速分布沿程不变，因此明渠均匀流是一种等深等速流动，流线为平行直线，其水深称为正常水深，通常用 h_N 表示。相应地，断面平均流速 v、动能修正系数 α、动量修正系数 β 及流速水头 $\frac{\alpha v^2}{2g}$ 均沿程不变。

由于流线为平行直线，所以过流断面上的压强满足静水压强分布规律，水面线就是测压管水头线。

由于流线为平行直线，水面线平行于渠底线；流速水头沿程不变，总水头线为平行于水面的直线。因此总水头线、测压管水头线（水面线）、渠底线三者平行，如图 8-6 所示，总水头线坡度 J_p、测压管水头线坡度 J、渠底坡度 i 三者相等，即

$$J=J_p=i \tag{8-3}$$

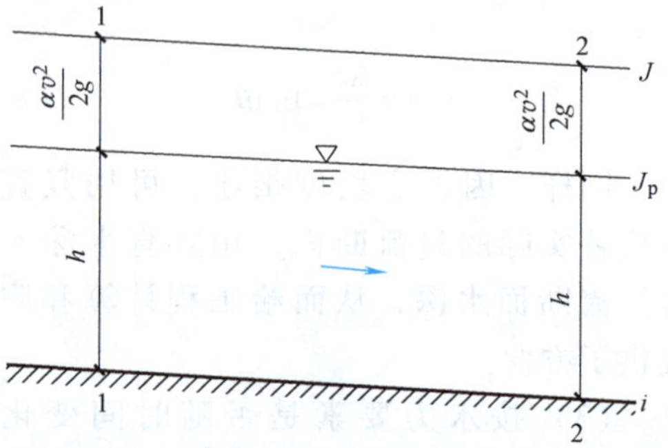

图 8-6 明渠均匀流

这是明渠均匀流的一个重要性质。

从能量观点来看，明渠均匀流的动能沿程不变，势能则沿程减少，表现为水面沿程不断下降，其降落值恰好等于水头损失。

2. 明渠均匀流的形成条件

在明渠均匀流中取过流断面 1—1、过流断面 2—2 间的水体为隔离体，如图 8-7 所示，下面根据受力情况分析明渠均匀流的形成条件。

作用在水体上的力有重力 G、阻力 F、两断面上的动水压力 F_1 和 F_2，则流动方向的平衡方程为

$$F_1+G\sin\theta-F-F_2=0 \tag{8-4}$$

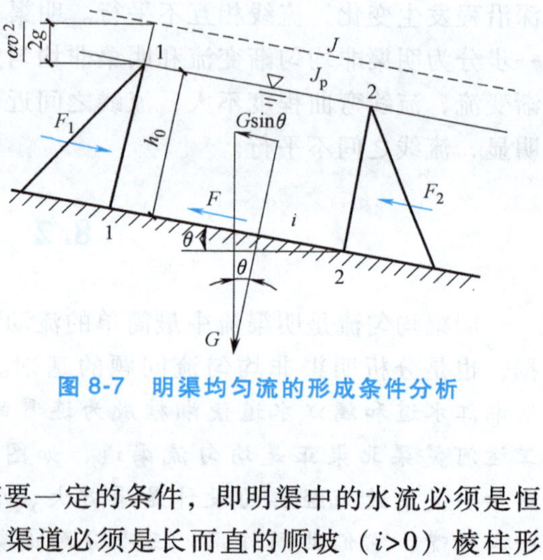

图 8-7 明渠均匀流的形成条件分析

因流动为均匀流，其压强符合静水压强分布规律，水深又不变，故 F_1 和 F_2 大小相等、方向相反，因而得

$$G\sin\theta=F$$

也就是明渠均匀流中阻碍水流运动的摩擦阻力 F 与促使水流运动的重力分量 $G\sin\theta$ 相平衡。

由于明渠均匀流具有上述特征，它的形成就需要一定的条件，即明渠中的水流必须是恒定的，流量保持不变，沿程没有水流流出或汇入。渠道必须是长而直的顺坡（$i>0$）棱柱形渠道，渠底坡度 i 和渠壁粗糙系数要沿程不变，没有建筑物的局部干扰。上述条件只有在人工渠道中才有可能满足，天然河道中的水流一般为非均匀流。

8.2.2 明渠均匀流的基本公式

明渠均匀流断面平均流速为

$$v=C\sqrt{RJ} \tag{8-5}$$

因明渠均匀流的水力坡度与渠底坡度相等，所以式（8-5）可写为

$$v=C\sqrt{Ri} \tag{8-6}$$

根据连续性方程，可得明渠均匀流的流量为

$$Q=AC\sqrt{Ri}=K\sqrt{i} \tag{8-7}$$

式中，K 为流量模数，具有流量的量纲，它表示在一定断面形状和尺寸的棱柱形渠道中，当渠底坡度 i 等于 1 时通过的流量，$K=AC\sqrt{R}$。

均匀流流量公式中的谢才系数 C 为

$$C=\frac{1}{n}R^{1/6} \tag{8-8}$$

或

$$C=\frac{1}{n}R^{y} \tag{8-9}$$

式中

$$y=2.5\sqrt{n}-0.13-0.75\sqrt{R}(\sqrt{n}-0.10) \tag{8-10}$$

谢才在总结了一系列渠道水流实测的基础上，提出了明渠均匀流流速与流量的经验公式——谢才公式，后来又有了确定谢才系数的曼宁公式（R. Manning）、巴普洛斯基公式。

谢才系数 C 是反映断面形状尺寸和粗糙程度的一个综合系数，从式（8-8）可以看出，它与水力半径 R 和渠壁粗糙系数 n 有关，而 n 的影响远比 R 大得多。因此，正确地选择渠壁的粗糙系数 n 对于渠道水力计算结果和工程造价的影响颇大。对于一些重要河渠工程的 n，有时要通过实验或实测来确定，对于一般的工程计算，可按表 8-1 取值。

表 8-1 各种材料明渠的壁面粗糙系数 n 值

明渠壁面类型		表面粗糙情况		
		较好	中等	较差
土渠	清洁、形状正常的渠道	0.020	0.0225	0.025
	不通畅并有杂草	0.027	0.030	0.035
	渠线略有弯曲，有杂草的渠道	0.025	0.030	0.033
	挖泥机挖成的土渠	0.0275	0.030	0.033
	砂砾渠道	0.025	0.027	0.030
	细砾石渠道	0.027	0.030	0.033
	土底、石砌坡岸渠	0.030	0.033	0.035
	不光滑的石底、有杂草的土坡渠	0.030	0.035	0.040
石渠	清洁的、形状正常的凿石渠	0.030	0.033	0.035
	粗糙的、断面不规则的凿石渠	0.010	0.045	—
	光滑而均匀的石渠	0.025	0.035	0.040
	精细开凿的石渠	0.020	0.0225	0.025

（续）

明渠壁面类型		表面粗糙情况		
		较好	中等	较差
各种材料护面的渠道	三合土（石灰、砂、煤灰）护面渠道	0.014	0.016	—
	浆砌砖护面渠道	0.012	0.015	0.017
	条石砌面渠道	0.013	0.015	0.017
	浆砌块石护面渠道	0.017	0.0225	0.030
	干砌块石护面渠道	0.023	0.032	0.035
混凝土渠道	抹灰的混凝土或钢筋混凝土护面渠道	0.011	0.012	0.013
	无抹灰的混凝土或钢筋混凝土护面渠道	0.013	0.014~0.015	0.017
	喷浆护面渠道	0.016	0.018	0.021

式（8-6）、式（8-7）为明渠均匀流的基本公式，反映了 Q、A、R、i、n 等几个物理量间的相互关系。明渠均匀流的水力计算，就是应用这些公式由某些已知量推求一些未知量的过程。

流量模数综合反映渠道断面形状、尺寸和渠壁粗糙程度对明渠输水能力的影响，当渠壁粗糙系数 n 一定时，K 仅与明渠的断面形状、尺寸及水深有关。明渠表面材料越光滑，渠壁粗糙系数 n 越小，相应的水流阻力也越小，在其他条件不变的情况下，通过的流量就越大。在应用曼宁公式时，最困难之处在于确定渠壁粗糙系数 n 的数值，因为至今没有一个选择精确 n 值的方法，而实用计算中，确定渠壁粗糙系数 n 就意味着对渠道中的水流阻力做出估计，这一工作主要依靠经验。如果在设计中选定的 n 值较实际值偏大，则势必增大渠道断面尺寸，增加工程量，造成浪费，同时，渠道中的实际流速将大于设计流速，可能造成对土质渠道的冲刷。反之，如果在设计中选定的 n 值较实际偏小，则设计的渠道断面尺寸必然偏小，影响渠道的过流能力，可能造成水流漫溢，另一方面，渠道中的实际流速将小于设计流速，从而可能引起渠道淤积。

8.2.3 明渠的水力最佳断面和冲淤流速

1. 水力最佳梯形渠道断面

梯形断面是人工渠道中采用得最多的一种断面形式，常用于人工渠道和混凝土渠道，混凝土渠和渡槽中常用的矩形断面是梯形断面的一种特例。如陕西关中地区古代著名水利工程白渠（图 8-8）。白渠西起自池阳谷口郑国渠南岸引出泾河水流向东南，经池阳、栎阳向东到下邽后折向南注入渭河，全长 200 里，受益农田 4500 余顷。由于泾河含有较多泥沙，白渠也为关中平原农田带来了肥沃的沉积土壤。时人赞曰："泾水一石，其泥数斗。且溉且粪，长我禾黍。衣食京师，亿万之口。"

图 8-8 白渠工程

明渠输水能力的大小取决于渠底坡度、渠壁

粗糙系数，以及过流断面的形状和尺寸。在设计渠道时，渠底坡度 i 一般随地形条件而定，渠壁粗糙系数取决于渠壁的材料，故 i 和 n 是先确定的，渠道输水能力 Q 只取决于断面大小和形状。从设计的角度考虑，希望在一定的流量下能得到最小的过流断面面积，以减少工程量，节省投资；或者在过流断面面积、粗糙系数 n 和渠底坡度一定的条件下，使渠道通过的流量最大。凡是符合这一条件的断面形式称为水力最佳断面。

明渠均匀流基本关系式是谢才公式和曼宁公式，有

$$Q=AC\sqrt{Ri}=\frac{A}{n}R^{2/3}i^{1/2}=\frac{i^{1/2}}{n}\cdot\frac{A^{5/3}}{\chi^{2/3}}$$

由上式可以看出，当 i、n 及 A 给定时，水力半径 R 最大，即湿周 χ 最小的断面能通过最大的流量。在所有面积相等的几何图形中，圆形具有最小的周边，因而管道的断面形式通常为圆形，对于明渠则使湿周 χ 最小的断面形状为半圆形。但是，半圆形断面施工困难，除在钢筋混凝土或钢丝网水泥渡槽等中采用外，一般很少应用。在天然土壤中开挖的渠道，一般都采用梯形断面。

梯形过流断面如图 8-9 所示。图中 $m=\cos\alpha$，称为边坡系数，它是由边坡稳定要求和施工条件确定的。这样，在不同的宽深比条件下各过流断面有不同的湿周，因此相应管道的输水能力是不一样的。梯形断面各水力要素之间的关系分别为

$$A=(b+mh)h \tag{8-11}$$

$$\chi=b+2h\sqrt{1+m^2} \tag{8-12}$$

$$R=\frac{A}{\chi}=\frac{(b+mh)h}{b+2h\sqrt{1+m^2}} \tag{8-13}$$

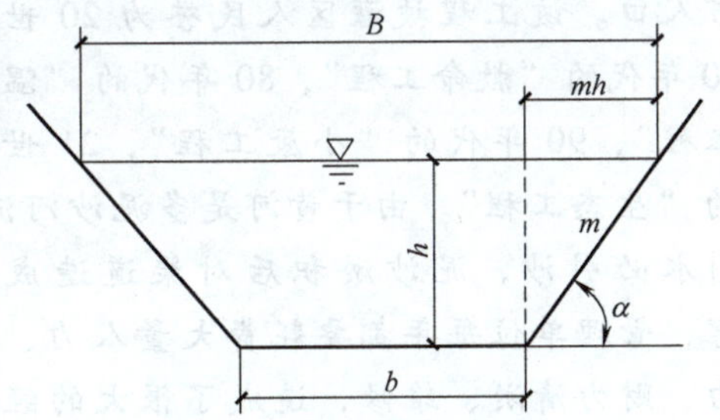

图 8-9 梯形断面水力要素

由式（8-13）可得，梯形断面湿周也可表示为

$$\chi=\frac{A}{h}-mh+2h\sqrt{1+m^2} \tag{8-14}$$

根据水力最佳断面的定义，当 A 为常数时，湿周 χ 最小的断面通过的流量最大。因此将式（8-14）对水深 h 取导数得

$$\frac{d\chi}{dh}=-\frac{A}{h^2}-m+2\sqrt{1+m^2}=0 \tag{8-15}$$

联立式（8-11）、式（8-15）得

$$h=\frac{b}{2(\sqrt{1+m^2}-m)}$$

故梯形断面水力最佳条件为

$$\beta_h=\frac{b}{h}=2(\sqrt{1+m^2}-m) \tag{8-16}$$

式中，β_h 为水力最佳断面宽深比。

由式（8-16）可见，β_h 仅仅与边坡系数 m 有关。通过同样的方法，得梯形水力最佳断面的水力半径 $R=\frac{h}{2}$，即 R 与边坡系数无关。对于矩形断面，以 $m=0$ 代入式（8-16），得

$\beta_h=2$，即 $b=2h$，说明水力最佳矩形断面的底宽 b 为水深的 2 倍。

应当指出，上述水力最佳断面的概念只是从流体力学角度提出的，在工程实践中还必须依据造价、施工技术、运转要求和养护等条件来综合考虑和比较，选出最经济合理的断面形式。对于小型渠道，其造价基本上由过流断面的土方量决定，它的水力最佳断面和其经济合理断面比较接近，按水力最佳断面设计是合理的。对于大型渠道，水力最佳断面往往是窄而深的断面，施工时需深挖高填，养护时也较困难，因而事实上并不是最经济合理的断面。另外，渠道的设计需要综合各方面的因素来考虑，如不仅要考虑输水，还要考虑航运对水深和水面宽度等的要求。这里提出的水力最佳条件，便是一种应考虑的因素。

2. 渠道的冲淤流速

渠中水流流速过大会引起对渠道的冲刷，造成渠道破坏，过小又会导致水中悬浮泥沙在渠中淤积，且易导致河滩上滋生杂草，影响渠道的输水能力。例如，景泰川靖会电力提灌工程是全国大型提水灌溉工程，如图 8-10 所示。灌区地处白银市东南部，在靖远县城西 2km 的黄河右岸取水，灌溉靖南会北的 2 川 2 源，11 个乡（镇），59 个行政村，约 12 万人口。该工程被灌区人民誉为 20 世纪 70 年代的“救命工程”，80 年代的“温饱工程”，90 年代的“小康工程”，21 世纪的“生态工程”。由于黄河是多泥沙河流，引水必引沙，泥沙淤积后对渠道造成危害，管理单位每年都要耗费大量人力、物力、财力清淤、维修，造成了很大的经济负担，如何降低淤积泥沙带来的危害是一直在研究的问题。

图 8-10　景泰川靖会电力提灌工程

因此，在设计渠道时，除考虑水力最佳条件及经济因素外，还应使渠道的断面平均流速 v 在允许流速范围内，即

$$v_{max}>v>v_{min}$$

式中，v_{max} 为使渠道免遭冲刷的最大允许流速，简称不冲允许流速；v_{min} 为使渠道免于淤积的最小允许流速，简称不淤允许流速。

8-3　允许流速

渠道中的不冲允许流速 v_{max} 取决于土质情况，即土壤种类、颗粒大小和密实程度，或取决于渠道的护面材料，以及渠中流量等因素。

表 8-2 和表 8-3 为各种渠道免遭冲刷的最大允许流速，可供设计明渠时选用。

表 8-2　坚硬岩石和人工护面浸溢的不冲允许流速　（单位：m/s）

岩石或护面种类	渠道流量/(m^3/s)		
	<1	1~10	>10
软质水成岩（泥灰岩、页岩、软砾岩）	2.5	3.0	3.5
中等硬质水成岩（致密砾岩、多孔石灰岩、层状石灰岩、白云石灰岩、灰质砂岩）	3.5	4.25	5.0
硬质水成岩（白云砂岩、硬质石灰岩）	5.0	6.0	7.0

（续）

岩石或护面种类	渠道流量/(m^3/s)		
	<1	1~10	>10
结晶岩、火成岩	8.0	9.0	10.0
单层块石铺砌	2.5	3.5	4.0
双层块石铺砌	3.5	4.5	5.0
混凝土护面（水流中不含砂和砾石）	6.0	8.0	10.0

表 8-3 渠道不冲允许流速

土质		粒径/mm	不冲允许流速/(m/s)	说明
均质黏性土质	轻壤土		0.6~0.8	(1)均质黏性土质渠道中各种土质的干重度为 13000~17000N/m^3; (2)表中所列为水力半径 R=1.0m 的情况，如 $R \neq 1.0$m，则应将表中数值乘以 a 才能得出相应的不冲允许流速值。 对于砂、砾石、卵石、疏松的壤土、黏土 $a=\frac{1}{3}\sim\frac{1}{4}$ 对于密实的粉土、黏土 $a=\frac{1}{4}\sim\frac{1}{5}$
	中壤土		0.65~0.85	
	重壤土		0.75~0.95	
均质无黏性土质	黏土		0.75~095	
	极细砂	0.05~0.1	0.35~0.45	
	细砂和中砂	0.25~0.5	0.45~0.65	
	粗砂	0.5~2.0	0.60~0.75	
	细砾石	2.0~5.0	0.75~0.90	
	中砾石	5.0~10.0	0.90~1.10	
	粗砾石	10.0~20.0	1.10~1.30	
	小卵石	20.0~40.0	1.30~1.80	
	中卵石	40.0~60.0	1.80~2.20	

渠道中的不淤允许流速 $v_{min}=0.4$m/s，也可采用下列经验公式计算

$$v_{min}=ah^{0.64} \tag{8-17}$$

式中，a 为淤积系数（夹带物中含粗砂时，取 $a=0.60\sim0.71$，含中砂时，取 $a=0.54\sim0.57$，含细砂时，取 $a=0.39\sim0.41$）；h 为渠中正常水深，m；v_{min} 为不淤允许流速，m/s。

最后需要指出，如果经渠道水力计算，发现 $v>v_{min}$ 或 $v<v_{min}$，就应设法调整断面尺寸。

8.2.4 明渠均匀流水力计算的基本问题和方法

对于明渠均匀流的水力计算，主要介绍工程中常见的梯形断面、圆形断面和复式断面的水力计算问题及其方法。

1. 梯形断面明渠均匀流的水力计算

由均匀流基本公式（8-7）可以看出，各水力要素间存在着以下的函数关系

$$Q=AC\sqrt{Ri}=f(b,h,m,n,i) \tag{8-18}$$

在一般情况下，边坡系数 m 的值取决于土壤性质或铺砌形式，通常是预先确定的，因此，梯形断面渠道的水力计算主要解决以下四类问题。

第一类问题，渠道输水能力确定。已知 b、h、m、n、i，求流量 Q。这类问题多属校核性质的问题。其解决步骤为：首先根据已知数据，求出 A、R 及 C，然后按式（8-18）求出

流量 Q。流量求出后，按允许流速的要求进行校核，判断是否会发生冲刷或淤积。

第二类问题，渠壁粗糙系数计算。已知 Q、h、m、n，求渠壁粗糙系数 n。这类问题多属研究、测试性质的问题，要测定不同材质渠壁的粗糙系数。解决方法是：由各已知值求出 A、R，然后根据均匀流基本公式得 $n=A\cdot R^{2/3}i^{1/2}$，求得渠壁粗糙系数 n。

第三类问题，渠道底坡设计。已知 Q、b、h、m、n，渠底坡度 i。这类问题是设计性质的问题，解决这类问题可先求出 A、R 及 C，并计算流量模数 K，然后由 $i=Q^2/K^2$ 求出 i。

第四类问题，设计渠道断面。已知 Q、m、n、i，设计渠道的过流断面尺寸 b 和 h。从基本公式 $Q=AC\sqrt{Ri}=f(b,\ h,\ m,\ n,\ i)$ 可以看出，由于六个量中仅知四个量，需求两个未知量（b 和 h），可能有许多组 b 和 h 的数值能满足这个方程。为了使这个问题的解能够确定，必须根据工程要求及经济的条件，先定出渠道底宽 b，或水深 h，或宽深比 $\beta(=b/h)$；有时，还可以根据渠道的最大允许流速 $v_{\max}$ 来进行设计。现就这四种情况分别进行介绍。

1）底宽已定，求相应的水深 h。由式（8-7）得

$$K=\frac{Q}{\sqrt{i}}=AC\sqrt{R}=\frac{1}{n}A^{5/3}\chi^{-2/3}=\frac{1}{n}(bh+mh^2)^{5/3}(b+2h\sqrt{1+m^2})^{2/3} \tag{8-19}$$

这是一个较复杂的隐函数，不易直接求解，常用试算作图法求解。

假定一系列 h 值，求出相应的流量模数 K 值，作出 $K=f(h)$ 曲线，如图 8-11 所示。再根据已定的 Q 和 i，算出 $K=Q/\sqrt{i}$。在曲线上找出对应于此 K 值的 h 值，该 h 值即为所求的正常水深值。

2）水深 h 已定，求相应的宽度 b。仿照上述方法，作 $K=f(b)$ 曲线，如图 8-12 所示，然后找出对应于 $K=Q/\sqrt{i}$ 的 b 值，该 b 值即为所求的底宽值。

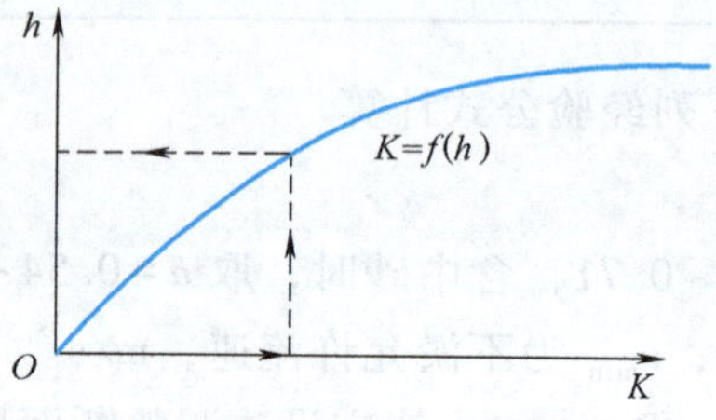

图 8-11　$K=f(h)$ 曲线

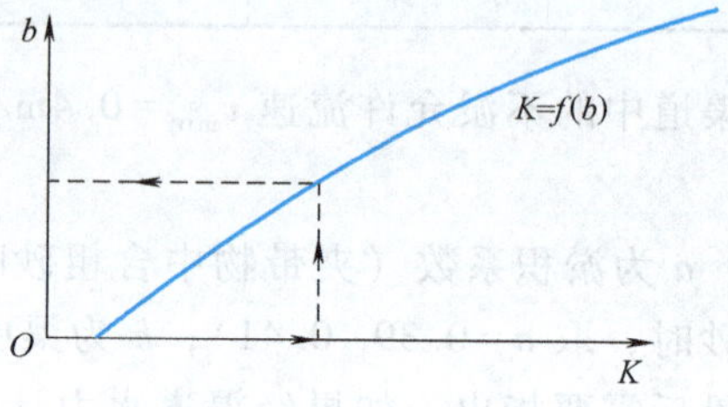

图 8-12　$K=f(b)$ 曲线

3）给定宽深比 β（$=b/h$），求相应的 h 和 b 值。给定 β 值后，问题的解就可以确定。对于小型渠道，一般按水力最佳设计，$\beta=\beta_h=2(\sqrt{1+m^2}-m)$；对于大型主渠的计算，要考虑经济条件，对通航渠道则按特殊要求设计。

4）从最大允许流速 $v_{\max}$ 出发，求相应的 b 和 h。解决这类问题的方法是将 $v_{\max}$ 作为被设计渠道的实际断面平均流速来考虑。由连续性方程得 $A=Q/v_{\max}$，由谢才公式得 $R=(nv_{\max}/i^{1/2})^{3/2}$。将所得 A、R 代入梯形断面的几何关系式，即

$$\begin{cases}(b-mh)h=A\\ \dfrac{A}{b+2h+m^2}=R\end{cases} \tag{8-20}$$

可解得 b 和 h 值。

【例 8.1】 龙首渠引洛古灌区地处秦东平原渭洛河阶地，如图 8-13 所示，其开凿时间最早可追溯到西汉时期，距今有 2100 多年的历史。2020 年 12 月 8 日“龙首渠引洛古灌区”成功申遗，为文化底蕴丰厚的渭南增添了一张闪亮的世界级水利“金名片”，已知龙首渠为梯形断面渠道，渠底坡度 $i=0.0006$，边坡系数 $m=1.0$，渠壁粗糙系数 $n=0.03$，底宽 $b=1.5\text{m}$，求流量 $Q=1\text{m}^3/\text{s}$ 时的正常水深 h。

图 8-13 龙首渠

【解】

$$K=\frac{Q}{\sqrt{i}}=\frac{1}{\sqrt{0.006}}\text{m}^3/\text{s}=40.82\text{m}^3/\text{s}$$

$$A=(b+mh)h=(1.5+1.0h)h=1.5h+h^2$$

$$\chi=b+2h\sqrt{1+m^2}=1.5+2h\sqrt{1+1.0^2}=1.5+2.83h$$

假定一系数 h 值，由基本公式 $K=AC\sqrt{R}=(A^{5/3}/n)\cdot\chi^{-2/3}=f(h)$，可得对应的 K 值，计算结果列于表 8-4 内，并绘出 $K=f(h)$ 的曲线，如图 8-14 所示。当 $K=40.8\text{m}^3/\text{s}$ 时，得 $h=0.83\text{m}$。

表 8-4 h 值和对应的 K 值

h/m	0	0.2	0.4	0.6	0.8	1.0
$K/(\text{m}^3/\text{s})$	0	3.40	11.07	22.57	33.06	57.78

【例 8.2】 某道路旁需新建一条梯形断面排水沟。已知排水沟周围土质是细砂土，需要通过的流量为 3.5L/s，渠底坡度 i 为 0.005，边坡系数 m 为 1.5，要求设计排水沟断面尺寸并考虑是否需要加固。已知渠壁粗糙系数 n 为 0.025，免冲的最大允许流速 $v_{\max}$ 为 0.32m/s。

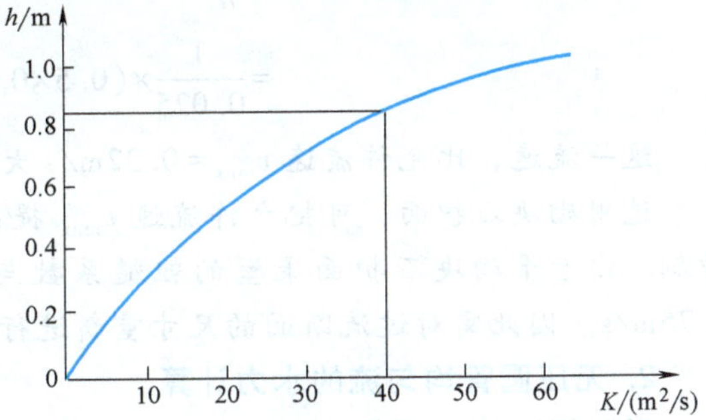

图 8-14 例 8.1

【解】 现分别就允许流速和水力最优条件两种方案进行设计与比较。

方案一：按允许流速 $v_{\max}$ 进行设计。对于梯形过流断面，有

$$A=(b+mh)h \quad ①$$

$$R=\frac{A}{\chi}=\frac{A}{b+2h\sqrt{1+m^2}} \quad ②$$

现以 $v_{\max}$ 作为设计流速，有

$$A=\frac{Q}{v_{\max}}=\frac{3.5}{0.32}\text{m}^2=10.9\text{m}^2$$

又由谢才公式得 $R=v^2/(C^2 i)$，应用曼宁公式 $C=(1/n)R^{1/6}$，并将 $v=v_{max}$ 代入，有

$$R=\left(\frac{nv_{max}}{i^{1/2}}\right)^{3/2}=\left(\frac{0.025\times0.32}{0.005^{1/2}}\right)^{3/2}\text{m}=0.038\text{m}$$

然后把上述 A、R 和 m 值代入式①和式②，解得 $h=0.04\text{m}\approx0$，$b=287\text{m}$；$h=137\text{m}$，$b=-206\text{m}$。显然这两组答案都是完全没有意义的，说明此渠道水流不可能以 $v=v_{max}$ 的速度通过。

方案二：按水力最优断面进行设计。可得

$$\beta_h=2(\sqrt{1+m^2}-m)=2(\sqrt{1+1.5^2}-1.5)=0.61$$

即 $b=0.61h$，又

$$A=(b+mh)h=(0.61h+1.5h)h=2.11h^2$$

此外，水利最优时 $R=0.5h$，又由式（8-7）得

$$Q=AC\sqrt{Ri}=\left(\frac{1}{n}R^{1/6}\right)R^{1/2}i^{1/2}=\frac{A}{n}R^{2/3}i^{1/2}$$

因此可得

$$Q=\frac{2.11h^2}{0.025}(0.5h)^{2/3}(0.005)^{1/2}=3.76h^{8/3}$$

则当 $Q=3.5\text{m}^3/\text{s}$ 时，有

$$h=\left(\frac{Q}{3.77}\right)^{3/8}=\left(\frac{3.5}{3.76}\right)^{3/8}\text{m}=0.97\text{m}$$

$$b=0.61h=0.59\text{m}$$

断面尺寸算出后，还需检验 v 是否在许可范围之内

$$v=C\sqrt{Ri}=\frac{1}{n}R^{2/3}i^{1/2}$$

$$=\frac{1}{0.025}\times(0.5\times0.97)^{2/3}\times(0.005)^{1/2}\text{m/s}=1.75\text{m/s}$$

这一流速，比允许流速 $v_{max}=0.32\text{m/s}$ 大得多，说明渠床需要加固。

选用砌块石护面，可把允许流速 v_{max} 提高到 2.0m/s（>1.75m/s），从而使得渠床免受冲刷。由于干砌块石护面渠壁的粗糙系数与原来细砂土质渠壁不同，实际流速 v 不再是 1.75m/s。因此需对过流断面的尺寸重新进行计算，计算方法同前，这里不再赘述。

2. 无压圆管均匀流的水力计算

无压管道是指不满流的长管道，如民用建筑、工业建筑装修中必须安装的基本材料室内下水管道（图 8-15）。

考虑到水力最优条件，无压管道常采用圆形的过流断面，在流量比较大时还采用非圆形的断面。下面仅讨论圆形断面的情况，其他断面的水流情况类似。

直径不变的长直无压圆管，其水流状态与明渠均匀流相同，它的水力坡度 J、水面坡度 J_p、渠底坡度 i 相等，即 $J=J_p=i$。除此之外，无压管道均匀流还具有这样一种水力特性：流速和流量分别在水流为满流之前达到最大值，也就是说，其水力最优情形发生在满流之前。

无压圆管均匀流的过流断面如图 8-16 所示。由几何关系可得各水力要素间的关系如下：

图 8-15 下水管道

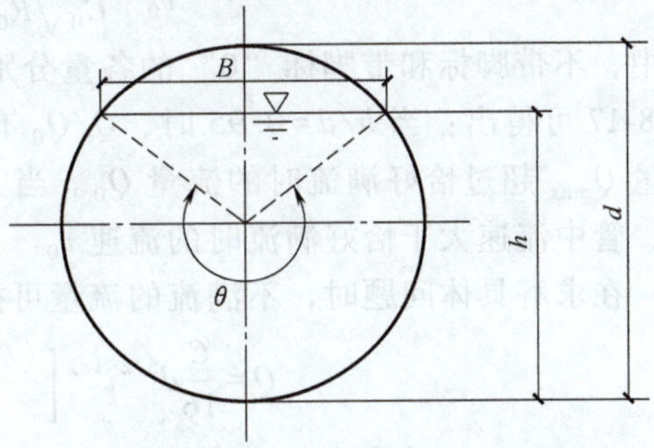

图 8-16 无压圆管均匀流的过流断面

过流断面面积 $$A=\frac{d^2}{8}(\theta-\sin\theta) \tag{8-21}$$

湿周 $$\chi=\frac{d}{2}\theta \tag{8-22}$$

水力半径 $$R=\frac{d}{4}\left(\frac{1-\sin\theta}{\theta}\right) \tag{8-23}$$

水面宽度 $$B=d\sin\frac{\theta}{2} \tag{8-24}$$

流速 $$v=C\sqrt{Ri}=\frac{C}{2}\sqrt{d\left(1-\frac{\sin\theta}{\theta}\right)i} \tag{8-25}$$

流量 $$Q=AC\sqrt{Ri}=\frac{C}{16}d^{5/2}i^{1/2}\left[\frac{(\theta-\sin\theta)^3}{\theta}\right]^{1/2} \tag{8-26}$$

水在管中的充满程度称为充满度，可用水深对直径的比值来表示，即充满度

$$\alpha=\frac{h}{d}\sin^2\frac{\theta}{4} \tag{8-27}$$

式中，θ 为充满角。

无压圆管均匀流若按流量公式直接计算往往相当繁复，因此，在实际工作中常用图或表来进行计算。图 8-17 所示为无压圆管均匀流中流量和平均流速随水深 h 变化曲线。

为了使图 8-17 在应用上更具有普遍意义，能适用于各种不同管径 d 的圆管，特引入几个无量纲的组合量：$\frac{Q}{Q_0}$、$\frac{v}{v_0}$，则

$$\frac{Q}{Q_0}=\frac{AC\sqrt{Ri}}{A_0C_0\sqrt{R_0i_0}}=\frac{A}{A_0}\left(\frac{R}{R_0}\right)^{2/3}=f_Q\left(\frac{h}{d}\right) \tag{8-28}$$

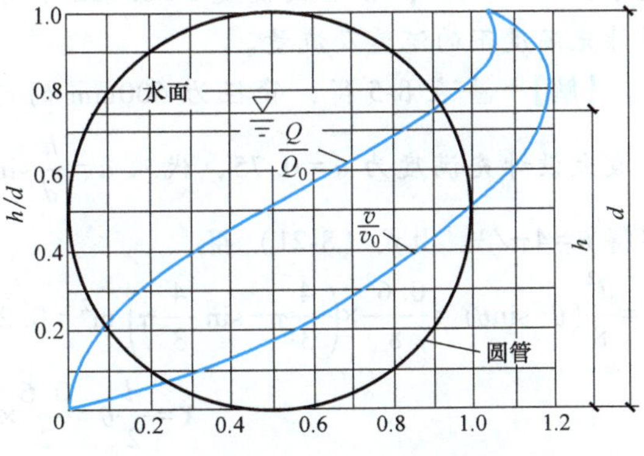

图 8-17 无压圆管均匀流中流量和平均流速随水深 h 变化曲线

$$\frac{v}{v_0}=\frac{C\sqrt{Ri}}{C_0\sqrt{R_0 i}}=\left(\frac{R}{R_0}\right)^{2/3}=f_v\left(\frac{h}{d}\right) \tag{8-29}$$

式中，不带脚标和带脚标“0”的各量分别表示不满流（$h<d$）和满流（$h=d$）的情形。由图 8-17 可得出：当 $h/d=0.95$ 时，Q/Q_0 有最大值，$(Q/Q_0)_{max}=1.087$，此时，管中通过的流量 Q_{max} 超过恰好满流时的流量 Q_0。当 $h/d=0.81$ 时，v/v_0 最大值，$(v/v_0)_{max}=1.16$，此时，管中流速大于恰好满流时的流速 v_0。

在求解具体问题时，不满流的流量可按下式计算

$$Q=\frac{C}{16}d^{5/2}i^{1/2}\left[\frac{(\theta-\sin\theta)^3}{\theta}\right]^{1/2}=f(d,\alpha,n,i) \tag{8-30}$$

式（8-30）反映 Q 与 d、α、n、i 四个变量间的关系。在管材一定（即 n 值确定）的条件下，无压圆管的水力计算主要解决以下四类问题：①已知 d、α、i、n，求 Q；②已知 Q、d、α、n，求 i；③已知 Q、d、i、n，求 α，即求 h；④已知 Q、α、i、n，求 d。

在进行无压管道水力计算时，还要参考 GB 50014—2006《室外排水设计规范》中的有关条款。其中：对于污水管道应按不满流计算，其最大设计充满度按表 8-5 选用；对于雨水管道和合流管道应按满流计算排水管的最大设计流速，对于金属管为 10m/s，对于非金属管为 5m/s；排水管的最小设计流速，在设计充满度下，对于污水管道，当管径 $d\leqslant500$m 时为 0.7m/s，当管径 $d>500$m 时为 0.8m/s。另外，对于最小管径和最小设计坡度等也有规定，在实际工作中可以参阅有关手册和规范。

表 8-5 最大设计充满度

管径 d(暗渠深 H)/mm	最大设计充满度 $a=h/d$	管径 d(暗渠深 H)/mm	最大设计充满度 $a=h/d$
150~300	0.60	500~900	0.75
350~450	0.70	≥1000	0.80

【例 8.3】 某地为加快补齐城市排水和污水处理设施短板，尽快实现污水管网全覆盖、全收集、全处理，新建城乡接合部污水管（图 8-18）。已知污水管断面形状为圆形，管径 $d=600$mm，管壁粗糙系数 $n=0.014$，管道底坡度 $i=0.0024$，求最大设计充满度下的流速及流量。

图 8-18 城乡接合部污水管网工程施工现场

【解】 查表 8-5 得，管径为 600mm 的污水管的最大设计充满度为 $a=0.75$，代入 $a=\dfrac{h}{d}\sin^2\dfrac{\theta}{4}$，解得 $\theta=4\pi/3$。由式（8-21）得

$$A=\frac{d^2}{8}(\theta-\sin\theta)=\frac{0.6^2}{8}\times\left(\frac{4}{3}\pi-\sin\frac{4}{3}\pi\right)\text{m}^2=0.227\text{m}^2$$

$$\chi=\frac{d}{2}\theta=\frac{0.6}{2}\times\frac{4}{3}\pi\text{m}=1.256\text{m}$$

$$R=\frac{A}{\chi}=\frac{0.227}{1.256}\text{m}=0.181\text{m}$$

根据谢才公式和曼宁公式

$$C=\frac{1}{n}R^{1/6}=\frac{1}{0.014}\times 0.181^{1/6}\mathrm{m}^{1/2}/\mathrm{s}=53.722\mathrm{m}^{1/2}/\mathrm{s}$$

故

$$v=C\sqrt{Ri}=53.722\times\sqrt{0.181\times 0.0024}\,\mathrm{m/s}=1.12\mathrm{m/s}$$

$$Q=vA=1.12\times 0.2275\mathrm{m}^3/\mathrm{s}=0.2548\mathrm{m}^3/\mathrm{s}$$

3. 复式断面渠道的水力计算

明渠复式断面由两个或三个单式断面组成，如天然河道中的主槽和边滩。世界灌溉工程遗产“里运河—高邮灌区”是古代水利工程沿用至今的典范，如图8-19所示。它在渠道改造过程中采用复式断面或有限衬砌断面，这样既减少对生态的破坏，又保证绿化植被生长空间。

在人工渠道中，如果要求通过的最大流量与最小流量相差很大，也常采用复式断面（图8-20）。它与单式断面相比，能更好地控制淤积，减少开挖量。

图8-19 里运河—高邮灌区

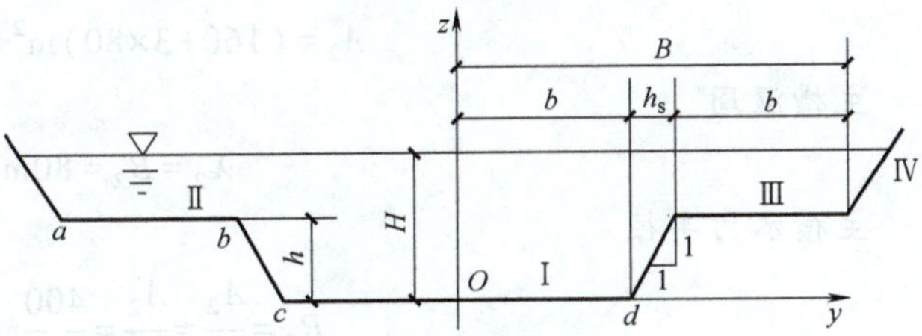

图8-20 复式断面

在复式断面渠道中，由于各部分渠壁粗糙系数不同（通常主槽的 n 值小于边滩的 n 值，水深不一，断面上各部分流速相差较大，而且断面面积和湿周都不是水深的单一函数。因此，应用单式断面的计算方法来进行复式断面的水力计算，必然会产生较大的误差。为此，必须采取分别计算的办法，即将复式断面划分为若干个单式断面，如在边滩内缘作铅垂线，将断面分为主槽Ⅰ和边滩Ⅱ、Ⅲ，分别计算各单式断面面积、湿周、水力半径、谢才系数、流速、流量等。复式断面处的流量为各单式断面处流量的总和，即

$$Q=\sum_{i=1}^{n}A_iv_i=\sum_{i=1}^{n}Q_i=\sum_{i=1}^{n}K_i\sqrt{i} \tag{8-31}$$

在计算中必须遵循下列两项原则：

1）在同一条渠道中，渠道整体和各部分的水力坡度、水面坡度、渠底坡度均相等，即 $J_1=J_2=\cdots=J_{p_1}=J_{p_2}=\cdots=i_1=i_2=\cdots=i$，这是水面在同一过流断面上形成水平水面的保证。否则，将出现交错的水面，显然这是不可能的。

2）各断面的湿周仅考虑水流与固体壁面接触的周界。各单式断面间的水流交界线上的加速或减速作用可以不计。

【例8.4】 如图8-21所示为一顺直河段的断面，中间为主槽，两旁为泄洪滩地。已知主槽中水位以下的面积为160m²，水面宽80m，水面坡度为0.0002，这个坡度在水位足够高时，反映出河底坡度 i。主槽壁面粗糙系数 $n=0.03$，边滩壁面粗糙系数 $n_1=0.05$。现拟在滩地修筑大堤以防230m³/s的洪水，求堤高为4m时的堤距。

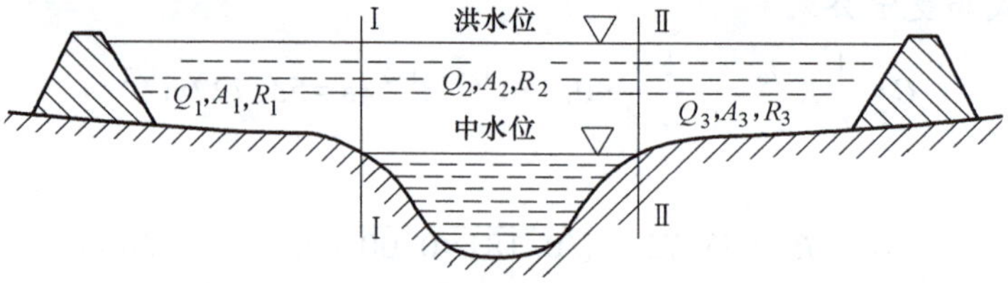

图 8-21 例 8.4

【解】 取洪水位对应堤顶的超高为 1m，计算在洪水流量为 $2300\text{m}^3/\text{s}$ 时的各水力要素如下。

滩地水深

$$h_1 = (4-1)\text{m} = 3\text{m}$$

滩地的水力半径按宽浅型河道处理，即

$$R_1 \approx h_1 = 3\text{m}$$

主槽过流断面面积

$$A_2 = (160+3\times80)\text{m}^2 = 400\text{m}^2$$

主槽湿周

$$\chi_2 = B_2 = 80\text{m}$$

主槽水力半径

$$R_2 = \frac{A_2}{\chi_2} = \frac{A_2}{B_2} = \frac{400}{80}\text{m} = 5\text{m}$$

主槽泄洪量

$$Q_2 = A_2 \frac{1}{n} R_2^{2/3} i^{1/2} = 400\times\frac{1}{0.03}\times5^{2/3}\times0.0002^{1/2}\text{m}^3/\text{s} = 551\text{m}^3/\text{s}$$

滩地泄洪量

$$Q_1 + Q_3 = Q - Q_2 = (2300-551)\text{m}^3/\text{s} = 1749\text{m}^3/\text{s}$$

滩地流速

$$v_1 = v_3 = C_1\sqrt{R_1 i} = \frac{1}{n} R_1^{2/3} i^{1/2} = \frac{1}{0.05}\times3^{2/3}\times0.0002^{1/2}\text{m}^3/\text{s} = 0.588\text{m/s}$$

滩地过流断面面积

$$A_1 + A_3 = \frac{Q_1+Q_3}{v_1} = \frac{1749}{0.588}\text{m}^2 = 2974\text{m}^2$$

堤距为

$$l = \frac{A_1+A_3}{h} = \frac{2974}{4}\text{m} = 743.5\text{m}$$

8.3 明渠恒定非均匀流的若干基本概念

明渠均匀流只能发生在断面形状、尺寸、渠底坡度和渠壁粗糙系数均沿程不变的长直渠道中，而且要求渠道中没有修建任何水利工程建筑物。然而，在铁路、道路和给排水等工程中，常需在河渠上架桥、设涵洞、筑坎、建闸和设立跌坎等。如在成都东风渠上建立的东风渠大桥（图 8-22）、为区分石梁溪上下静岩修建的司马堰（图 8-23）、为保证不阻断道路左右田野的水流和交通修建的涵洞（图 8-24）、为阻止姚江咸潮上溯建造的姚江大闸（图 8-25）等。

图 8-22 东风渠大桥

图 8-23 石梁溪司马堰

图 8-24 涵洞工程

图 8-25 姚江大闸

这些水工建筑物的兴建，将破坏明渠均匀流发生的条件，造成流速、水深的沿程变化，从而产生非均匀流。除了人类活动因素的影响，河渠由于受大自然的作用，过流断面的大小及河底坡度也经常变化，导致明渠水流产生非均匀流。

在明渠恒定非均匀流中，水流重力在流动方向上的分力与阻力不平衡，流速和水深沿程都要发生变化，水面线一般为曲线，因此 J、J_p 与 i 互不相等，如图 8-26 所示。

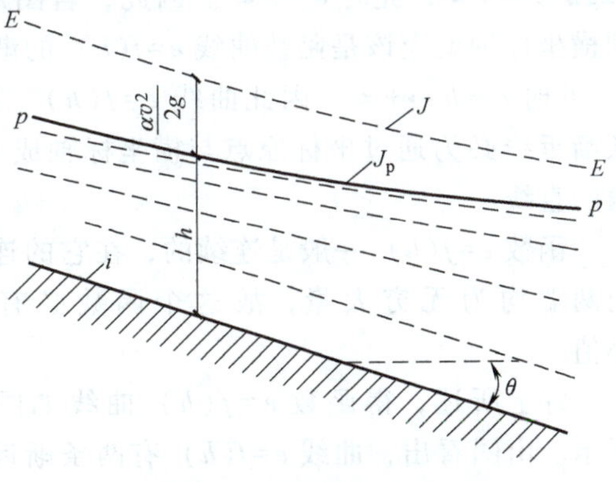

图 8-26 明渠恒定非均匀流

在明渠恒定非均匀流的水力计算中，常常需要对各断面水深或水面曲线进行计算，故下面将着重介绍明渠恒定非均匀流中水面曲线的变化规律及其计算方法。在深入了解非均匀流规律之前，先就明渠恒定非均匀流的若干基本概念作一些介绍。

8.3.1 断面单位能量

在明渠流的任一过流断面中，单位重量液体对某一基准面 0—0（图 8-27）的总机械能为

$$E=z+\frac{p}{\gamma}+\frac{\alpha v^2}{2g} \tag{8-32}$$

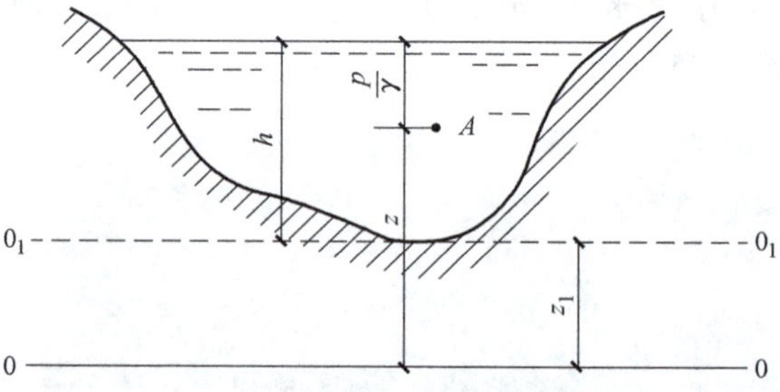

图 8-27 明渠流中的能量转换

式中，z 为过流断面中任一点 A 的位置坐标（位置势能）；p/γ 为过流断面中任一点 A 的测压管高度（压力势能）。

如果把基准面 0—0 提高 z_1，使其经过过流断面的最低点，则单位重量液体对新基准面 0_1—0_1 的机械能 e 为

$$e=E-z_1=z+\frac{p}{\gamma}+\frac{\alpha v^2}{2g}-z_1=h+\frac{\alpha v^2}{2g} \tag{8-33}$$

在工程流体力学中把 e 称为断面单位能量或断面比能，它是基准面选在断面最低点时的机械能，也是水流通过该断面时表现出来的能量。

在讨论非均匀流问题时，机械能 E 的概念已建立，为什么还要引入断面单位能量 e 的概念呢？断面单位能量 e 和水流机械能 E 的概念有所不同。流体机械能在流动方向上总是减小的，即 $\mathrm{d}E/\mathrm{d}s<0$。但是，由于断面单位能量基准面不固定，且一般明渠水流速度随水深沿程变化，所以 e 沿水流方向可能增大（$\mathrm{d}e/\mathrm{d}s>0$），也可能减小（$\mathrm{d}e/\mathrm{d}s<0$），甚至还可能不变（$\mathrm{d}e/\mathrm{d}s=0$，均匀流）。另外，在一定的条件下，断面单位能量是水深的单值连续函数，即 $e=f(h)$。由此可见，我们可利用 e 的变化规律来对水面曲线进行有效的分析与计算。

对于棱柱形渠道，流量一定时由式（8-33）可得

$$e=h+\frac{\alpha v^2}{2g}=h+\frac{\alpha Q^2}{2gA^2}=f(h) \tag{8-34}$$

可见，当明渠断面形状、尺寸和流量一定时，断面单位能量 e 便为水深 h 的函数，它的沿程变化随水深 h 的变化而定。这种变化情况可用图形来表示。

从式（8-34）可看出：如果断面形状、尺寸及流量一定，当 $h\to 0$ 时，$A\to 0$，则 $\alpha Q^2(2gA^2)\to+\infty$，此时 $e\to+\infty$。因此，若图形的纵坐标为水深 h，横坐标为断面单位能量 e，则横坐标轴就应该是函数曲线 $e=f(h)$ 的渐近线；当 $h\to+\infty$ 时，$A\to+\infty$，则 $\alpha Q^2/(2gA^2)\to 0$，此时 $e\approx h\to+\infty$，因此曲线 $e=f(h)$ 的第二条渐近线必为通过坐标原点与横坐标轴成 45°夹角的直线。

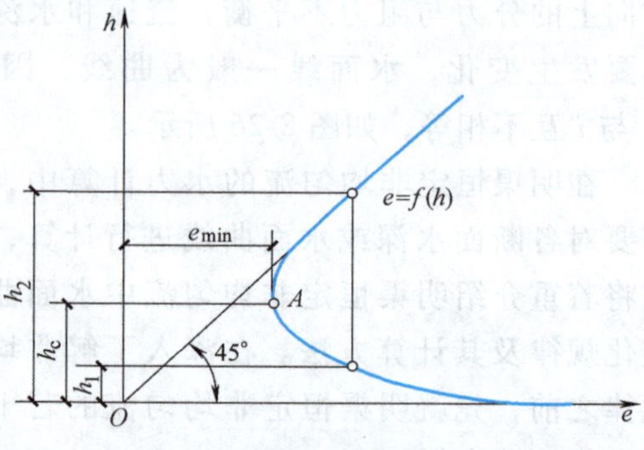

图 8-28 临界水深

函数 $e=f(h)$ 一般是连续的，在它的连续区间两端均为无穷大量，故这个函数必有一极小值。

综上所述，得函数 $e=f(h)$ 曲线如图 8-28 所示。由图看出，曲线 $e=f(h)$ 有两条渐近线及一极小值。函数的极小值（A 点）将曲线分为上

下两支。在下支上，断面单位能量 e 随水深 h 的增加而减小，即 $\mathrm{d}e/\mathrm{d}h<0$；在上支上，断面单位能量则随着 h 的增加而增加，即 $\mathrm{d}e/\mathrm{d}h>0$。从图 8-28 还可看出。相应于任一可能的 e 值，有两个水深 h_1 和 h_2 与其对应，但当 $e=e_{\min}$ 时，只有一个水深，即 $h_1=h_2=h_c$，h_c 称为临界水深。

8.3.2 临界水深

临界水深是指在断面形式及流量一定的条件下，相应于断面单位能量为最小值时的水深，即 $e=e_{\min}$ 时对应的水深，如图 8-28 所示。

临界水深 h_c 的计算公式可根据上述定义求出，即对式（8-34）求导，令其等于零，便可确定临界水深

$$\frac{\mathrm{d}e}{\mathrm{d}h}=\frac{\mathrm{d}}{\mathrm{d}h}\left(h+\frac{\alpha Q^2}{2gA^2}\right)=1-\frac{\alpha Q^2}{gA^3}\frac{\mathrm{d}A}{\mathrm{d}h}=0 \tag{8-35}$$

式中，$\mathrm{d}A/\mathrm{d}h$ 为过流断面面积随水深 h 的变化率，它恰等于水面宽度 B（图 8-29），即 $\mathrm{d}A/\mathrm{d}h=B$。将此关系代入式（8-35），得

$$\frac{\mathrm{d}e}{\mathrm{d}h}=1-\frac{\alpha Q^2 B}{gA^3}=0 \tag{8-36}$$

这时，断面各水力要素均对应于所求的临界水深 h。为了区别于其他情况，相应于 h_c 的各水力要素均加下标“c”标示，则由式（8-36）可得临界水深的通用计算公式

$$\frac{A_c^3}{B_c}=\frac{\alpha Q^2}{g} \tag{8-37}$$

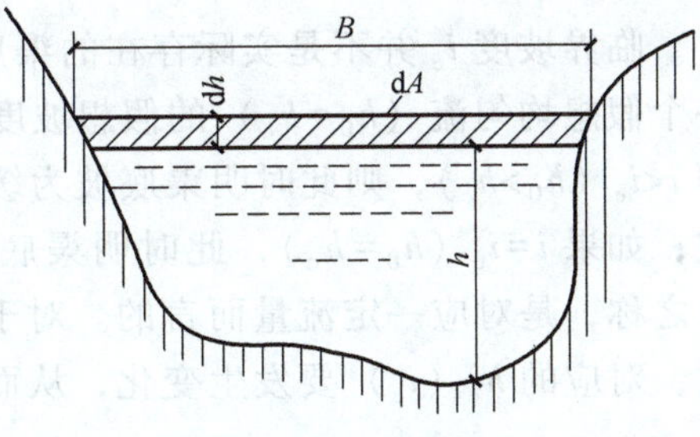

图 8-29 水面宽度

当给定渠道流量、断面形状和尺寸时，就可由式（8-37）求得 h_c 值。由式（8-37）可知，临界水深仅与断面形状、尺寸和流量有关，而与渠底坡度 i 及壁面粗糙系数无关。下面介绍临界水深的计算方法。

式（8-37）右端已知，左端 A_c^3/B_c 一般是临界水深 h_c 的隐函数，故常采用试算法或作图法求解。对于给定的断面，设几个 h 值，依次算出相应的 A^3/B 值。以 A^3/B 为横坐标，以 h 为纵坐标，作 $f(h)$ 函数曲线，如图 8-30 所示，最后在曲线上找出对应于 $\alpha Q^2/g$ 值的 h 值，此 h 值即所求的临界水深 h_c。

临界水深 h_c 也可借助相关的水力计算图表或用电算法求解。对于矩形断面的明渠水流，其水面宽度 B 等于底宽 b，代入式（8-37），有

$$\frac{\alpha Q^2}{g}=\frac{(bh_c)^3}{b} \tag{8-38}$$

得

$$h_c=\sqrt[3]{\frac{\alpha Q^2}{gb^2}}=\sqrt[3]{\frac{\alpha q^2}{g}} \tag{8-39}$$

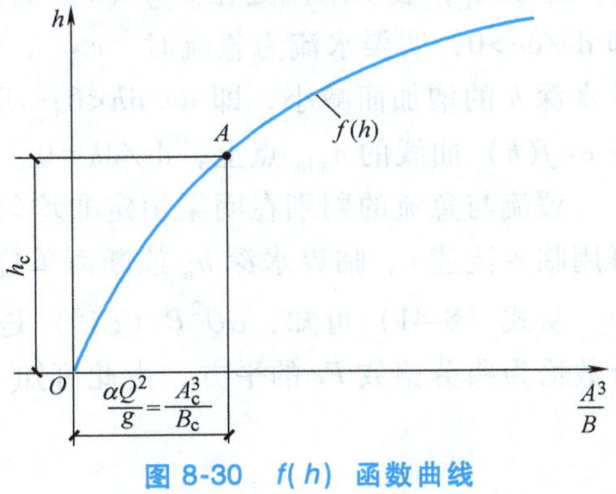

图 8-30 $f(h)$ 函数曲线

式中，q 为单宽流量，$q=Q/b$。

可见，在宽度 b 一定的矩形断面明渠中，水流在临界水深状态下，$Q=f(h_c)$。利用这种水力性质，工程上出现了有关的测量流量的简便设施。

8.3.3 临界坡度

在棱柱形渠道中，当断面形状、尺寸和流量一定时，水流的正常水深 h_0（即均匀流水深，为了区别于其他情况，以后相应于均匀流的各水力要素均加下标“0”表示）恰等于临界水深 h_c 时的渠底坡度称为临界坡度，并以 i_c 表示。当正常水深等于临界水深时，明渠均匀流流量可写为

$$Q=A_cC_c\sqrt{R_ci_c} \tag{8-40}$$

同时，该均匀流又是临界流动，即

$$\frac{\alpha Q^2}{g}=\frac{A_c^3}{B_c} \tag{8-41}$$

联立解式（8-40）和式（8-41），可得

$$i_c=\frac{g\chi_c}{\alpha C_c^2B_c} \tag{8-42}$$

临界坡度 i_c 并不是实际存在的渠底坡度，只是为了便于分析和计算非均匀流而引入的一个假想均匀流（$h_0=h_c$）的假想坡度。如果实际的渠底坡度小于某一流量下的临界坡度，即 $i<i_c$（$h_0>h_c$），则此时明渠底坡为缓坡；如果 $i>i_c$（$h_0<h_c$），则此时明渠底坡为急坡或陡坡；如果 $i=i_c$（$h_0=h_c$），此时明渠底坡称为临界坡。必须指出，上述关于明渠底坡的缓、急之称，是对应一定流量而言的。对于某一渠道，渠底坡度是一定的，但当流量增大或变小时，对应的 h_c（i_c）要发生变化，从而该渠道底坡的缓坡或急坡之称也要随之改变。

8.3.4 临界流、缓流、急流及其判别

8-4 明渠流动状态

明渠水流在临界水深处的流速称为临界流速，以 v_c 表示，这样的明渠水流称为临界流。当明渠水流流速小于临界流速时，明渠水流称为缓流；大于临界流速时，明渠水流称为急流。

明渠的水流状态还可用断面单位能量 e 来判别。明渠水流为缓流时，$v<v_c$，则 $h>h_c$，表明水流处在 $e=f(h)$ 曲线的上支（图 8-28），e 随着水深 h 的增加而增加，即 $\mathrm{d}e/\mathrm{d}h>0$；明渠水流为急流时，$v>v_c$，则 $h<h_c$，表明水流处在 $e=f(h)$ 曲线的下支，e 随着水深 h 的增加而减小，即 $\mathrm{d}e/\mathrm{d}h<0$；明渠水流为临界流时，$v=v_c$，则 $h=h_c$，表明水流处在 $e=f(h)$ 曲线的 e_{min} 点上，$\mathrm{d}e/\mathrm{d}h=0$。

缓流与急流的判别在明渠恒定非均匀流的分析和计算中具有重要意义。缓流与急流除了可用临界流速 v、临界水深 h_c 或断面单位能量 e 判别，还可用弗劳德数 Fr 判别。

从式（8-41）可知，$\alpha Q^2B/(gA^3)$ 是一个无量纲的组合数，经化简可知，此无量纲的组合数恰为弗劳德数 Fr 的平方，由此可知

$$\frac{\mathrm{d}e}{\mathrm{d}h}=1-Fr^2 \tag{8-43}$$

如令 $A/B=h_m$ 表示过流断面上的平均水深，则有

$$Fr^2=\frac{\alpha Q^2 B}{gA^3}=\frac{\alpha Q^2}{gA^2}\frac{1}{h_m}=\frac{\alpha v^2}{gh_m}=2\frac{\alpha v^2/(2g)}{gh_m} \tag{8-44}$$

式（8-44）表明，弗劳德数 Fr 的平方代表能量的比值，为水流中单位重量流体的动能对其平均势能比值的 2 倍。该式说明，水流中的动能越大，Fr 越大，则水流越急。如 $Fr<1$，由式（8-43）得，$de/dh>0$，则水流为缓流。由此可知：当 $Fr<1$ 时，水流为缓流；当 $Fr<1$ 时，水流为急流；当 $Fr<1$ 时，水流为临界流。

由于明渠水流中 Fr 的大小能反映出水流的缓、急程度，所以可用弗劳德数作为明渠水流状态的判别标准。

弗劳德数代表水流中惯性力与重力的比值。当水流中惯性力的作用与流体的重力作用相比占优势时，水流为急流；反之，重力作用占优势时，水流为缓流；当二者达到某种平衡状态时，水流为临界流。

尚需指出，明渠中的急流与缓流在水流现象上是截然不同的。假设在明渠水流中有一块巨石或其他障碍，便可观察到缓流或急流的水流现象：如石块前的水位壅高能逆流上传到较远的地方，如图 8-31a 所示，渠中水流为缓流；如水面仅在石块附近隆起，石块干扰的影响不能向上游传播，如图 8-31b 所示，渠中水流为急流。为什么急流和缓流会如此不同？这是因为石块对水流的扰动必然要向四周传播，如水流速度小于微小扰动波的传播速度，扰动波就会向上游传播，这时就出现缓流中看到的现象，反之，扰动波只能向下游传播，不能向上游传播，这时就出现急流中看到的现象。

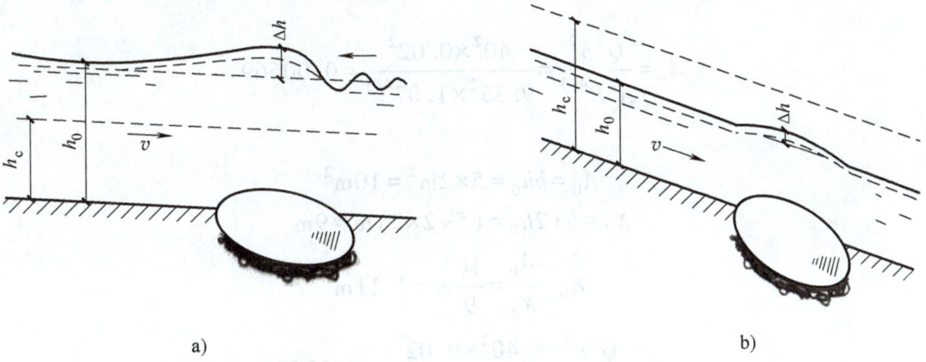

图 8-31　急流和缓流

由此看来，通过比较水流速度 v 和微小扰动波的传播速度 a，也可以判别水流状态。

根据水流的能量方程与连续性方程，可推导出微小扰动波的传播速度（简称微波波速）

$$a=\sqrt{\frac{qA}{\alpha B}}=\sqrt{gh_m/\alpha} \tag{8-45}$$

如水流速度 v 大于微小扰动波的传播速度 a，即水流为急流时有

$$v>\sqrt{gh_m/\alpha} \tag{8-46}$$

改写式（8-44）得

$$\frac{v}{\sqrt{gh_m/\alpha}}=Fr>1 \tag{8-47}$$

同理，对于临界流（$v=a$）和缓流（$v<a$），分别可得

$$\frac{v}{\sqrt{gh_m/\alpha}}=Fr=1 \tag{8-48}$$

或

$$\frac{v}{\sqrt{gh_m/\alpha}}=Fr<1 \tag{8-49}$$

式（8-47）至式（8-49）即明渠水流状态的判别式。

【例 8.5】 某渠道为矩形断面，壁面粗糙系数 $n=0.02$，宽度 $b=5\text{m}$，当正常水深 $h_0=2\text{m}$ 时，其过流流量 $Q=40\text{m}^3/\text{s}$。试分别用 h_c、i_c、Fr 及 v_c 来判别该明渠水流的缓、急状态。

【解】（1）用临界水深判别 有

$$h_c=\sqrt[3]{\frac{\alpha Q^2}{gb^2}}=\sqrt[3]{\frac{1\times40^2}{9.8\times5^2}}\text{m}=1.87\text{m}$$

因 $h_0=2\text{m}>h_c$，故此明渠水流为均匀缓流。

（2）用临界坡度判别 有

$$A_c=bh_c=5\times1.87\text{m}^2=9.35\text{m}^2$$

$$\chi_c=b+2h_c=(5+2\times1.87)\text{m}=8.74\text{m}$$

$$R_c=\frac{A_c}{\chi_c}=\frac{9.35}{8.74}\text{m}=1.07\text{m}$$

得

$$i_c=\frac{Q^2n^2}{A_c^2R_c^{4/3}}=\frac{40^2\times0.02^2}{9.35^2\times1.07^{4/3}}=0.00669$$

又

$$A_0=bh_0=5\times2\text{m}^2=10\text{m}^2$$

$$\chi_0=b+2h_0=(5+2\times2)\text{m}=9\text{m}$$

$$R_0=\frac{A_0}{\chi_0}=\frac{10}{9}\text{m}=1.11\text{m}$$

$$i=\frac{Q^2n^2}{A_0^2R_0^{4/3}}=\frac{40^2\times0.02^2}{10^2\times1.11^{4/3}}=0.00557$$

因 $i<i_c$，可见此渠道为缓坡渠道；又由于流动为均匀流，则水流必为缓流。

（3）用弗劳德数判别 有

$$Fr=\sqrt{\frac{\alpha Q^2B}{gA^3}}$$

其中

$$A=A_0=bh_0=5\times2\text{m}^2=10\text{m}^2$$

则

$$Fr=\sqrt{\frac{1\times40^2\times5}{9.8\times10^3}}=0.904$$

$Fr<1$，可知该明渠水流为缓流。

(4) 用临界流速判别 有

$$v_c=\frac{Q}{A_c}=\frac{Q}{bh_c}=\frac{40}{5\times1.87}\text{m/s}=4.28\text{m/s}$$

$$v_0=\frac{Q}{A_0}=\frac{Q}{bh_0}=\frac{40}{5\times2}\text{m/s}=4\text{m/s}$$

由 $v<v_c$ 可知，该明渠水流为缓流。

利用 h_c、i_c、Fr 及 v_c 来判别明渠水流状态都是可行的，但采用具有综合参数意义的弗劳德数 Fr 来判别在物理概念上更清晰一些。

【例 8.6】 某梯形渠道流量 $Q=20\text{m}^3/\text{s}$，底宽 $b=10\text{m}$，边坡系数 $m=1$，渠底坡度 $i=0.0004$，壁面粗糙系数 $n=0.0225$，动能修正系数 $\alpha=1.1$，试分别用水深法、波速法、弗劳德数法、断面比能法和底坡法判别渠中水流为急流还是缓流。

【解】 (1) 水深法 先求渠中的正常水深

$$A_0=(b+mh_0)h_0=(10+1\times h_0)h_0=(10+h_0)h_0$$

$$B=b+2mh_0=10+2\times1\times h_0=10+2h_0$$

$$\chi=b+2\sqrt{1+m^2}\,h_0=10+2\times\sqrt{1+1^2}\,h_0=10+2\sqrt{2}\,h_0$$

$$R_0=\frac{A_0}{\chi}=\frac{(10+h_0)h_0}{10+2\sqrt{2}\,h_0}$$

$$Q=\frac{\sqrt{i}}{n}A_0R_0^{2/3}=\frac{\sqrt{i}}{n}\frac{[(10+h_0)h_0]^{5/3}}{(10+2\sqrt{2}\,h_0)^{2/3}}$$

写成迭代式，得

$$h_0=\left(\frac{nQ}{\sqrt{i}}\right)^{3/5}\frac{(10+2\sqrt{2}\,h_0)^{2/5}}{10+h_0}=\left(\frac{0.0225\times20}{\sqrt{0.0004}}\right)^{3/5}\frac{(10+2\sqrt{2}\,h_0)^{2/5}}{10+h_0}$$

$$=6.476\times\frac{(10+2\sqrt{2}\,h_0)^{2/5}}{10+h_0}$$

解得 $h_0=1.628\text{m}$，则 $A_0=18.93\text{m}^2$，$B=13.256\text{m}$，$\chi=14.605\text{m}$，$R_0=1.296\text{m}$。

梯形渠道的临界水深为

$$h_c=\left(\frac{Q^2}{g}\right)^{1/3}\frac{(b+2mh_c)^{1/3}}{b+mh_c}=\left(\frac{20^2}{9.8}\right)^{1/3}\frac{(10+2\times1\times h_c)^{1/3}}{10+1\times h_c}$$

$$=3.443\times\frac{(10+2h_c)^{1/3}}{10+h_c}$$

迭代求解得 $h_c=0.724\text{m}$。因为 $h_0>h_c$，所以水流为缓流。

(2) 波速法

渠中流速 $$v=\frac{Q}{A_0}=\frac{20}{18.93}\text{m/s}=1.057\text{m/s}$$

渠中波速 $$v_w=\sqrt{gA_0/B}=\sqrt{9.8\times18.93/13.256}\text{ m/s}=3.741\text{m/s}$$

因为 $v<v_w$，所以水流为缓流。

(3) 弗劳德数法

$$Fr=\frac{v}{v_w}=\frac{1.057}{3.741}=0.283$$

因为 $Fr<1$，所以水流为缓流。

(4) 断面比能法

$$\frac{dE_s}{dh}=1-Fr^2=1-0.283^2=0.92$$

因为 $dE_s/dh>0$，所以水流为缓流。

(5) 底坡法 已知 $h_c=0.724m$，有

$$A_c=(b+mh_c)h_c=(10+1\times0.724)\times0.724m^2=7.764m^2$$

$$B_c=b+2mh_c=(10+2\times1\times0.724)m=11.448m$$

$$\chi_c=b+2\sqrt{1+m^2}h_c=(10+2\sqrt{1+1^2}\times0.724)m=12.048m$$

$$R_c=A_c/\chi_c=7.764/12.048m=0.6444m$$

$$C_c=\frac{1}{n}R_c^{1/6}=\frac{1}{0.0225}\times0.6444^{1/6}m^{1/2}/s=41.306m^{1/2}/s$$

$$i_c=\frac{g\chi_c}{\alpha C_c^2B_c}=\frac{9.8\times12.048}{1.1\times41.306^2\times11.448}=0.0055$$

因为 $i=0.0004<i_c$，所以水流为缓流。

8.4 水跃和水跌

8.4.1 水跃

为什么当水龙头中流出的水碰到水槽底部后会先散开再流入下水口？这个现象最早是著名的文艺复兴大使达·芬奇记录下来（图 8-32），对达·芬奇来说，水纯粹是因为其内在性

图 8-32 达·芬奇画像和达·芬奇手稿中对水流的研究

质而如此流动，他并不知道背后的原理。现在这个现象被称为水跃。

1. 水跃的定义

水跃是明渠水流从急流过渡到缓流时水面骤然跃起的局部水力现象。它可以在溢洪道下、泄洪闸下、跌坎下形成（图 8-33），也可以在平坡渠道中闸下出流时形成。

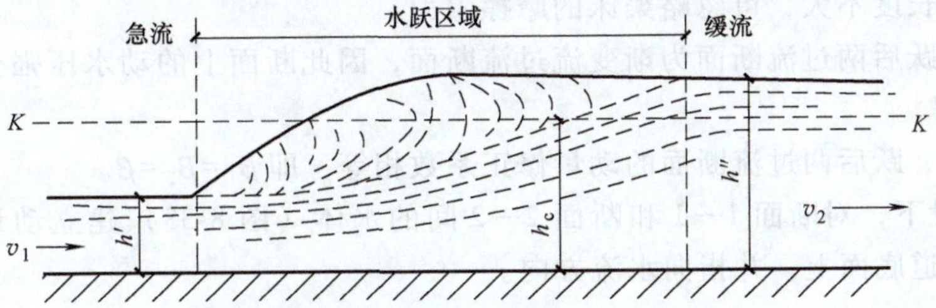

图 8-33　水跃

在水跃发生的流段内，流速大小及其分布不断变化。水跃区域的上部为从急流变为缓流所激起的表面液流，其翻腾滚动，饱掺空气，这种现象称为“表面水滚”。例如，长江三峡水利枢纽工程是目前世界上规模最大的水电站和清洁能源基地，也是目前中国有史以来建设最大型的工程项目。长江的年径流量接近一万亿 m^3，其中百分之七八十的水量集中在雨季。三峡水库的总库容为 392 亿，可调度的防洪库容有 221 亿。所以每年需进行必要的防洪调度，每年 4、5 月份，三峡大坝泄洪时洪流势如千军万马冲入长江中，此时江面涛澜汹涌且出现江流向上翻滚的情况（图 8-34）。

图 8-34　三峡泄洪

水跃区域的下部是水滚部分下面的主流区，流速由快变慢，水深由浅变深。主流与表面水滚部分并无明显的分界，两者之间不断地进行着质量交换，即主流质点被卷入表面水滚部分，同时，表面水滚部分的质点又不断地回到主流中。通常将表面水滚部分的始端称为跃首或跃前断面，该处的水深称为跃前水深；表面水滚部分的末端称为跃尾或跃后断面，该处的水深称为跃后水深。跃前与跃后水深之差称为跃高。跃前断面、跃后断面的距离称为水跃长度。

水跃是明渠非均匀急变流的重要现象，它的发生不仅会增加上、下游水流衔接的复杂性，还会引起大量的能量损失，是一种有效的消能方式。

2. 水跃的基本方程

这里仅讨论平坡（$i=0$）渠道中的完整水跃。所谓完整水跃是指发生在棱柱形渠道中，

跃前水深 h' 和跃后水深 h'' 相差显著的水跃。

由于水跃区内部水流极为紊乱复杂，其阻力分布规律人们尚未弄清，对水跃问题应用能量方程还有困难，故应用不需考虑水流能量损失的动量方程来推导。在推导过程中，根据水跃发生的实际情况，作以下一些假设：

1）水跃段长度不大，可忽略渠床的摩擦阻力。

2）跃前、跃后两过流断面为渐变流过流断面，因此断面上的动水压强分布可按静水压强分布规律考虑。

3）设跃前、跃后两过流断面的动量修正系数相等，即 $\beta_1=\beta_2=\beta$。

在上述假设下，对断面 1—1 和断面 2—2 间的水体（图 8-35）建立动量方程，将投影轴 $S—S$ 置于渠道底面上，并指向水流方向。

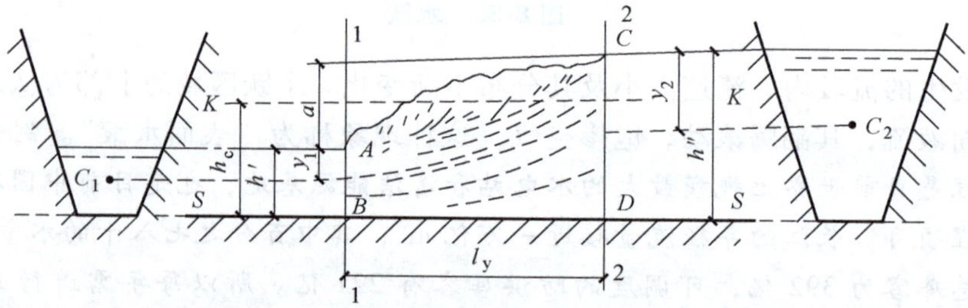

图 8-35　水跃的计算模型

根据假设，因摩擦阻力不必考虑，而渠床的反作用力与水体重力均与投影轴正交，所以沿投影轴方向作用在水体上的外力只有跃前、跃后两断面上的动水总压力 $F_{p1}=\gamma y_1 A_1$ 和 $F_{p2}=\gamma y_2 A_2$，其中 y_1、y_2 分别为跃前断面 1—1 及跃后断面 2—2 形心处的水深。

在单位时间内，断面 1—1 和断面 2—2 内的流体动量的增量为 $\gamma(y_1A_1-y_2A_2)\dfrac{\beta\gamma Q}{g}(v_2-v_1)$。写出流动方向的动量方程，并以 Q/A_1 代替 v_1，Q/A_2 代替 v_2，经整理得

$$\frac{\beta Q^2}{gA_1}+y_1A_1=\frac{\beta Q^2}{gA_2}+y_2A_2 \tag{8-50}$$

这就是棱柱形平坡渠道中完整水跃的基本方程。

令

$$\theta(h)=\frac{\beta Q^2}{gA}+yA \tag{8-51}$$

式中，y 为断面形心的水深；$\theta(h)$ 为水跃函数。

当流量和断面尺寸一定时，水跃函数便是水深 h 的函数。因此，完整水跃的基本方程（8-51）可写为

$$\theta(h_1)=\theta(h_2)\text{或}\theta(h')=\theta(h'') \tag{8-52}$$

式中，h_1、h_2 为断面 1—1、断面 2—2 处水深；h'、h'' 为跃前、跃后水深，合称共轭水深。

上述水跃基本方程表明，对于某一流量 Q，具有相同的水跃函数 $\theta(h)$ 的两个水深即共轭水深。

可以证明，在棱柱形明渠中，当流量 Q 一定时，若近似地认为水流的动能修正系数 α

与动量修正系数 β 相等，则相应于水跃函数最小值 $\theta(h)_{\min}$ 的水深恰好也是该流量下已给断面的临界水深。

3. 共轭水深的计算

对于矩形断面的棱柱形渠道，有 $A=bh$、$y=h/2$ 和 $aq^2/g=h_c^3$，将这些关系式代入式（8-51）可得

$$\theta(h)=\frac{\beta Q^2}{gA}+yA=\frac{\alpha b^2q^2}{gbh}+\frac{h}{2}bh=b\left(\frac{\alpha q^2}{gh}+\frac{h^2}{2}\right)=b\left(\frac{h_c^3}{h}+\frac{h^2}{2}\right) \tag{8-53}$$

因 $\theta(h')=\theta(h'')$，故有

$$b\left(\frac{h_c^3}{h'}+\frac{h'^2}{2}\right)=b\left(\frac{h_c^3}{h''}+\frac{h''}{2}\right) \tag{8-54}$$

即

$$h'^2h''+h'h''^2-2h_c^3=0 \tag{8-55}$$

从而解得

$$\begin{cases} h'=\dfrac{h''}{2}\left[\sqrt{1+8\left(\dfrac{h_c}{h''}\right)^3}-1\right] \\ h''=\dfrac{h'}{2}\left[\sqrt{1+8\left(\dfrac{h_c}{h'}\right)^3}-1\right] \end{cases} \tag{8-56}$$

由于 $(h_c/h)^3=\alpha q^2/gh^3=\alpha v^2/gh=Fr^2$，所以式（8-56）又可写成

$$\begin{cases} h'=\dfrac{h''}{2}\left[\sqrt{1+8Fr_2^2}-1\right] \\ h''=\dfrac{h'}{2}\left[\sqrt{1+8Fr_1^2}-1\right] \end{cases} \tag{8-57}$$

式（8-57）即矩形断面渠道中的水跃共轭水深关系式。对于梯形断面渠道，其共轭水深可根据水跃基本方程试算确定或查阅有关书籍、手册求得。

对于渠底坡度较大的矩形明渠，在推导其水跃基本方程时要考虑重力的影响。

4. 水跃的能量损失与长度

水跃现象不仅会改变水流的外形，也会引起水流内部结构的剧烈变化，如图 8-36 所示，随着这种变化而来的是大量的能量损失。研究表明，水跃造成的能量损失主要集中在水跃区，即图 8-36 所示的断面 1—1、断面 2—2 间的水跃段内，仅有少量分布在跃后流段。因此，通常均按能量损失全部消耗在水跃区来进行计算。这样，单位重量水体的能量损失为

$$\Delta h_w=E_1-E_2=\left(z_1+\frac{p_1}{\gamma}+\frac{\alpha_1v_1^2}{2g}\right)-\left(z_2+\frac{p_2}{\gamma}+\frac{\alpha_2v_2^2}{2g}\right) \tag{8-58}$$

对于平坡（$i=0$）矩形断面明渠，有

$$\Delta h_w=\left(h'+\frac{\alpha_1v_1^2}{2g}\right)-\left(h''+\frac{\alpha_2v_2^2}{2g}\right)=e'-e'' \tag{8-59}$$

将式（8-57）与式（8-58）代入式（8-59），可得

$$\Delta h_w=\frac{(h'-h'')^3}{4h'h''} \tag{8-60}$$

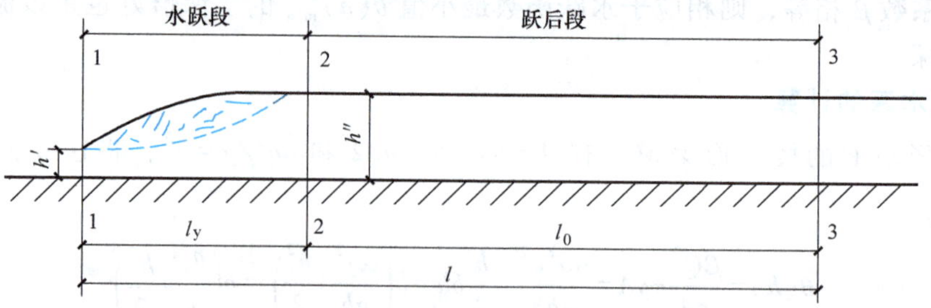

图 8-36 水跃的能量损失

可见，在给定流量下，水跃越高，即跃后水深 h'' 与跃前水深 h' 的差值越大，则水跃引起的能量损失 Δh_w 也越大。

水跃长度 l 应理解为水跃段长度 l_y 和跃后段长度 l_0 之和，即

$$l=l_y+l_0 \tag{8-61}$$

水跃长度是泄水建筑物消能设计的主要依据之一，因此水跃长度的确定具有重要的实际意义。由于水跃运动复杂，目前水跃长度仍只是根据经验公式计算。对于 i 较小的矩形断面渠道，水跃段长度 l_y 为

$$l_y=4.5h'' \tag{8-62}$$

或用下式计算

$$l_y=\frac{1}{2}(4.5h''+5h_a) \tag{8-63}$$

式中，h_a 为水跃高度（即 $h''-h'$）。

跃后段长度 l_0 可用下式计算

$$l_0=(2.5\sim3.0)l_y \tag{8-64}$$

上述经验公式，仅适用于渠底坡度较小的矩形渠道，在工程上初步估算时使用。若要获得准确值，尚需进行水工模型实验。

【例 8.7】 两段渠底坡度不同的矩形断面渠道相连，渠道底宽都是 5m。上游渠道中水流作均匀流动，水深为 0.7m。下游渠道为平坡渠道，在连接处附近水深约为 6.5m，过流流量为 $48m^3/s$。

(1) 试判断在两渠道连接处是否会发生水跃？

(2) 若发生水跃，试以上游渠中水深为跃前水深，计算其共轭水深。

(3) 计算水跃长度和水跃消耗的水流能量。

【解】 (1) 判别是否发生水跃 取 $\alpha=1$，则有

$$h_c=\sqrt[3]{\frac{\alpha Q^2}{gb^2}}=\sqrt[3]{\frac{1\times48^2}{9.8\times5^2}}\text{m}=2.11\text{m}$$

上游水深 $h_1=0.7\text{m}<2.11\text{m}$，水流为急流，下游水深 $h_2=6.5\text{m}>2.11\text{m}$，水流为缓流。水流由急流转变为缓流，必将发生水跃。

(2) 以 $h'=0.7\text{m}$ 计算共轭水深 h'' 根据式（8-57），有

$$h''=\frac{h'}{2}(\sqrt{1+8Fr_1^2}-1)$$

又

$$Fr_1^2=\frac{\alpha v^2}{gh}=\frac{1\times[48/(5\times0.7)]^2}{9.8\times0.7}=27.42$$

则

$$h''=\frac{0.7}{2}(\sqrt{1+8\times27.42}-1)\text{m}=4.85\text{m}$$

(3) 水跃段长度为

$$l_y=4.5h''=4.5\times4.85\text{m}=21.83\text{m}$$

$$\Delta h_w=\left(h'+\frac{\alpha_1 v_1^2}{2g}\right)-\left(h''+\frac{\alpha_2 v_2^2}{2g}\right)=\left(h'+\frac{\alpha_1 Q^2}{2gA_1^2}\right)-\left(h''+\frac{\alpha_2 Q^2}{2gA_2^2}\right)$$

$$=\left[0.7+\frac{48^2}{2\times9.8\times(5\times0.7)^2}\right]\text{m}-\left[4.85+\frac{48^2}{2\times9.8\times(5\times4.85)^2}\right]\text{m}$$

$$=(10.3-5.05)\text{m}=5.25\text{m}$$

8.4.2 水跌

明渠水流为缓流时，因下游渠底坡度变陡（$i>i_c$），或因下游渠道断面形状突然改变，水面急剧降落，水流可能以临界流动状态通过这个突变的断面，转变为急流。这种从缓流向急流过渡的局部水力现象称为水跌或跌水。如位于中国与越南边境处亚洲第一大跨国瀑布——德天瀑布（图8-37），瀑布在地质学上的水力现象叫跌水，即河水在流经断层、凹陷等地区时垂直地从高空跌落的现象。在河流存在的时段内，瀑布是一种暂时性的特征，它最终会消失。

图 8-37 德天瀑布

了解水跌现象对分析和计算明渠恒定非均匀流的水面曲线具有重要的意义。例如缓坡渠道后接一急坡渠道，水流经过连接断面时的水深可认为是临界水深，这一断面称为控制断面，其水深称为控制水深。在进行水面曲线分析和计算时可将控制水深作为已知水深，从而给分析、计算提供了一个已知条件。

8.5 明渠恒定非均匀渐变流的基本微分方程

明渠恒定非均匀流的基本方程为

$$i\text{d}s=\cos\alpha\text{d}h+(\alpha+\zeta)\text{d}\left(\frac{v^2}{2g}\right)+\frac{Q^2}{K^2}\text{d}s \tag{8-65}$$

如果渠底坡度 $i<0.1$，在实用上一般都采用 $\cos\alpha\approx1$，用竖直水深代替垂直于槽底的水深，则式（8-65）可以写成

$$i\mathrm{d}s=\mathrm{d}h+(\alpha+\zeta)\mathrm{d}\left(\frac{v^2}{2g}\right)+\frac{Q^2}{K^2}\mathrm{d}s=0 \tag{8-66}$$

8.5.1 水深沿程变化的微分方程

非棱柱体明渠非均匀渐变流水深沿程变化的微分方程为

$$\frac{\mathrm{d}h}{\mathrm{d}s}=\left[i-\frac{Q^2}{K^2}+(\alpha+\zeta)\frac{Q^2}{gA^3}\frac{\partial A}{\partial s}\right]\Bigg/\left[1-(\alpha+\zeta)\frac{Q^2B}{gA^3}\right] \tag{8-67}$$

对于棱柱形渠道的恒定渐变流，因为$\partial A/\partial s=0$，式（8-67）可简化为

$$\frac{\mathrm{d}h}{\mathrm{d}s}=(i-Q^2/K^2)\Bigg/\left[1-(\alpha+\zeta)\frac{Q^2B}{gA^3}\right] \tag{8-68}$$

对于明渠恒定均匀流，因为$\mathrm{d}h/\mathrm{d}s=0$，有

$$i-Q^2/K^2=0 \tag{8-69}$$

以上所得明渠恒定渐变流基本微分方程，是水面线分析和计算的基础。如果忽略局部水头损失，取$a=1$，则式（8-68）可写成

$$\frac{\mathrm{d}h}{\mathrm{d}s}=(i-Q^2/K^2)\Bigg/\left(1-\frac{Q^2B}{gA^3}\right)=(i-J_f)/(1-Fr^2) \tag{8-70}$$

式（8-70）虽是根据正坡（$i>0$）渠道得出的，但对于其他类型底坡的渠道也同样适用。对于平底渠道，$i=0$，则有

$$\mathrm{d}h/\mathrm{d}s=-J_f/(1-Fr^2) \tag{8-71}$$

对于逆坡渠道，$i<0$，以渠底坡度的绝对值$|i|=i'$代入式（8-70）得

$$\mathrm{d}h/\mathrm{d}s=(-i'-J_f)/(1-Fr^2) \tag{8-72}$$

8.5.2 水位沿程变化的微分方程

对于天然河道内的非均匀流，常用水位z代替水深变化来进行分析，其微分方程为

$$-\frac{\mathrm{d}z}{\mathrm{d}s}=(\alpha+\zeta)\frac{\mathrm{d}}{\mathrm{d}s}\left(\frac{v^2}{2g}\right)+\frac{Q^2}{K^2}=0 \tag{8-73}$$

式（8-73）对于棱柱形和非棱柱形渠道都是适用的。

8.6 明渠恒定非均匀渐变流的水面曲线分析

8.6.1 水流的渐变流段与局部现象

明渠恒定非均匀流的流速、水深等运动要素沿程变化（图 8-38）。伴随着流速、水位（或水深）、过流断面面积等要素的沿程变化，探讨流速、水位（或水深）的沿程变化规律，就成为明渠非均匀流水力计算的重点。具体来讲，明渠非均匀流水深或水位的沿程变化规律包括两方面的含义：一是水面曲线的定性分析，即研究水面曲线大致是什么形状的曲线；二是水面曲线的定量计算，即通过具体计算，掌握水深或水位的沿程变化规律。为解决这两个

问题，必须首先建立描述水深或水位沿程变化规律的微分方程。然后，利用微分方程进一步完成水面曲线的定性分析和定量计算。下面利用能量方程建立明渠恒定非均匀渐变流基本微分方程，再根据分析计算的需要，建立水深沿程变化的微分方程、水位沿程变化的微分方程、断面比能沿程变化的微分方程。

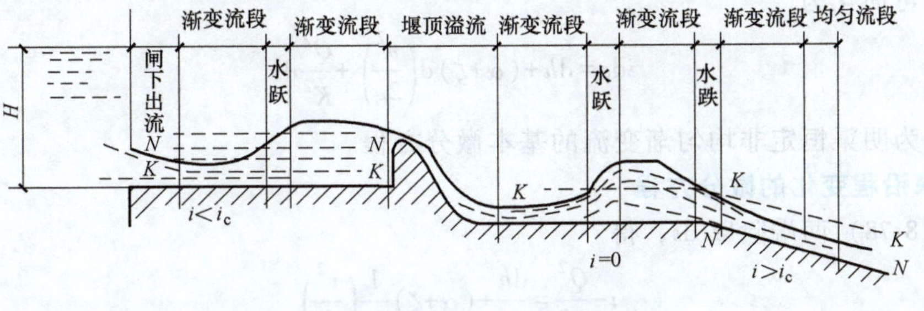

图 8-38 水流的渐变流段与局部现象

1. 明渠恒定非均匀渐变流基本微分方程

如图8-39所示，在渠底坡度为 i 的明渠恒定非均匀渐变流中，沿流动方向任取一微分流段 ds，基准面为断面 0—0。设上游断面水深为 h、水位为 z、断面平均流速为 v、渠底高程为 z_0。由于非均匀流的运动要素沿程变化，故经过微分流段 ds 之后，下游断面的运动要素会有增量，即水深为 $h+dh$、水位为 $z+dz$、断面平均流速为 $v+dv$，渠底高程为 z_0+dz_0。取上游 1—1 断面与下游 2—2 断面对 0—0 基准面列能量方程

$$z_0+h\cos\theta+\frac{\alpha_1 v^2}{2g}=(z_0-i\mathrm{d}s)+(h+\mathrm{d}h)\cos\theta+\frac{\alpha_2(v+\mathrm{d}v)^2}{2g}+\mathrm{d}h_f+\mathrm{d}h_j \tag{8-74}$$

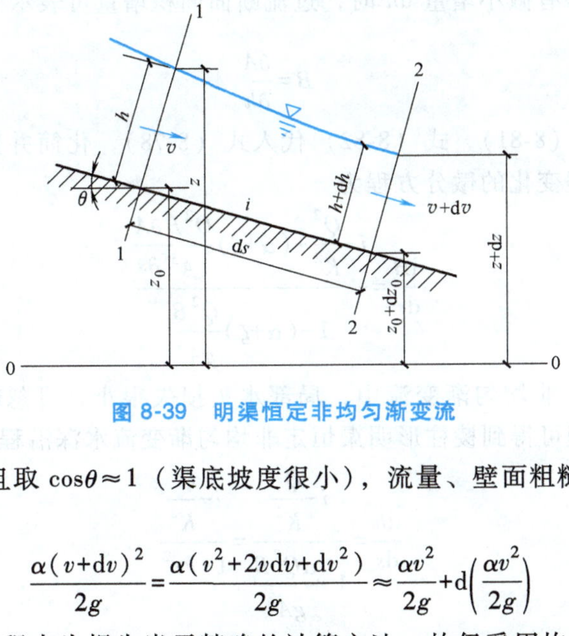

图 8-39 明渠恒定非均匀渐变流

令 $\alpha_1=\alpha_2=\alpha$，并且取 $\cos\theta\approx1$（渠底坡度很小），流量、壁面粗糙系数沿程不变。其中

$$\frac{\alpha(v+\mathrm{d}v)^2}{2g}=\frac{\alpha(v^2+2v\mathrm{d}v+\mathrm{d}v^2)}{2g}\approx\frac{\alpha v^2}{2g}+\mathrm{d}\left(\frac{\alpha v^2}{2g}\right) \tag{8-75}$$

由于非均匀流的沿程水头损失尚无精确的计算方法，故仍采用均匀流公式计算，即

$$\mathrm{d}h_j=\frac{Q^2}{K^2}\mathrm{d}s=\frac{v^2}{C^2R}\mathrm{d}s \tag{8-76}$$

式中，K、v、C、R 为所取流段上、下游两断面运动要素的平均值。

流段 ds 上局部水头损失可表示为

$$dh_j=\zeta d\left(\frac{v^2}{2g}\right) \tag{8-77}$$

式（8-77）可简化为

$$i ds=dh+(\alpha+\zeta)d\left(\frac{v^2}{2g}\right)+\frac{Q^2}{K^2}ds \tag{8-78}$$

式（8-78）为明渠恒定非均匀渐变流的基本微分方程。

2. 水深沿程变化的微分方程

将式（8-78）两端除以 ds，得

$$i-\frac{Q^2}{K^2}=\frac{dh}{ds}+(\alpha+\zeta)\frac{1}{ds}\left(\frac{v^2}{2g}\right) \tag{8-79}$$

式中

$$\frac{1}{ds}\left(\frac{v^2}{2g}\right)=\frac{d}{ds}\left(\frac{Q^2}{2gA^2}\right)=-\frac{Q^2}{gA^3}\frac{dA}{ds} \tag{8-80}$$

由于棱柱形明渠及非棱柱形明渠的过流断面面积随水深及流程变化规律不同，因此要分别进行研究。

（1）非棱柱形明渠　对于非棱柱形明渠，$A=A(h,s)$，则

$$\frac{dA}{ds}=\frac{\partial A}{\partial h}\frac{dh}{ds}+\frac{\partial A}{\partial s} \tag{8-81}$$

当过流断面上水深有微小增量 dh 时，过流断面面积增量可表示为 $Bdh=\frac{\partial A}{\partial h}dh$，则

$$B=\frac{\partial A}{\partial h} \tag{8-82}$$

将式（8-80）、式（8-81）、式（8-82）代入式（8-78），化简并整理可得非棱柱形明渠非均匀渐变流水深沿程变化的微分方程为

$$\frac{dH}{ds}=\frac{i-\dfrac{Q^2}{K^2}+(\alpha+\zeta)\dfrac{Q^2B}{gA^3}\dfrac{\partial A}{\partial s}}{1-(\alpha+\zeta)\dfrac{Q^2B}{gA^3}} \tag{8-83}$$

（2）棱柱形明渠　非均匀渐变流中，局部水头损失很小，可忽略不计。这样一来，由式（8-83）化简并整理可得到棱柱形明渠恒定非均匀渐变流水深沿程变化的微分方程

$$\frac{dh}{ds}=\frac{i-\dfrac{Q^2}{K^2}}{1-\dfrac{\alpha Q^2B}{gA^3}}=\frac{i-\dfrac{Q^2}{K^2}}{1-Fr^2} \tag{8-84}$$

式（8-84）可用于明渠恒定非均匀渐变流水面曲线的定性分析和定量计算。

3. 水位沿程变化的微分方程

在天然河道中，常用水位反映非均匀流的变化情况。因此，需要建立水位沿程变化的微

分方程。由图 8-28 可知

$$z=z_0+h/\cos\theta,\ \mathrm{d}z=\mathrm{d}z_0+\mathrm{d}h=-i\mathrm{d}s+\mathrm{d}h \tag{8-85}$$

由式（8-78）可得

$$-\frac{\mathrm{d}z}{\mathrm{d}s}=(\alpha+\zeta)\frac{\mathrm{d}}{\mathrm{d}s}\left(\frac{v^2}{2g}\right)+\frac{Q^2}{K^2} \tag{8-86}$$

式（8-86）就是明渠恒定非均匀渐变流水位沿程变化的微分方程。它适用于棱柱体明渠及非棱柱体明渠，主要用于分析天然河道水面曲线的变化规律。

4. 断面比能沿程变化的微分方程

由于 $E_s=h+\frac{\alpha v^2}{2g}$，故

$$\mathrm{d}E_s=\mathrm{d}h+\mathrm{d}\left(\frac{\alpha v^2}{2g}\right) \tag{8-87}$$

在渐变流中，忽略局部水头损失，由式（8-87）可得

$$\frac{\mathrm{d}E_s}{\mathrm{d}s}=i-\frac{Q^2}{K^2} \tag{8-88}$$

式（8-88）就是断面比能沿程变化的微分方程。它常用于人工渠道水面曲线的计算，对棱柱体明渠和非棱柱体明渠都适用。

8.6.2 渐变流水面曲线的变化规律

上面介绍了明渠恒定非均匀渐变流的基本微分方程，它表示相对于渠底的自由水面的纵坡方程，能够用它来描述渐变流自由水面纵剖面的特性，反映渐变流水面曲线变化规律。以后为讨论简便起见，考察棱柱形渠道的恒定渐变流。为此，在 $i>0$ 时，引入一辅助的均匀流，令它在给定的渠道断面形式和渠底坡度 i 下，过流流量等于非均匀流时发生的实际流量 Q，即

$$Q=A_0C_0\sqrt{Ri}=K_0\sqrt{i}=f(h_0) \tag{8-89}$$

则基本微分方程（8-84）可表示为

$$\frac{\mathrm{d}h}{\mathrm{d}s}=\frac{i-\dfrac{Q^2}{K^2}}{1-\dfrac{\alpha Q^2B}{gA^3}}=\frac{i-(K_0^2i/K^2)}{1-Fr^2}=i\frac{1-(K_0^2/K^2)}{1-Fr^2} \tag{8-90}$$

式中，K_0 为对应于 h_0 的流量模数；K 为对应于非均匀流的水深 h 的流量模数。

经过变形后的微分方程包含了 h、h_0、h_c 及 i 的相互关系。由于在不同渠底坡度 i 下，上述 h、h_0、h_c 的值有不同的组合，从而形成了明渠非均匀流水面曲线的各种变化，如 $\mathrm{d}h/\mathrm{d}s>0$、$\mathrm{d}h/\mathrm{d}s=0$、$\mathrm{d}h/\mathrm{d}s<0$、$\mathrm{d}h/\mathrm{d}s\to i$，以及 $\mathrm{d}h/\mathrm{d}s\to\pm\infty$ 等。

1）对于缓坡渠道，$i<i_c$，渠道正常水深 h_0 大于临界水深 h_c，流动分为三个区域，根据控制水深的不同，可以形成三种情况的水面曲线，如图 8-40 所示。

2）对于陡坡渠道，$i>i_c$，$h_0<h_c$，正常水深线 $N—N$ 在临界水深线 $K—K$ 之下，其流动也分为三个区域，如图 8-41 所示。

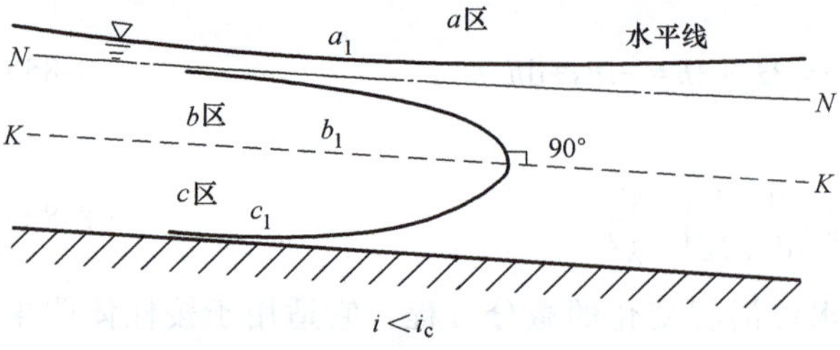

图 8-40　缓坡（$i<i_c$）渠道水面曲线

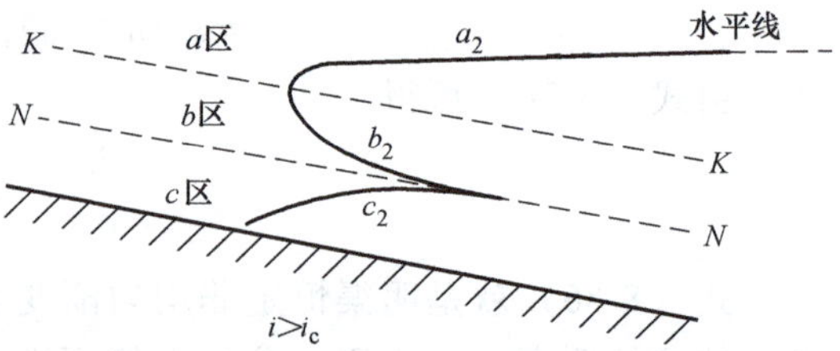

图 8-41　陡坡（$i>i_c$）渠道水面曲线

3）对于临界坡渠道，$i>i_c$，$h_0<h_c$，正常水深线 $N—N$ 与临界水深线 $K—K$ 重合，因此不存在 b 区，只有 a 区和 c 区。水面曲线如图 8-42 所示。

4）对于平坡渠道，$i=0$，不会发生均匀流，因此不存在正常水深线 $N—N$，只有临界水深线 $K—K$，水面曲线的变化区域只有 b 区和 c 区，如图 8-43 所示。

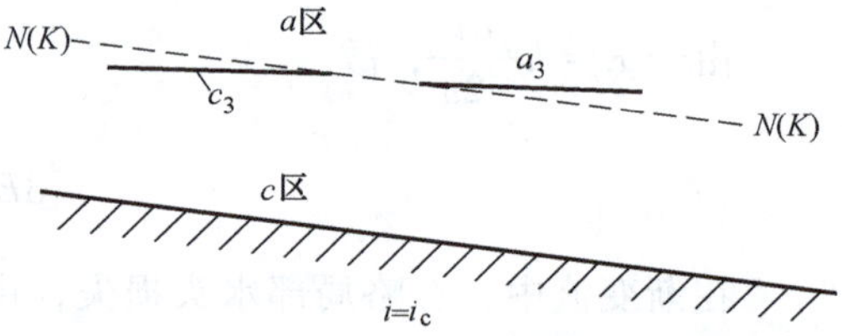

图 8-42　临界坡（$i=i_c$）渠道水面曲线

5）对于逆坡渠道，$i<0$，不可能发生均匀流，因此没有正常水深线，只有临界水深线 $K—K$。这样，在逆坡渠道中，同样只有 b 区和 c 区，如图 8-44 所示。

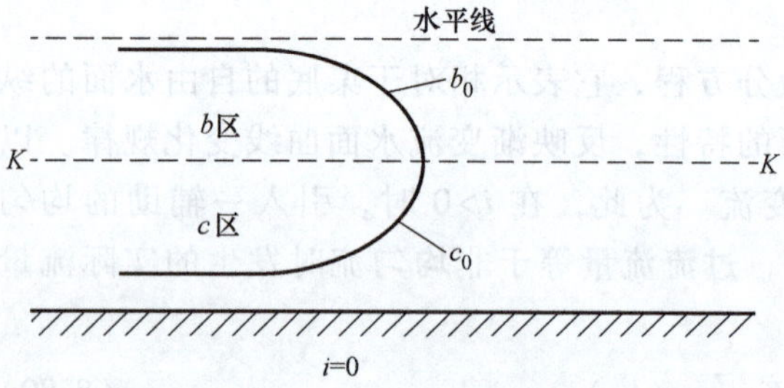

图 8-43　平坡（$i=0$）渠道水面曲线

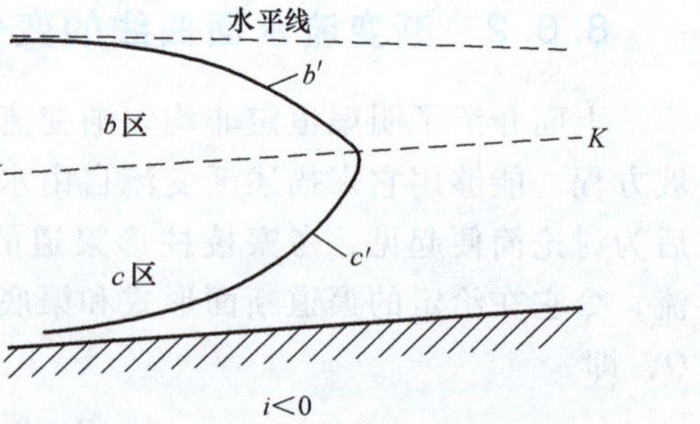

图 8-44　逆坡（$i<0$）渠道水面曲线

由上述可知共有 12 种类型的水面曲线，见表 8-6。

8.6.3　水面曲线分析的一般原则与步骤

1. 水面曲线分析的一般原则

水面曲线分析的一般原则如下：

1）a_1、a_2、a_3、a_0 及 c_1、c_2、c_3、c_0、c' 型水面曲线是水深沿程增加的壅水曲线；b_1、b_2、b' 型水面曲线为降水曲线。

2）除 a_3、c_3 型水面曲线外，其余水面曲线都遵循这一规律：当水深 $h \to h_0$ 时，水面曲线以 $N—N$ 线为渐近线；当 $h \to \infty$ 时，水面曲线以水平线为渐近线；当 $h \to h_c$ 时，水面曲线发生中断，或与水跃或水跌部分相连接（水面曲线与 $K—K$ 线垂直）。

3）当渠道足够长时，在非均匀流影响不到的地方，水流将形成均匀流，水深为正常水深 h_0，水面曲线为 $N—N$ 线。

表 8-6 12 种类型的水面曲线

底坡		区域	水面曲线类型	水深范围	dh/ds 一般	dh/ds 向上游	dh/ds 向下游
正坡渠道	缓坡 $i<i_c$	a	a_1	$h>h_0>h_c$	>0	→0	→i
		b	b_1	$h_0>h>h_c$	<0	→0	→-∞
		c	c_1	$h_0>h_c>h$	>0		→∞
	陡坡 $i>i_c$	a	a_2	$h>h_c>h_0$	>0	→∞	→i
		b	b_2	$h_c>h>h_0$	<0	→-∞	→0
		c	c_2	$h_c>h_0>h$	>0		→0
	临界坡 $i=i_c$	a	a_3	$h>h_c$	>0		
		b	b_3				
		c	c_3	$h<h_c$	>0		
平坡渠道	$i=0$	b	a_0	$h>h_c$	<0	→0	→-∞
		c	c_0	$h<h_c$	>0		→∞
逆坡渠道	$i<0$	b	b'	$h>h_c$	<0	→i	→-∞
		c	c'	$h<h_c$	>0		→∞

4）水面曲线的衔接。在工程中经常会遇到几段渠道中的水面曲线衔接的问题，其中两段渠道中水面曲线的衔接是基础。沿水流方向水面曲线的衔接遵循以下原则：①由缓流向急流过渡时产生水跌；②由急流向缓流过渡时产生水跃；③由缓流向缓流过渡时只影响上游，下游为均匀流；④由急流向急流过渡时只影响下游，上游为均匀流；⑤临界底坡渠道中的流动状态取决于相邻渠道底坡的陡缓情况，如果上游（或下游）相邻渠道的底坡是缓坡，则由缓流过渡到缓流，如果上游（或下游）相邻的渠道底坡是陡坡，则由急流过渡到急流；⑥水库中的水流可视为缓流。

2. 水面曲线分析的步骤

水面曲线分析的步骤如下：

1）计算收缩断面水深。如闸孔出流、无压涵洞进口、溢流堰下游等收缩断面水深，均可由已知条件计算确定。

2）计算闸、坝、桥、涵洞上游断面的水深。由闸孔出流公式或堰流公式确定。

3）计算长直渠道中的正常水深。由已知条件计算确定。

4）根据已知条件，给出一定底坡情况下的 $N—N$ 线、$K—K$ 线（或只有 $K—K$ 线）。

5）找出控制断面位置及水深。

6）由控制水深所处的区域确定水面曲线的类型，由水面曲线变换规律确定水面曲线的变化趋势。

7）确定控制断面发生的位置。在水面曲线的分析中，确定控制断面的位置是非常重要的。工程中常见的控制断面有：跌坎处或缓坡向陡坡转折处的水深为临界水深 h_c；渠道底坡由陡坡变为缓坡时，由于陡坡中水流为急流，缓坡中水流为缓流，水流由急流过渡到缓流时必然发生水跃。水跃是自水深小于临界水深处跃入水深大于临界水深处，其间必经过临界水深；当水流自水库进入陡坡时，水库中水流为缓流，而陡坡中水流为急流，水流由缓流过渡到急流时，必经过临界水深。

思 维 导 图

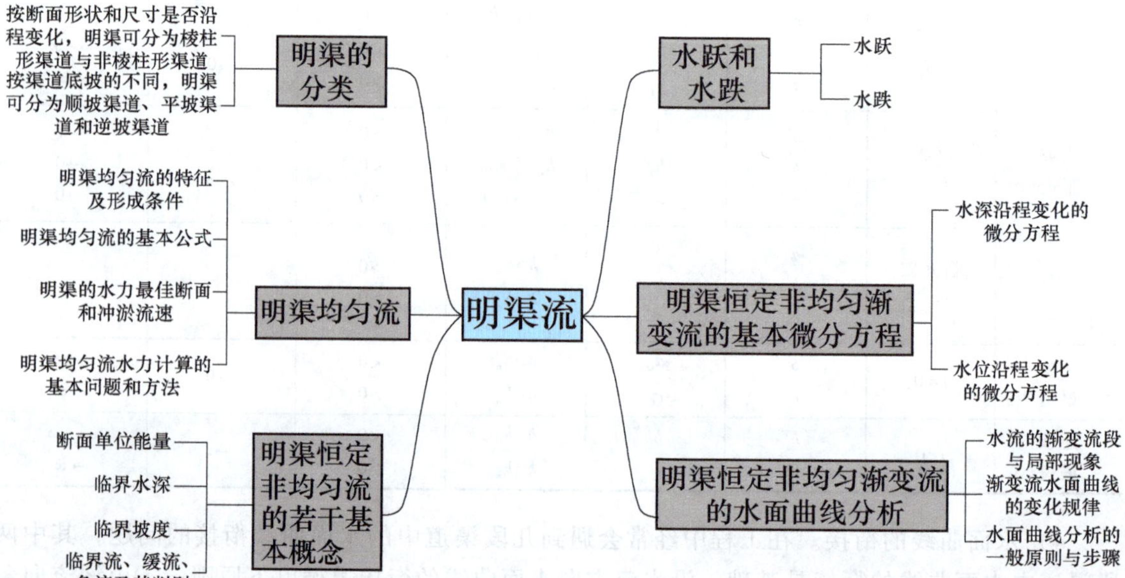

课 后 习 题

一、单项选择题

1. 引丹工程是鄂西北的生命工程，如图 8-45 所示。渠首取水口位于丹江口水库的引丹渠，穿“地下长龙”清泉沟隧洞，越“天上银河”排子河渡槽，横贯鄂西北岗地，雄伟壮观。在丹渠工程中，正常水深是指（　　）。

A. 均匀流水深　　B. 非均匀流水深　　C. 临界水深　　D. 断面平均水深

2. 图 8-46 为平泉县、宽城满族自治县最大的河流—瀑河，在图示区域水流均匀且水流断面沿程不发生变化。这种渠道内均匀流动时沿程不变的断面水深称为（　　）。

图 8-45　引丹渠

图 8-46　瀑河

A. 临界水深　　B. 控制水深　　C. 正常水深　　D. 实际水深

3. 对于明渠均匀流，必有（　　）。

A. $\frac{\partial v}{\partial s}=0$，$\frac{\partial h}{\partial s}=0$，$\frac{\partial p}{\partial h}=0$　　B. $\frac{\partial v}{\partial s}=0$，$\frac{\partial h}{\partial s}=0$，$\frac{\partial A}{\partial h}=0$

C. $\frac{\partial v}{\partial s}=0$，$\frac{\partial A}{\partial h}=0$，$\frac{\partial p}{\partial h}=0$　　D. $\frac{\partial v}{\partial s}=0$，$\frac{\partial h}{\partial s}=0$，$\frac{\partial p}{\partial h}=\rho g$

4. 南水北调工程大幅增加了首都的水安全保障，明显改善了北京饮用水的水质，对北京生态环境的改善也发挥了重要作用，图8-47为南水北调一期工程，其渠道断面形式为梯形，问该渠过流断面几何要素的基本量为（　　）。

A. 底宽 b、水深 h 和水力半径 R　　B. 面积 A、水深 h 和边坡系数 m

C. 底宽 b、水深 h 和边坡系数 m　　D. 面积 A、湿周 χ 和水力半径 R

5. 梯形断面渠道的宽深比是（　　）。

A. 过流断面的水面宽与水深之比　　B. 过流断面的水面宽与渠道开挖深度之比

C. 过流断面的底宽与水深之比　　D. 渠道开挖顶宽与水深之比

6. 只适用于明渠均匀流流动状态的判别标准是（　　）。

A. 微波波速　　B. 临界底坡　　C. 费劳德数　　D. 临界水深

7. 某蔬菜基地为使农田灌溉更加便捷，且能在恶劣天气下及时排涝以免基地受淹，新修建混凝土衬砌的矩形排涝渠道，如图8-48所示。已知渠道底宽 $b=2\text{m}$，水深 $h=1\text{m}$，粗糙系数 $n=0.01$，底坡 $i=0.001$，则断面平均流速 $v=$（　　）。

A. 4.47m/s　　B. 3.98m/s　　C. 3.16m/s　　D. 1.99m/s

图8-47　南水北调一期工程

图8-48　某新建排涝渠道

8. 水力最优断面是指（　　）的渠道断面。

A. 造价最低　　B. 糙率最小

C. 在 Q、i、n 一定时，过流面积 A 最大　　D. 在 A、i、n 一定时，通过流量 Q 最大

9. 甘肃中部地区自然条件差，林草稀少，水土流失严重。因此科学地利用当地气候资源，造林育草，对其生态环境有改善作用。当地群众拟新建梯形断面渠道用于藏水，如图8-49所示。已知其水流为明渠均匀流，断面面积 $A=5.04\text{m}^2$，湿周 $\chi=6.73\text{m}$，粗糙系数 $n=0.025$，则谢才系数 C 为（　　）$\text{m}^{0.5}/\text{s}$。

A. 30.80　　B. 30.12　　C. 38.80　　D. 38.12

图 8-49 新建梯形断面渠道

10. 若明渠水流为急流，则必有（　　）。

A. $Fr>1$　　B. $h>h_k$　　C. $\frac{de}{dh}>0$　　D. $v_k>v$

11. 若明渠水流为缓流，则必有（　　）。

A. $Fr<1$　　B. $\frac{h}{h_c}<1$　　C. $\frac{de}{dh}<0$　　D. $\frac{v_c}{v}<1$

12. 明渠水流由缓流过渡到急流时发生（　　）的水力现象。

A. 水跃　　B. 水跌　　C. 连续过渡　　D. 都有可能

13. 水跃函数 $\theta(h)$ 的数学表达式为（　　）。

A. $\frac{\beta Q^2}{\rho A}-hA$　　B. $\frac{\beta Q^2}{\rho A}+hA$　　C. $\frac{\beta Q^2}{gA}-hA$　　D. $\frac{\beta Q^2}{gA}+hA$

14. 明渠水流出现 M_2 型水面曲线时，水流的特性为（　　）。

A. $Fr<1$，$h>h_c$　　B. $Fr>1$，$h>h_c$　　C. $Fr<1$，$h<h_c$　　D. $Fr>1$，$h<h_c$

15. 欲保证明渠均匀流原型和模型的流动相似，则其渠壁粗糙率比例尺 λ_n 与相应的长度比例尺 λ_l 和渠底坡度比例尺 λ_i 之间的关系为 $\lambda_n=$（　　）。

A. $\lambda_l^{\frac{1}{2}}\lambda_i^{\frac{1}{2}}$　　B. $\lambda_l^{\frac{1}{2}}\lambda_i^{\frac{1}{6}}$　　C. $\lambda_l^{\frac{1}{6}}\lambda_i^{\frac{1}{2}}$　　D. $\lambda_l^{\frac{1}{6}}\lambda_i^{\frac{1}{6}}$

二、多项选择题

1. 对于明渠均匀流，必有（　　）。

A. $\frac{de}{ds}>0$　　B. $\frac{de}{ds}=0$　　C. $\frac{de}{ds}<0$

D. $\frac{dE}{ds}>0$　　E. $\frac{dE}{ds}<0$

2. 对于明渠非均匀流，通常有（　　）。

A. $\frac{de}{ds}>0$　　B. $\frac{de}{ds}=0$　　C. $\frac{de}{ds}<0$

D. $\frac{dE}{ds}>0$　　E. $\frac{dE}{ds}<0$

3. 下列关于临界水深的说法中，正确的有（　　）。

A. 临界水深是指在渠道断面形式和流量给定条件下，相应于断面单位能量 $e=e_{min}$ 时的水深

B. 临界水深是指在渠道断面形式和断面单位能量一定的条件下，相应于渠道通过流量 $Q=Q_{max}$ 时的水深

C. 临界水深是指在渠道断面形式和流量给定条件下，相应于水跃函数 $\theta(h)=\theta(h)_{min}$ 时的水深

D. 临界水深是指跃前段面和跃后段面的平均水深

E. 临界水深是指闸下收缩断面的水深

4. 下列关于水跃概念的说法中，正确的有（　　）。

A. 水跃是明渠水流由急流向缓流过渡时产生的局部水力现象

B. 水跃的跃前水深和跃后水深是一对共轭水深

C. 水跃的跃后水深随跃前水深的增大而减小

D. 水跃的跃前水深随跃后水深的增大而增大

E. 明渠水流发生水跃连接一般有临界水跃、淹没水跃和远驱水跃 3 种可能的形式

5. 下面关于水面曲线连接的说法中，正确的有（　　）。

A. 由急流向缓流过渡时产生水跃

B. 由缓流向急流过渡时产生跌水

C. 由急流向急流过渡时只影响下游，上游仍为均匀流

D. 由缓流向缓流过渡时只影响上游，下游仍为均匀流

E. 由急流向急流过渡时只影响上游，下游仍为均匀流；由缓流向缓流过渡时只影响下游，上游仍为均匀流

三、判断改正题

1. 在渠道的过流面积 A、渠底坡度 i 和渠壁粗糙系数 n 一定条件下，渠道的通过能力随着湿周 χ 的增加而增加。（　）

2. 明渠水力最优断面是指在渠道的通过能力 Q、渠底坡度 i 和渠壁粗糙系数 n 一定条件下，渠道的过流面积 $A=A_{max}$ 的断面。（　）

3. 无压圆管流动的最大流量出现在满流时，而最大流速则出现在满流前。（　　）

4. 当水深 $h\to\infty$ 时，$\dfrac{dh}{ds}\to i$，即水面趋于与渠道底坡平行。（　　）

5. 明渠均匀流，$\dfrac{de}{ds}=0$；明渠非均匀流，$\dfrac{de}{ds}=i$。（　　）

四、简答题

1. 什么是无压流？无压流和有压流在水力特征上有什么不同？

2. 试从能量的角度说明，明渠均匀流的总水头线、水面线和渠底线互相平行。

3. 梯形明渠水力最优断面是技术经济最优断面吗？

4. 什么是渠道的允许流速？渠道的允许流速概念在渠道设计中有什么意义？

5. 什么是临界水深？临界水深与相应的正常水深的影响因素是否相同？

五、计算题

1. 穿漳工程是南水北调中线总干渠河南境内的最后一个“超级工程”（图 8-50），通过该工程干渠从漳河底下穿流而过，穿漳工程断面形式为梯形断面，已知渠底宽度 $b=10.0\text{m}$，边坡系数 $m=1.5$，渠底坡度 $i=0.0003$，渠壁粗糙系数 $n=0.025$，试求该工程在水深 $h=$

图 8-50 穿漳工程

2.65m 处通过的流量 Q。

2. 已知新建铸铁输水管（图 8-51）初始粗糙系数 $n_1=0.013$，设计输水量 $Q_1=240\text{m}^3/\text{h}$。由于长时间使用，测得管道粗糙系数增大到 $n_2=0.014$，试求实际输水量 Q_2。

图 8-51 铸铁输水管道

3. 试按水力最优条件设计一梯形断面路基排水沟的断面尺寸。已知设计流量 $Q=1.5\text{m}^3/\text{s}$，沟底坡度按地形条件取 $i=0.004$，渠壁护面要求用小片石干砌施工，粗糙系数 $n=0.020$，渠道边坡系数 $m=1.5$。

4. 试按不冲流速 $v'=0.80\text{m/s}$ 设计梯形断面长直渠道的水深 h 及底坡 i。已知渠底宽度 $b=1.5\text{m}$，边坡系数 $m=1.5$，渠壁粗糙系数 $n=0.025$，通过流量 $Q=4.0\text{m}^3/\text{s}$。

5. 某市通过实施小型农田引水渠项目，全面推进农田水利建设。已知引水渠断面为矩形，如图 8-52 所示，假设槽宽 $b=1.5\text{m}$，槽长 $l=116.5\text{m}$，进口处槽底高程为 52.06m，壁面粗糙系数 $n=0.011$，水流在槽中作均匀流动，当通过设计流量 $Q=7.65\text{m}^3/\text{s}$ 时，槽中水深 $h=1.7\text{m}$，求出口处槽底高程。

6. 某大厦为保证屋面排水畅通，在屋面设天沟外排水系统，如图 8-53 所示。已知排雨天沟为矩形截面，沟宽 $b=0.35\text{m}$，水深限制为 0.15m，纵向坡度 $i=0.0065$，粗糙系数 $n=0.025$，若设计雨流量 $Q=30\text{L/s}$，按均匀流考虑，试问天沟设计是否满足排雨要求。

图 8-52 某小型农田引水渠

图 8-53 某大厦屋面排水沟

7. 试从谢才公式 $v=C\sqrt{Ri}$ 和曼宁公式 $C=\frac{1}{n}R^{\frac{1}{6}}$ 出发，推证明渠流的粗糙系数比例尺 λ_n 与长度比例尺 λ_l 的 $\frac{1}{6}$ 次方成正比。

8. 新建市政给水管道为钢筋混凝土圆形管道（图 8-54），管径 $d=1000\text{mm}$，渠壁粗糙系数 $n=0.014$，管道坡度 $i=0.001$，试求最大设计充满度 $\alpha=\frac{h}{d}=0.80$ 时的流速 v 及流量 Q。

图 8-54 市政给水钢筋混凝土圆形管道

9. 拟建明渠均匀流过流断面如图 8-55 所示。已知 $B=1.5\text{m}$，$r=0.75\text{m}$，$i=0.0004$。当流量 $Q=0.55\text{m}^3/\text{s}$ 时，断面中心线水深 $h=0.9\text{m}$，问此时该渠道的谢才系数值为多少？

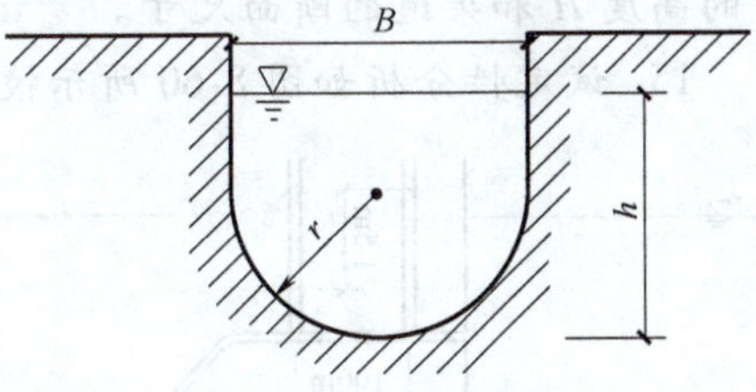

图 8-55 计算题第 9 题

10. 湍河渡槽（图 8-56）位于邓州市十林镇与赵集镇之间，是南水北调中线总干渠第一个大型控制性工程，可谓“千里干渠第一跨”。该渡槽是钢筋混凝土 U 形渡槽，其断面上部为矩形，下部为半圆形，半径 $r=1\text{m}$，槽长 $l=200\text{m}$，粗糙系数 $n=0.014$，进出口槽底高程差 $\Delta z=0.4\text{m}$，槽中水流为均匀流。试求 $h=0.5\text{m}$ 时通过渡槽的流量 Q。

11. 京密引水渠（图 8-57）的断面形式为梯形，假设渠道的底宽 $b=2.4\text{m}$，边坡系数 $m=1.5$，渠壁粗糙系数 $n=0.025$，通过流量 $Q=9.68\text{m}^3/\text{s}$，渠中断面平均流速 $v=1.3\text{m/s}$，试求渠道水深和底坡 i。

图 8-56 湍河渡槽

图 8-57 京密引水渠

12. 试证明在棱柱形明渠恒定非均匀渐变流中，断面单位能量在水面曲线为 1 型时沿程增加，为 3 型时沿程减小，而为 2 型时则可增可减。

13. 有 2 条矩形断面渡槽，其长度均为 100m，过水断面面积均为 5m^2，渠首高程均为 100.4m，渠尾高程均为 100m，糙率 $n_1=n_2=0.014$，其断面形状如图 8-58 所示。当 2 条渡槽

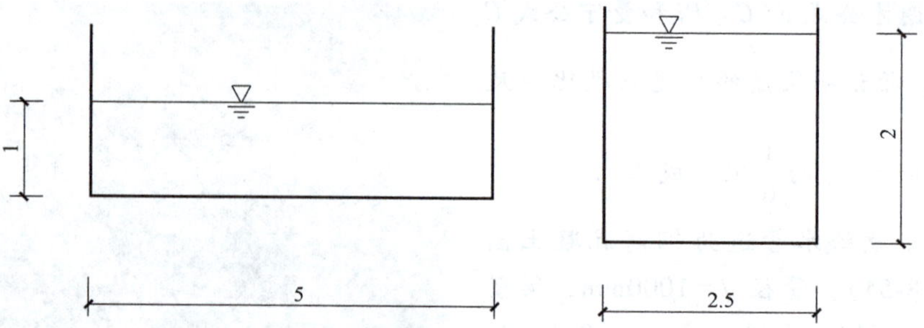

图 8-58　2 条矩形断面渡槽断面形状（单位：m）

中水流均为均匀流时，其通过的流量各为多少？

14. 如图 8-59 所示，用长管由水池引水至下游长直棱柱形水力最优矩形断面渠道。已知上游管道长度 $l=1000\text{m}$，直径 $d=600\text{mm}$，沿程阻力系数 $\lambda=0.02$，100m 管长上测得水头损失为 1.5m；下游渠道底坡 $i=0.0016$，渠壁粗糙系数 $n=0.02$。试求水池液面相对于管道出口的高度 H 和渠道的断面尺寸。

15. 试定性分析如图 8-60 所示棱柱形渠道水面曲线连接的可能形式。

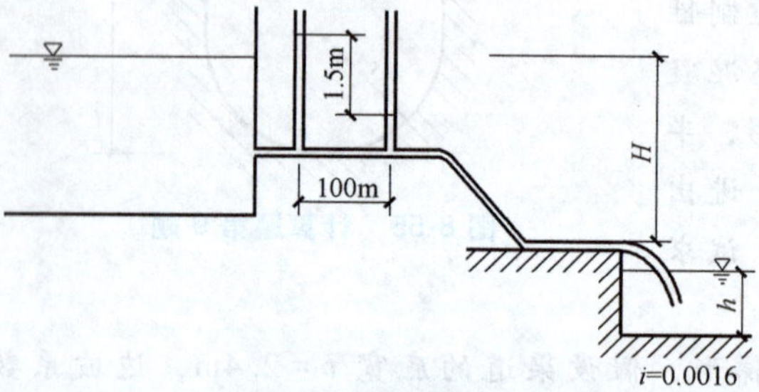

图 8-59　计算题第 14 题

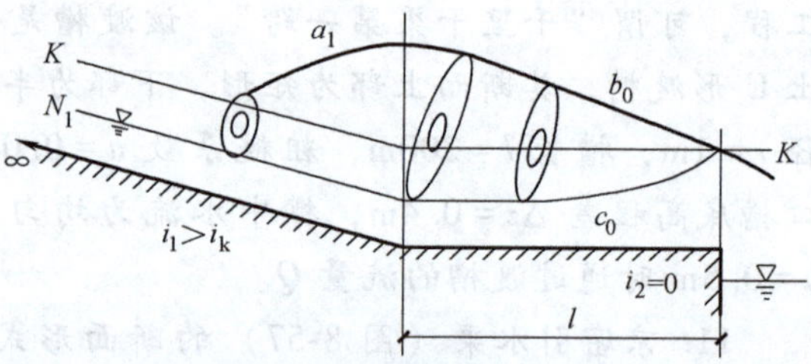

图 8-60　计算题第 15 题

第9章

堰流

古诗有云："岷江遥从天际来，神功凿破古离堆。恩波浩渺连三楚，惠泽膏流润九垓。劈斧岩前飞瀑雨，伏龙潭底响轻雷。筑堤不敢辞劳苦，竹石经营取次裁。"说的正是都江堰水利工程，如图9-1所示。

图 9-1　都江堰水利工程

都江堰水利工程充分利用当地西北高、东南低的地理条件，根据江河出山口处特殊的地形、水脉、水势，乘势利导，无坝引水，自流灌溉，使堤防、分水、泄洪、排沙、控流相互依存，共为体系，保证了防洪、灌溉、水运和社会用水综合效益的充分发挥。它最伟大之处是建堰2250多年来经久不衰，而且发挥着越来越大的效益。都江堰渠首枢纽主要由鱼嘴、飞沙堰、宝瓶口三大主体工程构成。三者有机配合，相互制约，协调运行，引水灌田，分洪减灾，具有"分四六，平潦旱"的功效。都江堰建成后，成都平原沃野千里，"水旱从人，不知饥馑，时无荒年，谓之天府"。

在环境工程、给水排水工程、公路桥梁工程中，广泛采用堰作为泄水建筑物和流量量测设备，在水利工程中常见的挡水工程建筑物，如拦河闸、溢流坝、溢洪道、船闸等，都属于堰。另外，在小桥、涵洞孔径设计及效能设施的水力计算中，也需要这方面的知识。本章主要研究堰流的类型、水力特性、水力计算等，为确定该类工程建筑物的规模、尺寸等提供理论依据。

9.1　堰流的定义及其分类

9-1　堰的基本概念

9.1.1　堰和堰流

在明渠流中，为控制水位和流量而设置的、顶部可以溢流的障壁称为堰。由于堰的约束，上游明渠的水位壅高；水流趋近堰顶时，过流断面被束小，流速动能增加，因而水面降落流过堰顶，这种局部水力现象就是堰流。

图9-2所示为我国泄流长度最大的拦河闸——洪泽湖三河闸工程。拦河闸发挥的主要作

用是：枯水期关闭闸门抬高上游水位，以满足航运、灌溉、发电引水和城镇供水的要求；洪水期开闸泄洪，使上游供水位不超过防洪限制水位，同时控制下泄流量，使其不超过下游河道的安全泄量。在多沙河流上，拦河闸还担负排淤泄沙的任务，尽量保持原来河床的水沙平衡状态。

图 9-2 洪泽湖三河闸工程

由于流线在较短的范围内急剧变化，过堰水流属于急变流，所以在应用能量方程时，通常只计算局部水头损失。堰流的基本问题是确定堰的过流能力，而不同类型、不同尺寸的堰，其过流能力往往存在很大差异。

当下游水位较低，不影响堰顶的泄流量时，称为自由出流。从图 9-3 可见，由于堰的阻遏作用，堰前水流具有较大水深，流态往往是缓流。在自由出流的状态下，自堰顶下泄的水流能保持着从上游缓流到下游急流的过渡，这种情况下堰的泄流能力只与上游水位有关。反之，当下游水深较大，流态为缓流时，较高的下游水位影响到堰的泄流量，此时称为淹没出流。淹没出流时堰的泄流能力与其上、下游水位均有关系。

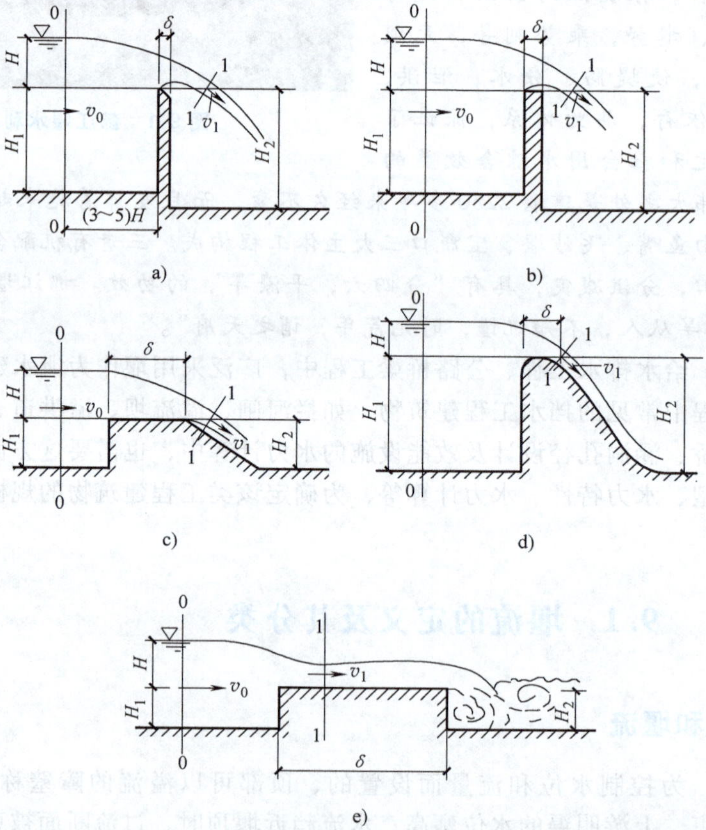

图 9-3 堰的类型

a)、b) 薄壁堰 c) 折线形实用堰 d) 曲线形实用堰 e) 宽顶堰另外，当堰顶的宽度小于上游渠道的宽度，或者由于堰轴线较长，其间布置有边墩或者闸墩时，都会从两侧引起水流的侧向收缩，从而降低堰的过流能力，这种堰称为有侧收缩堰。反之，堰顶的宽度与上游渠道的宽度相同，称为无侧收缩堰。

9.1.2　堰的类型

在明渠缓流过堰时，距离堰前缘（3~5）H 的断面，如图 9-3a 所示，既是上游明渠 M_1 型水面曲线的末端，又是距离堰最近的渐变流断面，通常把该断面的平均流速称为行近流速，用 v_0 表示；把该断面水位至堰顶的水深，称为堰顶水头，用 H 表示。虽然堰的形式与用途各异，但在水力计算中，通常按照堰顶厚度 δ 对过堰水流的影响程度，将堰分成如下三种类型：

1. 薄壁堰

当 $\frac{\delta}{H}<0.67$ 时，堰壁不触及水舌的下缘，过堰水流不受堰壁厚度 δ 的影响，这种堰称为薄壁堰。薄壁堰常被用作实验室或野外的量水设备，如图 9-3a、b 所示。如旋转式滗水器（图 9-4）的前臂就是保持上沿水平的薄壁堰，可以将活性污泥沉淀后的上清水从水面表层撇入堰槽中。旋转式滗水器开始滗水后，驱动机构通过可伸缩推杆带动滗水装置及撇渣浮筒装置绕回转支承轴旋转，从而使滗水堰上下移动，达到滗出上清液的目的。

图 9-4　旋转式滗水器

2. 实用堰

当 $0.67<\frac{\delta}{H}<2.5$ 时，堰顶水流虽然具有与薄壁堰表面水流类似的弯曲形状，但开始受到堰壁厚度 δ 的顶托与约束作用，这种堰称为实用堰。实用堰有不同的剖面曲线，工程中为减小堰顶对水流的阻力，增加堰的过流能力，常把堰顶形状与薄壁堰水舌下缘形状相吻合，称为曲线形实用堰，如图 9-3d 所示。水利工程中常见的挡水建筑物，如溢流坝、溢流低堰等，就常采用这种堰型泄流。在小型工程中，为了施工简便，也常采用如图 9-3c 所示的折线形实用堰。如河北省潘家口水利枢纽重力坝就是世界上泄量较大的高水平的溢流重力坝，如图 9-5 所示。

图 9-5　潘家口水利枢纽重力坝

3. 宽顶堰

当 $2.5<\frac{\delta}{H}<10$ 时，如图 9-3e 所示，过堰水流受到堰壁厚度 δ 的顶托与约束作用已经非常明显。在堰顶的进口处，水面急剧跌落并随后在进口附近形成收缩断面。由于堰顶具有足够长的水平段，水流在收缩断面之后形成水面近

似平行堰顶的渐变水流，堰顶水深 h 接近临界水深 h_k，即 $h \approx h_k$。堰顶出口断面的情况与堰下游明渠的水位有关。当下游水位较低时，在出口处有第二次跌落，堰顶水流呈急流状态，这种堰称为宽顶堰。始建于宋朝的著名水利工程它山堰就属于宽顶堰，如图 9-6 所示，2015 年 10 月 14 日，在法国蒙彼利埃召开的国际灌排委员会第 66 届国际执行理事会上，它山堰入选世界灌溉工程遗产名单。

图 9-6　它山堰

除了上述具有因底坎在水深方向压缩过水断面而产生的有坎宽顶堰流以外，实际工程中的小桥涵及由施工围堰等束窄的河床，虽然没有从底部突起的障壁，但桥前的导流设施与桥梁中间布设的桥墩从侧向压缩水流，其水力特性与图 9-3e 中的堰流一致，其泄流图式与宽顶堰相同，这类情况常称为无坎宽顶堰流，所以关于堰流的水力计算同样适用于流桥涵工程的相关计算。

需要注意的是，当 $\frac{\delta}{H}>10$ 时，实验证明，过堰水流的沿程水头损失 h_f 不可忽略，堰上水流已不属堰流而是明渠流。

在实际工程中，也可按照堰顶轴线和水流流向的位置关系来分类，当堰顶轴线和水流流向相互垂直时称为正堰，堰顶轴线和水流流向平行时称为侧堰，除此之外的布置情况称为斜堰。例如，龙爪堰橡胶坝为正堰（图 9-7a），它的建成进一步整体提升了成都市水生态环境，持续改善了锦江流域水环境质量；洞峪水库侧堰溢洪洞尾流工程设置的堰即侧堰（图 9-7b），它的建成增加年可调节水量 200 万 m^3 以上，极大地解决洞峪水库枯水期城区供水紧张的局面。

a)

b)

图 9-7　正堰与侧堰

a）龙爪堰橡胶坝　b）洞峪水库侧堰溢洪洞尾流工程

另外，根据工程需要，较长的闸坝上中间常设置有隔墩，这样就会形成多个闸孔，相邻闸墩之间设置闸门来控制下泄流量。通过闸孔的水流称为闸孔出流，简称孔流，如图 9-8a、b 所示。

在计算闸坝的过流能力时，应当首先判定水流是堰流还是孔流，然后进行计算。由于堰流与孔流的界限与很多影响因素有关，要准确判定比较困难，工程上采用下列近似判别式来区分堰流与孔流：

1）实用堰式闸坝（闸门位于堰顶最高点）：$\frac{e}{H}>0.75$，为堰流（图 9-8c）；$\frac{e}{H}\leqslant 0.75$，为孔流（图 9-8a）。

2）宽顶堰式闸坝：$\frac{e}{H}>0.65$，为堰流（图 9-8d）；$\frac{e}{H}\leqslant 0.65$，为孔流（图 9-8b）。

式中，e 为闸门开启高度，H 为堰顶水头。本章仅介绍堰流的相关知识，闸孔出流的问题请参阅相关资料。

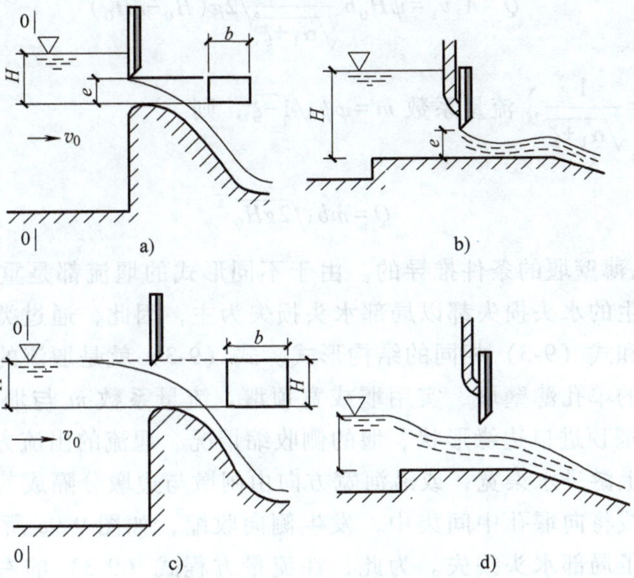

图 9-8 堰流与闸孔出流

9.2 堰流的基本公式

现以薄壁堰流为例，采用恒定总流的能量方程来推求堰流的基本公式，如图 9-3a 所示，以通过堰顶的水平面作为基准面。实验证明，在堰前（3~5）H 的 0—0 断面位置处，堰前水面无明显下降，可选堰前渐变流断面 0—0 及断面—1 作为计算断面，其中断面 1—1 的中心点在基准面上，v_1 为 1—1 断面的平均流速。由于断面 1—1 为急变流断面，$z+\frac{p}{\rho g}\neq c$，故用$\overline{\left(z+\frac{p}{\rho g}\right)}$表示断面 1—1 上测压管水头的平均值，列出两断面的能量方程式

$$H+\frac{\alpha_0 v_0^2}{2g}=\overline{\left(z+\frac{p}{\rho g}\right)}+(\alpha_1+\zeta)\frac{v_1^2}{2g}$$

式中，$\frac{\alpha_0 v_0^2}{2g}$称为行近流速水头；令 $H_0=H+\frac{\alpha_0 v_0^2}{2g}$，$H_0$ 称为堰顶全水头；设$\overline{\left(z+\frac{p}{\rho g}\right)}=\zeta H_0=H$，$\zeta$

为修正系数，则

$$H_0-\zeta H_0=(\alpha_1+\zeta)\frac{v_1^2}{2g}$$

$$v_1=\frac{1}{\sqrt{\alpha_1+\zeta}}\sqrt{2g(H_0-\zeta H_0)} \tag{9-1}$$

通常堰顶过水断面形状为矩形。设该矩形宽为 b，断面 1—1 的水深（水舌厚度）$h_1=\psi H_0$，系数 ψ 反映堰顶水流的垂直收缩程度，则堰流流量为

$$Q=A_1v_1=\psi H_0 b\frac{1}{\sqrt{\alpha_1+\zeta}}\sqrt{2g(H_0-\zeta H_0)} \tag{9-2}$$

令流速系数 $\varphi=\frac{1}{\sqrt{\alpha_1+\zeta}}$，流量系数 $m=\varphi\psi\sqrt{1-\zeta}$，则

$$Q=mb\sqrt{2g}H_0^{\frac{3}{2}} \tag{9-3}$$

式（9-3）是从薄壁堰的条件推导的。由于不同形式的堰流都是重力起主要作用，都属于明渠急变流，产生的水头损失都以局部水头损失为主，因此，通过类似的推导，其他形式的堰流公式也具有和式（9-3）相同的结构形式。式（9-3）就是堰流的基本公式，适用于堰顶过水断面为矩形的单孔薄壁堰、实用堰或宽顶堰。流量系数 m 与堰顶水头和堰的边界条件（如堰的类型、堰顶进口边缘形状、堰的侧收缩情况、堰流的出流方式等）有关。

如果堰宽小于上游进水渠宽，或沿河宽方向由闸墩与边墩分隔成若干个等宽的堰孔，水流流经堰孔时，流线将向堰孔中间集中，发生侧向收缩，如图 9-9a 所示，从而减小了溢流的有效宽度，增加了局部水头损失。为此，在流量方程式（9-3）的右端，乘以一个小于 1 的侧收缩系数 ε，表示侧收缩对流量的影响。

如果下游水位过高或下游堰高较小，有可能出现淹没出流情况，导致过水能力减小。为此，在流量方程式（9-3）的右端还应乘一个小于 1 的淹没系数 σ_s，表示淹没出流对流量的影响。

如果是等宽多孔溢流堰，如图 9-9 所示（孔数为 n，孔宽为 b），则堰流的基本计算公式为

$$Q=\varepsilon\sigma_s mnb\sqrt{2g}H_0^{\frac{3}{2}} \tag{9-4}$$

式中，流量系数 m、侧收缩系数 ε 与淹没系数 σ_s 反映了局部阻力系数对堰流泄流能力的影响，常由实验确定。

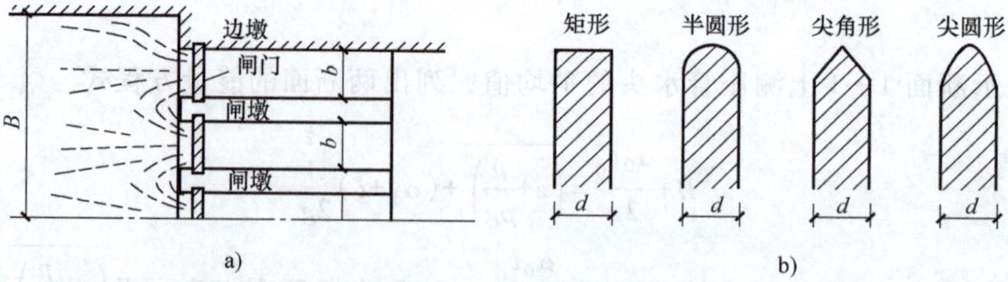

图 9-9　有侧收缩出流

9.3　堰流的水力计算

9.3.1　薄壁堰流

在水流模型实验或野外测量流量时，薄壁堰是常用的设备。由于薄的堰壁不能承受过大的水压力，所以堰上水头一般较小。工程上大量应用的曲线形实用堰的外形常按照矩形薄壁堰流的水舌下缘曲线来设计；有些临时性的挡水建筑，如逐块横向放入门槽内叠成一个平面挡水结构的叠梁闸门（图 9-10），常近似作薄壁堰流计算。常用的薄壁堰，堰顶的过水断面多为矩形、三角形或梯形，分别称为矩形薄壁堰、三角形薄壁堰与梯形薄壁堰。

图 9-10　叠梁闸门

1. 矩形薄壁堰

实验证明：无侧收缩的矩形薄壁堰自由出流时，水流最稳定，测量精度较高。作为测流设备的矩形薄壁堰（图 9-11），应满足如下条件：①堰宽与上游明渠渠宽相同；②明渠下游水位低于堰顶；③堰上水头不宜过小，一般应使 $H>2.5\text{cm}$，且水舌下通风良好，没有贴壁溢流现象。

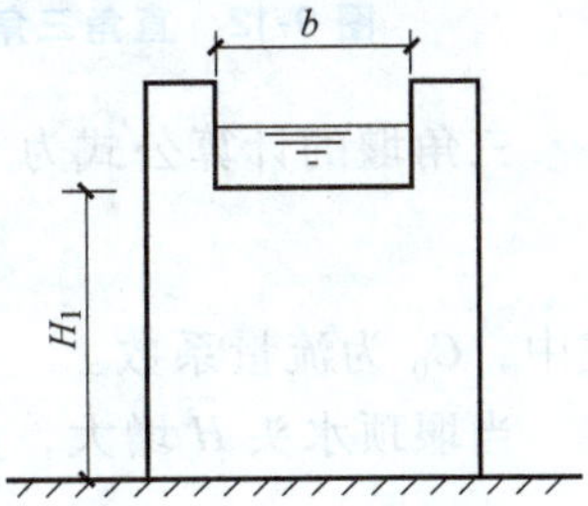

图 9-11　矩形薄壁堰

在实际测量时，可以直接测出堰顶水头 H，所以常把行近流速的影响包括在流量系数中，式（9-3）改写为

$$Q=m_0 b\sqrt{2g}H^{\frac{3}{2}} \tag{9-5}$$

式中，流量系数 $m_0=m\left(1+\dfrac{\alpha_0 v_0^2}{2gH}\right)^{\frac{3}{2}}$，可按雷保克（T. Rehbock）公式计算

$$m_0=0.4034+0.0534\frac{H}{H_1}+\frac{1}{1610H-4.5} \tag{9-6}$$

式（9-6）的适用条件：$H<4H_1$，$0.15\text{m}<H_1<1.22\text{m}$，其中 H_1 为上游堰高，H_1 和 H 均以 m 计。

1901 年雷保克建成了河流水力实验室，之后相继建成了水力学、流体机械实验室（风洞），水力模拟被公认为是解决工程问题的标准方法。

流量系数 m_0 也可按巴赞（Bazin）公式计算

$$m_0=\left(0.405+\frac{0.0027}{H}\right)\left[1+0.55\left(\frac{H}{H+H_1}\right)^2\right] \tag{9-7}$$

式（9-7）的适用条件：$0.1\text{m}<H<1.24\text{m}$，$0.2\text{m}<H_1<1.13\text{m}$，$b<2\text{m}$，其中 H_1 为上游堰高，H_1 和 H 均以 m 计。

法国工程师、流体力学家亨利·埃米尔·巴赞，1854 年提出利用水泵挖渠道，从而建造了第一艘吸泥船；1855—1857年，与达西一起设计、实施人工明渠实验，达西因劳累过度在明渠实验未完成前不幸去世，由巴赞完成了实验；1865年，他发表了实验结果，成为后期研究明渠流的权威数据。

2. 直角三角形薄壁堰

若矩形薄壁堰上的堰顶水头过小，由于表面张力的影响及测量困难，会产生较大误差。因此，当薄壁堰上通过的流量较小，如 $Q<0.1\text{m}^3/\text{s}$ 时，常改用直角三角形薄壁堰，如图9-12所示。江苏金诺仪表有限公司生产的系列三角堰超声波明渠流量计（图9-13），可以用来连续监测明渠中污水的流量并累计流量，也可以作为非接触式液位使用，再由微处理机自动计算出对应的流量值。

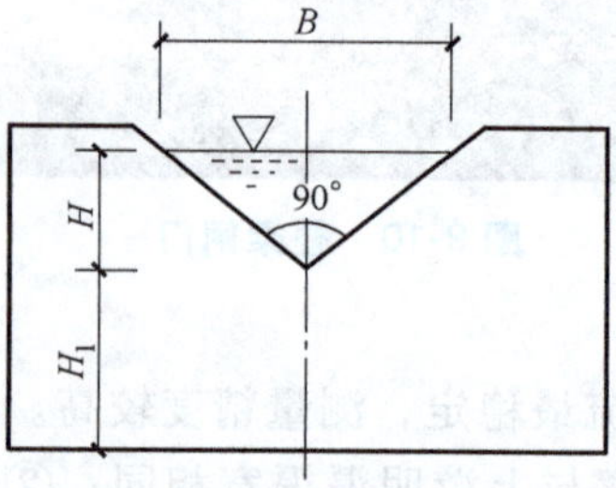

图9-12　直角三角形薄壁堰

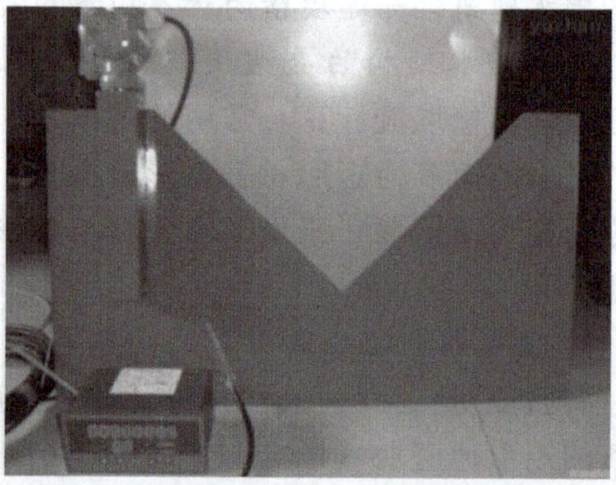

图9-13　三角堰水槽明渠流量计

三角堰的计算公式为

$$Q=C_0H^{\frac{5}{2}} \tag{9-8}$$

式中，C_0 为流量系数。

当堰顶水头 H 增大，如 $H>0.25\text{m}$，则

$$Q=1.343H^{2.47} \tag{9-9}$$

式中，H 以m计；流量 Q 以 m^3/s 计。

3. 梯形薄壁堰流

当通过的流量较大，如 $Q>0.1\text{m}^3/\text{s}$ 时，也可采用梯形薄壁堰（图9-14）测量流量。用 θ 表示堰口侧边与铅垂方向的夹角，在自由出流且 $\tan\theta=\frac{1}{4}$，即 $\theta\approx14°$ 时，称该堰为西坡利提（Cippoletti）堰，为辛普来所设计，是实际工程中最常用的梯形量水堰。

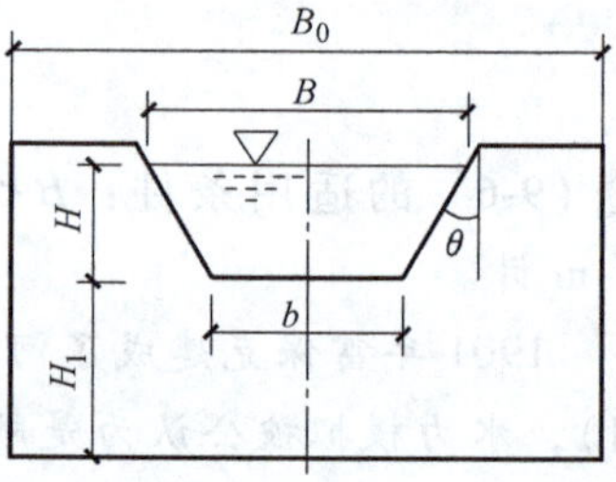

图9-14　梯形薄壁堰

西坡利提堰的计算公式为

$$Q=1.856bH^{\frac{3}{2}} \tag{9-10}$$

上式的应用条件是 $H\leqslant\frac{b}{3}$，各单位均以m计。

如需要考虑侧收缩和下游淹没出流的影响时，可以参考相关教材或者资料，在此不再赘述。

【例 9.1】 厦门精川自动化科技有限公司生产的一批环保局明渠流量计，主要用于测量污水厂、企事业单位的污水排放口、城市下水道的流量及农田水利中的渠道水的流量等。假设该批量水堰为无侧收缩且自由出流的矩形薄壁堰，如图 9-15 所示，堰宽 b 为 0.5m，上游堰高 H_1 为 0.4m，测量堰顶水头 H 为 0.2m，试推求通过堰的流量 Q。

图 9-15　矩形薄壁堰的安装

【解】 由已知条件得，$H=0.2\text{m}<4H_1=1.6\text{m}$，$0.15\text{m}<H_1=0.4\text{m}<1.22\text{m}$，所以流量系数 m_0 可按雷保克公式计算

$$m_0=0.4034+0.0534\frac{H}{H_1}+\frac{1}{1610H-4.5}$$
$$=0.4034+0.0534\times\frac{0.2}{0.4}+\frac{1}{1610\times0.2-4.5}$$
$$=0.4331$$

则通过流量

$$Q=m_0b\sqrt{2g}H^{\frac{3}{2}}=0.4331\times0.5\times\sqrt{2\times9.8}\times0.2^{\frac{3}{2}}\text{m}^3/\text{s}$$
$$=0.0858\text{m}^3/\text{s}$$

由于 $0.1\text{m}<H=0.2\text{m}<1.24\text{m}$，$0.2\text{m}<H_1=0.4<1.13\text{m}$，$b=0.5\text{m}<2\text{m}$，流量系数 m_0 也可按巴赞公式计算

$$m_0=\left(0.405+\frac{0.0027}{H}\right)\left[1+0.55\left(\frac{H}{H+H_1}\right)^2\right]$$
$$=\left(0.405+\frac{0.0027}{0.2}\right)\left[1+0.55\left(\frac{0.2}{0.2+0.4}\right)^2\right]$$
$$=0.444$$

则通过流量

$$Q=m_0b\sqrt{2g}H^{\frac{3}{2}}=0.444\times0.5\times\sqrt{2\times9.8}\times0.2^{\frac{3}{2}}\text{m}^3/\text{s}=0.0879\text{m}^3/\text{s}$$

以上两种计算结果相对误差为 2.4%。

9.3.2　实用堰流

实用堰是工程上最常见的堰型之一，如用来挡水及泄水的溢流坝、消能槛等。实用堰的水力计算公式仍为式（9-4）。式中的系数应与相应堰型相匹配，在初步计算时可以参考相关资料，对于重要工程，需要通过专门的模型实验加以确定。

1. 实用堰的剖面形状

如图 9-16 所示，曲线形实用堰的剖面一般由下列几部分组成：上游直线段 AB（有的为斜线 BF）、堰顶曲线段 BC、下游直线段 CD，以及反弧段 DE。其中堰顶曲线段 BC 对水流特性的影响最大，是设计曲线形实用堰剖面形状的关键，不同的设计方法，主要在于曲线段

BC 如何计算与确定。比较合理的曲线形实用堰剖面形状应满足过水能力较大、堰面不会出现较大的负压、堰面经济而稳定等条件。

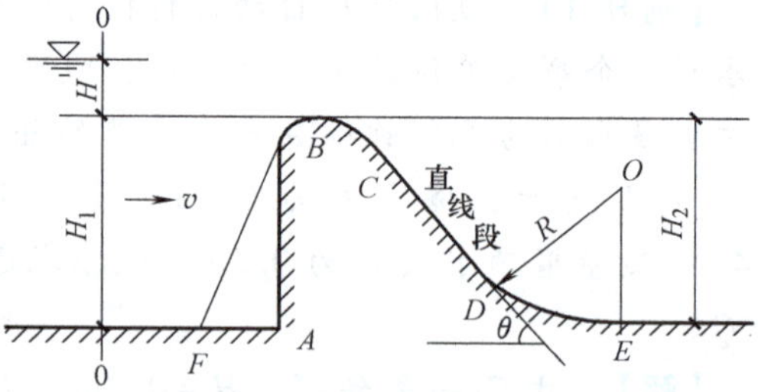

图 9-16 曲线形实用堰的剖面

曲线段 BC 的形状如与同样条件下薄壁堰自由出流时水舌下缘形状相同，则水流紧贴堰面下泄，水舌基本上不受堰面形状的影响，如图 9-17a 所示；如果堰面突入水舌下缘，水流将受顶托，堰面压强大于大气压强，水舌有效动能将减小，堰的过水能力将降低，这种堰称为非真空堰，如图 9-17b 所示；如果堰面低于水舌下缘，水舌将脱离堰面，脱离处的空气将不断被带走，在堰面局部会形成负压，堰的过水能力将加大，但如果负压过大将形成空蚀与水舌颤动，这种堰称为真空堰，如图 9-17c 所示。建于清乾隆年间的盈霖堰就属于非真空堰，如图 9-18 所示。该堰坝址位于湖北省远安县旧县镇五龙村五龙店，渠行沮河西岸，经五龙、七里至旧县周家河坝，全长 4km，引水流量 0.4s/m^3，盈霖堰自修建起就发挥起了灌溉排涝作用。

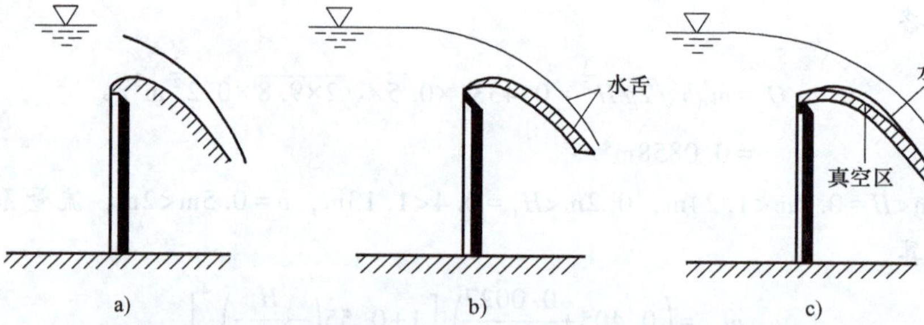

图 9-17 曲线形实用堰剖面形状与出流水舌的关系

实际工程上采用的曲线形实用堰剖面形状是按照薄壁堰水舌下缘曲线稍加修正定型的，如克里格尔—奥菲采洛夫剖面、由美国陆军工程师兵团水道实验站提出的溢流曲线所组成的 WES 剖面等，具体详见相关参考书籍。

图 9-18 盈霖堰

为了取材与施工的方便，中、小型溢流坝段常采用诸如条石、砖或者木材等，做成图 9-3c 所示的折线形实用堰。如将图 9-3c 所示的折线形实用堰的堰顶角修圆，其过流能力将增大 5% 左右。

2. 流量系数 m

实验研究表明，曲线形实用堰的流量系数 m 与堰壁外形、上游堰高 H_1、设计水头 H_d、堰顶作用总水头 H_0 等有关。当 $\frac{H_1}{H_d} \geqslant 1.33$ 时称为高堰，这种情况下，行近流速水头 $\frac{\alpha_0 v_0^2}{2g}$ 可以忽略不计，堰顶作用总水头 H_0 与堰顶作用水头 H 相等，即 $H_0 \approx H$。当$\frac{H_1}{H_d}<1.33$ 时称为低堰，这种情况下，行近流速水头$\frac{\alpha_0 v_0^2}{2g}$加大，在计算中不可以忽略，即 $H_0 = H+\frac{\alpha_0 v_0^2}{2g}$，流量系数 $m=f\left(\frac{H_0}{H_d}\right)$。初步估算，曲线形实用堰可取 $m=0.42 \sim 0.50$，折线形实用堰流量系数 $m=0.33 \sim 0.43$。具体计算时，可根据不同情况查阅有关水力计算手册。

3. 侧收缩系数 ε

一般溢流坝都设有边墩或闸墩，由闸墩与边墩分隔成若干个堰孔。由于边墩与闸墩的存在，水流在平面上将向堰孔中间集中，从而在平面上产生侧向收缩，减小了过流的有效宽度，增加了局部水头损失，降低了过流能力。侧收缩系数 ε 大小就是用来反映边墩及闸墩对过流能力的影响程度。

侧收缩系数 ε 可按照下面经验公式计算。

$$\varepsilon = 1-0.2[\zeta_k+(n-1)\zeta_0]\frac{H_0}{nb} \tag{9-11}$$

式中，b 为墩间净距，n 为堰孔数，H_0 为堰顶全水头，ζ_k 为边墩形状系数，ζ_0 为闸墩形状系数，可查表 9-1。

表 9-1 闸墩形状系数

边墩或闸墩形式	ζ_k	各种不同$\frac{h_s}{H}$时的闸墩形状系数 ζ_0				
		≤0.75	0.80	0.85	0.90	0.95
矩形	1.00	0.80	0.86	0.92	0.98	1.00
半圆形或尖角形	0.70	0.45	0.51	0.57	0.63	0.69
尖圆形	0.40	0.25	0.32	0.39	0.46	0.53

注：表中 h_s 为从堰顶算起的下游液面的高度，单位为 m。

4. 淹没系数 σ_s

当下游水位高过堰顶至某一范围时，堰下游形成淹没水跃，过堰水流受到下游水位的顶托，降低了过水能力，形成淹没出流（图 9-19）。淹没出流时，σ_s<1 可由表 9-2 查得。

表 9-2 非真空剖面堰的淹没系数 σ_s 值

h_s/H	0.05	0.10	0.20	0.30	0.40	0.50	0.60	0.65	0.70	0.75	0.80	0.85
σ_s	0.997	0.995	0.985	0.972	0.957	0.935	0.906	0.879	0.856	0.823	0.776	0.710
h_s/H	0.90	0.91	0.92	0.93	0.94	0.95	0.96	0.97	0.98	0.99	0.995	1.0
σ_s	0.621	0.596	0.570	0.540	0.506	0.470	0.421	0.357	0.274	0.170	0.100	0

【例 9.2】 作为省重点防洪减灾水利工程之一的嘉积大坝位于海南省万泉河下游，毗邻琼海市嘉积镇。嘉积大坝（图 9-20）始建于 20 世纪 70 年代，大坝运行 40 多年后存在沙坝漏水漏沙、坝基尾水管破损等隐患。加固完工后，大坝将成为灌溉、发电、供水及旅游等综合效益的水利枢纽工程。嘉积大坝为曲线形实用堰，堰宽 b 为 50m，计算时假设无闸墩即堰

孔数 $n=1$，堰与非溢流的混凝土坝相接，边墩头部为半圆形，边墩形状系数 $\zeta_k=0.7$，上下游堰高 H_1 与 H_2 相同均为 15m，下游水深 h_t 为 7m，设计水头 H_d 为 3.11m，流量系数 m 为 0.514，试求堰顶水头 H 为 5m 时通过溢流坝的流量。

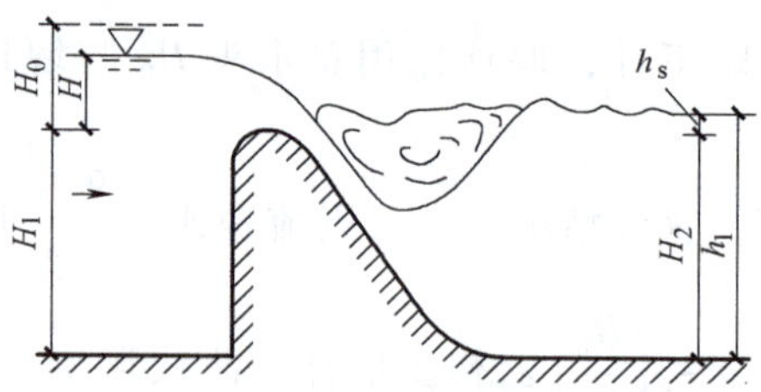

图 9-19　曲线形实用堰的淹没出流

【解】　曲线形实用堰流量计算公式为

$$Q=\varepsilon\delta_S mnb\sqrt{2g}H_0^{\frac{3}{2}}$$

当 $H=5$m 时，$\dfrac{H_1}{H}=\dfrac{15}{5}=3>1.33$，故可以不考虑行近流速的影响，即

$$H_0=H=5\text{m}$$

图 9-20　嘉积大坝

侧收缩系数的计算公式为

$$\varepsilon=1-0.2[\zeta_k+(n-1)\zeta_0]\frac{H_0}{nb}$$

式中，$n=1$；$H_0=h=5$m；$\zeta_k=0.7$；没有闸墩，闸墩形状系数 $\zeta_0=0$；b 为墩间净距，$b=50$m，则

$$\varepsilon=1-0.2\times[0.7+(1-1)\times0]\times\frac{5}{1\times50}=0.986$$

因为 $h_t<H_2$，则堰流为自由出流，淹没系数 $\sigma_s=1$，则曲线形实用堰的流量大小为

$$Q=0.986\times1\times0.514\times1\times43\times4.43\times4^{\frac{3}{2}}\text{m}^3/\text{s}=772.3\text{m}^3/\text{s}$$

9.3.3　宽顶堰流

宽顶堰流，如图 9-3e 所示，是实际工程中极为常见的一种水力现象，其水力计算公式仍为式（9-4）。

1. 流量系数 m

宽顶堰的流量系数 m 与宽顶堰的进口形式、水头 H、堰高 H_1 有关，一般采用经验公式计算。

（1）堰顶入口为直角（图 9-21a）

$$m=0.32+0.01\frac{3-\frac{H_1}{H}}{0.46+0.75\frac{H_1}{H}} \tag{9-12}$$

（2）堰顶入口修圆（图 9-21b）

$$m=0.36+0.01\frac{3-\frac{H_1}{H}}{1.2+1.5\frac{H_1}{H}} \tag{9-13}$$

式（9-13）适用于圆弧半径 $r\geqslant 0.2H_0$ 的情况。

以上两式，当 $\frac{H_1}{H}\geqslant 3$ 时，由堰高引起的垂向收缩已达到充分的程度，m 值将不再随 $\frac{H_1}{H}$ 而变化，故取 $\frac{H_1}{H}=3$ 代入公式计算 m 值。

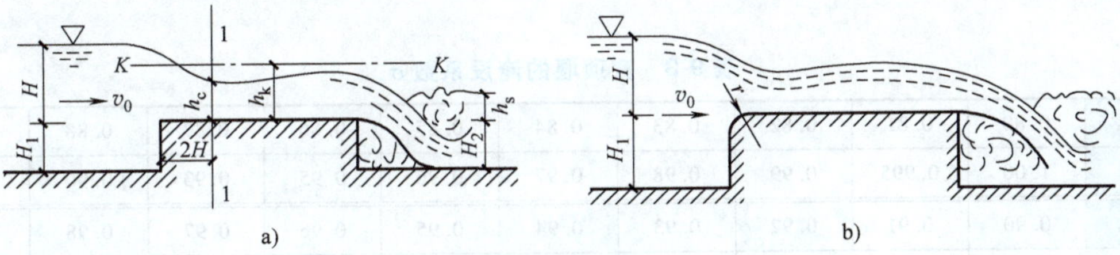

图 9-21　宽顶堰流

2. 侧收缩系数 ε

侧收缩系数 ε 可以采用经验公式（9-11）计算，其中闸墩形状系数和边墩形状系数见表 9-1。

3. 淹没系数 σ_s

由流量公式的推导过程可知：堰顶形式及上游水头已知时，通过宽顶堰的流量随收缩断面的平均测压管水头 $\overline{\left(z+\frac{p}{\rho g}\right)}=\zeta H_0=h_1$ 而变，当 h_1 增大，流量 Q 减小。因此下游水位只有升高到足以使收缩断面的水深 h_c 增大时，宽顶堰才会形成淹没出流，并降低过流能力。

首先说明下游水位逐渐增加情况下，宽顶堰的淹没过程。

在自由出流情况下，因受到堰坎垂直方向的约束，进口处流线收缩，收缩断面 $c—c$ 处的水深 $h_c<h_k$，为急流状态，如图 9-22a 所示。而急流干扰波不能朝上游传播，堰下游水位的变化不会影响收缩断面水深的大小，此时，无论下游水位是否高于堰顶，堰流都为自由出流。

当下游水位升高至略高于临界水深线 $K—K$，即 h_s 略大于 h_k 时，如图 9-22b 所示，堰顶将产生波状水跃，但收缩断面仍为急流，下游水位不会影响堰的泄流量，仍为自由出流。

当下游水位继续升高，水跃位置随下游水深的增加而向上游移动，直到收缩断面被淹没，当堰顶为缓流时就成为淹没出流，如图 9-22c 所示。

目前理论分析确定淹没条件还有困难，采用实验资料来判别宽顶堰流是否淹没。实验证明：当 $h_s \geq (0.75 \sim 0.85)H_0$ 时，收缩断面水深增大为 $h_c > h_k$，所以宽顶堰的淹没条件为 $\frac{h_s}{H_0} \geq 0.80$（取实验资料的平均值）。宽顶堰的淹没系数 σ_s 值见表 9-3。

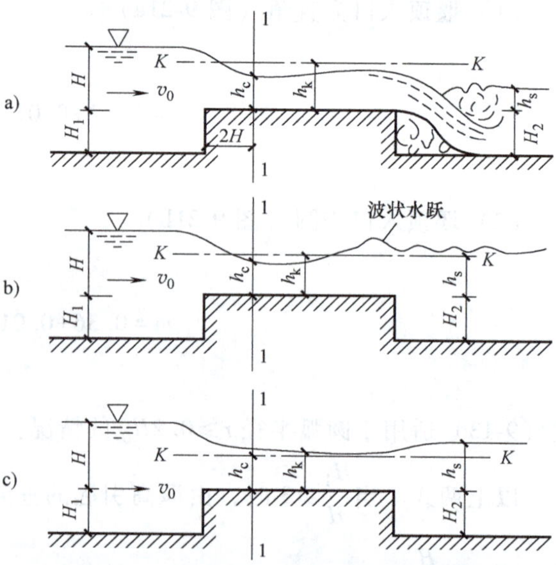

图 9-22　宽顶堰的淹没出流条件

【例 9.3】　图 9-21a 所示的直角进口宽顶堰，与上游明渠等宽 $b=4.0\text{m}$，堰高 $H_1=H_2=0.6\text{m}$，堰上水头 $H=1.2\text{m}$，堰下游水深超高值 $h_s=0.20\text{m}$，求通过的流量为多少？

表 9-3　宽顶堰的淹没系数 σ_s

h_s/H_0	0.80	0.81	0.82	0.83	0.84	0.85	0.86	0.87	0.88	0.89
σ_s	1.00	0.995	0.99	0.98	0.97	0.96	0.95	0.93	0.90	0.87
h_s/H_0	0.90	0.91	0.92	0.93	0.94	0.95	0.96	0.97	0.98	
σ_s	0.84	0.82	0.78	0.74	0.70	0.65	0.59	0.50	0.40	

【解】　流量公式 $Q=\varepsilon Q_S m\sqrt{2g}\,bH_0^{3/2}$ 中，侧收缩系数 $\varepsilon=1.0$，$\frac{H_1}{H}=\frac{0.6}{1.2}=0.5<3$，流量系数 $m=0.32+0.01\dfrac{3-\frac{H_1}{H}}{0.46+0.75\frac{H_1}{H}}=0.35$，因 $\frac{h_s}{H}=\frac{0.2}{1.2}=0.167<0.8$，为自由出流，系数 $\sigma=1.0$，则行近流速 $v_0=\frac{Q}{A}=\frac{Q}{(H+H_1)b}=\frac{Q}{(1.2+0.6)\times4.0}=\frac{Q}{7.2}$。

宽顶堰上总水头

$$H_0=H+\frac{\alpha_0 v_0^2}{2g}=1.2+\frac{\alpha_0\left(\frac{Q}{7.2}\right)^2}{2g}$$

则 $Q=\varepsilon Q_S m\sqrt{2g}\,bH_0^{3/2}=1\times1\times0.35\times\sqrt{2\times9.8}\times4.0\left[1.2+\dfrac{1\times\left(\frac{Q}{7.2}\right)^2}{2\times9.8}\right]^{3/2}$

采用迭代法，解得宽顶堰上通过的流量 $Q=8.96\text{m}^3/\text{s}$。

思维导图

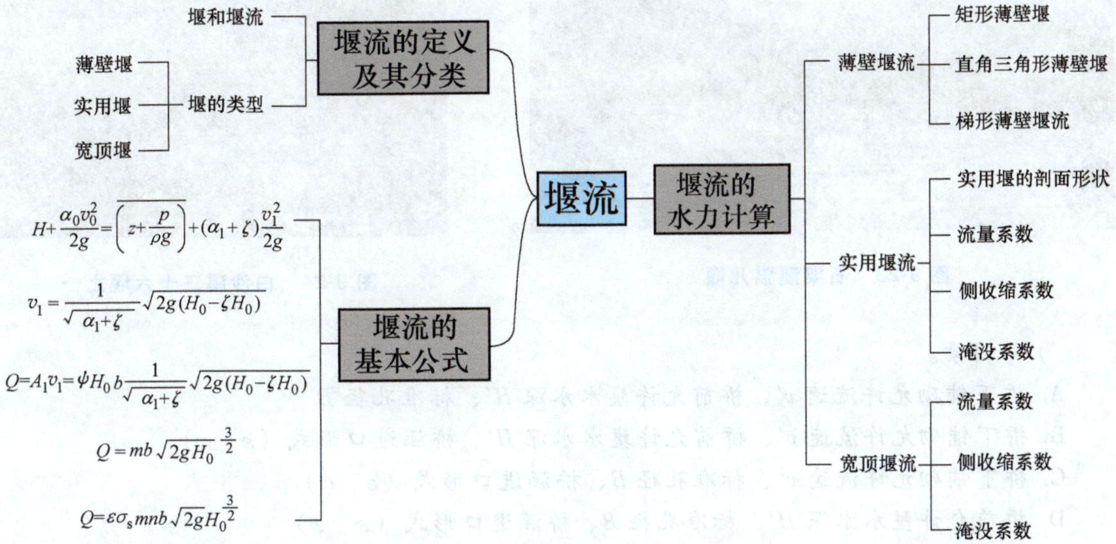

课后习题

一、单项选择题

1. 猫儿堰（图 9-23）坐落于坎底村古樟树漫步道旁，是一座具有古老气息的堰坝。据民国《衢县志》卷六《水利》一篇中记载，猫儿堰始建于宋朝年间（约 1243 年），属于衢州市内最早的一批大型堰坝。内记载为古时塘公村人所筑，灌田万余亩。从图 9-23 可以看出，堰流是无压（　　）时所产生的局部水力现象。

A. 缓流通过障壁　　B. 急流通过障壁　　C. 缓流越过障壁　　D. 急流越过障壁

2. 堰流的流量与堰顶水头的（　　）成正比。

A. 1/2 次　　B. 3/2 次方　　C. 2 次方　　D. 1 次方

3. 根据堰顶厚度与堰上水头的比值，堰可分为（　　）。

A. 宽顶堰、实用堰和薄壁堰　　B. 自由溢流堰、淹没溢流堰和侧收缩堰

C. 三角堰、梯形堰和矩形堰　　D. 溢流堰、曲线形实用堰和折线形实用堰

4. 2020 年 12 月 8 日，始建于东汉的白沙溪三十六堰被列入第七批世界灌溉工程遗产名录。白沙溪三十六堰，位于浙江省金华市，是一个以引水灌溉为主，兼具防洪、蓄水、水力加工等多功能于一体的古代堰坝群。图 9-24 所示为白沙溪三十六堰之一，由图知，实用堰溢流堰顶厚度 δ 与堰上水头 H 符合的条件是（　　）。

A. $\frac{\delta}{H}<0.67$　　B. $0.67<\frac{\delta}{H}<2.5$　　C. $2.5<\frac{\delta}{H}<10$　　D. $\frac{\delta}{H}>10$

5. 第 35 届世界遗产大会将"杭州西湖文化景观"列入《世界遗产名录》。图 9-25 所示"断桥残雪"是"西湖十景"之一。请问在小桥涵洞孔径的水力设计中，应综合考虑

图 9-23　石梁溪猫儿堰

图 9-24　白沙溪三十六堰之一

(　　) 等因素。

A. 桥下铺砌允许流速 v'、桥前允许壅水水深 H'、标准孔径 B

B. 桥下铺砌允许流速 v'、桥前允许壅水水深 H'、桥涵进口形式 (ε、φ)

C. 桥下铺砌允许流速 v'、标准孔径 B、桥涵进口形式 (ε、φ)

D. 桥前允许壅水水深 H'、标准孔径 B、桥涵进口形式 (ε、φ)

6. 计及与不计及行进流速 v_0 的堰流流量系数之比 $\dfrac{m_0}{m}$ = (　　)。

A. $\left(1+\dfrac{\alpha_0 v_0^2}{2gH}\right)^{0.5}$　　B. $1+\dfrac{\alpha_0 v_0^2}{2gH}$　　C. $\left(1+\dfrac{\alpha_0 v_0^2}{2gH}\right)^{0.5}$　　D. $\left(1+\dfrac{\alpha_0 v_0^2}{2gH}\right)^{2}$

7. 五门堰建于汉代公元 7 年间，如图 9-26 所示，距今已有两千多年的历史，因有 5 个引水门洞而得名，是陕西保存最完整、年代最久远，至今仍发挥灌溉作用的一座古代水利工程。已知五门堰属于宽顶堰，问该堰的淹没系数 σ 随淹没度 $\dfrac{h_s}{H_0}$ 的增大而 (　　)。

A. 减小　　B. 增大　　C. 先减小后增大　　D. 先增大后减小

图 9-25　西湖断桥残雪

图 9-26　五门堰

8. 薄壁堰主要是用作测量流量的设备。常用的三角堰、矩形堰和梯形堰的流量 (分别用 Q_s、Q_j 和 Q_t 表示) 三者关系一般为 (　　)。

A. $Q_s<Q_t<Q_j$　　B. $Q_s<Q_j<Q_t$　　C. $Q_j<Q_s<Q_t$　　D. $Q_t<Q_s<Q_j$

9. 用三角堰（$Q=1.4H^{2.5}$）量测 $Q=0.015\text{m}^3/\text{s}$ 的流量，如果读取堰上水头时有 1mm 的误差，则计算流量的相对误差 $\frac{\mathrm{d}Q}{Q}$=（　　）。

A. 15.3%　　B. 1.53%　　C. 0.153%　　D. 0.0153%

10. 宽顶堰在 $\frac{h_p}{H}>3.0$ 的条件下，其流量系数（　　）。

A. $m<0.32$　　B. $m=0.32$　　C. $m=0.36$　　D. $m>0.36$

11. 如图 9-27 所示，山河堰是古代陕西汉中引褒水灌溉农田的一项伟大水利工程，与关中的郑国渠、白公渠和四川的都江堰齐名于世。已知山河堰为宽顶堰，在山河堰非淹没溢流时，水流进入堰口水面降落，在距堰口不远处的水深（　　）。

图 9-27　山河堰

A. 小于临界水深　　B. 等于临界水深

C. 大于临界水深　　D. 等于正常水深

12. 宽顶堰流量系数比例尺 λ_m=（　　）。

A. λ_l　　B. λ_v　　C. λ_Q　　D. 1

13. 某自由式无侧收缩宽顶堰，堰高 H_p 和堰顶水头 H 不变，则据宽顶堰溢流的流量公式 $Q=mb\sqrt{2g}\left[H+\frac{\alpha Q^2}{2gb^2(H+H_p)^2}\right]^{1.5}$ 知，（　　）。

A. Q 与 b 和 m 均呈线性关系

B. Q 与 b 呈线性关系，而与 m 呈非线性关系

C. Q 与 b 呈非线性关系，而与 m 呈线性关系

D. Q 与 b 和 m 均呈非线性关系

二、多项选择题

1. 下列关于堰的分类说法中，正确的有（　　）。

A. 锐缘堰 $\frac{\delta}{H}<0$　　B. 薄壁堰 $0<\frac{\delta}{H}<0.67$

C. 实用堰 $0.67<\frac{\delta}{H}<2.5$　　D. 宽顶堰 $2.5<\frac{\delta}{H}<10$

E. 驼峰堰 $10<\frac{\delta}{H}<25$

2. 影响堰流性质的因素一般有（　　）。

A. 相对堰厚$\frac{\delta}{H}$　　B. 相对堰高$\frac{h_p}{H}$　　C. 相对堰宽$\frac{b}{B}$

D. 淹没度$\frac{h_s}{H}$　　E. 堰面形状

3. 以下工程中，具有宽顶堰水力性质的有（　　）。

A. 闸门全开时的过闸水流　　B. 小桥桥孔过流

C. 无压短涵洞过流　　D. 施工围堰过流

E. 潜水坝过流

4. 宽顶堰淹没溢流的充分必要条件是 $h_s=h-h_p'$（　　）。

A. >0　　B. <0　　C. $\geqslant 0.8H_0$

D. $\geqslant 1.3H_0$　　E. $\geqslant 1.3h_c$（h_c 为堰顶临界水深）

5. 小桥淹没过流的充分必要条件是桥下游水深（　　）。

A. $h>0$　　B. $h\geqslant 0.8h_c$　　C. $h\geqslant h_c$

D. $h\geqslant 1.3h_c$　　E. $h\geqslant 0.8H_0$

三、判断改正题

1. 堰流是无压流流经障壁产生的局部水流现象。（　　）

2. 从自由式无侧收缩宽顶堰的流量公式 $Q=mb\sqrt{2g}\left\{H+\frac{\alpha_0 Q^2}{2g[(H+h_p)b]^2}\right\}^{1.5}$ 可知，在堰前水头 H 和堰高 h_p 一定条件下，无侧收缩自由式宽顶堰的过流能力 Q 与堰宽 b 呈非线性关系。（　　）

3. 自由式宽顶堰堰顶水流近似为水平流动，其水深 $h_1<1.3h_c$。（　　）

4. 根据堰的分类可知，堰顶厚度 $\delta=5\text{m}$、堰前水头 $H=1.8\text{m}$ 的堰属于实用断面堰。（　　）

5. 山区和丘陵地区的铁（公）路陡坡涵洞，由于进出口涵底高程相差较大，设计时应采取减小势能的消能措施。（　　）

四、简答题

1. 什么是堰流？

2. 简述堰的三种类型及其共同的水力特征。在相同条件下，其过流能力的排序如何？

3. 堰流基本公式 $Q=m\sigma\varepsilon b\sqrt{2g}H_0^{1.5}$ 中 m、ε、σ 等系数与哪些因素有关。

4. 宽顶堰淹没出流形成的充分必要条件是什么？

5. 有一堰顶厚度 $\delta=16\text{m}$ 的宽顶堰，堰前水头 $H=2\text{m}$，下游水位高出堰顶 1m。如果上、下游水位及堰高、堰宽均不变，当堰顶厚度 δ 分别减小至 8m 及 4m 时，堰的过水能力有无变化？为什么？

五、计算题

1. 某矩形堰为自由式无侧收缩的薄壁堰，堰宽 $b=0.50\text{m}$，堰高 $h_p=0.35\text{m}$，堰前水头

$H=0.40\text{m}$，试求过堰流量 Q。

2. 某供水系统采用自由式无侧收缩圆角进口宽顶堰溢流，堰宽 $b=10\text{m}$，堰高 $h_p=0.45\text{m}$，堰上水头 $H=0.05\text{m}$，试求供水流量 Q。

3. 为了量测 $Q=0.30\text{m}^3/\text{s}$ 的流量，若堰高 $h_p=0.5\text{m}$，水头限制 H 在 0.2m 以下，试设计矩形薄壁堰的堰宽 b。

4. 某水库大坝坝后渗流观测的直角三角量水堰$\left(Q=\dfrac{8}{15}\mu\tan\dfrac{\alpha}{2}\sqrt{2g}H^{2.5}\right)$如图 9-28 所示，若顶角测量的误差为 2°，则计算流量的相对误差是多少？

5. 如图 9-29 所示，某人工小瀑布泄流形式为圆角进口宽顶堰溢流，堰宽 $b=2.0\text{m}$，堰高 $h_p=h_p'=1.0\text{m}$，堰前水头 $H=2.0\text{m}$，上游渠宽 $B=3.0\text{m}$，边墩为矩形，试求堰下游水深 $h=2.8\text{m}$ 时的过堰流量 Q。假定行近流速可忽略不计。

图 9-28　直角三角量水堰

图 9-29　某人工小瀑布

6. 试从 $H=H'$ 出发设计一矩形断面小桥孔径 B。已知河道设计流量 $Q=8.5\text{m}^3/\text{s}$，桥前允许壅水水深 $H'=1.35\text{m}$，桥下铺砌允许流速 $v'=3.5\text{m/s}$，桥下游水深 $h=1.0\text{m}$，选定小桥进口形式后知 $\varepsilon=0.90$，$\varphi=0.90$，$\psi=0.85$，取动能修正系数 $\alpha=1.0$。

7. 某矩形断面桥，孔径 $B_p=16\text{m}$，现用长度比例尺 $\lambda_l=20$ 对该桥进行水力特征实验研究。现已测得模型流量 $Q_m=16.7\text{L/s}$，桥孔侧向收缩系数 $\varepsilon_m=0.85$，桥前壅水水头（包括行近流速水头）$H_{0m}=6.5\text{cm}$，桥下游水深 $h_m=5.3\text{cm}$。试求相应于 Q_m 的原型流量 Q_p、桥下水深 h_{1p} 和桥孔流速系数 φ_p。

8. 图 9-30 所示是用作实验的直角三角堰流量测定装置。已知平水塔内水面距堰顶的距离 $h=5\text{m}$，堰上水头 $H=20\text{cm}$，欲使堰上水头变化 $\text{d}H<0.01\text{cm}$，试求平水塔内水位的最大允许变化值 $\text{d}h$。

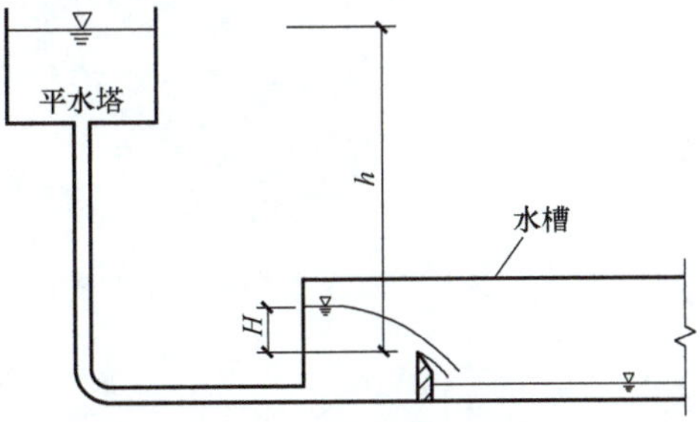

图 9-30　计算题第 8 题

9. 枫桥是江苏苏州西郊的一座古桥，跨上塘河，如图 9-31 所示。枫桥以唐代诗人张继的七绝《枫桥夜泊》而闻名天下，该小桥为自由式小桥过流，试证明枫桥过流的流量系数 $m=\dfrac{2\alpha\varphi^3\psi^3}{(1+2\alpha\varphi^2\psi^3)^{1.5}}$。

10. 若欲测流量的变化幅度为 3 倍，试求用直角三角堰测流时水头变化的幅度。

11. 某拟建量水堰如图 9-32 所示，试推求该三角堰流量计算公式。

图 9-31　枫桥

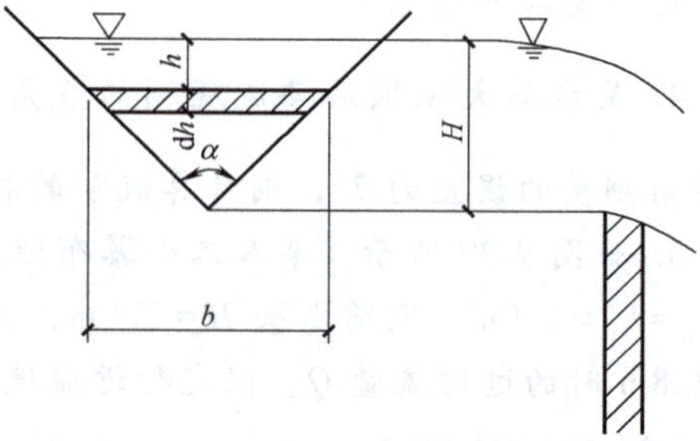

图 9-32　计算题第 11 题

12. 对于堰前水头 H、堰高 h_p 一定的自由式无侧收缩宽顶堰溢流，当堰宽 b 增大 15% 时，其流量将增大多少？

13. 已知直角进口无侧收缩宽顶堰的坎高 $p=p'=0.50\text{m}$，堰下游水深 $h=1.12\text{m}$，堰宽 $b=1.28\text{m}$，当流经该宽顶堰的流量 $Q=1.67\text{m}^3/\text{s}$ 时，堰顶水头 $H=0.85\text{m}$，试判断其流动状态（淹没式或自由式）。

14. 图 9-33 所示宽顶堰流，设忽略水头损失，且动能修正系数 $\alpha=1.0$，堰前作用水头 $H_0=$常数，试证明：

（1）当堰顶水深 $h=h_k$ 时通过能力最大。

（2）宽顶堰最大流量系数 $m_{max}=0.385$。

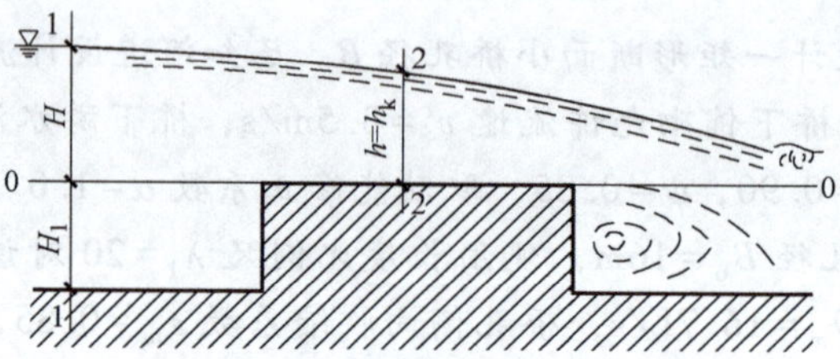

图 9-33　计算题第 14 题

第 10 章

渗 流

港珠澳大桥海底隧道全长 5.6km，是世界最长的公路沉管隧道和唯一的深埋沉管隧道，也是我国第一条外海沉管隧道和当今世界上埋深最大、综合技术难度最高的沉管隧道。其海底部分约 5664m，由 33 节巨型沉管和 1 个合龙段最终接头组成，最大安装水深超过 40m。全球此前现成案例表明，海底隧道中渗流现象难以避免，出现漏水是很常见的，而这条 5.6km 的海底隧道，在攻破重重技术难关之后，保证了 40m 水压下的“滴水不漏”，打破了世界纪录。如图 10-1a、b 所示为港珠澳大桥航拍图。

a)　　　　b)

图 10-1　港珠澳大桥航拍图

10.1 概　　述

流体在孔隙介质中的流动称为渗流，在土建工程中渗流主要是指水在地表以下的土壤和岩层中的流动，所以渗流也称地下水运动。渗流理论广泛应用于水利、土木、石油、采矿、化工等许多领域，如土木工程中基坑降水、软土地基排水、隧道防水、防洪工程设计及渗流压力作用下建筑物受力分析等。

水在土壤中的渗流现象是在水与土壤相互作用下形成的。土壤中水的存在状态可分为气态水、附着水、薄膜水、毛细水和重力水。除重力之外，其他状态的地下水都不可能在土壤孔隙中流动。重力水是指充满在土壤孔隙中，受重力作用而在孔隙中流动的水。重力水是渗流理论研究的对象。

10.2 渗流基本定律

10-1 渗流模型

10.2.1 渗流模型

实际土壤颗粒的形状、大小及颗粒间孔隙的大小、形状和分布情况是十分复杂的，具有随机性。无论是理论分析还是实验分析，要确定水在土壤孔隙中流动的真实情况极其困难，也无此必要。工程中关心的是渗流宏观平均效果，而不是孔隙内的流动细节，因此引入简化的渗流模型来代替实际的渗流。

渗流模型是渗流区域（流体和孔隙介质所占据的空间）的边界条件保持不变，忽略土粒骨架的存在，认为渗流区连续充满流体，而流量与实际渗流相同，压强和渗流阻力也与实际渗流相同的替代流场。

在渗流模型中，取过水断面积 ΔA（包括土颗粒面积和孔隙面积），设通过的实际流量为 ΔQ，则渗流速度

$$u=\frac{\Delta Q}{\Delta A}$$

而水在孔隙中的实际平均速度

$$u'=\frac{\Delta Q}{\Delta A'}=\frac{u\Delta A}{\Delta A'}=\frac{1}{n}u>u$$

式中，$\Delta A'$为 ΔA 中孔隙面积；n 为土的孔隙度，$n=\frac{\Delta A'}{\Delta A}$，$n<1$。

可见，渗流速度小于土孔隙中的实际速度。

渗流模型将渗流作为连续空间内连续介质的运动，这样基于连续介质建立起来的描述流体运动的方法和概念能直接应用于渗流中，使得在理论上研究渗流问题成为可能。中国矿业大学（北京）鞠杨教授课题组利用自主研发的真三轴原位 CT 成像实验系统与孔隙岩石透明 3D 打印模型，直观显示并定量分析了储层地应力变化造成的岩石三维孔隙结构变形及孔尺度水油非混相驱替动力学行为，为科学认知和定量描述油气资源开采引起的储层岩体孔隙结构形变与水油驱替机理提供了新手段、新方法。图 10-2a、b 所示分别为鞠杨教授提供的原始孔隙结构模型和重建孔隙网络模型。

a) b)

图 10-2 孔隙结构模型对比

a）原始孔隙结构模型 b）重建孔隙网络模型

10.2.2 渗流的分类

在渗流模型的基础上，渗流也可按欧拉法的概念进行分类。例如：根据各渗流空间点上的流动参数是否随时间变化，分为恒定渗流和非恒定渗流；根据流动参数与坐标的关系，分为一维、

二维、三维渗流；根据流线是否为平行直线，分为均匀渗流和非均匀渗流，而非均匀渗流又可分为渐变渗流和急变渗流。此外，按有无自由水面，渗流还可分为有压渗流和无压渗流。

10-2　渗流达西定律

10.2.3　达西定律

1855 年，法国工程师达西通过实验研究总结出渗流水头损失与渗流速度之间的关系式，后人称之为达西定律。

达西渗流实验装置如图 10-3 所示。该装置为上端开口直立圆筒，筒壁上、下两断面装有测压管，圆筒下部距筒底不远处装有滤板 C。圆筒内充满均匀砂层，由滤板托住。水由上端注入圆筒，并以溢水管 B 使水位保持恒定。水渗流即可测量出测压管水头差，同时透过砂层的水经排水管流入计量容器 V 中，以便计算实际渗流量。

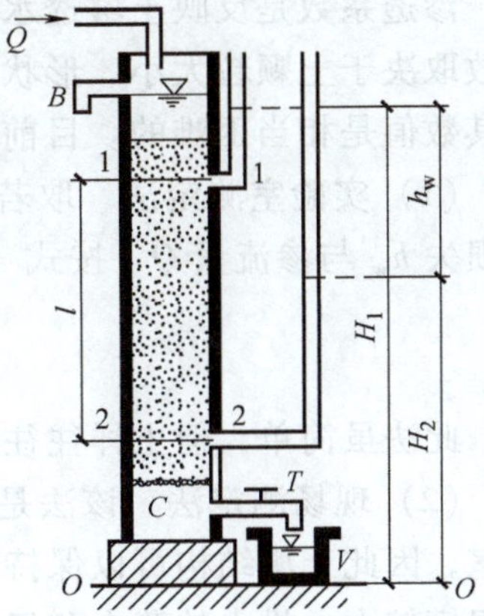

图 10-3　达西渗流实验装置

由于渗流流速极其微小，其流速水头可忽略不计，实际的测压管水头差即为两断面间的水头损失，则其水力坡度

$$i=\frac{h_w}{l}=\frac{H_1-H_2}{l}$$

达西在分析了大量的实验资料后得出以下规律

$$Q=kAi \tag{10-1}$$

或

$$v=ki \tag{10-2}$$

式中，v 为渗流断面平均流速，称渗流速度；k 为反映土壤透水性的一个综合系数，具有速度的量纲，称为渗透系数（coefficient of permeability）。

达西实验是在等直径圆筒内均质砂土中进行的，属于均匀渗流，可以认为各点的流动状况相同，各点的速度等于断面平均流速，式（10-2）可写成

$$u=ki \tag{10-3}$$

式（10-3）即著名的达西定律（Darcy law）。它表明渗流的水力坡度，即单位距离上的水头损失与渗流速度的一次方成比例。因此也称为渗流线性定律。

达西定律推广到非均匀、非定常渗流中，其表达式为

$$u=ki=-k\frac{\mathrm{d}H}{\mathrm{d}s} \tag{10-4}$$

式中，u 为点流速；i 为该点的水力坡度。

达西定律是渗流线性定律，后来范围更广的实验指出，随着渗流速度的加大，水头损失将与流速的 1~2 次方成比例。当流速大到一定数值后，水头损失和流速的 2 次方成比例，可见达西定律有一定的适用范围。

关于达西定律的适应范围，可用雷诺数进行判别。因为土孔隙的大小、形状和分布在很大的范围内变化，相应的判别雷诺数为

$$Re=\frac{vd}{\nu}\leqslant 1\sim 10 \tag{10-5}$$

式中，v 为渗流断面平均流速；d 为土颗粒的有效直径，一般用 d_{10}，即筛分时占 10%重量的

土粒通过的筛孔直径；ν 为水的运动黏度。

为安全起见，可把 $Re=1.0$ 作为线性定律适用的上限。本章讨论的内容，仅限于符合达西定律的渗流。

10.2.4　渗透系数及其确定方法

根据达西定律，反映孔隙介质水性能的渗透系数（或称导水率），可以理解为单位水力坡度下的渗流通量（单位面积上的渗透流量），即单位水力坡度下的渗透流速，具有速度的量纲 LT^{-1}，常用 m/s 或 m/d 表示。

渗透系数是反映土壤透水性的一个综合系数，分析计算渗流问题最重要的参数。由于该系数取决于土颗粒大小、形状、分布情况及地下水的物理化学性质等多种因素，要准确地确定其数值是相当困难的。目前确定渗透系数的方法可以分为以下三类。

（1）实验室测定法　取若干天然土样，利用类似图 10-3 所示的达西实验装置，实测水头损失 h_w 与渗流量 Q，按式（10-1）求得渗透系数

$$k=\frac{Ql}{Ah_w}$$

此法虽简单，但土样往往容易受到扰动而造成实验结果失真。

（2）现场测定法　该法是一种较可靠的测定方法。其主要优点是：不需将土样取回实验室，因此土壤结构可以保持原状，不受扰动，同时可以取得大面积的平均渗透系数值。但因规模较大，投入的劳力和经费均较大，一般多用于重要的大型工程。现场测定法一般在现场钻井或挖试坑，做抽水或注水实验，达到稳定时，测定流量及水头等数值，然后根据相应的理论公式，反算渗透系数。

（3）经验方法　在有关手册或规范资料中，给出各种土的渗透系数值或计算公式，大都是经验性的，各有其局限性，可作为初步估算用。现将各类土的渗透系数列于表 10-1。

表 10-1　土的渗透系数

土名	渗透系数 k		土名	渗透系数 k	
	m/d	cm/s		m/d	cm/s
黏土	<0.005	$<6\times10^{-6}$	粗砂	20~50	$2\times10^{-2}\sim6\times10^{-2}$
粉质黏土	0.005~0.1	$6\times10^{-5}\sim1\times10^{-4}$	均质粗砂	60~75	$7\times10^{-2}\sim8\times10^{-2}$
粉土	0.1~0.5	$1\times10^{-4}\sim6\times10^{-4}$	圆砾	50~100	$6\times10^{-2}\sim1\times10^{-1}$
黄土	0.25~0.5	$3\times10^{-4}\sim6\times10^{-4}$	卵石	100~500	$1\times10^{-1}\sim6\times10^{-1}$
粉砂	0.5~1.0	$6\times10^{-4}\sim1\times10^{-3}$	无填充物卵石	500~1000	$6\times10^{-1}\sim1\times10$
细砂	1.0~5.0	$1\times10^{-3}\sim6\times10^{-3}$	稍有裂隙岩石	20~60	$2\times10^{-2}\sim7\times10^{-2}$
中砂	5.0~20.0	$6\times10^{-3}\sim2\times10^{-2}$	裂隙多的岩石	60	$>7\times10^{-2}$
均质中砂	35~50	$4\times10^{-2}\sim6\times10^{-2}$			

10.3　地下水的渐变渗流

在透水地层中的地下水流动，很多情况是具有自由液面的无压渗流。无压渗流相当于透

水地层中的明渠流动，水面线称为浸润线。同地上明渠流动的分类相似，无压渗流也可分为流线是平行直线、等深、等速的均匀渗流，均匀渗流的水深称为渗流正常水深，以 h_0 表示。但由于受自然水文地质条件的影响，无压渗流更多的是流线近于平行直线的非均匀渐变渗流。

因渗流区地层宽阔，无压渗流一般可按一元流动处理，并将渗流的过水断面简化为宽阔的矩形断面计算。

通过对渐变渗流的分析，可以得出地下水位变化规律、地下水的动向和补给情况。

10.3.1 裘皮依（J. Dupuit）公式

设非均匀渐变渗流如图 10-4 所示。取相距为 ds 的过流断面 1—1、2—2，根据渐变流的性质，过水断面近于平面，面上各点的测压管水头皆相等。又由于渗流的总水头等于测压管水头，所以，1—1 与 2—2 断面之间任一流线上的水头损失相同

$$H_1-H_2=-\mathrm{d}H$$

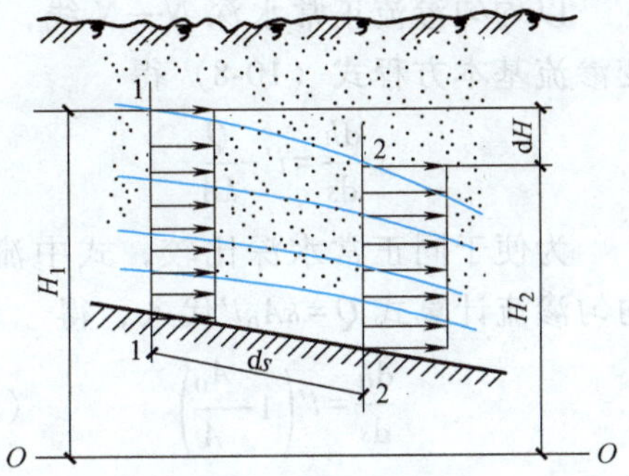

图 10-4 渐变渗流

因为渐变流的流线近于平行直线，1—1 与 2—2 断面间各流线的长度近于 ds，则过水断面上各点的水力坡度相等

$$i=-\frac{\mathrm{d}H}{\mathrm{d}s}$$

代入式（10-4），过水断面上各点的流速相等，并等于断面平均流速，流速分布图为矩形。

$$v=u=ki=-k\frac{\mathrm{d}H}{\mathrm{d}s} \tag{10-6}$$

上式即渐变渗流的一般公式，称作裘皮依公式，它是法国学者裘皮依在 1863 年首先提出的。公式形式虽然和达西定律一样，但含意已是渐变渗流过水断面上，平均速度与水力坡度的关系。因此，裘皮依公式也可看作达西定律在渐变渗流中的推广。

10.3.2 渐变渗流基本方程

设无压非均匀渐变渗流，不透水地层坡度为 i'，取过水断面 1—1、2—2，相距 ds，水深和测压管水头的变化分别为 dh 和 dH，如图 10-5 所示。

1—1 断面的水力坡度

$$i=-\frac{\mathrm{d}H}{\mathrm{d}s}=-\left(\frac{\mathrm{d}z}{\mathrm{d}s}+\frac{\mathrm{d}h}{\mathrm{d}s}\right)=i'-\frac{\mathrm{d}h}{\mathrm{d}s}$$

将 i 代入式（10-6），得 1—1 断面的平均渗流速度

$$v=k\left(i'-\frac{\mathrm{d}h}{\mathrm{d}s}\right) \tag{10-7}$$

渗流量

$$Q=kA\left(i'-\frac{\mathrm{d}h}{\mathrm{d}s}\right) \tag{10-8}$$

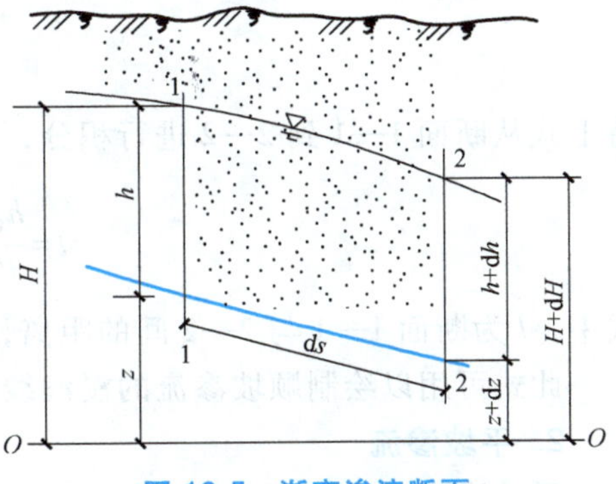

图 10-5 渐变渗流断面

上式是无压恒定渐变渗流的基本方程，是分析和绘制渐变渗流浸润曲线的理论基础。

10.3.3 渐变渗流浸润曲线的分析

同明渠非均匀渐变流水面线的变化相比，因渗流速度极其微小，流速水头忽略不计，所以浸润线既是测压管水头线，又是总水头线。由于存在水头损失，总水头线沿程下降，因此，浸润线也只能沿程下降，不可能水平，更不可能上升，这是浸润线的主要几何特征。

渗流区不透水基底的坡度分为顺坡（$i'>0$）、平坡（$i'=0$）、逆坡（$i'<0$）三种。只有顺坡存在均匀渗流，有正常水深。无压渗流无临界水深及缓流、急流的概念，因此浸润线的类型大为简化。

1. 顺坡渗流

以均匀渗流正常水深 $N—N$ 线，将渗流区分为上、下两个区域，如图 10-6 所示。由渐变渗流基本方程式（10-8）得

$$\frac{dh}{ds}=i'-\frac{Q}{kA}$$

为便于同正常水深比较，式中流量用均匀渗流计算式 $Q=kA_0i'$ 代入，得

$$\frac{dh}{ds}=i'\left(1-\frac{A_0}{A}\right) \tag{10-9}$$

式中，A_0 为均匀渗流时的过水断面积；A 为实际渗流的过水断面积。

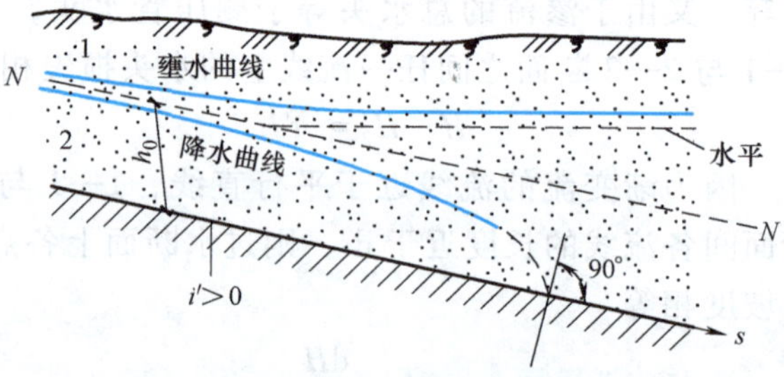

图 10-6 顺坡基底渗流

上式即顺坡渗流浸润线微分方程。

（1）Ⅰ区（$h>h_0$） 在式（10-9）中，$h>h_0$，$A>A_0$，$dh/ds>0$，浸润线是渗流壅水曲线。其上游端 $h\to h_0$，$A\to A_0$，$dh/ds\to 0$，浸润线以 $N—N$ 线为渐近线；下游端 $h\to\infty$，$A\to\infty$，$dh/ds\to i'$，浸润线以水平线为渐近线。

（2）Ⅱ区（$h<h_0$） 在式（10-9）中，$h<h_0$，$A<A_0$，$dh/ds<0$，浸润线是渗流降水曲线。其上游端 $h\to h_0$，$A\to A_0$，$dh/ds\to 0$，浸润线以 $N—N$ 线为渐近线；下游端 $h\to 0$，$A\to 0$，$dh/ds\to-\infty$，浸润线与基底正交。由于此处曲率半径很小，不再符合渐变流条件，式（10-6）已不适用，这条浸润线的下游端实际上取决于具体的边界条件。

设渗流区的过水断面是宽度为 b 的宽阔矩形，将 $A=bh$，$A_0=bh_0$ 代入式（10-9），并令 $\eta=h/h_0$，$dh=h_0d\eta$，得到

$$\frac{i'ds}{h_0}=d\eta+\frac{d\eta}{\eta-1}$$

将上式从断面 1—1 到 2—2 进行积分，得

$$l=\frac{h_0}{i'}\left(\eta_2-\eta_1+\ln\frac{\eta_2-1}{\eta_1-1}\right) \tag{10-10}$$

式中，l 为断面 1—1 与 2—2 间的距离，$\eta_1=h_1/h_0$，$\eta_2=h_2/h_0$。

此式可用以绘制顺坡渗流的浸润线和进行水力计算。

2. 平坡渗流

平坡渗流区域如图 10-7 所示。令式（10-8）中底坡 $i'=0$，即得平坡渗流浸润线微分

方程

$$\frac{dh}{ds}=-\frac{Q}{kA} \tag{10-11}$$

在平坡基底上不能形成均匀渗流，$dh/ds<0$，只能有一种浸润线，为渗流的降水曲线。其上游端 $h\to\infty$，$dh/ds\to0$，以水平线为渐近线；下游端 $h\to0$，$dh/ds\to-\infty$，浸润线与基底正交，性质和上述顺坡渗流的降水曲线末端类似。

设渗流区的过水断面是宽度为 b 的宽阔矩形，将 $A=bh$，$Q/b=q$（单宽流量）代入式(10-11)，得

$$\frac{q}{k}ds=-hdh$$

将上式从断面 1—1 到 2—2 进行积分，得

$$\frac{ql}{k}=\frac{1}{2}(h_1^2-h_2^2) \tag{10-12}$$

此式可用以绘制平坡渗流的浸润线和进行水力计算。

3. 逆坡渗流

在逆坡基底上，也不可能形成均匀渗流。对于逆坡渗流也只有一种浸润线，为渗流的降水曲线，如图 10-8 所示。其微分方程和积分式，这里不详述。

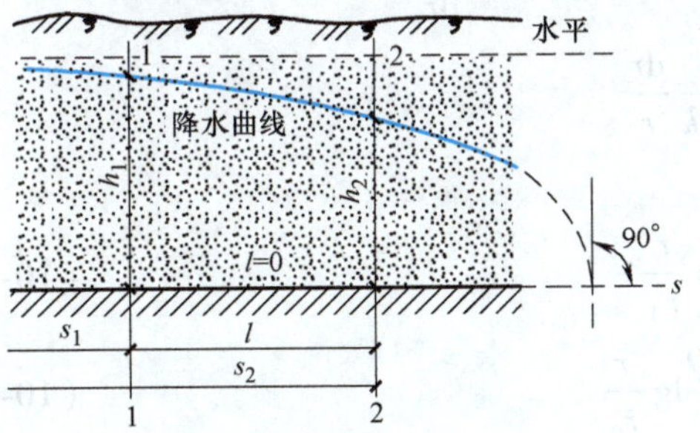

图 10-7 平坡基底渗流

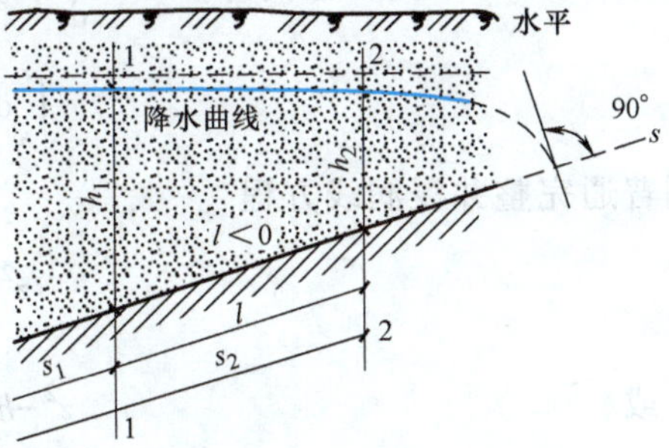

图 10-8 逆坡基底渗流

10.4 井和井群

井是汲取地下水源和降低地下水位的集水构筑物，应用十分广泛。如图 10-9 所示为北京大观园内的井。在具有自由水面的潜水层中凿的井，称为普通井或潜水井。其中贯穿整个含水层，井底直达不透水层的称为完整井，井底未达到不透水层的称为不完整井。含水层位于两个不透水层之间，含水层顶面压强大于大气压强，这样的含水层称为承压含水层。汲取承压地下水的井，称为承压井或自流井。下面讨论普通完整井和自流井的渗流计算。

图 10-9 北京大观园内的井

10.4.1 普通完整井（完全潜水井）

水平不透水层上的普通完整井，如图 10-10 所示。管井的直径 50~1000mm，井深可达 1000m 以上。

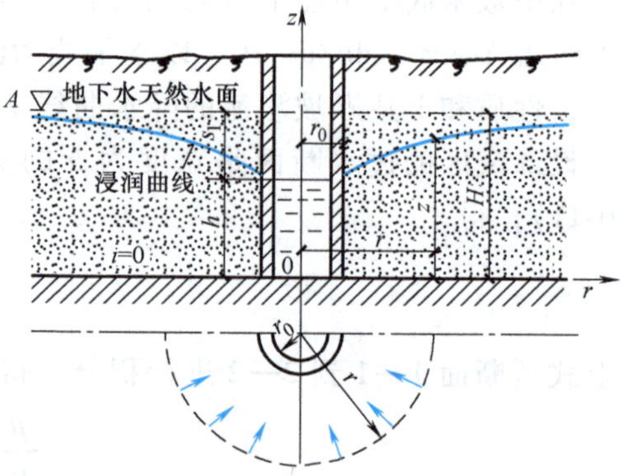

图 10-10 普通完整井

设含水层中地下水的天然水面 $A—A$，含水层厚度为 H，井的半径为 r_0。从井内抽水时，井内水位下降，四周地下水向井中补给，并形成对称于井轴的漏斗形浸润面。如抽水流量不过大且恒定时，经过一段时间，向井内渗流达到恒定状态。井中水深和浸润漏斗面均保持不变。

取距井轴为 r，浸润面高为 z 的圆柱形过水断面，除井周附近区域外，浸润曲线的曲率很小，可看作是恒定渐变渗流。

裘皮依公式

$$v=ki=-k\frac{\mathrm{d}H}{\mathrm{d}s}$$

将 $H=z$，$\mathrm{d}s=-\mathrm{d}r$ 代入上式得，$v=k\dfrac{\mathrm{d}z}{\mathrm{d}r}$，则渗流量 $Q=Av=2\pi rzk\dfrac{\mathrm{d}z}{\mathrm{d}r}$，分离变量并积分

$$\int_h^z \mathrm{d}z=\int_{r_0}^r \frac{Q}{2\pi k}\frac{\mathrm{d}r}{r}$$

得到普通完整井浸润线方程

$$z^2-h^2=\frac{Q}{\pi k}\ln\frac{r}{r_0} \tag{10-13}$$

或

$$z^2-h^2=\frac{0.732Q}{k}\lg\frac{r}{r_0} \tag{10-14}$$

从理论上讲，浸润线是以地下水天然水面线为渐近线，当 $r\to\infty$，$z=H$。但从工程实用观点看，认为渗流区存在影响半径 R，R 以外的地下水位不受影响，即 $r=R$，$z=H$。代入式（10-14），得

$$Q=1.366\frac{k(H^2-h^2)}{\lg\dfrac{R}{r_0}} \tag{10-15}$$

以抽水降深 s 代替井水深 h，$s=H-h$，式（10-15）整理得

$$Q=2.732\frac{kHs}{\lg\dfrac{R}{r_0}}\left(1-\frac{s}{2H}\right) \tag{10-16}$$

当 $\dfrac{s}{2H}\ll 1$，式（10-16）可简化为

$$Q=2.732\frac{kHs}{\lg\dfrac{R}{r_0}} \tag{10-17}$$

式中，Q 为产水量；h 为井水深；s 为抽水降深；R 为影响半径；r_0 为井半径。

影响半径 R 可由现场抽水试验测定，估算时，可根据经验数据选取，细砂 $R=100\sim200\text{m}$，中等粒径砂 $R=250\sim500\text{m}$，粗砂 $R=700\sim1000\text{m}$。R 也可用以下经验公式计算

$$R=3000s\sqrt{k} \tag{10-18}$$

或

$$R=575s\sqrt{Hk} \tag{10-19}$$

式中，k 以 m/s 计，R、s 和 H 均以 m 计。

影响半径本身就是一个近似的概念，所以用各种方法确定的数值差别也很大。但因流量与影响半径的对数值成反比，所以影响半径的差别对流量计算的影响并不大。

【例 10.1】 在南水北调中线的太行山与河北平原过渡地带（图 10-11a），地下水流丰富，地表水位较高，为保障施工安全，保证施工质量，对现场土壤的渗透系数进行测试。在现场打一口直径 $d=0.2\text{m}$ 的完整潜水井做压水实验，如图 10-11b 所示。向井中输入流量 $Q=2\times10^{-4}\text{m}^3/\text{s}$，稳定后，井中水深保持 $h=5\text{m}$，测得潜水层厚度 $H=3.5\text{m}$，影响半径 $R=150\text{m}$，不透水层为水平，问该土壤的渗透系数为多少？

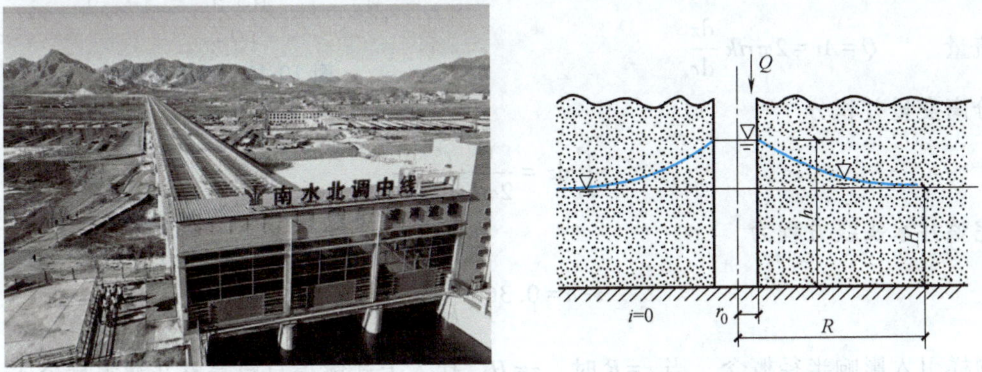

a)　　b)

图 10-11　例 10.1

a）南水北调中线工程　b）注水井

【解】 输水时 h 保持不变，说明输水流量等于渗流流量，且当 $r=R$ 时，$z=H$。

根据完整潜水井的涌水量公式（10-15）（经适当变换 $h>H$）

$$Q=1.366\frac{k(h^2-H^2)}{\lg\dfrac{R}{r_0}}$$

$$k/(\text{m}\cdot\text{s}^{-1})=\frac{Q\lg\dfrac{R}{r_0}}{1.366(h^2-H^2)}=\frac{2\times10^{-4}\lg\dfrac{150}{0.1}}{1.366\times(5^2-3.5^2)}=3.65\times10^{-5}$$

【例 10.2】 井为普通完整井，其半径为 0.1m，含水层厚度（即水深）$H=8\text{m}$，土的渗透系数 $k=0.001\text{m/s}$，抽水时井中水深 $h=3\text{m}$，试估算井的出流量。

【解】 最大抽水降深 $s=H-h=5\text{m}$。由式（10-18）求影响半径

$$R/\text{m}=3000s\sqrt{k}=3000\times5\sqrt{0.001}=474.3$$

由式（10-15）求出水量

$$Q/(\mathrm{m^3\cdot s^{-1}})=1.366\frac{k(H^2-h^2)}{\lg\frac{R}{r_0}}=1.366\times\frac{k(8^2-3^2)}{\lg\frac{474.3}{0.1}}=0.02$$

10.4.2 自流完整井（完全承压井）

自流完整井如图 10-12 所示，含水层位于两个不透层之间。设承压含水层为一水平等厚含水层，厚度为 t。凿井穿透含水层，未抽水时地下水位上升到 H，为承压含水层的总水头。自井中抽水，井中水深由 H 降至 h，井周围测压管水头线形成漏斗形曲面。取距井轴 r 处，测压管水头为 z 的过水断面，由裘皮依公式

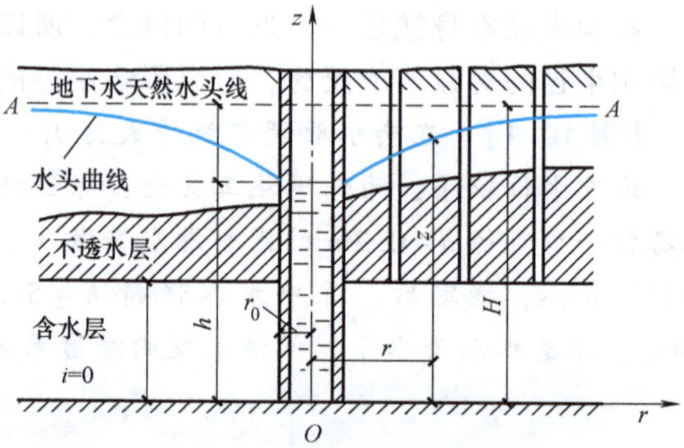

图 10-12　自流完整井

$$v=k\frac{\mathrm{d}z}{\mathrm{d}r}$$

流量　　$Q=Av=2\pi rtk\dfrac{\mathrm{d}z}{\mathrm{d}r}$

分离变量并积分

$$\int_h^z \mathrm{d}z=\frac{Q}{2\pi kt}\int_{r_0}^{r}\frac{\mathrm{d}r}{r}$$

自流完整井水头线方程为

$$z-h=0.366\frac{Q}{kt}\lg\frac{r}{r_0}$$

同样引入影响半径概念，当 $r=R$ 时，$z=H$。代入上式解得自流完整井涌水量公式

$$Q=2.732\frac{kts}{\lg\frac{R}{r_0}}\tag{10-20}$$

10.4.3 井群

如有多口井一同工作，各井之间的间距小于影响半径，这时各井之间的地下水流会互相影响，这些同时工作的井称为井群。工程中，通常利用井群大量汲取地下水源，或更有效地降低地下水位。

设由 n 个普通完整井组成的井群如图 10-13 所示。各井的半径分别为 r_{01}，r_{02}，…，r_{0n}；出水量分别为 Q_1，Q_2，…，Q_n；至某点 A 的水平距离分别为 r_1，r_2，…，r_n。若各井单独工作时，它们的井水深分别为 h_1，h_2，…，h_n，在 A 点形成的浸润线高度分别为 z_1，z_2，…，z_n，由式（10-14）可知各自的浸润线方程为

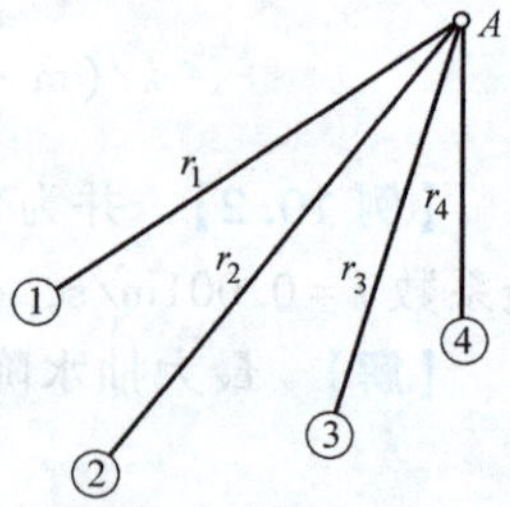

图 10-13　井群

$$z_1^2=\frac{0.732Q_1}{k}\lg\frac{r_1}{r_{01}}+h_1^2$$

$$z_2^2=\frac{0.732Q_2}{k}\lg\frac{r_2}{r_{02}}+h_2^2$$

$$z_n^2=\frac{0.732Q_n}{k}\lg\frac{r_n}{r_{0n}}+h_n^2$$

各井同时抽水，在 A 点形成共同的浸润线高度 z，按势流叠加原理，其方程为

$$z^2=\sum_{i=1}^{n}z_i^2=\sum_{i=1}^{n}\left(\frac{0.732Q_i}{k}\lg\frac{r_i}{r_{0i}}+h_i^2\right)$$

当各井抽水状况相同，$Q_1=Q_2=\cdots=Q_n$，$h_1=h_2=\cdots=h_n$ 时，有

$$z^2=\frac{0.732Q}{k}[\lg(r_1r_2\cdots r_n)-\lg(r_{01}r_{02}\cdots r_{0n})]+nh^2 \tag{10-21}$$

井群也具有影响半径 R，若 A 点处于影响半径处，可认为 $r_1\approx r_2\approx\cdots r_n\approx R$，而 $z=H$，得

$$H^2=\frac{0.732Q}{k}[n\lg R-\lg(r_{01}r_{02}\cdots r_{0n})]+nh^2 \tag{10-22}$$

式（10-21）与式（10-22）相减，得井群的浸润面方程

$$z^2=H^2-\frac{0.732Q}{k}[n\lg R-\lg(r_1r_2\cdots r_n)]=H^2-\frac{0.732Q_0}{k}\left[\lg R-\frac{1}{n}\lg(r_1r_2\cdots r_n)\right] \tag{10-23}$$

式中，$R=575s\sqrt{Hk}$；s 为井群中心水位降深，以 m 计；$Q_0=nQ$，为总出水量。

【例 10.3】 如图 10-14a 所示为基坑施工过程中的井点降水工程，为了降低基坑中的地下水位，在基坑周围设置了 8 个普通完整井，其布置如图 10-14b 所示。已知潜水层的厚度 $H=10\text{m}$，井群的影响半径 $R=500\text{m}$，渗透系数 $k=0.001\text{m/s}$，井的半径 $r_0=0.1\text{m}$，总抽水量 $Q=0.02\text{m}^3/\text{s}$，试求井群中心 O 点地下水位降深多少？

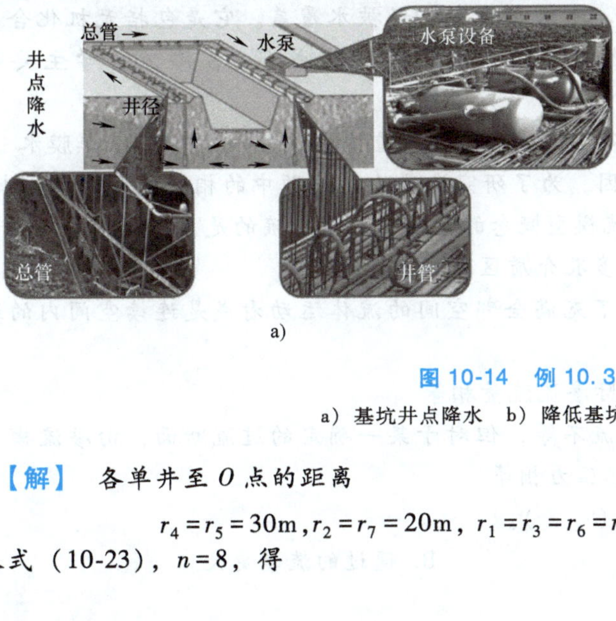

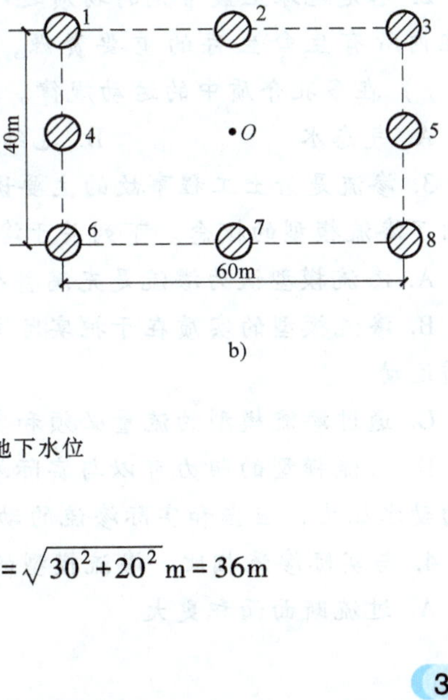

图 10-14 例 10.3

a）基坑井点降水 b）降低基坑地下水位

【解】 各单井至 O 点的距离

$$r_4=r_5=30\text{m},r_2=r_7=20\text{m},\ r_1=r_3=r_6=r_8=\sqrt{30^2+20^2}\ \text{m}=36\text{m}$$

代入式（10-23），$n=8$，得

$$z^2/\text{m}^2=H^2-\frac{0.732Q_0}{k}\left[\lg R-\frac{1}{n}\lg(r_1r_2\cdots r_n)\right]$$

$$=10^2-\frac{0.732\times0.02}{0.001}\left[\lg500-\frac{1}{8}\lg(30^2\times20^2\times36^4)\right]=82.09$$

O 点地下水位降深 $s=H-z=0.94\text{m}$。

思维导图

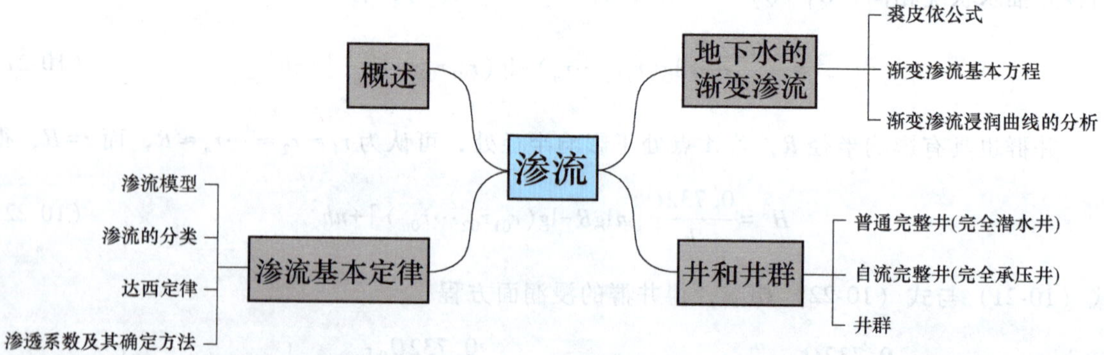

课后习题

一、单项选择题

1. 流体是能流动的物质，日常生活中流体非常多，水、油、酒、醋、酱油、牛奶、果汁等都是流体。流体在（　　）中的流动称为渗流。

A. 多孔介质　　B. 地下河道　　C. 集水廊道　　D. 盲沟

2. 水是地球上最常见的物质之一，地球表面有71%被水覆盖。它是包括无机化合、人类在内所有生命生存的重要资源，也是生物体最重要的组成部分。渗流力学主要研究（　　）在多孔介质中的运动规律。

A. 气态水　　B. 毛细水　　C. 重力水　　D. 薄膜水

3. 渗流是岩土工程事故的主要诱因，为了研究渗流力学问题中的相关问题的模拟求解，提出了渗流模型的概念。下列关于渗流模型概念的说法中，不正确的是（　　）。

A. 渗流模型认为渗流是充满整个多孔介质区域的连续水流

B. 渗流模型的实质在于把实际并不充满全部空间的流体运动看成是连续空间内的连续介质运动

C. 通过渗流模型的流量必须和实际渗流流量相等

D. 渗流模型的阻力可以与实际渗流不等，但对于某一确定的过流断面，由渗流模型得出的动水压力，应当和实际渗流的动水压力相等

4. 与实际渗流相比，渗流模型的（　　）。

A. 过流断面面积更大　　B. 通过的流量更大

C. 渗流阻力更大　　　　D. 压强更大

5. 渗流模型流速 u 与实际渗流流速 u' 相比较（　　）。

A. $u>u'$　　　　B. $u=u'$　　　　C. $u<u'$　　　　D. 不确定

6. 在均质孔隙介质中，渗流流速与水力坡度的（　　）成正比。

A. 一次方　　　　B. 平方　　　　C. 0.5 次方　　　　D. 立方

7. 2010 年，广东清远水利枢纽工程（图 10-15a）在 1 个多月的渗流期间，为了赶工期，一直没有停工和采取有效措施，致使大量泥沙涌入，造成经济损伤达亿元。为了避免此类事情再次发生，对工程所在地的土样进行渗流实验。如图 10-15b 所示，土样装在直径 $D=0.2\text{m}$，测量长度 $l=0.8\text{m}$ 的圆筒中，测得水头差 $H_1-H_2=0.2\text{m}$，流量 $Q=0.01\text{m}^3/\text{d}$，则渗流系数 $k=$(　　) m/d。

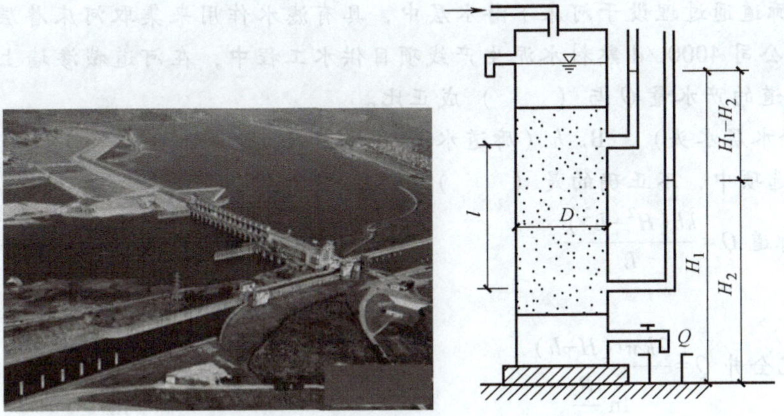

a)　　　　b)

图 10-15　单项选择题第 7 题

a）广东清远水利枢纽工程　b）渗流模型

A. 1.274　　　　B. 0.2565　　　　C. 0.3183　　　　D. 0.6365

8. 不同的岩土工程中有着不同的地质条件，在不同土壤中地下水渗透系数的大小排序为（黏土 k_1，黄土 k_2，细砂 k_3）（　　）

A. $k_1>k_2>k_3$　　　　B. $k_1<k_2<k_3$　　　　C. $k_2<k_1<k_3$　　　　D. $k_3<k_1<k_2$

9. 地下水是水资源的重要组成部分，是农业灌溉、工矿和城市的重要水源之一。图 10-16 所示为喀斯特地形中的地下河，与地面水流相比，地下水流中不存在的流动状态为（　　）。

A. 恒定流　　　　B. 均匀流　　　　C. 层流　　　　D. 急流

10. 地下水有两种不同的埋藏类型，即埋藏在第一个稳定隔水层之上的潜水和埋藏在上下两个稳定隔水层之间的承压水。钻到潜水中的井是潜水井，大多数地区人工打井的方式获取的就是这一层的水源（图 10-17）。完全潜水井与不完全潜水井的区别主要在于（　　）。

A. 含水层的深度　　　　B. 井的大小

C. 井的含水层是否位于 2 个不透水层之间　　　　D. 地下水是否仅通过井壁流入

图 10-16　喀斯特地形中的地下河

图 10-17　水井

11. 集水廊道通过埋设于河床下潜水层中，具有滤水作用来集取河床潜层水。新疆屯河水泥有限责任公司 4000t/d 熟料水泥生产线项目供水工程中，在河道截渗墙上游修建了集水廊道。集水廊道的产水量 Q 与（　　）成正比。

A. H（含水层水头）　B. h（廊道水深）　C. R（影响半径）　D. k（渗流系数）

12. 下列选项中，不正确的是（　　）。

A. 集水廊道 $Q=\dfrac{kb(H^2-h^2)}{L}$

B. 潜水完全井 $Q=\dfrac{k\pi(H^2-h^2)}{\ln\dfrac{R}{r_0}}$

C. 自流完全井 $Q=\dfrac{2k\pi t(H-h)}{\ln\dfrac{R}{r_0}}$

D. 大口井 $Q=\dfrac{k\pi(H^3-h^3)}{\ln\dfrac{R}{r_0}}$

13. 浸润线位置的确定是土坝渗流分析及稳定分析的重要内容，如何有效地降低浸润线的位置也是实际工程中的研究课题。普通完全井的浸润线方程为（　　）。

A. $z^2-h^2=\dfrac{0.732Q}{k}\lg\dfrac{r}{r_0}$

B. $z-h=\dfrac{0.366Q}{kt}\lg\dfrac{r}{r_0}$

C. $z-h=\dfrac{0.732Q}{k}\lg\dfrac{r}{r_0}$

D. $z^2-h^2=\dfrac{0.366Q}{kt}\lg\dfrac{r}{r_0}$

14. 在分析绘制非均匀渐变无压渗流浸润线时，对顺坡 $i>0$，有（　　）。

A. 存在正常水深 N—N 线，存在临界水深 c—c 线，可分 3 个区

B. 存在正常水深 N—N 线，不存在临界水深 c—c 线，可分 2 个区

C. 不存在正常水深 N—N 线，存在临界水深 c—c 线，可分 2 个区

D. 不存在正常水深 N—N 线，不存在临界水深 c—c 线，只有 1 个区

15. 从集水廊道取水时，浸润曲线的水深沿流程（　　）。

A. 增加　　B. 减小　　C. 不变　　D. 不定

二、多项选择题

1. 我国幅员辽阔，资源丰富，地形多样，岩石和土壤类型多样（图 10-18）。岩土工程和土壤的多样性导致岩土工程问题的复杂性和多样性。根据土壤的透水性质在整个渗流区域内的变化情况，可将土壤分成（　　）。

A. 均质土壤　　B. 非均质土壤　　C. 各向同性土壤

D. 各向异性土壤　　E. 不透水土壤

2. 土中水的存在形式多种多样，大致可分为液态水、气态水及固态水三类。下列关于地下水存在形式的说法中，正确的有（　）。

A. 气态水是以水蒸气形式存在于土壤空隙中的水

B. 毛细水是受表面张力而移动的水

C. 吸附水是受分子力作用而挟持于土壤中的水

D. 薄膜水是受表面张力作用而挟持于土壤中的水

E. 重力水是指重力作用下在土壤孔隙中运动的水

3. 承压完全井的产水量 Q 与（　）成正比。

A. 渗流系数 k　　B. 含水层水头 H

C. 水位降深 S　　D. 井的半径 r_0

E. 影响半径 R

图 10-18　地质层

4. 渗流是指流体在孔隙介质中的流动。通常在地表面以下的土壤或岩层中的渗流称为地下水运动，是自然界最常见的渗流现象。与地面水流一样，渗流一般也可分为（　）。

A. 恒定渗流与非恒定渗流　　B. 均匀渗流与非均匀渗流

C. 渐变渗流与急变渗流　　D. 有压渗流与无压渗流

E. 平面渗流与空间渗流

5. 产水（渗透）量 Q 与含水层水头 H 成正比的工程渗流有（　）。

A. 潜水完全井　　B. 承压完全井　　C. 大口井

D. 集水廊道　　E. 土坝

三、判断改正题

1. 渗流系数是渗流速度计算式中的经验系数，也是表示土壤或有缝隙岩石透水性大小的参数。渗流系数 k 值的大小主要取决于流体的种类及温度。（　）

2. 原型和模型流动相似的渗流系数比例尺 $\lambda_k=\dfrac{k_p}{k_m}=1$。（　）

3. 对于抽水情况，潜水完全井的测压管水头面（浸润漏斗曲面）方程为 $z=\dfrac{Q}{2\pi tk}\ln\dfrac{r}{r_0}+h$，而自流完全井的测压管水头面方程则为 $z=\sqrt{\dfrac{Q}{\pi k}\ln\dfrac{r}{r_0}+h^2}$。（　）

4. 从集水廊道的浸润曲面方程 $z=\sqrt{h^2-\dfrac{Q}{kb}x}$ 可知，在流量 Q、廊道长度 b 和廊道水深 h 一定条件下，浸润曲面随着距离 x 的增加而降低。（　）

5. 抽水情况下的潜水完全井井群的测压管水头面（浸润漏斗面）方程为 $z=\sqrt{\dfrac{\sum Q}{\pi k}\ln\dfrac{R}{(r_1r_2\cdots r_n)^n}-H^2}$，而自流完全井井群的测压管水头面方程则为 $z=\dfrac{\sum Q}{2\pi kt}\ln\dfrac{R}{(r_1r_2\cdots r_n)^n}-$

H。( )

四、简答题

1. 什么是渗流？研究渗流在实际工程中有什么意义？

2. 什么是渗流模型？为什么要引入这一概念？它与实际渗流有什么区别？

3. 渗流是岩土工程事故的主要诱因，而各工程中的渗流风险又与其地质条件有关。在实际工程中，一般如何确定渗流系数 k 值？

4. 为什么说在渗流问题中不存在临界水深？

5. 什么是井？什么是自流井？什么是潜水井？什么是完全井？什么是井的影响半径？

五、计算题

1. 在某天然河道内修建一集水廊道，集水廊道长度为 100m，含水层厚度 $H=2.3\text{m}$，渗流系数 $k=0.2\text{m/h}$，廊道内水深 $h=0.5\text{m}$ 时，廊道内排出水量为 $0.8\text{m}^3/\text{h}$，假定廊道两侧对称渗流。试求集水廊道对地下水影响范围 L。

2. 从某完全潜水井中取水，井半径 $r_0=20\text{cm}$，含水层厚度为 8m，土壤渗流系数 $k=0.04\text{cm/s}$。求当井中水位降落值 $S=3\text{m}$ 时的抽水量。影响半径可按 $R=3000S\sqrt{k}$ 计算。

3. 有一长度为 100m 的集水廊道，含水层厚度 $H=3\text{m}$，渗流系数 $k=0.208\text{m/h}$，影响范围 $L=80\text{m}$，廊道水深 $h=1.5\text{m}$，求廊道两侧的渗水量。

4. 一承压含水层，含水层厚度 $t=12\text{m}$，渗流系数 $k=0.0002\text{m/s}$，现打一井通过含水层直到不透水层，井半径 $r_0=0.10\text{m}$，当抽水量 $Q=32.4\text{m}^3/\text{h}$，井中水位降落 $S=5\text{m}$，试求影响半径。

5. 有一宽度 $b=800\text{m}$ 的渗流层位于水平不透水层上，其渗流系数 $k=0.03\text{cm/s}$，若在沿渗流方向相距 $l=1000\text{m}$ 的 2 个观测井中分别测得水深 $h_1=8\text{m}$ 和 $h_2=6\text{m}$，试求渗流流量 Q。

6. 鄂尔多斯地区地下水主要为第四系孔隙水和基岩裂隙水，水量随地形变化较大，铁路以路堑形式通过富水地段，水量较大，对铁路运营造成危害。该地区某铁路路堑为了降低地下水位，在路堑侧边修建了长度 $l=100\text{m}$ 的集水廊道以排泄地下水。已知含水层水头 $H=6\text{m}$，廊道水深 $h=0.3\text{m}$，影响范围 $L=135\text{m}$，廊道单侧渗流流量 $Q=0.297\text{m}^3/\text{h}$，试求含水层渗流系数 k。

7. 某工地以潜水为给水水源，钻探测知含水层为砂夹卵石层，含水层水头 $H=6\text{m}$，渗流系数 $k=0.12\text{cm/s}$，现凿一半径 $r_0=15\text{mm}$ 的完全井，若影响半径 $R=300\text{m}$，试求井中水位降深 $S=3\text{m}$ 时的产水量 Q。

8. 为了减少岩土工程施工时受到的渗流影响，需在实验室测定土壤的渗流系数 k，使用图 10-19 中的实验装置，筒的直径为 12cm，土样段长度为 40cm，当两水箱液面之差为 48cm 时，测得流量为 0.0048L/s。求渗流系数 k。

9. 黄土坝式路堤因其蓄水，需保障其在蓄水时的稳定性，图 10-20a 所示为土坝的岩石坡面实物图。图 10-20b 所示为土坝的渗流模型，其渗流系数 $k=0.0005\text{cm/s}$，$l=40\text{m}$，坝上下游水深 $h_1=3\text{m}$，$h_2=0.8\text{m}$。

(1) 试推导平坡 $i=0$ 时浸润曲线方程。

(2) 计算土坝的单宽渗流流量 q。

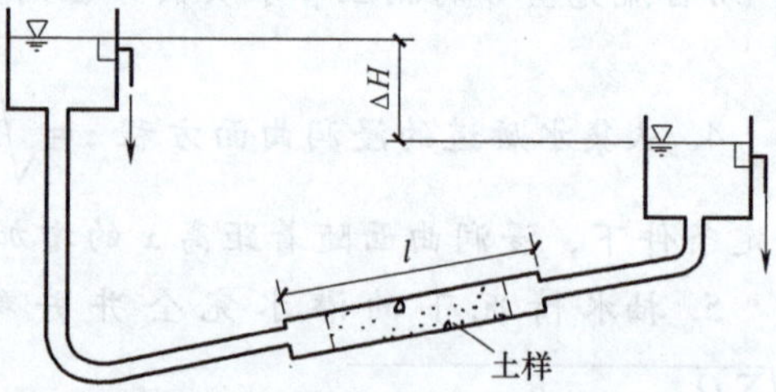

图 10-19 计算题第 8 题

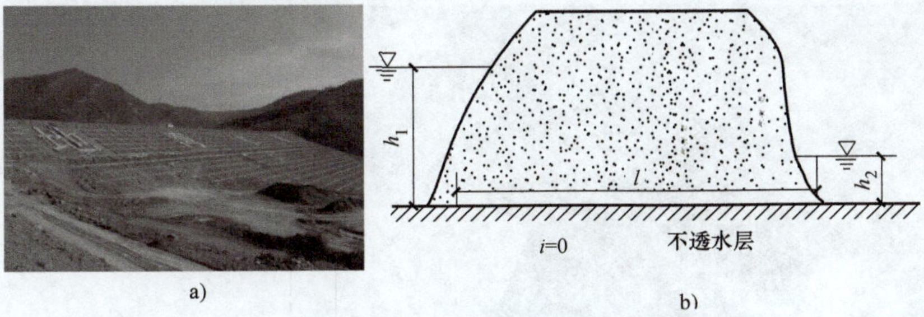

图 10-20　计算题第 9 题

a）土坝岩石坡面　b）土坝渗流模型

10. 在地下水渗流方向布置 2 个钻井 1 和 2，相距 500m，钻井降水模型如图 10-21 所示。测得钻井 1 水面高程 13m，井底高程 10m，井 2 水面高程 12.75m，井底高程 8.75m，土壤的渗流系数 $k=0.05\text{cm/s}$，试求地下水单宽渗流流量。

11. 如图 10-22 所示，试用达西渗流定律推导潜水渗水井的计算公式。

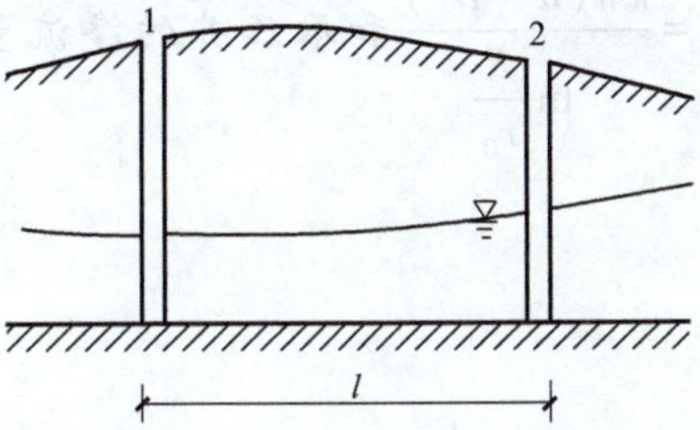

图 10-21　计算题第 10 题

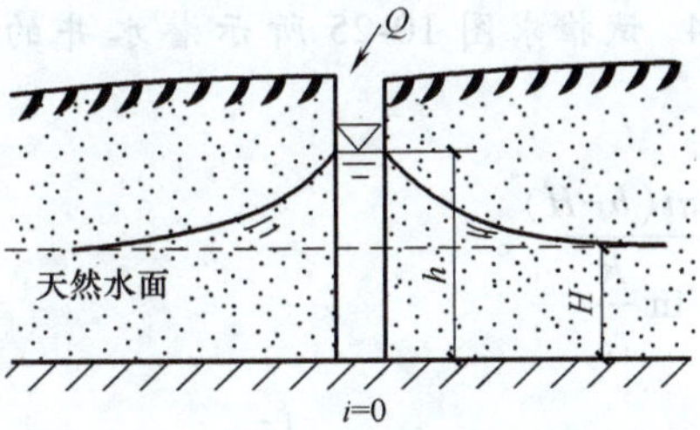

图 10-22　计算题第 11 题

12. 在地下水位较高的地区开挖深基坑，由于含水层被切断，在压差作用下，地下水必然会不断地渗流入基坑，如不进行基坑降排水工作，将会造成基坑浸水，使现场施工条件变差，地基承载力下降，在动水压力作用下还可能引起流砂、管涌和边坡失稳等现象，因此，为确保基坑施工安全，必须采取有效的降水和排水措施。某大型地下工程降水方案设计做现场抽水实验以测定渗流系数 k 和影响半径 R。如图 10-23 所示，在含水层水头 $H=10\text{m}$、厚度 $t=5\text{m}$ 的岩层中凿一半径 $r_0=150\text{mm}$ 的自流完全井，在离井中心 20m 处钻一观测孔，当抽水稳定时，抽水量 $Q=15\text{L/s}$，井中水位降深 $S=3.6\text{m}$，观测孔的水位降深 $S_1=1.0\text{m}$。试求渗流系数 k 和影响半径 R。

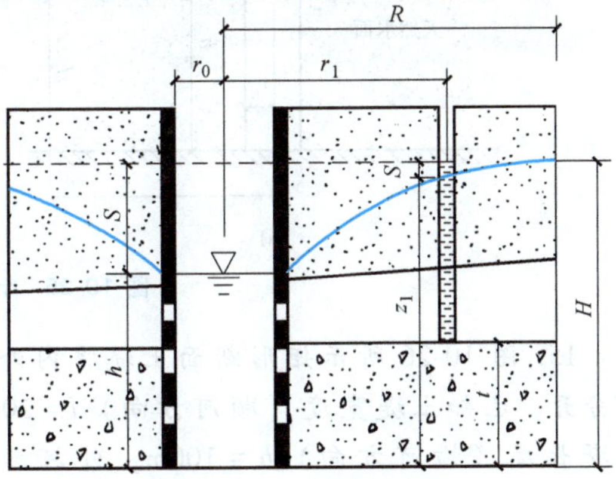

图 10-23　计算题第 12 题

13. 如图 10-24a 所示，在基础工程施工中，为了降低地下水位，在长方形基坑的周围布置 6 个等半径 $r_0=0.1\text{m}$ 的完全潜水井。图 10-24b 所示为井群的降水模型。已知渗流系数 $k=0.05\text{cm/s}$，井群影响半径为 500m，含水层厚度 $H=15\text{m}$。若要求中心点 G 的地下水位降深 $S=6\text{m}$，问每个井的抽水量为多少？

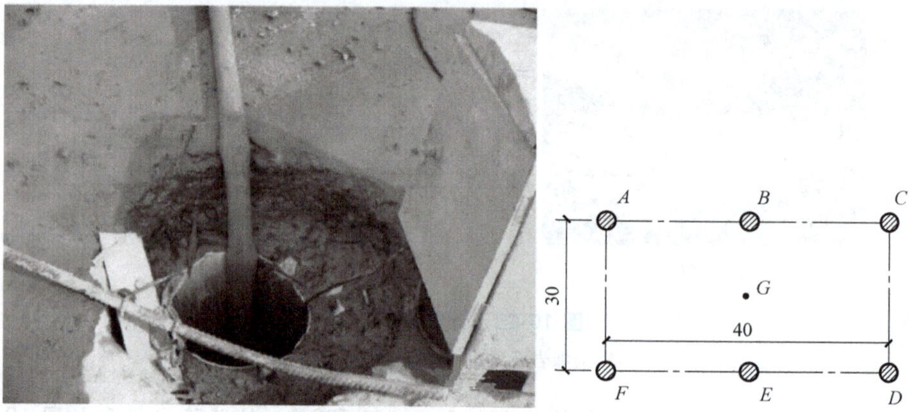

a)　　　　　　b)

图 10-24　计算题第 13 题（单位：m）

a）基础工程井中抽水　b）井群降水模型

14. 试推求图 10-25 所示潜水井的渗流量公式 $Q=\dfrac{k\pi(h^2-H^2)}{\ln\dfrac{R}{r_0}}$ 和承压井的渗流量公式 $Q=\dfrac{2k\pi t(h-H)}{\ln\dfrac{R}{r_0}}$。

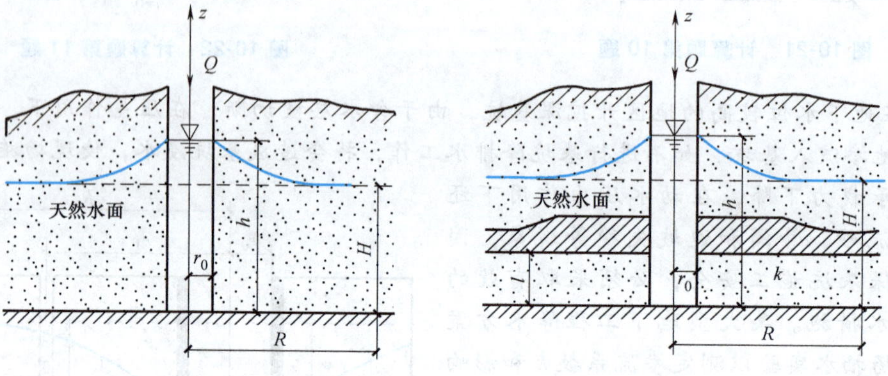

a)　　　　　　b)

图 10-25　计算题第 14 题图

15. 图 10-26 所示矩形断面土堤将内外两河分开。已知土堤宽度（顺河方向）$l=20\text{m}$，土堤长度（横河方向）$b=100\text{m}$，外河水深 $h_1=5.0\text{m}$，内河水深 $h_2=1.0\text{m}$，土堤的渗流系数 $k=5\times10^{-3}\text{m/s}$，试求由外河经土堤流向内河的渗流量 Q。

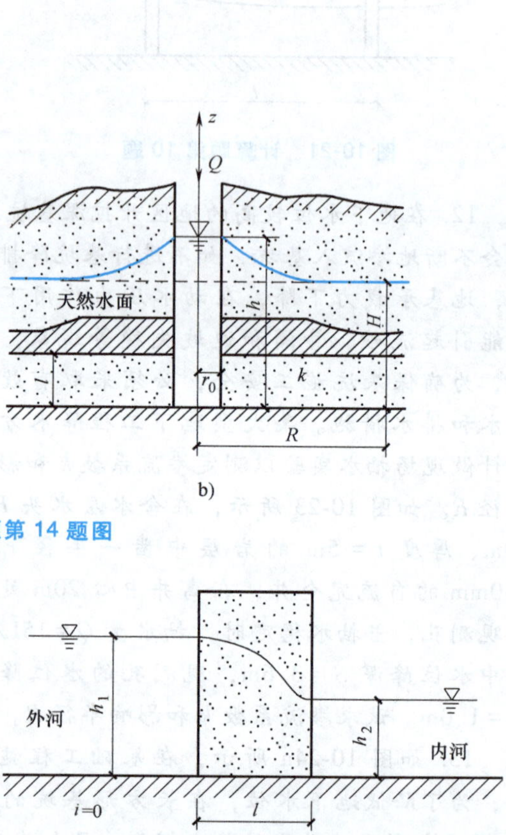

图 10-26　计算题第 15 题

附录

课后部分习题参考答案

第 1 章

一、单项选择题

1—5　BCCBD　　6—10　ABCCA　　11—15　DAACB

二、多项选择题

1. ADE　2. BCE　3. ABDE　4. BE　5. ABCDE

三、判断改正题

1—5　×××××

五、计算题

1. 1.1×10^7Pa。
2. 200 个大气压。
3. $0.0679m^3$。
4. 3.5%。
5. $5\times10^{-9}Pa^{-1}$。
6. 9.8Pa。
7. 18.26N · m。
8. 略。
9. $\tau_0=0.05Pa$　$\tau_{2cm}=0.025Pa$　$\tau_{4cm}=0$。
10. 0.136Pa · s。
11. (1) 7536Pa；(2) 4.458kW。
12. 57.86kW。
13. (1) 5.04N；(2) 3.78N。
14. 图略。4.615N。
15. $0.204m^3$。

第 2 章

一、单项选择题

1—5　BBCAC　　6—10　DDBBB　　11—14　CCBA

二、多项选择题

1. ABE　2. ABC　3. ABC　4. BD　5. ABD

三、判断改正题

1—5　×××××

五、计算题

1. 收缩压 13328Pa　16660Pa；舒张压 7996.8Pa　11995.2Pa。

2. (1) $\frac{1}{3}g$；(2) $2a$。

3. (1) 10.672m；(2) 144.263kN。

4. 11766.8N。

5. 至水面的距离分别为 0.61，0.789，0.935。

6. 140.42kN。

7. −2969.4Pa。

8. 6.533$\mathrm{m/s^2}$。

9. −706Pa。

10. 53.09°。

11. $\frac{87.187}{n}$kN。

12. $z<1.1074$m。

13. 1.093m。

14. 88.2kN (↑)。

第 3 章

一、单项选择题

1—5　AABAB　　6—10　AABCC　　11—15　CACBB

二、多项选择题

1. BCD　2. AE　3. ABE　4. ACD　5. ADG

三、判断改正题

1—5　×××××

五、计算题

1. (1) 点 (1, 1, 2) 处的加速度 $a=103i+9j$；(2) 运动要素是三个坐标的函数，属于三元流；(3) $\frac{\partial u}{\partial t}=0$，属于恒定流；(4) 迁移加速度不等于 0，属于非均匀流。

2. (1) 流线方程为 $xy=1$；(2) 迹线方程为 $x+y+2=0$。

3. (1) 流线方程 $y=y_0x_0^{-(1+t_0)}x^{1+t}$；(2) 迹线方程 $y=\frac{y_0}{e^{t_0}}e^{\frac{1+t_0}{x_0}x-1}$。

4. (1) 满足连续性条件，流动是可能实现的；(2) 流线方程 $bx^2-ay^2=c$；(3) 等压面方程 $x^2+y^2=C$。

5. $\frac{v}{u_m}=\frac{200}{231}$。

6. 恒定流；二元流；均匀流。

7. $\begin{cases} a=\dfrac{1}{2} \\ b=1 \end{cases}$。

8. 质量流量 33kg/s；断面平均流速 4.2m/s。

9. $\dfrac{u_r}{r}+\dfrac{\partial(u_r)}{\partial r}+\dfrac{\partial(u_\theta)}{r\partial\theta}=0$ 或 $\dfrac{\partial(\rho u_r r)}{\partial r}+\dfrac{\partial(\rho u_\theta)}{\partial\theta}=0$。

10. $\dfrac{\partial\rho}{\partial t}+\dfrac{1}{A}\dfrac{\partial(\rho uA)}{\partial s}=0$。

11. 4。

12. $v_B=4.5\text{m/s}$　$v_D=4.5\text{m/s}$。

13. （1）$v=\dfrac{7}{8}u_{\max}$；（2）$Q=\dfrac{7}{8}u_{\max}bh$；（3）$\dfrac{y}{h}=0.3927$

14. $p_3=-9.8\text{kPa}$。

第 4 章

一、单项选择题

1—5　CBDCD　　6—10　BCBCC　　11—15　BAABA

二、多项选择题

1. BE　2. ABE

三、判断改正题

1—2　××

五、计算题

1. $Q=1.5\text{m}^3/\text{s}$。

2. $h_C=\sqrt[3]{\dfrac{Q^2}{gb^2}}$。

3. $R=-3.03\text{kN}$。

4. （1）$v_0=7.92\text{m/s}$；（2）$F=311.4\text{N}$。

5. $p_2=44.1\text{kPa}$。

6. $R=384.01\text{kN}$。

7. $h=0.242\text{m}$。

8. $Q=0.018\text{m}^3/\text{s}$。

9. $v=\dfrac{49}{60}u_{\max}$。

10. $H=3.263\text{m}$。

11. 不计水头损失时 $p_E=p_A=p_D$；考虑水头损失时 $p_E>p_A>p_D$。

12. $Q=12.1\text{L/s}$。

13. $H=1.23\text{m}$。

14. $Q=5.55\text{m}^3/\text{s}$。

15. （1）$h_{mc}=1.76\text{m}$；（2）$F=245.2\text{kN}$。

第 5 章

一、单项选择题

1—5　BCCBB　　　6—10　DBBDB　　　11—14　ACAB

二、多项选择题

1. ABD　2. ABCDE　3. AC　4. CDE　5. ABDE

三、判断改正题

1—5　×××××

五、计算题

1. 采用瑞利量纲分析法，$R_D=f(Re)\rho v^2 l^2$；用 π 定律推导，$\dfrac{R_D}{\rho v^2 l^2}=f_1\left(\dfrac{\mu}{\rho v l}\right)=f(Re)$，则得到同样结果 $R_D=f(Re)\rho v^2 l^2$。

2. $\dfrac{v}{\sqrt{gd}}=f\left(\dfrac{\rho_s}{\rho},\ \dfrac{\rho d\sqrt{gd}}{\mu}\right)$ 或 $v=\sqrt{gd}f_1\left(\dfrac{\rho_s}{\rho},\ \dfrac{\rho dv}{\mu}\right)$ 或 $v=\sqrt{gd}\,\varphi\left(\dfrac{\rho_s}{\rho},\ Re\right)$。

3. $F\left(\dfrac{D_2}{D_1},\ \dfrac{l}{D_1},\ \dfrac{\Delta}{D_1},\ \dfrac{D_1^2}{Q}\sqrt{\dfrac{\Delta p}{\rho}},\ Re\right)=0$ 或 $Q=D_1^2\sqrt{\dfrac{\Delta p}{\rho}}f\left(\dfrac{D_2}{D_1},\ \dfrac{l}{D_1},\ \dfrac{\Delta}{D_1},\ Re\right)$。

4. $F_{\text{T}}=pd^2 f\left(\dfrac{n\mu}{p},\ \dfrac{\delta}{d}\right)$。

5. $Q=H^{5/2}g^{1/2}f\left(\dfrac{\mu}{H^{3/2}g^{1/2}\rho},\ \dfrac{\sigma}{H^2 g\rho},\ \dfrac{b}{H}\right)$。

6. 5d。

7. （1）1.369m/s；（2）39.69kN。

8. $2.264\text{m}^3/\text{s}$。

9. 5.4m。

10. （1）2.5L/s；（2）300mm。

11. 8320N。

12. 21.7L/s。

13. −35.56Pa。

14. 57.09

第 6 章　参考答案

一、单项选择题

1—5　BADAB　　　6—10　CBCBC　　　11—15　DCBBC

二、多项选择题

1. ACD　2. ABCD　3. ABCD　4. ABCDE　5. ABCDE

三、判断改正题

1—5　×××××

五、计算题

1. 略。

2. $\tau_0=0.3\text{Pa}$，$\lambda=0.0246$。

3. 层流，$\mu=0.02396\text{Pa}\cdot\text{s}$。

4. $d=2.28\text{cm}$。

5. （1）$\dfrac{h_{f圆}}{h_{f方}}=0.785$；（2）$\dfrac{h_{f圆}}{h_{f方}}=0.886$。

6. $\dfrac{\Delta}{d}=4.13\times10^{-3}$。

7. $v=1.42\text{m/s}$，$Q=4.47\text{m}^3/\text{s}$。

8. 67.14%。

9. $\tau_0=90.46\text{Pa}$。

10. $\nu=8.54\times10^{-6}\text{m}^2/\text{s}$，$\mu=7.69\times10^{-3}\text{Pa}\cdot\text{s}$。

11. （1）$F_D=3120\text{kN}$；（2）$\dfrac{z_0}{h}=0.429$。

12. $\zeta=0.365$，$\zeta_1=0.375$，计算值与按公式得到的值的误差为 2.67%。

13. （1）$Q=3.93\text{L/s}$；（2）$F=81.2\text{N}$。

14. 略

15. $\nu=0.54\text{cm}^2/\text{s}$。

第 7 章

一、单项选择题

1—5　DADCC　　6—10　ABADB　　11—15　DACCA

二、多项选择题

1. BD　2. BCDE　3. ACDE　4. ABCDE　5. ABCDE

三、判断改正题

1—5　×××××

五、计算题

1. 6.66kW

2. $$d=\sqrt[5]{\dfrac{l}{\dfrac{l_1}{d_1^5}+\dfrac{l_2}{d_2^5}+\cdots+\dfrac{l_n}{d_n^5}}}=\sqrt[5]{\dfrac{l}{\sum\limits_{i=1}^{n}\dfrac{l_i}{d_i^5}}}=\sqrt{\dfrac{\sum\limits_{i=1}^{n}l_i}{\sum\limits_{i=1}^{n}\dfrac{l_i}{d_i^5}}}。$$

3. $d=\left(\sum\limits_{i=1}^{n}d_i^{\frac{8}{3}}\right)^{\frac{3}{8}}$。

4. （1）$p_h=\rho cv=1\times1346.59\times1.5\text{kPa}=20196.89\text{kPa}$；　（2）$p_h=\rho cv=1\times1244.56\times1.5\text{kPa}=1866.84\text{kPa}$。

5. $h_j=\zeta\dfrac{v_c^2}{2g}=0.041\times\dfrac{8.68^2}{2g}\text{m}=0.158\text{m}$。

6. 393.6s。
7. 4.5m。
8. 76.5mmHg。
9. 0.529m。
10. （1）220mm；（2）61.6kPa。
11. 16.13m/s。
12. 5.56min。
13. 0.8m。
14. 27.22m。
15. $Q_1=1.134\text{L/s}$，$Q_2=0.611\text{L/s}$，$Q_3=0.522\text{L/s}$。

第 8 章

一、单项选择题

1—5　ACDCC　　6—10　BDDDA　　11—15　ABDAC

二、多项选择题

1. BE　2. ACE　3. ABC　4. ABCE　5. ABCD

三、判断改正题

1—5　×××××

五、计算题

1. $Q=39.28\text{m}^3/\text{s}$。
2. $Q_2=222.86\text{m}^3/\text{h}$。
3. $h=0.68\text{m}$，$b=0.41\text{m}$。
4. $h=1.39\text{m}$，$i=5.69\times10^{-4}$。
5. 51.76m。
6. 满足。
7. 略。
8. $Q=0.688\text{m}^3/\text{s}$，$v=1.022\text{m/s}$。
9. $C=38.42\text{m}^{0.5}/\text{s}$。
10. $Q=5.97\text{m}^3/\text{s}$。
11. $\lambda_i=0.215$。
12. 略。
13. $Q_1=18.05\text{m}^3/\text{s}$，$Q_2=18.98\text{m}^3/\text{s}$。
14. $H=15.45\text{m}$，$h=0.66\text{m}$，$b=1.32\text{m}$。
15. 略。

第 9 章

一、单项选择题

1—5　CBABA　　6—10　CABBC　　11—13　ADA

二、多项选择题

1. BCD 2. ABCD 3. ABCDE 4. CE 5. DE

三、判断改正题

1—5 ×××××

五、计算题

1. $Q=0.267m^3/s$。

2. $Q=178.2L/s$。

3. $b=1.73m$。

4. 3.49%。

5. $Q=7.34m^3/s$。

6. $B=5m$。

7. $Q_p=29.87m^3/s$；$h_{1p}=1.06m$；$\varphi_p=0.95$。

8. $dh=1.21cm$。

9. 略。

10. 1.55。

11. $Q=1.4H^{5/2}$。

12. 流量将增大15%。

13. 堰流是自由式。

14. 略。

第10章

一、单项选择题

1—5 ACDAC 6—10 AABDD 11—15 DAABB

二、多项选择题

1. ABCD 2. ABCE 3. ABC 4. ABCDE 5. BC

三、判断改正题

1—5 ×××××

五、计算题

1. 126m。

2. $0.0072m^3/s$。

3. $1.755m^3/h$。

4. 435m。

5. 3.36L/s。

6. 0.0372cm/min。

7. 13.4L/s。

8. 0.0354cm/s。

9. (1) $z^2-h_1^2=-\frac{2qs}{k}$；(2) $0.0451m^3/(d \cdot m)$。

10. $8.69\times10^{-7}m^3/(s \cdot m)$。

11. $Q=\frac{\pi k(h^2-H^2)}{\ln\left(\frac{R}{r_0}\right)}$。

12. $k=8.985\times10^{-4}$m/s　$R=132$m。

13. 11.9L/s。

14. 略。

15. 0.3m^3/s。

参考文献

[1] 普朗特. 流体力学概论 [M]. 北京：科学出版社，1981.
[2] 于玲红. 工程流体力学 [M]. 北京：机械工业出版社，2015.
[3] 郭仁宁，孟凡英. 流体力学 [M]. 徐州：中国矿业大学出版社，2010.
[4] 刘树红，吴玉林，左志钢. 应用流体力学 [M]. 北京：清华大学出版社，2012.
[5] 孔珑. 流体力学：I [M]. 北京：高等教育出版社，2003.
[6] 孔珑. 流体力学：Ⅱ [M]. 北京：高等教育出版社，2003.
[7] 伍悦滨. 高等流体力学 [M]. 哈尔滨：哈尔滨工业大学出版社，2013.
[8] 刘鹤年，刘京. 流体力学 [M]. 北京：中国建筑工业出版社，2016.
[9] 禹华谦. 工程流体力学 [M]. 北京：高等教育出版社，2011.
[10] 张鸣远，景思睿，李国君. 高等工程流体力学 [M]. 西安：西安交通大学出版社，2006.
[11] 韩国军. 流体力学基础与应用 [M]. 北京：机械工业出版社，2012.
[12] 章梓雄，董曾南. 粘性流体力学 [M]. 北京：清华大学出版社，2011.
[13] POPE S B. Turbulent flows [M]. 北京：世界图书出版公司，2010.
[14] CAREY G B，OEDEN J T. Finite elements：Fluid mechanics（V6） [M]. Englewood Cliffs：Prentice-Hall，1986.
[15] 胡敏良，吴雪茹. 流体力学 [M]. 3 版. 武汉：武汉理工大学出版社，2008.
[16] 森哲尔，辛巴拉. 流体力学基础及其工程应用：英文版　原书第 2 版 [M]. 北京：机械工业出版社，2013.
[17] 赵萌主编. 流体力学及其土木工程应用 [M]. 北京：中国水利水电出版社，2020.
[18] 俞永辉，赵红晓. 流体力学与水力学实验 [M]. 2 版. 上海：同济大学出版社，2017.
[19] 王先智. 物理流体力学 [M]. 北京：清华大学出版社，2018.
[20] 高殿荣，张伟. 工程流体力学：附习题详解 [M]. 北京：化学工业出版社，2014.
[21] 侯国祥. 流体力学 [M]. 北京：机械工业出版社，2015.
[22] 禹华谦. 工程流体力学：水力学 [M]. 成都：西南交通大学出版社，2018.
[23] 尹小玲，唐小南. Fluid mechanics in civil engineering [M]. 广州：华南理工大学出版社，2018.

